Die

Eis- und Kühlmaschinen

und

deren Anwendung in der Industrie.

Für Theoretiker und Praktiker bearbeitet

von

Alois Schwarz,

Professor an der Landes-Oberrealschule in Mährisch-Ostrau.

Mit 137 eingedruckten Figuren und 2 Tafeln.

München und Leipzig.

Druck und Verlag von R. Oldenbourg.

1888.

Vorwort.

Bis vor wenigen Jahren war das Gebiet, welches im vorliegenden Buche behandelt erscheint, von derart geringem Umfange, dafs es nur in gröfseren Werken der chemischen Technologie in kurzen Kapiteln besprochen wurde. Von einer speziellen Literatur dieses technischen Zweiges konnte kaum die Rede sein, und wenn man von dem kleinen, 1883 erschienenen Werkchen Behrend's, und den diesen Gegenstand sehr eingehend und erschöpfend behandelnden Kapiteln im I. Bande von Fafsbender's »Mechanische Technologie der Bierbrauerei und Malzfabrikation« absieht, entbehrte die technische Litteratur bisher eines selbständigen gröfseren Werkes über die Erzeugung künstlicher Kälte und deren Anwendung in der Industrie. Die ungeahnte Entwicklung, welche dieser Zweig der Technologie im Laufe der letzten Jahre genommen, und welcher in den zahlreichen Abhandlungen und Arbeiten theoretischen wie praktischen Inhalts, die in den verschiedensten Fachzeitschriften veröffentlicht wurden, am deutlichsten zum Ausdruck gelangte, liefsen die Publikation eines gröfseren Werkes über diesen Gegenstand als ein Bedürfnis erscheinen, welchem der Verfasser, seit Jahren mit diesem Zweige speziell beschäftigt, über mehrfachen von Seite der Praktiker ausgesprochenen Wunsch Rechnung tragen wollte. Das Buch, anfänglich in mäfsigem Umfange gedacht, nahm während der Arbeit immer gröfsere Dimensionen an, da, insbesondere im letzten Jahre, fast täglich Neuerungen auf diesem Gebiete bekannt wurden, welche, wenn der Charakter möglichster Vollständigkeit gewahrt werden sollte, stets beachtet werden mufsten. Der Verfasser war auch bemüht, noch während der Drucklegung und bis kurz vor Abschlufs des Werkes alle bekannt gewordenen Neuerungen und einschlägigen theoretischen Arbeiten thunlichst zu berücksichtigen und glaubt in dieser Beziehung das Möglichste erreicht zu haben.

Was die Anordnung des Stoffes und den Inhalt des Werkes betrifft, so waren dieselben von vornherein mehr kompilatorischer Natur gedacht und auch in diesem Sinne ausgeführt. Der Verfasser wollte in diesem Werke allen Fachmännern, welche an diesem Gebiete Interesse haben, möglichst Vieles und Vollständiges bieten. Zunächst sollte dem Theoretiker eine Übersicht und Zusammenstellung aller jener wissenschaftlichen Arbeiten gegeben werden, welche in diesem so interessanten und wichtigen Kapitel der Wärmelehre von den hervorragendsten Gelehrten wie Linde, Zeuner, Pictet etc. veröffentlicht wurden, und deshalb mufsten auch die wichtigsten Grundlehren der mechanischen Wärmetheorie, welche die Grundlage dieser Arbeiten bilden und ohne welche ein Verständnis derselben unmöglich ist, gleichfalls in dem Werke Aufnahme finden. Weiteres sollten dem Maschinenbauer alle Konstruktionen von Kühlmaschinen vorgeführt werden, welche seit Anwendung der künstlichen Kühlung überhaupt zur Ausführung gelangten, und deren Zahl nach den veröffentlichten Patentschriften von Tag zu Tag wächst, damit ihm auf Grund der Übersicht über das Vorhandene und Bestehende allfällige Neuerungen oder Verbesserungen leichter möglich gemacht würden, ohne Gefahr zu laufen, bestehende Patentrechte zu verletzen. Endlich sollten für den Praktiker und Industriellen jene Systeme von Kühlmaschinen ausführlich dargestellt werden, welche sich in der Praxis bereits bewährt haben, und deren Einführung im Betriebe der verschiedenen Industrien empfohlen werden kann. Für das Bedürfnis der Praktiker wurde auch die Art der Anwendung künstlicher Kälte in den einzelnen Industriezweigen möglichst ausführlich behandelt, soweit die verhältnismäfsig geringen Erfahrungen auf diesem Gebiete es möglich machten.

Inwiefern der Verfasser dieser dreifachen Aufgabe gerecht geworden, mufs der freundlichen und nachsichtigen Erwägung aller drei Kreise der Leser überlassen werden. Ob es ihm gelungen, ein brauchbares Buch zu schaffen und das Bedürfnis nach einem solchen vollkommen zu befriedigen, darüber mögen jene Berufenen urteilen, welchen ein solches Werk Bedürfnis gewesen ist, und in jedem Falle den guten Willen und den aufgewendeten Sammeleifer als bescheidenen Beitrag zu der umfassenden Literatur der technischen Produktion ansehen.

Schliefslich fühlt sich der Verfasser verpflichtet, allen Fachgenossen und Konstrukteuren, welche ihm beim Sammeln des umfangreichen Materiales durch Daten, Mitteilungen und Zeichnungen freundliche Unterstützung angedeihen liefsen und auf diese Weise die möglichste Vervollständigung des Werkes förderten, an dieser Stelle verbindlichst zu danken.

Mährisch-Ostrau, im Dezember 1887.

Prof. Alois Schwarz.

Inhalts-Verzeichnis.

I. Einleitung.

Die künstliche Kühlung.

Obgleich das Bedürfnis, zu bestimmten Zwecken niedrige Temperaturen zu erzielen, ein seit undenklicher Zeit bestehendes und allgemeines ist, waren die Mittel zur Erreichung dieses Zweckes bis vor nicht zu langer Zeit höchst primitive. Während man stets bestrebt war, zur Erzeugung höherer Temperaturen immer sinnreichere und zweckmäſsigere Apparate zu konstruieren, bediente man sich für die Zwecke der Abkühlung lange Zeit fast ausschlieſslich der natürlichen Kälte, welche in dem Eise aufgespeichert ist, und begnügte sich damit, Vorräte von Eis während des Winters zu sammeln und für die wärmere Jahreszeit aufzubewahren. Wenn auch die Bedeutung des Eises in hygienischer Beziehung stets anerkannt war, nachdem es für die Krankenpflege immer ein unentbehrliches Hilfsmittel gewesen, war es doch früher nicht in dem hohen Grade ein Lebensbedürfnis geworden, wie dies jetzt der Fall ist. Ebenso war die Verwendung des Eises in der Industrie früher ganz unbekannt, und benötigten höchstens Physiker und Chemiker zu ihren Arbeiten niedriger Temperaturen, die sie sich für ihre Zwecke leicht herstellen konnten. In den letzten Jahrzehnten hat sich infolge der Entwickelung einzelner Industriezweige, besonders aber der Bierbrauerei und einiger chemischer Fabriken, ein derartiges Bedürfnis nach niedrigen Temperaturen ergeben, daſs diese Industriezweige ohne Anwendung von Kälte gar nicht mehr bestehen konnten. Ursprünglich wurde auch dieses Bedürfnis durch Aufspeicherung und Conservierung des im Winter gewonnenen Eises hinreichend gedeckt; nachdem aber in den gemäſsigten Erdstrichen von Zeit zu Zeit doch Winter eintraten, in welchen die Eisbildung eine ungenügende war, oder wo es gar nicht zur Eisbildung kam, nachdem ferner solche Industriezweige, welche Kälte benötigen, sich auch in wärmeren Klimaten, wo natürliches Eis überhaupt nicht zu beschaffen war, einbürgerten, mufste man darauf bedacht sein, sich von den Zufällen der klimatischen Verhältnisse unabhängig zu machen. Anfänglich suchte man die Anomalien des Klimas dadurch auszugleichen, dafs man Eis aus nördlichen oder hoch gelegenen Gegenden zu gewinnen trachtete und nach den Verbrauchsorten transportierte, was auch noch gegenwärtig in eisarmen Wintern häufig geschieht, wo entweder Eis aus Scandinavien oder aus den Alpen nach allen Teilen von Deutschland und Österreich, freilich mit ungeheuren Kosten, versendet wird. Es bildete sich zeitweise sogar eine eigene Industrie bezüglich der Gewinnung und Verfrachtung des Eises aus, indem man ganze Schiffsladungen von Eis aus Norwegen nach England brachte, und eine amerikanische Gesellschaft sogar Eis aus den nördlichen Meeren nicht nur nach allen Teilen von Nordamerika, sondern auch bis nach Brasilien und sogar nach Ostindien verschiffte.

In den letzten Jahrzehnten hatte jedoch die Brauerei eine derartige Entwickelung genommen, dafs sie auf eine solch unsichere Art der Eisversorgung sich nicht beschränken konnte, da nach der seither allgemein üblichen Fabrikationsmethode der Untergärung das Bier monatelang bei Temperaturen nahe dem Gefrierpunkte aufbewahrt und gelagert werden mufs; es war daher eine unabweisliche Aufgabe der Technik, für eine künstliche Methode der Kühlung vorzusorgen. Anfänglich beschränkte man sich auf die Konstruktion von Maschinen zur Darstellung von künstlichem Eis, wobei man die seit Jahrzehnten durch Versuche erprobten physikalischen und chemischen Vorgänge erfolgreich benutzte. Als man sich aber immer mehr von den Vorteilen der künstlichen Kühlung überzeugt hatte, ging man bald weiter und konstruierte Apparate, mit welchen man nicht mehr Eis auf künstlichem Wege erzeugte, sondern die erzielten niedrigen Temperaturen direkt zur Kühlung der Luft in den abzukühlenden Räumen und der zu kühlenden Flüssigkeiten verwendete. Diese Methode der Abkühlung entwickelte sich, dank der unermüdlichen Thätigkeit genialer Konstrukteure, immer mehr, und es ist gegenwärtig diese Art der Kühlung zu einer Vollkommenheit gediehen, welche nicht nur, wie selbstverständlich, in ihrer Anwendung und ihrem Erfolge die natürliche Kühlung überragt, sondern bereits auch billiger ist, als die Kühlung mittels natürlichen Eises, so dafs wohl die Zeit nicht mehr fern sein dürfte, wo alle Industrien, welche niedrige Temperaturen anwenden müssen, wie z. B. die Bierbrauerei, die Spiritus- und Zuckerfabrikation, zahlreiche chemische Industriezweige, wie die Erzeugung von Kunstbutter, Paraffin, Leim, Farben etc., die gröfseren Schlächtereien und Fleischexporteure für ihre Anlagen ebenso eine Kühlmaschine notwendig haben werden, wie eine Dampfmaschine, welche doch für jeden gröfseren Industriebetrieb bereits lange unentbehrlich geworden ist. Über die verschiedenen Mittel zur Erzeugung künstlicher Kälte, über die Art ihrer Verwendung und ihre Vorteile gegenüber der Kühlung mittels natürlichen Eises sollen die folgenden Kapitel ausführliche Mitteilungen geben.

II. Physikalische Grundsätze der Kälteerzeugung.

Jede künstliche Abkühlung eines Körpers setzt die Absorption, die Bindung einer gewissen Wärmemenge durch einen physikalischen Vorgang voraus. Man kennt hauptsächlich zwei Vorgänge, welche mit Wärmeabsorption verbunden sind; der eine beruht in der Veränderung des Aggregatzustandes und zwar bei Übergang aus dem festen in den flüssigen oder aus dem flüssigen in den gasförmigen Zustand. Bei diesen Veränderungen wird jedesmal ein gewisses Wärmequantum, die sogenannte latente Wärme, gebunden und der Umgebung entzogen. Der zweite beruht in der Ausdehnung des Volumens gasförmiger Körper, wozu gleichfalls Wärmemengen erforderlich sind, also gebunden werden müssen.

Man kann demnach auf drei Arten Kälte erzeugen:

1. Durch Verflüssigen eines festen Körpers mittels Auflösung in einer Flüssigkeit (z. B. bei Salzen), oder durch Vermischen mit einem anderen festen Körper (Schnee), durch die sog. Kältemischungen — Kälteerzeugung durch Auflösung.

2. Durch Überführung eines flüssigen, leicht flüchtigen Körpers (Äther, Ammoniak) in einen gasförmigen — Kälteerzeugung durch Verdampfung.

3. Durch Ausdehnung komprimierter Gase — Kälteerzeugung durch Expansion.

Die Kälteerzeugung durch chemische Reaktionen, d. i. durch Bildung von Verbindungen innerhalb einer Flüssigkeit, deren Lösung mehr Wärme absorbiert, als die angewendeten Bestandteile, ist ein weiterer ähnlicher Vorgang, jedoch mit zu unbedeutendem Erfolge, als daſs er für praktische Zwecke in Betracht kommen könnte. Ebensowenig kann die Abkühlung von Körpern durch Wärmestrahlung, wie sie z. B. in heiſsen Ländern vereinzelt zur Eisgewinnung aus Wasser verwendet wird, oder wie sie von Meidinger behufs Gewinnung von Eis unter Benutzung der in der Höhe von 4000 m über der Erde herrschenden Temperatur von —10° mittels eines an einem Seile geführten Luftballons vorgeschlagen wurde, für die Bedürfnisse der Praxis Berücksichtigung finden.

1. Kälteerzeugung durch Auflösung (Kältemischungen).

Die Abkühlung von Wasser durch Auflösung gewisser Salze ist eine bereits lange gekannte Erscheinung; dieselbe wurde schon im Jahre 1550 von einem römischen Arzte, Blasius Villafranca beobachtet, welcher beim Auflösen von Salpeter in Wasser eine Temperaturverminderung der Lösung konstatierte. Die erste Kältemischung wurde 1607 von Latinus Tancredus hergestellt, welche durch Mischen von Schnee und Salpeter tiefe Temperaturen erzeugte. Ebenso berichtet Leonhardi (1791), daſs man Mischungen von Eis mit Kochsalz, Salmiak oder Salpetersäure als Abkühlungsmittel in der Chemie, der Heilkunst und der Kochkunst verwenden könne. Im 18. Jahrhunderte wurde eine Mischung von Schnee und verdünnter Schwefelsäure benutzt, um Quecksilber gefrieren zu machen; Brugnatelli verwendete zu dem gleichen Zwecke ein Gemisch von Schnee mit Weingeist oder Äther.

Im Jahre 1824 gelang es Decourmanche, Malepert und Boutigny, angeregt durch eine Preisausschreibung der »Société d'Encouragement« in Paris, mittels eines Gemisches von 5 kg Glaubersalz und 4 kg verdünnter Schwefelsäure 0,9 kg Eis herzustellen, welche Methode von Filhol und Fumet verbessert wurde. In England wurden gleichzeitig zu ähnlichem Zwecke Gemische aus Chlorkalium, Salmiak, Salpeter und Wasser verwendet. Solche Versuche wurden im Laufe der letzten Jahrzehnte mit verschiedenen Salzgemischen wiederholt, bis durch die umfassenden Versuche von Thomson, Rüdorff, Meidinger, Berthelot, Pfaundler und Tollinger die theoretischen Grundlagen zur Beurteilung der Wirkungsweise von Kältemischungen geschaffen wurden.

Die wichtigsten Versuche über die Wärmeentwickelung verschiedener Stoffe in Wasser wurden von Thomson angestellt. Nach diesen Versuchen wird beim Lösen von gasförmigen oder flüssigen Säuren Wärme frei, ebenso beim Lösen gewisser Salze, wie z. B. von wasserfreiem geschmolzenen Chlorcalcium oder wasserfreiem phosphorsauren Natrium; es bilden sich nämlich in diesen Fällen chemische Verbindungen der betreffenden Körper mit dem Wasser und wird hierbei Wärme entwickelt, und zwar häufig in so hohem Grade, dafs z. B. beim Mischen von Schwefelsäure mit Wasser letzteres zum Sieden gebracht werden kann. Löst man dagegen krystallisierte Salze im Wasser auf, so findet eine bedeutende Temperaturerniedrigung statt; in diesem Falle äufsert das Wasser keine chemische Wirkung mehr auf die Verbindung; wird ein fester Körper ohne Eintritt einer chemischen Reaktion in den flüssigen Zustand überführt, so bindet er immer eine gewisse Wärmemenge, deren Gröfse von der Natur des Körpers abhängig ist. Führt man dem Gefäfse, in welchem die Lösung erfolgt, keine Wärme von aufsen zu, so mufs die zur Lösung erforderliche Wärmemenge der Flüssigkeit selbst entnommen werden, und es findet deshalb notwendigerweise eine Erniedrigung der Temperatur statt.

In der nebenstehenden Tabelle ist nach den Versuchen von Thomson angegeben, wie viel Wärmeeinheiten (Calorien) je ein Molekül der verschiedenen gasförmigen, flüssigen und festen Körper beim Lösen in der daneben angeführten Anzahl von Wassermolekülen entwickelt, und zwar bedeuten die positiven Wärmeeinheiten eine Entwickelung von Wärme oder Erhöhung der Temperatur, die negativen eine Bindung von Wärme oder Abkühlung der Lösung. (Unter einer Wärmeeinheit oder Calorie versteht man in der Wärmelehre bekanntlich jene Wärmemenge, welche nötig ist, um 1 kg reines Wasser um die Temperatur von 1 ° C. zu erhöhen.)

Diejenige Wärmemenge, welche demnach zur Verflüssigung des Salzes bei seiner Lösung verbraucht wird, ist die Lösungswärme; wie die nachstehende Tabelle von Thomson zeigt, kann diese Lösungswärme negativ oder positiv sein, also es kann Temperaturerniedrigung oder Erhöhung eintreten, da die Lösungsvorgänge nicht immer einfach sind und häufig chemische Prozesse nebenhergehen, welche ebenfalls Wärme verbrauchen oder erzeugen.

Löst man in p g Wasser von t^0 1 g Salz von derselben Temperatur und steigt oder sinkt dabei die Temperatur um ϑ Grade, so erhält man durch Multiplikation von ϑ mit dem Wasserwert der Lösung und des Gefäfses die Lösungswärme des Salzes, welche aber nur für diese Temperatur t und die angewendete Menge p

des Lösungsmittels gilt und bald positiv, bald negativ sein kann. Die Lösungswärme ist also die Energiedifferenz zwischen Lösungsmittel und festem Körper einerseits, und der entstandenen Lösung anderseits.

Tabelle der Lösungswärme nach Thomson.

Stoff	Formel und Molekulargewicht	Wassermenge in Molekülen	Wärmeentwickelung in Wärmeeinheiten für 1 Molek. des Stoffs	Wärmeentwickelung in Wärmeeinheiten für 1 kg des Stoffs
Gase:				
Kohlendioxyd . . .	$CO_2 = 44$	1500	+ 5800	+ 133,6
Schwefeldioxyd . .	$SO_2 = 64$	250	+ 7690	+ 120,1
Ammoniak	$NH_3 = 17$	200	+ 8435	+ 496,2
Chlorwasserstoff . .	$HCl = 36,5$	300	+ 17310	+ 474,2
Flüssige Säuren:				
Schwefeldioxyd (kondensiert)	$SO_2 = 64$	300	+ 1500	—
Schwefeltrioxyd . .	$SO_3 = 80$	1600	+ 39170	—
Schwefelsäure . . .	$H_2SO_4 = 98$	1600	+ 17850	—
do. wasserhaltig	$H_2SO_4 . H_2O$	1600	+ 11580	—
do. do.	$H_2SO_4 . 99 H_2O$	1600	+ 1000	—
Salpetersäure . . .	$HNO_3 = 63$	320	+ 7580	—
do. wasserhaltig	$HNO_3 . 3 H_2O$	320	+ 1830	—
Chlorwasserstoffsäure wasserhaltig . . .	$HCl . H_2O$	100	+ 11680	—
do. . . .	$HCl . 50 H_2O$	100	+ 115	—
Salze:				
Chlornatrium . . .	$NaCl = 58,5$	200	— 1180	— 20,2
Chlorkalium . . .	$KCl = 74,5$	200	— 4440	— 59,6
Chlorammonium . .	$NH_4Cl = 53,5$	200	— 3880	— 72,5
Chlorsaures Kalium .	$KClO_3 = 122,5$	400	— 10040	— 81,9
Salpetersaur. Natrium	$NaNO_3 = 85$	200	— 5060	— 59,5
Salpetersaures Kalium	$KNO_3 = 101$	200	— 8520	— 84,4
Salpeters. Ammonium	$NH_4NO_3 = 80$	200	— 6320	— 79,0
Schwefelsaur. Natrium (krystallisiert) . .	$Na_2SO_4 . 10 H_2O = 322$	50	— 17460	— 54,2
		200	— 18550	— 57,5
Schwefelsaur. Kalium	$K_2SO_4 = 174$	400	— 6380	— 48,3
Schwefels. Ammonium	$(NH_4)_2SO_4 = 132$	200	— 2330	— 17,6
Essigsaures Natrium .	$NaC_2H_3O_2 . 3 H_2O = 136$	400	— 4810	— 35,3
Kohlensaures Natrium (krystallisiert) . .	$Na_2CO_3 . 10 H_2O = 286$	800	— 16490	— 57,6

Die Lösungswärmen können mit der Temperatur sich ändern, ja sogar das Zeichen wechseln. Die Menge des Lösungsmittels hat ebenfalls einen Einfluſs, für welchen kein eigentliches Gesetz aufgefunden werden konnte. Man kann daher die Lösungswärme nur durch empirische Formeln in ihrer Abhängigkeit von Temperatur und Konzentration darstellen.

Als Beispiel soll die Lösungswärme des salpetersauren Ammoniums benutzt werden, über welches Salz Tollingèr eine ausführlichere Untersuchung angestellt hat.

Nach seinen Messungen ist die absorbierte Wärmemenge beim Lösen von einem Molekül (80 g) obigen Salzes in m Molekülen Wasser bei t^0 ausdrückbar durch die empirische Gleichung:

$$Wmt = \frac{25342 + 7091\,m}{9 + m} - \frac{39{,}6\,m - 48}{20 + m}\,t.$$

In Gewichtsteile umgerechnet, erhält man für 1 g Salz in p g Wasser die absorbierte Wärmemenge:

$$Wpt = \frac{71{,}28 + 88{,}64\,p}{2{,}03 + p} - \frac{0{,}495\,p - 0{,}135}{4{,}5 + p}\,t.$$

Sieht man von dem Einflusse der Temperatur, welcher nicht bedeutend ist, ab, so kann man sich des ersten Teils obigen Ausdruckes bedienen, um mit Zuhilfenahme der spezifischen Wärmen der entstandenen Lösung die erreichbaren Temperaturerniedrigungen zu berechnen, welche aber natürlich nur so weit zur wirklichen Erscheinung gelangen können, als nicht etwa der Sättigungspunkt oder der Gefrierpunkt der Lösung erreicht wird. Wird der Temperaturerniedrigung durch Erreichung der Sättigungstemperatur eine Grenze gesetzt, so bleibt ein Teil Salz ungelöst; wird dagegen der Gefrierpunkt erreicht, so wird der Kälteüberschuſs zur Eisbildung Anlaſs geben. Sobald nun aber die so entstandene Mischung aus Lösung und Salz oder Lösung und Eis benutzt wird, um einen wärmeren Körper abzukühlen, wird die im vorhandenen Salze oder Eise bestehende Kältequelle verfügbar und es kann also eine gewisse Anzahl von Wärmeeinheiten, dem abzukühlenden Körper entzogen werden, bis Alles zusammen eine gewisse Endtemperatur erreicht hat. Das vorteilhafteste Mischungsverhältnis ist nun jenes, welches für die Temperatur, auf welche abgekühlt werden soll, eine eben gesättigte Lösung gibt. Es ist daher jenes Mischungsverhältnis, 1 Teil Salz auf

1,31 Teile Wasser, welches das Minimum der Temperatur —17,5° gibt, nicht für alle Zwecke das günstigste. Die folgende von Tollinger berechnete Tabelle gibt darüber näheren Aufschlufs.

Kältemischung aus salpetersaurem Ammonium mit Wasser.

Mischt man 1 g Salz mit	So werden absorbiert an Wärmeeinh.	Die Temperatur d. Lösung sinkt (höchstens) um	Die Lösung ist gesättigt bei ϑ =	Abkühlungswert der Lösung per Gramm für die Endtemperatur ϑ oder τ, wenn die Anfangstemperatur der Materialien gleich			
				20°	15°	10°	5°
0,75 g Wasser	49,7	44,7° C.	+ 5° C.	30,0	38,0	44,1	49,7
0,85 „	51,0	42,2	0	26,8	32,9	38,9	45,0
0,90 „	51,6	41,3	— 2	24,1	30,3	36,6	42,8
0,94 „	52,1	40,3	— 4	21,1	27,5	34,0	40,5
0,99 „	52,9	39,3	— 6	17,8	24,5	31,2	37,9
1,04 „	53,3	38,3	— 8	14,4	21,3	28,3	35,3
1,09 „	53,9	37,4	— 10	10,6	17,8	25,1	32,3
1,14 „	54,5	36,4	— 12	6,7	14,1	21,6	29,1
1,20 „	55,1	35,5	— 14	2,3	10,1	17,9	25,7
1,26 „	55,7	34,6	— 16	—	5,7	13,8	21,9
1,31 „	56,2	33,9	— 17,5	—	2,3	10,6	18,9
			Die Lösung gefriert bei:				
1,49 „	57,6	31,5	τ = — 16° C.	—	0,9	10,1	19,3
1,80 „	60,3	28,3	— 14	—	—	9,1	19,8
2,20 „	63,0	26,0	— 12	—	—	9,7	21,8
2,76 „	66,0	22,1	— 10	—	—	6,5	21,4
3,61 „	69,1	18,1	— 8	—	—	0,4	19,4
5,03 „	73,3	14,0	— 6	—	—	—	15,8
7,82 „	77,7	9,7	— 4	—	—	—	5,4
16,57 „	82,8	5,0	— 2	—	—	—	—
22,50 „	84,2	3,7	— 1,5	—	—	—	—
45,00 „	86,3	1,9	— 0,8	—	—	—	—

Man wolle beispielsweise einen Körper auf —10° abkühlen; dies ist möglich mit allen Mischungen zwischen den Verhältnissen 1 Teil Salz zu 1,09 Teilen Wasser und 1 Teil Salz zu 2,76 Teilen Wasser. Aber das erstere Mischungsverhältnis ist das günstigste, denn es gestattet, wie wir aus der Kolumne der »Abkühlungswerte« ersehen, noch 10,6 Wärmeeinheiten zu absorbieren, bis die Temperatur auf —10° gestiegen ist, wenn auch die Anfangstemperatur von Salz und Wasser +20° betragen sollte. Das Mischungsverhältnis 1 : 2,76 dagegen erreicht die Temperatur —10°

nicht mehr, wenn die Anfangstemperatur merklich über $+10^0$ gelegen ist und hat geringeren Abkühlungswert. Die Tabelle ist demnach in folgender Weise zu gebrauchen: Man sucht zuerst in der vierten Kolumne von oben herab die Temperatur auf, bis zu welcher abgekühlt werden soll und entnimmt aus der ersten Kolumne das zugehörige Mischungsverhältnis. Die absoluten Mengen von Salz und Wasser berechnet man aus dem Abkühlungswert, den man aus einer der letzten Kolumnen mit Rücksicht auf die Anfangstemperatur der Materialien entnimmt. Der Wasserwert des abzukühlenden Körpers, multipliziert mit der beabsichtigten Temperaturerniedrigung, gibt die Anzahl der zu absorbierenden Wärmeeinheiten; dividiert man diese durch den aus der Tafel entnommenen Abkühlungswert per Gramm Salz, so erhält man die theoretische Menge des anzuwendenden Gewichtes Salz. Bei praktischen Anwendungen wird man sowohl die Temperatur etwas tiefer, als auch die Masse des Gemisches etwas gröfser wählen, um die Kälteverluste nach aufsen zu kompensieren.

Z. B.: Es soll 1 kg Wasser von 20^0 in Eis verwandelt werden. Wir wollen deshalb die Kältemischung etwa auf eine Endtemperatur von -2^0 einrichten, haben also laut Tabelle das Mischungsverhältnis 1 Teil Salz auf 0,9 Teile Wasser zu wählen. Um 1 kg Wasser von 20^0 auf 0^0 zu bringen, sind 20000 Calorien erforderlich, zur Eisbildung weitere 80000, also zusammen 100000 Calorien. Die aus 1 g Salz bereitete Mischung hat den Abkühlungswert $= 24{,}1$, also sind $\frac{100000}{24{,}1} = 4150$ g Salz und $0{,}9 \times 4150 = 3735$ g Wasser erforderlich. Wäre die Anfangstemperatur 10^0, so wären nur 2460 g Salz erforderlich.

Lösungswärmen von Salzen sind bisher insbesondere von Graham, Person, Favre und Silbermann, Berthelot, J. Thomsen, Winkelmann, Favre und Valson, Neumayr bestimmt worden.

Eine der Lösungswärme analoge Gröfse ist die Schmelzwärme, d. i. diejenige Wärme, welche zum Schmelzen eines Körpers verbraucht wird. Es genügt, um einen Körper zu schmelzen, durchaus nicht, ihn bis zum Schmelzpunkt zu erwärmen, es mufs noch überdies Wärme zugeführt werden; hört während des Schmelzens die Wärmezufuhr auf, so verbleibt der Körper im teilweise geschmolzenen Zustande, wobei dann der geschmolzene und ungeschmolzene Teil dieselbe Temperatur, nämlich die des Schmelzpunktes besitzen. Erst nachdem so viel Wärme zugeführt wurde, dafs der ganze Körper geschmolzen ist, bringt weitere Zufuhr wieder Temperaturerhöhung hervor. Ähnlich verhalten sich die Körper auch beim Erstarren. Durch diese Erscheinungen wurde auch der Begriff der Wärmeeinheit zuerst bestimmt und wurde ursprünglich jene Wärmemenge als Einheit festgesetzt, welche zum Schmelzen von 1 kg Eis erforderlich ist. Gegenwärtig basiert die Wärmeeinheit auf der Temperaturerhöhung des Wassers und gilt als Wärmeeinheit oder Calorie jene Wärmemenge, welche 1 kg Wasser von 0^0 auf 1^0 erwärmt.

Kältemischungen.

Auf der Bildung negativer Lösungswärme beruhen nun die Kältemischungen, d. h. Gemenge von Körpern, durch welche die Temperatur des entstandenen Gemisches erheblich erniedrigt wird. Es gibt vier Gruppen derselben: 1. Mischungen von Wasser und Salzen, 2. von Schnee oder Eis mit Säuren, 3. von Schnee mit Salzen und 4. von Salzen mit Säuren. Bei der ersten Gruppe kommt die Lösungswärme des Salzes im Wasser, bei der zweiten die des Eises in der Säure, bei der dritten die Lösungswärme des Eises und des Salzes in der entstehenden Salzlösung zur Wirkung. Bei der vierten wird meist durch Zersetzung des angewendeten Salzes das Krystallwasser verflüchtigt.

Bei allen Kältemischungen kommen zwei Hauptfragen in Betracht; die erste richtet sich nach dem erreichbaren Minimum der Temperatur, die zweite nach der absorbierbaren Wärmemenge. Bezüglich der ersten Frage ist zu bemerken, dafs die Temperatur einer Lösung keinesfalls unter den Gefrierpunkt gebracht werden kann, da letztere in diesem Momente unter Ausscheidung von Eis und Salz zu erstarren beginnt; bei dieser Temperatur mufs der Lösungsprozefs und damit auch die Wärmeabsorption jedenfalls eine Grenze finden. Dieser Umstand wurde von Rüdorff in Untersuchung gezogen und hat derselbe die Erniedrigung des Gefrierpunktes von Wasser durch Lösung von Salzen bestimmt. Bei Auflösung von je 1 g Salz in 100 g Wasser erhält man folgende Erniedrigungsquotienten:

Salmiak	— 0,653°	Chlorcalcium + 6 H_2O . .	— 0,227°
Kochsalz (bis 15%) . . .	— 0,600°	Chlornatrium + 2 H_2O . .	— 0,341°
Chlorkalium	— 0,443°	Chlorwasserstoff + 6 H_2O .	— 0,251°
Salpetersaures Ammonium	— 0,384°	Schwefelsäure + 9 H_2O . .	— 0,129°
Natronsalpeter	— 0,370°	2 Mol. Salpetersäur. + 9 H_2O	— 0,230°
Kalisalpeter	— 0,267°	Essigsaur. Natrium + 5 H_2O	— 0,202°
Schwefelsaures Kalium .	— 0,201°	Schwefelsaures Magnesium + 7 H_2O .	— 0,072°
Schwefelsaures Natrium .	— 0,297°		
Schwefelsaures Ammonium	— 0,269°		

Es ist damit wohl nicht erwiesen, dafs die Mischung das Temperaturminimum bis zum Gefrierpunkte der Lösung erreichen müsse, denn dies hängt noch davon ab, ob die Wärmeabsorption hinreicht, die Mischung so weit abzukühlen, und dies ist wieder von der Anfangstemperatur der Mischungsbestandteile abhängig. Es kann also auf diese Weise aus dem Gefrierpunkte der gesättigten Lösung nur eine untere unüberschreitbare Grenze abgeleitet, nicht aber die in einem gegebenen Falle wirklich erreichbare Minimaltemperatur berechnet werden. Wohl aber ist es möglich, durch direkte Versuche auszumitteln, wie weit sich die Temperatur von irgend einer Anfangstemperatur an erniedrigen lasse.

Von Rüdorff ist diese durch Lösung verschiedener Salze erreichbare Temperaturerniedrigung bestimmt und in der folgenden Tabelle zusammengestellt worden, wobei zu bemerken ist, dafs die mit einem Sternchen bezeichneten Salze zu so billigen Preisen im Handel zu haben sind, dafs man sie in der Praxis auch wirklich zur Herstellung von Kälteflüssigkeiten verwenden kann.

(Siehe Tabelle S. 13.)

Als Beispiel der zweiten Gruppe von Kältemischungen ist die aus Schnee und Schwefelsäure sehr instruktiv. Mischt man Wasser mit Schwefelsäure, so entsteht Wärme. Mischt man Schnee mit Schwefelsäure, so wird durch die Verflüssigung des Schnees Wärme absorbiert, durch die Verdünnung der Säure Wärme entwickelt. Pfaundler hat in einer ausführlichen Untersuchung über diese Kältemischungen folgendes gezeigt:

1. Bei einer Mischung von 1 Gewichtsteil Schwefelsäure-Monohydrat mit 2,015 Teilen Schnee heben sich beide Wirkungen gegenseitig auf, es ergibt sich also keine Temperaturänderung; bei weniger Schnee entsteht Wärme, bei mehr Schnee Kälte.

Name des Salzes	löslich in 100 Teilen Wasser	gemischt mit 100 Teilen Wasser	Temperatur-Erniedrigung von	bis	um
*Alaun, krystallisiert	10	14	+ 10,8°	+ 9,4°	1,4
*Kochsalz	35,8	36	12,6	10,1	2,5
*Kaliumsulfat	9,9	12	14,7	11,7	3,0
Phosphorsaures Natron	9,0	14	10,8	7,1	3,7
*Schwefelsaures Ammon . . .	72,3	75	13,2	6,8	6,4
*Glaubersalz, krystallisiert . .	16,8	20	12,5	5,7	6,8
*Bittersalz	80	85	11,1	3,1	8,0
*Soda	30	40	10,7	1,6	9,1
*Kalisalpeter	15,5	16	13,2	3,0	10,2
*Chlorkalium	28,6	30	13,2	0,6	12,6
*Kohlensaures Ammon	25	30	15,3	3,2	12,1
Essigsaures Natron, krystallisiert	80	85	10,7	— 4,7	15,4
*Salmiak	28,2	30	13,3	5,1	18,4
*Natronsalpeter	69	75	13,2	5,3	18,5
*Unterschwefligsaures Natron .	98	110	10,7	8,0	18,7
Jodkalium	120	140	10,8	11,7	22,5
*Chlorcalcium	200	250	10,8	12,4	23,2
*Salpetersaures Ammon . . .	55	60	13,6	13,6	27,2
Schwefelcyanammon	150	133	13,2	18,0	31,2
Schwefelcyankalium	130	150	10,8	23,7	34,5

2. Die vorteilhafteste Konzentration der Säure zu Kältemischungen ist jene von 66,19 % an Monohydrat, entsprechend der Formel $H_2SO_4 + 2{,}874\,H_2O$.

3. Wenn Säure und Schnee bei 0° gemischt werden, so beträgt die tiefste erreichbare Temperatur — 37°. Dieselbe wird durch Mischen von 1 Teil Säure von 66,19 % mit 1,097 Teilen Schnee erhalten. In der Praxis erreicht man jedoch statt dieses berechneten Minimums nur etwa — 33°.

Beim Mischen von 150 kg einer 65,3 proz. Schwefelsäure von 0° (entsprechend 98 kg H_2SO_4) erhält man folgende Resultate:

Schnee	Temperatur t der entstandenen Mischung	Endtemperatur τ, wenn aller Schnee gelöst ist	Abkühlungswerte der Mischung
189 kg	— 36°	— 30,2°	2500 Calorien
378 „	— 30	— 12,4	20000 „
720 „	— 24	— 5,5	46000 „
1962 „	— 16	— 2,1	145000 „

Um einen Körper auf τ^0 abzukühlen, ist es am vorteilhaftesten, aus dem erwähnten Schwefelsäurehydrat mit Schnee eine solche Mischung zu machen, dafs sie, nachdem aller Schnee geschmolzen ist, die Erstarrungstemperatur τ^0 besitzt. Sie hat dann anfangs die tiefere Temperatur t^0; bis diese von t^0 auf τ^0 steigt, mufs verhältnismäfsig viel Wärme von der Mischung aufgenommen werden; von τ^0 an genügt viel weniger Wärme, welche die Mischung absorbieren mufs, um von t^0 auf τ^0 zu steigen, als den Abkühlungswert für die Temperatur τ.

Mischt man 1 Mol. (116 kg) krystallisiertes Schwefelsäurehydrat $H_2SO_4 . H_2O$ mit 17 Mol. (306 kg) Schnee bei 0°, so erhält man:

Schmelzwärme des $H_2SO_4 . H_2O$ . . .	— 3680 Cal.
Schmelzwärme von 17 $H_2O = 17 \times 1440$	— 24480 „
Verbindungswärme beider	+ 9800 „
also eine Wärmebindung von	18360 Cal.

Um die Temperaturabnahme zu finden, mufs man diese Wärmemenge dividieren durch die Wärmekapazität der Mischung, d. h. durch das Produkt des Gewichts der Mischung und seiner spezifischen Wärme (0,813), also $\frac{18360}{422 \times 0,813} = -53,6^0$. Geht man durch vorherige Abkühlung der Bestandteile von einer niedrigeren Anfangstemperatur aus, so findet man nach Berthelot, dafs die absorbierte Wärme sich um ungefähr 0,09 für jeden Grad der Temperatur unter 0° vermehrt. Geht man z. B. von —20° aus, so würde die Temperaturänderung —62° betragen, als Endtemperatur somit —82° erhalten werden.

Wird dieses Hydrat im flüssigen Zustande angewandt, so erhält man bei 0° in gleicher Weise eine Wärmeabsorption von nur 14310 Cal. (die latente Schmelzwärme des Eises zu 79,4 gerechnet) und eine Temperatur von —42°, bei —20° eine Erniedrigung von 5°, also eine Endtemperatur von —70°. Schwefelsäure (H_2SO_4) mit 18 Mol. Schnee gibt dagegen eine Absorption von nur 8050 Cal. und eine Temperatur von —23,7°. 3 Teile Schnee und 1 Teil Schwefelsäure, vorher mit 0,2 ihres Gewichts Wassers verdünnt, geben —32,5°; sind die Bestandteile vorher auf —7° abgekühlt, so wird man —51° erhalten.

Bei dieser Kältemischung ist die erreichbare Minimaltemperatur nicht durch die Gefrier- oder Sättigungstemperatur begrenzt, da ja Säure zwischen 36 und 73 % überhaupt nicht zum Erstarren gebracht werden konnte. Hier ist es vielmehr die Menge der absorbierten Wärme, welche die Grenze bedingt. Daraus folgt, dafs man durch eine Wiederholung der Operation auf noch tiefere Temperaturen kommen könne. Mittels einer ersten Mischung kühlt man nämlich die Materialien für eine zweite Mischung auf eine niedrigere Anfangstemperatur ab, die Mischung dieser dient zur Abkühlung der Materialien einer nächsten Mischung u. s. f. Man erreicht so ziemlich tiefe Temperaturen, für welche eine untere Grenze theoretisch nicht angegeben werden kann. In der Praxis verhindern die Wärmezuflüsse während der Operation die Erreichung tieferer Temperaturen als etwa —50°.

Nicht uninteressant ist es, dafs man auch in einer Operation sehr tiefe Temperaturen erreichen kann, wenn man die Säure von 66,2 % von oben nach unten durch eine hohe Schneesäule sickern läfst. Die ersten Säuremengen schmelzen einen Teil des Schnees, kühlen ihn dabei ab und werden so zu einer Lösung verdünnt, deren Erstarrungstemperatur gleich der erreichten Abkühlungstemperatur ist. Die nachfolgenden Säuremengen finden vorgekühlten Schnee, lösen davon, die Temperatur sinkt noch tiefer, die Säure kann sich daher weniger weit verdünnen, weil der tieferen Gefriertemperatur eine konzentriertere Mischung entspricht. Erst in den unteren Schichten, wo die Temperatur weniger tief, verdünnt sich die Säure weiter und fliefst am Fufse der Schneesäule mit einer Temperatur von etwas unter 0° ab. Auf diese Weise wird die Säure aufs vollkommenste ausgenutzt und wenn man noch die oben aufzugiefsende Säure durch die abfliefsende vorkühlt, so kann man bis zu —60° gelangen.

Auch mit Schnee und Salpetersäure, Schnee und Salzsäure, sind Kältemischungen herzustellen.

Nach einer Beobachtung von Moritz tritt ferner beim Mischen von Schnee und Alkohol eine so bedeutende Temperaturerniedrigung ein, dafs dieses Gemisch gleichfalls zur Herstellung von Kältemischungen geeignet sein dürfte. 73 g Schnee und 77 g absoluter Alkohol von + 4° C. ergaben beim Zusammenmischen eine Temperatur von —30° C. Gewöhnlicher Brennspiritus von Zimmertemperatur (17,5° C.) mit Schnee gemischt ergab noch eine Temperatur von — 20° C. Ein Hauptvorzug dieser Mischung wäre jedenfalls das Fehlen jeden Salzes und jeder Säure.

Die dritte Gruppe von Kältemischungen umfaſst jene aus Schnee und Salzen. Bezüglich der Minimaltemperatur gilt für diese Kältemischungen dasselbe Gesetz wie für jene der ersten Gruppe, und man kann auf diese Weise Kältemischungen mit einer konstanten Temperatur gleich der Minimaltemperatur erhalten, weshalb diese Mischungen besonders bequem sind. Wenn man ein leicht in Wasser lösliches Salz mit Eis oder Schnee innig vermengt, so findet eine Auflösung des Salzes in dem aus dem Eise entstehenden Schmelzwasser statt, die Lösung hat aber eine sehr niedrige Temperatur und teilt dieselbe der ganzen Mischung mit. Die durch Mischen von Schnee mit Salz erzielte Temperaturerniedrigung kann, wie bei der Lösung des Salzes in Wasser, nie unter dem Gefrierpunkt der gesättigten Lösung sinken, da sich sonst sofort Eis bilden und hierdurch die Temperatur bis zum Gefrierpunkt wieder erhöhen würde. Anderseits wird man durch Mischen von Schnee mit einem Salz aber auch genau den Gefrierpunkt der Lösung erhalten, wie Rüdorff durch Versuche nachgewiesen hat.

Rüdorff erhielt nämlich beim Mischen von 100 Teilen Schnee mit verschiedenen Salzen, beide von — 1°, folgende in der Tabelle zusammengestellte Temperaturen.

Salze	Mit 100 Teilen Schnee gemengt	Temperatur der Mischung	Gefrierpunkt der gesättigten Lösung
Schwefelsaures Kalium	10	— 1,9°	— 1,9°
Kohlensaures Natrium, krystallisiert	20	— 2,0	— 2,0
Salpetersaures Kalium	13	— 2,85	— 2,85
Chlorkalium	30	— 10,9	— 10,85
Chlorammonium	25	— 15,4	— 15,4
Salpetersaures Ammonium . . .	45	— 16,75	— 16,75
Salpetersaures Natrium	50	— 17,75	— 17,75
Chlornatrium	33	— 21,3	— 21,3
Phosphorsaures Natrium	—	—	— 0,45
Schwefelsaures Natrium	—	—	— 1,15

Läſst man eine gesättigte Salzlösung unter Umrühren gefrieren, so erhält man einen Brei von Salz und Eis; die Temperatur der Mischung bleibt so lange genau dieselbe, bis die ganze

Lösung fest geworden ist. Entfernt man nun diesen Krystallbrei aus der Kältemischung, so erhält sich die Temperatur, bis die Masse fast völlig wieder verflüssigt ist. Durch abwechselndes Einstellen in eine Kältemischung und Wiederentfernen derselben kann man so mit einer verhältnismäſsig geringen Menge einer gesättigten Salzlösung stundenlang eine völlig konstante Temperatur erhalten.

Die gröſstmögliche Kälte wird man demnach durch Mischen von Schnee und Salz in den Gewichtsverhältnissen erhalten, in welchen sie bei der zu erzeugenden Temperatur eine gesättigte Lösung bilden. Ein Überfluſs von Salz oder Schnee muſs mit abgekühlt werden, wodurch das Temperaturminimum abgekürzt wird; doch schadet ein Überfluſs von Salzen weniger wegen der geringeren spezifischen Wärme derselben.

Aus der Löslichkeit der Salze bei verschiedenen Temperaturen und dem Einfluſs derselben auf die Erniedrigung des Gefrierpunktes des Lösungswassers läſst sich das durch Mischen von Schnee mit Salz erreichbare Temperaturminimum oder der Gefrierpunkt der gesättigten Lösung berechnen. Bezeichnet man mit P die Anzahl der Gramme Salz, welche bei der Temperatur t in 100 g Wasser löslich sind, mit a den Löslichkeitscoefficienten, d. h. die Menge Salz, welche bei Zu- und Abnahme der Temperatur um 1° mehr oder weniger löslich ist, mit b den Gefrierpunkts-Erniedrigungsquotienten, mit t' die Anzahl der Grade unter der Temperatur t, bei welcher P Gramm Salz löslich sind, mit T den Gefrierpunkt der gesättigten Lösung, so ist $T = t - t'$ und $t' = \frac{t - bP}{1 - ab}$. Für salpetersaures Natrium ist z. B. $P = 79{,}75$ bei 0°, $a = 1{,}825$, $b = -0{,}370$; demnach $t' = \frac{0 - (-0{,}370 \times 79{,}75)}{1 - (1{,}825 \times -0{,}370)} = 17{,}8$ und $T = -17{,}8°$, während die direkte Beobachtung 17,75° gibt. Für Chlornatrium (unter 9° als $NaCl \cdot 2H_2O$) würde $P = 66{,}18$ bei $-15°$; $a = 0{,}392$ und $b = -0{,}341$, T also $= -21{,}6°$ sein, gefunden $-21{,}3°$.

Die Versuche von Hanamann und Guthrie stimmen hiermit im wesentlichen überein. Letzterer fand unter anderem, daſs 72 Teile schwefelsaures Ammonium mit 100 Teilen Schnee ein Gemisch von $-1{,}75°$ geben; folgende kleine Tabelle enthält seine Versuchsresultate mit Salzgemischen:

Salze		Erstarrungstemperatur			Temperatur der Eismischung
		einzeln		gemischt	
(a)	(b)	(a)	(b)	(a + b)	(a + b)
KNO_3 +	$NaNO_3$	— 2,6	— 17,5	— 17	— 16,8
KCl +	$NaCl$	— 11,4	— 22	— 21	— 21,8
KCl +	NH_4Cl	— 14,4	— 15	— 17	— 18
$Ba(NO_3)_2$ +	$Sr(NO_3)_2$	— 0,8	— 6	— 4,3	— 5,8
$BaCl_2$ +	$SrCl_2$	— 8	— 17	— 18	— 16,6
$(NH_4)_2SO_4$ +	Na_2SO_4	— 17	— 0,7	— 7	— 16
$2KNO_3$ +	Na_2SO_4	— 2,6	— 0,7	— 5	
$2NaNO_3$ +	K_2SO_4	— 17,5	— 1,2	— 5	
K_2SO_4 +	$2NaCl$	— 1,2	— 22	— 12,5	

Bei einigen Salzgemischen erhält man demnach eine Temperatur, die fast gleich ist der des am meisten abkühlenden Bestandteils, bei einigen ist sie niedriger, bei anderen höher. Die Erstarrungstemperatur stimmt hier nicht völlig mit der Temperatur überein, welche die Salze als Eismischung geben.

Die vierte Gruppe der Kältemischungen endlich umfafst die Mischungen aus Salzen und Säuren. Die gebräuchlichste ist jene aus Glaubersalz und Salzsäure. Ihre Wirksamkeit beruht darauf, dafs durch teilweise Zersetzung des Glaubersalzes, $Na_2SO_4 \cdot 10\,H_2O$, durch die Salzsäure, HCl, Kochsalz gebildet und Krystallwasser in Freiheit gesetzt wird. Die Verflüssigung desselben führt die Wärmeabsorption herbei. Die schliefsliche Wärmewirkung ist daher die resultierende Wirkung mehrerer Prozesse. Die gewöhnliche Vorschrift lautet, 8 Teile Glaubersalz mit 5 Teilen Salzsäure zu mischen, wodurch die Temperatur von $+10^0$ bis -17^0 erniedrigt werden kann. Aufser Glaubersalz wird auch phosphorsaures Natrium, und statt der Salzsäure auch Salpetersäure angewendet.

2. Kälteerzeugung durch freiwillige Verdampfung (Verdunstung).

Flüssigkeiten, welche die Fähigkeit besitzen, Dämpfe zu bilden, bedürfen zu ihrem Übergange in den Dampf- oder Gaszustand bedeutender Wärmemengen (Verflüchtigungswärme), welche notwendig sind, um sie in Gasform zu erhalten. Die Verflüchtigungswärme wird von dem Thermometer nicht angezeigt und führt aus diesem Grunde den Namen der gebundenen oder latenten Wärme, zur Unterscheidung von der auf das Thermometer einwirkenden, die Temperatur bedingenden, oder sogenannten freien Wärme. Die gebundene Wärme verschiedener Flüssigkeiten ist übrigens sehr ungleich; die des Wassers z. B. bei der Verdunstungstemperatur von 34° beträgt 583 Wärmeeinheiten, die eines gleichen Gewichtes Äther bei derselben Temperatur (dem Siedepunkte des Äthers) nur 90 Wärmeeinheiten.

Beim Vorgange der Verdunstung sind die Flüssigkeiten genötigt, ihren Bedarf an Verflüchtigungswärme zunächst aus ihrem eigenen Vorrat von freier Wärme zu schöpfen; infolge dessen sinkt ihre Temperatur. Da jedoch einem jeden Körper, dessen Temperatur niedriger ist, als diejenige seiner Umgebung, Wärme von aufsen zufliefst, und da dieser Zuflufs um so lebhafter erfolgt, ein je gröfserer Temperaturunterschied sich zeigt, so kann die erwähnte Abkühlung nicht bis ins Unbegrenzte fortschreiten. Es mufs vielmehr schliefslich immer ein Gleichgewichtszustand eintreten, sobald bei einer gewissen Temperaturerniedrigung der durch Fortdauer der Dampfbildung herbeigeführte Verlust an freier Wärme gleichzeitig durch Wärmezufuhr von aufsen wieder ausgeglichen wird

Der Eintritt wie die Tiefe des niedrigsten Temperaturpunktes einer verdunstenden Flüssigkeit ist mehr oder weniger von äufseren Einflüssen abhängig. Ersterer wird aber in allen Fällen dadurch beschleunigt, dafs bei sinkender Verdunstungstemperatur die Spannkraft des gebildeten Dampfes und mit dieser wieder die Dichtigkeit des letzteren und seine Verdunstungsmenge abnimmt. Der Raum z. B. von 1 cbm, welcher bei 34° sich mit 37,25 g gesättigten Wasserdampfes erfüllen kann, vermag davon bei 0° nur 4,76 g, bei — 10° sogar nur 2,29 g aufzunehmen. Es ist hiernach vollkommen einleuchtend, dafs von — 10° an gerechnet, im übrigen unter gleichen Umständen die Verdunstung viel langsamer fortschreitet, folglich der Wärmezuflufs von aufsen sich mehr geltend macht, als von + 34° an gerechnet.

Ähnlich ist es bei anderen Flüssigkeiten; so jedoch, dafs allgemein gesprochen, diejenige am raschesten verdunstet, welche bei einer gegebenen Verdunstungstemperatur das gröfste Spannungsmaximum besitzt, oder was dasselbe sagt: deren Siedepunkt am niedrigsten liegt. So erhält man bei freiwilliger Verdampfung des Äthers im Raume von 1 cbm bei 34° 3759 g, bei 0° 1515 g, bei — 10° immer noch 654 g Dampf, während das Wasser bei dieser niedrigen Temperatur nur 2,29 g liefert. Die weit geringere latente Wärme des Ätherdampfes wird, wie man sieht, durch das ungleich gröfsere Gewicht der unter sonst gleichen Bedingungen verdunstenden Masse reichlich aufgehoben. So versteht man leicht die allgemein bekannte stark abkühlende Wirkung des verdunstenden Äthers.

Auffallender noch in dieser Hinsicht zeigen sich flüssige schweflige Säure und flüssiges Ammoniak, deren Siedepunkte bzw. bei — 10° und — 33° liegen.

Die Stärke der Abkühlung einer verdunstenden Flüssigkeit wird wesentlich dadurch gefördert, dafs man den Wärmezuflufs von aufsen möglichst zu hindern sucht. Dies geschieht bekanntlich durch die Benutzung schlecht leitender Umhüllungen. Anderseits sucht man solche Einflüsse zu beseitigen, welche die Schnelligkeit der Verdunstung stören. Dahin gehört zunächst Entfernung des äufseren Luftdruckes, denn die Luft setzt, wenn auch nicht der Bildung, wohl aber der schnellen Ausbreitung des von irgend welcher Flüssigkeit aufsteigenden Dampfes ein mechanisches Hindernis entgegen; so kommt es, dafs ein gegebener Raum, zu dessen vollständiger Ausfüllung mit gesättigtem Dampfe mehrere Minuten nicht ausreichen würden, sich nach Entfernung der Luft augenblicklich sättigt. Zur Wegschaffung der Luft gebraucht man in den meisten Fällen eine gute Luftpumpe. Die Luftpumpe allein als Beförderungsmittel der Verdunstung würde jedoch meistens nicht hinreichen, weil ihre Wirksamkeit nicht grofs genug ist, um auch die Dämpfe mit derselben Schnelligkeit, mit der sie in luftleeren Räumen erzeugt werden, weiter fortzuschaffen. Die Verdunstung wird aber ganz unterbrochen, sobald der vorhandene Raum sich mit Dämpfen von derjenigen Temperatur, bei welcher die Verdunstung vor sich geht, angefüllt hat. In sehr befriedigender Weise erreicht man den Zweck einer raschen Entfernung der im leeren Raume von einer verdunstenden Flüssigkeit aufsteigenden Dämpfe durch die Absorption derselben, wie beispielsweise derjenigen der Wasserdämpfe durch konzentrierte Schwefelsäure.

Für den Prozefs der Kältebildung durch Verdunstung bieten sich vorzugsweise solche Flüssigkeiten, die technisch erst hergestellt werden müssen und einen erheblichen Werth besitzen. Es handelt sich daher bei der Kälteerzeugung im grofsen ganz wesentlich um Zurückführung der entfernten Dämpfe in ihren ursprünglichen Zustand, d. h. in wieder verdampfbare Flüssigkeit, so dafs der gegebene Stoff stets von Neuem verwendbar ist und sich nur in einem Kreislaufe befindet. Diese Zurückführung kann nach zwei in Form und Wirkung bedeutend verschiedenen Verfahrungsweisen, der Kompression und der Absorption, erfolgen.

In nachfolgender Tabelle sind die Siedepunkte und die latenten Verdampfungswärmen einiger zu dieser Art von Kälteerzeugung verwendbaren Flüssigkeiten, sowie deren spezifische Wärme in gasförmigem Zustande bei konstantem Druck (nach Regnault) zusammengestellt.

	Siedepunkt	Latente Wärme	Spezifische Wärme der Dämpfe
Wasser	+ 100	536 Cal.	0,4805
Alkohol	+ 78,2	214	—
Schwefelkohlenstoff	+ 46	83,5	0,1569
Äther	+ 35	90	0,4797
Chloräthyl	+ 10	92	—
Schwefligsäureanhydrid	— 10	94,5	0,1544
Methyläther	— 21	?	?
Ammoniak	— 40	234 (?)	0,5084
Kohlensäureanhydrid	— 78	?	0,2169

Die Verdunstungskälte erhält man, ähnlich wie bei den Kältemischungen, durch Division der latenten Verdunstungswärme durch die spezifische Wärme des Dampfes. Für Äther erhält man so — 90 : 0,4797 = — 188°, für Schwefelkohlenstoff — 83,5 : 0,1569 = = — 532°, für flüssiges Schwefligsäureanhydrid — 94,5 : 0,1544 = = — 612°; für flüssiges Ammoniak gibt Berthelot — 460° an, woraus sich die latente Verdunstungswärme desselben zu — 460 × 0,5084 = — 234 Cal. ergeben würde. (Die Lösungswärme des flüssigen Ammoniaks wäre dann nach Thomsen 496 — 234 = 262 Cal.). Durch Verdunstung kann man somit theoretisch weit niedrigere Temperaturen erreichen, als durch die besprochenen Kältemischungen; in der That hat man beim Verdunsten des flüssigen Schwefligsäureanhydrids — 76, des flüssigen Kohlensäureanhydrids selbst — 98° beobachtet.

Aus den vorhin zusammengestellten Siedepunkten der Flüssigkeiten ergibt sich, dafs Wasser, Alkohol, Schwefelkohlenstoff, Äther und Chloräthyl nur im Vacuum die zur Eisbildung erforderlichen niedrigen Temperaturen beim Verdunsten geben, während durch Schwefligsäureanhydrid, Methyläther, Ammoniak und Kohlensäureanhydrid auch beim Verdunsten an der Luft hinreichende Temperaturerniedrigungen erhalten werden; praktische Gründe machen jedoch hier wie dort die Wiederverdichtung der gebildeten Gase notwendig.

Sowohl das Vacuum auf der einen Seite wie die Wiedergewinnung der Substanzen auf der anderen, kann, wie erwähnt, erreicht werden durch Absorption der gebildeten Gase mittels entsprechender Lösungsmittel oder durch Kompression derselben mittels Pumpen. Man unterscheidet hiernach bei Anwendung der Verdunstung zur Kälteerzeugung Maschinen mit Absorption und solche mit Kompression, deren Prinzipien und Konstruktionen in den späteren Kapiteln ausführlich erörtert werden.

3. Kälteerzeugung durch Expansion.

Die Gase folgen bei den Veränderungen ihres Volumens durch Kompression oder Expansion dem bekannten experimentell nachgewiesenen Mariotte'schen Gesetze, welches lautet: Das Volumen einer gegebenen Gasmenge verhält sich umgekehrt wie der Druck, dem sie ausgesetzt ist, oder in eine Formel ausgedrückt,

$$V : v = p : P,$$

wobei V das Volumen einer gegebenen Luftmenge unter dem Drucke P, v aber das Volumen derselben Luftmenge unter dem Drucke p bezeichnet.

Dieses Fundamentalgesetz gilt jedoch nicht für alle Gase mit gleicher Strenge, und es wurde durch zahlreiche Versuche nachgewiesen, dafs einige Gase, wie z. B. Stickstoff, Sauerstoff, Wasserstoff u. s. w. sich bis zu einem Druck von 100 Atmosphären wie Luft verhalten, dafs Sumpfgas und schwerer Kohlenwasserstoff bei 100 Atmosphären etwas stärker komprimiert wurden als Luft, während solche Gase, welche bei relativ geringem Drucke schon tropfbar flüssig werden, wie Schwefeldioxyd, Kohlensäure, Ammoniak u. s. w., dagegen merklich stärker komprimierbar sind als Luft.

Bei der Kompression von Gasen ist jedoch noch ein anderes wichtiges Moment zu berücksichtigen, nämlich die Bildung von

Wärme, und diese Erscheinung ist bezüglich der Verwendung der Gase zum Zwecke der Kälteerzeugung von gröſster Wichtigkeit.

Wird ein Gas zusammengedrückt, so setzt sich die aufgewendete mechanische Arbeit in dessen Masse in Wärme um und erhöht die Temperatur. Werden gleiche Volume verschiedener Gase von gleichem Anfangsdruck um einen gleichen Raumteil komprimiert, so erhöht das Gas von geringer Volumwärme seine Temperatur mehr als das von groſser Volumwärme und zwar in potenzierter Weise, da erstens seine Teile bei gleicher Wärmeaufnahme schon eine höhere Temperatur annehmen und da zweitens das wärmere Gas gröſsere Spannung besitzt, der Zusammendrückung somit gröſseren Widerstand entgegensetzt, weshalb mehr Wärme entwickelt wird. Von gleicher Anfangstemperatur und Pressung ausgehend um gleichen Raumteil komprimiert, erlangen verschiedene Gase nicht nur ungleiche Temperatur, sondern auch ungleichen Druck. In welcher Weise die atmosphärische Luft von mittlerem Druck ihre Temperatur steigert, wenn sie bei einer Anfangstemperatur von 20° C. komprimiert wird, ergibt sich aus der folgenden Zusammenstellung:

Druck in Atmosphären:	1	2	3	4
Temperatur:	20	85	130	163 Grade.

Läſst man ein komprimiertes heiſses Gas sich wieder ausdehnen und zwar unter stets vollem Druck, so setzt sich die Wärme in äuſsere Arbeit um, es findet Abkühlung in demselben Maſse statt, wie bei der Zusammendrückung Temperatursteigerung. Wird ein komprimiertes heiſses Gas abgekühlt und dann erst expandiert, so erniedrigt sich seine Temperatur unter die anfängliche und es können sehr tiefe Kältegrade erreicht werden. Beispielsweise gibt die Luft von 2, 3, 4 Atmosphären, auf 30° C. abgekühlt, bei der Ausdehnung auf eine Atmosphäre die Temperaturen 25, 53, 70° C. unter Null. Es wird vorausgesetzt, daſs die Luft wie der Dampf in einer Maschine nach auſsen arbeitet; strömt sie in einen leeren Raum, so erleidet die Temperatur der ganzen Masse keine Veränderung, indem die bei der anfänglichen Expansion verloren gehende Wärme durch den Anprall der Teile an die Gefäſswandung wieder erzeugt wird; schiebt die Luft einen geringeren Druck zurück als ihrer eigenen Spannung entspricht, wenn sie z. B. in einem Gefäſse stark verdichtet in die äuſsere

Atmosphäre ausströmt, so ist ihre Abkühlung minder stark als oben angegeben. Auf diesen Grundsätzen beruht die Anwendung der Luft zur Kälteerzeugung und Eisbereitung.

Diese Grundsätze, welche sich auch auf Dämpfe flüchtiger Flüssigkeiten anwenden lassen, bedürfen zu ihrer Erläuterung, speziell in ihrer Anwendung zur Berechnung der mit Kühlmaschinen erzielbaren Effekte einiger physikalischer Gesetze, besonders aus der mechanischen Wärmetheorie, welche nachstehend erörtert werden sollen.

Als Grundsatz der mechanischen Wärmetheorie wurde von J. R. Mayer ausgesprochen, dafs, wie überhaupt zwischen Ursache und Wirkung ein bestimmtes Gröfsenverhältnis besteht, so auch bei der Produktion von Wärme durch mechanische Mittel stets ein unveränderliches Gröfsenverhältnis zwischen der erzeugten Wärme und der zu diesem Zwecke konsumierten mechanischen Arbeit bestehen müsse; dies ist das mechanische Äquivalent der Wärme, welches von Mayer selbst, später genauer von andern Forschern nach verschiedenen Methoden bestimmt wurde, und zwar ergaben diese Versuche, dafs eine Wärmeeinheit (Calorie) das thermische Äquivalent eines Arbeitsaufwandes von 424,9 Arbeitseinheiten (Kilogramm-Metern) ist. (Ein Kilogramm-Meter ist bekanntlich jene mechanische Leistung, welche im Stande ist, 1 kg 1 m hoch zu heben).

Für gasförmige Körper kann das mechanische Wärmeäquivalent durch Kompression oder auch durch Expansion derselben berechnet werden. Die nachstehenden darauf bezüglichen Ausführungen und Berechnungen sind dem Lehrbuche der Physik von Müller (bearbeitet von Pfaundler) entnommen.

a) Bestimmung des mechanischen Wärmeäquivalents durch Kompression der Gase.

Drückt man ein gemessenes Gasquantum auf ein kleineres Volum zusammen, so wird dabei Arbeit aufgewendet und Wärme erzeugt. Berechnet man diese Arbeit und bestimmt die daraus entstandene Wärmemenge, so erhält man die Daten zur Berechnung des Wärmeäquivalents.

In der cylindrischen Röhre *A B*, Fig. 1, sei ein Gasquantum durch den Kolben *K* luftdicht abgeschlossen. Wird die Temperatur des Gases konstant erhalten, so steigt der Druck beim

Hineinschieben des Kolbens nach dem Mariotte'schen Gesetze. Trägt man die Volumina als Abscissenwerte, die Drucke als Ordinaten auf, so erhält man die Kurve $y_1\, y_{10}$, welche eine gleichseitige Hyperbel ist und als **isothermische Kurve** der Gase bezeichnet wird. Es betrage nun der Flächeninhalt des Kolbens a Quadratmeter; der Druck per Quadratmeter in Kilogramm (welcher erhalten wird, indem man den Druck in Atmosphären mit 10334 multipliziert), sei für die Kolbenstellung in $v_{10} = p$. Es lastet also auf der ganzen Kolbenfläche bei v_{10} ein Druck $= ap$ Kilogramm. Würde nun dieser Druck konstant

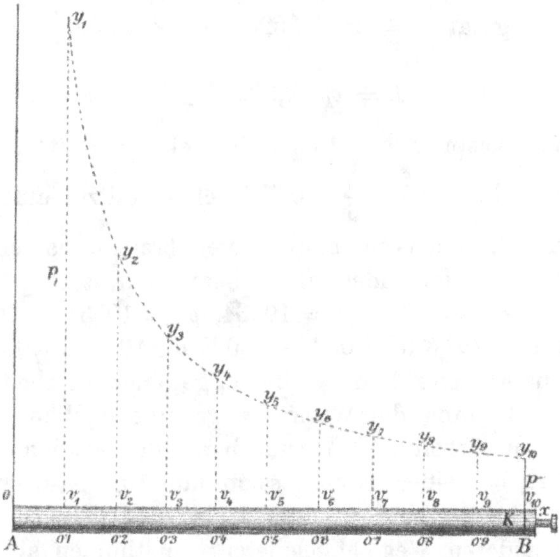

Fig. 1.

bleiben, während der Kolben um die Strecke von s Met. verschoben wird, so wäre die vom Kolben geleistete Arbeit $= sap$. Da nun $sa =$ dem Produkt aus Cylinderhöhe mit Querschnitt gleich der Volumsverminderung des Gases $v - v'$ ist, so würde die Gröſse der geleisteten Arbeit durch das Produkt $(v - v')p$ ausgedrückt sein. Weil aber der Druck sich ändert, so muſs für p der mittlere Druck während der Kompression gesetzt werden. Die angestellte Betrachtung, welche leicht verallgemeinert werden kann, führt also zu dem Satze: Wird ein Gas (oder überhaupt eine elastische Flüssigkeit) komprimiert, so ist die dabei geleistete Arbeit gleich dem Produkte aus der Volumsverminderung mit dem während derselben herrschenden mittleren Drucke.

Wenn in dem Diagramm der Fig. 1 die Abscissen die Volumina, die Ordinaten die Drucke darstellen, so stellt offenbar das zwischen den Ordinaten der Punkte v und v' liegende Flächenstück unter der Kurve die Arbeit dar, welche geleistet werden mufs, um bei konstanter Temperatur das Gas vom Volumen v auf das Volumen v' zu komprimieren. Entsprechen den Abscissen v und v' die Ordinaten p und p', so ist nach einem bekannten Satze der Geometrie der Inhalt jenes Flächenstückes, also auch die zu berechnende Arbeit:

$$L = vp \cdot \log \text{nat} \frac{v}{v'} = vp \cdot 2{,}3026 \log \frac{v}{v'} \text{ oder da } \frac{v}{v'} = \frac{p'}{p} \text{ ist,}$$

$$L = vp \cdot 2{,}3026 \log \frac{p'}{p} \quad \ldots \ldots \quad (1$$

Um also beispielsweise 1 kg Luft, welches bei 0° und 760 mm Druck ein Volum $= \frac{1}{1{,}293} = 0{,}7733$ cbm besitzt, auf $\frac{1}{10}$ des ursprünglichen Volumens zu komprimieren, braucht man eine Arbeitsmenge, die sich folgendermafsen berechnen läfst. Wir haben

$$v = 0{,}7733,\ p = 10334,\ p' = 103340,$$

$$\text{also } L = 0{,}7733 \cdot 1{,}0334 \cdot 2{,}3026 \log 10 = 18400 \text{ kg.}$$

Auf diese Weise konnte die aufgewendete Arbeit, aus der Temperaturerhöhung die Wärmemenge, und endlich das Zahlenverhältnis aus Arbeit und Wärme berechnet werden, wobei die Zahl 452,5, bei einer Kompression auf 10,5 Atmosphären die Zahl 437,2 erhalten wurde. Diese Zahlen sind weniger verläfslich, als die auf anderem Wege abgeleiteten, sie stimmen aber dennoch genau genug, um die dem Versuche zu Grunde liegende Annahme genau zu bestätigen, dafs die Luft, wie jedes andere annähernd vollkommene Gas, bei derselben Temperatur unter den verschiedensten Drucken eine gleiche Menge Wärme enthält. Man kann daher sagen, die Energiedifferenz zwischen Luft verschiedener Spannung, aber gleicher Temperatur, sei gleich Null, oder ihr Energiegehalt sei nur von der Temperatur abhängig. Dasselbe gilt von allen vollkommenen Gasen.

Ähnliche Resultate werden erhalten, wenn man die Versuche umkehrt, nämlich ein gemessenes Wärmequantum in Arbeit umsetzt und die letztere mifst, also im vorbeschriebenen Apparate ein Quantum Luft mit gemessener Spannung ausdehnen läfst und die dabei auftretende Temperaturerniedrigung bestimmt.

b) Kompression der Gase ohne Wärmeabgabe, potenziertes Mariotte'sches Gesetz, adiabatische Kurve.

Bei der Aufstellung des Mariotte'schen Gesetzes wurde die gegenseitige Abhängigkeit von Druck und Volum unter der Annahme untersucht, dafs bei den Änderungen dieser Gröfsen die Temperatur konstant erhalten werde. Komprimiert man ein

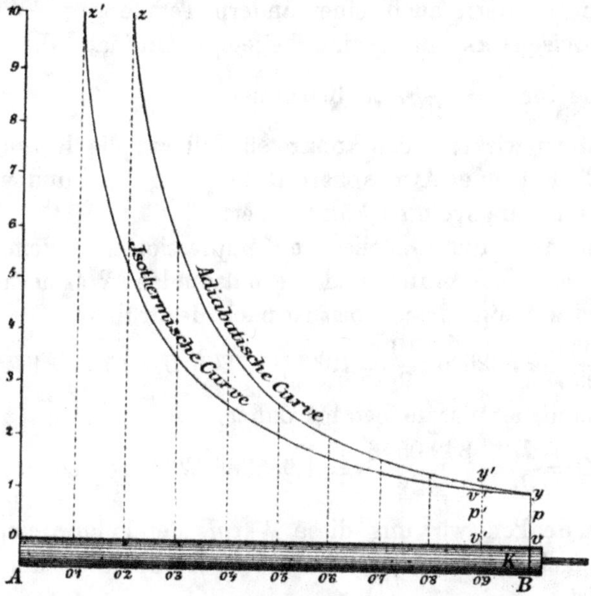

Fig. 2.

Gas, so steigt seine Temperatur, weil die aufgewendete Arbeit in Wärme umgesetzt wird. So lange diese Wärme nicht an die Umgebung abgeführt, also die ursprüngliche Temperatur nicht wieder hergestellt ist, gilt daher das Mariotte'sche Gesetz nicht, sondern der Druck mufs begreiflicherweise höher sein, als er nach diesem Gesetze sich ergäbe. Es soll nun untersucht werden, nach welchem andern Gesetze Druck und Volumen sich verhalten, wenn keine Wärme zu- oder abgeführt wird. Man denkt sich also die Wände des Kompressionsgefässes für Wärme ganz isoliert oder undurchgängig (adiabatisch.) Es stelle $A B$, Fig. 2, die am linkseitigen Ende verschlossene, am rechtseitigen Ende einen luftdichten Kolben K enthaltende Röhre vor, in welcher die Luft komprimiert wird. Die Volumina und Drucke seien wiederum auf dem Koordinatensystem aufgetragen. Die Kurve $y z$ ist dann die bekannte isothermische Kurve, welche das Mariotte'sche Gesetz $v p = v'p'$ darstellt.

Die obere rascher ansteigende Kurve yz' dagegen stellt dann die Drucke dar, welche zu Stande kommen, wenn man die durch die Kompression erzeugte Wärme nicht austreten läſst. Jeder Punkt dieser Kurve entspricht also nicht nur einem anderen Volumen, sondern auch einer andern Temperatur. Wir wollen beispielsweise versuchen, eine beliebige Ordinate dieser Kurve, z. B. jene für $v' = \frac{9}{10} v$ zu berechnen.

Nehmen wir also den konkreten Fall an, die Röhre enthalte bei 0° C. und einer Atmosphäre Druck 1 kg Luft und werde auf $^9/_{10}$ ihres Anfangsvolums komprimiert.

Denken wir uns zunächst die Kompression nach dem Mariotteschen Gesetze ausgeführt und die entstandene Wärme abgeleitet. Die dabei aufgewendete Arbeit ist nach der früheren Berechnung:

$$L = \frac{10334}{1,293} \cdot 2,3026 \log \frac{10}{9} = 10334 \cdot 1,7808 \cdot 0,045757 = 842,0556 \text{ kg},$$

die entstandene Wärme beträgt daher:

$$Q = \frac{L}{J} = \frac{842,0556}{424} = 1,985988 \text{ Wärmeeinheiten.}$$

Nun denken wir uns diese Wärme der komprimierten Luft wieder zugeführt, es steigt dann ihre Temperatur um τ Grade, und es ist:

$$\tau = \frac{Q}{c_v{}^{1)}} = \frac{1,985988}{0,1684} = 11,793^{\circ}.$$

Hierdurch steigt ihr Druck, welcher früher schon von $p = 10334$ auf $p' = 10334 \cdot \frac{10}{9} = 11482$ gestiegen war, neuerdings um den Betrag von $p' \cdot \frac{\tau}{T} = 11482 \cdot \frac{11,793}{272,6} = 11482 \quad 0,04326 = 496,711$, so daſs er nun $p'' = 11482 + 496,711 = 11978,711$ beträgt.

[1]) $c_v = 0,1684$ ist die spez. Wärme der Luft bei konstantem Volum.

Dieser Wert ist aber nur ein angenäherter, denn es ist klar, daſs wenn die Wärme nicht entweichen kann, der höhere Druck schon während der Kompression zur Geltung kommt und die Arbeit erhöht. Die erhöhte Arbeit bringt aber wieder mehr Wärme und diese höhere Temperatur, also auch höheren Druck hervor. Um also dem wahren Enddrucke näher zu kommen, werden wir zunächst noch die Arbeit l berechnen, welche wegen der Druckerhöhung um 496,711 dazu kommt. Da diese Druckerhöhung nur am Schlusse = 496,711, am Anfange = 0 beträgt, so nehmen wir $\frac{1}{2} \cdot 496{,}711$ multipliziert mit der Volumsverminderung $\frac{1}{10} \cdot \frac{1}{1{,}293}$ als die entsprechende Arbeit l. Diese beträgt demnach:

$$l = \frac{496{,}711}{2} \cdot \frac{1}{12{,}93} = 19{,}208 \text{ kgm.}$$

Die ihr entsprechende Wärme beträgt:

$$q = \frac{l}{424} = \frac{19{,}208}{424} = 0{,}045302 \text{ Cal.},$$

mithin der genauere Werth der ganzen entwickelten Wärme:

$$Q' = Q + q = 1{,}985988 + 0{,}045302 = 2{,}031290 \text{ Cal.}$$

Dieser entspricht der genauere Wert der Temperaturerhöhung:

$$\tau' = \frac{Q'}{c_v} = \frac{2{,}031290}{0{,}1684} = 12{,}062^{\circ}.$$

Rechnet man mittels τ' einen noch genaueren Wert für p'', so findet man:

$$p''' = 11482 + 11482 \cdot \frac{12{,}062}{272{,}6} = 11482 + 508{,}0785 = 11990,$$

den daraus berechneten genaueren Wert von l:

$$l' = \frac{508{,}0785}{2} \cdot \frac{1}{12{,}93} = 19{,}650 \text{ kgm},$$

den entsprechenden verbesserten Wert für q:

$$q' = \frac{l'}{J} = \frac{19{,}650}{424} = 0{,}04634 \text{ Cal.},$$

also den neuerdings verbesserten Wert der totalen Wärmemenge

$$Q'' = 1{,}985988 + 0{,}04634 = 2{,}03233,$$

daraus erhalten wir dann einen neuerdings verbesserten Wert der Temperatursteigerung:

$$\tau'' = \frac{Q''}{c_v} = \frac{2,03233}{0,1684} = 12,069^{\circ},$$

welcher nunmehr so wenig von dem früheren differiert, daſs eine weitere Fortsetzung der Annäherungsrechnung unnötig erscheint.

Der berechnete Enddruck 11990, den wir uns nach dem angenommenen Maſsstabe über dem Abscissenpunkte $v' = 0,9$ als Ordinate $v'v''$ aufgetragen denken, wäre nun selbst wiederum als Ausgangspunkt einer ähnlichen Rechnung zu benutzen, um so nach und nach die späteren Ordinaten der Kurve yz' zu berechnen.

Poisson hat nun gezeigt, daſs diese Kurve durch die Gleichung:

$$pv^k = p'v'^k \text{ oder } \frac{p'}{p} = \left(\frac{v}{v'}\right)^k \quad . \quad . \quad . \quad . \quad . \quad . \quad . \quad (1$$

dargestellt wird, in welcher p und v, sowie p' und v' zwei Paare zusammengehöriger Werte des Druckes und Volumens, der Exponent k nichts anderes als das Verhältnis $\frac{c_p}{c_v}$[1] bedeuten. Man kann diese Gleichung in Worten aussprechen: Die Drucke sind den k^{ten} Potenzen der Volumina verkehrt proportional.

Dieses wichtige Gesetz wird auch das **potenzierte Mariotte'sche Gesetz** genannt.

Mit Hilfe desselben können wir unser obiges Beispiel viel schneller berechnen. Wir haben

$$\log p' = \log p + k \log \frac{v}{v'}$$

$$\log p' = \log 10334 + 1,41 \log \frac{10}{9} = 4,014268 + 0,064517 = 4,078785$$

$$p' = 11990 \text{ wie oben.}$$

c) Berechnung der Endtemperatur eines ohne Wärmeabgabe komprimierten Gases.

Es sei gegeben die Anfangstemperatur $T = 272,6 + t$ und das Volumen v eines vollkommenen Gases. Es soll die Tem-

---

[1] $c_p = 0,2375$ ist die spez. Wärme der Luft bei konstantem Druck, $c_v = 0,1684$ jene bei konstantem Volum.

peratur T' berechnet werden, welche bei der Kompression auf das Volum v' eintritt, wenn keine Wärme austreten kann.

Diese Aufgabe, welche wir im vorigen Absatze in einem Beispiele durch ein Annäherungsverfahren gelöst haben, ist ebenfalls schneller mittels des potenzierten Mariotte'schen Gesetzes zu lösen.

Multipliziert man beide Seiten der Gleichung

$$\frac{p'}{p} = \left(\frac{v}{v'}\right)^k$$

mit $\frac{v'}{v}$, so kommt zunächst

$$\frac{p'v'}{pv} = \frac{v'}{v}\left(\frac{v}{v'}\right)^k = \left(\frac{v}{v'}\right)^{k-1}$$

Nach Mariotte's Gesetz ist nun

$$p'v' = RT' \text{ und } pv = RT,$$

$$\frac{p'v'}{pv} = \frac{T'}{T}$$

mithin:

$$\frac{T'}{T} = \left(\frac{v}{v'}\right)^{k-1} \quad \ldots\ldots\ldots\ldots (1$$

woraus folgt:

$$T' = T\left(\frac{v}{v'}\right)^{k-1} = T\left(\frac{v}{v'}\right)^{0{,}41}$$

In Worten: Die absoluten Temperaturen sind den $(k-1)^{\text{ten}}$ Potenzen der Volumina verkehrt proportional.

Bei dem im vorigen Absatze berechneten Beispiele war $\frac{v}{v'} = \frac{10}{9}$, $T = 0^0$ C. $= 272{,}6$ absoluter Temperatur.

Man findet daher:

$$\log T' = \log 272{,}6 + 0{,}41 \log \frac{10}{9} = 2{,}435526 + 0{,}018760 = 2{,}454286$$

$$T' = 284{,}6^0.$$

Die Temperaturerhöhung $\tau = T' - T$ beträgt also $284{,}6 - 272{,}6 = 12{,}0^0$, wie wir auch durch das Näherungsverfahren erhalten haben.

Statt des Anfangs- und Endvolumens v und v' kann aber auch der Anfangs- und Enddruck gegeben sein, so dafs die Aufgabe lautet:

Ein vollkommenes Gas von der Temperatur T wird vom Anfangsdruck p bis zum Enddruck p' komprimiert, welches ist die schliefsliche Temperatur T', wenn keine Wärme entweichen kann?

Aus

$$\left(\frac{v}{v'}\right)^k = \frac{p'}{p}$$

folgt:

$$\frac{v}{v'} = \left(\frac{p'}{p}\right)^{\frac{1}{k}},$$

multipliziert man beiderseits mit $\frac{p}{p'}$, so kommt:

$$\frac{vp}{v'p'} = \frac{p}{p'}\left(\frac{p'}{p}\right)^{\frac{1}{k}} = \left(\frac{p'}{p}\right)^{\frac{1}{k}-1} = \left(\frac{p}{p'}\right)^{1-\frac{1}{k}} = \left(\frac{p}{p'}\right)^{\frac{k-1}{k}}$$

und wenn man wieder $vp = RT$, $v'p' = RT'$ substituiert:

$$\frac{T}{T'} = \left(\frac{p}{p'}\right)^{\frac{k-1}{k}} \quad . \quad . \quad . \quad . \quad . \quad . \quad . \quad . \quad (2$$

mithin:

$$T' = T\left(\frac{p'}{p}\right)^{\frac{k-1}{k}} = T\left(\frac{p'}{p}\right)^{0,2907}$$

In Worten: Die absoluten Temperaturen sind den $\left(\frac{k-1}{k}\right)^{\text{ten}}$ Potenzen der Drucke direkt proportional.

Wir brauchen wohl nicht erst darauf aufmerksam zu machen, dafs die Gleichungen 1 und 2 dieses, sowie die Gleichung 1 des vorigen Absatzes nicht blofs für Kompression, sondern auch für Ausdehnung eines vollkommenen Gases gelten, wenn dieselbe in der Weise vor sich geht, dafs keine Wärme zu- oder abgeführt wird und der äufsere Druck immer unendlich nahe gleich dem inneren Gegendrucke bleibt.

Man sagt von einem Gase, welches man sich in dieser Weise komprimiert oder ausgedehnt denkt, es werde adiabatisch komprimiert oder ausgedehnt, oder es bewege sich auf einer adiabatischen Kurve.

d) Berechnung der Arbeit bei der Kompression eines Gases ohne Wärmeabgabe.

Die Ergebnisse der vorstehenden Ableitung setzen uns nun in die Lage, die Arbeit zu berechnen, welche verbraucht wird, um ein vollkommenes Gas zu komprimieren, welches von allem Wärmeverkehr von aufsen abgesperrt ist. Auf dieselbe Weise erhalten wir auch die Arbeit, welche das Gas leistet, indem es sich adiabatisch ausdehnt.

Es ist zunächst leicht einzusehen, dafs alle zur Kompression aufgewendete Arbeit ausschliefslich in Wärme verwandelt und kein Bruchteil zu anderen Wirkungen verbraucht wird. Wir können dieses etwa folgendermafsen zeigen:

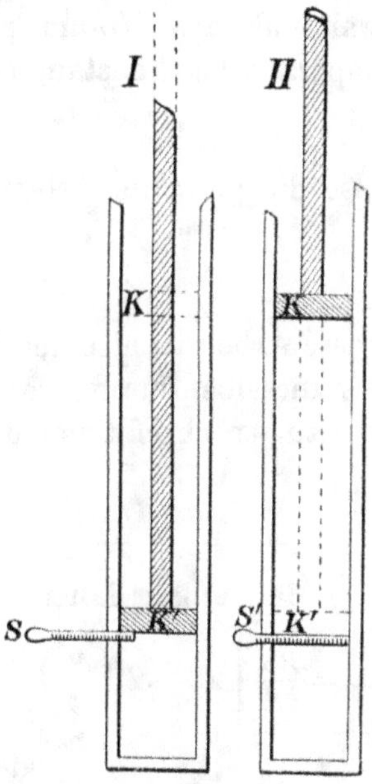

Fig. 3.

Fig. 3 stelle das Schema eines Apparates vor, der aus einer Röhre besteht, in der ein Kolben K luftdicht auf- und abbewegt werden kann. Aufserdem sei ein seitlicher Schieber S vorhanden, der, wenn er in die Lage S' gebracht wird, das unterhalb befindliche Volum v' luftdicht abschliefst. Der Kolben habe eine Anfangsstellung K, die darunter befindliche Luft betrage 1 kg, habe das Volum v, den Druck p und die absolute Temperatur T. Bei offenem Schieber S sei dieser Kolben in die Lage K' gebracht und dann der Schieber in die Lage S' verschoben worden. Nun hat die Luft das Volum v', den Druck p' und die Temperatur T'. Jetzt denken wir uns der Luft so viel Wärme Q entzogen, dafs ihre Temperatur nur mehr T, wie anfangs, beträgt. Inzwischen ziehen wir den Kolben in die Lage K zurück, so dafs zwischen dem Schieber und dem Kolben ein Vacuum hergestellt ist. Öffnen wir nun wieder den Schieber S', so dehnt sich die komprimierte Luft ohne Arbeitsleistung aus, sie erleidet dabei keine Temperaturerniedrigung, hat also die Anfangstemperatur T, das Anfangsvolum v und den Anfangsdruck p, befindet sich also überhaupt ganz im Anfangszustande, von dem wir ausgegangen sind. Diesen Vorgang können wir beliebig oft wiederholen und würden dabei jedesmal ein Arbeitsquantum L in ein Wärmequantum Q überführen. Wir sind daher sicher, dafs die aufgewendete Arbeit ganz und ausschliefslich in Wärme verwandelt ist, da die Luft schliefslich immer wieder in denselben Zustand zurückkehrt, also keinerlei Wirkung in ihr zurückgeblieben ist.

Nach dem Satze von der Äquivalenz von Arbeit und Wärme ist daher

$$L = \frac{Q}{A}, \text{ wo } A = \frac{1}{424} \text{ ist.}$$

Q ist aber die durch Kompression entstandene Wärme, durch deren Abfuhr das Kilogramm Luft von T' auf T gesunken ist, während das Volum v' konstant blieb. Ist c_v die Wärmekapazität bei konstantem Volum, so ist mithin

$$Q = c_v (T' - T),$$

also die gesuchte Arbeit

$$L = \frac{c_v}{A}(T' - T) \quad . \quad . \quad . \quad . \quad . \quad . \quad . \quad (1$$

Diese Arbeit ist also der Temperaturdifferenz proportional. Wollen wir dieselbe durch die Volumina ausdrücken, so brauchen wir nur zu berücksichtigen, dafs nach Gleichung 1 des vorigen Absatzes:

$$T = T' \left(\frac{v'}{v}\right)^{k-1}$$

Man erhält daher:

$$\left.\begin{aligned} L = \frac{c_v}{A}\left[T' - T\left(\frac{v'}{v}\right)^{k-1}\right] &= \frac{c_v}{A} T'\left[1 - \left(\frac{v'}{v}\right)^{k-1}\right] \\ \text{oder} &= \frac{c_v}{AR} p' v' \left[1 - \left(\frac{v'}{v}\right)^{k-1}\right] \\ \text{oder} &= \frac{p' v'}{k-1}\left[1 - \left(\frac{v'}{v}\right)^{k-1}\right] \end{aligned}\right\} \quad . \quad . \quad . \quad (2$$

Will man statt dessen das Verhältnis der Drucke einführen, so setzt man nach Gleichung 2 Absatz c

$$T = T' \left(\frac{p}{p'}\right)^{\frac{k-1}{k}}$$

und erhält dann:

$$\left.\begin{aligned} L &= \frac{c_v}{A}\left[T' - T\left(\frac{p}{p'}\right)^{\frac{k-1}{k}}\right] = \frac{c_v}{A}\,T\left[1-\left(\frac{p}{p'}\right)^{\frac{k-1}{k}}\right] \\ &\text{oder} = \frac{c_v}{AR}\,p'\,v'\left[1-\left(\frac{p}{p'}\right)^{\frac{k-1}{k}}\right] \\ &\text{oder} = \frac{p'\,v'}{k-1}\left[1-\left(\frac{p}{p'}\right)^{\frac{k-1}{k}}\right] \end{aligned}\right\} \quad . \; . \; . \; (3$$

Wir wollen zur Erläuterung noch ein Zahlenbeispiel beifügen.

Wie weit mufs Luft von 0° und 760 mm Druck zusammengedrückt werden, damit ihre Spannung sich verdopple? Wie weit erwärmt sie sich dabei? Wie viel Arbeit ist dazu erforderlich, wenn ihre Masse 1 kg beträgt?

Nach Absatz c Gleichung 1 haben wir:

$$\frac{p}{p'} = \left(\frac{v'}{v}\right)^k$$

also:

$$\frac{1}{2} = \left(\frac{v'}{v}\right)^{1,41}$$

$$\frac{v'}{v} = \left(\frac{1}{2}\right)^{\frac{1}{1,41}} = \left(\frac{1}{2}\right)^{0,709}$$

$$\log\frac{v'}{v} = 0,709\,\log\frac{1}{2} = -0,709 \cdot 0,30103 = 0,78657 - 1$$

$$\frac{v'}{v} = 0,6118.$$

Man sieht also, dafs bei der adiabatischen Kompression eine Volumverminderung auf 0,6118 genügt, um den Druck zu verdoppeln, während nach der isothermischen Kompression, d. i. nach dem Mariotte'schen Gesetze, die Volumverminderung bis auf 0,5 gehen mufs. Um die Temperaturerhöhung zu finden, setzen wir nach Gleichung 2 Absatz c

$$T' = T\left(\frac{p'}{p}\right)^{\frac{k-1}{k}} = 272,6 \cdot 2^{0,2907}$$

$$\log T' = \log 272,6 + 0,2907\,\log 2 = 2,523035$$

$$T' = 333,45^{\circ},$$

also in Celsiusgraden:

$$t = 333,45 - 272,6 = 60,85^{\circ}.$$

Die nötige Arbeit finden wir nach der eben entwickelten Gleichung 1

$$L = \frac{c_v}{A}(T' - T) = 0{,}1685 \cdot 424 \cdot 60{,}85$$

$$L = 4347{,}367 \text{ m-kg.}$$

Die erzeugte Wärme erhielte man durch Weglassung des Faktors 424:

$$Q = 10{,}253 \text{ Cal.}$$

e) Kreisprozefs an vollkommenen Gasen.

Man nennt jede Reihe von Zustandsänderungen eines Körpers, welche denselben am Schlusse genau in den Anfangszustand zurückbringen, einen Kreisprozefs. Unter diesen Kreisprozessen unterscheidet man zwei Arten, umkehrbare und nicht umkehrbare. Ein Beispiel eines nicht umkehrbaren Kreisprozesses haben wir im vorigen Absatz kennen gelernt. Es wurde daselbst Luft komprimiert, die erzeugte Wärme abgegeben und dann dehnte sich die Luft ohne Arbeitsleistung, weil ohne Gegendruck, wieder auf das ursprüngliche Volum aus. Da es nun nicht möglich ist, Luft ohne äufseren Gegendruck zusammenzupressen, so können wir die Reihenfolge dieser Veränderungen nicht umkehren. Soll ein derartiger Kreisprozefs umkehrbar sein, so dürfen Druck und Gegendruck nur unendlich wenig von einander verschieden sein.

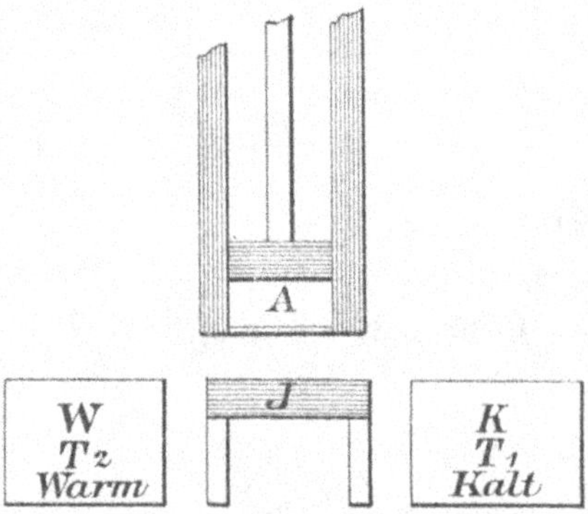

Fig. 4.

Einen solchen umkehrbaren Prozefs wollen wir nun kennen lernen und bedienen uns zum leichteren Verständnis des beistehenden Schemas, Fig. 4, aus **Maxwell's** Theorie der Wärme.

Es stelle A einen Cylinder mit beweglichem Kolben vor. Sowohl die Kolbensubstanz wie die Seitenwände seien für die Wärme undurchdringlich, was wir durch die Schraffierung, welche absolut schlechte Wärmeleiter vorstellen möge, andeuten wollen. Der Boden des Cylinders dagegen sei vollkommen leitend und so dünn, dafs er selbst keine in Betracht kommende Wärmemenge aufzunehmen vermag. Der Cylinder enthalte ein vollkommenes

Gas, als welches wir die Luft gelten lassen wollen. Unterhalb befinden sich drei Körper, von denen der eine W stets auf einer hohen Temperatur T_2, der andere K auf einer niedrigen Temperatur T_1 erhalten werde. Diese beiden Körper seien ferner vollkommene Wärmeleiter und von so groſsem Wasserwerte, daſs alle vorkommenden Wärmezu- und Abfuhren ihre Temperaturen nicht merklich zu verändern vermögen. Zwischen beiden stehe der Körper J, welcher ein vollkommener Isolator für Wärme sein soll, so daſs, wenn A auf J gestellt wird, das in A eingesperrte Gas vollkommen vor Wärmezu- oder Abfuhr gesichert ist.

Nun denken wir uns einen Kreisprozeſs in vier Phasen folgendermaſsen durchgeführt:

Erste Phase.

Der Anfangszustand der Luft sei gegeben durch Volum $= v_1$, Druck $= p_1$, Temperatur $= T_1$. Der Cylinder werde auf J gesetzt und dann die Luft adiabatisch komprimiert, bis sie das Volum v_2 und den Druck p_2 angenommen hat. Dabei steige ihre Temperatur auf T_2. Sie hat also jetzt den Zustand: v_2, p_2, T_2.

Zweite Phase.

Wir setzen den Cylinder auf den warmen Körper W und entlasten allmählich den Kolben, so daſs die Luft sich ausdehnen kann. Diese Ausdehnung würde die Luft abkühlen, wenn nicht sofort so viel Wärme aus W nach A eindringen würde, als nötig ist, um die Temperatur T_2 auf konstanter Höhe zu erhalten, so daſs also die Ausdehnung isothermisch erfolgt. Wir bekommen so einen Zustand, der ausgedrückt ist durch: v_3, p_3, T_2.

Dritte Phase.

Der Cylinder wird wieder auf J gestellt und dann der Kolben noch weiter entlastet, so daſs sich die Luft adiabatisch ausdehnen muſs. Dabei wird natürlich ihre Temperatur erniedrigt. Wir setzen diese Ausdehnung so lange fort, bis die Temperatur auf T_1 gesunken ist. Endzustand ist also: v_4, p_4, T_1.

Vierte Phase.

Der Cylinder wird auf den kalten Körper K gesetzt, und nun die Luft bei konstanter Temperatur T_1, also isothermisch bis auf das Anfangsvolum v_1, also auch auf den Anfangsdruck p_1 komprimiert. Die frei gewordene Wärme wird vom Körper K aufgenommen. Wir haben also Endzustand gleich Anfangszustand: v_1, p_1, T_1.

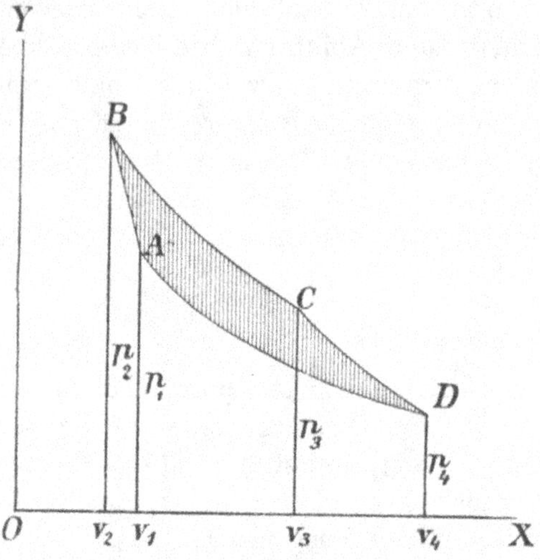

Fig. 5.

Diesen Prozeſs können wir auf einem Kordinatensystem, wie Fig. 5 zeigt, darstellen. Die Abszisse $O\,v_1 = v_1$ stelle das Anfangsvolum, die Ordinate p_1 den Anfangsdruck, der Punkt A also den Anfangszustand vor. Wird nun adiabatisch komprimiert, so wandert der den Zustand darstellende Punkt von A längs einer adiabatischen Kurve AB bis B, welchem das Volum $O\,v_2 = v_2$ und der Druck p_2 entspricht. Die dabei verbrauchte Arbeit ist offenbar durch den Flächeninhalt des Stückes $v_2\,BA\,v_1$ gegeben.

Während der zweiten Phase bewegt sich nun der Zustand der Luft längs der isothermischen Kurve $B\,C$, es wird eine Arbeit gleich der Fläche $v_2\,B\,C\,v_3$ geleistet, d. h. von der Luft auf den Kolben übertragen, und es geht gleichzeitig ein Wärmequantum Q_2 von dem warmen Körper W auf die Luft über.

Während der dritten Phase bewegt sich die Luft auf der adiabatischen Kurve $C\,D$, es wird neuerdings eine Arbeit gleich der Fläche $v_3\,C\,D\,v_4$ geleistet.

Endlich während der vierten Phase bewegt sich Luft längs der isothermischen Kurve $D\,A$ zum Ausgangspunkt zurück; dabei wird die Arbeit gleich der Fläche $v_1\,A\,D\,v_4$ verbraucht, und gleichzeitig geht ein Wärmequantum Q_1 von der Luft in den kalten Körper K über.

Die Summe der während des ganzen Kreisprozesses geleisteten Arbeiten ist also

$$= v_2\,BC\,v_3 + v_3\,CD\,v_4 = v_2\,BCD\,v_4,$$

Die Summe der im ganzen verbrauchten Arbeiten ist also

$$= v_2 BA v_1 + v_1 AD v_4 = v_2 BAD v_4$$

Der Überschuſs der geleisteten Arbeit beträgt daher die Fläche $ABCD$, welche durch Schattierung hervorgehoben ist.

Man pflegt geleistete Arbeit positiv, verbrauchte negativ zu rechnen. Es ist also das Resultat dieses Kreisprozesses ein Überschuſs positiver Arbeit L, vorgestellt durch die Gröſse der Fläche $ABCD$, welche von zwei adiabatischen und zwei isothermischen Kurven begränzt ist. Auſserdem ist einmal ein Wärmequantum Q_2 bei der höheren Temperatur T_2 der Luft zugeführt und einmal ein Wärmequantum Q_1 bei der niedern Temperatur T_1 der Luft entzogen worden.

$Q_2 - Q_1$ ist somit das verschwundene Wärmequantum, welches, da sonst keinerlei Änderung oder Wirkung in der Luftmasse zurückgeblieben ist, nur dazu verbraucht worden sein kann, um die erwähnte positive Arbeit L hervorzubringen; die gewonnene Arbeit L ist daher mit der Wärmemenge $Q_2 - Q_1$ äquivalent.

Es gilt also die Gleichung:

$$AL = Q_2 - Q_1 \quad \ldots\ldots\ldots \quad (1$$

$$L = \frac{Q_2 - Q_1}{A}$$

wo A wiederum $= \frac{1}{J} = \frac{1}{424}$ ist.

Bezüglich des Zusammenhangs zwischen den Temperaturen T_1 und T_2 und den Wärmemengen Q_1 und Q_2 läſst sich noch folgende wichtige Beziehung ableiten: Nach Gleichung 2 des Absatzes c gelten die Gleichungen:

$$\left(\frac{p_2}{p_1}\right)^{\frac{k-1}{k}} = \frac{T_2}{T_1}, \quad \left(\frac{p_3}{p_4}\right)^{\frac{k-1}{k}} = \frac{T_2}{T_1}$$

folglich:

$$\frac{p_2}{p_1} = \frac{p_3}{p_4}$$

also auf

$$\frac{p_3}{p_2} = \frac{p_4}{p_1}$$

Die Wärmemenge Q_1, welche frei wird, wenn man ein Gas bei konstanter Temperatur T_1 aus der Spannung p_4 in die Spannung p_1 bringt, ist gegeben durch:

$$Q_1 = 2{,}3026\, ART_1 \log \frac{p_4}{p_1}$$

Ebenso ist die Wärmemenge Q_2, welche der Überführung bei konstanter Temperatur T_2 aus der Spannung p_3 in die Spannung p_2 entspricht, ausgedrückt durch:

$$Q_2 = 2{,}3026\, ART_2 \log \frac{p_3}{p_2}.$$

Da nun:

$$\frac{p_4}{p_1} = \frac{p_3}{p_2},$$

so folgt:

$$Q_1 : Q_2 = T_1 : T_2$$

Es ist dann ferner:

$$\left.\begin{aligned}(Q_2 - Q_1) : Q_1 = (T_2 - T_1) : T_1, \text{ also } Q_2 - Q_1 = \frac{Q_1}{T_1}(T_2 - T_1)\\ (Q_2 - Q_1) : Q_2 = (T_2 - T_1) : T_2, \text{ also } Q_2 - Q_1 = \frac{Q_2}{T_2}(T_2 - T_1)\end{aligned}\right\} \quad 2)$$

Setzt man diese Werte in die Gleichung 1, so erhalten wir für die Arbeit

$$\left.\begin{aligned}L = \frac{Q_1}{AT_1}(T_2 - T_1)\\ L = \frac{Q_2}{AT_2}(T_2 - T_1)\end{aligned}\right\} \quad . \; . \; . \; . \; . \; . \; . \quad (3$$

Diese wichtigen Gleichungen sagen also, daſs bei dem besprochenen Kreisprozesse die gewonnene Arbeit erstens proportional der Differenz der Temperaturen ist, bei welchen die Zuleitung und Ableitung der Wärme erfolgte, zweitens, daſs sie proportional ist dem Verhältnisse zwischen der zu- oder abgeführten Wärme und derjenigen absoluten Temperatur, bei welcher die Zu- oder Abführung erfolgte.

Soll also überhaupt ein Wärmequantum in Arbeit verwandelt werden, so muſs gleichzeitig ein anderes Wärmequantum aus einem wärmeren in einen kälteren Körper übergeführt werden. Ohne vorhandenes Temperaturgefälle ist also eine Arbeitserzeugung aus Wärme nicht möglich.

f) Umkehrung des Kreisprozesses, Carnot's Lehrsatz.

Der im vorigen Absatze betrachtete Kreisprozefs ist insbesondere dadurch charakterisiert, dafs sowohl der Druck oberhalb und unterhalb des Kolbens als auch die Temperatur oberhalb und unterhalb des Bodens von A stets einander gleich oder genauer ausgedrückt, zwar nicht vollständig gleich, aber nur um ein beliebig Kleines voneinander verschieden sind.

So wenig es in der Praxis möglich ist, eine gewöhnliche Maschine ohne alle Reibung herzustellen, weshalb immer ein Überschufs von Arbeit erforderlich ist, um sie in Bewegung zu erhalten, so wenig wäre es möglich, eine calorische Maschine wirklich herzustellen, welche genau nach dem Schema des betrachteten Kreisprozesses arbeiten würde. Diese technische Unvollkommenheit braucht uns aber nicht zu hindern, die theoretischen Folgerungen zu ziehen, die sich aus der Annahme einer solchen calorischen Maschine ergeben.

Die erste Folgerung ist nun die, dafs sich der Gang einer solchen Maschine umkehren lassen mufs. Wir beginnen damit, den Cylinder A, Fig. 4, welcher Luft von T_1 Grad, vom Volum v_1, und dem Drucke p_1 enthält, auf den kalten Körper K zu setzen. Hierauf ziehen wir den Kolben empor. Die Luft würde sich dabei, weil arbeitleistend, unter T_1 abkühlen, wenn nicht fortwährend aus K Wärme einströmte, welche die Temperatur T_1 konstant erhält. Das Volumen wird nun v_4, der Druck p_4. Jetzt setzen wir den Cylinder auf den Wärmeisolator J und drücken die Luft adiabatisch zusammen, bis sie das Volum v_3, den Druck p_3 und die Temperatur T_2 zeigt. Hierauf kommt der Cylinder auf den warmen Körper W, die Kompression wird fortgesetzt, aber die Temperatur kann nicht über T_2 steigen, weil alle Wärme von W abgegeben wird. Das Volumen wird nun v_2, der Druck p_2. Endlich kommt der Cylinder wieder auf den Wärmeisolator zurück, worauf man die Luft sich adiabatisch ausdehnen läfst, bis die Temperatur auf T_1, der Druck auf p_1 gesunken, das Volumen auf v_1 gestiegen sind. Der Anfangszustand ist nun wieder hergestellt.

Der Zustand des Gases hat auf dem Diagramm der Fig. 5 den Weg $A\,D\,C\,B\,A$ beschrieben. Verbraucht wurde die Arbeit gleich der Fläche $v_2 B\,C\,D\,v_4$, geleistet die kleinere Arbeit gleich der Fläche $v_2 B\,A\,D\,v_4$. Es bleibt also ein Überschufs verbrauchter oder negativer Arbeit, d. h., es mufste von aufsen Arbeit zugeführt werden und zwar soviel, als der Fläche $ADCB$ entspricht. Dafür wurde ein Wärmequantum Q_1 aus dem kälteren Körper bei der Temperatur T_1 zugeführt, und ein Wärmequantum Q_2 an den wärmeren Körper bei der Temperatur T_2 abgegeben. Das schliefsliche Resultat ist also: Verlust einer Arbeitsmenge L, Gewinn einer Wärmemenge $Q_2 - Q_1$ und Überführung derselben vom kälteren Körper von der Temperatur T_1 auf den wärmeren Körper von der Temperatur T_2. Wir haben also diesmal statt Gleichung 1 Absatz e:

$$AL = Q_1 - Q_2$$

$$L = -\frac{Q_2 - Q_1}{A}$$

Es ist also möglich, auf Kosten der Verwandlung eines gewissen Quantums Arbeit in Wärme, eine Quantität Wärme aus einem kälteren Körper in einem wärmeren überzuführen. Erfahrungsgemäfs geht aber die Wärme von selbst, d. h. ohne solche kompensierende Verwandlung nicht aus einem kälteren Körper in einen wärmeren über, dagegen geht umgekehrt jedes beliebige Wärmequantum von selbst, d. h. ohne weitere Kompensation von einem wärmeren zu einem kälteren Körper durch Leitung oder Strahlung über. Auf diese Erfahrung sowie auf das früher Vorgetragene gestützt, kann man nun folgenden wichtigen Satz ableiten, welcher von seinem Entdecker der Carnot'sche Lehrsatz genannt wird:

»Unter allen zwischen denselben Grenztemperaturen T_1 und T_2 verlaufenden Kreisprozessen, durch welche Wärme in Arbeit verwandelt wird, ist der umkehrbare Kreisprozefs der vorteilhafteste, da bei diesem ein gröfserer Bruchteil der zugeführten Wärme in Arbeit verwandelt wird, als bei jedem anders verlaufenden Kreisprozesse.«

Nennen wir wiederum die zugeführte Arbeit Q_2, die abgeführte Q_1, so ist $\frac{Q_2 - Q_1}{Q_2}$ das Verhältnis der in Arbeit verwandelten Wärme zur zugeführten. Je gröfser dieses Verhältnis, desto günstiger ist der Prozefs für die Arbeitsgewinnung. Man nennt daher dieses Verhältnis auch den Verwandlungskoeffizienten oder die Leistungsfähigkeit der Maschine, welche nach diesem Prozesse Arbeit hervorbringt.

Sind nun bei einem nicht umkehrbaren, zwischen T_1 und T_2 verlaufenden Kreisprozesse die zu- und abgeführten Wärmemengen Q'_2 und Q'_1, so ist $\frac{Q'_2 - Q'_1}{Q'_2}$ der Verwandlungskoeffizient, und es handelt sich nun darum, zu zeigen, dafs immer:

$$\frac{Q_2 - Q_1}{Q_2} > \frac{Q'_2 - Q'_1}{Q'_2}.$$

Betrachten wir zu diesem Zwecke nochmals den umkehrbaren Kreisprozefs, wie er durch das Diagramm (Fig. 5) dargestellt ist. Auf dem Wege von B nach C findet Ausdehnung unter Wärmezufuhr statt. Beim umkehrbaren Prozesse ist dabei der Druck der Luft auf dem Kolben unendlich nahe gleich dem Gegendruck, beim nicht umkehrbaren Prozesse ist der Gegendruck kleiner oder gar gleich Null, mithin auch die Arbeit kleiner oder gleich Null, die zugeführte Wärme Q'_2 ist daher in diesem Falle kleiner als Q_2, weil eben nur so viel Wärme zugeführt wird, um am Ende bei der Ankunft in C die gleiche Temperatur T_2 zu haben, also den auf die (diesmal kleinere) Arbeitsleistung verwendeten Wärmeanteil zu ersetzen. Auf dem Wege von D nach A ist beim umkehrbaren Prozesse ebenfalls wieder der Druck auf den Kolben von aufsen nur um ein unendlich Kleines höher als der Gegendruck der Luft. Beim nicht umkehrbaren Prozesse dagegen ist der äufsere Druck gröfser, also auch die verbrauchte Arbeit gröfser, mithin auch die erzeugte und an den kalten Körper abgegebene Wärme Q_1 gröfser als Q.

Es ist also:

$$Q_2 > Q'_2$$
$$Q'_1 > Q_1$$

also auch $$Q_2 Q'_1 > Q'_2 Q_1,$$

folglich ist die Differenz:

$$\frac{Q_2 - Q_1}{Q_2} - \frac{Q'_2 - Q'_1}{Q'_2} =$$

$$= \frac{Q'_2 (Q_2 - Q_1) - Q_2 (Q'_2 - Q'_1)}{Q_2 Q'_2} = \frac{Q_2 Q'_1 - Q'_2 Q_1}{Q_2 Q'_2}$$

positiv, also:

$$\frac{Q_2 - Q_1}{Q_2} > \frac{Q'_2 - Q'_1}{Q'_2}$$

womit obiger Satz wenigstens in diesem Falle bewiesen ist. Da wir wegen Raummangel und sonstigen Gründen einen vollständigeren mathematischen Beweis hier nicht beibringen können, so wollen wir durch nachfolgende Betrachtungsweise den Nachweis führen, dafs die Annahme, es könne überhaupt einen vorteilhafteren Kreisprozefs geben, als den umkehrbaren, mit bekannten Erfahrungssätzen in direkten Widerspruch geraten mufs.

Stellen wir uns zwei Maschinen vor, von denen eine A nach einem umkehrbaren Prozesse, die andere B nach einem nicht umkehrbaren Prozesse Wärme in Arbeit zu verwandeln vermag. Wenn nun die Maschine A von einem bei T_2^0 aufgenommenen Wärmequantum Q_2 das Quantum Q_1 bei T_1^0 wieder abgibt, so verwandelt sie das Quantum $Q_2 - Q_1$ in Arbeit. Soll nun angeblich die Maschine B besser wirken, so müfste sie von ebensoviel bei T_2^0 aufgenommener Wärme Q_2 weniger als Q_1, also $Q_1 - Q$ Wärme bei T_1^0 abgeben und dementsprechend mehr, nämlich $Q_2 - Q_1 + Q$ Wärme in Arbeit verwandeln.

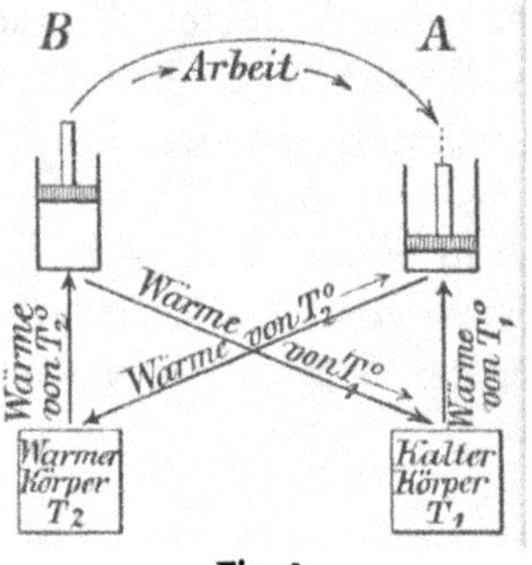

Fig. 6.

Kehren wir nun den Gang der umkehrbaren Maschine A wirklich um, so wird sie die Wärmemenge Q_1 bei T_1^0 schöpfen und eine Wärmemenge Q_2 bei T_2^0 abgeben, während wir zu gleicher Zeit eine der gewonnenen Wärmemenge $Q_2 - Q_1$ äquivalente Arbeitsmenge von aufsen zuführen müssen, um die Maschine im Gang zu erhalten. Nun denken wir uns die beiden Maschinen in Verbindung gesetzt (Fig. 6). Mit einem Teile der von B gewonnenen Arbeit betreiben wir die Maschine A, und mittels der von dieser auf die höhere Temperatur T_2 übergeführten Wärme Q_2 betreiben wir die Maschine B. Diese Wärme Q_2 reicht hierzu gerade aus, dagegen bleibt von der Maschine B ein Arbeitsüberschufs und aufserdem wird dem kalten Körper von der Temperatur T_1 mehr Wärme entzogen, als wieder zugeführt. Es würde also das schliefsliche Resultat dieses sein, dafs die Wärme des kalten Körpers ohne andere Kompensation in Arbeit verwandelt wird, was mit aller Erfahrung in Widerspruch steht. Sollte dies noch zu wenig einleuchtend sein, so kann man sich noch vorstellen, dafs wir die Maschine B nun in ihrem Mafsstabe verkleinern, so daſs sie nur $Q_2 - Q_1$ Wärme in Arbeit verwandelt und demzufolge auch weniger Wärme als Q_2 aufnimmt. Diese Arbeit würde dann gerade hinreichen, um die Maschine A in Gang zu erhalten. Es wäre dann das schlieſsliche Resultat, daſs fortwährend Wärme vom kälteren Körper auf den wärmeren übergeführt würde, von welcher immer nur ein Teil auf den kälteren zurückkäme, so daſs fortwährend ein Übergang von Wärme aus dem kalten in den wärmeren Körper stattfindet, ein Vorgang, der nach unseren Erfahrungen nie und nirgends vorkommt.

Es ist nun einzusehen, daſs diese Argumentation für jeden beliebigen Kreisprozeſs, resp. jede beliebige Maschine B anwendbar ist, mag bei derselben der vermittelnde Körper Luft oder ein anderes vollkommenes oder nicht vollkommenes Gas, mag er Wasserdampf, oder was immer für ein Körper sein; so lange nur die beiden Temperaturen T_2 und T_1 dieselben sind, gibt es keine Maschine und keinen Kreisprozeſs, welcher im Verhältnis zur zugeführten Wärme mehr Arbeit zu gewinnen gestattet, als der umkehrbare Kreisprozeſs, den wir am vollkommenen Gase studiert haben.

Die vorstehend unter a bis f abgeleiteten Formeln und Grundsätze werden in dem folgenden Kapitel bei der Berechnung und Beurteilung des Effektes der verschiedenen Systeme von Kälteerzeugungsmaschinen zur Anwendung gelangen.

III. Prinzipien und Systeme der Kälteerzeugungsmaschinen.

Der Wärmezustand eines Körpers ist, wie bereits früher erörtert, bedingt durch das Verhältnis der in demselben wirkenden Kräfte. Diese sind dreierlei Art:

1. Die wirksame Kraft der Wärme oder die Wärme schlechtweg, deren Intensität durch die Temperatur bestimmbar ist und welche auf die kleinsten Körperteilchen abstoſsend einwirkt.

2. Die Kohäsion, bestehend aus den auf die kleinsten Teilchen anziehend wirkenden Kräften.

3. Äuſsere Kräfte, die man sich in den flüssigen Körpern beim Gleichgewichtszustand durch den ganzen Körper gleichmäſsig fortgepflanzt denkt.

Die Temperatur eines Körpers wird vermindert, wenn die wirksame Kraft der Wärme, resp. die der bewegten Masse der kleinsten Teile entsprechende mechanische Arbeit vermindert wird. Eine solche Verminderung der in den Körpern aufgehäuften mechanischen Arbeit oder lebendigen Kraft kann bewerkstelligt werden:

1. Durch direkte Wärmeentziehung, d. h. durch Übertragung eines Teiles dieser lebendigen Kraft auf einen andern Körper (Leitung, Strahlung).

2. Durch Verwendung eines Teils der lebendigen Kraft zur Überwindung der Kohäsion bei einer Volumvergröſserung, besonders bei Änderung des Aggregatzustandes (Verdunstung).

3. Durch Verwendung eines Teiles der lebendigen zur Überwindung einer äuſseren Kraft bei einer Volumvergröſserung (äuſsere Arbeit).

Wo auf künstlichem Wege niedrige Temperaturgrade zu erzeugen sind, können nur die beiden letzten Methoden in Betracht kommen.

Zur Veränderung des Gleichgewichtes der im Körper wirkenden Kräfte kann der Impuls durch chemische oder mechanische Prozesse gegeben werden. Die mechanischen Prozesse können folgender Natur sein:

1. Man kann den Körper äufsere Arbeit verrichten lassen, so dafs nur das Äquivalent dieser äufseren Arbeit dem Körper entzogen wird, wie bei der Expansion der Luft.

2. Man kann den Körper äufsere Arbeit verrichten lassen und zugleich seinen Aggregatzustand verändern, so dafs dem Körper die Summe der Äquivalente beider Arbeitsleistungen entzogen wird, wie bei der Expansion eines in Gasform übergehenden flüssigen Körpers.

3. Man kann durch Veränderung der äufseren Kräfte eine blofse Veränderung des Aggregatzustandes herbeiführen z. B. durch fortgesetzte Verdunstung.

Zum Zwecke der Temperaturerniedrigung gröfserer Massen sind nur die beiden erstgenannten Vorgänge geeignet, also die Expansion eines permanenten Gases oder die Expansion einer verdampfenden Flüssigkeit.

Für einen dauernden Betrieb mufs dieser Prozefs beliebig oft wiederholt werden können, er mufs also ein sogenannter Kreisprozefs sein, d. h. ein Prozefs, bei welchem der Körper nach gleichen Perioden im gleichen Wärmezustand sich befinden mufs.

Bei diesem Prozesse mufs als Hauptfrage beantwortet werden, wie grofs die Arbeit ist, welche zur Entziehung einer gewissen Wärmemenge bei bestimmten Temperaturen aufgewendet werden mufs und diese Frage soll später eingehend erörtert werden.

Wie schon in den vorhergehenden Kapiteln ausführlich dargelegt wurde, gibt es also, nachdem die Kälteerzeugung durch Auflösung für die Anwendung im grofsen Mafsstabe nicht geeignet erscheint, blofs zwei Wege, um durch mechanische Mittel Temperaturerniedrigungen zu erzielen und zwar Expansion atmosphärischer Luft oder permanenter Gase, oder Expansion der ausflüchtigen Flüssigkeiten entstandenen Dämpfe.

Der Vorgang, um mittels Expansion von atmosphärischer Luft Kälte zu erzeugen, beruht darin, dafs in einem Cylinder die Luft durch einen Kolben komprimiert wird, wobei in einem bestimmten Verhältnisse zur Abnahme des Volumens die Spannung und Temperatur wachsen. Wird durch Kühlwasser diese erhöhte Temperatur auf ihre ursprüngliche Höhe zurückgeführt, so hat man es mit komprimierter Luft von normaler Temperatur zu thun. Läfst man nun diese komprimierte Luft expandieren, d. h. unter Ausübung eines abnehmenden Druckes auf den Kolben sich ausdehnen, so nimmt ihre Temperatur ungefähr in demselben Mafse ab, in welchem sie vorher bei der Kompression gestiegen war. Diese Abnahme der Temperatur beruht darauf, dafs die mechanische Arbeit, welche die Luft bei ihrer Ausdehnung unter Ausübung eines Druckes verrichtet, derselben als Wärme entzogen wird. So nimmt theoretisch die Temperatur bei Expansion von $^1/_2$ Atmosphäre Überdruck bis zur atmosphärischen Spannung um ca. 60°, bei Expansion von 2 Atmosphären Überdruck bis zur atmosphärischen Spannung um ca. 90° ab.

Diese Luftexpansionsmaschinen können als offene oder als geschlossene konstruiert werden, je nachdem die arbeitende Luftmenge bei jedesmaligem Hube gewechselt wird, oder ein und dieselbe Luftmenge fortwährend den eben beschriebenen Prozefs durchläuft.

Die abkühlende Wirkung der verdampfenden Flüssigkeiten beruht darauf, dafs dieselben die zur Verdampfung erforderliche latente Wärme den mit ihnen in unmittelbarer oder mittelbarer Berührung stehenden abzukühlenden Körpern entziehen und diese daher auf die verlangte niedrige Temperatur bringen. Um aber die verdampfende Flüssigkeit nicht als Dampf entweichen zu lassen, sondern um sie immer wieder benutzen zu können ist es notwendig, den Dampf in die tropfbare Form zurückzuführen und die hierbei wieder frei werdende latente Wärme an Kühlwasser zu übertragen, bei einer Temperatur, wie sie sich eben durch gewöhnliches Wasser herstellen und erhalten läfst.

Die Art dieser Zurückführung der Dämpfe in die tropfbare Form begründet wieder zwei verschiedene Systeme von Kältemaschinen. Entweder geschieht dieselbe durch eine Kompressionspumpe in der Weise, dafs die Dämpfe in einen Kondensator gedrückt werden, wo sie unter der Einwirkung des Kühlwassers und des durch die Pumpe ausgeübten Druckes sich niederschlagen — oder es werden die Dämpfe mittels Absorption verdichtet, dadurch, daſs man sie mit einer zweiten Flüssigkeit in Berührung bringt, von welcher sie vermöge chemischer Affinität gebunden, absorbiert werden.

Es können demnach, auf diesen verschiedenen Prinzipien beruhend, drei groſse Gruppen von Kälteerzeugungsmaschinen unterschieden werden und zwar:

1. Luftexpansionsmaschinen.
2. Verdampfungsmaschinen mit Kompressionsapparat.
3. Verdampfungsmaschinen mit Absorptionsapparat, als deren Unterabteilung die sog. Vacuummaschinen gelten, in welchen Wasser im Vacuum verdampft und durch Schwefelsäure absorbiert wird.

Bei den Maschinen der ersten Gruppe wird ausschlieſslich atmosphärische Luft, bei denen der zweiten Gruppe Äther, flüssiges Ammoniak, flüssiges Schwefeldioxyd oder andere leicht flüchtige Körper, bei denen der dritten Gruppe endlich meist eine Lösung von Ammoniak (Salmiakgeist), oder nur Wasser und zu dessen Absorption Schwefelsäure verwendet.

Die Kompressionsmaschinen sind auch treffend mit dem Namen Kaltdampfmaschinen bezeichnet worden, da sie, wie später gezeigt werden soll, denselben Prozeſs, nur in umgekehrter Reihenfolge ausführen, wie die gewöhnlichen Dampfmaschinen.

Zur leichteren Beurteilung der für die Kompressionsmaschinen verwendbaren Flüssigkeiten ist in der nachstehenden Tabelle (a. f. S.) der Sättigungsdruck bei verschiedenen Temperaturen für diejenigen Dämpfe zusammengestellt, welche bisher beim Betriebe von Kaltdampfmaschinen in Anwendung gekommen sind.

Die nachstehende Tabelle zeigt, daſs mit Rücksicht auf die Grenztemperaturen mit den ihnen zugehörigen Pressungen die Dämpfe des Methyläthers, des Chlormethyls und des Ammoniaks die geeignetsten für den Betrieb der Kaltdampfmaschinen sind, wenn man sie mit den übrigen von Regnault untersuchten Dämpfen vergleicht. Eine wichtige praktische Frage ist aber weiterhin die nach dem Preise und der Leichtigkeit der Herstellung der betreffenden Flüssigkeit; in dieser Beziehung steht das Ammoniak obenan, da es zum Zwecke der Füllung der Maschine leicht und billig durch Destillation von Salmiakgeist gewonnen werden kann.

Temperatur °C.	Äther	Schweflige Säure	Methyläther	Chlormethyl	Ammoniak	Kohlensäure
	in Atmosphären zu 760 mm Quecksilbersäule oder 10 333 kg pro 1 qm					
−30	—	0,3782	0,7586	0,7618	1,1534	—
−25	—	0,4918	0,9422	0,9444	1,4633	17,114
−20	0,0907	0,6309	1,1605	1,1621	1,8391	19,924
−15	0,1175	0,7999	1,4180	1,4200	2,2907	23,135
−10	0,1509	1,0032	1,7192	1,7231	2,8283	26,762
− 5	0,1922	1,2459	2,0690	2,0773	3,4635	30,844
0	0,2426	1,5330	2,4724	2,4881	4,2074	35,403
+ 5	0,3038	1,8699	2,9341	2,9619	5,0716	40,465
+10	0,3774	2,2626	3,4591	3,5042	6,0687	46,051
+15	0,4653	2,7170	4,0523	4,1238	7,2103	52,167
+20	0,5694	3,2395	4,7184	4,8250	8,5092	58,837
+25	0,6920	3,8368	5,4618	5,6150	9,9752	66,062
+30	0,8353	4,5155	6,2868	6,5006	11,6213	—
+35	1,0016	5,2826	—	7,4883	13,4576	—
+40	1,1935	6,1450	—	—	15,4953	—

Aufser Ammoniak könnte noch Chlormethyl in Frage kommen, welches bezüglich des Druckes nahezu das gleiche Gesetz wie der Methyläther befolgt und durch Destillation von Holzgeist mit Salzsäure leicht herzustellen ist; er ist aber leicht entzündlich, wie Äthyl- und Methyläther, und verlangt, wie später gezeigt wird, bei gleicher Leistung gröfsere Maschinendimensionen wie Ammoniak.

In der praktischen Ausführung wurde ursprünglich für Kaltdampfmaschinen der Äthyläther (Schwefeläther) benutzt, der jedoch nur langsam Eingang fand, da die Ätherdämpfe teuer sind, und bei niedrigen Temperaturen nur geringen Druck haben, aus welchem Grunde das Eindringen der äufseren atmosphärischen Luft unvermeidlich, dieses aber auch sehr schädlich ist, da der Zutritt von Luft bei allen Kaltdampfmaschinen den Effekt herabdrückt und eine starke Erhitzung des Kompressionscylinders verursacht.

Später wurde von Pictet schweflige Säure in Anwendung gebracht, welche in jüngster Zeit erfolgreich mit Kohlensäure kombiniert wurde, wie dies in den folgenden Kapiteln ausführlicher erörtert werden soll.

Endlich wurde Methyläther (von Tellier und Linde) in Vorschlag gebracht, und von letzterem schliefslich verflüssigtes Ammoniak angewendet; durch Anwendung dieser Verdampfungsflüssigkeit haben die Kaltdampfmaschinen jenen hohen Grad von Vollkommenheit erreicht, welcher sie namentlich in konstruktiver Beziehung vor allen übrigen Kälteerzeugungsmaschinen auszeichnet.

Andere für den Betrieb von Kaltdampfmaschinen vorgeschlagene leicht flüchtige Flüssigkeiten, z. B. Schwefelkohlenstoff, flüchtige Kohlenwasserstoffe etc. sind über das Stadium des Versuchs nicht hinausgelangt und brauchen wohl nicht in Betracht gezogen zu werden. Die in letzter Zeit als verdampfendes Medium benutzte flüssige Kohlensäure hat wohl viele Vorzüge für sich, ist jedoch praktisch noch nicht genügend erprobt worden.

Bei den Absorptionsmaschinen können natürlich nur solche Dämpfe in Anwendung kommen, die leicht und in starkem Maſse vom Wasser oder einer anderen Flüssigkeit absorbiert und bei höherer Temperatur wieder entlassen werden. Am besten eignen sich hierzu die Ammoniakdämpfe mit Wasser, die auch fast ausschliefslich verwendet werden, wie z. B. in der später zu erörternden Carré'schen Eismaschine.

Es unterliegt keinen Schwierigkeiten, den Prozeſs solcher Absorptionsmaschinen nach der mechanischen Wärmetheorie zu verfolgen und durch mathematische Formeln zum Ausdruck zu bringen; man stöſst jedoch bei den numerischen Rechnungen auf Schwierigkeiten, weil es noch an Versuchen fehlt, aus denen man auf die Wärmemenge schliefsen könnte, welche bei der Absorption unter den der Maschine entsprechenden Verhältnissen frei wird, und auf diejenigen, welche für das Austreiben der Dämpfe aus der Absorptionsflüssigkeit erforderlich ist. Es ist daher auch zur Zeit unmöglich, die Absorptionsmaschinen mit den Kompressionsmaschinen bezüglich der Frage in Vergleich zu bringen, welche Gattung von Maschinen mechanisch den Vorrang hat.

Es ergibt sich nun die wichtige Frage, welcher von den oben genannten drei Gruppen von Kälteerzeugungsmaschinen der Vorzug gebühre, und zwar sowohl bezüglich der bereits erreichten und auch der in Zukunft erreichbaren Leistungsfähigkeit.

Diese Frage kann in der Praxis wohl niemals eine allgemeine Beantwortung finden; vielmehr wird ja nach Lage der Verhältnisse einmal das eine, ein andersmal das andere System vorzuziehen sein. Jedoch kann die spezielle Frage: welches der drei Systeme bietet die besten Aussichten für den grofsen Betrieb in ökonomischer Beziehung? mit Rücksicht auf die gemachten Erfahrungen und die Gesetze der mechanischen Wärmetheorie erörtert und beantwortet werden.

Da die Wärmelehre nachweist, dafs für eine ohne jeden Verlust arbeitende Maschine die Gröfse der aufzuwendenden Arbeit unter gleichen Verhältnissen von der Art des arbeitenden Körpers unabhängig sei, d. h. dafs zur Erzeugung einer bestimmten Kältequantität gleich viel Arbeit aufzuwenden ist, möge der Abkühlungsprozefs durch Vermittelung von Luft, Äther, Ammoniak oder irgend eines anderen Körpers ausgeführt werden, so erscheint die Luftexpansionsmaschine von vornherein eine unbedingte Überlegenheit gegenüber denjenigen Maschinen in Anspruch nehmen zu dürfen, in welchen man es mit Äther, Ammoniak, Schwefelsäure, Schwefelkohlenstoff, Kohlensäure oder andern ziemlich unbequemen Flüssigkeiten zu thun hat, die in den übrigen Kälteerzeugungsmaschinen angewendet werden. Es ist auch in der That der Vorzug des absolut gefahrlosen und geruchlosen Betriebes ein so grofser, dafs er mancherlei schwerwiegende Nachteile auszugleichen vermag. Ja es wird immer Fälle geben, in welchen alle ökonomischen Bedenken vor dem einen Gesichtspunkte des gefahr- und geruchlosen Betriebes verschwinden müssen, so dafs den Luftexpansionsmaschinen unbedingt eine wichtige Rolle unter den Kälteerzeugungsapparaten erhalten bleiben wird. Jedoch sind diese Maschinen die wenigst ökonomischen, nachdem die Luft infolge ihrer Eigenschaften nur eine sehr geringe Wärmemenge aufzunehmen vermag, und deshalb bei solchen Maschinen Dimensionen und auch Arbeitsverluste von aufsergewöhnlicher Gröfse unvermeidlich sind. Um z. B. durch Luft dieselbe Wärmemenge zu binden, welche beim Schmelzen eines Zentners Eis gebunden wird, sind bei einer Lufttemperatur von — 10° etwa 900 cbm Luft, bei einer Lufttemperatur von — 30° noch immer über 400 cbm notwendig. Schon hieraus ist zu ersehen, welch bedeutende Luftquantitäten nötig sind, um gröfsere Räume auf niedriger Temperatur zu erhalten.

Aufserdem, dafs infolge der geringen Wärmekapazität der Luft grofse und kostspielige Maschinen bedingt sind, resultieren bei diesem System gleichzeitig Arbeitsverluste, welche die Nutzleistung vielfach übersteigen. Bei Luft von — 10 ° sind, wie bereits erwähnt, etwa 1000 cbm als Äquivalent für 1 Zentner Eis zu betrachten; es mufs demnach ein Kolben von 1 qm Querschnitt einen Weg von 2000 m durchlaufen, um die 1 Zentner Eis entsprechende Quantität kalter Luft zu liefern. Die blofsen Reibungswiderstände in einer Maschine, welche stündlich diese Luftmenge abzukühlen hat, absorbieren (wenn dieselben den Erfahrungen an anderen ähnlichen Maschinen zufolge, möglichst niedrig gegriffen zu 1/10 Atmosphäre auf den Kolben bezogen, veranschlagt werden) nach Professor Linde's Berechnung nicht weniger als 7 Pferdekräfte, wozu also mindestens 10 kg bester Kohle verbrannt werden müssen, während der theoretische Konsum für die Herstellung von 1 Zentner Eis im ganzen nur etwa 1/2 kg ausmacht. Wird Luft von — 30 ° hergestellt, so sinkt die Arbeit, welche dem Leergange der Maschine entspricht, auf etwa drei Pferdestärken und der korrespondierende Kohlenverbrauch auf etwa 4,5 kg, d. h. auch dann noch ist die blofse Reibungsarbeit mindestens neunmal gröfser, als der ganze theoretische Bedarf an Betriebskraft. Daraus geht hervor, wie die Konstrukteure solcher Maschinen geradezu gezwungen sind, mit der unteren Temperatur sehr weit herabzugehen, um die Dimensionen und Arbeitsverluste nicht zu sehr wachsen zu lassen. Die Anlage- und Betriebskosten solcher Maschinen fallen demnach sehr hoch aus.

Der Prozefs in den Verdampfungsmaschinen mit Absorptionsapparat, bei welchen fast ausschliefslich eine Lösung von Ammoniak, der käufliche Salmiakgeist, als verdampfende Flüssigkeit verwendet wird (und zwar ist Wasser im Stande, Ammoniak im Verhältnis von 25 : 1 aufzulösen, d. h. 25 kg Wasser absorbieren 1 kg Ammoniakgas), beruht darauf, dafs aus dieser Lösung das Ammoniakgas bei einer Temperatur von ca. 150 ° C. in einen Kondensator hinüberdestilliert wird, in welchem es sich durch Abkühlung mittels Kühlwasser und durch den eigenen Druck von 8 bis 10 Atmosphären zu einer Flüssigkeit verdichtet. Dieses verflüssigte Ammoniak wird in einem Röhrensystem durch die Kälteflüssigkeit, eine konzentrierte Lösung von Salz oder Chlorcalcium, geleitet und gleichzeitig durch Beseitigung des grofsen Druckes wieder in Gas verwandelt, wobei es die für diese Verdampfung notwendige latente Wärme der umgebenden Flüssigkeit entzieht. Damit nun die Ammoniakdämpfe wieder Verwendung finden, läfst man sie von ihrer ursprünglichen inzwischen abgekühlten Lösungsflüssigkeit absorbieren und bringt diese neuerdings in den Verdampfungskessel zurück, von wo aus dieser Kreisprozefs sich ununterbrochen wiederholt. — In einem besonderen Systeme der Absorptionsmaschinen, den sog. Vacuummaschinen, dient als verdampfende Flüssigkeit gewöhnliches Wasser, das von Schwefelsäure absorbieren gelassen, jedoch selbstverständlich nicht wiedergewonnen wird.

Die Verdampfungsmaschinen mit Absorptionsapparat, bekanntlich die in früheren Jahren am meisten verbreiteten Maschinen, haben durch den Vorzug des verhältnismäfsig geringen Anlagekapitals, der mäfsigen Betriebskosten und des einfachen, wenig Kraft erfordernden Betriebes vielseitige Einführung erfahren. Jedoch wird aus der später erfolgenden ausführlichen Darlegung ihres Prozesses zu ersehen sein, dafs mit denselben manche Übelstände verknüpft sind, welche ihre Nutzleistung erheblich vermindern. Diese Übelstände bestehen hauptsächlich darin, dafs die 25fache Menge Wasser mit erhitzt werden mufs, um das für den Prozefs erforderliche Quantum flüssigen Ammoniaks zu erhalten. Ferner wirken in dem Destillationsapparate die zur Destillation benutzten Dämpfe nur durch die ihnen innewohnende Wärme, während bei den Kältemaschinen, in welchen mechanische Arbeit zur Kälteerzeugung benutzt wird, der Dampf in Dampfmaschinen durch seine Expansionswirkung besser ausgenutzt wird, also in ähnlichem Verhältnisse, wie eine Volldruckmaschine gegenüber einer expandierenden Dampfmaschine. Überdies ist bei diesen Maschinen eine gröfsere Kühlwassermenge als bei anderen Systemen erforderlich, da die Ammoniakdämpfe zweimal kondensiert werden müssen. Diese Übelstände verhindern auch bei diesem System von Kühlmaschinen die Annäherung an die disponible Leistung, obgleich diese schon so weit ist, dafs man bei diesem Systeme mit 1 kg Kohle 6—8 kg Eis erzeugen kann, und ist diese Leistung durch Verbesserungen konstruktiver Natur auch noch zu erhöhen.

Den Verdampfungsmaschinen mit Kompressionsapparat liegt nachstehender Vorgang zu Grunde: Man hat einen

Verdampfer und einen Kondensator, welche beide aus Schlangenröhren bestehen; im Verdampfer sind diese Röhren von der abzukühlenden Flüssigkeit (Salzlösung), im Kondensator von Kühlwasser umgeben. Eine Pumpe saugt die verdampfende leicht flüchtige Flüssigkeit aus dem Verdampfer in Form eines Gases, komprimiert dieses und drückt es in den Kondensator, wo es sich unter Einflufs des Druckes und der Abkühlung verflüssigt. Diese Flüssigkeit wird wieder in den Verdampfer zurückgeleitet, wo sie zu Gas expandiert und die hierzu erforderliche latente Wärme der umgebenden Salzlösung entzieht. Damit ist auch hier der Kreisprozefs vollzogen, der mit derselben Menge des verdampfenden Körpers beliebig oft wiederholt werden kann, vorausgesetzt, dafs durch die Konstruktion des Apparates Verluste trotz des hohen Druckes möglichst vermieden werden.

Diese Verdampfungsmaschinen mit Kompressionsapparat, deren Prozefs ein ähnlicher, nur umgekehrter wie in den gewöhnlichen Dampfmaschinen ist, gewähren den Vorteil, dafs die Temperaturgrenzen, zwischen welchen sich dieser Prozefs bewegt, ohne irgend welche Schwierigkeit zusammengehalten werden können, dafs sich diese Maschinen also von vornherein der theoretischen Vollkommenheit nähern. Die schädlichen Widerstände bei diesen Maschinen hängen vor allem von der arbeitenden Flüssigkeit, resp. von der Spannung bei der Kühltemperatur ab. Es ist nämlich die Wärmemenge, welche bei der Bildung eines Kubikmeters Dampf von einer bestimmten Spannung gebunden wird, für alle Flüssigkeiten annähernd gleich grofs, für verschiedene Spannungen derselben aber proportional. Man wird also eine um so geringere Zahl von Kubikmetern brauchen, je gröfser die Spannung des betreffenden Dampfes bei der Kühltemperatur ist. Bei gewöhnlichem Schwefeläther ist die Spannung der Dämpfe bei niedriger Temperatur eine sehr niedrige, weshalb die Dimensionen und Arbeitsverluste bei den Äthermaschinen noch sehr grofse sind; bei Anwendung flüchtigerer Flüssigkeiten, wie z. B. Methyläther, Schwefeldioxyd und insbesonders flüssigen Ammoniak, verringern sich dieselben aufserordentlich. Es müssen nämlich nach Professor Linde's Berechnungen, um 1 Zentner Eis von — 3° aus Wasser von + 10° zu erzeugen, von den verschiedenen verwendeten flüssigen Substanzen angewendet werden:

Luft	740 cbm
Schwefeläther	150 »
Schwefeldioxyd	15 »
Methyläther	10 »
Ammoniak	5,6 »

In demselben Verhältnisse stehen natürlich auch bei Anwendung der angeführten flüchtigen Substanzen die Dimensionen und Reibungsverluste der zur gleichen Kälteproduktion erforderlichen Maschinen, und auf diesem Wege lassen sich auch die Verluste umgehen, welche den andern Systemen von Kälteerzeugungsmaschinen anhaften. Bei dem Prozesse der Kompression ist nichts mehr vorhanden, was die Annäherung an die theoretisch disponible Leistung der Kälteerzeugungsmaschine verhinderte, und es ist auch in den letzten Jahren gelungen, die konstruktiven Schwierigkeiten zu beseitigen, welche diese flüchtigen Flüssigkeiten bezüglich der Abdichtung der Kolben, Stopfbüchsen etc. verursachten. Die Praxis hat auch die Überlegenheit dieses Systems der Kälteerzeugungsmaschinen mittels Kompression gegenüber den andern Systemen dargethan, nachdem sich dieselben, insbesonders die mit Ammoniak arbeitenden, ungemein rasch Eingang verschafften und gegenwärtig fast alle übrigen Systeme verdrängt haben.

Die zu der vorstehend kurz skizzierten Beurteilung der ökonomischen Wirkung der verschiedenen Systeme von Kälteerzeugungsmaschinen erforderlichen Berechnungen auf Grund der Lehren der mechanischen Wärmetheorie, deren Grundgesetze im vorhergehenden Kapitel erläutert sind, wurden zuerst von Professor Linde in München, dem wir hauptsächlich die wissenschaftliche Begründung der Kälteerzeugung zu danken haben, aufgestellt. Wir lassen diese Berechnungen, deren auszugsweise Wiedergabe dieselben unverständlich machen würde, samt den daraus gezogenen Schlüssen nach der betreffenden Abhandlung (Bayer. Industrie- und Gewerbeblatt, 1870) dem Wortlaute nach folgen:

»Fassen wir unseren Kreisprozefs näher ins Auge und untersuchen wir die Teile, aus denen er bestehen mufs, damit das Verhältnis der entzogenen Wärme zu der aufzuwendenden Arbeit ein Maximum werde. Es sei:

W die zu entziehende Wärmemenge in Calorien.

L die aufzuwendende Arbeit in Meter-Kilogramm.

$T_1{}^0 = 273 + t_1{}^0$ C. = die absolute Temperatur des vermittelnden und abzukühlenden Körpers vor Beginn des Prozesses, gleich »Normaltemperatur«.

$T^0 = 273 + t^0$ C. = die absolute Temperatur, auf welche die Körper heruntergebracht werden sollen, gleich »Kühltemperatur«.

$A = \frac{1}{424}$ das Wärmeäquivalent eines mkg.

Bei unserem Prozesse sind 3 Körper beteiligt:

1. der abzukühlende Körper (z. B. Wasser, welches in Eis verwandelt werden soll),

2. der vermittelnde Körper (z. B. atmosphärische Luft),

3. ein unendlich grofs gedachter Körper von der Normaltemperatur T_1, welchem wir die Fähigkeit zuschreiben, den vermittelnden Körper auf der Temperatur T_1 zu erhalten, sobald er mit ihm in Berührung kommt. Wir wollen denselben einfach »das Kühlwasser« nennen.

Untersuchen wir zuerst den Rückführungsprozefs.

Die Körper seien auf die Temperatur T gebracht und sollen zur Temperatur T_1 zurückgeführt werden. Der Zweck des Apparates verbietet einerseits, bei niedrigerer als der Normaltemperatur den vermittelnden Körper Wärme abgeben zu lassen, da solche Abgabe nur an den abgekühlten Körper geschehen könnte, während wir annehmen, dafs dieser die Wärmemenge W definitiv verlieren soll; anderseits ist eine Wärmezufuhr von Seite des abzukühlenden Körpers wegen dessen niedrigster Temperatur T unmöglich, von aufsen her aber unzulässig, weil hierdurch die Kompressionsarbeit unnötig vergröfsert würde. Es ergibt sich daraus, dafs der vermittelnde Körper zuerst ohne Wärmezuführung oder Entziehung (also nach der »adiabatischen Kurve«) von der Kühltemperatur T bis zur Normaltemperatur komprimiert werden mufs. Von da an kann durch die Berührung mit dem Kühlwasser während der weiteren Volumverminderung die Temperatur T_1 in dem vermittelnden Körper erhalten werden, wobei die überschüssige Wärme an das Kühlwasser übergeht und durch Erneuerung des Kühlwassers entfernt wird. Für diesen zweiten Teil haben wir also, da es unsere Aufgabe ist, die Kompression unter möglichst niedrigem Druck, also bei möglichst niedriger Temperatur auszuführen, als günstigsten Vorgang, Kompression bei konstanter Temperatur vom Volum v_2 auf v_1 (Kompression nach der »isothermischen Kurve«).

Somit sind die beiden Teile, aus welchen der Rückführungsprozefs bestehen soll, vollkommen scharf bestimmt. Beistehende Figur 7 stellt für einen gesättigten Dampf durch Kurve *CD* die Kompression von T auf T_1, durch die Linie *DA* die Kompression bei konstanter Temperatur T_1 dar, indem auf der X-Achse die Volumina, auf der Y-Achse die Dampfspannungen aufgetragen sind, so dafs auch gleichzeitig durch die Flächen *HCDE* und

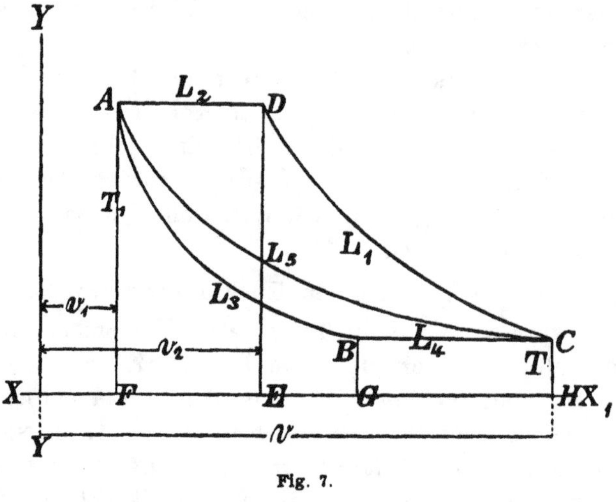

Fig. 7.

A D E F die beiden Kompressionsarbeiten ihrer Gröfse nach dargestellt sind.

Nun haben wir zu untersuchen, auf welchem Wege bei der Expansion der vermittelnde Körper vom Zustande *A* (durch Kenntnis des Volumens V_1 und der Temperatur T_1 ist der Wärmezustand bestimmt) in den Zustand *C* (Volumen $= v$, Temperatur $= T$) übergeführt werden mufs, damit unsere Aufgabe — für das Verhältnis $\frac{W}{L}$ das Maximum zu finden — erfüllt sei. Zwei Grenzfälle sind denkbar. Entweder es kann die Aufnahme der Wärmemenge *W* während des ganzen Prozesses in der Weise stattfinden, dafs der abzukühlende Körper stets die Temperatur des vermittelnden

Körpers hat, oder es kann die Wärmeaufnahme bei konstanter Kühltemperatur T stattfinden. Im ersteren Falle wird die Volumvergröſserung bei denkbar höchsten Temperaturen erfolgen (denn eine weitere Wärmeaufnahme von auſsen her schlieſst sich von selbst aus); im zweiten Falle werden die Temperaturen während der Volumvergröſserung die denkbar niedrigsten sein. Ist die Wahl des einen oder andern Weges freigestellt (möglicherweise könnte die Entziehung der Wärme bei konstanter Kühltemperatur vorgeschrieben sein), so gibt uns folgende Betrachtung Aufschluſs über den vorzuziehenden Prozeſs.

Im zweiten Falle (Expansion bei niedrigsten Temperaturen) müſste der Prozeſs bestehen: 1. aus Expansion ohne Wärmezuführung oder Entziehung von T_1 nach T, damit möglichst schnell und ohne Verlust die Kühltemperatur erreicht werde; 2. aus Expansion bei konstanter Kühltemperatur T, während welcher die Aufnahme der Wärmemenge W vor sich geht. In der Fig. 7 sind diese beiden Vorgänge dargestellt durch Curve AB, resp. Linie BC. Man erkennt, daſs in diesem Falle der ganze Kreisprozeſs genau derselbe ist, welcher bei den Wärmekraftmaschinen als der vollkommene anzusehen ist, d. h. als derjenige, welcher für das Verhältnis der gewonnenen Arbeit L zur zugeführten Wärmemenge Q das Maximum liefert und zwar:

$$\frac{L}{Q} = \frac{T_1 - T}{A\,T_1}$$

Da bei jedem Kreisprozesse die gewonnene oder verrichtete Arbeit gleich ist dem Äquivalente der Differenz zwischen der zugeführten und entzogenen Wärmemenge, und da in unserm Falle (also bei einem durch zwei adiabatische und zwei isothermische Kurven dargestellten Kreisprozesse) bekanntlich die aufgenommenen und abgegebenen Wärmequantitäten den absoluten Temperaturen proportional sind, bei welchen die Aufnahme und Abgabe geschah, da also $\frac{Q}{T_1} = \frac{W}{T}$ ist, wenn unter Q, die während der Kompression bei der Normaltemperatur an das Kühlwasser abgegebene Wärmemenge verstanden wird, so findet sich unser Verhältnis $\frac{W}{L}$ folgendermaſsen:

Zunächst ist: $AL = Q - W$. Substituieren wir für Q aus obiger Beziehung den Wert $Q = W\frac{T_1}{T}$, so wird: $AL = W\left(\frac{T_1}{T} - 1\right)$ oder $AL = W\left(\frac{T_1 - T}{T}\right)$, woraus: $\frac{W}{L} = \frac{AT}{T_1 - T}$.

Wenn hingegen die Expansion bei möglichst hohen Temperaturen stattfinden soll, so läfst sich die Sache folgendermafsen betrachten.

Denken wir zunächst an die Expansion einer verdampfenden Flüssigkeit, nehmen wir z. B. an, in einem Cylinder befinde sich, durch einen Kolben abgeschlossen, die Gewichtsmenge M Kilogramm einer Flüssigkeit in tropfbarer Form von T_1^0. Indem wir den Kolben vorwärts schieben, also den Druck vermindern, veranlassen wir eine Verdampfung. Sie geschehe das einemal in der vorhin beschriebenen durch die Kurven AB und BC fixierten Weise, das anderemal aber bei möglichst hohen Temperaturen (resp. Spannungen), so dafs wir für die Veränderungen des Druckes die direkte Kurve AC erhalten.

Der Endzustand ist in beiden Fällen derselbe. Ein gleiches Volumen $(v - v_1)$ ist mit Dampf von gleicher Temperatur, also von gleicher innerer latenter Wärme angefüllt. Folglich können sich die von dem abzukühlenden Körper aufgenommenen Wärmemengen nur unterscheiden durch die Differenz der Expansionsarbeit, welche auf beiden Wegen verrichtet wurde. Nennen wir die der Kurve AC entsprechende vom vermittelnden Körper aufgenommene Wärmemenge W_1, bezeichnen wir ferner die den verschiedenen Volumveränderungen entsprechenden Arbeitswerte wie folgt:

L_1 = Kompressionsarbeit von C nach D;
L_2 = Kompressionsarbeit DA;
L_3 = Expansionsarbeit AB;
L_4 = Expansionsarbeit BC;
L_5 = Expansionsarbeit AC;
$L = L_1 + L_2 - L_3 - L_4$;
$L' = L_1 + L_2 - L_5$.

Nehmen wir ferner an, von jedem Kilogramm der Flüssigkeit sei ein Teil $= x$ kg (x = »spezifische Dampfmenge«) verdampft, und die innere latente Wärme eines Kilogrammes Dampf von

T^0 sei $= \varrho$, so ist die gesamte innere latente Wärme Q, im Endzustand: $Q_1 = Mx\varrho$. Neben der Wärmemenge Q_1 wurde das einemal entzogen das Äquivalent der Arbeitswerte $L_3 + L_4$, das anderemal das Äquivalent der Arbeit L_5; in beiden Fällen aber war zur Reduktion der Temperatur des vermittelnden Körpers von T_1 auf T eine gleiche Wärmemenge Q_2 erforderlich, so daſs wir finden: $W = Q_1 - Q_2 + A(L_3 + L_4)$ und: $W^1 = Q_1 - Q_2 + AL_5$; daraus erhalten wir das Verhältnis der entzogenen Wärmemengen zu den zu verrichtenden Arbeitsgröſsen:

$$\frac{W}{L} = \frac{Q_1 - Q_2 + A(L_3 + L_4)}{L_1 + L_2 - L_3 - L_4}$$

und

$$\frac{W^1}{L^1} = \frac{Q_1 - Q_2 + AL_5}{L_1 + L_2 - L_5}$$

Substituieren wir die Werte $\frac{Q_1 - Q_2}{A} = D$ und: $L_1 + L_2 = C$, so wird:

$$\frac{W}{AL} = \frac{D + (L_3 + L_4)}{C - (L_3 + L_4)} \text{ und } \frac{W^1}{AL^1} = \frac{D + L_5}{C - L_5}.$$

Wir ersehen daraus ohne weiteres, daſs

$$\frac{W^1}{L^1} > \frac{W}{L}, \text{ da ja } L_5 > L_3 + L_4.$$

Dasselbe läſst sich bei Annahme eines permanenten Gases nachweisen.

Da hier die ganze zugeführte Wärmemenge W oder W^1 in Arbeit verwandelt wird, und da zur Abkühlung des Gases selbst das Äquivalent der Arbeit L_3 demselben entzogen werden muſste, so findet sich:

$$W = AL_4 \text{ und } W^1 = A(L_5 - L_3)$$

und die Verhältnisse

$$\frac{W}{L} = \frac{AL_4}{L_1 + L_2 - L_3 - L_4}$$

und

$$\frac{W^1}{L^1} = \frac{A(L_5 - L_3)}{L_1 + L_2 - L_5}$$

oder

$$\frac{W}{AL} = \frac{L_4}{C-(L_3+L_4)} \text{ und: } \frac{W^1}{AL^1} = \frac{L_5 - L_3}{C - L_5}.$$

Wir ersehen auch, dafs überhaupt unser Verhältnis ein Maximum wird, wenn wir L_5 möglichst grofs machen. Da wir nun unserer Annahme gemäfs bei Expansion nach Kurve AC (d. h. unter Gleichhaltung der Temperaturen des vermittelnden und des abzukühlenden Körpers) thatsächlich die höchst möglichen Spannungen erhalten, so ist der Prozefs, welcher durch die drei Kurven AC, CD und DA dargestellt ist, als der vollkommenste und günstigste für Maschinen zur Wärmeentziehung bei niedrigen Temperaturgraden zu betrachten.

Nachdem derjenige Kreisprozefs gefunden ist, welcher die Maximalleistung liefert, wird zunächst die Aufgabe vorliegen, einen rechnerischen Ausdruck für dieselbe zu suchen.

Als Bedingung für dieselbe fanden wir, neben der Erhaltung möglichst niedriger Temperatur während der Kompressionsperiode die Gleichhaltung (resp. möglichst kleine Differenz) der Temperaturen des vermittelnden und des abzukühlenden Körpers. Es wird uns nun zur Untersuchung des Prozesses bekannt sein müssen, in welcher Weise die Temperatur des abzukühlenden Körpers von der entzogenen Wärmemenge abhängig ist. Die technisch wichtigen Fälle lassen sich in dieser Hinsicht in zwei Gruppen teilen: 1. Die pro Temperaturgrad zu entziehenden Wärmemengen sind bei allen Temperaturen gleich grofs (z. B. Abkühlung von atmosphärischer Luft). 2. Diese Wärmemengen sind bei verschiedenen Temperaturen ungleich (z. B. bei der Eiserzeugung). Wir betrachten zunächst die Fälle ad 1 und zwar zunächst für eine verdampfende Flüssigkeit.

Der Prozefs, welchen wir zu untersuchen haben, ist in beistehender Figur 8 durch die Kurven AC, CD und DA dargestellt, welchen Kurven die Arbeitswerte L_1, L_2 und L_5 entsprechen. Nennen wir wieder die Gesamtarbeit, welche zu verrichten ist, in Meter-Kilogramm L_1, so wird dieselbe sich finden:

$$L^1 = L_1 + L_2 - L_5 \quad \ldots \ldots \quad (1$$

Nun sind Werte für L_1, L_2 und L_5 einzusetzen, welche als Funktionen der beiden Grenztemperaturen T und T_1 erscheinen. — Hierbei wollen wir annehmen, wir hätten es gerade mit einem

Kilogramm des vermittelnden und mit M Kilogramm des abzukühlenden Körpers zu thun. Der obigen Voraussetzung gemäfs ist die spezifische Wärme c_2 des letzteren konstant. Auch die spezifische Wärme c des vermittelnden Körpers wollen wir als konstant betrachten und wollen unter c_1 die auf den vermittelnden Körper in dem Sinne reduzierte spezifische Wärme c_2 verstehen, dafs ein Kilogramm dieses Körpers die Wärmemenge c_1 aufnehme, wenn durch Berührung desselben mit M Kilogramm des abzukühlenden Körpers die Temperatur des letzteren um einen Grad abnimmt, dafs also $c_1 = M c_2$ sei.

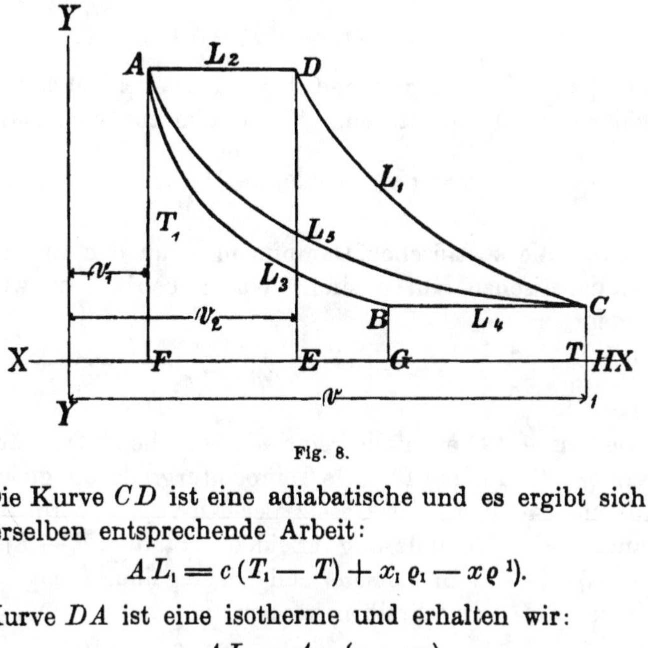

Fig. 8.

Die Kurve CD ist eine adiabatische und es ergibt sich somit die derselben entsprechende Arbeit:

$$A L_1 = c\,(T_1 - T) + x_1\,\varrho_1 - x\,\varrho\ ^{1)}.$$

Kurve DA ist eine isotherme und erhalten wir:

$$A L_2 = A p_1\,(v_2 - v_1).$$

Was endlich die Expansionsarbeit L_3 betrifft, so ist dieselbe gleich den Äquivalenten der den beiden Körpern entzogenen Wärmemengen, also:

$$A L_3 = c(T_1 - T) - x\varrho + c_1\,(T_1 - T), \quad . \ . \ . \ (2$$

---

[1]) Wobei: x_1 = spezifische Dampfmenge bei D,
x = „ „ „ C,
ϱ_1 = innnere latente Wärme für T_1,
ϱ = „ „ „ „ T.

wenn, wie früher, angenommen wird, dafs im Beginne bei A der vermittelnde Körper in reiner tropfbarer Form, also die spezifische Dampfmenge $= 0$ sei.

Substituieren wir die gefundenen Werte in Gleichung 1, so wird

$$AL^1 = x_1 \varrho_1 + A p_1 (v_2 - v_1) - c_1 (T_1 - T)$$

Bezeichnen wir noch mit μ_1 die Differenz der spezifischen Volumina des vermittelnden Körpers, einerseits als Dampf von $T_1{}^0$, anderseits in tropfbarer Form, so ist $v_2 - v_1 = x_1 \mu_1$.

Da nun bekanntlich: $A p_1 \mu_1 + \varrho_1 = r_1 =$ Verdampfungswärme für die Temperatur T_1, so erhalten wir:

$$AL^1 = x_1 r_1 - c_1 (T_1 - T) \quad \ldots\ldots \quad (3$$

Die spezifische Dampfmenge x_1 ist aber allein abhängig von den beiden Grenztemperaturen. Wir wissen zunächst, dafs

$$x_1 = \left(\frac{x r}{T} - c \log_n \frac{T_1}{T}\right) \frac{T_1}{r_1}, \quad \ldots\ldots \quad (4$$

da x und x_1 die spezifischen Dampfmengen an den Enden einer reinen adiabatischen Kurve sind. Was x betrifft, so würde es sich finden

$$x = \left(c \log_n \frac{T_1}{T}\right) \frac{T}{r},$$

wenn die Kurve AC ebenfalls reine adiabatische Kurve wäre. Da die Wärmezuführung (c_1) für alle Temperaturgrade die gleiche ist, so wird offenbar nicht das Gesetz der Kurve, sondern nur die Konstante c eine Veränderung erleiden. Statt $c(T_1 - T)$ haben wir $(c + c_1)(T_1 - T)$ in äufsere und Disgregationsarbeit zu verwandeln, so dafs wir schreiben können:

$$x = \left((c + c_1) \log_n \frac{T_1}{T}\right) \frac{T}{r}$$

Dies in Gleichung 4 eingesetzt, gibt:

$$x_1 = \left(c_1 \log_n \frac{T_1}{T}\right) \frac{T_1}{r_1}$$

und wenn wir hiervon für Gleichung 3 Gebrauch machen:

$$AL^1 = c_1 T_1 \log_n \frac{T_1}{T} - c_1 (T_1 - T) \quad \ldots \quad (5$$

Da fernerhin die Wärmemenge W^1, welche hierbei dem abzukühlenden Körper entzogen wird, sich findet:

$$W^1 = c_2 M (T_1 - T) = c_1 (T_1 - T),$$

so erhalten wir die gesuchte Maximalleistung:

$$\frac{W^1}{AL^1} = \frac{(T_1 - T)}{T_1 \log_n \frac{T_1}{T} - (T_1 - T)} \quad . \quad . \quad . \quad . \quad . \quad (6$$

Dient aber als vermittelnder Körper ein permanentes Gas, so findet sich:

$$AL_1 = c (T_1 - T)$$

für die adiabatische Kurve;

$$A L_2 = A R T_1 \log_n \frac{v_2}{v_1} \text{ [1]}$$

für die Isotherme, und unter gleichen Voraussetzungen für c und c_1, wie vorhin:

$$AL_3 = (c + c_1)(T_1 - T)$$

für die Expansionsarbeit. Somit:

$$AL^1 = A R T_1 \log_n \frac{v_2}{v_1} - c (T_1 - T) \quad . \quad . \quad . \quad . \quad (7$$

Es ist aber:

$$v_2 = v \left(\frac{T}{T_1}\right)^{\frac{c}{AR}}, \quad . \quad . \quad . \quad . \quad . \quad . \quad (8$$

da wiederum v_2 und v_1 Endwerte in einer reinen adiabatischen Kurve sind. Macht man für v als Endvolumen in dem Prozeſs AC wieder die Betrachtung, daſs das Gesetz dieser Kurve dasjenige der adiabatischen Kurve mit bloſser Veränderung der Konstante c in $(c + c_1)$ ist, so hat man:

$$v = v_1 \left(\frac{T_1}{T}\right)^{\frac{c + c_1}{AR}}.$$

Somit wird Gleichung 8:

$$v_2 = v_1 \left(\frac{T_1}{T}\right)^{\frac{c + c_1}{AR}} \left(\frac{T}{T_1}\right)^{\frac{c}{AR}}$$

und

$$\frac{v_2}{v_1} = \left(\frac{T_1}{T}\right)^{\frac{c + c_1}{AR}} \left(\frac{T}{T_1}\right)^{\frac{c}{AR}} = \left(\frac{T_1}{T}\right)^{\frac{c_1}{AR}}.$$

---

[1]) R = die Gay-Lussac'sche Konstante.

Durch Substitution dieses Wertes in Gleichung 7 erhält man:

$$A L^1 = A R T_1 \log_n \left(\frac{T_1}{T}\right)^{\frac{c_1}{AR}} = c_1 (T_1 - T)$$

oder:

$$A L_1 = c_1 T_1 \log_n \frac{T_1}{T} - c_1 (T_1 - T). \quad . \quad . \quad . \quad . \quad (9$$

Für das Verhältnis der entzogenen Wärmemenge W^1 zum Arbeitsäquivalent $A L^1$ findet sich also derselbe Wert, wie bei Benutzung einer verdampfenden Flüssigkeit, nämlich:

$$\frac{W^1}{A L^1} = \frac{(T_1 - T)}{T_1 \log_n \frac{T_1}{T} - (T_1 - T)} \quad . \quad . \quad . \quad . \quad . \quad (6$$

Nun wäre der zweite Fall zu untersuchen, bei welchem die zu entziehende Wärmemenge nicht für alle Temperaturgrade dieselbe ist. Es ist dies der Fall, den wir in allen Eismaschinen haben. Zuerst ist die Temperatur des Wassers auf den Gefrierpunkt zu bringen, sodann findet bei konstanter Gefriertemperatur die Eisbildung statt und endlich wird das Eis auf eine gewisse Temperatur abgekühlt. Im ersten und dritten Teil haben wir zwar nahezu konstante Wärmemengen pro Temperaturgrad zu entziehen. Da aber der weitaus gröfste und überwiegende Teil bei konstanter Temperatur abgegeben wird, so können wir den ganzen Prozefs annäherungsweise als identisch mit demjenigen ansehen, für den wir oben die Maximalleistung gefunden haben

$$\frac{W}{A L} = \frac{T}{T_1 - T} \quad . \quad . \quad . \quad . \quad . \quad . \quad . \quad (10$$

und welcher sich zusammensetzte aus zwei adiabatischen und zwei isothermischen Kurven. Für die Beurteilung der wirklich ausgeführten Eismaschinen wird diese Annahme um so zutreffender sein, als der Beharrungszustand dieser Maschinen die Entziehung der gesamten Wärme bei konstanter Kühltemperatur geradezu bedingt.

Eine tabellarische Ausrechnung einiger Werte für die durch die Gleichungen 6 und 10 ausgedrückten Maximalleistungen für verschiedene Temperaturen wird einen Überblick einerseits über die absoluten Arbeitsäquivalente bieten, welche zum Betriebe einer theoretisch vollkommenen Maschine erforderlich wären, anderseits über den Einflufs des Umstandes, ob die Wärmeentziehung gleichmäfsig bei allen Temperaturgraden, oder nur bei niedrigster Temperatur stattfindet. Es sei eine konstante Kühltemperatur $T = 250^{0}$ (resp. -23^{0} C.) angenommen, während die Normaltemperatur T_1 in gegebener Weise verschieden sei.

Tabelle I.

$T_1 =$	252,5	255	260	270	290	325	400	500
$W : AL =$	100	50	25	12,5	6,25	3,33	1,66	1,00
$W^1 : AL^1 =$	202	102	50,7	25,7	13,1	7,3	3,95	2,59

Die Tabelle lehrt, dafs im Falle gleichmäfsiger Wärmeentziehung bei allen Temperaturen die Maximalleistung stark doppelt so grofs ist, als bei der Wärmeentziehung bei konstanter Kühltemperatur. Es ist dieses Resultat vollkommen einleuchtend, wenn man bedenkt, dafs die Aufnahme eines gewissen »Wärmegewichtes« um so mehr Arbeit erfordert, aus je tieferer Temperatur es heraufgeholt werden mufs, in derselben Weise wie eine Hebemaschine einen der Förderhöhe entsprechenden Arbeitskonsum hat.

Der Untersuchung ausgeführter Eismaschinen werden wir jedoch, wie schon bemerkt, den weniger günstigen Prozefs (Abkühlung bei konstanter Temperatur) zur Bestimmung der Maximalleistung zu Grunde zu legen haben.

Es sei zunächst in Tabelle II die Zusammenstellung einiger Werte dieses durch den Ausdruck $\frac{W}{AL} = \frac{T}{T_1 - T}$ dargestellten Maximalverhältnisses für verschiedene Kühl- und Normaltemperaturen gegeben.

Tabelle II.

$t = T - 273 =$	Werte von $W : AL$ für $t_1 = T_1 - 273 =$				
	5^{0}	10^{0}	20^{0}	50^{0}	100^{0}
0^{0}	55,00	28,30	14,65	6,46	3,73
-5^{0}	27,80	18,87	11,72	5,87	3,55
-10^{0}	18,53	14,15	9,77	5,38	3,39
-20^{0}	11,12	9,43	7,32	4,61	3,11
-40^{0}	6,18	5,66	4,88	3,59	2,66

Für kleine Temperaturdifferenzen ist also die in einer Eismaschine zu verrichtende Arbeit nur ein kleiner Teil des Äquivalentes derjenigen Wärmemenge, welche dem in Eis verwandelten Wasser entzogen wird, ein Umstand, der natürlich für diese Maschinen von aufserordentlichem Vorteile ist und welcher es erklärlich macht, dafs an vielen Orten die Fabrikationskosten für künstliches Eis geringer ausfallen, als die Transportkosten für »gewachsenes« Eis.

Die wichtigsten Faktoren dieser Fabrikationskosten lassen sich nun leicht für eine theoretisch vollkommene Eismaschine bestimmen.

Das Wasser, welches in Eis verwandelt werden soll, besitze eine Temperatur von 10° C. Die Temperatur des erzeugten Eises betrage —3° C. Die disponible Leistung wird sonach sein:

$$W = \frac{L}{424} \, \frac{273 - 3}{(273 + 10) - (273 - 3)} = 0{,}05 \, L.$$

Es wird also jedem Meter-Kilogramm verrichteter Arbeit eine entzogene Wärmemenge = 0,05 · 75 Cal. entsprechen. Per Stunde und Pferdestärke wird somit eine Wärmemenge $W = 0{,}05 \cdot 75 \cdot 3600$ dem Wasser entzogen werden. Da nun beim Übergang eines Kilogramm Wassers von 0° in 1 kg Eis von 0° eine Wärmemenge von 79 Cal. frei wird, und da der Temperaturreduktion von 10° auf —3° per 1 kg 13 Cal. entsprechen, so mufs zur Erzeugung eines Kilogramm Eises in unserem Falle eine Wärmemenge von 79 + 13 = = 92 Cal. entzogen werden. Sonach findet sich das Gewicht der pro Stunde und Pferdestärke produzierten Eismenge M Kilogramm

$$M = \frac{0{,}05 \cdot 75 \cdot 3600}{92} = 147 \text{ kg}$$

oder in 10 Arbeitsstunden 30 Zentner. Einen Kohlenverbrauch von 1,47 kg Kohlen per Stunde und Pferdestärke vorausgesetzt, würde 1 Pfund Kohlen zur Erzeugung eines Zentner Eises genügen.

Arbeitsprozefs ausgeführter Eismaschinen.

Die wirklich ausgeführten Eismaschinen weisen höchstens 10 % der eben genannten Leistung auf, d. h., in den besten Eismaschinen wird zur Erzeugung von 10 Pfund Eis mindestens 1 Pfund Kohlen verbraucht. Da also die Effektverluste 9/10 der disponiblen Leistung betragen, so steht die Aussicht auf eine solche Lösung der in den Eismaschinen vorliegenden Aufgabe noch offen, durch welche die Produktionskosten des Eises bedeutend unter das gegenwärtige Mafs heruntergezogen werden könnten, wobei übrigens nicht zu verkennen ist, dafs ein grofser Teil jener Effektverluste durch Umstände bedingt ist, die sich nicht beseitigen lassen.

In erster Linie ist da zu berücksichtigen der Umstand, dafs der vermittelnde Körper stets innerhalb weiterer Temperaturgrenzen sich bewegen mufs, als der abzukühlende. Um Wärme aufnehmen zu können, mufs der vermittelnde Körper um eine Temperaturstufe tiefer stehen, als der abzukühlende, um eine Stufe, welche abhängig ist von der Berührungsfläche und -Dauer und von dem Leitungsvermögen und der spezifischen Wärme der in Berührung kommenden Körper. Man wird zwar durch grofse Berührungsflächen und durch langsame Durchführung des Prozesses die Temperaturdifferenz einzuschränken vermögen, immerhin wird sie aber auf die Leistung einen starken Einflufs ausüben. — Ebenso wird während der Kompression die Temperatur nicht wirklich derjenigen des Kühlwassers gleich sein, sie wird vielmehr dieselbe erheblich überschreiten und zwar wieder um so mehr, je kleiner die Berührungsfläche, je kürzer die Berührungsdauer, je wärmer das Kühlwasser, resp. je geringer die Kühlwassermenge ist.

Statt der Temperaturgrenzen T_1 und T erhalten wir somit andere, die mit T_o und T_u bezeichnet sein mögen. Es wird dann die Wärmemenge W_a, welche per Meter-Kilogramm aufgenommen wird, sich finden:

$$W_a = \frac{A\,T_u}{T_o - T_u};$$

der Wärmeverlust:

$$W_1 = W - W_a$$

und der Effektverlust:

$$\zeta = \frac{W - W_a}{W} = \frac{T_u}{T}\,\frac{T_1 - T}{T_o - T_u}.$$

Als erste Bedingung für eine ökonomische Eismaschine ist also zu betrachten, dafs man die Temperatur des vermittelnden Körpers während der Expansion nicht niedriger und während der Kompression nicht höher halte, als es absolut notwendig ist. Es mufs auf diese so selbstverständlich scheinenden Bedingungen mit um so gröfserem Nachdrucke hingewiesen werden, als dieselben vielfach nicht erkannt und gewürdigt zu sein scheinen. Die Erhaltung der Expansionstemperatur auf möglichster Höhe setzt neben den schon erörterten Bedingungen bezüglich der Berührungsfläche u. s. w. voraus, dafs auch die Temperatur des abzukühlenden Körpers nicht unter das absolut nötige Niveau gezogen werde. Es erscheint von diesem Gesichtspunkte aus die Abkühlung des Eises in den Eismaschinen weit unter den Gefrierpunkt als irrationell. Das Eis wird ja in grofsen Quantitäten nur erzeugt, um in gewissen Räumen eine gemäfsigte nicht unter dem Gefrierpunkte des Wassers liegende Temperatur dadurch zu erhalten, dafs man das Eis beim Schmelzen die zu diesem Übergang erforderliche Wärme seiner Umgebung abnehmen läfst.

Wenn auch einige Grade unter Null dem Eise die nötige Konsistenz und Transportfähigkeit zu verleihen geeignet sind, so mufs doch der Prozefs in solchen Eismaschinen, welche das Eis mit viel niedrigerer Temperatur liefern, vom Standpunkte der Ökonomie aus geradezu als fehlerhaft bezeichnet werden. Während häufig zur Beleuchtung der Vortrefflichkeit einer Maschine gerühmt wird, sie arbeite mit so und so niedrigen Temperaturen, so sollte gerade das umgekehrte geschehen — es müfste nachgewiesen werden, dafs sie Eis erzeuge, ohne dafs der Prozefs sehr weit unter den Gefrierpunkt des Wassers greife. Denn jene Anpreisung ist nichts anders, als der sichere Nachweis dafür, dafs die Maschine viel Arbeit konsumiert. Allerdings können dadurch ihre Dimensionen kleiner und die Anschaffungskosten geringer ausfallen, allein dieser Vorteil wird im allgemeinen gegen den Nachteil der belasteten Betriebskosten verschwinden. — Die nachstehenden Zahlen werden das Gesagte weiter hervortreten lassen. Es sei vorausgesetzt, dafs während der Kompression der vermittelnde Körper durch das Kühlwasser auf der Temperatur $+ 17^{\circ}$ C. erhalten werde, und es soll berechnet werden, welche Quantitäten von Kälte und welche Gewichtsmengen Eis pro Stunde und Pferdestärke aus Wasser von 12° C. in einer, ohne sonstige Verluste arbeitenden Eismaschine erzeugt werden können, wenn die Temperaturen τ^{0} des Eises in gegebener Weise verschieden sind, wobei angenommen werde, die Temperaturdifferenz zwischen dem Eis und dem vermittelnden Körper betrage konstant 5° C. — Es findet sich die gesuchte Gewichtsmenge Eis wie folgt: die pro Stunde und Pferdestärke vom vermittelnden Körper aufgenommene Wärme ist:

$$Q = \frac{75 \cdot 3600\,[273 - (\tau + 5)]}{424\,[17 - (\tau + 5)]}$$

Zur Erzeugung des Eises von τ^0 brauchen wir pro Kilogramm eine Wärmemenge $Q = (12 - \tau + 79)$ Calorien.

Folglich findet sich:

$$G = \frac{Q}{q} = \frac{75 \cdot 3600 . [273 - (\tau + 5)]}{424\,(22 - \tau)\,(91 - \tau)}$$

$\tau =$	0°	— 5°	— 10°	— 15°	— 20°
$Q =$	7885	6322	5233	4440	3838
$G =$	86,6	65,9	51,8	42,0	34,6

Dieselbe Arbeitsleistung liefert also einmal 86,6 kg Eis von 0° und dann 34,6 kg Eis von — 20°. Beim Schmelzen im Kühlraum werden beide Quantitäten folgende Wärmemengen binden (effektive »Kälteerzeugung«): 7885 — 86,6 · 12 = 6846 Cal., gegenüber 3838 — 34,6 · 12 = 3423 Cal.

Nehmen wir aber an, das Eis zwar werde (bei sonst gleichen Verhältnissen) mit einer Temperatur von — 5° erzeugt, es sinke jedoch die Temperatur t des vermittelnden Körpers viel tiefer, so mufs natürlich die Wirkung eine analoge sein.

$t =$	— 10°	— 15°	— 20°	— 30°	— 40°
$Q =$	6322	5233	4440	3360	2660
$G =$	65,9	51,8	42,0	35,0	27,7

Während die Erhaltung der Temperatur T auf möglichster Höhe nur von der Konstruktion der Maschine abhängig ist, so kann die Erhaltung der Kompressionstemperatur auf niedriger Höhe durch die Abhängigkeit dieser Höhe von der Kühlwassermenge grofse Schwierigkeiten darbieten. Es können die Betriebskosten durch die Beschaffung dieser Kühlwassermenge stark beeinflufst werden. Wie sehr aber die Leistung der Maschine durch das Erhalten auf der niedrigsten Temperatur begünstigt wird, welche bei einer gewissen disponiblen Kühlwassermenge möglich ist, mag aus folgenden Zahlen anschaulich werden. Die Expansionstemperatur t sei zu — 10° angenommen (die Eistemperatur $\tau = -5^0$), die Kompressionstemperatur t_1 variiere in gegebener Weise; dann wird:

$$Q = \frac{75 \cdot 3600\,(273 + t)}{424\,(t_1 + 10)}$$

und:

$$G = \frac{Q}{q} = \frac{75 \cdot 3600\,(273 + t)}{424\,(t_1 + 10)\;96}$$

$t_1 =$	15°	20°	30°	40°	50°
$Q =$	6720	5568	4176	3360	2784
$G =$	70	58	43,5	35	29

Schlufsfolgerungen.

I. Für alle auf dem Prinzipe der Expansion beruhenden Kühlvorrichtungen gelten folgende Sätze:

1. Die disponible Leistung [1]) einer Kühlvorrichtung ist nahezu umgekehrt [2]) proportional der Differenz zwischen der Normaltemperatur T_1 und der Kühltemperatur T.

2. Die disponible Maximalleistung wird erreicht durch eine Kühlmaschine, bei welcher die dem abzukühlenden Körper entzogene Wärmemenge bei allen Temperaturgraden zwischen T_1 und T gleich grofs ist.

Es findet sich dann dieselbe:

$$\frac{W}{AL} = \frac{(T_1 - T)}{T_1 \log_n \frac{T_1}{T} - (T_1 - T)}$$

3. Mufs die Wärme bei konstanter Kühltemperatur entzogen werden, so findet sich die disponible Leistung:

$$\frac{W}{AL} = \frac{T}{T_1 - T}.$$

II. Anwendung der atmosphärischen Luft: Vorteil: Für Abkühlung gewisser Räume kann die Luft ohne vermittelnden Körper dem Abkühlungsprozefs unterworfen werden.

Nachteile: 1. Das geringe Wärmeleitungsvermögen bedingt grofse Kühlflächen.

---

[1]) Unter der Leistung ist verstanden das Verhältnis der dem abzukühlenden Körper entzogenen Wärmemenge W zu dem Wärmeäquivalent AL der in der Maschine zu verrichtenden Arbeit.

[2]) Für Maschinen von gleicher Kühltemperatur ist die Proportionalität im Falle 3 eine vollständige.

2. Die Erhaltung der Normaltemperatur während der Kompression ist fast unerreichbar.

III. Anwendung verdampfender Flüssigkeiten in Pumpen:

Vorteile: 1. Es können Körper von groſser spezifischer Wärme engewendet werden.

2. Die Temperaturen lassen sich leicht dem vollkommenen Kreisprozesse entsprechend regulieren.

Nachteile: 1. Das Verhalten flüchtiger Flüssigkeiten in den Pumpen bietet Schwierigkeiten dar.

2. Die äuſseren Widerstände können sehr bedeutende Arbeitsverluste bedingen.

3. Materialverluste durch Undichtheiten.

IV. Anwendung verdampfender und absorbierender Flüssigkeiten in Verbindung mit einem Destillierapparat.

1. Vorteile: Alle beweglichen Teile und die Materialverluste fallen weg.

2. Nachteile: Der Prozeſs ist ein sehr unvollkommener, und deshalb die Möglichkeit einer Annäherung an die disponible Leistung unmöglich.«

Über den Wirkungsgrad der gebräuchlichsten Eismaschinen

stellt Prof. Linde in einer zweiten Abhandlung (Bayer. Industrie- und Gewerbe-Blatt 1871) weitere Berechnungen auf, die wir nachstehend folgen lassen.

»Bezüglich der Umstände und Gründe, welche bei den drei Gattungen von Eismaschinen — der Windhausen'schen Luftexpansionsmaschine, der Siebe'schen Äthermaschine und der Carre'schen Absorptionsmaschine — den niedrigen Wirkungsgrad verschulden, muſs man, ähnlich wie bei den Wärmekraftmaschinen, unterscheiden den calorischen, den effektiven und den ökonomischen Wirkungsgrad. Unter dem »calorischen« Wirkungsgrad η_c verstehen wir das Verhältnis der theoretischen (indizierten) Leistung $\frac{W_1}{A L_1}$ (so weit sie von dem calorischen Arbeitsprozesse, also ohne Berücksichtigung der schädlichen Widerstände und sonstigen Verluste abhängig ist) zu der, bestimmten Temperaturgrenzen T und T_1 entsprechenden, disponiblen Leistung $\frac{W}{A L}$. Der »effektive« Wirkungsgrad η_e ist das Verhältnis der effektiven Leistung $\frac{W_e}{AL_e}$ zu $\frac{W}{AL}$. Der »ökonomische« Wirkungsgrad η endlich ist das Verhältnis der effektiven Leistung zum Maximum der disponiblen Leistung, d. i. zu derjenigen disponiblen Leistung, welche den möglichst günstigen (engen) Temperaturgrenzen entspricht.

A. Calorischer Wirkungsgrad.

Als die erste Frage wird ins Auge zu fassen sein: Sind die Prozesse, welche in diesen Maschinen ausgeführt werden, prinzipiell richtig? Wir haben zu dem Zwecke den oben als günstigsten Prozefs bezeichneten zum Anhaltspunkte zu wählen und Vergleiche anzustellen. In einer früheren Abhandlung wurde

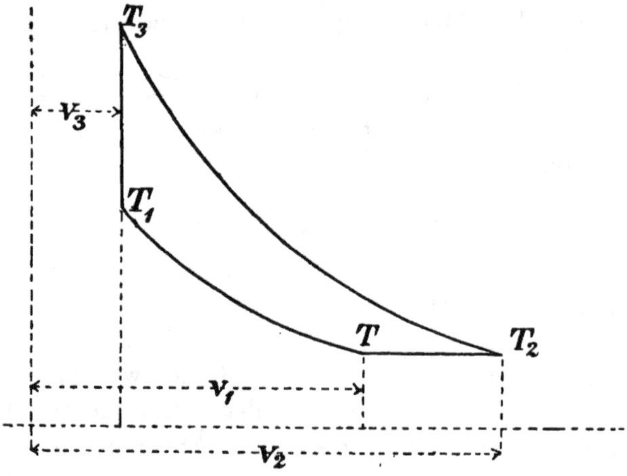

Fig. 9.

bereits ausgeführt, bei der Ammoniakmaschine mit Absorption habe die Ersetzung der Kompressionspumpe durch einen Destillationsapparat zur Folge, dafs der Wärmeverbrauch in zweierlei Richtung erheblich, gegenüber demjenigen einer zum Betriebe einer »vollkommenen« Eismaschine dienenden Dampfmaschine, gesteigert werde und zwar 1. dadurch, dafs der Destillationsapparat wie eine Volldruckdampfmaschine arbeite, und 2. dadurch, dafs das Absorptionswasser (welches etwa 20 mal das Ammoniakgewicht übertrifft) in dem Destillationskessel mit erwärmt werden müsse. Da diese Steigerung des Wärmeverbrauchs zum mindesten eine dreifache ist (ohne Berücksichtigung irgend eines sonstigen Verlustes), so beträgt die theoretische Leistung der Ammoniakmaschine von vornherein höchstens 30 % der disponiblen Leistung und es kann deshalb von dieser Gattung von Apparaten ein wirklich günstiger Wirkungsgrad trotz aller etwaigen Verbesserungen nicht erwartet werden.

In der Luftexpansionsmaschine ist der Arbeitsprozeſs folgender: 1. Kompression nach der adiabatischen Kurve. 2. Kompression bei (nahezu) konstantem Volumen. 3. Expansion nach der adiabatischen Kurve. 4. Expansion bei konstantem Drucke. Die beiden Prozesse ad 1 und 3 entsprechen demnach dem vollkommenen Kreisprozesse, während die beiden andern Prozesse insofern von demselben abweichen, als sie bei konstanter Temperatur stattfinden sollten. In Fig. 9 ist dieser abweichende Kreisprozeſs dargestellt.

Für diesen Kreisprozeſs findet sich das Verhältnis der dem abzukühlenden Körper entzogenen Wärmemenge W_1 zu dem Äquivalent der verbrauchten Arbeit AL_1 folgendermaſsen:

Bedeutet c die spezifische Wärme der Luft (bei konstantem Volumen), R die Gay-Lussac'sche Konstante, und werden die (absoluten) Temperaturen, sowie die Volumina mit der in Fig. 9 fixierten Bezeichnung eingeführt, so findet sich:

$$AL_1 = c(T_3 - T_1) - c(T_1 - T) - AR(T_2 - T).$$

Hierbei ist:

$$T_2 = T\frac{v_2}{v_1}$$

und

$$T_3 = T_2\left(\frac{v_2}{v_3}\right)^{k-1}$$

wenn $k = 1,41$ das Verhältnis der Wärmekapazitäten bei konstantem Volumen und bei konstantem Drucke bedeutet.

Fernerhin ist:

$$v_3 = v_2\left(\frac{v_1}{v_2}\right)\left(\frac{T}{T_1}\right)^{\frac{1}{k-1}}, \text{ somit } T_3 = T_1\left(\frac{v_2}{v_1}\right)^k$$

Diesen Wert in obige Gleichung eingesetzt:

$$AL_1 = cT_1\left[\left(\frac{v_2}{v_1}\right)^k - 1\right] - (c + AR)\,T\left(\frac{v_2}{v_1} - 1\right)$$

oder, da:

$$c + AR = ck$$

$$AL_1 = cT_1\left[\left(\frac{v_2}{v_1}\right)^k - 1\right] - ckT\left(\frac{v_2}{v_1} - 1\right)$$

Die (während der Expansion bei konstantem Druck) entzogene Wärmemenge ist:

$$W_1 = ck(T_2 - T) = ckT\left(\frac{v_2}{v_1} - 1\right)$$

Das gesuchte Verhältnis findet sich also:

$$\frac{W_1}{AL_1} = \frac{ckT\left(\frac{v_2}{v_1} - 1\right)}{cT_1\left[\left(\frac{v_2}{v_1}\right)^k - 1\right] - ckT\left(\frac{v_2}{v_1} - 1\right)} \quad . \quad . \quad . \quad (1$$

Man sieht, daſs die Leistung durch das Verhältnis der Temperaturen T_1 und T und der Volumina v_2 und v_1 bedingt ist. In nachstehender Tabelle sind einige Werte desselben ausgerechnet, sowie der jeweilige günstigste calorische Wirkungsgrad:

$$\eta_c = \frac{W_1}{W}\frac{AL}{AL_1}$$

$\frac{v_2}{v_1} =$	$\frac{W_1}{AL_1}$				$\frac{W}{AL}$	$\eta_{c\,max}$
	2	1,5	1,3	1,2		
$T_1 = 300$ $T = 250$	2,44	3,21	3,64	3,23	5,00	0,736
$T_1 = 290$ $T = 260$	3,22	4,57	5,57	4,67	8,66	0,696
$T_1 = 280$ $T = 270$	4,62	7,61	10,66	7,53	27,00	0,395

Für weit auseinanderliegende Temperaturgrenzen sind, wie diese Zahlen lehren, die Effektverluste bei richtiger Wahl der Volumverhältnisse zwar mäſsige, aber die disponible Leistung selbst und deshalb der ökonomische Wirkungsgrad ist, wie unten des weiteren besprochen werden soll, in solchem Falle gering. Untersucht man nun, ob der Prozeſs in der Luftexpansionsmaschine nicht prinzipiell verbessert werden könnte, ob es nicht möglich sei, statt bei konstantem Volumen zu komprimieren und bei konstantem Drucke zu expandieren, dies bei konstanter Temperatur auszuführen, so stöfst man auf die Schwierigkeit, dafs wegen der geringen Wärmeleitungsfähigkeit der Luft die Wärmeabgabe an das Kühlwasser und die Wärmeaufnahme von dem abzukühlenden Körper nicht im Cylinder selbst, sondern in aufserhalb liegenden Räumen, nicht blofs während, sondern auch nach Ausführung der Kompression und Expansion stattfinden mufs. Wenn auch eine Verbesserung der Luftexpansionsmaschine gegenüber der Windhausen'schen Konstruktion nicht undenkbar ist, so kann doch für enge Temperaturgrenzen von dieser Maschine ein sehr günstiger Wirkungsgrad niemals erwartet werden. In

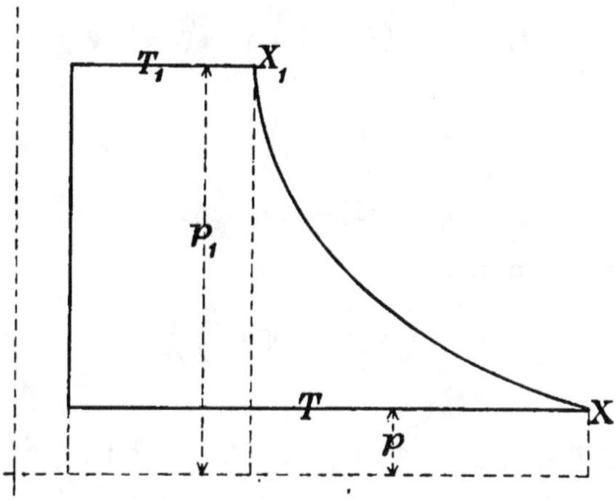

Fig. 10.

der vorstehenden Darlegung ist noch unberücksichtigt geblieben, dafs Windhausen einen Teil der durch die Expansion auf eine niedrige Temperatur gebrachten Luft zur Abkühlung der komprimierten Luft im »Vorkühler« verwendet, wodurch ein weiterer Effektverlust herbeigeführt wird, welcher dem Verhältnis der in den Vorkühler gelangenden Luft zur gesamten Luftmasse im Expansionscylinder entspricht.

Die Äthermaschine führt (in umgekehrter Reihenfolge) den gleichen Kreisprozefs aus, wie unsere expandierenden Dampfmaschinen, d. h. wir haben: 1. Expansion bei konstanter (Verdampfungs-) Temperatur. 2. Kompression nach der adiabatischen Kurve. 3. Kompression bei konstanter (Kondensations-) Temperatur. 4. Temperaturverminderung bei konstantem Volumen. Nur dieser vierte Teil des Prozesses stellt also eine Abweichung von dem »vollkommenen« Kreisprozesse dar. Zur Berechnung des hierans resultierenden Effektverlustes stellen wir folgende Untersuchung an.

Nehmen wir die spezifische Wärme des Äthers c als konstant an, bezeichnen wir mit x die spezifische Dampfmenge, mit r die Verdampfungswärme, mit ϱ die innere latente Wärme, mit u die Volumdifferenz von dampfförmigen und tropfbarem Äther bei der Temperatur T, benutzen wir die in Fig. 10 eingetragenen Bezeichnungen und Indices und legen die Gewichtseinheit Äther zu Grunde, so findet sich das Äquivalent der verbrauchten Arbeit:

$$A L_1 = A p_1 u_1 + c(T_1 - T) + x_1 \varrho_1 - x \varrho - A p u.$$

Da

$$A p u + \varrho = r \text{ und } x = 1,$$

wird

$$A L_1 = c(T_1 - T) + x_1 \varrho_1 - r.$$

Es ist aber bekanntlich

$$x_1 = \left(\frac{r}{T} - c \log n \frac{T_1}{T}\right) \frac{T_1}{r_1}$$

somit:

$$A L_1 = c(T_1 - T) + r \frac{T_1 - T}{T} + c\, T_1 \log_n \frac{T_1}{T}.$$

Die von dem abzukühlenden Körper aufgenommene Wärme W_1 ist gleich der Verdampfungswärme r vermindert um die Wärmemenge $c(T_1 - T)$, welche während der Temperaturabnahme bei konstantem Volumen an den Äther zurückgegeben wird, also:

$$W_1 = r - c(T_1 - T).$$

Das Verhältnis $\frac{W_1}{AL_1}$ findet sich:

$$\frac{W_1}{A L_1} = \frac{r - c(T_1 - T)}{c(T_1 - T) + r \frac{T_1 - T}{T} - c\, T_1 \log_n \frac{T_1}{T}}$$

Die Leistung ist also nicht blofs von den Temperaturgrenzen, sondern auch davon abhängig, in welchem Verhältnis die spezifische Wärme zur Verdampfungswärme steht. Je gröſser verhältnismäſsig die Verdampfungswärme ist, desto gröſser die Leistung. Bei Äther ist das Verhältnis $\frac{r}{c}$ ungefähr gleich 200, dagegen bei Wasserdampf bekanntlich ungefähr 550, so daſs bei sonst gleichen Verhältnissen der Wasserdampf eine höhere Leistung ergeben würde. Untersucht man, bei welchen Temperaturen das Verhältnis $\eta_c = \frac{W_1}{W}\frac{AL}{AL_1}$ ein Maximum wird, so findet man, daſs dies der Fall ist, wenn $T_1 - T = T_1 \log_n \frac{T_1}{T}$ ist. Setzen wir z. B. $T = 265$, nehmen wir also eine Kühltemperatur von $-8\,^0$ C. an, so findet sich hieraus: $T_1 = 294$, also eine Normaltemperatur von 21 ⁰ C. In nachstehender Tabelle sind für Äther die Werte $\frac{W_1}{AL}$, sowie die entsprechenden calorischen Wirkungsgrade für einige Temperaturgrenzen ausgerechnet:

$T_1 =$ $T =$	300 250	290 260	285 265	280 270
$\frac{W_1}{AL_1} =$	3,93	7,92	10,35	18,275
$\frac{W}{AL} =$	5,00	8,66	13,25	27,00
$\eta_c =$	0,786	0,914	0,781	0,677

Wenn für diejenigen Temperaturgrenzen, welche, wie man unten erkennen wird, für die Eismaschinen gerade die geeignetsten sind, der Wirkungsgrad ein nicht unbefriedigender ist, so muſs dennoch gefragt werden, ob nicht durch eine prinzipielle Verbesserung des Prozesses der Verlust vermindert oder ganz beseitigt werden könnte. Eine Verminderung ist denkbar bei Anwendung einer solchen Flüssigkeit statt des Äthers, bei welcher das Verhältnis $\frac{r}{c}$ ein gröſseres ist. Es ist aber auch eine Veränderung des Kreisprozesses denkbar, durch welche derselbe dem vollkommenen völlig gleich gemacht werden könnte, so daſs

$\eta_c = \frac{W_1}{W} \frac{AL}{AL_1} = 1$ würde. Wenn nämlich der bei der Temperatur T_1 im Kondensator verdichtete Äther statt im tropfbaren Zustande in den Verdampfungsraum überzuströmen, wobei er an letzteren die Flüssigkeitswärme $c\,(T_1 - T)$ abgibt, in den Cylinder eingeleitet würde und dort (getrennt von dem Kondensator) bis zur Verdampfungstemperatur T expandierte, worauf während der weiteren Expansion Kommunikation mit dem Verdampfungsraum hergestellt würde, so hätte man allerdings den vollkommenen Kreisprozeſs. Einer solchen Durchführung des Vorganges stehen keinerlei wesentliche Schwierigkeiten im Wege.

Es wird aus vorstehender Darlegung unschwer zu erkennen sein, daſs in bezug auf die theoretische Vollkommenheit des Arbeitsprozesses die letztbesprochene Gattung von Maschinen den entschiedenen Vorzug verdient.

B. Effektiver Wirkungsgrad.

Zur Bestimmung der effektiven Leistung der Eismaschinen wird, nachdem die calorische Leistung derselben bekannt ist, vor allem die Frage nach den »schädlichen Widerständen« beantwortet werden müssen. Wenn diese Beantwortung bei dem Mangel an experimentellen Erfahrungen auch nicht ins einzelne und mit Genauigkeit durchführbar ist, so läſst sich doch im allgemeinen ein Überblick über die relative Gröſse der resultierenden Arbeitsverluste gewinnen. Der Carre'sche Apparat nimmt hier wiederum eine exzeptionelle Stellung insoferne ein, als von »schädlichen Widerständen« höchstens in bezug auf die kleine Pumpe die Rede sein kann, welche die gesättigte Lösung in den Kessel zurückführt. Die wichtigsten schädlichen Widerstände, wie wir sie in den Arbeitscylindern der Äther- und der Luftexpansionsmaschine haben, fallen vollständig weg. Wir haben also nur die beiden letzteren Gattungen von Maschinen ins Auge zu fassen. Die Reibungen des Kolbens und der denselben bewegenden Teile kommen hierbei besonders in Betracht. Diese Reibungen pflegt man bei ähnlichen Maschinen auf die Kolbenfläche zu beziehen und den Arbeitsverlust infolge der schädlichen Widerstände dem Volumen des Cylinders proportional zu setzen. Ist L' dieser Arbeitsverlust pro Hub, V das Cylindervolumen, f der schädliche Widerstand pro Quadrateinheit Kolbenfläche, so findet sich also:

$L^1 = f\,V$. Wir haben also die Dimensionen der beiden Maschinengattungen zu vergleichen. Zu dem Zwecke soll untersucht werden, welche Wärmemenge ein Kubikmeter des vermittelnden Körpers von dem abzukühlenden Körper aufzunehmen vermag.

In der Luftexpansionsmaschine hat man am Ende der Expansion Luft von atmosphärischem Druck bei der Temperatur T. Diese Luft tritt in den »Refrigerator«, nimmt von dem abzukühlenden Körper Wärme auf und erhöht hierdurch ihre Temperatur auf T^1, wobei T^1 selbstverständlich unter der Temperatur T_u des abzukühlenden Körpers bleiben mufs. Wird letztere gleich $-3\,^0$ C. gesetzt und angenommen, die Differenz $T^1 - T_u$ betrage $5\,^0$ C., so hat man pro Kubikmeter Luft eine Wärmeaufnahme $Q = \gamma\, c_p\, (265 - T)$, wenn γ die Dichtigkeit und c_p die spezifische Wärme bei konstantem Drucke bedeutet, oder da $\gamma = \frac{p}{RT} = \frac{353}{T}$ und $c_p = 0{,}2375$: $Q = 79\left(\frac{265}{T} - 1\right)$. Diese Gleichung liefert folgende Zahlenwerte:

$T - 273 =$	-10^0	-13^0	-16^0	-20^0	-30^0
$Q =$	0,601	1,517	2,457	3,745	5,064
$\eta_e =$	0,027	0,070	0,116	0,176	0,262

Nimmt man die Summe der schädlichen Widerstände (auf den Kolben bezogen) zu 1/8 Atm. an, so ist der entsprechende Arbeitsverlust pro Kubikmeter $L^1 = 1292$ mkg und die effektive erforderliche Arbeit pro Kubikmeter:

$$L_e = \frac{L}{\eta_e} + L^1 = \frac{Q}{\eta_e A}\,\frac{T_1 - T}{T}.$$

Vergleicht man dieselben mit der theoretisch erforderlichen Arbeit, so findet sich der effektive Wirkungsgrad:

$$\eta_e = \frac{Q\,(T_1 - T)}{\frac{Q}{\eta_c}(T_1 - T) + TAL^1}.$$

Bei Einsetzung von $T_1 = 300$, d. i. bei einer oberen Temperatur von $27\,^0$ C. ergeben sich für η_e die oben eingetragenen Zahlenwerte, aus denen man erkennt, dafs Windhausen geradezu genötigt ist, mit T weit herunter zu gehen, und dafs selbst bei einer Kühltemperatur von -30^{0} die schädlichen Widerstände allein viel mehr Arbeit konsumieren, als der eigentliche Arbeitsprozefs selbst. Es liegt auf der Hand, dafs dieser effektive Wirkungsgrad durch Erhöhung des Luftdruckes verbessert werden könnte, worunter allerdings die Einfachheit in der Anordnung des Refrigerators leiden würde.

Was die Äthermaschine betrifft, so ist die Wärme, welche durch einen Kubikmeter Dampf von der Temperatur T dem abzukühlenden Körper entzogen ist, gleich der Verdampfungswärme r eines Kubikmeters vermindert um die Differenz der Flüssigkeitswärme $c\,(T_1 - T)$. Es berechnen sich hieraus für Q und für η_e folgende Werte, wenn T_1 wieder $= 300$ gesetzt wird:

$T - 273 =$	-10^{0}	-15^{0}	-20^{0}
$Q =$	31,5	26,2	18,7
$\eta_e =$	0,385	0,388	0,431

Man erkennt, wie viel günstiger sich die Äthermaschine stellt, wie die Luftexpansionsmaschine. In Wirklichkeit ist der Unterschied im effektiven Wirkungsgrade zwischen beiden Maschinen aus dem Grunde geringer, weil T_1 bei beiden Maschinen viel höher als 300^{0} gehalten ist. Ja es wird für sehr weit auseinanderliegende Temperaturgrenzen der effektive Wirkungsgrad der Luftexpansionsmaschine gröfser werden können, als der der Äthermaschine, weil bei letzterer der calorische Wirkungsgrad in solchem Falle gering, bei ersterer aber günstig ausfällt.

Es findet sich beispielsweise für obere Temperaturen von 72^{0} und 97^{0} C., also für $T_1 = 325$ und 350 (T wieder $= 353$ gesetzt) der effektive Wirkungsgrad, wie folgt:

	$T_1 =$	325	350
Calorischer Wirkungsgrad η_c für	Luft	0,78	0,83
	Äther	0,51	0,40
Effektiver Wirkungsgrad η_e . .	Luft	0,244	0,304
	Äther	0,400	0,343

C. Maximum der disponiblen Leistung.

Die Gleichung für die diponible Leistung $\frac{W}{AL} = \frac{T}{T_1 - T}$ zeigt, dafs dieselbe der Temperaturdifferenz $T_1 - T$ umgekehrt proportional ist, dafs man also zur Erzielung eines möglichst günstigen ökonomischen Effektes diese Temperaturdifferenz auf das Notwendigste beschränken müsse. Die notwendige Temperaturdifferenz bestimmt sich nun einerseits aus der für den abzukühlenden Körper geforderten Kühltemperatur, anderseits aus der Temperatur des zur Abkühlung des vermittelnden Körpers bei der Kompression dienenden Körpers, als welcher fast ausnahmslos Wasser verwendet wird. Für die Erzeugung von Eis speziell genügt es in der Regel, wenn dasselbe einige Grade unter den Gefrierpunkt abgekühlt wird, so dafs es nur gerade die wünschenswerte Konsistenz und Transportfähigkeit erhält. Es kann also eine absolute Temperatur T_u von etwa 270° als notwendige »Kühltemperatur« bezeichnet werden, während die »Normaltemperatur« des Kühlwassers je nach den lokalen Verhältnissen und Jahreszeiten eine verschiedene sein wird. Aus diesem letzteren Grunde läfst sich das Maximum der disponiblen Leistung nicht in einer absoluten Zahl ausdrücken.

Nennen wir die mittlere (absolute) Wassertemperatur eines Ortes T_0, so wird also das Maximum der disponiblen Leistung im Mittel sich finden aus:

$$\left(\frac{W}{AL}\right)_{max} = \frac{270}{T_0 - 270}$$

Nachstehend sind die Zahlenwerte von $\left(\frac{W}{AL}\right)_{max}$, sowie die entsprechenden Eisquantitäten für einige mittlere Wassertemperaturen angegeben:

$T_0 - 273 =$	10°	12°	14°	16°	18°	20°
Werthe von $\left(\frac{W}{AL}\right)_{max}$	20,77	18	15,88	14,21	12,86	11,74
Gewichtsmenge Eis in Kilogramm pro Stunde und Pferdestärke	147	121,9	105,3	91,3	81,9	73,3

Man erkennt hieraus, dafs innerhalb der Temperaturschwankungen des Kühlwassers von 10° C. bis 20° C. die Eisproduktion von 147 auf 73,3 kg pro Stunde und Pferdekraft sinkt.

D. Effektive Temperaturgrenzen.

Thatsächlich können die Temperaturgrenzen des Prozesses, welchem der vermittelnde Körper unterworfen ist, nicht mit den eben besprochenen zusammen fallen. Bei der Wärmeaufnahme von dem gefrierenden Wasser mufs die Temperatur des vermittelnden Körpers um einen Betrag niedriger sein, als die des Eises, welcher abhängig ist: 1. von der Wärmeleitungsfähigkeit des vermittelnden Körpers und 2. von der Gröfse der Berührungsfläche. Ebenso mufs bei der Wärmeabgabe an das Kühlwasser die Temperatur des letzteren um einen Betrag niedriger sein, als die des vermittelnden Körpers, welcher sich bestimmt: 1. aus der Wärmeleitungsfähigkeit des vermittelnden Körpers, 2. aus der Gröfse der Berührungsfläche und 3. aus der Kühlwassermenge.

Aus dieser Erweiterung der Temperaturgrenzen ergibt sich ein ökonomischer Effektverlust gegenüber dem Maximum der disponiblen Arbeit, welcher dem Verhältnis der Temperaturdifferenzen nahezu proportional ist. Das Verhältnis η_t der disponiblen Arbeit, welche den effektiven Temperaturdifferenzen $(T_1 - T)$ entspricht, zu dem Maximum der disponiblen Arbeit findet sich, wenn die absolut notwendige Temperaturdifferenz mit $T_o - T_u$ bezeichnet wird:

$$\eta_t = \frac{T}{T_u} \frac{T_o - T_u}{T_1 - T}.$$

Hierin ist eine der wesentlichsten Ursachen für den niedrigen Wirkungsgrad der wirklich ausgeführten Eismaschinen zu suchen. Es gehen dieselben offenbar mit der Erweiterung der Temperaturdifferenz weiter, als nötig, und mufs daher vor allem von der möglichsten Einschränkung dieser Differenz eine Erhöhung der Leistungsfähigkeit erwartet werden. Nachstehend sind einige Werte von η_t unter der Voraussetzung ausgerechnet, die mittlere Wassertemperatur sei 14° C., die Eistemperatur aber —3° C. (S. f. S.)

Kühlmaschinen, welche mit gröfseren Temperaturdifferenzen arbeiten, als nötig, verhalten sich gerade so, wie Hebemaschinen, welche die zu fördernde Last auf gröfsere Höhen heben, als der Zweck es erheischt.

	$T =$		
	263	253	243
$T_1 = 300$	0,450	0,340	0,270
325	0,265	0,221	0,186
350	0,190	0,164	0,144

Am günstigsten verhalten sich in dieser Hinsicht die Absorptionsapparate. Durch das rasche Anwachsen des Ammoniakdampfdruckes bei höheren Temperaturen ist die Erhaltung der Temperatur T_1 auf höchstens 25 ° C. geboten, während Windhausen und Siebe beträchtlich höher gehen. Die Kühltemperatur T scheint für normale Arbeitsleistung bei Windhausen am niedrigsten (etwa — 30 ° C.) zu sein, bei Carré und Siebe aber — 25 ° C. bis — 15 ° C. zu betragen. Dem Umstande, daſs Carré seine Temperaturgrenzen einzuschränken genötigt war, ist es vorzüglich zuzuschreiben, daſs sein Apparat, trotz des sehr ungünstigen calorischen Wirkungsgrades den andern in bezug auf Produktion nicht nachsteht. Selbstverständlich sind die Schwierigkeiten, welche sich der Einschränkung der Temperaturgrenzen entgegenstellen, bei den verschiedenen Maschinengattungen nicht gleich groſs. Da der Wärmeleitungskoeffizient die Temperaturdifferenzen mit bedingt, so werden sich die Apparate, welche mit tropfbar flüssigen Körpern arbeiten, in günstigerer Lage befinden, als die Luftexpansionsmaschine. Es müſsten für die letztere die Berührungsflächen im »Kühler« und im »Refrigerator«, sowie die Kühlwassermengen auſserordentlich gesteigert werden, wenn günstige Temperaturverhältnisse erzielt werden wollten. Ja selbst dann müſste die Luft bei der Expansion weit unter die Eistemperatur abgekühlt werden, weil sie erst nach ihrem Austritte aus dem Cylinder die Wärme von dem gefrierenden Wasser aufzunehmen hat.

E. Ökonomischer Wirkungsgrad.

Für die Praxis hat selbstverständlich vor allem die Frage Bedeutung: Wie groſs ist das Verhältnis der effektiven Leistung zum Maximum der disponiblen Leistung? Dieses Verhältnis haben wir als den ökonomischen Wirkungsgrad η der Kühlvorrichtung bezeichnet. Es gibt an, wie grofs der relative Arbeitskonsum für eine bestimmte Produktion ist.

Für das Maximum der disponiblen Leistung fanden wir den Ausdruck $\frac{W}{AL} = \frac{T_u}{T_o - T_u}$, wobei T_o die Temperatur des Kühlwassers, T_u die geforderte Kühltemperatur bedeutete. Für Eismaschinen konnten wir $T_u = 270$ setzen, während T_o von den klimatischen und lokalen Verhältnissen abhängt. Bei einer mittleren Wassertemperatur von 15° C. fanden wir beispielsweise: $\frac{W}{AL} = 15{,}88$ und die Eisproduktion zu 105,3 kg pro Stunde und Pferdestärke. Sind die effektiven Temperaturen T_1 und T, so findet sich die theoretische (disponible) Leistung:

$$\frac{W_1}{AL_1} = \eta_t \frac{W}{AL} = \frac{T}{T_o - T_u} \frac{T_1 - T}{T_o - T_u}.$$

Von dieser theoretischen Leistung wird nur der, dem effektiven Wirkungsgrad entsprechende Teil $\frac{W_e}{AL_e} = \eta_e \frac{W_1}{AL_1}$ erzielt werden. Setzen wir die für η_e gefundenen Werte ein, so erhalten wir den ökonomischen Wirkungsgrad:

$$\eta = \frac{W_e}{W} \frac{AL}{AL_e} = \eta_t \eta_e = \frac{T}{T_u} \frac{T_o - T_u}{T_1 - T} \frac{Q(T_1 - T)}{\frac{Q}{\eta_c}(T_1 - T) + TAL^1},$$

wobei für die Windhausen'sche Luftexpansionsmaschine:

$$\eta_c = \frac{ckT(T_1 - T)\left(\frac{v_2}{v_1} - 1\right)}{cTT_1\left[\left(\frac{v_2}{v_1}\right)^k - 1\right] - ckT^2\left(\frac{v_2}{v_1} - 1\right)},$$

für die Äthermaschine von Siebe:

$$\eta_c = \frac{r - c(T_1 - T)}{r - cT - c\frac{TT_1}{T_1 - T}\log_n \frac{T_1}{T}}.$$

Wählen wir für die Luftexpansionsmaschine das (günstigste) Verhältnis $\frac{v_2}{v_1} = 1{,}3$, so ergeben sich unter Einsetzung einer Wassertemperatur von 14° C. und einer Eistemperatur von — 3° C. für verschiedene effektive Temperaturen die folgenden Werte für den ökonomischen Wirkungsgrad:

		$T_1 =$		
		300	325	243
Ökonomischer Wirkungsgrad der Luftexpansionsmaschine	$T = 263$	0,0121	0,0176	0,0116
	253	0,0598	0,0539	0,0498
	243	0,0708	0,0598	0,0576
der Äthermaschine	$T = 263$	0,1710	0,1139	0,0798
	253	0,1465	0,0884	0,0562

Wenn man diese Zahlen betrachtet, so wird die geringe Leistungsfähigkeit der wirklich ausgeführten Eismaschinen erklärlich. Mag auch bei der Berechnung des effektiven Wirkungsgrades ein zu grofser Betrag für die schädlichen Widerstände in Rechnung gesetzt worden sein, so wird doch schon durch die ungünstigen Temperaturverhältnisse, sowie durch den calorischen Wirkungsgrad eine geringe Leistung bedingt. Dafs übrigens die schädlichen Widerstände (besonders wenn alle sonstigen Verluste, wie die durch Wärmestrahlung und Leitung herbeigeführten, berücksichtigt werden) dem oben eingesetzten Betrage von 1/8 Atm. (auf die Kolbenfläche bezogen) thatsächlich nahezu entsprechen werden, können wir aus den Erfahrungen schliefsen, welche wir über ähnliche Maschinen besitzen. Die obige Zusammenstellung zeigt fernerhin, dafs die Äthermaschine der Luftexpansionsmaschine für günstige Temperaturverhältnisse bei weitem überlegen ist, wie dies schon aus der Untersuchung des calorischen und effektiven Wirkungsgrades hervorging.«

Bezüglich des Vorschlags einer verbesserten Kühlmaschine führt Prof. Linde folgendes aus:

»Aus der vorstehenden Untersuchung konnte zweierlei gefolgert werden:

1. Unter den in Anwendung befindlichen Gattungen von Kühlmaschinen liefert die auf dem Prinzipe der Expansion und Kompression einer verdampfenden Flüssigkeit beruhende den besten Wirkungsgrad.

2. Dieser Wirkungsgrad ist noch wesentlich verbesserungsfähig.

Es ist nun allerdings zu beachten, daſs für die praktische und ökonomische Brauchbarkeit einer Kühlmaschine noch andere Momente zu berücksichtigen sind, als die oben betrachteten. Es werden neben dem Wirkungsgrad die Anschaffungskosten, die Kosten und die Schwierigkeit der Beaufsichtigung und Handhabung und der Materialverbrauch bezüglich des vermittelnden Körpers in Betracht zu ziehen sein. Was die Anschaffungskosten betrifft, so kann die Luftexpansionsmaschine ihrer gröſseren Dimensionen wegen jedenfalls nicht günstiger gestellt sein, als die Äthermaschine. Dagegen bietet allerdings die Anwendung des Äthers gewisse Schwierigkeiten dar, indem einerseits der Äther sich mit dem Schmiermaterial schlecht verträgt, und weil anderseits das Entweichen von Ätherdämpfen durch Undichtheiten der Kolben und Stopfbüchsen unvermeidlich ist. Es würde sich also bei einer Verbesserung der Äthermaschine darum handeln, auch diese Übelstände zu beseitigen. Wenn wir sonach die Punkte zusammenstellen wollen, welche bei Herstellung einer verbesserten, auf gleichem Prinzipe beruhenden Kühlmaschine ins Auge zu fassen sind, so werden es folgende sein:

1. Um eine möglichst groſse disponible Leistung zu erhalten, müssen die Temperaturgrenzen so nahe wie möglich zusammengerückt werden. Es wird demnach der abzukühlende Körper nicht auf eine niedrigere Temperatur gebracht werden dürfen, als der Zweck sie absolut fordert. Es werden fernerhin möglichst groſse Berührungsflächen im Verdampfungsraum und im Kondensator, sowie möglichst groſse Kühlwassermengen in Anwendung zu bringen sein.

2. Zur Erzielung eines möglichst hohen calorischen Wirkungsgrades wird der (aus zwei isothermischen und zwei adiabatischen Kurven zusammengesetzte) »vollkommene« Kreisprozeſs auszuführen sein. Es ist oben bereits die Möglichkeit der praktischen Durchführung dieses Prozesses besprochen worden. Hier mag noch darauf hingewiesen werden, daſs für mäſsige Temperaturdifferenzen, wie sie bei der Eiserzeugung vorkommen und ausreichen, der calorische Wirkungsgrad für den, in der Äthermaschine wirklich ausgeführten Prozeſs schon ein so günstiger ist (etwa 90 % für Äther und noch gröſser bei Anwendung einer Flüssigkeit von gröſserer Verdampfungswärme), daſs mit Rücksicht auf die Einfachheit der Maschine von einer Veränderung

dieses Prozesses vielleicht abgesehen werden dürfte, wogegen in solchen Fällen, in welchen weite Temperaturdifferenzen durch den Zweck bedingt sind, eine sehr bedeutende Verbesserung durch Ausführung des vollkommenen Prozesses herbeigeführt wird.

3. Die Anwendung eines vermittelnden Körpers, bei welchem die Dichtigkeit und die Verdampfungswärme gröfser ist, als bei Äther, wird den effektiven Wirkungsgrad bedeutend erhöhen.

4. Der Abschlufs der Dämpfe im Arbeitscylinder mufs durch Körper bewerkstelligt werden, welche durch die Dämpfe nicht alteriert werden, und mufs so geschehen, dafs jedes Entweichen von Dämpfen ausgeschlossen ist.

Bezüglich der Punkte ad 1 und 2 ist der einzuschlagende Weg bereits hinreichend angedeutet worden. Was (ad 3) die Anwendung eines vermittelnden Körpers betrifft, bei welchem die Dichtigkeit und die Verdampfungswärme gröfser ist, als bei Äther, so werden bei der Wahl eines solchen Körpers noch zwei Momente zu berücksichtigen sein: einerseits darf der Druck desselben bei den oberen (Kondensator-) Temperaturen kein zu hoher sein, anderseits wird der Körper sich mit allen Materialien und Teilen der Maschine, mit welchen er in Berührung kommt, dauernd vertragen müssen, also keinerlei chemische Änderungen an denselben hervorrufen dürfen. Wenn man die Reihe der Körper überblickt, welche von diesem Gesichtspunkte aus in Betracht kommen können, so erscheint dieselbe sehr eng begrenzt. Unter denjenigen, deren Verhalten experimentell näher erforscht ist, ist es fast allein der Methyläther (C^2H^6O), welcher jenen Bedingungen entspricht. Nach **Regnault** sind die Dampfspannungen des Methyläthers bei den Temperaturen, welche für uns wichtig sind, folgende:

Temperatur Celsius	+30°	+20°	+10°	0°	−10°	−15°	−20°
Dampfspannung in Atmosphären	6,28	4,71	3,46	2,47	1,72	1,42	1,16

Es sind dies, wie man sieht, Spannungen, welche den in unsern Dampfmaschinen angewendeten gleichkommen und mit ähnlich konstruierten Apparaten um so leichter zu beherrschen wären, als hier die Inanspruchnahme durch die Feuerung wegfällt. Von Explosionsgefahr kann keine Rede sein, weil man nur mit geringen Quantitäten zu arbeiten braucht und weil eine unzulässige Steigerung des Dampfdruckes, die ja nur durch gesteigerte Kompressionsarbeit herbeigeführt werden könnte, durch einen regulierenden Apparat ausgeschlossen werden kann. Der Methyläther verhält sich gegen die meisten Metalle indifferent, insbesondere würden Eisen und Stahl, die Materialien, aus welchen die Maschine zu bauen wäre, keine Veränderungen erleiden.

Die Anwendung einer solchen Flüssigkeit macht nun aber die oben (ad 4) geforderte Abschlufsmethode im Arbeitscylinder noch notwendiger, als der gewöhnliche Äther. Es ist also die Auffindung einer Expansions- und Kompressionspumpe erforderlich, bei welcher weder Undichtheiten noch schädliche Einwirkungen der Dämpfe auf das abschliefsende (Schmier-) Material möglich sind. Es liegt am nächsten, den Abschlufs durch eine Flüssigkeit herbeizuführen, als welche im vorliegenden Falle wohl nur Quecksilber verwendbar wäre. Es sind zweierlei Arten von Quecksilberpumpen bekannt, die eine, für grofse Druckdifferenzen (besonders von Regnault) benutzte, beruht einfach darauf, dafs in den Kompressionsraum Quecksilber gedrückt wird, die andere besteht in einer, in Quecksilber getauchten Glocke, welche durch Senken und Heben ihr Volumen verkleinert und vergröfsert, während das Quecksilberniveau innerhalb und aufserhalb der Glocke den Druckdifferenzen entsprechend auf und ab schwankt. Diese beiden Arten von Quecksilberpumpen sind für den vorliegenden Zweck unbrauchbar, die erstere, weil sie nur für sehr kleine Volumina brauchbar ist, die letztere, weil sie nur sehr kleine Druckdifferenzen zuläfst.

Was die Dimensionen der Pumpe betrifft, so sind wir zwar nicht im Stande, dieselben genau zu bestimmen, weil weder die Verdampfungswärme, noch die Dichtigkeit der Methylätherdämpfe experimentell ermittelt ist. Annähernd können wir uns jedoch eine Vorstellung von dem Verhältnis der Dimensionen der Methylätherpumpe gegenüber der Ätherpumpe machen, wenn wir berücksichtigen, dafs für analoge Körper, deren Verhalten wir aus dem Experiment kennen, die Verdampfungswärme pro Kubikeinheit bei einer bestimmten Temperatur ungefähr dem entsprechenden Drucke proportional ist. So ergibt sich beispielsweise bei einer Temperatur von 50 ° C. das Verhältnis $\frac{r\gamma}{p}$ (wobei r die Verdampfungswärme pro Kilogramm, γ das Gewicht des Kubikmeters und p der Druck in Millimeter Quecksilbersäule ist), für:

Äther:	0,333
Aceton:	0,373
Chloroform:	0,371
Chlorkohlenstoff:	0,372
Schwefelkohlenstoff:	0,321

In den physikalischen Lehrbüchern wird sogar allgemein (nach Deprez) der Satz ausgesprochen: »es verhalte sich bei gleichem Drucke der Werth der Verdampfungswärme umgekehrt, wie die Dichtigkeit der Dämpfe«. Es scheint jedoch dieser Satz nur für Dämpfe von ähnlicher Dichtigkeit annähernd richtig zu sein. Denn es ergeben die weniger flüchtigen Körper jenes Verhältnis gröſser (z. B. Wasser 0,5), so daſs wir für die flüchtigeren dasselbe als kleiner voraussetzen müssen. Wird für Methyläther 0,25 angenommen, so würde die Verdampfungswärme pro Kubikmeter des Methyläthers zu derjenigen des Äthers sich verhalten wie $0{,}25\, p_1$ zu $0{,}33\, p_2$, wenn p_1 den einer bestimmten Temperatur entsprechenden Druck des Methyläthers, p_2 denselben für Äther bedeutet; hieraus ergibt sich dieses Verhältnis bei den, für uns wichtigen Temperaturen, wie folgt:

— 10 ° C.	9,02
— 15 ° C.	9,31
— 20 ° C.	10,03

Es würde demnach das pro Zeiteinheit erforderliche Volumen der Methylätherpumpe, also das Produkt aus dem Fassungsraum und aus der Kolbengeschwindigkeit etwa zehnmal kleiner, wie die der Ätherpumpe, und 40—100 mal kleiner, als die der Luftexpansionsmaschine ausfallen, wodurch selbstverständlich eine analoge Verminderung der schädlichen Widerstände herbeigeführt würde, welch letztere, wie wir gesehen haben, den Wirkungsgrad jener Maschinen so bedeutend herabdrücken.

Zum Schlusse mag als Beispiel die Berechnung einer Methyläthermaschine hinsichtlich ihrer Dimensionen und ihrer Leistung durchgeführt werden. Es sollen täglich (in 10 Arbeitsstunden) 2500 kg (100 Z.-Ztr.) Eis von — 3 ° C. hergestellt werden. Die mittlere Temperatur des disponiblen Kühlwassers betrage 15 ° C. Das Maximum der disponiblen Leistung ist sonach:

$$\frac{W}{AL} = \frac{T_u}{T_o - T_u} = 15,$$

woraus sich pro Stunde und Pferdekraft eine Eisproduktion von 98,5 kg ergibt. Die effektiven Temperaturgrenzen seien folgende: im Kondensator soll die Temperatur auf 27 °, (also 12 ° höher als das Kühlwasser) d. i. $T_1 = 273^0 + 27^0 = 300^0$, im Verdampfer auf — 15 ° (also 12 ° niedriger als das Eis) d. i. $T = 273^0 - 15^0 = 258^0$ erhalten werden.

Es sind dies Temperaturen, die leicht erreichbar sind, wie die Ammoniakmaschine von Carré es in bezug auf T^1, diejenige von Siebe in bezug auf T thatsächlich nachweisen.

Man erhält hieraus zunächst das Verhältnis

$$\eta_t = \frac{T}{T_u} \frac{T_o - T_u}{T_1 - T} = 0,41,$$

und die wirklich noch verfügbare (theoretische) Leistung entspricht einer Produktion von 40,4 kg pro Stunde und Pferdestärke.

Was nun den calorischen Wirkungsgrad betrifft, so haben wir die Möglichkeit oben erörtert, denselben gleich 1 zu machen. Setzen wir aber die unvollkommenere Durchführung des Prozesses voraus, wie ihn die Siebe'sche Maschine hat, so findet sich bei unseren Temperaturgrenzen $\eta_c = 0,9$, so dafs die calorische Leistung einer Produktion von etwa 36 kg entspricht.

Der effektive Wirkungsgrad findet sich aus:

$$\eta_e = \frac{Q(T_1 - T)}{\frac{Q}{\eta_c}(T_1 - T) - A\,T\,L^1}$$

Für Q haben wir pro Kubikmeter 262 Calorien, zur Bestimmung von L^1 nehmen wir wieder die schädlichen Widerstände zu 1/8 Atm. an, so dafs wir erhalten:

$$\eta_e = 0,846.$$

Der effektive Wirkungsgrad wäre sonach $\eta = \eta_t\,\eta_c = 0,347$, woraus die effektive Produktion sich zu 34,18 kg berechnet. Lassen wir schliefslich den Einflufs der sonstigen Verluste (durch Wärmeleitung und Strahlung etc. diese Produktion um 4,18 kg vermindern, so verbleiben pro Stunde und Pferdestärke 30 kg erzeugten

Eises, und es erfordert die Erzeugung von 100 Z.-Ztr. in zehn Stunden eine Arbeitsleistung von 16,6 Pferdestärken. Es kann keinem Zweifel unterliegen, dafs durch die Vervollkommnung der Eismaschinen solche Leistungsverhältnisse künftig werden erzielt werden.

Die Dimensionen der Maschine finden sich wie folgt: Die Wärmemenge, welche ein Kubikmeter Methylätherdampf dem gefrierenden Wasser entzieht, war 252 Cal. (eine Wärmemenge, welche bei Ausführung des »vollkommenen« Kreisprozesses erheblich gröfser wäre). Jedem Kilogramm Wasser mufs aber entzogen werden: für den Übergang in den festen Zustand 79 Cal., für die Temperaturerniedrigung 18 Cal., so dafs pro Kubikmeter verdampften Methyläthers 2,6 kg, oder mit Berücksichtigung von Wärmeverlusten 2,5 kg Eis erzeugt werden. Es müssen somit 1000 cbm in einem Tag, 100 cbm pro Stunde und 0,028 cbm pro Sekunde verdampft werden. Ist die Pumpe doppelt wirkend und macht sie 12 Hübe pro Minute, so mufs ihr Volumen sonach 0,07 cbm betragen.«

Später hat Prof. Linde für den gleichen Zweck flüssiges Ammoniak vorgeschlagen und unter Anwendung desselben seine neue Kompressionsmaschine konstruiert, welche die meisten bis dahin ausgeführten Systeme von Eismaschinen bald verdrängte.

Eine neuere Darlegung der »Theorie der Eismaschinen« auf Grundlage der mechanischen Wärmetheorie wurde gleichfalls von Prof. Linde in den »Verhandlungen des Vereins für Gewerbefleifs in Preufsen, 1875« veröffentlicht, auf welche hochinteressante, jedoch leider unvollendet gebliebene Arbeit wir hier nur verweisen können.

Aufser den mitgeteilten Berechnungen von Linde, welche blofs die Grundlagen für die theoretischen Untersuchungen berücksichtigen, wurden von Ledoux in einer sehr vollständigen und umfassenden Arbeit (Ledoux, Théorie des machines à froid, Annales des mines 1878) sämtliche Systeme der Kälteerzeugungsmaschinen sowohl bezüglich ihrer theoretischen als auch praktischen Leistungen eingehend untersucht; doch würde die Wiedergabe dieser umfangreichen Arbeit zu weit führen und kann auf dieselbe blofs verwiesen werden.

Endlich wurde in jüngster Zeit die Theorie der Kaltdampfmaschinen, des verbreitetsten Systemes der Kältemaschinen, durch

Prof. G. Zeuner in Dresden in vollendeter Weise bearbeitet. Die grofse Bedeutung dieses Systems von Maschinen, sowie die aufserordentlich gründliche Behandlung dieses Gegenstandes rechtfertigen es, dafs wir auch diese Berechnung, (»Zivilingenieur« XXVII. Bd., 7. u. 8. Heft, 1881) unter ausdrücklicher Genehmigung des Autors, vollinhaltlich wiedergeben.

§ 1. Über die Anordnung der theoretisch vollkommenen Kalt-Dampfmaschine.

»Den Untersuchungen lege ich die folgende schematische Darstellung zu Grunde, die ich in meinen Vorlesungen benutze, um zunächst an der Hand einer Figur allein den innigen Zusammenhang der Heiss- und Kalt-Dampfmaschinen mit den Heiss- und Kalt-Luftmaschinen vorzuführen und zugleich den Unterschied zwischen den wirklich ausgeführten Maschinen der genannten Arten mit der Ausführung hervortreten zu lassen, wie sie vorliegen müfste, wenn die Maschine nach der mechanischen Wärmetheorie als eine theoretisch vollkommene angesehen werden sollte.

Betrachte ich nachstehende Skizze (Fig. 11) zuerst als die Abbildung einer vollkommenen Kaltdampfmaschine. Der Röhrenkessel *AA* ist mit Flüssigkeit und Dampf, dem vermittelnden Körper, gefüllt; er ist mit einem mit einer andern Flüssigkeit gefüllten Gehäuse *B* umgeben und mag der Verdampfer (Dampfkessel) genannt werden. Das Ganze bildet den Heizapparat (Kesselanlage).

Denkt man sich nun z. B. den Verdampfer mit Ammoniak (flüssig und dampfförmig) vom Drucke von 2,3 Atm. gefüllt, so herrscht daselbst eine Temperatur von — 15 ° und daher wird die in der Umhüllung *B* befindliche Flüssigkeit abgekühlt, weil sie Wärme an den Verdampfer abgibt; damit sie nicht gefriert, wählt man Kochsalz- oder Chlorcalciumlösung. Bei Eiserzeugung werden in diese, gewöhnlich auf — 10 ° abgekühlte Lösung Blechzellen mit Süsswasser eingetaucht, in welchen das Wasser gefriert, oder andernfalls leitet man die kalte Lösung durch Röhren nach Räumen, in denen Luft oder andere Flüssigkeiten abgekühlt werden sollen und führt dann die erwärmte Lösung wieder in den Raum *B* zurück, wo sie von neuem abgekühlt wird. Der Vorgang ist ein kontinuierlicher und um die Erkältung und Wärmeabgabe der Heizflüssigkeit, wie die Salzlösung kurz genannt werden mag, zu befördern, wird sie auf künstlichem Wege im Raume *B*

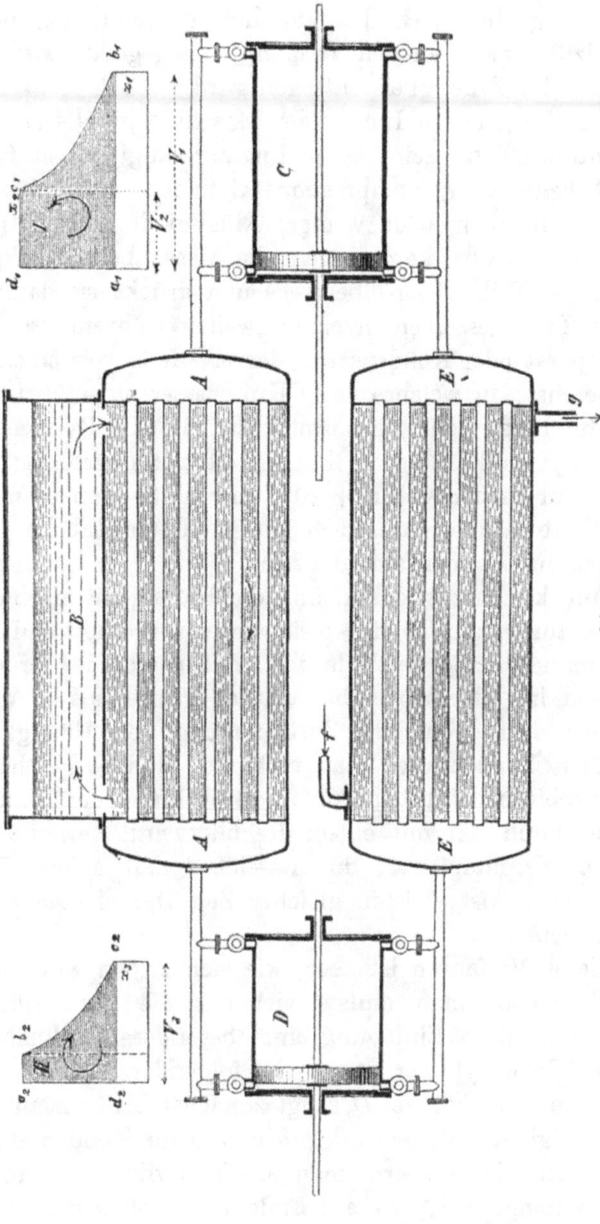

Fig. 11.

in der durch die Pfeile angedeuteten Richtung in Strömung versetzt. Die Leistung der Maschine wird gewöhnlich nach der Wärmemenge beurteilt, die stündlich in Calorien gemessen von der Heizflüssigkeit an den Verdampfer abgegeben wird, also von letzterem der Flüssigkeit entzogen wird.

Der Vorgang im Innern der Maschine mufs nun gleichfalls ein kontinuierlicher sein; beim Hingang saugt der im Cylinder C, dem Arbeits- oder Kompressions-Cylinder, befindliche Kolben Dampf (mit mehr oder weniger Flüssigkeit gemischt) aus dem Verdampfer A an, komprimiert die Masse beim Rückgange auf dem ersten Teile des Kolbenwegs und drückt sie dann auf dem zweiten Teile desselben in einen zweiten Röhrenkessel EE, den Kühlapparat oder Kondensator, der ebenfalls von einem Gehäuse umgeben ist, in welches bei f Kühlwasser eingeführt wird, das dann durch das Rohr g erwärmt abströmt. Im Kondensator wird der Dampf vollständig in Flüssigkeit zurückgeführt; wäre die Temperatur in demselben $+ 20^0$ und hätte man es mit Ammoniak zu thun, so wäre nach Regnault's Tabelle (p. 50) die Pressung im Kondensator 8,5 Atm.

Nun kommt es darauf an, die Flüssigkeit nach dem Verdampfer zurückzubringen, wo sie wieder verdampft und der Kreislauf von neuem beginnt; da im Kondensator der Druck gröfser und zwar im allgemeinen beträchtlich gröfser als im Verdampfer ist, so bedarf es für die Zurückleitung der Flüssigkeit keiner besondern Vorrichtung; man verbindet, und so geschieht es bei den wirklich ausgeführten Kaltdampfmaschinen, den Kondensator E einfach durch ein mit einem Regulierventil verbundenes Rohr mit dem Verdampfer A, durch welches man so viel Flüssigkeit zurücktreten läfst, wie in gleicher Zeit Dampf dem Verdampfer entnommen wird.

Dieses Verfahren ist aber, wie sich zeigen wird, theoretisch unvollkommen, man müfste vielmehr die Zurückführung der Flüssigkeit durch Einfügung eines besonderen Cylinders D, den ich den Speisecylinder nenne, in folgender Art bewerkstelligen. Der Kolben im Cylinder D säugt zunächst bei konstantem Drucke die Flüssigkeit, die vorhin pro Schub im Kondensator gebildet wurde, an, dann sperrt man sie im Cylinder ab und läfst sie soweit expandieren, bis am Ende des Kolbenschubes der Verdampferdruck erreicht ist. Während der Expansion bildet sich

Dampf und beim Rückgange des Kolbens wird endlich die ganze Masse unter dem konstanten Verdampferdruck in den Verdampfer zurückgeschoben. In der Figur 11 sind die theoretischen Indikatordiagramme zugefügt. Mit p_1 sei der Druck im Verdampfer und mit p_2 derjenige im Kondensator bezeichnet; die horizontal schraffierte Fläche $a_1 b_1 c_1 d_1$ des Diagrammes I repräsentiert die Arbeit, welche im Arbeitscylinder pro Schub verbraucht wird und die Fläche $a_2 b_2 c_2 d_2$ des Diagrammes II ist die Arbeit, welche im Speisecylinder pro Schub gewonnen wird; die Differenz beider ist die Arbeit, welche die Maschine zum Betriebe fordert. Die Kurve $b_1 c_1$ ist die Kompressionskurve, $b_2 c_2$ die Expansionskurve, beide sind adiabatische Kurven, während die horizontalen Begrenzungen der Indikatordiagramme isothermische Linien sind, da bei gesättigten Dämpfen, wie sie hier vorliegen, bei konstantem Drucke auch die Temperatur konstant ist.

Die in den Diagrammen angegebenen Pfeile geben die Richtung an, nach welcher in beiden Cylindern der Prozefs stattfindet.

Ob nun bei den wirklich ausgeführten Maschinen der Speisecylinder zur Vervollkommnung des Prozesses noch eingefügt werden sollte, wird die weitere Untersuchung zeigen. Es mag aber schon hier bemerkt werden, dafs das Bedürfnis nicht vorliegt, da der durch Weglassung dieses Cylinders herbeigeführte Effektverlust verhältnismäfsig gering ist; weiter mag bereits bemerkt werden, dafs aber trotz des Wegfalles dieses Cylinders die Diagrammfläche II eine bedeutsame Rolle spielt und die Arbeit darstellt, welche der direkt vom Kondensator kommenden und in den Verdampfer einströmenden Flüssigkeit in Form von lebendiger Kraft inne wohnt.

Die oben gegebene Figur führt nun aber auch die Abbildung einer theoretisch vollkommenen Heifsdampfmaschine vor. Man hat sich nur den Prozefs umgekehrt zu denken, der gröfsere Druck p_2 herrscht im Verdampfer (Kessel) und der kleinere Druck p_1 im Kondensator. Die Heizung des Kessels findet hier gewöhnlich direkt durch die Feuergase statt, doch könnte man sich vorstellen, dafs auch hier die in der Figur gegebene Anordnung vorliegt und die Heizung indirekt durch eine im Gehäuse B befindliche Flüssigkeit erfolgt. Diese Flüssigkeit müfste dann nur die Eigenschaft haben, dafs sie unter atmosphärischem Drucke eine Temperatur annehmen kann, die etwas gröfser als die der Flüssigkeit und des Dampfes (Wasser) im Kessel ist (wir besitzen derartige Flüssigkeiten). Hier ist nun C der eigentliche Dampfcylinder; auf dem Kolbenwege $d_1 c_1$ tritt der Dampf ein (Admission) und expandiert nach der Kurve $c_1 b_1$, um dann beim Kolbenrückgange mit konstantem Drucke auf dem Wege $b_1 a'$ in den Kondensator geschoben zu werden.

Bei der theoretisch vollkommenen Dampfmaschine wird nun von dem Kolben des Speisecylinders auf dem Wege $d_2 c_2$ Dampf und Wasser aus dem Kondensator angesaugt und adiabatisch nach der Kurve $c_2 b_2$ durch Kompression vollständig kondensiert und dann als Wasser mit dem Kesseldrucke und der entsprechenden Temperatur auf dem Wege $b_2 a_2$ in den Kessel gedrückt. Man übersieht, dafs hierbei der Speisecylinder D ebenfalls in einem bestimmten Gröfsenverhältnisse zum Cylinder C stehen mufs, da er neben Wasser auch noch Dampf und zwar gerade soviel anzusaugen hat, dafs allein durch Kompression die weitere vollständige Verflüssigung und die Vorwärmung auf die Kesseltemperatur erfolgt. Das erforderliche Mischungsverhältnis von Dampf und Wasser läfst sich leicht berechnen.

Bei den Heifsdampfmaschinen sind die Pfeile in den Diagrammflächen umzukehren; die Fläche I der Figur repräsentiert dann die Arbeit, welche im Dampfcylinder pro Schub gewonnen wird und die Fläche II die Arbeit, welche der Speisecylinder verbraucht. Die Differenz beider Flächen gibt die indizierte gewonnene Arbeit pro Schub.

Die wirklichen Dampfmaschinen besitzen unsern Speisecylinder n i c h t, statt dessen eine Speisepumpe, welche Wasser von niedriger Temperatur (ohne Dampf) ansaugt und in den Kessel drückt. In dem Umstande, dafs hier das Wasser im Kessel erst durch direkte Wärmemitteilung auf die Kesseltemperatur gebracht werden mufs, ist die prinzipielle Unvollkommenheit des Prozesses unserer Dampfmaschinen enthalten. Die vorstehenden Sätze über Heifsdampfmaschinen habe ich schon früher [1]) gegeben und zugleich bewiesen, dafs der aus der bezeichneten Unvollkommenheit des Prozesses entspringende Effektverlust unserer Dampfmaschine nicht sehr bedeutend ist und durch Vorwärmen des

---

[1]) Grundzüge der mechanischen Wärmetheorie. 2. Aufl. 1866. S. 522 ff. Neuer Abdruck. 1877. S. 498.

Speisewassers noch herabgezogen werden kann. Es mag nun in der Kürze noch die obige Abbildung als Kalt- und Heiſs-Luftmaschine besprochen werden.

Zuerst die Kaltluftmaschine. Im Kessel AA befinde sich Luft vom Drucke p_1 und stark abgekühlt, beispielsweise tief unter 0^0. Der Kolben im Cylinder C (hier der Kompressionscylinder genannt) saugt aus diesem Raume auf dem Wege $a_1\,b_1$ Luft an, komprimiert sie und drückt sie in den Kühlapparat EE. Aus diesem saugt sie der Kolben des Speisecylinders D (hier der Expansionscylinder genannt) an, läſst sie auf dem Wege $b_2 c_2$ expandieren und schiebt die Luft auf dem Wege $c_2 d_2$ in den Kessel AA zurück. Beim Durchgange durch den Kessel AA nimmt die Luft von der Flüssigkeit in der Umhüllung B Wärme auf, kühlt sie ab, und ihr Volumen nimmt hierbei relativ von $c_2 d_2$ auf $a_1 b_1$ zu. Die wirklich ausgeführten Kaltluftmaschinen besitzen den Kessel AA nicht, die Rolle desselben übernimmt hierbei die äuſsere Atmosphäre. Der Kolben des Cylinders C saugt atmosphärische Luft an und der Kolben des Speisecylinders D schiebt diese Luft in stark erkältetem Zustande in die äuſsere Atmosphäre (durch Rohrleitungen hindurch) zurück.

Bei der Heiſsluftmaschine ist der Kessel AA mit komprimierter Luft vom Drucke p_2 gefüllt, die durch Feuergase auf hoher Temperatur erhalten wird, was übrigens auch, wie es vorhin bei der Heiſsdampfmaschine besprochen wurde, indirekt durch eine heiſse, im Gehäuse B befindliche Flüssigkeit geschehen könnte. Der Prozeſs der Maschine selbst ist genau derselbe, wie bei der Heiſsdampfmaschine und die beiden Indikatordiagramme I und II gelten auch hier in gleicher Art, nur ist hinzuzufügen, daſs die horizontalen Begrenzungen der Indikatordiagramme durch die isothermische Kurve der Luft (gleichseitige Hyperbel) ersetzt werden müſsten, wenn die Maschine, sowohl als Kalt- wie als Heiſs-Luftmaschine theoretisch vollkommen sein sollte. Ist der Kubikinhalt des Kessels AA, wie des Kühlapparates EE sehr groſs gegen den Inhalt der beiden Cylinder, so verlaufen diese Kurven sehr flach und nähern sich den Horizontalen $a_1\,b_1$, $c_1\,d_1$, $a_2 b_2$ und $c_2 d_2$.

Ich unterlasse eine nähere Besprechung, da sich die Verhältnisse leicht übersehen lassen, doch dürfte die Notiz von Interesse sein, daſs der geniale Ericsson eine Heiſsluftmaschine in Vorschlag brachte [1]), die ihrer ganzen Anordnung nach nahezu mit der übereinstimmt, wie sie unsere Figur zeigt, und wie ich sie als Grundanordnung der Luft- und Dampfmaschine überhaupt besprochen habe. Ericsson hat drei verschiedene Heifsluftmaschinen angegeben, zwei davon sind allgemeiner bekannt geworden, die dritte ist die soeben erwähnte Maschine, auf welche Ericsson schon 1833 Patente nahm.

§ 2. Theorie der vollkommenen Kalt-Dampfmaschine.

Das Gewicht der Dampf- und Flüssigkeitsmenge, die pro Schub vom Arbeitscylinder aus dem Verdampfer angesaugt und vom Speisecylinder vom Kondensator zurückgebracht wird, werde mit G bezeichnet, x_1 sei die spezifische Dampfmenge am Ende des Kolbenschubes im Arbeitscylinder C (Fig. 11); x_2 diejenige am Ende der Kompression und x_3 die am Ende des Schubes im Speisecylinder.

Es ist daher das Dampfgewicht, welches pro Schub in den Verdampfer geschoben wird Gx_3, und Gx_1 dasjenige, welches der Arbeitscylinder demselben entnimmt; hiernach wird im Verdampfer pro Schub die Dampfmenge $G(x_1 - x_3)$ gebildet und zwar unter dem konstanten Drucke p_1 und der zugehörigen Temperatur t_1. Wende ich im weitern die unten, im Anhange angegebenen Bezeichnungen an und ist r_1 die latente Wärme, so bestimmt sich zuerst die Wärmemenge Q_1, welche der Verdampfer der Salzlösung (Heizflüssigkeit) pro Schub entzieht:

$$Q_1 = Gr_1(x_1 - x_3) \quad . \quad . \quad . \quad . \quad . \quad . \quad . \quad (1$$

Die Dampfmenge, welche vom Arbeitskolben in den Kondensator geschoben wird, beträgt Gx_2, und da dieselbe im letzteren bei konstantem Drucke p_2 und der Temperatur t_2 vollständig kondensiert wird, so beträgt die Wärmemenge Q_2, welche das Kühlwasser im Kondensator aufnimmt:

$$Q_2 = Gr_2x_2 \quad . \quad . \quad . \quad . \quad . \quad . \quad . \quad . \quad (2$$

Hierbei wird zunächst in den folgenden Betrachtungen vorausgesetzt, dafs die Cylinderwandungen Wärme weder aufnehmen noch abgeben, dafs keine schädlichen Räume vorliegen und dafs der Dampf während seines Kreislaufes im Arbeitscylinder nafs

---

[1]) Génie industrielle 1853. — Civilingenieur 1854, Bd. 1 S. 91 (Tafel XI Figur 2).

ist, also in keinem Punkte desselben sich überhitzt. Die mechanische Wärmetheorie gibt dann für die Wärmemenge dQ, welche die Gewichtseinheit Dampf- und Flüssigkeitsmischung für eine unendlich kleine Zustandsänderung erfordert:

$$dQ = Td\left(\tau + \frac{xr}{T}\right) \quad \ldots \ldots \ldots (3^a$$

oder, wie sich auch schreiben läſst:

$$dQ = dq + d(x\varrho) + A\,dL \quad \ldots \ldots \ldots (3^b$$

wobei dL die äuſsere Arbeit ist, welche der unendlich kleinen Ausdehnung entspricht[1]).

Bei unserer vollkommenen Maschine findet die Kompression auf dem Wege $b_1 c_1$ (Fig. 11) adiabatisch statt, es ist daher $dQ = 0$ und daher folgt aus Gl. 3^a, wenn man zwischen den angegebenen Grenzen integriert:

$$\tau_1 + \frac{x_1 r_1}{T_1} = \tau_2 + \frac{x_2 r_2}{T_2} \quad \ldots \ldots \ldots (4$$

Ebenso liegt im Speisecylinder auf dem Wege $b_2 c_2$ adiabatische Expansion vor und es folgt daher aus derselben Gleichung, weil im Anfange $x = 0$ ist:

$$\tau_1 + \frac{x_3 r_1}{T_1} = \tau_2 \quad \ldots \ldots \ldots (5$$

Mit Hülfe der beiden letzten Formeln berechnet sich x_2 und x_3 aus dem Werte x_1 und den Grenztemperaturen. Subtrahirt man beide Gleichungen von einander, so folgt:

$$\frac{(x_1 - x_3)\, r_1}{T_1} = \frac{x_2 r_2}{T_2} \quad \ldots \ldots \ldots (6$$

Verbindet man vorstehende Formel mit derjenigen, die man aus der Vereinigung von Gl. 1 und 2 erhält, so folgt die bekannte, für den vollkommenen Kreisprozeſs gültige Beziehung:

$$\frac{Q_1}{Q_2} = \frac{T_1}{T_2} \quad \ldots \ldots \ldots (7$$

Die technische Unsersuchung erstreckt sich nun auf die Bestimmung der Arbeit, welche die Maschine zum Betriebe fordert und auf die Ermittelung der Hauptdimensionen für eine vorgeschriebene Leistung.

---

[1]) Grundzüge u. s. w. 2. Auflage. S. 297. Neuer Abdruck S. 297.

Die Arbeit L_1, welche der Arbeitscylinder C pro Schub fordert, ermittelt sich leicht, wie folgt:

Das Volumen V_1 des Cylinders C ist

$$V_1 = G(x_1 u_1 + \sigma) \quad . \quad . \quad . \quad . \quad . \quad . \quad . \quad (8$$

das Volumen V_2 der Masse am Ende der Kompression

$$V_2 = G(x_2 u_2 + \sigma) \quad . \quad . \quad . \quad . \quad . \quad . \quad . \quad (9$$

Hiernach ist die Arbeit, welche beim Ansaugen gewonnen wird, $Gp_1(x_1 u_1 + \sigma)$ und die Arbeit, welche verbraucht wird, um die Masse mit konstantem Drucke p_2 in den Kondensator zu schieben, $Gp_2(x_2 u_2 + \sigma)$; die Kompressionsarbeit dagegen findet sich aus Gl. 3^b, wenn man $d\,Q = 0$ setzt und integriert

$$\frac{G}{A}(q_2 - q_1 + x_2\varrho_2 - x_1\varrho_1)$$

und hiernach durch Vereinigung der letzten drei Ausdrücke die ganze Arbeit des Arbeitscylinders pro Schub in Wärmeeinheiten gemessen, wenn man noch die Beziehung $r = \varrho + A p u$ beachtet:

$$A L_1 = G[q_2 - q_1 + x_2 r_2 - x_1 r_1 + A\sigma(p_2 - p_1)] \quad . \quad . \quad (10$$

Im Speisecylinder dagegen gewinnt man die Arbeit L_2 und zwar beim Ansaugen der Flüssigkeit aus dem Kondensator zunächst die Arbeit $G\sigma p_2$, dann infolge der Expansion:

$$\frac{G}{A}(q_2 - q_1 - x_3\varrho_1).$$

Da aber für den Transport der Masse nach dem Verdampfer die Arbeit $Gp_1(x_3 u_1 + \sigma)$ aufzuwenden ist, so findet sich die in Wärmeeinheiten ausgedrückte Arbeit durch Vereinigung vorstehender drei Werthe:

$$A L_2 = G[q_2 - q_1 - x_3 r_1 + A\sigma(p_2 - p_1)] \quad . \quad . \quad . \quad (11$$

Bezeichnet nun L_m die Arbeit, welche der Betrieb der vollkommenen Maschine pro Schub erfordert, so folgt wegen $L_m = L_1 - L_2$ durch Benutzung von Gl. 10 und 11

$$A L_m = G[x_2 r_2 - (x_1 - x_3) r_1] \quad . \quad . \quad . \quad . \quad . \quad (12$$

oder unter Benutzung von Gl. 1 oder 2

$$A L_m = Q_2 - Q_1$$

oder nach Gl. 7

$$A L_m = \frac{Q_1}{T_1}(T_2 - T_1) \quad . \quad . \quad . \quad . \quad . \quad . \quad (13$$

Diese Gleichung ist diejenige, welche die mechanische Wärmetheorie für einen vollkommenen Kreisprozeſs längst kennt. Für unsern vorliegenden Fall gibt die Formel für einen bestimmten Wert der Wärmemenge Q_1, welche der Salzlösung vom Verdampfer bei bestimmten Grenztemperaturen entzogen werden soll, die erforderliche Maschinenarbeit L_m und diese Arbeit ist ein Minimum; jede Abweichung vom vollkommenen Prozeſs und alle einzelnen Unvollkommenheiten in der Konstruktion der Maschine und die unvermeidlichen schädlichen Widerstände erhöhen die Betriebsarbeit. Die Formel enthält keine Gröſse, die sich auf eine besondere Dampfart bezieht; bei gleichen Grenztemperaturen ist es daher theoretisch gleichgültig, ob die Maschine mit Äther-, Ammoniak- oder anderen Dämpfen arbeitet; für dasselbe Q_1 ist die Betriebsarbeit der vollkommenen Maschine immer die gleiche.

Bei der Kaltdampfmaschine hat man nur darauf bedacht zu sein, daſs die Betriebsarbeit der Maschine für einen vorgeschriebenen Wert von Q_1 möglichst klein sei; aus der Formel 13 erkennt man, daſs hiernach die Temperaturdifferenz $T_2 - T_1$ möglichst klein zu halten ist. Nun ist in Rücksicht auf die Temperatur des zur Verfügung stehenden Kühlwassers die Temperatur t_2 resp. T_2 vorgeschrieben, man soll daher mit der Temperatur t_1 resp. T_1 im Verdampfer nicht weiter herabgehen, als nötig ist. Bei Eiserzeugung rechnet man im Mittel $t_1 = -15^0$, bei Erzeugung von Kühlflüssigkeit $t_1 = -5^0$, man wird daher die praktische Regel befolgen, Eiserzeugung zu unterlassen, wenn derselbe Zweck durch Kühlflüssigkeit zu erreichen ist. Die Formel 13 gilt auch für Kaltluftmaschinen; bemerkenswert ist aber noch, daſs dieselbe Gleichung auch für vollkommene Heiſsdampfmaschinen und Heiſsluftmaschinen gültig ist, und daſs diese Gleichung alle die genannten Maschinen in gleicher Weise umfaſst, wie obige Figur 11 deren konstruktive, theoretisch dargestellte Anordnung. Bei dieser Maschine ist im Kessel resp. Heizapparate Druck und Temperatur gröſser als im Kondensator resp. Kühlapparate. Es ist daher einfach $T_1 > T_2$; hiernach wird L_m negativ, d. h. man gewinnt Arbeit, statt solche zum Betriebe der Maschine aufzuwenden, die Maschine verwandelt sich aus einer Arbeitsmaschine in eine Betriebs- oder Umtriebsmaschine. Kehrt man für diese Maschine in Gl. 13 rechts das Zeichen um, so erhält man in dem Werte L_m das Maximum der Arbeit; jede Abweichung vom vollkommenen Prozeſs und den oben gemachten Annahmen führt auf einen kleineren Wert der gewonnenen Arbeit. Da auch bei dieser Maschine die Temperatur t_2 im Kondensator resp. Kühlapparate ziemlich fest vorgeschrieben ist, so folgt die praktische Regel, die Temperatur t_1 möglichst hoch zu halten, um durch dieselbe Wärmemenge Q_1 die Arbeit L_m möglichst zu erhöhen. Die Heiſsluftmaschinen sollen daher mit hoher Temperatur und unsere gewöhnlichen Dampfmaschinen mit hohem Kesseldrucke oder stark überhitzten Wasserdämpfen arbeiten.

Die Gl. 13 gibt die Maschinenarbeit pro Schub, in der Technik bezieht man aber die Arbeit auf die Sekunde; bezeichnet man daher die Wärmemenge, welche der Verdampfer der Salzlösung pro Sekunde entzieht, mit Q_s und substituiert man diesen Wert statt Q_1 in Gl. 13, so gibt dann L_m die Arbeit, welche der Betrieb der Kaltdampfmaschine fordert, auf die Sekunde bezogen, oder es ergibt sich, wenn die Arbeit in Pferdestärken (zu 75 mkg) ausgedrückt und mit N_m bezeichnet wird:

$$N_m = \frac{Q_s}{75 \cdot A T_1}(T_2 - T_1) \quad . \quad . \quad . \quad . \quad . \quad (14$$

Wird die Wärmemenge, durch welche die kältende Wirkung der Maschine beurteilt werden soll, auf die Stunde bezogen und mit Q_h bezeichnet, so besteht die Beziehung:

$$Q_h = 3600 \cdot Q_s \quad . \quad . \quad . \quad . \quad . \quad . \quad . \quad (15$$

Was nun die Dimensionen der Kaltdampfmaschinen betrifft, so kommt hier vor allem die Gröſse des Arbeitscylinder C für eine vorgeschriebene Leistung in Frage.

Das Volumen V_1 dieses Cylinders ist durch Gl. 8 bereits gegeben, doch kann man in dieser Formel das spezifische Volumen σ der Flüssigkeit als sehr klein unbedenklich vernachlässigen und erhält dann:

$$V_1 = G x_1 u_1.$$

Nach Gl. 1 war aber $Q_1 = G r_1 (x_1 - x_3)$, daher folgt durch Division:

$$V_1 = \frac{Q_1}{\frac{r_1}{u_1}\left(1 - \frac{x_3}{x_1}\right)} \quad . \quad . \quad . \quad . \quad . \quad . \quad . \quad (16$$

Ist nun F der Kolbenquerschnitt, s der Kolbenhub und macht die Maschine (doppelt wirkend) in der Minute n Umdrehungen, so ist $V_1 = Fs$ und die Wärmemenge Q_s, welche der Verdampfer in der Sekunde aufnimmt:

$$Q_s = \frac{2\, Q_1 n}{60}.$$

Die Substitution in Gl. 16 ergibt daher zur Berechnung der Gröſse des Arbeitscylinders der vollkommenen Kaltdampfmaschinen die Gleichung:

$$\frac{F s n}{30} = \frac{Q_s}{\frac{r_1}{u_1}\left(1 - \frac{x_3}{x_1}\right)} \quad . \quad . \quad . \quad . \quad . \quad . \quad (17^a$$

oder wenn man noch aus Gl. 5 den Wert x_3 substituiert:

$$\frac{F s n}{30} = \frac{Q_s}{\frac{r_1}{u_1}\left(1 - \frac{T_1(\tau_2 - \tau_1)}{x_1 r_1}\right)} \quad . \quad . \quad . \quad . \quad (17^b$$

Die rechte Seite dieser Gleichung enthält Temperaturfunktionen, die für die verschiedenen Dämpfe verschieden sind und daher ist ersichtlich, daſs bei gleichem Werte von Q_s die Cylinderdimensionen je nach der angewandten Dampfart verschieden ausfallen werden; man wird daher als arbeitende Dämpfe solche wählen, deren Flüssigkeit nicht nur leicht und billig herstellbar ist, sondern die zugleich auf die kleinsten Maschinendimensionen führen.

Verbindet man Gl. 17^b mit Gl. 14, was hier unterbleibt, so bekommt man noch die Beziehung zwischen den Dimensionen des Arbeitscylinders und der Arbeit N_m, welche die Maschine in Pferdestärken erfordert.

Um noch bequem einige Bemerkungen an die obigen Resultate anschliessen zu können, mag ein numerisches Beispiel angefügt werden.

Eine Kaltdampfmaschine arbeite mit Ammoniakdämpfen die Temperatur im Verdampfer sei $t_1 = -15^0$ und im Kondensator $t_2 = +20^0$, die Pressungen sind daher bezw. $p_1 = 2{,}291$ und $p_2 = 8{,}509$ Atm.

Nach der Tabelle am Schlusse des Anhanges ist für die angenommenen Temperaturen

$$\frac{r_1}{T_1} = 1{,}2536;\ \frac{r_2}{T_2} = 1{,}0243;$$

$$\tau_1 = -0{,}05363;\ \tau_2 = +0{,}07742.$$

Ist nun die spezifische Dampfmenge am Ende des Ansaugens im Arbeitscylinder $x_1 = 0{,}9$, so ergibt sich nach Gl. 4 die spezifische Dampfmenge am Ende der Kompression unter Benutzung vorstehender Werte $x_2 = 0{,}9735$; es findet daher während der Kompression bei Ammoniak ein Verdampfen statt und der Dampf würde sich überhitzen, wenn er anfänglich trocken gesättigt, wenn also $x_1 = 1$ wäre. In diesem Falle, auf den ich zurückkomme, gelten obige Formeln nicht mehr und müssen durch andere ersetzt werden.

Aus Gl. 5 berechnet sich für den angenommenen Fall die spezifische Dampfmenge am Ende der Expansion im Speisecylinder $x_3 = 0{,}1045$ und da nach der Tabelle $\frac{r_1}{u_1} = 619{,}8$ ist, so ergibt Gl. 17ᵃ und Gl. 14:

$$\frac{Fsn}{30} = 0{,}001825\ Q_s \text{ und } N_m = 0{,}767 \cdot Q_s.$$

Sollte die Maschine stündlich 36000 Calorien Wärme dem Salzwsser entziehen, so wäre $Q_s = 10$ und hiernach, wenn die Maschine $n = 50$ Umdrehungen in der Minute macht, das erforderliche Volumen des Arbeitscylinders $Fs = 0{,}0109$ cbm und die erforderliche Arbeit $N_m = 7{,}67$ Pferdestärken.

Um aus 1 kg Wasser von 0^0 Eis von 0^0 zu erzeugen, mufs demselben die Wärmemenge $r_0 = 79$ Cal. entzogen werden; hat das Wasser die Temperatur t^0 und soll Eis von $-t_0{}^0$ erzeugt werden, so ist die für 1 kg Wasser nötige Wärmemenge

$$79 + t + c\,t_0,$$

wobei $c = 0{,}5$ die spezifische Wärme des Eises bedeutet; setzt man im Mittel $t = 15^0$ und, damit das Eis möglichst fest wird, $t_0 = -8^0$, so erhält man rund 100 Cal.

Will man daher stündlich E_h kg Eis erzeugen, so ist stündlich die Wärmemenge $Q_h = 100\, E_h$ dem Salzwasser zu entziehen; für die soeben berechnete Maschine erhält man daher wegen $Q_h = 3600\, Q_s$:

$$N_m = 0{,}0213 \cdot E_h \text{ oder } E_h = 47\, N_m.$$

Diese vollkommene Maschine würde demnach stündlich pro Pferdestärke 47 kg Eis liefern. Bei den ausgeführten Maschinen ist die Eisproduktion natürlich wesentlich geringer.

§ 3. Theorie der ausgeführten Kalt-Dampfmaschinen.

Bei den wirklich ausgeführten Maschinen ist der Speisecylinder D (Fig. 11) nicht vorhanden, vielmehr strömt die Flüssigkeit unter dem Überdrucke im Kondensator einfach durch ein mit einem Regulierventil versehenes Rohr nach dem Verdampfer. Ist nun w die Geschwindigkeit, mit welcher die Masse in den Verdampfer eintritt, so ist die in der Gewichtseinheit in Form von lebendiger Kraft enthaltene Arbeit $\frac{w^2}{2g}$ und diese Arbeit setzt sich aus folgenden Teilen zusammen, wenn auf die Bewegungswiderstände keine Rücksicht genommen wird: Beim Austritt aus dem Kondensator nimmt die Gewichtseinheit Flüssigkeit die Arbeit σp_2 auf, dieselbe expandiert nun adiabatisch auf den Druck p_1, wobei sich x_3 kg Dampf bilden und nach Gl. 3^b die Arbeit

$$\frac{1}{A}(q_2 - q_1 - x_3 \varrho_1)$$

frei wird; beim Durchgange durch die Ausströmungsöffnung und dem Eintritt in den Verdampfer ist der konstante Druck p_1 zu überwinden, was die Arbeit $p_1(x_3 u_1 + \sigma)$ fordert; man erhält daher durch Zusammenfassen mit Berücksichtigung der Beziehung $r_1 = \varrho_1 + A p_1 u_1$:

$$A\frac{w^2}{2g} = q_2 - q_1 - x_3 r_1 + A\sigma(p_2 - p_1) \quad . \quad . \quad . \quad . \quad (18$$

Benutzt man Gl. 5, so folgt auch

$$A\frac{w^2}{2g} = q_2 - q_1 - T_1(\tau_2 - \tau_1) + A\sigma(p_2 - p_1) \quad . \quad . \quad (19$$

und diese Gleichung gibt das Mittel an die Hand, die Eintrittsgeschwindigkeit w zu berechnen. Die Formel habe ich schon früher bei anderer Gelegenheit gegeben [1]).

Denkt man sich Gl. 18 auf beiden Seiten mit dem Gewichte G der pro Schub übertretenden Masse multipliziert, so stöſst man auf Gl. 11, woraus hervorgeht, daſs das Indikatordiagramm II (Fig. 11) die Arbeit repräsentiert, welche in der Masse beim Eintritte in den Verdampfer enthalten ist. Im Verdampfer breitet sich nun aber die Masse unter konstantem Drucke p_1 aus und geht zur Ruhe über, die spezifische Dampfmenge wächst von x_3 auf x_4 und man erhält daher die Beziehung:

$$A\frac{w^2}{2g} = r_1(x_4 - x_3) \quad . \quad . \quad . \quad . \quad . \quad . \quad . \quad (20$$

weil die beim Übergange zur Ruhe frei werdende Wärme zur Verdampfung unter konstantem Drucke p_1 verwendet wird.

Durch Verbindung von Gl. 20 mit Gl. 18 erhält man

$$x_4 r_1 = q_2 - q_1 + A\sigma(p_2 - p_1) \quad . \quad . \quad . \quad . \quad . \quad (21$$

woraus sich die spezifische Dampfmenge x_4 am Ende der Ausbreitung berechnet.

Bei dieser Maschine wird daher pro Schub des Kolbens im Arbeitscylinder von Seiten des Verdampfers der Salzlösung die Wärmemenge

$$Q_1 = Gr_1(x_1 - x_4) \quad . \quad . \quad . \quad . \quad . \quad . \quad (22^a$$

entzogen werden. Vergleicht man diese Formel mit Gl. 1, so erkennt man, da $x_4 > x_3$ ist, daſs die ausgeführte Maschine mit der theoretisch vollkommenen verglichen, unter sonst gleichen Verhältnissen, der Salzlösung eine geringere Wärmemenge entzieht; es wird also das bereits Erwähnte bestätigt, daſs mit der direkten Überführung der Flüssigkeit aus dem Kondensator in den Verdampfer eine verminderte Leistung verbunden ist.

Die Wärmemenge Q_2, welche das Kühlwasser dem Kondensator entziehen muſs, ist dagegen hier dieselbe, wie bei der vollkommenen Maschine:

$$Q_2 = Gr_2 x_2 \quad . \quad . \quad . \quad . \quad . \quad . \quad . \quad (22^b$$

[1]) Über den Ausfluſs von Dämpfen und hocherhitzten Flüssigkeiten aus Gefäſsmündungen. Civilingenieur 1864, Bd. 10 S. 87. Grundzüge. 2. Aufl. S. 417. Neuer Abdruck S. 417.

Bezeichnet L die Arbeit, welche zum Betriebe der Maschine erforderlich ist, so folgt nach der mechanischen Wärmetheorie

$$AL = Q_2 - Q_1 \quad . \quad . \quad . \quad . \quad . \quad . \quad . \quad (23$$

Benutzt man hier die vorstehenden Gleichungen, indem man mittels Gl. 21 x_1 eliminiert, so ergibt sich

$$AL = G\,[q_2 - q_1 + x_2 r_2 - x_1 r_1 + A\sigma\,(p_2 - p_1)] \quad . \quad . \quad (24$$

identisch mit Gl. 10, wie das auch sein muſs, da bei vorliegender Maschine kein Speisecylinder vorhanden ist, und daher die ganze Arbeit vom Arbeitscylinder absorbiert wird. Ohne Benutzung von Gl. 21 ergibt sich aus Gl. 23

$$AL = G\,[r_2 x_2 - r_1 (x_1 - x_4)]$$

und hieraus folgt durch Division mittels Gl. 22ª

$$\frac{AL}{Q_1} = \frac{r_2 x_2 - r_1 (x_1 - x_4)}{r_1 (x_1 - x_4)},$$

welche Gleichung hier an die Stelle von Gl. 13 tritt. Bezieht man die Wärmemenge, welche der Verdampfer dem Salzwasser entzieht, auf die Sekunde, bezeichnet man dieselbe mit Q_s und drückt man die Arbeit in Pferdestärken aus, so folgt:

$$N = \frac{Q_s\,[r_2 x_2 - r_1 (x_1 - x_4)]}{75\,A r_1 (x_1 - x_4)} \quad . \quad . \quad . \quad . \quad . \quad (25$$

an Stelle von Gl. 14.

Das Volumen V_1 des Arbeitscylinders ist $G x_1 u_1$ und daher, wenn G aus Gl. 22ª substituiert wird:

$$V_1 = \frac{Q_1}{\frac{r_1}{u_1}\left(1 - \frac{x_4}{x_1}\right)}.$$

Formt man die Gleichung auf demselben Wege um, wie dies mit Gl. 16 geschah, so ergibt sich endlich für den doppelt wirkenden Arbeitscylinder:

$$\frac{Fsn}{30} = \frac{Q_s}{\frac{r_1}{u_1}\left(1 - \frac{x_4}{x_1}\right)} \quad . \quad . \quad . \quad . \quad . \quad . \quad (26^a$$

oder unter Benutzung von Gl. 21

$$\frac{Fsn}{30} = \frac{Q_s}{\frac{r_1}{u_1}\left[1 - \frac{q_2 - q_1 + A\sigma\,(p_2 - p_1)}{x_1 r_1}\right]} \quad . \quad . \quad (26^b$$

welche Gleichungen an die Stelle von Gl. 17[a] und 17[b] treten. Da $x_4 > x_3$, so ergibt sich, dafs der Arbeitscylinder bei der wirklich ausgeführten Maschine etwas gröfser ausfällt, wie bei der vollkommenen, dafür fällt allerdings der Speisecylinder fort.

In vorstehenden Formeln ist die Beziehung zwischen x_1 und x_2 durch Gl. 4 gegeben, während x_4 durch Gl. 21 zu bestimmen ist, im übrigen gelten die Formeln unter der ausdrücklichen Voraussetzung, dafs sich der Dampf im Cylinder nicht überhitzt, dafs die Cylinderwandungen für Wärme unempfindlich sind und endlich, dafs kein schädlicher Raum vorliegt.

Wende ich die vorstehenden Formeln auf den als Beispiel am Schlusse von § 2 behandelten Fall an und setze ich wieder voraus, dafs die Maschine mit Ammoniakdämpfen zwischen den Grenztemperaturen $t_1 = -15^0$ und $t_2 = +20^0$ arbeitet und dafs die spezifische Dampfmenge im Arbeitscylinder am Ende des Ansaugens $x_1 = 0{,}9$ ist, so bestimmt sich unter Benutzung der Hülfstafel im Anhange aus Gl. 21 $x_4 = 0{,}1126$ und dann nach Gl. 25 die Arbeit N in Pferdestärken $N = 0{,}832\ Q_s$, also gröfser als bei der theoretisch vollkommenen Maschine; der Mehrbetrag der erforderlichen Betriebsarbeit rührt von der Unvollkommenheit des Prozesses (Weglassen des Speisecylinders) her. Die Gröfse des Arbeitscylinders bestimmt sich nach der Gl. 26[a]

$$\frac{F s n}{30} = 0{,}001844\ Q_s,$$

also nur wenig gröfser, als bei der vollkommenen Maschine. Auf gleichem Wege, wie oben (§ 2), findet sich, dafs vorliegende Maschine stündlich pro Pferdestärke 43 kg Eis liefern würde, ein Wert, der in der Praxis ebenfalls nicht erreicht werden kann.

Es mag noch ein anderes Beispiel beigefügt werden, um den Unterschied zweier mit verschiedenen Dämpfen arbeitenden Maschinen hervortreten zu lassen.

Handelt es sich nicht um Eiserzeugung, sondern um Herstellung kalter Flüssigkeit, so wählt man die untere Grenze der Temperatur gewöhnlich $t_1 = -5^0$; nehme ich die obere Grenze wie vorhin, $t_2 = 20^0$, die spezifische Dampfmenge der angesaugten Dampf- und Flüssigkeitsmasse $x_1 = 0{,}9$, so bestimmt sich, wenn wir zunächst eine Maschine voraussetzen, die mit Ammoniakdämpfen arbeitet, nach Gl. 4 die spezifische Dampfmenge am

Ende der Kompression $x_2 = 0{,}9735$; es liegt daher, wie sich auch oben fand, bei der Kompression ein Verdampfen vor. Weiter findet sich die zum Betriebe der Maschine aufzuwendende Arbeit $N = 0{,}562\ Q_s$ und die Gröfse des Arbeitscylinders

$$\frac{Fsn}{30} = 0{,}001230\ Q_s.$$

Die Maschine fällt also bei gleichem Werte von Q_s und gleicher Umdrehungszahl n kleiner aus, als die vorhergehende und die Betriebsarbeit ist beträchtlich kleiner. Man ersieht daraus, was früher schon angedeutet wurde, dafs man die Abkühlungstemperatur nicht tiefer wählen soll, als für den betreffenden Prozefs gerade notwendig ist.

Rechnet man dasselbe Beispiel bei gleichen Temperaturen unter der Voraussetzung, dafs die Maschine mit Ätherdämpfen arbeitet, so findet sich (unter Anwendung der Tabellen und Formeln, welche in den »Grundzügen der mech. Wärmetheorie« gegeben sind) für $x_1 = 0{,}9$, die Dampfmenge am Ende der Kompression nach Gl. 4 $x_2 = 0{,}865$. Es tritt demnach bei Ätherdämpfen die merkwürdige Erscheinung hervor, dafs sich dieselben bei adiabatischer Kompression teilweise kondensieren, während bei Ammoniak ein Verdampfen vorliegt. Auf dieses Verhalten des Äthers hat Hirn zuerst aufmerksam gemacht; ich habe dann nachgewiesen [1]), dafs alle anderen Dämpfe, die nach Regnaults Versuchen eine nähere Untersuchung zulassen, das entgegengesetzte Verhalten zeigen, wie letzteres oben auch für Ammoniak gefunden worden ist.

Für vorliegende Äthermaschine findet sich ferner nach Gl. 25 und 26

$$N = 0{,}639\ Q_s$$

und

$$\frac{Fsn}{30} = 0{,}019921\ Q_s.$$

Die Äthermaschine erfordert daher unter denselben Verhältnissen eine etwas gröfsere Betriebsarbeit, als die Ammoniak-

[1]) Das Verhalten verschiedener Dämpfe bei der Expansion und Kompression. Vierteljahresschrift der naturforschenden Gesellschaft in Zürich. Jahrgang 1863.

maschine, ihr Cylinder ist aber bedeutend gröſser, und zwar im Verhältnis:

$$\frac{0{,}019921}{0{,}001230} = 16{,}2.$$

Bei gleicher Umdrehungszahl müſste also der Kubikinhalt des Arbeitscylinders bei Anwendung von Äther ungefähr 16 mal so groſs sein, wie bei der Maschine, welche Ammoniakdämpfe benutzt. In Anbetracht dieses Umstandes, der nicht bloſs für die angenommenen Grenztemperaturen vorliegt und in Rücksicht darauf, daſs die in der Maschine vorliegenden Pressungen tief unter dem atmosphärischen Drucke liegen, also Lufteintritt befördert wird, muſs man sich wundern, daſs die Äthermaschinen überhaupt noch ausgeführt werden.

Eine nähere Untersuchung der Gl. 26^b zeigt, dass der Klammerausdruck im Nenner bei den gewöhnlichen Grenztemperaturen bei verschiedenen Dämpfen wenig variirt; es ist daher bei gleichem Werte von Q_s und gleicher Umdrehungszahl n der Kubikinhalt Fs des Arbeitscylinders nahezu dem Werte $r_1 : u_1$, welcher der unteren Grenztemperatur t_1 entspricht, umgekehrt proportional. Da $r_1 : u_1$ sich allein schon aus Regnaults Spannungsversuchen und zwar nach der Formel

$$\frac{r}{u} = A\,T\,\frac{dp}{dt}$$

berechnen läſst, so kann man für die verschiedenen bei Kaltdampfmaschinen benutzten Dämpfe auf die Gröſse des Maschinencylinders annähernd schlieſsen. Für die Temperatur $t_1 = -5^0$ gibt die folgende Zusammenstellung die Werte von $r_1 : u_1$; die in Parenthese beigesetzten Zahlenwerte geben den ungefähren Betrag des Inhaltes des Arbeitscylinders, unter der Voraussetzung, daſs derjenige der Ammoniakmaschine = 1 ist.

Äther	59,56	(15,1),
Schweflige Säure	344,81	(2,6),
Methyläther . .	490,82	(1,8),
Chlormethyl . .	498,32	(1,8),
Ammoniak . .	898,05	(1),
Kohlensäure . .	5638,04	(0,16).

§ 4. Über den Einfluſs des schädlichen Raumes und der Cylinderwandungen.

Die in § 3 vorgeführten Untersuchungen der Kaltdampfmaschinen bedürfen wesentlicher Erweiterungen, wenn die Rechnungsergebnisse mit den Beobachtungen übereinstimmen sollen, die man an den ausgeführten Maschinen macht und bereits gemacht hat. Zunächst ist klar, daſs der Druck im Cylinder beim Ansaugen kleiner sein wird, als im Verdampfer und umgekehrt der Druck des Dampfes im Cylinder beim Hinausschieben gröſser ist, als im Kondensator; über diese Druckdifferenzen liegen noch keinerlei genauere Beobachtungen vor, man kann nur sagen,

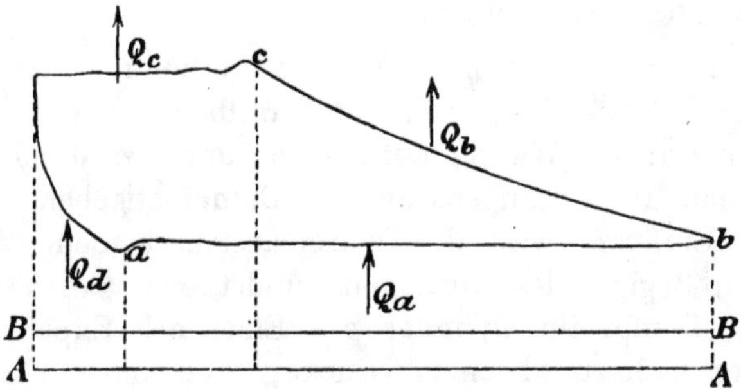

Fig. 12.

daſs diese Differenzen nicht bedeutend sind und daſs man bei den Rechnungen denselben Ausweg, wie bei den Heiſsdampfmaschinen wählen wird, indem man nämlich unter den oben mit p_1 und p_2 bezeichneten Pressungen nicht den Druck im Verdampfer und Kondensator, sondern die Pressungen im Cylinder beim Ansaugen und Hinausschieben versteht. Eigentümlich wirkt der schädliche Raum; am Ende des Schubes ist derselbe mit Dampf vom höhern Drucke p_2 gefüllt; geht nun der Kolben vorwärts, so expandiert zunächst die Masse bis auf den Verdampferdruck p_1 oder richtiger etwas unter diesen Wert, bevor sich das Saugventil öffnet. Bei den sehr sorgfältig konstruierten Lindeschen Maschinen, bei denen der schädliche Raum auſserordentlich klein ist (kaum 0,01 des Raumes, den der Kolben pro Schub zurücklegt), ist doch der Kolbenweg vor dem Dampfeintritte nicht unbedeutend. Fig. 12 zeigt eine möglichst getreue Wiedergabe des Indikatordiagrammes einer Linde'schen Maschine; AA ist die Nulllinie und BB die atmosphärische Linie. Da nun der Kolben nur während des Weges ab Dampf ansaugt, so tritt als erste Wirkung des schädlichen Raumes die hervor, daſs der Kolben ein geringeres Gewicht G von Dampf und Flüssigkeit ansaugt, als die in § 3 entwickelten Formeln angeben.

Diese Gröſse wird aber auch noch durch einen andern Umstand herabgezogen; obgleich die Temperaturdifferenzen, zwischen welchen diese Maschinen arbeiten, nach den obigen Rechnungen nur gering erscheinen, so ändern sich doch die Verhältnisse, wenn teilweise Überhitzung des Dampfes im Cylinder vorliegt. In diesem Falle tritt der Einfluſs der Cylinderwandungen hervor, der wenigstens im allgemeinen noch besprochen werden soll.

Da bei der Kompression Temperaturerhöhung stattfindet, so wird die Cylinderwandung während derselben und auch während des Dampfaustrittes Wärme aufnehmen und bei der Expansion und während des Ansaugens an den Dampf abgeben. Von besonderem Einflusse wird der Wärmeaustausch beim Ansaugen sein; beim Beginn des Ansaugens findet der vom Verdampfer kommende Dampf im Cylinder am Ende der Expansion zwar Dampf von nahezu gleichem Drucke, aber wahrscheinlich von höherer Temperatur vor; durch das Mischen und die weitere Wärmemitteilung von Seiten der Wandung während des Ansaugens wird nun offenbar das Mischungsverhältnis von Dampf und Flüssigkeit geändert, in der Art, daſs die spezifische Dampfmenge x_1 am Ende des Ansaugens gröſser ist, als die des vom Verdampfer kommenden Dampfes. Es liegt daher die Möglichkeit vor, daſs der Dampf am Ende des Ansaugens schon etwas überhitzt ist; aber auch, wenn er nur trocken gesättigt (also $x_1 = 1$) sein sollte, wird doch, wie oben gezeigt wurde, Ammoniakdampf bei der Kompression überhitzt und daher seine Temperatur eine höhere sein, als dem Sättigungsdrucke p_2 entspricht, daher durch diese Überhitzung der Wärmeaustausch zwischen Wandung und Dampf verstärkt werden.

Analytisch lassen sich die Vorgänge recht wohl verfolgen und zwar auf demselben Wege, den ich in neuerer Zeit bei Untersuchung der Heiſsdampfmaschine bei Besprechung der Elsässer

Versuche angegeben habe [1]). Ist Q_a die Wärmemenge, welche die Wandung beim Ansaugen an den eintretenden Dampf abgibt, bezeichnen Q_b und Q_c die Wärmemengen, welche bei der Kompression und dem Austritte von der Wandung aufgenommen werden und ist endlich Q_d die Wärme, welche die Wandung bei der Expansion an den im schädlichen Raume zurückgebliebenen Dampf abgibt, so lassen sich diese Gröfsen mit den einzelnen Flächenteilen des Indikatordiagrammes in Beziehung setzen, wie ich am angegebenen Orte gezeigt habe; man stöfst aber hier auf dieselben Schwierigkeiten bei Bestimmung des Zustandes der Mischung am Ende des Einströmens, weil der Zustand des im schädlichen Raume zurückgebliebenen Dampfes im Augenblicke der Eröffnung des Saugventiles unbekannt ist. Nach dem Gesagten unterlasse ich hier die Aufstellung der betreffenden Gleichungen, die in der Form mit den angezogenen im allgemeinen übereinstimmen und sich erforderlichenfalls auf dem dort angegeben Wege leicht entwickeln lassen.

Es mag hier genügen, an der Hand eines Beispieles die Kompressionserscheinungen etwas näher unter der Voraussetzung zu untersuchen, dafs Überhitzung vorliegt. In dem am Schlusse von § 3 behandelten Beispiele einer mit Ammoniak arbeitenden Kaltdampfmaschine mit den Grenztemperaturen $t_1 = -15^0$ und $t_2 = 20^0$ wurde die spezifische Dampfmenge am Ende des Ansaugens $x_1 = 0{,}90$ gesetzt und gefunden, dafs am Ende der adiabatischen Kompression die spezifische Dampfmenge auf $x_2 = 0{,}9735$ stieg, also bei der Kompression ein Verdampfen vorliegt. Wäre daher der Dampf anfangs trocken gesättigt, so würde er sich bei der Kompression überhitzen; nehme ich zunächst allgemein an, der Dampf wäre schon anfangs überhitzt und habe die Temperatur t_x, so bestimmt sich bei der Kompression vom Drucke p_1 auf dem Druck p_2 die Temperatur t_y nach Gl. 27 (s. S. 132), wenn dort $d\,Q = 0$ gesetzt wird:

$$\frac{T_y}{T_x} = \left(\frac{p_2}{p_1}\right)^m.$$

[1]) Calorimetrische Untersuchung der Dampfmaschinen. Civil-Ingenieur 1881 S. 385.

Für die den angegebenen Grenztemperaturen des Ammoniaks im Verdampfer und Kondensator entsprechenden Pressungen $p_1 = 2{,}2907$ und $p_2 = 8{,}5092$ ergibt sich, weil für Ammoniak $m = 0{,}2442$ (s. S. 132) ist:

$$T_y = 1{,}3778 \cdot T_x.$$

Ist der Dampf im Anfange der Kompression trocken gesättigt, so ist $T_x = T_1 = 258$ und daher $T_y = 355{,}5$ oder $t_y = 82{,}5^0$; man erkennt daraus, dafs schon in diesem Falle die ziemlich bedeutende Überhitzung von $t_y - t_2 = 62{,}5^0$ vorliegt. Es wäre leicht, unter den gemachten Voraussetzungen und unter der Annahme, dafs kein schädlicher Raum vorliegt und dafs die Cylinderwandungen für Wärme unempfindlich wären, in gleicher Art, wie es in § 3 geschehen ist, unter Benutzung der S. 119 u. f. gegebenen Entwickelungen die Grundgleichungen für die Beurteilung dieser mit Überhitzung arbeitenden Maschine aufzustellen; es soll das aber unterlassen werden, weil es zweckmäfsig erscheinen dürfte, zunächst einmal den Verlauf der Kompressionskurve an guten Indikatordiagrammen gründlicher Prüfung zu unterwerfen. Leider mangelt mir hierzu das Material; die wenigen Diagramme, die mir vorliegen, sind nicht genügend; sie zeigen aber solch regelmäfsigen Verlauf, dafs man erwarten darf, man werde bei vollständigerem Versuchsmaterial aus dem Gange der Kompressionskurve rückwärts auf den Zustand des Dampfes beim Beginn der Kompression einen Schlufs ziehen können. In dieser Beziehung liegen die Verhältnisse bei den Kaltdampfmaschinen weit günstiger, als bei den Heifsdampfmaschinen, da bei letzteren die Expansionskurve an die Stelle der Kompressionskurve tritt, die Expansionskurve aber streng genommen nicht als sog. Gleichgewichtsdruckkurve angesehen werden kann.

Bei der Untersuchung der Kompressionskurve könnte man vorerst jede der drei Hypothesen, die in der erwähnten Abhandlung [1]) besprochen worden sind, der Prüfung unterziehen; nach meiner vorläufigen Rechnung, an der Hand des unvollständigen Materiales, erscheint es erlaubt, zum Zwecke der Berechnung einer neuen Maschine den Verlauf nach der gleichseitigen Hyperbel, und zwar nach der Formel $(V_0 + V)\,p = \text{Konst.}$ voraussetzen,

---

[1]) Civilingenieur 1881 S. 397.

wobei V_0 der schädliche Raum, V das Volumen ist, welches der Kolben bereits zurückgelegt hat, und p den Druck repräsentiert.

§ 5. Bemerkungen über die Berechnung neuer Maschinen.

Bei der Konstruktion einer neuen Maschine ist die Wärmemenge Q_s als gegeben anzusehen, welche der Verdampfer der Salzlösung pro Sekunde zu entziehen hat, man wählt dann die Grenztemperaturen t_1 und t_2 und die spezifische Dampfmenge x_1 im Cylinder beim Beginn der Kompression; da über den letzteren Wert z. Z. keinerlei Anhalten gegeben ist, so wird man ihn bis auf weiteres so wählen, daſs bei der Kompression keine Überhitzung auftritt, also die spezifische Dampfmenge x_2 am Ende der Kompression $= 1$ oder wenig kleiner ist, zu welchem Zwecke Gl. 4 zu benutzen ist. Man verwendet nun zur Berechnung der Maschine die in § 3 abgeleiteten Formeln, aber unter der Berücksichtigung, daſs dieselben sowohl für die Gröſse des Arbeitscylinders, wie für die indizierte Arbeit Minimalwerte ergeben, weil sie ohne jede Rücksicht auf Arbeitsverluste aufgestellt worden sind. So lange nun ausführliche Versuchsreihen nicht vorliegen, wird man am besten Gl. 26ª auf der rechten Seite mit einem gewissen Konstruktionskoeffizienten φ multiplizieren, der solcherart zu wählen ist, daſs die Gröſse des Cylinders derjenigen entspricht, wie sie sich bis jetzt bei guten Ausführungen bewährt hat. Es wäre demnach

$$\frac{F s n}{30} = \varphi \cdot \frac{Q_s}{\frac{r_1}{u_1}\left(1 - \frac{x_4}{x_1}\right)},$$

oder wenn man hier Gl. 21 benutzt und daselbst das Glied $A\sigma(p_2 - p_1)$ als sehr klein vernachlässigt,

$$\frac{F s n}{30} = \varphi \cdot \frac{Q_s}{\frac{r_1}{u_1} - \frac{q_2 - q_1}{x_1 u_1}} \quad . \; . \; . \; . \; . \; . \quad (27$$

Im gleichen Maſse erhöht sich auch die indizierte Arbeit der Kaltdampfmaschine, es ist daher nach Gl. 25, wenn man ebenfalls $x_4 r_1 = q_2 - q_1$ substituiert,

$$N = \varphi \cdot \frac{Q_s\left[(r_2 x_2 + q_2) - (r_1 x_1 + q_1)\right]}{75\,A\,(r_1 x_1 + q_1 - q_2)} \quad . \; . \; . \; . \quad (28$$

Die effektive Arbeit N_e, welche der Betrieb der Maschine fordert, ist natürlich gröſser. Da der Versuch einer Ermittelung des Verhältnisses der beiden Arbeitsquantitäten auf dem Rechnungswege zur Zeit völlig aussichtslos ist, so wird man bis auf weiteres auch hier durch Einführung eines Korrektionsfaktors ψ den wirklichen Verhältnissen zu entsprechen suchen und setzen

$$N_e = \psi \cdot N \quad . \quad . \quad . \quad . \quad . \quad . \quad . \quad . \quad (29$$

Nun kommt es im weitern noch darauf an, die Kühlwassermenge zu ermitteln, die pro Sekunde oder stündlich durch den Kondensator geführt werden muſs. Durch Division der Gleichungen 22ª und 22ᵇ erhält man

$$\frac{Q_2}{Q_1} = \frac{r_2 x_2}{r_1 (x_1 - x_4)} = \frac{r_2 x_2}{r_1 x_1 + q_1 - q_2}.$$

Ist G_k das Gewicht der Kühlwassermenge pro Sekunde, sind t' und t'' die Temperaturen desselben beim Ein- und Austritt und setzt man in vorstehendem Ausdrucke Q_s für Q_1, so folgt zur Berechnung von G_k

$$G_k (q'' - q') = \frac{r_2 x_2 \, Q_s}{r_1 x_1 + q_1 - q_2} \quad . \quad . \quad . \quad . \quad (30$$

Man kann hier unbedenklich $q'' = t''$ und $q' = t'$ setzen; t' ist die Temperatur, welche das herbeikommende Kühlwasser besitzt; t'' die Temperatur, welche dasselbe beim Austritte aus dem Kondensator hat und die ungefähr 5° niedriger als die Temperatur t_2 im Kondensator ist.

Bis auf weiteres dürfte, insbesondere für Eiserzeugung, $\varphi = \frac{4}{3}$ und $\psi = \frac{5}{4}$ anzunehmen sein; man erhält wenigstens bei deren Benutzung Resultate, die mit den Linde'schen Ausführungen gut übereinstimmen.

Handelt es sich beispielsweise um Berechnung einer mit Ammoniakdämpfen arbeitenden Kaltdampfmaschine, welche stündlich $E_h = 250$ kg Eis erzeugen soll, sind hierbei die Grenztemperaturen $t_1 = -15^0$ und $t_2 = +20^0$ und setzt man $x_1 = 0{,}9$, so ist nach Gl. 4 und 21

$$x_2 = 0{,}9735; \; x_4 = 0{,}1126.$$

Da nach obigen Rechnungen 1 kg Eis den Entzug von 100 Cal. Wärme fordert, so ist

$$Q_s = \frac{100\,E_h}{3600} = \frac{250}{36}.$$

Die vorstehenden Gl. 27, 28 und 29 ergeben daher:

$$\frac{F s n}{30} = 0{,}01707 \text{ cbm};$$

$$N = 7{,}704 \text{ und } N_e = 9{,}630 \text{ Pferdestärken.}$$

Macht die Maschine $n = 50$ Umdrehungen pro Minute, so folgt der Cylinderinhalt 0,0102 cbm oder rund 10 l.

Die Eismenge stündlich pro Pferdestärke (indiziert) ist daher 32,45 kg und pro Pferdestärke effektiv 25,96 kg.

Aus Gl. 30 folgt (abgerundet):

$$G_k (t'' - t') = 8.$$

Für $t' = 10^0$ und $t'' = 15^0$ wäre daher die erforderliche Kühlwassermenge $G_k = 1{,}6$ kg pro Sekunde oder 5,76 hl stündlich. Der Wert ist sehr beträchtlich, läſst sich aber herabziehen, wenn man mit etwas höherem Drucke im Kondensator, also mit höherer Temperatur t_2 daselbst arbeitet, weil sich in diesem Falle auch die Temperatur t'' erhöhen läſst.

Für die Heizfläche O_1 des Verdampfers dürfte nach Linde's Ausführungen etwa $O_1 = 3{,}6 \cdot Q_s$ und für die Kühloberfläche O_2 des Kondensatos $O_2 = 2{,}9 \cdot Q_s$ Quadratmeter zu setzen sein.«

Für das so wichtige **Verhalten der Ammoniakdämpfe** hat Zeuner nachstehende Betrachtungen angefügt:

»Für die gesättigten Ammoniakdämpfe hat Regnault[1]), wie für eine ganze Reihe anderer Dämpfe die Beziehung zwischen Druck p und Temperatur t (Celsius) durch Beobachtungen ermittelt und dann speziell für Ammoniakdampf gezeigt, daſs sich die Versuchswerte mit groſser Schärfe durch eine empirische Formel von der Form

$$\log p = a + b\,\alpha^{c+t} \quad \ldots\ldots\ldots \quad (1$$

wiedergeben lassen. Hierbei sind a, b, c, α konstante Gröſsen, welche Regnault aus den folgenden drei Beobachtungswerten

---

[1]) **Regnault, Relation des expériences etc. T. II p. 596 u. 601.**

unter der Voraussetzung ermittelt, dafs der Brigg'sche Logarithmus benutzt und p in Millimeter Quecksilbersäule gemessen wird:

$$t_1 = -31{,}0^0 \qquad p_1 = 834{,}86 \text{ mm},$$
$$t_2 = +1{,}0^0 \qquad p_2 = 3321{,}34 \text{ mm},$$
$$t_3 = +33{,}0^0 \qquad p_3 = 9651{,}90 \text{ mm}.$$

Da sich beim Nachrechnen der von Regnault angegebenen Konstanten kleine Abweichungen herausstellten und sich in Regnault's Tabelle gerade der der Temperatur 0° entsprechende Wert des Druckes, wohl infolge eines Rechen- oder Schreibfehlers, falsch (3162,87 statt 3197,63 mm) herausstellte, so habe ich die Konstanten von Neuem bestimmt und gefunden:

$$a = 5{,}5582655,$$
$$b = -2{,}6366518, \qquad \log b = 0{,}4210528,$$
$$c = 31,$$
$$\log \alpha = -0{,}0035023.$$

Es bestimmt sich dann [1]) das zweite Glied der Gl. 1 nach der Formel

$$\log (b\,\alpha^{c+t}) = 0{,}3124815 - 0{,}0035023\, t$$

und hiernach wurden in der unten am Schlusse angegebenen Tabelle für die in Kolumne 1 bezeichneten Temperaturen die in Kolumne 3 angegebenen Werte der Pressungen berechnet. Die in Kolumne 2 aufgeführten Werte der absoluten Temperatur sind durch die bekannte Relation $T = 273 + t$ bestimmt.

Bemerkenswert ist, dafs sich Gl. 1 umkehren läfst, so dafs sich aus dem Drucke die Temperatur ermittelt.

Setzt man nämlich $a = \log p_0$, also $p_0 = 361630{,}83$ mm, so folgt

$$t = 89{,}222 - 285{,}5266 \log \left(\log \frac{p_0}{p}\right) \quad . \quad . \quad . \quad . \quad (2$$

unter log immer den Brigg'schen Logarithmus verstanden.

Durch Differentiation [2]) der Gl. 1 und unter Benutzung der angegebenen Konstanten erhält man dann weiter die Formel:

$$\log \left(\frac{dp}{p\,dt}\right) = -1{,}4187347 - 0{,}0035023\, t,$$

---

[1]) Grundzüge der mechanischen Wärmetheorie. 2. Auflage. Leipzig 1866. S. 253. Neuer Abdruck 1877 S. 253.

[2]) Vergl. Grundzüge u. s. w., S. 257.

nach welcher Kolumne 4 der Tabelle berechnet ist. Aus den Werten dieser Kolumne bestimmen sich dann nach der in der Überschrift der Kolumne 5 angegebenen Formel die Werte $r:u$ für die verschiedenen Temperaturen. Es bedeutet dabei r die latente Wärme (Verdampfungswärme), u die Differenz zwischen dem spezifischen Volumen des gesättigten Dampfes und dem der Flüssigkeit bei gleicher Temperatur und A hat den Wert $1:424$. In der Formel selbst ist dann natürlich der Druck p in Kilogrammen pro Quadratmeter statt in Millimeter Quecksilbersäule angenommen worden.

Hiermit sind denn nun diejenigen Gröfsen ermittelt, die sich nach den Lehren der mechanischen Wärmetheorie aus der Beziehung zwischen Druck und Temperatur der gesättigten Dämpfe allein ableiten lassen. Die Verwertung der Sätze der Thermodynamik in der Theorie der Dampfmaschine (Heifs- und Kalt-Dampfmaschine) erfordert aber noch die Kenntnis anderer Gröfsen, insbesondere der Wärmequantitäten, die zur Erzeugung gesättigter Dämpfe von bestimmter Temperatur erforderlich sind. Alle hierauf bezüglichen bekannten Gröfsen verdanken wir ausschliefslich Regnault; die Zahl der untersuchten Dämpfe ist aber leider eine geringe, so dafs ich die Berechnung von Tabellen (Grundzüge etc., Anhang) auf die Dämpfe von Wasser, Äther, Alkohol, Aceton, Chloroform, Chlorkohlenstoff und Schwefelkohlenstoff beschränken mufste.

Es fehlen daher gerade die Dämpfe von Ammoniak, schwefliger Säure, Methyläther, Chlormethyl und Kohlensäure, die in neuerer Zeit bei den Maschinen zur Kälteerzeugung eine so hervorragende Rolle spielen, während sich unter den vorher genannten Dämpfen solche befinden, welche technisch (in mechanischer Richtung) noch keinerlei Bedeutung gewonnen haben.

Erinnere ich nun fernerhin daran, dafs die Untersuchungen Regnault's bezüglich der zuerst aufgeführten Dämpfe sich nur auf den Sättigungszustand beziehen und ausgedehnte Versuche über das Verhalten der überhitzten Dämpfe, einige wichtige experimentelle Untersuchungen Hirn's über überhitzte Wasserdämpfe abgerechnet, nicht vorliegen, während doch wiederum diese Dämpfe bei den Heifsdampfmaschinen ausgedehnte Benutzung finden, so ist es erklärlich, dafs man in der Maschinentheorie bei jedem Schritte auf Schwierigkeiten stöfst und dafs sich im Hinblick auf die staunenswerten Fortschritte des Dampfmaschinenbaues bei einzelnen die Meinung bilden kann, die Theorie folge der Praxis schwerfällig nach. Die Schwierigkeiten entspringen aber bei der hohen Ausbildung der mechanischen Wärmetheorie nur dem Umstande, dafs uns bezüglich der Dämpfe noch eine Reihe wichtiger physikalischer Konstanten unbekannt sind, weil leider die schönen Versuche Regnault's nicht fortgesetzt wurden, insbesondere aber, weil es noch nicht gelungen ist, die Zustandsgleichung, d. h. die zwischen dem spezifischen Volumen v, dem spezifischen Drucke p und der Temperatur t bestehende Beziehung aufzustellen.

Man kann aber in der Maschinentheorie, die mit den Fortschritten der praktischen Ausführungen doch mindestens gleichen Schritt halten soll, nicht zuwarten und mufs daher zu Hypothesen und zur Aufstellung von empirischen Formeln und Näherungsausdrücken schreiten, durch welche wenigstens alle bereits bekannten Eigenschaften des betreffenden Körpers wiedergegeben werden.

Als erste (und roheste) Annäherung gilt als Zustandsgleichung der Gase (der überhitzten Dämpfe) das Mariotte-Gay-Lussac'sche Gesetz $p v = B T$, wobei B eine dem betreffenden Gase entsprechende Konstante und $T = a + t$, unter $a = 273$ den reciproken Wert des Ausdehnungskoeffizienten eines vollkommenen Gases verstanden ist. Nun weichen aber die Dämpfe um so mehr von dem genannten Gesetze ab, je näher sie dem Kondensationspunkte rücken und gerade in der Nähe desselben, wenn nicht im gesättigten Zustande selbst, benutzen wir die Dämpfe in den Maschinen.

Ich habe aber gezeigt [1]), dafs als zweite Näherung für überhitzte Wasserdämpfe, und zwar bis zum Sättigungszustande hin, die Gleichung:

$$pv = BT - Cp^n \quad . \; . \; . \; . \; . \; . \; . \; (3$$

unter C und n weiter von mir bestimmte Konstanten verstanden, alles wiederspiegelt, was für Wasserdämpfe im überhitzten Zustande bis jetzt bekannt ist und das genügt für technische Untersuchungen vorläufig vollkommen; die Gleichung hat zugleich den

---

[1]) Theorie der überhitzten Wasserdämpfe. Zeitschrift des Vereins deutscher Ingenieure, Bd. XI S. 1. — Grundzüge u. s. w. Neuer Abdruck 1877 S. 545.

Wert, der nicht zu unterschätzen ist, dafs sich aus derselben das spezifische Volumen (Volumen der Gewichtseinheit) des Dampfes mit Leichtigkeit berechnet.

Von meiner Gleichung ausgehend, hat nun in neuerer Zeit Ledoux [1]) auf Grund von Regnault's Versuchswerten die Konstanten auch für die Dämpfe von Ammoniak und schwefliger Säure berechnet und Tabellen in derselben Form gegeben, wie ich sie in meinen Schriften aufgestellt habe. Obgleich mit den Untersuchungen von Ledoux einverstanden, habe ich doch speziell für gesättigte Ammoniakdämpfe im folgenden eine neue und vollständigere Tabelle berechnet und die bezeichneten Konstanten in einer den Versuchen Regnault's schärfer entsprechenden Weise bestimmt; zugleich aber auch die Ableitung meiner Zustandsgleichung in allgemeinerer Weise wiederholt.

Die Zustandsgleichung der Gase (überhitzten Dämpfe, im Grunde genommen aller Körper) läfst sich auf die Form

$$pv = BT - P \quad \ldots\ldots\ldots \quad (4$$

bringen, wenn man unter B eine konstante Gröfse und unter P eine noch näher zu bestimmende Funktion von p und v versteht. Bei Dämpfen ist P numerisch immer klein gegen BT, aber doch nicht so klein, dafs man es, wie es bei vollkommenen Gasen erlaubt ist, unberücksichtigt lassen dürfte. Setzt man nun (unter Berücksichtigung, dafs $dT = dt$ ist)

$$\left(\frac{dt}{dp}\right) = x \text{ und } \left(\frac{dt}{dv}\right) = y,$$

so folgt aus Gl. 4, wenn man nach p und v differentiiert:

$$Bx = v + \left(\frac{dP}{dp}\right) \quad \ldots\ldots\ldots \quad (5$$

und

$$By = p + \left(\frac{dP}{dv}\right) \quad \ldots\ldots\ldots \quad (6$$

Nun sind aber die allgemeinen Gleichungen der mechanischen Wärmetheorie [2]) unter der Voraussetzung, dafs keine Änderung des Aggregatzustandes stattfindet, unter Benutzung vorstehender

---

[1]) Ledoux, Théorie des machines à froid. Paris. Dunod. 1878. S. 56 und S. 86.

[2]) Grundzüge u. s. w. II. Auflage 1866, S. 543. Neuer Abdruck 1877, S. 519

Bezeichnungen, und wenn c_p die spezifische Wärme bei konstantem Drucke, c_v die bei konstantem Volumen bezeichnet, welche Werte übrigens zunächst auch noch allgemein als Funktionen von p und v angesehen werden:

$$\frac{d(y c_p)}{dp} - \frac{d(x c_v)}{dv} = A \quad \text{(I}$$

$$(c_p - c_v)\, x y = A T \quad \text{(II}$$

Die Wärmemenge dQ für eine unendlich kleine Zustandsänderung ist hierbei nach einer der drei identischen Gleichungen

$$dQ = c_v x\, dp + c_p y\, dv \quad \text{(III}^a$$

$$dQ = c_v\, dt + \frac{AT}{x} dv \quad \text{(III}^b$$

$$dQ = c_p\, dt - \frac{AT}{y} dp \quad \text{(III}^c$$

zu ermitteln.

Ist fernerhin a_p der Ausdehnungskoeffizient des Gases bei konstantem Drucke und a_v der bei konstantem Volumen, die beide als variabel und ebenfalls als Funktionen von p und v anzusehen sind und führe ich die reciproken Werte:

$$a_p = \frac{1}{\alpha_p} \text{ und } a_v = \frac{1}{\alpha_v} \quad \text{(7}$$

ein, so gelten endlich noch die Beziehungen [1]):

$$v y = a_p + t \text{ und } p x = a_v + t \quad \text{(IV}$$

In die vorstehenden Hauptgleichungen wären nun die aus Gl. 5 und 6 hervorgegangenen Werte von x und y zu substituieren. Wegen der unbekannten Form der Funktion P in Gl. 4 führt aber diese Substitution zu weiteren allgemeinen Ausdrücken, die eine direkte Verwertung noch nicht zulassen.

Ich stelle daher die Hypothese auf, daſs bei Dämpfen und zwar innerhalb der Druck- und Temperaturgrenzen, in denen sie in der Technik Gebrauch finden, das Korrektionsglied P nur als eine Funktion von p angenommen werden dürfe, ohne aber über die Form derselben zunächst eine weitere Annahme zu machen.

In diesem Falle verwandelt sich Gl. 6 in die einfache Form $B y = p$, während Gl. 5 unverändert bleibt und aus der Substitution in Gl. IV folgt

$$p v = B(a_p + t) \quad \text{(8}$$

[1]) Grundzüge u. s. w. Neuer Abdruck 1877, S. 562.

sowie

$$pv = B(a_v + t) - p\frac{dP}{dp} \quad . \quad . \quad . \quad . \quad . \quad . \quad (9$$

oder die Zustandsgleichung 4 benutzt:

$$B(a - a_p) = P \quad . \quad . \quad . \quad . \quad . \quad . \quad . \quad . \quad (10$$

und

$$B(a - a_v) = P - p\frac{dP}{dp} \quad . \quad . \quad . \quad . \quad . \quad (11$$

woraus folgt, dafs nach unserer Hypothese sich beide Ausdehnungskoeffizienten als Funktionen von p allein herausstellen und sich leicht berechnen lassen, sobald die Form der Funktion $P = F(p)$ bekannt ist.

Benutzt man vorstehende Formeln in Gl. II, so ergibt sich, wie man leicht verfolgen kann, die einfache Beziehung

$$\frac{c_p - c_v}{AB} = \frac{a + t}{a_v + t} \quad . \quad . \quad . \quad . \quad . \quad . \quad . \quad (12$$

wonach die Differenz $(c_p - c_v)$ als Funktion von p und v erscheint; für ein vollkommenes Gas tritt sogleich die bekannte Beziehung $c_p - c_v = AB$ hervor.

Die Benutzung vorstehender Formeln in Gl. I führt zunächst, wo c_p und c_v noch als unbekannte Funktionen von p und v angesehen werden, nicht zu einfacheren Ausdrücken, dagegen führt die Gleichung III^c, wenn man $By = p$ substituiert, zu der Formel:

$$dQ = c_p\,dt - ABT\frac{dp}{p} \quad . \quad . \quad . \quad . \quad . \quad (13$$

und aus derselben läfst sich noch eine andere sehr wichtige Formel ableiten.

Bezeichne ich, wie in dem Buche »Grundzüge u. s. w.« mit dU die Zunahme der innern Arbeit, so ist allgemein auch

$$dQ = A\,dU + Ap\,dv$$

und daher die in Wärme gemessene Veränderung der inneren Arbeit aus der Verbindung mit der vorhergehenden Formel

$$A\,dU = c_p\,dt - ABT\frac{dp}{p} - Ap\,dv \quad . \quad . \quad . \quad (14$$

Nun schreibt sich aber

$$p\,d\,v = d(p\,v) - p\,v\frac{d\,p}{p} = B\,d\,t - B\,T\frac{d\,p}{p} - d\,P + P\frac{d\,p}{p},$$

wenn man die Zustandsgleichung 4 benutzt.

Daher folgt aus Gl. 14 nach einfacher Reduktion

$$A\,d\,U = (c_p - A\,B)\,d\,t + A\,p\,d\left(\frac{P}{p}\right) \quad . \quad . \quad . \quad (15$$

oder wenn man nach Gl. 4 die Temperatur eliminiert

$$d\,U = \frac{(c_p - A\,B)}{A\,B}\cdot d\,(p\,v) + \frac{c_p}{A\,B}\,d\,P - P\frac{d\,p}{p} \quad . \quad . \quad (15^a$$

Denkt man sich Gl. 15, die integrabel ist, integriert und bei dem vorliegenden überhitzten Dampfe bei Bestimmung der Integrationskonstanten als Ausgangspunkt die Gewichtseinheit Flüssigkeit von 0° Temperatur angenommen, so stellt das Integral das dar, was ich die Dampfwärme J genannt habe, d. h. den Mehrbetrag der Wärme im Dampfe verglichen mit derjenigen, die in der Gewichtseinheit Flüssigkeit von 0° enthalten ist.

Stellt man sich nun vor, dieser Dampf vom gegebenen Drucke p und der Temperatur t und dem Volumen v sei aus dieser Flüssigkeit unter konstantem Drucke erzeugt worden, so ist, wenn das spezifische Volumen der Flüssigkeit mit σ bezeichnet wird, die bei der Bildung des Dampfes in Arbeit verwandelte Wärme $A\,p\,(v - \sigma)$ und daher die gesamte Wärmemenge, welche zuzuführen war und die mit λ bezeichnet werden mag,

$$\lambda = J + A\,p\,(v - \sigma).$$

Geht man wieder zum Differential über, ersetzt man $d\,J$ durch Gl. 15, $p\,v$ durch Gl. 4 und nimmt man σ als konstant an, so findet sich:

$$d\,\lambda = c_p\,d\,t - A\left(\frac{P}{p} + \sigma\right)d\,p \quad . \quad . \quad . \quad . \quad (16$$

Denkt man (vorstehende Gleichung gilt für jeden Grad der Überhitzung) an den Sättigungszustand, so ist λ nach Regnault die Gesamtwärme des Dampfes bei dem betreffenden Drucke und der zugehörigen Temperatur; sie setzt sich zusammen aus der Flüssigkeitswärme q, d. h. der Wärmemenge, welcher der Gewichtseinheit Flüssigkeit zuzuführen ist, um sie erst von 0° auf t° zu erwärmen und dann aus der latenten Wärme r, derjenigen Wärme, die erforderlich ist, um nun die Flüssigkeit von t^0 bei konstantem Drucke vollständig in gesättigten Dampf zu verwandeln. Aus der Gleichung $\lambda = q + r$ folgt nun aber für gesättigte Dämpfe unter der Beachtung, daſs $\frac{dq}{dt}$ nichts anderes, als die spezifische Wärme der Flüssigkeit ist, die mit c bezeichnet werden mag,

$$\frac{d\lambda}{dt} = c + \frac{dr}{dt}.$$

Anderseits gibt Gl. 16 für gesättigte Dämpfe, wenn man nach Gl. 4 $P = BT - pv$ und überdies $u = v - \sigma$ substituiert,

$$\frac{d\lambda}{dt} = c_p + Au\frac{dp}{dt} - ABT\frac{dp}{pdt}.$$

Verbindet man die beiden letzten Formeln und berücksichtigt man die bereits erwähnte Beziehung aus der mechanischen Wärmetheorie

$$\frac{r}{u} = AT\frac{dp}{dt},$$

so folgt für die spezifische Wärme der Flüssigkeit

$$c = c_p + \frac{r}{T} - \frac{dr}{dt} - ABT\frac{dp}{pdt} \quad . \; . \; . \; . \quad (17$$

Die vorstehenden Untersuchungen mögen nun Verwendung finden, die Ammoniakdämpfe auf ihr weiteres Verhalten zu prüfen.

Leider sind aber für dieselben nur wenige der wichtigsten physikalischen Konstanten bekannt.

Bei atmosphärischem Drucke, der im folgenden mit p_0 bezeichnet werden mag ($p_0 = 10333$ kg) und bei 0^0 Temperatur wird das spezifische Gewicht $\gamma_0 = 0{,}7655$ [1]) angegeben, es wäre daher das spezifische Volumen $v_0 = \frac{1}{\gamma_0} = 1{,}3063$ und daher bei 0^0 und atmosphärischem Druck

$$p_0 v_0 = 13498 \quad . \; . \; . \; . \; . \; . \; . \; . \quad (18$$

und daher auch nach Gl. 8, wenn a_p den reciproken Wert des Ausdehnungskoeffizienten a_p für atmospärischen Druck darstellt,

$$B a_p = 13498.$$

[1]) v. Fehling, Neues Handwörterbuch der Chemie. 1871. Bd. I S. 384.

Nun hat Regnault für eine Anzahl von Gasen den Ausdehnungskoeffizienten für atmosphärischen Druck ermittelt, leider aber gerade nicht für das so wichtige Ammoniakgas. Es bleibt daher nichts übrig, als auf die Gröfse desselben mit Berücksichtigung der Versuchsergebnisse für andere Dämpfe zu schliefsen. Ledoux setzt $\alpha_p = 0{,}00390$ und ich glaube auch, dafs dieser Wert wenig vom richtigen Werte abweichen dürfte; es folgt daher der reciproke Wert (für atmosphärischen Druck) $a_p = 256{,}41$ und daher

$$B = 52{,}642.$$

Der dem atmosphärischen Druck entsprechende Wert von P der Zustandsgleichung 4, der mit P_0 bezeichnet werden mag, ist daher nach Gl. 10

$$P_0 = B\,(a - a_p) = 873.$$

Nun ist weiterhin das relative Gewicht des flüssigen Ammoniaks gegen Wasser 0,6234 (Jolly), hieraus bestimmt sich das spezifische Volumen des flüssigen Ammoniaks, das als eine Konstante angesehen wird:

$$\sigma = 0{,}0016.$$

Fernerhin fand Regnault die spezifische Wärme bei konstantem Drucke, die wir ebenfalls innerhalb der in der Technik vorkommenden Druck- und Temperaturverhältnisse als konstant annehmen:

$$c_p = 0{,}50836.$$

Endlich liegt zuletzt noch eine Versuchsreihe von Regnault über Kompression von Ammoniakdämpfen vor [1]).

Regnault hat Ammoniakgas bei konstanter Temperatur $t = 8{,}1\,^0$ C. komprimiert, und zwar vom Drucke 668,93 bis 1435,33 mm Quecksilber, hierbei für eine Reihe von Zwischenwerten des Druckes das Volumen V (nach einer beliebigen Mafseinheit) beobachtet und dann die Produkte $p\,V$ berechnet. Er findet so für den erstern der beiden vorstehend angegebenen Drücke $p\,V = 56325$ und für den letztern $p\,V = 55243$, also mit dem Drucke abnehmend, woraus eben zu schliefsen ist, dafs das Ammoniakgas nicht dem Mariotte-Gay-Lussac'schen Gesetze folgt.

---

[1]) Regnault, Relation etc. T. II p. 252.

Aus der von Regnault gegebenen Zahlenreihe bestimmt sich für seine Versuche für den atmosphärischen Druck $p_0 = 760$ mm durch Interpolation $p_0 V = 56198$. Aus Gl. 8 folgt aber für $t = 8{,}1^0$, wenn man die für a_p und B gefundenen Werte, sowie $p_0 = 10333$ substituiert,

$$p_0 v = 13924.$$

Dividiert man mit diesem Werte in den vorhergehenden, so erhält man das Gewicht G des Ammoniakdampfes, welches den von Regnault angegebenen Relativwerten $p V$ entspricht:

$$G = \frac{V}{v} = 4{,}0360.$$

Dividiert man mit G in alle von Regnault gegebenen Werte von pV, so folgt für jede einzelne Pressung: pv und dann nach Gl. 4 der numerische Wert des Korrektionsgliedes P

$$P = BT - \frac{pV}{G} = 14798 - 0{,}24777 \cdot pV.$$

Die folgende Zusammenstellung enthält in der ersten und zweiten Kolumne einen Auszug aus Regnaults Versuchsreihe, die dritte Kolumne gibt pv und die vierte Kolumne den zugehörigen Wert von P.

Nr.	p Millimeter Quecksilber	$p V$	Berechnet: pv (Für $t = 8{,}1^0$)	Berechnet: $P = F(p)$
1	668,93	56325	13956	842
2	703,53	56282	13945	853
3	882,98	56022	13880	918
4	1092,53	55715	13804	994
5	1435,33	55243	13687	1111

Aus dieser Tabelle ersieht man nun, wie die Funktion P mit dem Drucke p sich ändert und die weitere Prüfung zeigt, daſs man in der That, wie es von Ledoux geschehen ist, mit befriedigender Übermittelung die Funktion durch die Form

$$P = Cp^n$$

ersetzen kann, also auch für überhitzte Ammoniakdämpfe die oben erwähnte Gleichung 3, welche ich für überhitzte Wasserdämpfe aufgestellt habe, bis auf weiteres anwenden kann.

Man erhält gute Übereinstimmung, wenn man, vorausgesetzt, p sei in Kilogramm pro Quadratmeter gegeben: $n = 0{,}3655$, $C = 29{,}783$ setzt; da überdies $B = 52{,}642$ war, so läfst sich nun aus der Gl. 3

$$p\,v = B\,T - C\,p^n$$

eine der drei Gröfsen p, v oder T berechnen, wenn zwei davon gegeben sind.

Ich wende nun die Formel sofort auf Untersuchung der gesättigten Ammoniakdämpfe an.

Wegen $v - \sigma = u$ folgt die äufsere latente Wärme Apu, d. h. die Wärmemenge, welche bei der Bildung des Dampfes unter konstantem Drucke in Arbeit verwandelt wird, nach vorstehender Gleichung

$$Apu = AB\,T - A\,Cp^n + Ap\sigma \quad . \quad . \quad . \quad . \quad (18^a$$

Nach dieser Formel berechnen sich folgende Werte, wenn man die in Kolumne 3 der unten stehenden Tabelle angegebenen Werte von p für die angenommenen Temperaturen benutzt:

$t =$	-30^0	-15^0	0^0	$+15^0$	$+30^0$
$Apu =$	27,955	29,154	30,248	31,236	32,118

und diese fünf Werte werden durch die empirische Formel:

$$Apu = 30{,}248 + 0{,}06938\,t - 0{,}000235\,t^2 \quad . \quad . \quad . \quad (18$$

genau wiedergegeben. Nach dieser Formel ist Kolumne 7 (Tabelle S. 135) berechnet und dann ermittelten sich die Werte von u, $v = u + \sigma$, sowie $\gamma = \frac{1}{v}$ in den Kolumnen 12, 13 und 14.

Mit Hilfe der in Kolumne 5 gegebenen Werte berechnet sich dann die latente Wärme r für

$t =$	-30^0	-15^0	0^0	$+15^0$	$+30^0$
$r =$	329,913	323,681	314,865	303,933	291,331

und diese Werte gibt die empirische Formel:

$$r = 314{,}865 - 0{,}64303\,t - 0{,}004714\,t^2 \quad . \quad . \quad . \quad (19$$

mit grofser Genauigkeit wieder.

Für die innere latente Wärme $\varrho = r - Apu$ findet sich hierauf:

$$\varrho = 284{,}617 - 0{,}71241\,t - 0{,}004479\,t^2 \quad . \quad . \quad . \quad (20$$

Nach diesen Formeln sind die Werte der Kolumnen 8, 9 und 10 berechnet. Endlich habe ich nach Gl. 17 für die vorhin angegebenen Temperaturwerte auch die spezifische Wärme c des flüssigen Ammoniaks berechnet und fand, dafs sich die Rechnungswerte genau genug durch die Formel

$$c = 1{,}01235 + 0.008378\, t \quad . \quad . \quad . \quad . \quad . \quad (21$$

wiedergeben lassen. Merkwürdig ist es, worauf auch schon Ledoux aufmerksam machte, dafs die spezifische Wärme des flüssigen Ammoniaks nahezu mit der des Wassers übereinstimmt, sich aber rascher mit der Temperatur ändert. Man erhält nun sogleich die Flüssigkeitswärme:

$$q = \int_0^t c\, dt = 1{,}01235\, t + 0{,}004189\, t^2 \quad . \quad . \quad . \quad (22$$

und endlich die Funktion τ:

$$\tau = \int_0^t \frac{c\, dt}{T} = 7{,}15118 + 0{,}008378\, t - 2{,}93543 \log_{10} T \quad (23$$

Was nun weiterhin das Verhalten der Ammoniakdämpfe im überhitzten Zustande (als Gas) betrifft, so geben die obigen Entwickelungen noch zu folgenden Bemerkungen Anlafs.

Aus $P = Cp^n$ folgt: $p\,\dfrac{dP}{dp} = n\,Cp^n$ und daher bestimmen sich nach Gl. 10 und 11 die reciproken Werte der beiden Ausdehnungskoeffizienten

$$a_p = a - \frac{C}{B}\, p^n \quad . \quad . \quad . \quad . \quad . \quad . \quad . \quad . \quad (24$$

$$a_v = a - (1 - n)\, \frac{C}{B}\, p^n \quad . \quad . \quad . \quad . \quad . \quad (25$$

Die Ausdehnungskoeffizienten a_p und a_v sind also gröfser, als $\alpha = \dfrac{1}{a} = 0{,}003665$ für ein vollkommenes Gas; sie sind verschieden $(a_p > a_v)$ und nehmen mit dem Drucke zu, was Regnault für andere Dämpfe, und selbst für permanente Gase gefunden hat.

Aus Gl. 12 folgt, wie sich leicht nachrechnet:

$$\frac{c_p - c_v}{AB} = \frac{BT}{BT - (1-n)\,Cp^n} \quad . \quad . \quad . \quad . \quad . \quad (26$$

$$= \frac{pv + Cp^n}{pv + n\,Cp^n},$$

woraus sich, da c_p konstant vorausgesetzt wurde, der variable Wert c_v berechnen läfst.

Setzt man fernerhin

$$\frac{AB}{c_p} = m,$$

oder, die oben gegebenen Werte benutzt: $m = 0{,}2442$, so schreibt sich Gl. 13

$$dQ = c_p\left(dt - m\,T\frac{dp}{p}\right) \quad . \quad . \quad . \quad . \quad . \quad . \quad (27$$

und Gl. 15ª gibt allgemein für die Zunahme der inneren Arbeit

$$dU = \frac{1-m}{m}\,d(pv) + \frac{n-m}{mn}\,d(Cp^n) \quad . \quad . \quad . \quad (28$$

Mit Hilfe dieser beiden Formeln in Verbindung mit der allgemeinen Gleichung

$$dQ = A\,dU + A\,p\,dv$$

lösen sich nun alle Aufgaben.

Speziell für überhitzte Wasserdämpfe gestalten sich die Verhältnisse dadurch einfacher, dafs $m = n = 0{,}25$ sich herausstellt, dadurch fällt in Gl. 28 das zweite Glied rechts weg und es lassen sich dann auch noch die Grundgleichungen IIIª und IIIᵇ auf einfachere Form bringen.

Setzt man in der Zustandsgleichung Gl. 3 die Temperatur T konstant, so hat man die Gleichung der isothermischen Kurve; setzt man $U =$ Konst., also die rechte Seite der Gl. 28 der Null gleich und integriert, so erhält man die Gleichung der isodynamischen Kurve (die bei Wasserdampf eine gleichseitige Hyperbel ist). Die adiabatische Kurve ergibt sich für $dQ = 0$, wonach aus Gl. 27

$$\frac{T}{p^m} = \text{konstant}$$

folgt; setze ich diese Konstante, die sich aus dem Anfangszustande berechnet, C_1, so folgt

$$T = C_1 p^m$$

und daher die Gleichung der adiabatischen Linie der Ammoniakdämpfe

$$p v = B C_1 p^m - C p^n \quad . \quad . \quad . \quad . \quad . \quad . \quad (29$$

welche Formel für Wasserdämpfe, bei denen $m = n$ ist, sich in die einfachere Form

$$p v^k = \text{konstant}$$

verwandelt, in welcher ich sie (a. a. O.) gegeben habe.

Es brauchte wohl kaum wiederholt zu werden, daſs alle im vorstehenden für Ammoniakdämpfe angegebenen Konstanten und empirischen Formeln nur so lange in Anwendung kommen sollen, bis durch genauere experimentelle Untersuchungen des Verhaltens dieser Dämpfe schärfere Grundlagen gegeben worden sind. Es kann nicht nur gegen die fast willkürliche Wahl des Ausdehnungskoëffizienten des Ammoniakgases, sondern auch dagegen ein Einwurf erhoben werden, daſs der einzigen Versuchsreihe Regnaults über Kompression des Ammoniakgases allzu groſses Gewicht beigelegt worden ist. Zu unserem speziellen Zweck der Untersuchung der mit Ammoniakdämpfen arbeitenden Kaltdampfmaschinen dürfen aber die gefundenen Formeln bis auf weiteres genügen.

Von denselben Grundlagen ausgehend, hat, wie bereits erwähnt, auch Ledoux für diese Dämpfe die Konstanten meiner Zustandsgleichung bestimmt und gewinnt, auf anderem Wege entwickelt, Resultate, die wenig von meinen Rechnungsergebnissen abweichen.

Ledoux hat aber (a. a. O.) auf demselben Wege auch die Dämpfe der schwefligen Säure untersucht und eine Tabelle für dieselben berechnet. Hier hat jedoch Ledoux übersehen, daſs uns zur Bestimmung der Konstanten der Zustandsgleichung ein weit einfacherer Weg offen steht, der auch zu zuverlässigeren Resultaten führt, weil die erforderlichen physikalischen Konstanten mit gröſserem Vertrauen aufgenommen werden dürfen.

Regnault gibt nämlich für den Ausdehnungskoëffizienten bei konstantem Drucke für die überhitzten Dämpfe der schwefligen Säure (den auch Ledoux benutzt) $a_p = 0{,}0039028$, überdies aber auch den Ausdehnungskoëffizienten bei konstantem Volumen $a_v = 0{,}0038453$; hieraus bestimmen sich die reciproken Werte $a_p = 256{,}226$ und $a_v = 260{,}058$.

Verbindet man nun die beiden oben gegebenen Gleichungen 24 und 25, so ergibt sich ohne weiteres zur Berechnung des Exponenten n die einfache Formel

$$n = \frac{a_v - a_p}{a - a_p} \quad \dots\dots\dots \quad (30$$

und hiernach für schweflige Säure $n = 0{,}2284$. Ledoux findet, indem er auf die offenbar weniger zuverlässigen Kompressionsversuche Regnaults zurückgreift, $n = 0{,}44487$, ein Wert, der sicher zu grofs ist, da sich mit Hilfe desselben aus vorstehender Formel rückwärts $a_v = 0{,}0037923$ berechnet und hier die Abweichung vom Werte a_v nach Regnaults Versuchen doch zu bedeutend erscheint.

Setze ich fernerhin nach Buff das relative Gewicht ε des Gases der schwefligen Säure zur atmosphärischen Luft bei 0° und atmosphärischer Pressung ($p_0 = 10333$), $\varepsilon = 2{,}2277$, so berechnet sich das spezifische Volumen $v_0 = 0{,}3471$, daher $p_0\, v_0 = 3586{,}58$ und weiter

$$B = \frac{p_0\, v_0}{c_p} = 13{,}998.$$

Nach Regnault ist ferner $c_p = 0{,}15438$, und hiernach folgt die oben mit m bezeichnete Konstante

$$m = \frac{A\, B}{c_p} = 0{,}2138.$$

Man erkennt, dafs der Wert m so wenig von n abweicht dafs man unbedenklich die Gleichheit voraussetzen kann, man erhält dann aus Gl. 30: $a_v = 0{,}0038485$, einen Wert, der durchaus befriedigend mit der Angabe von Regnault übereinstimmt.

Daher folgt, dafs die schweflige Säure sich so verhält, wie ich es für die Wasserdämpfe nachgewiesen habe, eine Annahme, welche Ledoux glaubte verlassen zu müssen.

Aus Gl. 24 läfst sich nun auch die Konstante C ermitteln.

Ich setze daher für die überhitzten Dämpfe der schwefligen Säure (bis zum Sättigungszustand) als Zustandsgleichung:

$$p\, v = B\, T - C\, p^n$$

Gesättigte Dämpfe von Ammoniak.

1 Temperatur Celsius t	2 Absolute Temperatur T	3 Dampfspannung in mm Quecksilber p	4 $\frac{dp}{p\,dt}$	5 $\frac{r}{u} = A\,T\,\frac{dp}{dt}$	6 Flüssigkeitswärme q	7 Äussere latente Wärme $A\,p\,u$	8 Innere latente Wärme ϱ	9 Latente Wärme r	10 $\frac{r}{T}$	11 $\tau = \int_0^t \frac{dq}{T}$	12 u	13 Spezifisches Volumen $v = u + \sigma$ ($\sigma = 0{,}0016$)	14 Specifisches Gewicht γ	15 Temperatur Celsius t
— 40°	233	528,62	0,052645	207,92	— 39,792	27,097	305,94	333,04	1,4293	— 0,13315	1,5986	1,6002	0,625	— 40°
— 35	238	684,19	0,050564	264,02	— 30,301	27,532	304,07	331,60	1,3932	— 0,11832	1,2549	1,2565	0,796	— 35
— 30	243	876,58	0,048566	331,72	— 26,600	27,955	301,96	329,91	1,3576	— 0,10294	0,9945	0,9961	1,004	— 30
— 25	248	1112,12	0,046647	412,55	— 22,691	28,367	299,62	327,99	1,3225	— 0,08701	0,7954	0,7970	1,255	— 25
— 20	253	1397,75	0,044803	508,05	— 18,571	28,766	297,07	325,84	1,2849	— 0,07057	0,6418	0,6434	1,554	— 20
— 15	258	1740,94	0,043032	619,80	— 14,243	29,154	294,30	323,45	1,2536	— 0,05363	0,5222	0,5238	1,909	— 15
— 10	263	2149,67	0,041332	749,31	— 9,705	29,531	291,29	320,82	1,2198	— 0,03621	0,4284	0,4300	2,325	— 10
— 5	268	2632,32	0,039699	898,04	— 4,957	29,895	288,07	317,96	1,1864	— 0,01833	0,3542	0,3558	2,811	— 5
0	273	3197,63	0,038130	1067,34	0,000	30,248	284,61	314,86	1,1533	0,00000	0,2950	0,2966	3,371	0
+ 5	278	3854,60	0,036623	1258,42	+ 5,166	30,589	280,94	311,53	1,1206	+ 0,01875	0,2475	0,2491	4,014	+ 5
+ 10	283	4612,36	0,035175	1472,31	+ 10,542	30,918	277,04	307,96	1,0882	+ 0,03791	0,2090	0,2106	4,748	+ 10
+ 15	288	5480,07	0,033785	1709,85	+ 16,128	31,236	272,92	304,16	1,0561	+ 0,05748	0,1778	0,1794	5,574	+ 15
+ 20	293	6466,84	0,032450	1971,63	+ 21,923	31,542	268,58	300,12	1,0243	+ 0,07742	0,1521	0,1537	6,506	+ 20
+ 25	298	7581,50	0,031168	2258,01	+ 27,927	31,836	264,00	295,84	0,9905	+ 0,09774	0,1309	0,1325	7,547	+ 25
+ 30	303	8832,61	0,029936	2569,07	+ 34,141	32,118	259,21	291,33	0,9615	+ 0,11842	0,1134	0,1150	8,696	+ 30
+ 35	308	10228,26	0,028753	2904,59	+ 40,564	32,388	254,19	286,58	0,9304	+ 0,13944	0,0987	0,1003	9,970	+ 35
+ 40	813	11775,97	0,027617	3264,09	+ 47,196	32,647	248,95	281,60	0,8997	+ 0,16081	0,0865	0,0881	11,351	+ 40

und hierbei

$$B = 13{,}998;\ C = 32{,}543;\ n = 0{,}2138,$$

wobei auch noch die Beziehung besteht:

$$\frac{AB}{c_p} = n.$$

Nach Andréeff ist das relative Gewicht der flüssigen schwefligen Säure zu Wasser 1,433 und daher das spezifische Volumen $\sigma = 0{,}0007$. Hiernach liessen sich, von Gl. 18[a] ausgehend, auch für gesättigte schweflige Säure die Werte Apu, r u. s. w. berechnen und durch empirische Formeln zum Ausdruck bringen. Ich habe es bis jetzt unterlassen, die überaus mühevollen und zeitraubenden Rechnungen auszuführen, darf aber doch für den Fall, dafs solche Rechnungen von Anderen aufgenommen werden, nicht unterlassen zu erwähnen, dafs Regnault für die schweflige Säure die Konstanten seiner Formel für die Beziehung zwischen Druck und Temperatur auf S. 590 und S. 651 seines Werkes »Relation etc.«, T. II, falsch angibt; es mufs hier ein eigentümlicher Irrtum vorliegen, denn Regnault's Tabelle ist nahezu richtig, ist daher ohne Zweifel unter Zugrundelegung anderer als der angegebenen Konstanten berechnet worden.

Für die gesättigten Ätherdämpfe, die ebenfalls bei Kaltdampfmaschinen Anwendung finden, habe ich die entsprechenden Gleichungen mit angefügten Tabellen in meinem Buche »Grundzüge u. s. w.« gegeben, jedoch unterlassen, diese Dämpfe für den überhitzten Zustand unter Zugrundelegung obiger Zustandsgleichung zu untersuchen.

Endlich sind für die genannten Maschinen auch noch die Methyläther- und Chlormethyldämpfe in Anwendung gekommen; mit Ausnahme der Untersuchungen Regnaults über die Beziehung zwischen Druck und Temperatur fehlt für diese Dampfarten noch jedes Anhalten zur Aufstellung der erforderlichen Gleichungen. Gründlichere Untersuchung erfordert auch noch die Kohlensäure.«

Von ganz besonderem Interesse sind ferner die Berechnungen und Beobachtungen des durch seine Arbeiten über die Verflüssigung von Gasen berühmten Genfer Physikers Professor Raoul Pictet, welcher vor kurzem eine neue Flüssigkeit unter dem

Namen »liquide Pictet« für Zwecke der Kälteerzeugung mittels Kompressionsmaschinen sich patentieren liefs, und derselben auf Grund seiner Versuche eine besondere Bedeutung für die Theorie der Kälteerzeugungsmaschinen beimifst. Wir lassen einen Teil der bezüglichen Berechnungen und Beobachtungen, welche Prof. Pictet in seiner Brochüre: »Neue Kälteerzeugungsmaschinen auf Grundlage der Anwendung physikalisch-chemischer Erscheinungen« veröffentlicht hat, nachstehend im Wortlaut folgen.

»Wenn man die drei Arten von Kompressionsmaschinen, welche am häufigsten in Verwendung stehen, nämlich die mit Ammoniak, schwefliger Säure und Äther betriebenen, vom theoretischen Gesichtspunkte betrachtet, so sieht man, dafs sie alle demselben Kreisprozefs entsprechen:

Man hat in dem Kühler 1 kg einer Flüssigkeit A von der Temperatur t^0 (gewöhnlich —12° bis —15°; es ist dies die innere Temperatur des Kühlers). Dieses Kilogramm verdampft, indem es vom flüssigen in den gasförmigen Zustand übergeht, und absorbiert dabei λ Calorien, die Verdampfungswärme bei t^0. Die bei dem Drucke P, welcher der Temperatur t entspricht, aufgesaugten Dämpfe werden kondensiert unter dem Drucke P' entsprechend der Temperatur t'^0 des Kondensators (gewöhnlich 25 bis 30°, die innere Temperatur des Kondensators).

Bei der Kondensation gibt die Flüssigkeit zwei Quantitäten Wärme ab, und zwar erstens die von den Dämpfen herbeigeführte Wärme, welche entsteht aus der Kompressionsarbeit der Pumpe, nämlich eine Calorie für je 431 Kilogramm-Meter Arbeit des Kolbens; zweitens die latente Wärme λ' bei t'^0 der Kondensation der Dämpfe, welche in den flüssigen Zustand zurückkehren. Die kondensierte Flüssigkeit geht wieder in den Kühler und erwärmt ihn entsprechend ihrer spezifischen Wärme c und der Temperaturdifferenz $t'—t$. Die im Kühler absorbierte Wärmemenge Q wird also ausgedrückt durch die Formel:

$$Q = \lambda - c\,(t' - t)\ \text{Cal.} \quad \ldots\ldots \quad (1$$

Die von dem Kompressionskolben geleistete Arbeit F ist:

$$F = \frac{10333 \cdot (274 + t') \cdot l\left(\frac{P'}{P}\right)}{1{,}293 \cdot \delta \cdot 274}\ \text{Kilogramm-Meter} \quad . \ . \quad (2$$

In dieser Formel haben die Zahlkoeffizienten und Buchstaben folgende Bedeutung:

10333 kg ist der Druck der Atmosphäre auf 1 qm;

$\frac{1}{274}$ ist der Ausdehnungskoeffizient der Dämpfe;

$l\left(\frac{P'}{P}\right)$ ist der Neper'sche Logarithmus des Quotienten der Drucke;

1,293 kg ist das Gewicht eines Kubikmeters Luft;

δ ist die Dichte der Dämpfe bezogen auf Luft.

Die Wärmemenge Q', welche dem Kondensator zugeführt wird, ist ausgedrückt durch:

$$Q' = \frac{F}{431} + \lambda' \text{ Calorien.} \qquad (3$$

Diese Beziehungen sind vollkommen allgemein und unabhängig von der chemischen Natur der flüchtigen Flüssigkeiten, welche angewendet werden.

Wir erinnern weiter daran, dafs für sämtliche einfachen flüchtigen Flüssigkeiten: Ammoniak, schweflige Säure, Äther, Wasser u. s. w., die Beziehung, welche zwischen der Änderung des Druckes P (Sättigungsdruck) und der Änderung der Temperatur t besteht, dieselbe ist; ihr analytischer Ausdruck lautet:

$$l\left(\frac{P'}{P}\right) = \frac{[\lambda' + (c - k)(t' - t)]\,431 \cdot 1{,}293 \cdot \delta \cdot 274 \cdot (t' - t)}{10333\,(274 + t')\,(274 + t)} \qquad (4$$

Die Buchstaben und Zahlkoeffizienten haben dieselbe Bedeutung wie oben; k ist die spezifische Wärme des Dampfes der Flüssigkeit.

Die numerische Ausrechnung der Formel 4 zeigt speziell für die Spannungen des Wasserdampfes, dafs sie genauer ist, als die drei empirischen Formeln, welche Regnault in seiner Arbeit über diese Frage angegeben hat.

Die Formel ergibt sich unmittelbar aus der Anwendung des zweiten Hauptsatzes der mechanischen Wärmetheorie auf den Kreisprozefs einer idealen Kälteerzeugungs- oder Dampfmaschine, d. h. einer solchen, bei der Strahlung und Leitung nach aufsen gleich Null vorausgesetzt und jede Veränderung der flüchtigen Flüssigkeit unter dem Einflufs einer Temperaturveränderung ausgeschlossen ist.

Es ist hieraus ersichtlich, dafs die genannten drei Arten von Kälteerzeugungsmaschinen bei theoretischer Vergleichung dasselbe Resultat geben müssen. Mit anderen Worten: welches auch die angewendete flüchtige Flüssigkeit sei (vorausgesetzt, dafs keine Änderungen in der Konstitution derselben in Folge einer Temperaturveränderung eintreten), der Arbeitsaufwand der Kompressionspumpe, ausgedrückt in Kilogramm-Metern, wird der gleiche sein für die gleiche Leistung einer Kälteerzeugungsmaschine.

Die flüchtige Flüssigkeit spielt genau die Rolle einer Triebfeder; der Kolben spannt die Feder und leistet dabei Arbeit. Bei derselben Arbeitsleistung ist für eine weichelastische Feder der durchlaufene Weg (von dem Kolben beschriebene Raum) grofs, für eine starre Feder klein. Die Wahl der Feder hängt von der praktischen und ökonomischen Betrachtung der Frage ab.

Grofse Cylinder sind sehr kostspielig und ihre Leistung mit Schwefeläther ist gering. Kleine Cylinder sind billiger, aber beim Arbeiten mit Ammoniak geben Undichtigkeiten und Schmierung bei den hohen Drucken zu Verlusten an flüchtiger Flüssigkeit Veranlassung. In der That mufs der Ingenieur bei der Wahl der flüchtigen Flüssigkeit nur die vom mechanischen und industriellen Standpunkte günstigsten Bedingungen der Aufgabe ins Auge fassen.

Von der Richtigkeit dieser Gedanken völlig überzeugt, habe ich die verschiedenen in der Chemie bekannten flüchtigen Flüssigkeiten untersucht, um zu sehen, ob sich nicht eine zwischen Ammoniak und schwefliger Säure liegende Flüssigkeit finden liefse. Um die Frage genau abzugrenzen, stelle ich hier die Bedingungen zusammen, welche diese vorläufig hypothetische Flüssigkeit erfüllen mufs, um den Forderungen des industriellen Problems zu genügen.

1. Die Dampfspannung der Flüssigkeit mufs gröfser sein als die der schwefligen Säure, und geringer als die des Ammoniaks. Ihr Siedepunkt mufs in der Nähe von -20^0 liegen.

2. Unter dieser Bedingung werden nach Formel 4 die Dampfspannungen bei der Kompression zwischen der des Ammoniaks und der schwefligen Säure liegen. Man wird also im Kondensator bei $+30^0$ eine Spannung von 7—8 Atm., absolut genommen, zu erwarten haben.

3. Die Flüssigkeit darf nicht brennbar sein.

4. Die Flüssigkeit darf die Metalle nicht angreifen.

5. Die Flüssigkeit mufs von solcher chemischer Konstitution sein, dafs während des Gebrauches keine Veränderungen ihrer Flüchtigkeit zu befürchten sind.

6. Die Flüssigkeit mufs von schlüpfriger Beschaffenheit sein, damit der Kolben wennmöglich ohne Schmierung arbeiten kann.

7. Der Preis der Flüssigkeit mufs gering sein.

Dieses sind die Bedingungen, welche erfüllt werden müssen, wenn man das vorgesteckte Ziel erreichen will. Um mir aus den bekannten Resultaten der Chemie über die Richtung klar zu werden, in welcher man eine Lösung des Problems zu finden hoffen darf, habe ich alle bekannten flüchtigen Flüssigkeiten nach ihrer Flüchtigkeit geordnet. Neben jede habe ich ihre chemische Formel geschrieben. Mittels der graphischen Methode ersieht man dann leicht, wenn man die Flüchtigkeit als Ordinate und die Änderung des Gewichtes des Kohlenstoffs, Wasserstoffs oder Sauerstoffs als Abscisse aufträgt, folgendes allgemeine Gesetz:

Wenn man den Sauerstoff in einem Molekül der flüchtigen Flüssigkeit vermehrt, vermindert man jedesmal ihre Flüchtigkeit, die Siedetemperatur der neuen flüchtigen Flüssigkeit liegt höher. Diese Bindung des Sauerstoffs kann physikalisch oder chemisch, Lösung oder Verbindung sein.

Beispiele. Das Kohlenoxyd siedet bei —140°, die Kohlensäure bei —75°, und das gewöhnliche Selterserwasser ist nichts weiter als eine Verbindung des Wasserstoffoxydes mit der Kohlensäure auf dem Wege der Lösung. — Die schweflige Säure siedet bei —10°, das Schwefelsäureanhydrid bei + 32° und das Hydrat der Schwefelsäure bei + 326°. — Der Schwefeläther siedet bei + 35,5°, der entsprechende absolute Alkohol, dessen Molekül mehr Sauerstoff enthält, siedet bei + 78,3°, der wässerige Alkohol siedet bei höheren Temperaturen als 78,3°. — Der Stickstoff siedet bei —180°, das Stickstoffoxydul bei —80°, das Stickstofftetroxyd bei + 25°, die Salpetersäureanhydrid bei + 50°, ihr Monhydrat bei + 85° und ihr Quadrihydrat bei + 123°. — Das Chlor siedet bei —40°, das Chloroxyd bei + 20°, die Überchlorsäure + 137,5°. Kurz, die Hinzufügung von Sauerstoff vermindert die Flüchtigkeit der ursprünglichen Flüssigkeiten.

Ich habe dieses Gesetz auf die Kohlensäure angewendet. Wenn man dieselbe auf dem Wege der Lösung mit Sauerstoff bereichert, erhält man eine Reihe flüchtiger Flüssigkeiten, deren Siedepunkte von —71° bis zu —7,5° aufsteigen. Ich habe dies bewerkstelligt, indem ich der Kohlensäure Schwefeldioxyd beimischte. Nachstehende Tabelle enthält die Symbole, welche die verschiedenen Kombinationen darstellen, mit ihren Siedetemperaturen:

	Siedetemperatur		Siedetemperatur
$C_{40}O_{82}S$ (beinahe reine Kohlensäure) . .	—71°	CO_6S_2	—15°
$C_{30}O_{62}S$	—54°	CO_8S_3	—12°
$C_{20}O_{42}S$	—41°	$CO_{10}S_4$	— 9,5°
$C_{10}O_{22}S$	—26°	$CO_{12}S_5$	— 8,6°
CO_4S	—19°	$CO_{14}S_6$	— 8°
		$CO_{16}S_7$	— 7,5°

Man kann also Flüssigkeiten darstellen, welche bei beliebiger Temperatur zwischen —71° und —7,5° ihren Siedepunkt haben.

Um diese gemischten Flüssigkeiten herzustellen, braucht man nur eine veränderliche Gewichtsmenge fester Kohlensäure, wie man dieselbe gegenwärtig leicht im Handel erhält, mit einer bestimmten Gewichtsmenge schwefliger Säure zusammen zu bringen und das Ganze zu mischen. Die Lösung findet momentan statt unter starkem Aufbrausen im Augenblicke der Berührung. Die Kohlensäurekrystalle schmelzen, aber man bemerkt leicht, daſs die Flüssigkeit, wenn die Kohlensäure sehr vorwaltet, ein leicht syrupartiges Aussehen zeigt, ohne indessen zähflüssig zu sein. Nimmt man die Mischung in einem Glaskolben vor und erhält denselben durchsichtig, indem man die zwei gegenüberliegenden Seiten mit absolutem Alkohol benetzt, so erkennt man in der Flüssigkeit Refraktionsanomalien, bestehend aus Adern oder Linien. Dies zeigt deutlich, daſs dem Gemische die Homogenität fehlt.

Um einen ersten Versuch mit dieser neuen flüchtigen Flüssigkeit zu machen, habe ich direkt eine Mischung hergestellt, welche bei —19° siedet, und dieselbe in eine kupferne Retorte eingeführt, die oben mit einem dreifach durchbohrten, zu einem graduierten Metallmanometer führenden Hahn versehen war. Ich hatte die Retorte zuvor auf —20° abgekühlt, damit die Einführung der flüssigen Mischung ohne Temperaturwechsel und ohne merkbare Veränderung vor sich ging. Nach der Einführung der flüchtigen Flüssigkeit schloſs ich den Einführungshahn, lieſs durch den dreifach durchbohrten Hahn jede Spur von Luft austreiben und bestimmte sodann die Kurve der Sättigungsdrucke der flüchtigen Flüssigkeit.

Bei dieser Untersuchung ergab sich mir eine ganz unerwartete Thatsache, die ich in keiner Weise vorhergesehen hatte, nämlich

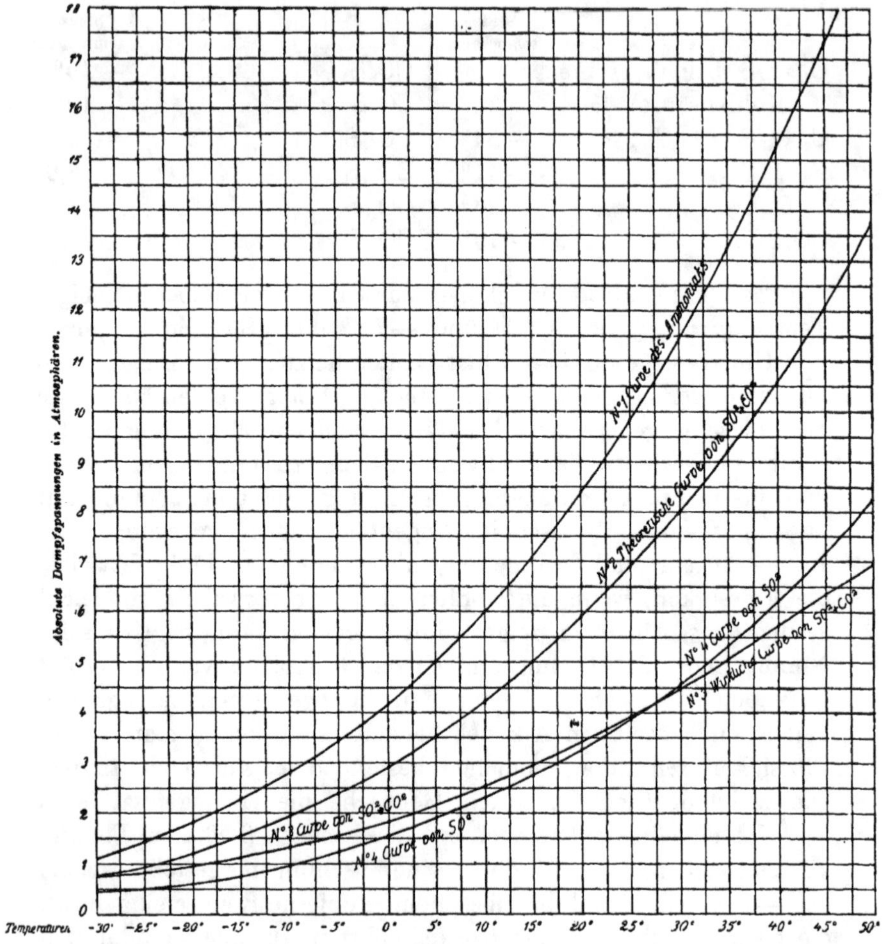

Fig. 13.

die, dafs die Dampfspannung des Gemisches eine Kurve gibt, die ganz verschieden ist von derjenigen einfacher Flüssigkeiten, welche durch die Gl. 4 dargestellt ist. Bei -19^0 hat nämlich das Gemisch eine Dampfspannung von 1 Atm., d. h. beinahe das

Doppelte von derjenigen der reinen schwefligen Säure. Von 22° bis 27° haben beide Flüssigkeiten dieselbe Dampfspannung, und bei +50° ist die Dampfspannung der neuen Flüssigkeit merkbar kleiner als die der schwefligen Säure.

Ich vermuthete bei dieser Erscheinung zuerst Beobachtungsfehler. Aber als ich an Stelle der Mischung reine schweflige Säure brachte, erhielt ich die richtige Kurve der schwefligen Säure in Übereinstimmung mit den Tabellen von Regnault.

Ich nahm das Studium der Mischung wieder auf und erhielt wieder die auf der Figur 13 dargestellte Kurve. Diese Kurve ist das Ergebnis von vier vollständig unabhängigen Versuchsreihen, die ich anstellte mit vier Mischungen, welche bei —19° bis —20° zu sieden begannen.

Ich habe bis jetzt noch nicht mit der wünschenswerten Genauigkeit das Gewichtsverhältnis der schwefligen Säure und der Kohlensäure bestimmen können, welches eine bei —19° siedende Flüssigkeit liefert, aber nach der im Vorausgehenden gelieferten Diskussion scheint es mir, dafs es das für die industrielle Anwendung günstigste Verhältnis ist. Ich habe als Symbol dieser Flüssigkeit den Ausdruck SCO_4, das Ergebnis von $SO_2 + CO_2$, angenommen und sie Pictet'sche Flüssigkeit (liquide Pictet) genannt.

Es ist wahrscheinlich, dafs die physikalisch-chemische Zusammensetzung dieser flüchtigen Flüssigkeit nicht genau der Formel SCO_4 entspricht, aber ich habe sie der Bequemlichkeit halber angenommen, weil sie die Vereinigung aus zwei Bestandteilen ausdrückt und als Fabrikmarke angesehen werden kann. Wenn ich die Analyse der Dämpfe, welche die Flüssigkeit aussendet, mit Muse ausgeführt habe, werde ich die strenge Formel des Moleküls angeben.

Um den Einflufs der physikalisch-chemischen Wirkungen der schwefligen Säure auf die Kohlensäure anschaulich zu machen, stellen wir in der Kurve 2 der Figur 13 die Kurve dar, welcher die Dampfspannungen der beiden Flüssigkeiten entsprechen müfsten, wenn sie blofs physikalisch gemischt wären, ohne eine andere Wirkung als die ihrer blofsen Gegenwart auszuüben. Wir haben in Nr. 1 die Kurve der Dampfspannungen des Ammoniaks aufgezeichnet. Darunter sieht man die theoretische Kurve des Gemisches der flüssigen Kohlensäure und schwefligen Säure. Weiter unten liegt die wirkliche Kurve Nr. 3 des Gemisches dieser Stoffe und diese Kurve wird geschnitten von der wirklichen Kurve Nr. 4 der reinen schwefligen Säure. Die Abweichung der wirklichen Kurve des Gemisches der beiden Flüssigkeiten (Nr. 3) von der theoretischen (Nr. 2) zeigt bis zur Evidenz die anziehende Wirkung der Gasmoleküle, welche ihre Verflüssigung bei höherer Temperatur erleichtert. Diese anziehende Wirkung ist die Ursache der konstatierten physikalisch-chemischen Erscheinungen; wo beginnt da die Physik, wo endigt die Chemie?

Im folgenden geben wir eine vergleichende Tabelle der Dampfspannungen dieser vier Flüssigkeiten.

Temperatur	Ammoniak at	Theoretische Kurve von $SO_2 + CO_2$ at	Wirkliche Kurve von $SO_2 + CO_2$ at	Schweflige Säure at
— 30°	1,14	0,77	0,77	0,36
— 25	1,45	0,91	0,89	0,55
— 20	1,83	1,28	0,98	0,61
— 15	2,28	1,59	1,18	0,76
— 10	2,82	1,97	1,34	1,00
— 5	3,45	2,41	1,60	1,25
0	4,19	2,93	1,83	1,51
+ 5	5,00	3,50	2,20	1,90
+ 10	6,02	4,21	2,55	2,35
+ 15	7,12	4,98	2,98	2,78
+ 20	8,40	5,88	3,40	3,30
+ 25	9,80	6,86	3,92	3,80
+ 30	11,44	8,00	4,45	4,60
+ 35	13,08	9,15	5,05	5,30
+ 40	15,29	10,40	5,72	6,20
+ 45	17,38	12,16	6,30	7,20
+ 50	19,98	13,98	6,86	8,30

Wie ich oben gesagt habe, erwartete ich bei 30° 7 bis 8 Atm. Druck zu finden; statt dessen beobachtete ich blofs 4,2 bis 4,3 Atm. Diese wohlerwiesene Thatsache bedeutet einen vollständigen Umschwung in der Theorie der Kälteerzeugungsmaschinen. Es ist wichtig, diesen Punkt besonders hervorzuheben. Wir haben hier ein Produkt des Zufalls, des Glücks vor uns, aber das Problem der Kälteerzeugung tritt damit in ein ganz neues Stadium.

Die Wärmemenge, welche im Kühler einer Kälteerzeugungsmaschine absorbiert wird, ist direkt proportional der Zahl der Gasmoleküle, welche in der Zeiteinheit den Kühler verlassen. Für denselben Kompressionscylinder ist diese Anzahl der Moleküle nach dem Avogadro'schen Gesetz proportional dem Drucke im Kühler.

Wenn wir von diesem Punkte, der allen Kälteerzeugungsapparaten gemeinsam ist, ausgehen, sehen wir, dafs die zur Kondensation der Dämpfe der neuen Flüssigkeit nötige Arbeit beträchtlich geringer wird als die, deren wir zur Kondensation einer einfachen Flüssigkeit bedürfen, wenn wir voraussetzen, dafs in beiden Fällen die Temperatur des Kühlers und ebenso die des Kondensators dieselbe ist. Nun zeigt aber der zweite Hauptsatz der mechanischen Wärmetheorie ganz unumstöfslich, dafs für den Übergang einer Wärmemenge Q von der niederen Temperatur t zur höheren t' eine mechanische Arbeit nötig ist, welche ausgedrückt wird durch:

$$F = Q\,431\,\frac{t' - t}{t} \text{ Kilogramm-Meter} \quad . \; . \; . \; . \; . \; (5$$

Diese Gleichung gilt genau für alle einfachen flüchtigen Flüssigkeiten [1]). Daraus würde folgen, dafs eine Maschine, welche die neue Flüssigkeit anwendet, in ihrem Arbeitsverbrauch unter die äufserste von der Theorie gesetzte Grenze herabgeht. Dieser Schlufs ist unzulässig. Die Erklärung dieser scheinbaren Anomalie ist folgende:

Der zweite Hauptsatz der mechanischen Wärmetheorie verlangt keineswegs, dafs diese Arbeit von dem Kompressionskolben geliefert wird; die Arbeit kann mechanisch, chemisch oder physikalisch sein; die klassische Formel 5 gibt nur die Summe der Arbeiten an, welche nötig sind, um die Wärmemenge Q von der Temperatur t auf t' überzuführen. Da nun die Beobachtung der Dampfspannungen der neuen Flüssigkeit uns genaue, über-

---

1) Wenn die Wärmemenge Q von t' auf t unter Erzeugung von Arbeit kontinuierlich übergeht, so wird die Gleichung des zweiten Hauptsatzes der mechanischen Wärmetheorie dargestellt durch

$$F = Q\,431\,\frac{t' - t}{t'} \text{ Kilogramm-Meter.}$$

Der Nenner t geht also blofs in t' über.

einstimmende Resultate liefert, die als ausgemachte Thatsachen gelten müssen, und weil uns der zweite Hauptsatz der mechanischen Wärmetheorie eine Gleichung zwischen der absorbierten Wärme und der konsumierten Arbeit darstellt und weil endlich der von der Theorie geforderte Arbeitsbetrag *gröfser* ist als der, welchen die Beobachtung ergibt, so mufs notwendig in dem Kondensator eine physikalisch-chemische Wirkung stattfinden, welche den Unterschied *ausgleicht*. Wir werden also darauf geführt, irgend eine Reaktion als notwendig anzusehen, *welche Wärme erzeugt* und ein Resultat der Kondensation der Dämpfe ist, welche von der Pumpe in den Kondensator gebracht werden. Eine solche findet in der That statt.

Ich nahm von diesem neuen Gesichtspunkte das Studium der zusammengesetzten Flüssigkeiten wieder auf, welche wir durch Vereinigung von Sauerstoff, Schwefel und Kohlenstoff erhalten, und konnte folgendes Gesetz formulieren:

Bei höheren Temperaturen ist (innerhalb gewisser Grenzen) *die Vereinigung der Bestandteile eine vollständige*, bei niederen Temperaturen *zerlegt sich* die flüchtige Flüssigkeit *in eine Reihe von sekundären Flüssigkeiten, von denen jede ihre eigenen Dämpfe aussendet*. Mit anderen Worten, die chemischen Affinitäten der Bestandteile ändern sich nach einer linearen Funktion der Temperatur, welche mit der Temperaturerhöhung wächst.

Es war wichtig, auf experimentellem Wege und in recht ersichtlicher Weise diese Thatsache darzuthun, die für das wirkliche Studium so wesentlich ist. Zu diesem Zwecke nahm ich alle aus Sauerstoff, Kohlenstoff und Schwefel zusammengesetzten Flüssigkeiten und stellte mir etwa zwanzig verschiedene Kombinationen dieser elementaren Körper $CO_{12}S_5$, $CO_{16}S_7$, CO_8S_5, CO_6S_5, CO_2S_3 u. s. w. her, die ich nach ihrem Gehalt an schwefliger Säure ordnete. Alle diese Flüssigkeiten ohne Ausnahme zerlegen sich mehr oder weniger bei niedrigeren Temperaturen und zwar in sichtbarer Weise. Jedes Molekül zerlegt sich durch die blofse Erniedrigung der Temperatur, und es erscheint eine weifsliche Emulsion in einer Flüssigkeit, die ursprünglich durchsichtig war wie klares Wasser. Die Emulsion enthält die Bestandteile in für jede Temperatur verschiedenem Verhältnis, und wenn die Dichten der verschiedenen so gebildeten Flüssigkeiten genügend von einander abweichen, so dafs die Schwere zur Wirkung kommt, lösen sich die Emulsionen in übereinander gelagerte Flüssigkeitsschichten auf, welche nach einiger Ruhe wieder durchsichtig werden. Man sieht auf diese Weise in dem Glaskolben zwei oder drei scharf getrennte Flüssigkeitsschichten, deren Oberflächen sich durch innere Reflexionen zu erkennen geben. Kehrt man den Glaskolben um und läfst diese übereinander gelagerten Flüssigkeiten in den mit der Hand leicht erwärmten Hals laufen, so zeigt sich infolge der Temperaturerhöhung ein heftiges Sieden derselben; in demselben Augenblicke mischen sie sich, nehmen wieder ihre frühere Konstitution an und die Emulsion verschwindet völlig; die erhaltene Flüssigkeit ist wieder so durchsichtig und wasserhell wie zuvor. Dieser Versuch gelingt vollkommen mit allen Flüssigkeiten, welche aus den drei Elementen Sauerstoff, Kohlenstoff und Schwefel zusammengesetzt sind; ich habe ihn in gleicher Weise mit Lösungen von Kohlenwasserstoffen in schwefliger Säure angestellt und sie zeigen alle dieselben Erscheinungen.

Diese Versuche bieten uns also den Schlüssel zu den Anomalien, welche wir bei der Dampfspannungskurve der neuen Flüssigkeit wahrgenommen haben. Bei niedrigen Temperaturen sind die einzelnen Flüssigkeiten mehr oder weniger von einander geschieden, jede sendet ihre Dämpfe aus, als wären sie allein vorhanden und das Manometer zeigt die Summe der einzelnen Dampfspannungen. Diese Dämpfe passieren als Gemisch die Kompressionspumpe, gehen von da komprimiert in den Kondensator, dessen Temperatur höher liegt, als die des Kühlers, und hier bildet sich wieder unter dem Einflufs der Kondensation und der gegenseitigen physikalisch-chemischen Einwirkung der Bestandteile die neue Flüssigkeit. Der molekulare Effekt, welcher aus der gegenseitigen Einwirkung der Bestandteile der Flüssigkeit entspringt, liefert den noch fehlenden Betrag der mechanischen Arbeit der Kompression. Mit anderen Worten, die Arbeit der Pumpe verringert sich um den Betrag der physikalisch-chemischen Arbeit der Vereinigung der Flüssigkeiten, welche im Kühler getrennt waren und im Kondensator gemischt und verbunden sind.

Es seien A und B zwei einfache Flüssigkeiten, welche bei t^0 getrennt, bei t'^0 gemischt und vereinigt sind, so wollen wir den Kreisprozeſs der neuen Kälteerzeugungsmaschine betrachten, welche bei der niedrigeren Temperatur t eine Wärmemenge Q beseitigt. Wir wissen aus dem zweiten Hauptsatze der mechanischen Wärmetheorie, daſs die Arbeit, welche man nötig hat, um die Wärmemenge Q von der Temperatur t auf t' überzuführen, durch die Gleichung gegeben ist:

$$F = Q \frac{t' - t}{t} \text{ 431 Kilogramm-Meter.}$$

Es sei c die spezifische Wärme von A und c' diejenige von B. Mit k wollen wir die Wärmemenge bezeichnen, welche die Vereinigung eines Kilogramms von A mit einem Kilogramm von B liefert, wobei wir voraussetzen, daſs sie sich in gleichen Gewichtsmengen vereinigen, eine Voraussetzung, die nur die Vereinfachung der Rechnung zum Zweck hat.

λ^t und $\lambda^{t'}$ seien die Verdampfungswärmen von A bei t^0 und t'^0; λ'^t und $\lambda'^{t'}$ seien die entsprechenden Gröſsen für B.

Wenn wir 1 kg von A und 1 kg B bei t^0 verdampfen, entziehen wir dem Kühler die Wärmemenge:

$$Q = \lambda^t + \lambda'^t \text{ Calorien. . . . . . . } (6$$

Nun geht aber das gleiche Gewicht Flüssigkeit in derselben Zeit aus dem Kondensator von der Temperatur t'^0 in dem Kühler auf t^0. Diese Flüssigkeit kommt in den Kühler wie ein warmer Körper, welcher Wärme an den Kühler abgibt und teilweise die abkühlende Wirkung der Verdampfung der Flüssigkeiten aufhebt. Die Wärmemenge R, welche auf diesem Wege in den Kühler gelangt, ist gegeben durch die Formel:

$$R = (c + c')(t' - t) - k \text{ Calorien. . . . . } (7$$

Die physikalisch-chemische Vereinigung der Bestandteile der Flüssigkeit wird durch die Temperaturerniedrigung zerstört und die zu ihrer Dissociation nötige Arbeit wird durch Wärmeabsorption geliefert. Wir müssen deshalb in der Formel 7 von der ganzen Wärmemenge, welche die spezifische Wärme von A und B multipliziert mit der Temperaturdifferenz $t' - t$ ergibt, den Wert k dieser Molekularwirkung subtrahieren. Die dem Kühler wirklich entzogene Wärme ist also:

$$Q - R = \lambda^t + \lambda'^t - (c + c')(t' - t) + k \text{ Calorien.} \qquad (8$$

Die Arbeit, welche nötig ist, um diese Wärme von t^0 auf t'^0 überzuführen, ist:

$$F = 431\,[\lambda^t + \lambda'^t - (c + c')(t' - t) + k]\,\frac{t' - t}{t}\ \text{Kilogramm-Meter.} \qquad (9$$

Wir haben nun gesehen, dafs die Dampfspannungskurve des Flüssigkeitsgemisches unter die Kurve einer einfachen Flüssigkeit, welche bei niedrigen Temperaturen die gleiche Flüchtigkeit hat, herabgeht. Aus dieser Anomalie ergibt sich, dafs die von der Pumpe konsumierte Arbeit F' kleiner ist als die in der Gl. 9 gegebene Arbeit F; wir haben also die Ungleichheit:

$$F' < F. \quad \dots\dots\dots \quad (10$$

In dem Kondensator finden wir auf der anderen Seite drei verschiedene Wärmemengen.

1. Die von der Kompression der Dämpfe herrührende Wärme E.

$$E = \frac{F'}{431}\ \text{Calorien.} \quad \dots\dots\dots \quad (11$$

2. Die Kondensationswärme der Dämpfe:

$$G = \lambda^{t'} + \lambda'^{t'}\ \text{Calorien.} \quad \dots\dots \quad (12$$

3. Die Wärme der physikalisch-chemischen Vereinigung k. Die Summe dieser drei Mengen, welche wir Q' nennen wollen, ist also:

$$Q' = \frac{F'}{431} + \lambda^{t'} + \lambda'^{t'} + k\ \text{Calorien.}$$

Wenn die Vereinigungswärme gleich Null wäre, d. h. wenn die beiden Flüssigkeiten A und B gar keine Wirkung aufeinander ausübten, so fänden wir im Kondensator die Wärmemenge:

$$S = \frac{F}{431} + \lambda^{t'} + \lambda'^{t'}\ \text{Calorien.} \quad \dots\dots \quad (13$$

Diese Wärmemenge soll identisch sein mit dem Werte, welchen uns der zweite Hauptsatz der mechanischen Wärmetheorie liefert. Der Kreisprozefs ist nun im vorliegenden Falle vollständig umkehrbar, und die Anwendung des zweiten Hauptsatzes liefert uns deshalb die Beziehung:

$$Q' = S \quad \dots\dots\dots \quad (14$$

oder wenn wir Q' und S durch ihre Werte ersetzen:

$$\frac{F'}{431} + \lambda^{v} + \lambda'^{v} + k = \frac{F}{431} + \lambda^{v} + \lambda'^{v} \quad . \quad . \quad . \quad (15$$

und vereinfacht:

$$\frac{F'}{431} + k = \frac{F}{431}, \quad . \quad . \quad . \quad . \quad . \quad . \quad . \quad (16$$

oder:

$$\frac{F - F'}{431} = k. \quad . \quad . \quad . \quad . \quad . \quad . \quad . \quad . \quad (17$$

Dieser Schlufs aus dem Kreisprozefs beweist vollständig die Richtigkeit unserer Annahme, die ganze Ersparnis an Arbeit der Pumpe wird dargestellt durch die Verbindungsarbeit der Bestandteile der Flüssigkeit. Ich hatte diese Beziehung schon numerisch bewiesen bei einer Untersuchung über die Kondensationsdrucke von Alkoholdämpfen in einem Behälter, in dem sich Alkohol oder Wasser befand. Ich hatte gefunden, dafs die bei der Mischung entwickelte Wärmemenge genau äquivalent ist der Differenz der Kompressionsarbeit. Ich hatte, ohne daran zu denken, die vorliegende Frage gestreift.

Die Folgerungen aus diesem neuen umkehrbaren Kreisprozefs sind sehr seltsam und können vielleicht zahlreiche industrielle Anwendungen gestatten. Eine der wichtigsten läfst sich kurz folgendermafsen zusammenfassen: Es ist möglich, durch Anwendung der neuen Flüssigkeiten bewegte Wärme in mechanische Arbeit überzuführen, wenn man nur jedesmal den besonderen Kreislauf einleitet durch eine anfängliche Arbeitsleistung, welche einen Temperaturunterschied zwischen einem Kondensator und einem Kühler herbeiführt. Um die experimentelle Möglichkeit dieses Kreisprozesses zu beweisen, nehme ich eine Kälteerzeugungsmaschine an, welche mit der neuen Flüssigkeit arbeitet; ich bringe aus dem Kühler in den Kondensator eine gewisse Wärmemenge mit einem Aufwande von Arbeit, welcher gleich F' und durch die Dampfspannungskurve gegeben ist. Ich benutze den Kondensator dieser Kälteerzeugungsmaschine als Wärmequelle (als Dampfkessel), um reine schweflige Säure zu verdampfen. Diese Dämpfe leite ich in einen Cylinder auf einen Bewegungskolben und führe das Dampfabflufsrohr in den Kühler der ersten

Maschine. Die schweflige Säure kondensiert sich, und mittels einer Speisepumpe treibe ich diese Flüssigkeit wieder in den Dampfkessel, den Kondensator der Flüssigkeit SCO_4. Ich verbinde die beiden Maschinen, von denen die eine eine hemmende Arbeit F' verbraucht, die andere eine bewegende Arbeit F erzeugt, deren Differenz

$$F - F' = \text{der disponiblen Arbeit} \quad . \quad . \quad . \quad . \quad (18$$

Wir wissen aus dem Vorhergehenden, dafs die Differenz $F - F'$ um so gröfser wird, je stärker die physikalisch-chemische Wirkung k ist. Es reicht hin, den Kühler der Kälteerzeugungsmaschine auf die Temperatur t zu bringen und dann die zweite bewegende Maschine in Gang zu setzen.

Dieses Resultat, welches paradox zu sein scheint, ist keineswegs eine Produktion von Arbeit ohne Kosten, was ja sinnlos wäre. In Wirklichkeit kehrt die dem Kondensator der Kälteerzeugungsmaschine zugeführte Wärme, welche zur Verdampfung der schwefligen Säure unter einem gewissen Drucke dient, nicht vollständig in den Kühler zurück, vielmehr erleidet ein Teil davon eine Umformung und liefert die Arbeit F, welche gröfser ist als F'. Wenn man also die beiden Kreisprozesse innig miteinander verbindet und die beiden Maschinen so vereinigt, dafs der Kondensator der einen als Dampfkessel der anderen und der Kühler der ersteren als Kondensator der zweiten dient, so geht in jedem Augenblicke eine Wärmemenge gleich

$$\frac{F - F'}{431} \text{ Calorien}$$

verloren. Dieser beständige Wärmeverlust hat eine Erniedrigung des absoluten Wertes von t und t' zur Folge, was notwendig dem doppelten Kreisprozefs eine Grenze setzen würde, wenn man ihn nicht unterhielte durch einen Wasserstrom oder irgend eine Wärmequelle. Wie dem auch sei, man kann Dank dieser Einrichtung das direkte Äquivalent innerer chemisch-physikalischer Arbeit in äufsere, mechanische Arbeit umsetzen.

Um diese Vereinigung zweier Kreisprozesse recht deutlich zu machen, wollen wir annehmen, dafs die Flüssigkeiten A und B bei -20^0 vollständig getrennt und bei $+50^0$ vollständig vereinigt seien; dann könnte der Fall eintreten, dafs die Spannung der Dämpfe des Gemisches bei -20^0 dem absoluten Werte nach gröfser wäre als die, welche der Temperatur $+50^0$ entspricht. Die Maschine wäre dann schon selbst ein Motor und sie wird dies um so mehr, wenn wir sie mit dem zweiten bewegenden Kreisprozefs verbinden. Es ist dies vielleicht eine reine Hypothese, welche das vorausgesetzte Prinzip auf die Spitze treibt und wahrscheinlich gar keine Aussicht hat, in der Chemie Verwirklichung zu finden; aber der erste Schritt dazu ist doch in der Flüssigkeit SCO_4 geschehen.«

Professor Pictet hat diese Flüssigkeit auch fabriksmäfsig erzeugt und mit derselben sodann praktische Versuche in gröfserem Mafsstabe, anfangs mittels einer seiner älteren Schwefligsäure-Kompressionsmaschinen, angestellt. Die Resultate dieser Versuche, welche gleichfalls in seiner oben erwähnten Broschüre ausführlich dargelegt sind, bestätigten seine Annahme über die erhöhte Leistungsfähigkeit der mit dieser neuen Flüssigkeit betriebenen Maschine, und somit auch die Ergebnisse seiner Laboratoriumsversuche vollständig. Auf die Flüssigkeit und die neue Pictet'sche Maschine selbst soll im Kapitel »Kompressionsmaschinen« noch eingehender zurückgekommen werden.

Wir lassen am Schlusse dieser theoretischen Abhandlungen der Vollständigkeit wegen auch noch die Berechnung der Wirkung der Windhausen'schen Kaltluftmaschine und deren Maximalleistung, wie sie von Windhausen aufgestellt wird, folgen.

Es bezeichnen in dieser Berechnung:

p die Spannung der komprimierten Luft im Kondensator in Kilogramm auf 1 qm;

q die Spannung der Atmosphäre = 10 330 kg auf 1 qm;

t die Endtemperatur der abgekühlten Luft nach der Expansion in Centigraden;

t_1 die Temperatur der in den Kompressionsraum angesaugten Luft;

t_2 die Endtemperatur der Luft nach Kompression derselben;

t_3 die Endtemperatur der in den Kondensator abgekühlten Luft unmittelbar vor Eintritt in den Expansionsraum;

V das in den Kompressionsraum des Cylinders angesaugte Luftvolumen bei t_1-Temperatur und Atmosphärenspannung;

V_1 das Luftvolumen im Expansionsraum bei t_2-Temperatur;

L die theoretisch erforderliche Arbeit zum Komprimieren von 1 cbm Luft von 0° und Atmosphärenspannung auf die Spannung p und Verdrängung derselben in den Kondensator, minus der Arbeit eines gleichen Luftgewichtes von der Spannung p und der Temperatur t_3 durch Expansion derselben bis Atmosphärenspannung.

Wenn während des Kompressions- und Expansionsaktes in den Cylindern weder Wärme zu- noch abgeführt wird, erhält man nach den bekannten Formeln

$$t = (273 + t_3)\left(\frac{p}{q}\right)^{\frac{M-1}{M}} - 273 \quad . \quad . \quad . \quad . \quad . \quad (1$$

die Temperatur der Luft, wenn sie mit einer Temperatur t_3 und der Spannung p in die Spannung q unter Verrichtung äufserer Arbeit übergeht;

$$t_2 = (273 + t_1)\left(\frac{p}{q}\right)^{\frac{M-1}{M}} - 273 \quad . \quad . \quad . \quad . \quad . \quad (2$$

die Temperatur der mit t_1 Graden und der Spannung q angesaugten und auf die Spannung p komprimierten Luft.

In vorstehenden Formeln bezeichnet $M = 1{,}42$ das Verhältnis der Wärmekapazität der Luft unter konstantem Volumen und konstantem Drucke, ferner $273 = \frac{1}{0{,}00367}$ die Temperatur unter 0°, welche in der mechanischen Wärmetheorie als absoluter Nullpunkt angenommen ist.

Das Verhältnis der Volumina V und V_1 berechnet sich nach dem Gay-Lussac'schen Gesetze

$$\frac{V}{V_1} = \frac{1 + 0{,}00367\, t_1}{1 + 0{,}00367\, t} \quad . \quad . \quad . \quad . \quad . \quad (3$$

Die Arbeit L zum Betriebe der Maschine besteht in der Arbeit L_1 zum Komprimieren und Verdrängen der komprimierten Luft in den Kondensator, weniger der Arbeit L_2 dieser im Kondensator auf t_3 abgekühlten und bis zur Atmosphärenspannung expandierten Luft, und man erhält für

$$L_1 = V \cdot p \left[\left(\frac{p}{q}\right)^{\frac{1}{M}} + \left(\frac{p}{q}\right)^{\frac{1}{M}} \frac{1 - \left(\frac{p}{q}\right)^{\frac{M-1}{M}}}{M - 1} - \frac{p}{q} \right] \quad . \quad . \quad . \quad (4$$

$$L_2 = V_1 \cdot p \left[\left(\frac{p}{q}\right)^{\frac{1}{M}} + \left(\frac{p}{q}\right)^{\frac{1}{M}} \frac{1 - \left(\frac{p}{q}\right)^{\frac{M-1}{M}}}{M - 1} - \frac{p}{q} \right] \quad . \ . \ . \ (5$$

$$L_3 = L_1 - L_2 = (V - V_1) p \left[\left(\frac{p}{q}\right)^{\frac{1}{M}} + \left(\frac{p}{q}\right)^{\frac{1}{M}} \frac{1 - \left(\frac{p}{q}\right)^{\frac{M-1}{M}}}{M - 1} - \frac{p}{q} \right] \quad (6$$

in Meterkilogramm pro Sekunde oder in Pferdekräften:

$$N = \frac{L}{75} \quad . \ . \ . \ . \ . \ . \ . \ . \ (7$$

Setzt man für $t_1 = 0^0$, für $t_3 = +10^0$, für $V_1 = 1$ cbm pro Sekunde, so erhält man für die pro Stunde durch Kompression von 3600 cbm Luft von 0^0 frei gewordene Wärme in Calorien

$$W = 3600 \cdot 0{,}237 \cdot 1{,}29\, t_2 \quad . \ . \ . \ . \ . \ . \ (8$$

und ferner für die durch Expansion desselben Luftquantums bis zur Grenze von 0^0 gebundene Wärme

$$W_1 = 3600 \cdot 0{,}237 \cdot 1{,}29\, t. \quad . \ . \ . \ . \ . \ . \ (9$$

In diesen Gleichungen bezeichnet 0,237 die Wärmekapazität der Luft bei konstantem Drucke und 1,29 das Gewicht 1 cbm Luft von 0^0 und Atmosphärenspannung in Kilogramm.

Das Eisquantum, welches aus Wasser von $+ 10^0$ durch Entziehung der Wärme W_1 gebildet werden kann, ist

$$E = \frac{W_1}{80 + 10} \text{ Kilogramm.} \quad . \ . \ . \ . \ . \ (10$$

Die vorstehenden Gleichungen ergeben alle Effekte der Maschine unter der Voraussetzung, dafs die Luft trocken ist und während der Kompressions- und Expansionsakte weder Wärme zu- noch abgeführt werde. Dieser Fall ist jedoch praktisch kaum zu ermöglichen und auch nicht vorteilhaft, weil, wenn man die Abkühlung der komprimierten Luft im Cylinder ganz oder teilweise, und zwar während des Kompressionsaktes durch Kontaktkühlung von aufsen und durch Einspritzung von Kühlwasser erfolgen läfst, die Arbeit des Komprimierens der Luft bedeutend geringer wird.

Würde die Wärme während des Kompressionsaktes abgeführt, d. h. würde die Kompression bei konstanter Temperatur der Luft erfolgen, so würde man für die Kompressionsarbeit in Gl. 4 nach dem Mariotte'schen Gesetz erhalten

$$L_4 = V \cdot q \log_n \frac{p}{q}; \quad . \quad . \quad . \quad . \quad . \quad . \quad . \quad . \qquad (11$$

wird dagegen nur ein Teil der Wärme abgeführt, und zwar $\frac{n}{n+m} W$, wobei W die durch den Kompressionsakt frei gewordene Gesamtwärme bezeichnet, so erhält man für die Kompressionsarbeit

$$L_5 = \frac{m L_1 + n L_4}{n + m} \quad . \quad . \quad . \quad . \quad . \quad . \quad . \quad . \qquad (12$$

Es ist weiters unmöglich, die expandierte Luft gegen das Eindringen der Wärme während des Expansionsaktes vollkommen zu schützen, weil einerseits durch die Reibung des Kolbens, anderseits durch den Feuchtigkeitsgehalt der Luft, sowie durch die Wände von aufsen während des Expansionsaktes Wärme eindringt.

Bezeichnet man die durch den Expansionsakt gebundene Wärme W_1 und die eindringende Wärme $\frac{n_1}{n_1 + m_1} W$, so erhält man analog den Gl. 11 und 12 für die durch den Expansionsakt gewonnene Arbeit

$$L_6 = \frac{m_1 L_2 + m_1 L_7}{n_1 + m_1} \quad . \quad , \quad . \quad . \quad . \quad . \qquad (13$$

Hier bezeichnet L_2 den gleichnamigen Wert in Gl. 5, L_7 die Arbeit, welche frei wird, wenn die Expansion der Luft bei konstanter Temperatur, also nach dem Mariotte'schen Gesetze erfolgt; diese Arbeit ist

$$L_7 = V_1 q \log_n \frac{p}{q} \quad . \quad . \quad . \quad . \quad . \quad . \quad . \quad . \qquad (14$$

Es ist demnach die erforderliche Arbeit zum Betriebe der Maschine, wenn in den angegebenen Verhältnissen, während der Kompression Wärme ab- und während der Expansion Wärme zugeführt wird

$$L_8 = L_5 - L_6 \quad . \quad . \quad . \quad . \quad . \quad . \quad . \quad . \quad . \qquad (15$$

Diese Arbeit, in Meter-Kilogramm pro Sekunde, ist in Pferdekräften ausgedrückt:

$$N_1 = \frac{L_8}{75} \quad . \quad . \quad . \quad . \quad . \quad . \quad . \quad . \quad . \qquad (16$$

Man findet ferner für die Temperatur der unter vorstehenden Voraussetzungen komprimierten Luft bei Überströmung in den Kondensator

$$t_1 = \frac{m}{n+m} t, \quad . \quad . \quad . \quad . \quad . \quad . \quad . \quad . \quad (17$$

ferner für die Temperatur der expandierten Luft

$$t_5 = \frac{m}{n+m} (t_2 - t_3) + t_3. \quad . \quad . \quad . \quad . \quad . \quad (18$$

Bezeichnet man ferner wie in Gl. 9 mit W_2 die Wärmemenge, welche pro Stunde bei 3600 cbm in der Maschine angesaugter Luft gebunden wird, so ist

$$W_2 = t_5 \cdot 3600 \cdot 0{,}237 \cdot 1{,}29 \quad . \quad . \quad . \quad . \quad . \quad (19$$

und das damit zu produzierende Eis aus Wasser von $+10^0$ beträgt:

$$E_1 = \frac{W_2}{80+10} \text{ Kilogramm.} \quad . \quad . \quad . \quad . \quad . \quad (20$$

Die Hauptwerte der vorstehenden Gleichungen sind in der nachfolgenden Tabelle für verschiedene Werte von p berechnet.

In diesen Berechnungen ist gesetzt für

$V = 1$ cbm pro Sekunde von $t = 0^0$;
$q = 1$ Atm. $= 10330$ kg auf 1 qm;
$t_3 = +10^0$;
$m = 1$
$n = 4$
$m_1 = 2$
$n_1 = 1$

1. Berechnete Werte unter der Voraussetzung, daſs während der Kompression und Expansion weder Wärme zu- noch abgeführt werde.

Absolute Spannung der komprimierten Luft in Atmosphären p	Endtemperatur der komprimierten Luft t_2	Endtemperatur der expandierten Luft t	Volumen der expandierten Luft für $V=1$ V_1	Erforderl. Arbeit der Maschine in Kilogramm-Meter pro Sekunde L	Erforderl. Arbeit der Maschine in Pferdekräften N	Die unter 0^0 gebundene Wärme pro Stunde in Calorien W	Eis aus Wasser von 10^0 pro Stunde in Kilogr. E	Eis pro Pferdekraft und Stunde in Kilogramm
1,5	34^0	— 22	0,919	361	4,8	— 24290	269	56
2	61	— 43	0,842	1264	16,8	— 47368	526	31
3	105	— 69	0,747	3395	45,3	— 76010	844	18
4	139	— 85	0,688	5512	73,5	— 93636	1040	14
5	167	— 97	0,644	7582	101,1	—106855	1187	10

2. Berechnete Werte unter der Voraussetzung, daſs während der Kompression $^4/_5$ der frei werdenden Wärme ab- und während der Expansion $^1/_3$ der gebundenen Wärme zugeführt werde.

Absolute Spannung der komprimiertenLuft in Atmosphären p	Erforderl. Arbeit der Maschine in Kilogramm-Metern pro Sekunde L_2	Erforderl. Arbeit der Maschine in Pferdestärken N_1	Temperatur der expandierten Luft t_0	Die unter 0° gebundene Wärme pro Stunde in Calorien W_2	Eis aus Wasser von 10° pro Stunde in Kilogramm E_1	Eis pro Pferdekraft und Stunde in Kilogramm
1,5	66	0,88	— 11	— 11784	130	148
2	386	5,2	— 25	— 26703	296	57
3	1157	15,4	— 43	— 45929	510	33
4	1924	25,6	— 53	— 56604	629	24
5	2665	35,5	— 61	— 65148	723	20,4

Die Vergleichung der Zahlenwerte in den vorstehenden Tabellen zeigt:

1. daſs es entschieden vorteilhaft erscheint, wenn die Abkühlung der komprimierten Luft während des Kompressionsaktes stattfindet;

2. daſs theoretisch mit einer gegebenen Arbeitsgröſse um so mehr Wärme gebunden, resp. Kälte erzeugt wird, je weniger stark die Luft komprimiert wird;

3. daſs die Maschine für Erzeugung eines bestimmten Quantums Eis um so gröſser und kostspieliger ausfällt, je kleiner die durch Expansion erzielte Abkühlung der Luft ist; denn während man nach vorstehender Tabelle mit einer Maschine, in welcher stündlich 3600 cbm Luft komprimiert und expandiert werden, bei Kompression der Luft auf 1,5 Atm., durch Expansion derselben nur 130 kg Eis erzeugen kann, erhält man in derselben Maschine, wenn die Kompression 3 Atm. beträgt, 510 kg Eis, also beinahe viermal so viel. Die theoretisch erforderliche Arbeit ist allerdings im ersteren Falle nur 0,88 Pferdekraft, im letzteren 15,4 Pferdekräfte. — Unter Berücksichtigung der passiven Widerstände stellt sich dieses Verhältnis bei weitem weniger ungünstig; denn angenommen, daſs eine Maschine von obiger Gröſse nur 6 Pferdekräfte für den Leergang bei geöffneten Ventilen erfordere, ferner, daſs auſserdem die Maschine in voller Aktion noch 30 % ihrer theoretisch erforderlichen Arbeit als passive Widerstände zu über-

winden habe, so erhält man für die praktisch erforderliche Arbeit, wenn die Luft auf 1,5 Atm. komprimiert wird

$$L = 6 + 1{,}3 \cdot 0{,}88 = 7{,}4 \text{ Pferdestärken,}$$

und wenn die Luft auf 3 Atm. komprimiert wird, erhält man

$$L = 6 + 1{,}3 \cdot 15{,}4 = 26 \text{ Pferdestärken;}$$

man erhält demnach für die Pferdekraft und Stunde im ersteren Falle $\frac{130}{7{,}4} = 17{,}6$ kg, im letzteren Falle $\frac{510}{26} = 19{,}6$ kg Eis.

Berücksichtigt man nun noch, dafs die Maschine für beide Fälle nahezu gleich grofs und gleich theuer ist, und dafs im ersteren Falle nur 130 und im letzteren Falle 510 kg Eis erzeugt werden, so wird das Eis pro Gewichtseinheit durch Zinsen und Amortisation des Anlagekapitals in ersterem Falle weit mehr vertheuert als in letzterem.

Aus Vorstehendem erhellt, dafs es praktisch ungünstig ist, mit geringer Kompression und darauffolgender Expansion der Luft Kälte zu erzeugen, dafs es aber ebenso ungünstig erscheint, die Kompression zu hoch zu treiben, weil ungleich mehr die theoretisch erforderliche Arbeit als das erzeugte Kälte- oder Eisquantum wächst. Man hat demnach für jeden gegebenen Fall zu untersuchen, bei welchem Kompressionsgrade der Luft man den geringsten Preis für die Gewichtseinheit Eis erzielt. Diese Frage findet in folgender Gleichung ihre Lösung:

$$\frac{(Z - z) + G\,(Np + Cp)}{W} = y.$$

In dieser Gleichung bezeichnet:

Z die Zinsen und Amortisation der Maschinenanlage pro Betriebsstunde;

z den in Geldwert veranschlagten Nutzen, den die Anlage der Maschine neben der Kälteerzeugung bietet;

G die Kosten für den Betrieb einer Pferdekraft pro Stunde;

Np die Anzahl der theoretisch erforderlichen Pferdekräfte bei Kompression der Luf auf p Atmosphären;

Cp die Anzahl der Pferdekräfte, die durch passive Widerstände aller Art bei der Spannung p der komprimierten Luft erforderlich sind;

y den Gestehungspreis für die Gewichtseinheit Eis oder für die entsprechende Kälteeinheit;

W die Gewichtseinheiten Eis oder Kälteeinheiten, welche die Maschine pro Stunde produziert.

Es stellt sich hiernach die günstigste Kompression der Luft zwischen 2,5 und 3,5 Atm., was einer effektiven Abkühlung der Luft von 40 bis 50° unter Null entspricht.

Wie die vorstehenden Rechnungen zeigen, ist es vorteilhaft, die Abkühlung der komprimierten Luft noch während des Kompressionsaktes, also möglichst annähernd bei konstanter Temperatur erfolgen zu lassen, ebenso auch die Kälte von der expandierten Luft während des Expansionsaktes abzunehmen, sofern nicht die Luft direkt zur Kühlung und Ventilation von Räumen verwendet werden soll.

IV. Praktische Anwendung der Kältemischungen.

Der Wert einer Kältemischung für die praktische Anwendung ist, wie aus den bezüglichen theoretischen Ausführungen hervorgeht, im wesentlichen abhängig von der latenten Schmelzwärme, der Löslichkeit des betreffenden Salzes und dem Gefrierpunkt der Lösungen. So z. B. kann krystallisiertes phosphorsaures Natrium, schwefelsaures Kalium, krystallisiertes kohlensaures Natrium und salpetersaures Kalium nicht zur Herstellung von Eis verwendet werden, obgleich sie beim Verflüssigen eine bedeutende Wärmemenge absorbieren, da ihr Gefrierpunkt ein zu hoher ist. Auch das krystallisierte schwefelsaure Natrium gibt aus demselben Grunde weder mit Wasser noch mit Schnee eine hinreichende Kälte, wohl aber beim Mischen mit Salzsäure oder verdünnter Schwefelsäure, infolge der Bildung von Bisulfat und Chlornatrium. Da diese Gemische aber nur schwierig wieder verwertet werden können, das erste auch durch die Salzsäuredämpfe sehr belästigt, so sind sie nicht empfehlenswert. Besser sind salpetersaures Ammon und Rhodankalium verwendbar, die man durch Eindampfen der Lösungen leicht wieder gewinnen kann. Immer wird man aber die Bestandteile einer Kältemischung vor dem Mischen möglichst abkühlen, und die Salze nur in fein zerriebenem Zustande anwenden müssen, wenn das Resultat nicht zweifelhaft sein soll.

Nachstehend sei eine von Prof. Meidinger nach eigenen Versuchen zusammengestellte Tabelle mitgeteilt, in welcher die Mengen der einzelnen Körper, welche zur Herstellung von Kältemischungen verwendet werden können, angeführt sind. Die Tabelle zeigt auch die Temperaturerniedrigung bei den einzelnen Kältemischungen und die Gestehungskosten für 120 Calorien, welche Wärmemenge nämlich zur Herstellung von 1 kg Eis notwendig ist.

Prof. Meidingers Tabelle zur Bereitung von Kältemischungen.

	Mischung	Temperatur-abnahme	Gesamtwärmeverlust in Wärme-Einheiten von 1 kg Mischung	Gesamtwärmeverlust in Wärme-Einheiten von 1 l Mischung	Für 120 Wärme-Einheiten anzuwenden: Salz	Lösungsmittel	kosten in Mark
1	1 Teil Kochsalz, 3 Teile Eis	81,5	100	120	0,5	1,5	0,34—0,12
2	3 „ kryst. Glaubersalz, 2 „ konz. Salzsäure	37	55	71	2,7	1,8	1,0—0,6
3	1 „ Salmiak, 3 „ Wasser	19	30	32	2,1	6,3	2,9—2,4
4	1 „ salpeters. Ammon., 1 „ Wasser	29	40	49	3,1	3,1	9,5—8,7
5	2 „ salpeters. Ammon., 1 „ Salmiak, 3 „ Wasser	25	—	—	—	—	—
6	2 „ salpeters. Ammon., 1 „ Salmiak, 3 „ Wasser	30	42	51	3,0	3,0	7,6—6,8
7	1 „ Pariser Salz, 1 „ Wasser	30	42	51	3,0	3,0	9,6—6,8
8	1 „ Pariser Salz, 2 „ Wasser	23	35	40	2,4	4,8	7,7—4,7
9	1 „ Pariser Salz, 3 „ Wasser	18	30	33	2,1	6,3	6,8—4,7
10	1 „ Kalisalpeter, 6 „ Wasser	11	20	22	1,8	10,8	1,8—1,4
11	1 „ Natronsalpeter, 2 „ Wasser	15	23	29	3,6	7,2	3,3—1,8
12	1 „ Chlorkalium, 3 „ Wasser	14	23	26	2,8	8,4	2,1—1,7
13	1 „ kryst. Soda, 2 „ Wasser	12	23	25	3,6	7,2	1,0—0,7
14	1 „ kryst. Glaubersalz, 4 „ Wasser	11	20	21	2,5	10,0	0,4—0,3
15	3 „ Salmiak, 2 „ Salpeter, 10 „ Wasser	26	40	46	2,1	4,2	2,6—2,2
16	3 „ Salmiak, 2 „ Salpeter, 4 „ kryst. Glaubersalz, 9 „ Wasser	32	50	61	2,5	2,5	1,8—1,6

Wie aus dieser Tabelle zu entnehmen ist, verdienen in praktischer Beziehung die Kältemischungen, welche mittels gewöhnlichen Kochsalzes, Glaubersalzes oder Soda hergestellt werden, schon wegen ihrer Billigkeit vor allen andern den Vorzug. Das in der Tabelle erwähnte »Pariser Salz« ist ein Gemisch aus zwei Teilen salpetersaurem Ammon und einem Teil Salmiak und wurde zuerst gewissen französischen Kälteerzeugungsapparaten (von Charles) beigegeben.

Am häufigsten wird, wo Schnee oder Eis zur Verfügung steht, für Kältemischungen, die aus Schnee oder Eis und Kochsalz (No. 1 der Tabelle) angewendet, mit welcher man bedeutende Kälteeffekte bis — 22° erzielen kann. Für tiefere Temperaturen ist die bequemste und wohlfeilste Mischung die aus krystallisiertem Chlorcalcium ($Ca\,Cl_2 \cdot 6\,H_2\,O$) und Schnee, welche Mischung von Hammerl genauer untersucht worden ist.

Es hat sich dabei ergeben, daſs die vorteilhafteste Mischung jene ist, bei welcher eine Lösung von der stöchiometrischen Zusammensetzung $Ca\,Cl_2 \cdot 6\,H_2\,O + 8{,}45\,H_2\,O$ entsteht, welche fast genau dem Verhältnisse 10 Teile Salz auf 7 Teile Schnee entspricht. Die theoretische Endtemperatur ist — 54,9°, man erreicht in der Praxis leicht — 51°, wenn der Schnee recht trocken und beide Materialien fein zerteilt angewendet werden. Aus der Lösung wird das Salz wieder gewonnen, indem man sie eindampft, bis der Siedepunkt 127° eingetreten ist; hierauf wird unter Umrühren erkalten gelassen, wodurch man ein feines Krystallmehl von der richtigen Zusammensetzung erhält.

Um für besondere Zwecke möglichst tiefe Temperaturen zu erzeugen, sind die Mischungen von Schnee mit verdünnten Säuren vorteilhaft. So gibt nach Witz ein Gemisch von 250 g lockerem Schnee mit 250 g Salzsäure von 1,18 spezifischem Gewicht auf 0° abgekühlt in kaum einer Minute eine Temperatur von — 37,5°. 1 kg Salpetersäure von der Zusammensetzung $N\,H\,O_3 \cdot 1^1/_2\,H_2\,O$ (60% $N_2\,O_5$) von 0° gibt beim Mischen mit dem doppelten Gewicht Schnee eine Wärmeabsorption von 122 Cal. und eine Temperaturerniedrigung von — 56°.

Noch tiefere Temperaturen erhält man mit verdünnter Schwefelsäure und Schnee, wie bereits erwähnt wurde. Faudel erhielt, als er die 65 proz. Schwefelsäure durch ein Kühlrohr innerhalb einer Schneesäule aufsteigen und oben auffliefsen liefs, eine Temperatur von — 60°.

Die Anwendung der Schwefelsäure zur Darstellung von Kältemischungen ist mit vielen Vorteilen verbunden. Die Schwefelsäure ist gegenwärtig aller Orten zu sehr billigen Preisen zu beschaffen und läfst sich als Flüssigkeit ungemein leicht mit dem Schnee mischen. In der Praxis steht aber der Anwendung der Schwefelsäure ein Hindernis entgegen, und besteht dieses in der Einwirkung, welche die Säure auf das Material der Gefäfse ausübt.

Wenn man nämlich eine Kältemischung unter Anwendung von Schwefelsäure darstellen will, so mufs man sich hierfür entweder gläserner Gefäfse oder solcher aus Steinzeug oder Porzellan bedienen. Holzgefäfse werden von der Säure stark angegriffen. Wenn es sich nun darum handelt, gröfsere Mengen einer Kältemischung darzustellen, so mufs man hierfür wohl Holzgefäfse anwenden, gebraucht aber die Vorsicht, letztere mit dünnen Bleiplatten auszufüttern. Die Schwefelsäure hat nämlich die Eigenschaft, bei gewöhnlicher Temperatur keine Einwirkung auf das Blei zu äufsern. Die Gefäfse, in welchen sich die zu kühlenden Körper befinden, werden zumeist aus Metall angefertigt, indem Metallgefäfse infolge ihrer vortrefflichen Wärmeleitungsfähigkeit eine sehr rasche Abkühlung zulassen. Man mufs aber in diesem Falle auch immer die Vorsicht gebrauchen, diese Gefäfse durch einen bleiernen Mantel von der Berührung mit dem Gemische aus Schwefelsäure und Schnee zu schützen.

Man kann zur Darstellung von Kältemischungen sowohl Eis, als auch Schnee benutzen, und verdient letzterer jedenfalls den Vorzug, indem die Teile des Schnees viel kleinere sind, als jene des klein geschlagenen Eises und sich daher viel inniger mit dem zur Mischung verwendeten Salze mischen lassen. Hat man keinen Schnee, so reibt man am besten das Eis an einem Reibeisen, was viel besser geht, als das Zerstofsen.

Bei der Anfertigung von Kältemischungen soll man immer früher die zur Mischung zu verwendenden Körper abgewogen haben, und soll die Bereitung der Mischung überhaupt so schnell als möglich geschehen, indem man hierdurch den höchsten Effekt zu erzielen im Stande ist. Am leichtesten geht die Darstellung der Kältemischungen vor sich, wenn zwei Arbeiter zusammenwirken. Jeder derselben hält einen Löffel, dessen Schale beiläufig so grofs ist, dafs sie die entsprechende Gewichtsmenge an Eis oder Salz aufzunehmen vermag.

Während nun der erste Arbeiter damit beginnt, dafs er einen Löffel voll Schnee oder Eisstücken auf dem Boden des Gefäfses ausbreitet, schüttelt der andere sogleich den Inhalt seines Löffels, welcher mit dem Salze gefüllt ist, derart über das Gefäfs, dafs sich das Salz in einer möglichst gleichförmigen Schichte auf dem Schnee ausbreitet. Das Eintragen dieser abwechselnden Lage von Salz und Schnee wird so oft wiederholt, bis das Gefäfs mit der Kältemischung gefüllt ist. Je inniger die Mischung ist, desto kräftiger ist die Wirkung, und soll man dahin trachten, nur solchen Schnee anzuwenden, welcher ganz trocken ist, indem bekanntlich der stark mit Wasser durchsetzte Schnee eine butterartige Masse bildet. Leider ist es im Sommer gewöhnlich nicht möglich, dieser Forderung nachzukommen, indem der aus dem Eiskeller oder Eisgrube bezogene Schnee in der Mehrzahl der Fälle ganz mit Wasser durchtränkt ist.

In der Praxis werden die Kältemischungen meistens von den Konditoren zur Darstellung des Gefrornen und der Sulzen benutzt und es sei hier ganz besonders darauf aufmerksam gemacht, dafs gewisse Salze, welche man zur Darstellung von Kältemischungen anwenden kann, ungemein giftig sind. Solche ungemein giftige Salze sind z. B. das Schwefelcyanammon und das Schwefelcyankalium, und dürfte man dieselben niemals zur Herstellung von Kältemischungen anwenden, welche zur Kühlung von Speisen dienen, indem möglicherweise geringe Mengen der Kältemischung in die Speisen gelangen könnten und dieselben dadurch vergiftet würden. Diese Salze sind übrigens so theuer, dafs sie für die praktische Verwendung ganz ungeeignet sind.

Die Frage, ob das Mittel der Salzauflösung sich nicht etwa für technische Fabrikation von Eis im Grofsen eignet, kann rechnungsmäfsig beantwortet werden mit Hülfe der in der Meidinger'schen Tabelle enthaltenen Zahlen. Um 1 kg Eis aus Wasser von der bei uns herrschenden mittleren Jahrestemperatur von 12° herzustellen, wird man technisch, mit Berücksichtigung der Verluste, nicht viel weniger als 120 Cal. brauchen. Die Mischung 3 kg salpetersaures Ammon-Salmiak mit 3 kg Wasser gibt zwar soviel, davon fällt aber wenig mehr als die Hälfte unter 0°, da ja auch diese Substanzen von der Anfangstemperatur 12°

(günstigenfalls) gedacht werden müssen. Nun läfst sich allerdings durch Gegenströmungen die in der abgängigen, zum Gefrieren nicht mehr benutzbaren Mischung noch enthaltene Kälte auf das bei einer frischen Mischung zu verwendende Wasser übertragen und soweit denkbar die gesamte Auflösungskälte unter 0° nutzbar machen (Verluste unberücksichtigt gelassen). Man bedarf dann 3 kg Wasser für 1 kg Eis und bei der Restituirung müssen diese 3 kg im Kessel durch künstliche Wärme verdampft werden. Die Leistung von 1 kg unter dem Kessel verbrannter Kohle beträgt nun ungefähr 6 kg Dampf oder doch nur wenig mehr. Es folgt daraus, dafs mittels 1 kg Kohle nicht mehr als 2 kg Eis bereitet werden können, ganz abgesehen von der für den Transport der vielen Flüssigkeit erforderlichen Maschinenkraft. Dieses Resultat ist ein sehr ungünstiges, da mit den anderen Eismaschinen viel mehr erzielt wird. Man hat aus diesen Gründen auch noch keine technischen Apparate für die Fabrikation von Eis im Grofsen, die sich sonst durch eine verhältnismäfsige Einfachheit in der konstruktiven Form (nur offene Gefäfse) von den anderen Systemen unterscheiden würden, zur Ausführung gebracht. Es ist auch nicht zu erwarten, dafs die Umstände sich je günstiger gestalten; man müfste denn Salze auffinden, die bei ihrer Auflösung ein um ein mehrfaches gröfsere Temperaturerniedrigung bewirkten als die bekannten Mischungen. Das steht nun nicht in Aussicht, nachdem die bekannten Salze alle auf dieses Verhalten untersucht sind. Wäre Kochsalz ein so kostspieliger Körper, dafs man auf seine Wiedergewinnung bedacht sein müfste, so würde selbst bei Abdampfung der von der Eis-Kochsalz-Mischung stammenden Lösung mittels 1 kg Kohle nicht mehr Salz als für 4 kg gefrorenes Eis auszuscheiden sein. -- Der innere Grund für diese geringe Leistung liegt darin, dafs die Restituierung des Salzes sich nur durch eine Veränderung des Aggregatzustandes bewerkstelligen läfst (Verdampfung), welche mit einem hohen Wärmeaufwand verbunden ist, der immer ein Vielfaches beträgt von der latenten Schmelzwärme. Die Produktion von einer negativen Wärmeeinheit erfordert bei der Salz-Eis-Mischung einen Aufwand von acht positiven (Wiedergewinnen des Kochsalzes angenommen), bei salpetersaurem Ammon-Salmiak von 16 positiven Wärmeeinheiten.

Es sind deshalb die Kältemischungen nur in kleinem Mafsstabe zur Verwendung gelangt, und sind auch die zu diesem

Zwecke konstruierten Apparate meist sehr einfach gebaut und mehr für den Hausbedarf eingerichtet, wie dies aus den nachfolgenden Beschreibungen ersichtlich wird.

Apparate zur Eisgewinnung mittels Kältemischungen.

Es gibt sehr viele Konstruktionen von Apparaten, die zur Darstellung von Kältemischungen dienen, und hängt es von dem Zwecke ab, zu welchem der betreffende Apparat verwendet werden soll, welche Einrichtung vorzuziehen ist. Im allgemeinen begegnen sich sämtliche Konstruktionen darin, dafs man bemüht ist, die niedrige Temperatur auf ein Gefäfs wirken zu lassen, in welchem der zu kühlende Körper enthalten ist, und dafür Sorge trägt, dafs jede Erwärmung von aufsen soviel als möglich hintangehalten wird. Bei solchen Apparaten, welche zum Frieren von wässerigen Flüssigkeiten dienen sollen — wie dies bei den sog. Gefrorenesmaschinen der Fall ist — mufs man an dem Apparate auch eine besondere Vorrichtung anbringen, welche gestattet, dafs das Gefäfs, in dem sich die zu erkaltende Flüssigkeit befindet, in fortwährender Bewegung erhalten werden kann, indem sich sonst leicht Eisklumpen an Stelle einer gleichförmig butterartigen Masse bilden.

Der einfachste Apparat zu diesem Zwecke wurde von Decourdemanche angewendet, welcher das zu gefrierende Wasser in einfachen flachen Blechzellen in die Eismischung von Glaubersalz und verdünnte Schwefelsäure eintauchte.

Ähnlich, jedoch viel handlicher, ist der Apparat von Fumet; derselbe ist ganz aus verzinntem Eisenblech hergestellt und besteht aus einem Blecheimer, der die Kältemischung von Glaubersalz und Salzsäure aufnimmt, in welche das cylindrische Gefriergefäfs, mit der zu frierenden Flüssigkeit gefüllt, eintaucht. Das Gefriergefäfs besteht aus einem unten geschlossenen Cylinder mit doppelten Wandungen, von dessen äufserem Hohlraum aus gleichfalls Abkühlung erfolgen kann. Soll der Apparat zur Gefrorenesbereitung dienen, so wird das Gefriergefäfs eimerartig geformt, mit Deckel und Handgriff versehen, und durch einen vorstehenden Rand in der Kältemischung schwebend erhalten; der Handgriff dient dazu, um das Gefriergefäfs zeitweise zu drehen.

Ein von der Pariser Ausstellung (1867) her bekannter Apparat von Charles, welchem das sog. Pariser Salz beigegeben wurde, besteht aus einem kleinen hölzernen Fafs mit durchlochtem Deckel; das einzustellende Füllgefäfs für die zu frierende Flüssigkeit ist aus Zinn gefertigt und besitzt einige Schraubenflügel, durch welche bei der Umdrehung die innige Mischung des Salzes mit dem Wasser bewirkt wird; auf dieses Gefäfs kommt ein Deckel mit einem Schwungrädchen zu sitzen, durch dessen Umdrehung zugleich das ganze Gefäfs gedreht wird.

Der Apparat von Toselli & Cie. in Paris, glacière roulante genannt, ist für die Bereitung kleiner Mengen von Gefrornem wegen seiner Einfachheit und leichten Handhabung sehr geeignet; er besteht, wie Fig. 14 zeigt, aus einer hohen Blechbüchse, in welche eine etwas konisch geformte Blechröhre eingehängt wird, die zur Aufnahme der zu frierenden Substanz dient. Der Rand der Blechröhre ist beiderseitig mit einem Gummiringe besetzt, der nach beiden Seiten vollkommen abdichtet. Eine Holzplatte bedeckt die Röhre und wird durch eine Schraube angedrückt, welche in einem Querbalken mit Griff sitzt, der in zwei seitlich an der Büchse befestigte Haken eingelegt wird. Der Apparat steckt in einem Filzmantel, welcher die Wärmeaufnahme erschwert.

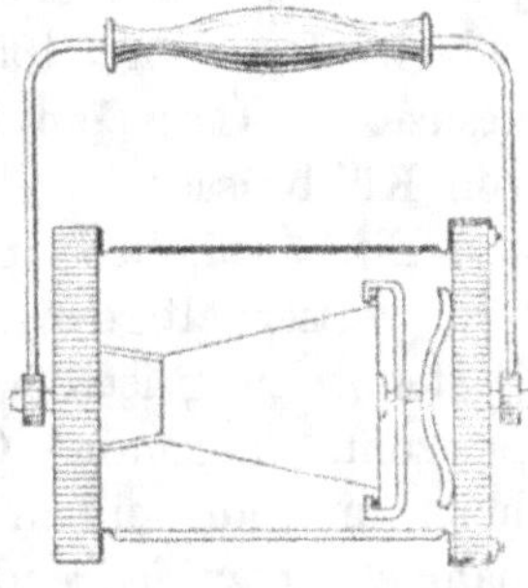

Fig. 14.

Bei Anwendung des Apparats füllt man zuerst das salpetersaure Ammonium, dann das zur Lösung dienende Wasser in die Büchse, bringt die zu frierende Substanz in die Gefrierröhre, verschliefst letztere mit dem genau passenden Deckel, der durch einen Bügel samt Schraube geschlossen werden kann und setzt die Röhre in die Büchse ein. Die Büchse wird gleichfalls mit einer Holzplatte geschlossen, hierauf der Filzmantel übergezogen und die Büchse mittels des in der Figur ersichtlichen Handgriffes auf einem Tische solange hin- und hergerollt, bis der Inhalt der Röhre gefroren ist.

Wenn es sich darum handelt, gröfsere Mengen von Flüssigkeit zum Frieren zu bringen, modifiziert man den Toselli'schen Apparat zweckmäfsig in der Weise, dafs man das Gefäfs, welches zur Aufnahme der Kältemischung dient, aus einem dickwandigen Holzkübel hergestellt, in welchen man eine Anzahl von Blechbüchsen, in denen die zu frierenden Substanzen enthalten sind, einhängt, und diese, um das Festsetzen von Eisklumpen an den Wänden zu verhüten, mittels einer gemeinschaftlichen Kurbel in Umdrehung setzt. Man kann auch den Apparat so einrichten, daſs er in einem entsprechenden Gestelle eingehängt und der ganze Apparat durch eine Kurbel drehbar ist.

Bei den ersten Toselli'schen Apparaten wurde als Kältemischung eine Lösung von krystallisierter Soda und Ammoniaksalz verwendet. Es wurde nach diesem Prinzipe auch versucht, mittels gröſserer Maschinen Eis im groſsen zu erzeugen, es scheint jedoch diese Methode keine gröſsere Verbreitung gefunden zu haben. Im Jahre 1857 verwendete der französische Brauereibesitzer Velten ein Bad von Ammoniumnitrat zur Erzeugung von Kühlwasser.

Ein ähnlicher Apparat unter Anwendung eines Gemisches von wasserhaltigem schwefelsauren Natron und Salzsäure als Kältemischung ist der von Penant; derselbe besteht aus einem horizontal liegenden Cylinder, welcher die Kältemischung enthält, und aus einem eingesetzten zinnernen Cylinder zur Aufnahme der zu frierenden Flüssigkeit. Der Apparat ist auf einem wiegenförmigen Untersatze befestigt, und wird die Lösung des Salzes durch die wiegenartige Bewegung beschleunigt, anderseits dadurch das Festfrieren der Masse verhindert. Ein Schaukeln von etwa acht Minuten ist bei mittlerer Temperatur hinreichend, um den jeweiligen Zweck, Gefrornes anzufertigen oder Wasser gefrieren zu machen, zu erreichen. Der beschriebene Apparat wird in vier Gröſsen erzeugt; zur kleinsten Nummer werden 400 gr Salzsäure und 600 gr schwefelsaures Natron verwendet und können mit derselben 250 gr Wasser binnen sechs Minuten in Eis verwandelt werden; die folgenden Nummern benötigen die zwei-, drei- und vierfache Menge der Materialien und erzeugen 500, 1000, resp. 2000 g bis in 8, 12 bis 15 Minuten.

Die Penant'schen Apparate können auch mit einer Mischung von schwefelsaurem Natrium und Wasser beschickt werden, und zwar wird zu dieser Kältemischung Salz und Wasser in dem Verhältnisse genommen, daſs daraus eine gesättigte Lösung resultiert. Die Lösung kann wieder eingedampft und das Salz nach dem Auskrystallisieren neuerdings verwendet werden.

Dem Apparat von Toselli ähnlich ist der von Goubaud, bei welchem gleichfalls eine Lösung von salpetersaurem Ammonium in Wasser als Kältemischung verwendet wird. Derselbe besteht, wie Fig. 15 zeigt, aus einem Holzkübel, in welchen eine Anzahl konischer Gefriergefäſse aus Zinnblech eingesetzt werden, die auf einem Gestelle befestigt sind und mittels einer Kurbel und einer gemeinschaftlichen Achse, in rasche Rotation versetzt werden können. Will man den Apparat in Betrieb setzen, so hebt man den Deckel samt dem Gestelle mit den Gefrierbüchsen aus dem Kübel, füllt die Büchsen mit der zu gefrierenden Flüssigkeit und verschlieſst sie. Hierauf füllt man den Kübel mit der entsprechenden Menge Lösungswasser, trägt die gleiche Gewichtsmenge salpetersaures Ammonium in dasselbe ein, bringt den Deckel samt dem Gestelle möglichst schnell in seine vorige Lage und versetzt die Gefrierkegel mittels der Kurbel in möglichst rasche Umdrehung; in 5—6 Minuten ist der Inhalt der Gefrierbüchsen gefroren.

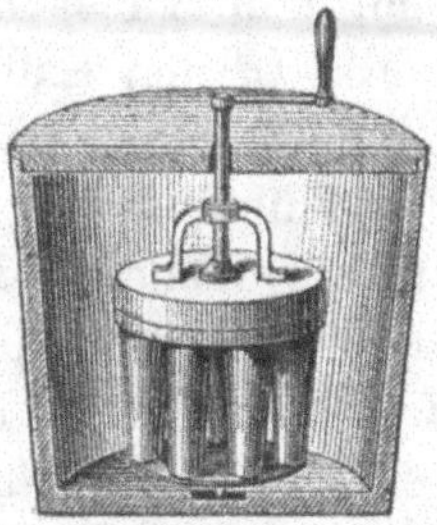

Fig. 15.

Ein ähnlicher Apparat wurde im Jahre 1863 von Vranken & Meller konstruiert und in Bayern patentiert, welcher Apparat jedoch weniger bequem ist, als der vorbeschriebene. Derselbe ist in Fig. 16 skizziert und besteht aus einem hölzernen Kübel, den man hermetisch mittels eines Holzdeckels *b* verschlieſst. Eine eiserne Stange *a* reicht senkrecht durch die Mitte des Kübels. An das untere Ende dieser Stange *a* ist eine eiserne Platte *e* befestigt, nur in geringer Entfernung vom Boden des Kübels und dessen innere Fläche ganz bedeckend.

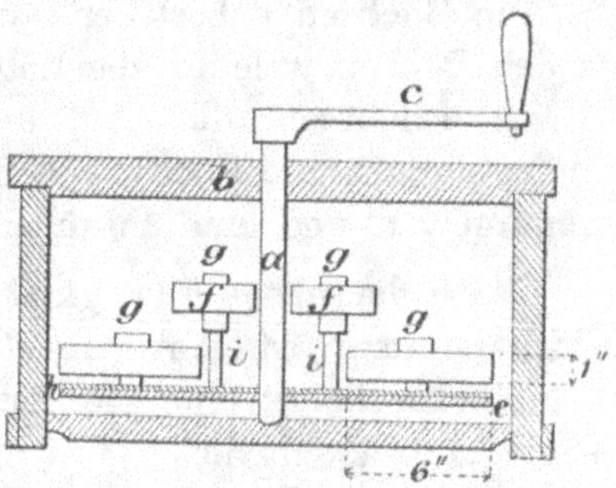

Fig. 16.

Auf dieser eisernen Platte *e* liegt eine zweite Platte *h*, ebenfalls aus Eisen und von gleichem Durchmesser; in diese sind die Schraubengänge *i* geschnitten, in welche man cylindrische Büchsen *f* aus Weiſsblech oder Zinn gefertigt, schraubt; diese Büchsen sind zur Aufnahme des zu frierenden Wassers bestimmt. Mittels der Kurbel *c* kann eine rasche Umdrehung im Innern des Kübels bewirkt werden.

Um mit diesem Apparate Eis zu erzeugen, nimmt man die Kurbel und hierauf den Deckel ab, füllt die Kreisbüchsen *f* mit reinem Wasser, schraubt sie dann auf die Schraubengänge *ii* der Platte *h* und letztere so zugerichtet auf die Platte *e*. Nun füllt man den Kübel mit Wasser, bis die Büchsen *f* davon bedeckt sind. In den Kübel bringt man auf je 2 kg Wasser 1/2 kg Salmiak und 1/2 kg Salpeter, beide fein gepulvert, verschliefst sodann den Kübel mittels des Deckels *b* und steckt die Kurbel wieder auf die Welle *a*, die man in rasche Umdrehung versetzt; durch diese Bewegung und die hierdurch kräftig unterstützte Lösung des Salzgemisches bewirkt man eine beträchtliche Abkühlung um beinahe 22°. Nach 15—20 Minuten ist das Wasser in den Büchsen *f* in Eis verwandelt. Man nimmt sodann die Platte *h* aus dem Kübel und ersetzt sie durch eine zweite ähnliche Platte, auf welche man vorher andere mit Wasser gefüllte Büchsen befestigt hat. Nun verschliefst man den Kübel wieder, dreht die Kurbel 5 Minuten lang herum und nach abermals 15—20 Minuten ist das Wasser wieder in den Büchsen gefroren, ohne dafs ein neues Salzgemisch zugesetzt wurde.

Die Büchsen *f* bestehen aus einem Boden und darüberliegenden Deckel, welcher abgehoben werden mufs, wenn man das Eis herausnehmen will. Auf dem oberen Teile des Deckels ist eine zweite kleinere Büchse *g* befestigt, welche mit den Büchsen *f* kommuniziert und zum Einfüllen des Wassers dient.

Damit die salzige Flüssigkeit nicht in das Innere der Büchsen eindringen kann, streicht man alle Fugen sorgfältig mit Talg aus. Jede Büchse liefert eine kreisförmige Eisplatte, 15 cm im Durchmesser und 2,5 cm dick. Um die Einwirkung der äufseren Luft auf das Innere des Kübels abzuhalten, stellt man den Kübel in einen zweiten gröfseren Kübel, der mit Sägespänen ausgefüllt wird und belegt den Deckel mit einer Strohschichte.

Durch Verdampfung des Wassers, in welchem die Salze aufgelöst sind, erhält man als Rückstand das Gemenge der ursprüng lich angewendeten Salze, die neuerdings gebraucht werden können; durch die Wiedergewinnung der Salze sind die Kosten dieser Art von Eisbereitung sehr unbedeutend. Man kann die Apparate in beliebiger Gröfse ausführen, die Anzahl der Büchsen vermehren oder vermindern, je nachdem man mehr oder weniger Eis bereiten will. Selbstverständlich gilt dies nur von der Eisbereitung im kleinen Maſsstabe.

Auf ähnlichem Prinzipe beruht der Eisapparat von Fouju, welcher einen achteckigen Kasten von beiläufig 50 cm Höhe bildet, in welchen die blechernen Gefrierkegel eingesetzt sind; dieselben werden bei der Operation durch eine Kurbel und Radtransmission in steter Bewegung erhalten. Im übrigen wird der Apparat genau so wie der von Goubaud behandelt. Ein ähnlicher Apparat wurde von Master vorgeschlagen.

Fuller sucht in seinem Apparate unter Anwendung einer Salzlösung als Kältemischung das rasche Gefrieren einer Flüssigkeit in einem topfartigen Gefäſse durch die Zentrifugalkraft der gefrierenden Flüssigkeit beim raschen Drehen zu erreichen.

Die vorstehend beschriebenen Apparate haben sämtlich den Nachteil, daſs bei ihnen die Kälte durch Auflösen von salpetersaurem Ammon oder anderer Salze in Wasser dargestellt wird. Diese Art der Kälteerzeugung kommt erstens hoch zu stehen und ist anderseits mit dem Übelstande verbunden, daſs sie sich eigentlich nur dort anwenden läſst, wo man kaltes Brunnenwasser zur Verfügung hat. Ist nämlich die Temperatur des zu verwendenden Wassers eine ziemlich hohe (11—12°), so wird selbstverständlich die Abkühlung eine verhältnismäſsig geringe sein, und kann es in diesem Falle leicht geschehen, daſs die Eisapparate ihren Dienst versagen, d. h., daſs man es nicht zum Frieren der gekühlten Flüssigkeit bringt. Bei solchen Maschinen, welche aber nicht bloſs zur Abkühlung von Flüssigkeiten dienen sollen, sondern bei welchen es sich unbedingt darum handelt, die Flüssigkeiten bis zum Gefrieren abzukühlen, muſs dieser Umstand wohl berücksichtigt werden.

Neben diesem Umstande fällt aber noch ein anderer sehr ins Gewicht: das salpetersaure Ammon ist ein so kostspieliger Körper, daſs man nicht daran denken kann, die Lösung desselben nach einmaligem Gebrauche wegzugieſsen, und muſs man unbedingt dieselbe dadurch wieder nutzbar machen, daſs man die Flüssigkeit nach dem Gebrauche soweit eindampft, bis sie bei gewöhnlicher Temperatur wieder Krystalle liefert.

Aus den angegebenen Ursachen sind daher jene Apparate zur Darstellung des Gefrornen bei weitem vorzuziehen, welche unter Anwendung von Eis und Salz arbeiten, indem man bei denselben des Ergebnisses vollkommen sicher ist und sich auch die Kosten bedeutend niedriger stellen, als jene bei Anwendung von salpetersaurem Ammon. Letzteres kann höchstens für solche Orte von einiger Bedeutung sein, in welchen absolut kein Eis beschafft werden kann.

Ein sehr einfacher Apparat zur Darstellung von Gefrorenem mit Hülfe einer Mischung aus Salz und Eis ist der in Fig. 17 abgebildete. Derselbe besteht seiner Hauptsache nach aus einem Kübel, welcher doppelte, mit Asche ausgefüllte Wände besitzt oder auch einfach mit einer Strohmatratze umgeben ist. Am Boden dieses Kübels ist eine vertikal stehende Achse angebracht, welche dem eigentlichen Friergefäfs zur Stütze dient. Das Friergefäfs besteht aus einem dünnwandigen Blechgefäfs von der in der Zeichnung ersichtlichen Gestalt, und läfst sich dasselbe mit Hülfe eines Getriebes rasch um seine Achse drehen. Der in dem Gefäfse liegende Rührer hat nur den Zweck, die Massen, welche sich an den Enden des Friergefäfses festsetzen, loszulösen und hierdurch die Bildung von kompaktem Eise zu verhüten. Oberhalb des Getriebes befindet sich an dem Gefäfse ein dicker Deckel, welcher mittels eiserner Bänder zurückgeschlagen werden kann und zur Verhütung der Erwärmung von oben her bestimmt ist.

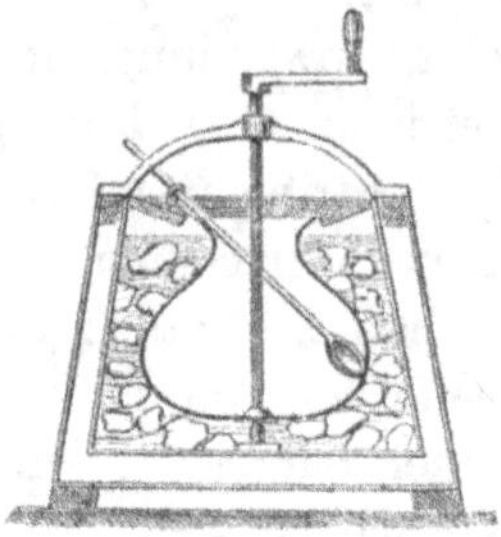

Fig. 17.

Die Handhabung dieses Apparates ist eine sehr einfache: man trägt rasch die Mischung aus Eis und Salz zwischen die Wandung des Kübels und des Friergefäfses ein, giefst unmittelbar darauf die zu frierende Flüssigkeit nach, schliefst die beiden Deckel und versetzt mittels des Getriebes das Friergefäfs in so rasche Umdrehung, dafs die in demselben enthaltene Flüssigkeit an die Wände des Gefäfses emporgetrieben wird. Die grofse Fläche, an welcher sich die zu frierende Flüssigkeit ausbreitet, bewirkt, dafs letztere binnen sehr kurzer Zeit so weit abgekühlt ist, dafs sie friert. Während des Drehens der Vorrichtung mufs man von Zeit zu Zeit mit dem Spatel, der in dem Gefäfse liegen bleibt, die Masse von der Wandung desselben loslösen, indem sonst leicht feste Eismassen an Stelle des butterartigen Gefrornen entstehen können. Im ganzen ist gewöhnlich nur eine Zeit von

6—8 Minuten erforderlich, um in einem derartigen Apparate eine Flüssigkeitsmasse von 6—7 Litern zum Erstarren zu bringen. Das Hauptmoment für die richtige Funktion dieses Apparates liegt darin, dafs das Friergefäfs immer in so rascher Umdrehung erhalten werde, dafs die Flüssigkeit infolge der sich hierdurch entwickelnden Fliehkraft stets an die Wände des Gefäfses geschleudert wird.

Ein seiner Einfachheit, Billigkeit und grofsen Leistungsfähigkeit wegen gleich empfehlenswerter Apparat ist jener, dessen Konstruktion von Prof. Meidinger angegeben wurde. Dieser Apparat (Fig. 18) besteht aus einem cylindrischen Kühlgefäfse *B*, welches aus einem schlechten Wärmeleiter angefertigt sein soll. Man kann für diesen Zweck irgend ein Gefäfs aus Holz oder Steinzeug benutzen; ein gewöhnlicher hölzerner Kübel, den man mit alten Tüchern möglichst dick umhüllt, ist hierfür ebenfalls ganz brauchbar.

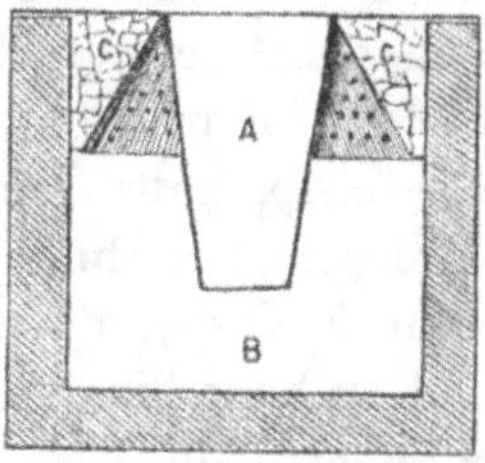

Fig. 18.

Zu dem Apparate gehören aufserdem ein kegelförmiges Friergefäfs *A*, welches man aus sehr dünnem Weifsblech anfertigen läfst, und ein ringförmiger Salzbehälter, dessen Mantelfläche siebartig durchlöchert ist. Man bringt zuerst in das äufserste Gefäfs Eis, welches in kleine Stücke zerstofsen ist, und füllt das Gefäfs damit bis zur halben Höhe an. In das Eis drückt man das Gefäfs mit dem zu frierenden Fruchtsaft so weit ein, dafs die Flüssigkeit mindestens zur Hälfte in Eis steckt, und setzt schliefslich das mit zerstofsenem Salz gefüllte ringförmige Gefäfs auf das Eis.

Nachdem der Apparat in der angegebenen Weise zusammengestellt ist, giefst man am Rande des Kübels gesättigte Kochsalzlösung in denselben, und zwar so viel, dafs die Kochsalzlösung über dem unteren Rande des Salzbehälters einige Centimeter hoch zu stehen kommt. Der Apparat kann mit einem Deckel bedeckt werden, doch kann man letzteren auch ganz weglassen, ohne dafs die Wirkung des Apparates hierdurch geschwächt würde.

In Berührung mit dem Eise nimmt die Salzlösung rasch eine niedrige Temperatur an und wird infolge des Schmelzens einer gewissen Eismenge verdünnt. Die verdünnte Lösung kommt aber mit dem fein verteilten Salze in Berührung und löst von demselben so rasch auf, dafs sie während der ganzen Arbeitsdauer beinahe immer die gleiche Konzentration zeigt. Die Temperatur der Flüssigkeit, die sich in dem Friergefäfse befindet, wird hierdurch erniedrigt und hat man weiter nichts zu thun, als die Flüssigkeit von Zeit zu Zeit umzurühren, um das Entstehen fester Eismassen an den Wänden der Büchse zu verhindern.

Wenn der Inhalt einer der Büchsen völlig erstarrt ist und sich in dem Gefäfse noch eine genügende Eismenge vorfindet, kann man die erste Büchse entfernen und sofort eine andere an die Stelle derselben bringen, so dafs man mit Hülfe dieses einfachen Apparates leicht im Stande ist, mehrere Gattungen von Gefrornem innerhalb sehr kurzer Zeit und bei Aufwendung sehr geringer Kosten darzustellen. Die Abkühlung der in den Friergefäfsen befindlichen Flüssigkeit geht so rasch vor sich, dafs man selbst auf dem Tische innerhalb weniger Minuten Gefrornes darzustellen im Stande ist, wenn der Apparat unmittelbar nach einer Beschickung mit Eis, Salz und Salzlösung in Thätigkeit gesetzt wird. Der Apparat wird von C. Beutenmüller & Cie. in Bretten in eleganter Form als Tafelgerät in vier Gröfsen zum Preise von 6—15 Mark geliefert; neuerer Zeit wird ein ähnlicher Apparat im vergröfserten Mafsstabe auch in der Parfümerie zum Scheiden der fetten Öle vom Spiritus benutzt.

Eine auf dem Prinzipe der Kälteerzeugung durch Auflösung beruhende Eismaschine ist von James Camille Rossi in jüngster Zeit konstruiert worden (D. R.-P. No. 31904). Bei diesem Apparate wird in einem Gefäfse reines Wasser durch Auflösung irgend eines Wärme absorbierenden Salzes, hier des salpetersauern Ammoniums, abgekühlt, sodann dieses vorgekühlte Wasser benutzt, um reines Wasser durch Kontakt zu kühlen und nun in diesem durch Kontakt gekühltem reinen Wasser durch neuen Zusatz des genannten Salzes eine weitere Temperaturerniedrigung hervorzurufen, welche Methode man bis zur Erzielung einer beliebigen niedrigen Temperatur fortsetzen kann; in die am stärksten gekühlte Lösung werden die Metallkästen eingehängt, in welchen das Wasser gefrieren soll, diese nach Beendigung des Gefrierprozesses ausgehoben und durch neue ersetzt. Bei diesem Verfahren mufs beobachtet werden, dafs einerseits das aufserhalb der Gefrierbüchsen befindliche Wasser so rein als möglich sein mufs, um die nötige Menge Salz auflösen zu können, und anderseits vor dem Zusatz des Salzes genügend vorgekühlt werden soll, um nach erfolgter Lösung eine bedeutendere Temperaturerniedrigung zu erlangen. Das aufgelöste Salz läfst sich durch Verdampfen wieder gewinnen und aufs neue verwenden. Wie leicht zu ersehen, läfst sich dieser Apparat nur für die Gewinnung kleiner Eismengen mit Vorteil verwenden. Der Apparat setzt sich im wesentlichen zusammen aus: 1. einem Refrigerator, bestehend aus einer variablen Anzahl von konzentrisch angeordneten Behältern, welche ringförmige Räume bilden, mit Rührwerken, sowie mit Entleerungsröhren versehen sind, und in deren äufserstem die Gefrierzellen eingesetzt werden; 2. dem von einer oder mehreren Schlangen gebildeten Kälteregenerator, in welchen die Kältelösungen nach ihrem Austritt aus den Refrigeratoren zirkulieren, und welche in mit Flüssigkeit oder Gas irgend welcher Art oder mit dem zur Herstellung der Kältelösung dienenden Wasser gefüllt sind, wobei die gebrauchten Kältelösungen schliefslich zur Wiedergewinnung der in ihnen enthaltenen Salze nach Verdampfapparaten ablaufen. Es werden Apparate für kontinuierliche oder intermittierende Erzeugung von Kälte ausgeführt. Dieselben bestehen stets aus den erwähnten drei mit einander kombinierten Hauptteilen, nämlich den Refrigeratoren, den Regeneratoren, sowie aus einem oder mehreren Verdampfapparaten. Über die praktische Verwendbarkeit dieser Apparate ist jedoch nichts bekannt geworden.

V. Die Kaltluftmaschinen.

Wie bereits in den vorhergehenden Kapiteln ausgeführt wurde, beruhen die Kaltluftmaschinen darauf, daſs zum Zwecke mechanischer Temperaturerniedrigung permanente Gase verwendet werden, welche man zuerst stark komprimiert, sodann rasch expandieren läſst. Als permanentes Gas bietet sich in erster Linie die Luft dar, die auch zu diesem Zwecke ausschlieſslich verwendet wird, weshalb diese Maschinen auch den Namen Luftexpansions-Maschinen erhalten haben.

Ältere Kaltluftmaschinen.

Die erste Konstruktion der Kaltluftmaschine rührt von Dr. Gorrie in Florida her (1850); in dieser Maschine wurde durch eine kräftige Luftpumpe die Luft komprimiert, die bei der Kompression entstehende Wärme durch einen eingespritzten Wasserstrahl entzogen, sodann die komprimierte und abgekühlte Luft expandieren gelassen, wobei sie einen zweiten einflieſsenden Wasserstrahl abkühlte. Diese Idee wurde zur Konstruktion einer Eismaschine verwertet, ohne jedoch in gröſserem Maſsstabe praktische Anwendung gefunden zu haben.

Einen ähnlichen Apparat konstruierte zu gleicher Zeit Boretius, dessen Konstruktion jedoch ziemlich unbekannt blieb.

Im Jahre 1852 lieſs sich Nesmond eine »Luft-Eismaschine« patentieren; in derselben wurde mittels einer Handluftpumpe in einem von kaltem Kühlwasser umgebenen kesselartigen Gefäſs Luft auf 20 Atm. komprimiert; nach erfolgter Abkühlung strömte die verdichtete Luft in ein zweites Gefäſs, in welchem sich die zu kühlende Flüssigkeit oder das zu frierende Wasser befand. Diese Maschine sollte gleichfalls bloſs für Eisbereitung im kleinen Maſsstabe dienen, und erzeugte ein Mann damit per Stunde 6 bis 10 Pfund Eis.

Die Kaltluftmaschine von Kirk.

Die erste gröſsere Kaltluftmaschine baute Kirk im Jahre 1862, und zwar war dies eine sog. geschlossene Luftexpansionsmaschine, in welcher stets dieselbe Luftmenge zur Verwendung gelangte. Diese Maschine erscheint in Fig. 19 schematisch dargestellt; sie besteht aus einem horizontalen Cylinder A mit zwei senkrecht eingesetzten Cylindern B und C, in welchen drei Cylindern sich die Kolben a, b und c luftdicht bewegen. Durch Bewegung des Kolbens a werden abwechselnd zwei Luftquantitäten komprimiert und ausgedehnt, von welchen die eine den Cylinder B, die andere den Cylinder C und je den korrespondierenden Raum des Cylinders A erfüllt. Die Kolben b und c bewegen sich so, daſs sie in entgegengesetzten Endstellungen sich befinden, wenn a seine mittlere Stellung einnimmt und umgekehrt. In der Mitte dieser beiden Kolben befindet sich je eine cylindrische Öffnung, in welche ein aus Drahtgeweben gebildeter »Regenerator« eingesetzt ist. Es haben die beiden Kolben nicht die Aufgabe, das Volumen der Luftquantitäten zu ändern, sondern lediglich dieselben zu verschieben und zwar den gröſseren Teil der Luft in die obere Cylinderseite zu schaffen, wenn die Expansion erfolgt, und in die untere, wenn die Kompression erfolgen soll. Zwischen dem Cylinderdeckel und einer wellenförmigen Platte befindet sich die abzukühlende Flüssigkeit, welche an die expandierte Luft Wärme abgibt, dadurch abgekühlt und durch eine Druckpumpe fortwährend erneuert wird. Ebenso zirkuliert zwischen dem Cylinderboden und einer ebenfalls gewellten ringförmigen Platte Kühlwasser, welches die bei der Kompression frei werdende Wärme aufnimmt. Der Regenerator hat die Aufgabe, den Wärmeaustausch zu vervollkommnen.

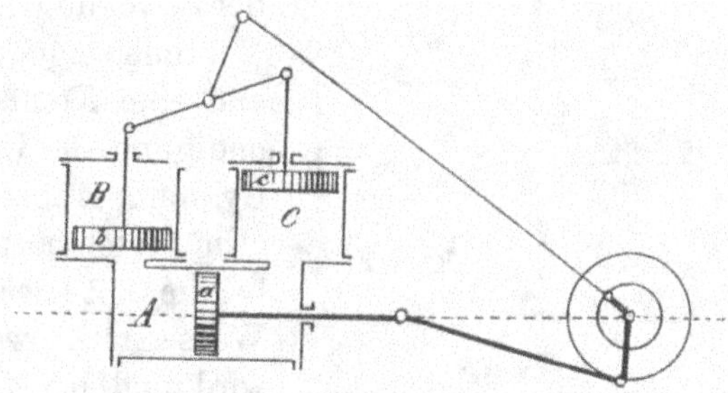

Fig. 19.

Diese Konstruktion wurde von Kirk bald verlassen und durch eine andere ebenfalls geschlossene Luftexpansionsmaschine ersetzt, welche, gleichfalls schematisch, in Fig. 20 dargestellt erscheint. Die Kolben *a* und *b* in den beiden Cylindern *A* und *B* werden durch zwei Kurbeln in Bewegung gesetzt, welche einen Winkel von 135 ° miteinander einschlieſsen, woraus eine Relativbewegung der beiden Kolben resultiert. Die beiden Cylinder stehen vorn und hinten miteinander in Kommunikation, so daſs je ein Luftquantum auf der Rückseite und ein anderes auf der Vorderseite beider Kolben eingeschlossen ist. Die Volumina der beiden Luftmengen erleiden bei der Bewegung der Kolben entsprechende Veränderungen, und zwar erfolgt zuerst eine Kompression, vor deren Beendigung die Luft sich vollständig im Cylinder *A* befindet. Nun folgt das Hinüberschieben in den Cylinder *B*, wobei die Luft zuerst Wärme abgibt an den Wasserstrahl, welcher bei *c* eingespritzt wird und bei *e* austritt, und dann an den Regenerator *R*. So abgekühlt, gelangt die Luft im Cylinder *B* zur Expansion, bei deren Vollendung sie in den Cylinder *A* zurückgeschoben wird, wobei sie einem zweiten, bei *a* eingespritzten Wasserstrahl Wärme entzieht und denselben als Träger der erzeugten Kälte durch *f* nach auſsen entsendet. Auſserdem wird dem Regenerator durch den immer noch kalten Luftstrom die Wärme entzogen, welche er vorher von der komprimierten Luft aufgenommen hatte. Expansion und Kompression bewegen sich innerhalb Spannungen von ca. $2\frac{1}{3}$ bis 4 Atm.

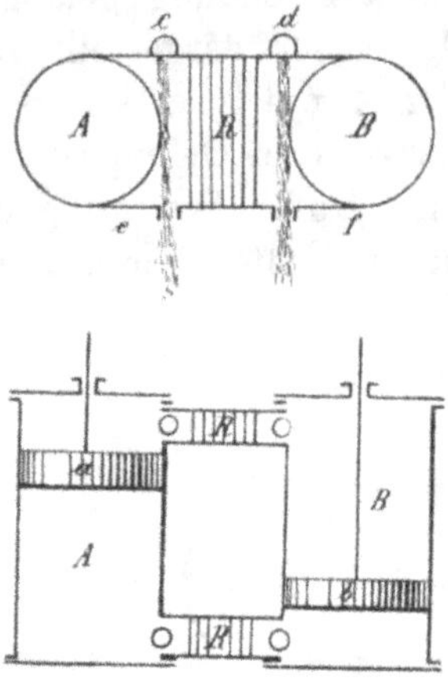

Fig. 20.

Die Kirk'sche Kaltluftmaschine leistete im Vergleich zu ihren theoretisch berechneten Effekten nur wenig, die erzeugte Kälte war daher zu theuer; überdies waren die Kühlflächen viel zu klein und zu unvorteilhaft angeordnet, und gab die Anwendung des Regenerators zu Verstopfungen durch Eisbildung Anlaſs. Aus diesem Grunde haben die Kirk'schen Maschinen in der Praxis wenig Verbreitung gefunden.

Kältemaschine von Behrend.

Im Jahre 1867 erhielt Ingenieur Behrend für die Firma Münnich & Komp. ein Patent auf eine Luftexpansionsmaschine, welche in Fig. 21 abgebildet erscheint. Die Anordnung der Maschine ist folgende:

Die Kompression der Luft erfolgt in dem vertikalen Cylinder *A*, der während der Kompression gekühlt wurde. Es wird dies dadurch bewirkt, dafs der Cylindermantel sowohl, wie Boden und

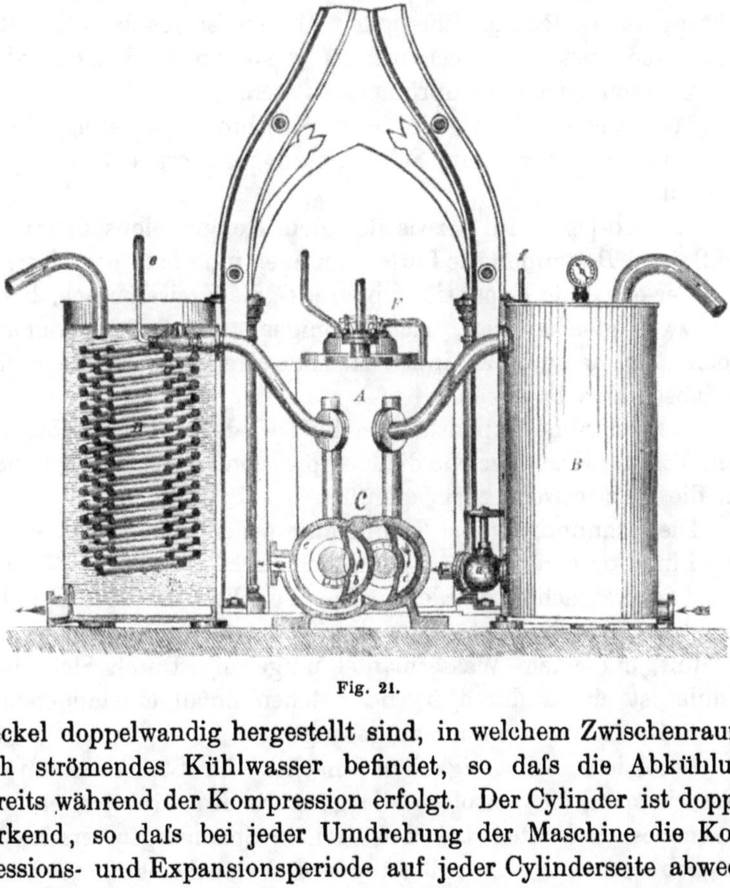

Fig. 21.

Deckel doppelwandig hergestellt sind, in welchem Zwischenraume sich strömendes Kühlwasser befindet, so dafs die Abkühlung bereits während der Kompression erfolgt. Der Cylinder ist doppelwirkend, so dafs bei jeder Umdrehung der Maschine die Kompressions- und Expansionsperiode auf jeder Cylinderseite abwechselt. Um dies zu erreichen, ist ein Steuerungsmechanismus notwendig, der aus einem sich in einem hohlen Cylinder drehenden Steuercylinder *F* besteht, mittels welchem der Eintritt und Austritt der expandierten und komprimierten Luft auf beiden Seiten des Kompressionscylinders *A* bewirkt wird. Die Steuerung ist so reguliert, dafs die Kompression bis auf 10 Atm. Überdruck stattfinden kann.

Auf dem Wege nach dem Eisbildner *D* findet die Abkühlung der komprimierten Luft in dem Schlangenkühler *B* auf die gewöhnliche Weise statt, und nachdem die expandierende Luft, welche in dem rotierenden Expansionsapparat *C*, eine Behrend'sche Kreiselpumpe, gleichzeitig Arbeit durch die Expansion leistet, d. h. arbeitend expandiert, der Kühlflüssigkeit in dem Schlangenrohrapparat *D* der Kälteflüssigkeit Wärme entzogen hat, tritt sie durch den Steuerungsmechanismus wiederum in den Cylinder *A* ein, um von neuem komprimiert zu werden.

Mit Riemscheiben wird die Maschine von einer Dampfmaschine betrieben, ein Schwungrad reguliert den Gang der Maschine.

Ein Absperrventil *a* zwischen dem Kompressionsapparat und der Spirale *B* reguliert die Luftströmungen innerhalb der Maschine.

Der erwähnte Expansionsapparat *C*, die Kreiselpumpe, besteht aus zwei gleichartigen, sichelförmigen, ineinander greifenden Kolben *bc*, die durch an ihnen sitzende Kreisscheiben die nötigen Luftabschlüsse bewirken.

Der durch die Expansion der Luft wiedergewonnene beträchtliche Teil der Kraft, welche die Kompression erfordert, wird wieder auf die Betriebswelle zurückgeführt.

Die Spannungen und Temperaturen der Luft im Innern der Maschine können durch die Manometer *d e* und die Thermometer *f g* beobachtet werden. Um ein Erhitzen des Pumpencylinders zu verhüten, sind dessen Mantel und Endflächen, wie erwähnt, mit einem Wassermantel umgeben. Durch Sicherheitsventile ist einem durch irgend welchen Zufall entstandenen zu hohen Druck im Cylinder vorgebeugt.

Besondere Schwierigkeiten machte die Steuerung an der Versuchsmaschine, insofern die gewählte Konstruktion ein vollkommenes Abdichten bei den hohen Spannungen erschwerte. Da sich jedoch Behrend an dieser Versuchsmaschine bereits überzeugte, wie grofs die Verluste an Arbeit etc. seien, und es ihm zweifellos erschien, dafs die Ursachen derartige waren, die sich nicht überwinden liefsen und die vorstehend bereits hervorgehoben sind, so liefs er die Sache fallen. Die Versuche ergaben bald, dafs die Herstellungskosten des Eises so hoch lagen, dafs an vorteilhafte Benutzung der Maschine kaum zu denken war.

Windhausen's Kaltluftmaschine.

Eine gröfsere praktische Bedeutung erlangten die Kaltluftmaschinen erst durch die Arbeiten Windhausen's, und es schien eine Zeit lang, als ob dieses System der Kälteerzeugung über die andern den Sieg davon getragen hätte. Im Jahre 1869 konstruierte Windhausen eine geschlossene Kaltluftmaschine, wie selbe in Fig. 22 schematisch dargestellt ist. Diese besteht der Hauptsache nach aus einem Cylinder *CE*, einem Kühler für die komprimierte Luft *B* und einem Refrigerator *D*. Der Kolben *a* teilt den Cylinder in den Kompressionsraum *C* und in den Expansionsraum *E*; der erstere nimmt bei jedem Hub durch das Ventil *b* Luft aus dem Refrigerator auf, welche dann komprimiert und durch das Ventil *c* in den Kühler gedrückt wird, um daselbst nahe auf die Temperatur des dort zirkulierenden Wassers abgekühlt zu werden. Aus dem Kühler gelangt die Luft wieder bei jedem Hub durch das Ventil *d* in den Raum *E*, von da nach vollzogener Expansion in den Refrigerator, wo sie ihre niedrige Temperatur an die Gefäfse abgibt, um das darin enthaltene Wasser in Eis zu verwandeln. Um hier während der Erwärmung dieser Luft atmosphärische Spannung erhalten zu können, ohne Luft entweichen zu lassen, ist dem Refrigerator ein Behälter *f* aus Kautschuk beigefügt, welcher den Rauminhalt der jeweiligen Temperatur anpafst.

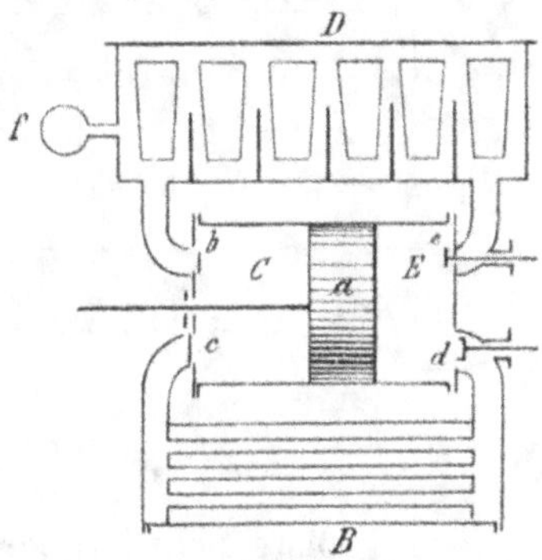

Fig. 22.

Diese Kaltluftmaschine war also für die Eiserzeugung bestimmt; doch erkannte Windhausen bald, dafs dazu die Kaltluftmaschine ungeeignet sei, dagegen zur Kühlung von Räumen mit Erfolg zu verwenden wäre. Dazu mufste die Maschine als offene konstruiert werden, d. h. es mufste bei jedem Hube ein neues Luftvolumen von aufsen angesaugt und abgekühlt in den zu kühlenden Raum ausgestofsen werden. Die Maschine wurde dann zweicylindrig gebaut; sie besteht, wie beistehendes Schema (Fig. 23) zeigt, aus den getrennten doppelt wirkenden Cylindern *C* und *E*, in welchen Kompression und Expansion stattfinden. Während der Kompression wird der Luft Wärme entzogen, einerseits durch die Cylinderwandung, welche von Kühlwasser umgeben ist, sodann durch Kühlwasser, welches mittels einer Pumpe in das Innere des Cylinders eingespritzt wird. Nach der Kompression wird die Abkühlung in einem Röhrenapparate *A* fortgesetzt. Die komprimierte und nahezu auf die Kühlwassertemperatur gebrachte Luft gelangt sodann im Cylinder *E* zur Expansion, welchen sie mit einer Temperatur verläfst, die vom Kompressionsdruck abhängt und die bis —40° C. betragen kann.

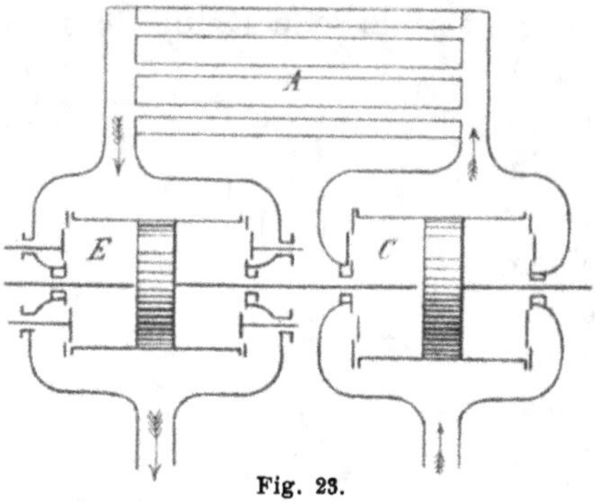

Fig. 23.

Die gröfste Schwierigkeit bei diesen Maschinen machte der Feuchtigkeitsgehalt der Luft, indem sich das in der Luft enthaltene Wasser als Schnee niederschlug und die Ausgangsventile zufrieren machte, so dafs die Maschine bedeutender Abnutzung und häufigen Betriebsstörungen durch Brüche ausgesetzt war; es gelang jedoch, die Luft durch geeignete Vorrichtungen genügend zu entwässern. Mehrere ausgeführte Anlagen bewährten sich recht gut, die hohen Betriebskosten und die nicht genug rationelle Ausnutzung der erzielten niedrigen Temperaturen liefsen diese Maschinen nur zu geringer Verbreitung gelangen und wurden sogar fast sämtliche bestehenden mit der Zeit wieder aufser Betrieb gesetzt.

Nachstehend soll diese verbesserte Konstruktion der Windhausen'schen Kaltluftmaschine in ihren Details beschrieben werden.

Die Windhausen'sche Kaltluftmaschine besteht, wie die beistehende Abbildung (Fig. 24) im Durchschnitt zeigt, aus folgenden wesentlichen Bestandteilen:

1. dem **Kompressionscylinder** *A*, in welchem die atmosphärische Luft angesaugt und komprimiert wird;

2. den *Kühlapparaten* E und F, in welchen die durch die Kompression stark erhitzte Luft mittels Kühlwasser bis nahe auf die Temperatur desselben abgekühlt wird;

3. dem *Expansionscylinder* B, in welchem sich die durch das Kühlwasser abgekühlte Luft unter Verrichtung von Arbeit wieder bis auf gewöhnliche Atmosphärenspannung ausdehnt und, hierdurch stark abgekühlt, ausgestofsen wird;

4. der zur Bewegung der Kolben dienenden Maschine C.

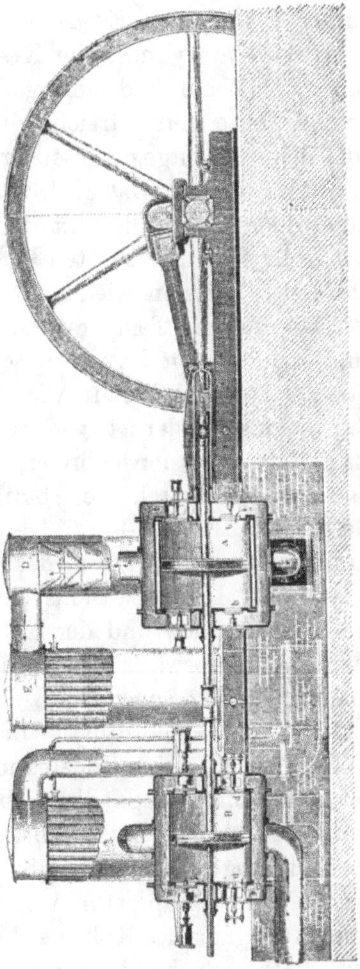

Fig. 24. Windhausens's Luftexpansionsmaschine, Durchschnitt.

Der Kompressionscylinder A ist an beiden Enden mit den Ventilen a und b versehen; erstere, die Ventile a sind Saugventile, welche sich bei der Bewegung des Kolbens öffnen und Luft ansaugen, beim Rückgange des Kolbens sich wieder schliefsen, wobei die eingeschlossene Luft komprimiert wird Die Ventile b sind Druckventile, welche sich erst dann öffnen, wenn die Luft infolge andauernder Kompression einen entsprechend hohen Grad von Spannung erreicht hat, worauf die komprimierte Luft in den Kühlapparat gedrückt wird. Durch die Kompression wird eine bedeutende Wärmemenge erzeugt; wird die Luft z. B. auf 3 Atm. komprimiert, ohne dafs die entstandene Wärme abgeführt wird, so tritt theoretisch eine Temperaturerhöhung von 105° C. ein. Zur Entziehung dieser bedeutenden Wärmemenge wird der Kompressionscylinder von einem Wassermantel umgeben, in welchem beständig Kühlwasser zirkuliert, überdies auch noch direkt Kühlwasser mittels einer Pumpe in den Kompressionscylinder eingespritzt.

Die komprimierte Luft tritt aus dem Cylinder A zunächst in den Entwässerungscylinder, in welchem sich die von der Luft mitgerissene Feuchtigkeit an den zahlreichen gebogenen Wandungen absetzt und sich an der tiefsten Stelle des Apparates zum Abfluſs ansammelt.

Aus dem Entwässerungscylinder kommt die Luft in die Luftkühler E und F. Es sind dies zwei nebeneinander stehende ca. 4 m hohe cylindrische Kessel, in welchen zahlreiche Röhren von 4 cm Weite und geringer Wandstärke enthalten sind. Die komprimierte Luft streicht durch diese engen Röhren, welche von dem in entgegengesetzter Richtung flieſsenden Kühlwasser umspült werden. Das Kühlwasser tritt an der tiefsten Stelle des Luftkühlers F, wo die Luft denselben verläſst, ein, gelangt durch das Rohr f in den zweiten Kühler E und flieſst an der höchsten Stelle des letzteren wieder ab.

Die auf die Temperatur des Kühlwassers gebrachte Luft gelangt nun in den Expansionscylinder B; dieser ist bezüglich der Ventile ähnlich gebaut wie der Kompressionscylinder A. Der Expansionscylinder ist, wie auch aus der Figur ersichtlich, kleiner als der Kompressionscylinder, und zwar entsprechend der Reduktion der Luft durch die Abkühlung nach dem Gay-Lussac'schen Gesetze $V_1 : V = [1 + \alpha t] : [+ \alpha t_1]$, wobei V das Volumen bei der Anfangstemperatur t_1, V_1 das Volumen bei der Endtemperatur t bezeichnet. Die Expansionsventile c werden durch den Anstoſs des Kolbens geöffnet, und der Kolben durch die eintretende komprimierte Luft vorwärts getrieben. Bei einer bestimmten der Luftspannung entsprechenden Kolbenstellung schlieſsen sich die Expansionsventile selbstthätig, die eingeschlossene Luft bewegt den Kolben bis an seine Endstellung, wobei sie bis an die Spannung der Atmosphäre expandiert; bei diesem Vorgange wird eine der geleisteten Arbeit entsprechende Wärmemenge gebunden, d. h. die Luft abgekühlt, die auf diese Weise entstandene kalte Luft, welche eine Temperatur von — 40° bis — 50° hat, entweicht beim Rückgang des Kolbens durch die Auslaſsventile d und kann nun direkt zur Kühlung von Räumen, zur Kühlung von Wasser oder zur Eisproduktion dienen.

Die Kältewirkung der Windhausen'schen Kaltluftmaschine beginnt fast momentan mit der Inbetriebsetzung, da schon wenige Sekunden darauf die Luft die Maximalspannung im Apparate erreicht und nach kaum 10 Minuten die Temperatur der ausströmenden Luft auf — 40 ° bis — 50 ° C. sinkt.

Soll die der Maschine entströmende kalte Luft zur Kühlung oder Ventilation von Räumen verwendet werden, so strömt die kalte Luft entweder direkt in die zu kühlenden Räume, wobei die Maschine mit geringem Druck und mässiger Kälte arbeiten kann, oder erst, nachdem ein Teil der intensivsten Kälte zur Eisfabrikation verwendet wurde.

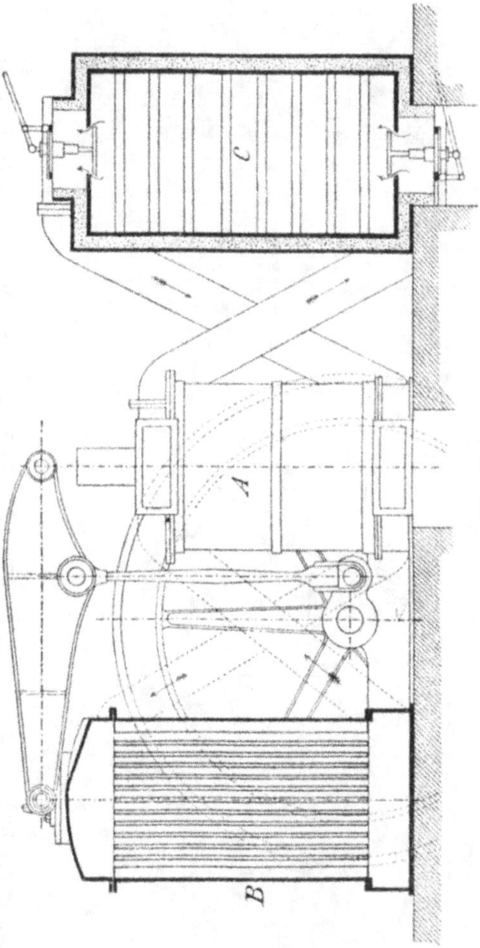

Fig. 25.

Spätere kleine Maschinen Windhausen's zeigen die Anordnung, welche die Fig. 25 darstellt. Es ist *A* ein Cylinder, welcher gleichzeitig zur Kompression und Expansion der Luft benutzt wird und also für jeden Zweck nur einfach wirkend ist, *B* der Kühler, mit dem Cylinder durch zwei Röhren verbunden, in denen sich die Luft in der Richtung der Pfeile bewegt. Handelt es sich um Eisbildung, so kommt ein sog. Gefrierschrank *C* hinzu, der luftdicht verschlossen wird und in welchen man die mit dem zugefrierenden Wasser gefüllten Kästen hineinstellt. Die Maschine wird dann zur geschlossenen, da man dieselbe Luftmenge einen vollständigen Kreisprozefs durchmachen läfst. Über die Art, wie bei diesen Maschinen die aus der Schneebildung entstehende Gefahr beseitigt wird, ist aus der vorliegenden Zeichnung und Beschreibung nichts zu ersehen. Diese Maschinen nennt Windhausen Hochdruckmaschinen, wenn die Luft bis auf 1 1/2 bis 3 1/2 Atm. komprimiert und auf —30° bis —45° abgekühlt wird, Mitteldruckmaschinen, wenn die Kompression höchstens 2 1/2 Atm. beträgt und die Abkühlung nur auf —10° bis —25° getrieben wird. Aufserdem hat er auch eine sog. Niederdruckmaschine angegeben. In dieser wird die Luft zuerst durch Expansion bis auf 1/2 Atm. gebracht und dadurch ihre Temperatur bis auf —30° ermäfsigt, dann strömt sie in luftdicht geschlossene Gefrierschränke, aus denen sie wieder in den Cylinder tritt, um auf ihre Anfangsspannung komprimirt und mit etwa 60° ausgestofsen zu werden. Diese Maschine gebraucht kein Kühlwasser, hat aber den Nachteil, sehr grofse Abmessungen erhalten zu müssen oder sehr wenig zu leisten.

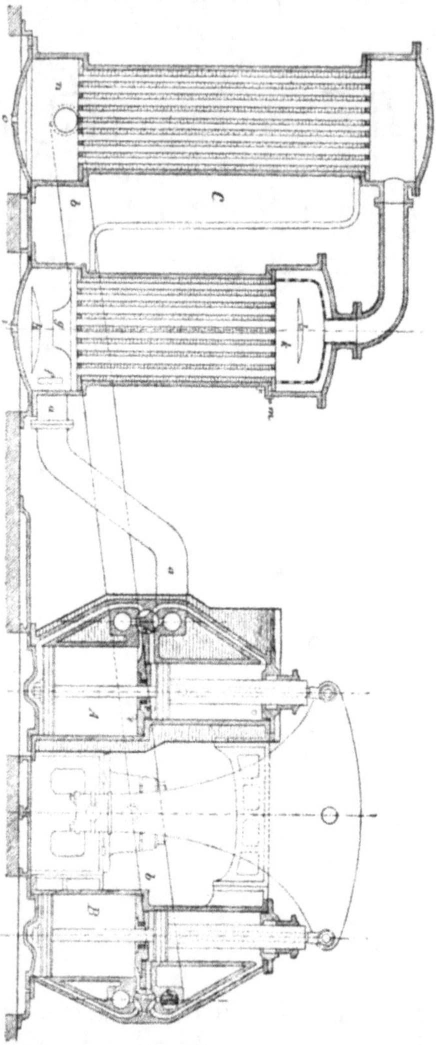

Fig. 26.

Eine andere Anordnung einer Hochdruck-Kaltluftmaschine zeigt die von Windhausen & Laurie (D. R.-P. No. 18353). Fig. 26 ist eine Skizze derselben, welche aber nur das Prinzip erläutern soll; die Steuerung und weitere Einzelheiten sind weggelassen. Die Maschine ist dazu bestimmt, sehr tiefe Temperaturgrade zu erzielen; dementsprechend sind die Cylinder für starke Kompression und Expansion und ist der Kühler für kräftige Trocknung angeordnet. *A* ist der Kompressions-, *B* der Expansionscylinder; der Kühler *C* steht mit ersterem durch das Rohr *a*, mit letzterem durch das Rohr *b* in Verbindung. Beide Cylinder haben zwei Bohrungen von verschiedenem Durchmesser, welche durch eingesetzte Röhren voneinander getrennt sind und in denen sich unmittelbar miteinander verbundene Kolben bewegen, welche in der aus der Figur ersichtlichen Weise an der Kurbel hängen. Die Steuerung geschieht durch die Verteilungsdrehschieber *c*; der Cylinder *B* ist aufserdem noch mit einem Expansionsdrehschieber *d* ausgestattet, so dafs der Expansionsgrad verstellbar ist. Die Luft wird zunächst im unteren Teile des Cylinders *A* bis zu einem gewissen Grade, dann, nachdem sie durch den Drehschieber übergetreten ist, im oberen Teile völlig komprimiert. Der Cylinder ist mit äufserer Wasserkühlung und Einspritzvorrichtung versehen; letztere wird durch zwei in der Figur unsichtbare kleine Pumpen, welche von der Maschine selbst getrieben werden, bedient, das Wasser tritt an beiden Enden jeder Cylinderabteilung durch Brausen bei *e* ein. In den Kühlapparat, welcher aus zwei Röhrenkesseln besteht, gelangt die Luft bei *f*; diese Öffnung ist tangential gegen den Blecheinsatz *g* gerichtet, so dafs die Luft diesen umkreist, ehe sie in den mit Kühlwasser umgebenen Röhren aufsteigt; das dabei sich abscheidende Wasser sammelt sich unter dem Schirme *h* und wird bei *i* abgelassen. Durch die Röhren tritt die Luft in den cylindrischen Raum *k*, stöfst in demselben gegen den Schirm *l* und streicht infolge dessen an den Wandungen entlang; diese sind aus gelochtem Blech gebildet, hinter dem ein mit Badeschwämmen gefüllter Raum sich befindet; das sich hier sammelnde Wasser entweicht bei *m*. Nun tritt die Luft in den zweiten Kühlcylinder und fällt durch die Röhren desselben in den Raum *n*, aus dem sie durch das Rohr *b* nach dem Expansionscylinder geleitet wird. Der Boden von *n* ist wieder mit einer Schichte Badeschwamm ausgerüstet, unter der sich der Wasserabzug *o* befindet. Die Wiederausdehnung der Luft geschieht, wie die Kompression, in zwei Stufen, zuerst im oberen engeren, dann im unteren weiteren Kolbenraume des Expansionscylinders; hier expandiert die Luft bis auf Atmosphärenspannung, wird dementsprechend abgekühlt und dann ausgeworfen.

Eine weitere Neuerung hat Windhausen an der Kaltluftmaschine dadurch eingeführt, daſs er die Kompression der Luft durch gespannten Dampf direkt in denselben Cylindern erfolgen läſst, in welchen der Dampf wirkt. Dies erzielt er durch eine Konstruktion, welche in Fig. 27 dargestellt erscheint.

Die Maschine bildet zwei zentral miteinander verbundene oder aus einem Stück bestehende, im Durchmesser ungleich groſse

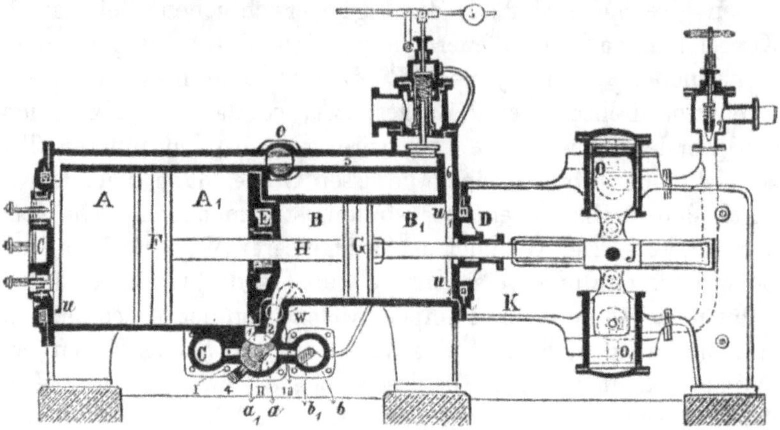

Fig. 27a.

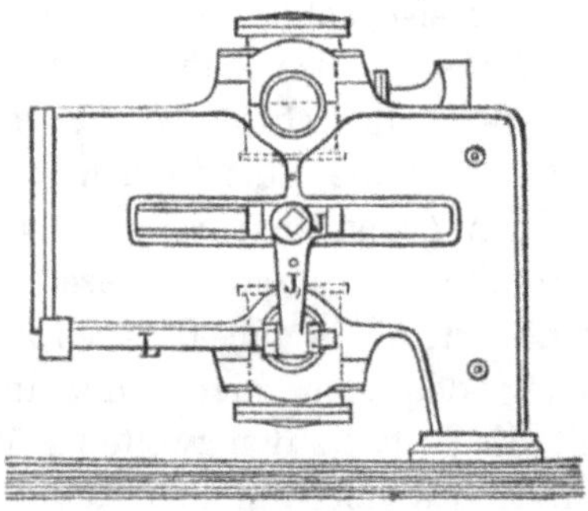

Fig. 27b.

Cylinder $A\,A_1$ und $B\,B_1$, die durch den Deckel C und D geschlossen und durch das Zwischenstück E voneinander getrennt sind. In jedem dieser Cylinderräume befindet sich ein dicht schlieſsender Kolben, F und G. Beide sind durch die Kolbenstange H fest miteinander verbunden.

Die Cylinderräume A_1 und B sind zur Aufnahme des Betriebsdampfes bestimmt, während die Cylinderräume A und B_1 zur Aufnahme der zu komprimierenden Luft dienen, und zwar so, daſs die Expansion des Dampfes, sowie die Kompression der Luft nach dem bekannten Woulf'schen System erfolgt. Dies wird in folgender Weise erreicht:

Die Cylinderräume A_1 und B sind durch Kanäle 1 und 2 mit der Verteilungskammer a_1, und diese wieder durch die Kanäle

3 und 4 mit dem Dampfzuströmrohr b und dem Dampfabströmrohr c verbunden.

In der Dampfverteilungskammer a befindet sich dicht schliefsend der Verteilungsschieber a_1. Derselbe hat zwei konkave Aussparungen, durch welche die Dampfkanäle 3 und 2 und gleichzeitig der Kanal 1 mit 4 bei der Bewegung der Kolben vorwärts, und die Kanäle 1 mit 2 bei der Bewegung rückwärts, kommunizieren. In dem Dampfzuströmrohr b befindet sich der Expansionsschieber b_1. Derselbe ist bestimmt, den Kanal 3 je nach dem erforderlichen Expansionsgrade zu öffnen und zu schliefsen.

Die Cylinderräume A und B_1 stehen durch die Kanäle 5 und 6 miteinander und dem Luftrohre f in Verbindung. Die Kommunikation dieser Kanäle miteinander wird abwechselnd durch den cylindrischen Hahn e, das Überströmventil g und das Druckventil h unterbrochen. Das Aussaugen der atmosphärischen Luft erfolgt durch die Ventile r im Cylinderdeckel C.

Gehen nun die Kolben F und G von links nach rechts vor, so wird die Luft durch die Saugventile r in den Cylinderraum A gesaugt und gleichzeitig die im Cylinderraume B_1 befindliche Luft weiter komprimiert und durch das Druckventil h und das Druckrohr f in das Reservoir zur Aufnahme der komprimierten Luft verdrängt. Gehen die Kolben F und G zurück, so schliefsen sich die Ventile r, während gleichzeitig der Hahn e durch die Steuerung geöffnet wird, um die in dem Cylinderraume A befindliche Luft in den Raum B_1 durch das sich öffnende Überströmventil g zu verdrängen und dabei gleichzeitig zu komprimieren.

Die Kolbenstange H ist mit einem Kreuzkopfe J verbunden (siehe Fig. 27 b); derselbe wird geführt in zwei parallelen Schlitzen, die in den beiden mit dem Cylinder fest verbundenen Gestellwänden K sich befinden. Auf einer Seite trägt der Kreuzkopf J den Arm J_1, in welchem die Steuerachse L parallel mit der Cylinderachse befestigt ist. Diese hat die Bestimmung, den Verteilungsschieber a_1 und den Expansionsschieber b_1 entsprechend den Kolbensstellungen zu drehen. Auf der Innenseite der Stange sind zwei Vorsprünge und auf der Aufsenseite ein in einem Längenschlitz der Stange L verschiebbares Stofsstück. Dieses schlieft nach Dampffüllung den Dampfzuströmkanal 3 durch Drehung eines Hebels und des damit verbundenen Expansionsschiebers b. Der Dampf arbeitet dann im Cylinder nur durch Expansion. Beim Rückgang wird der Hebel durch Federn in seine ursprüngliche Stellung zurückgeschnellt und dadurch der Kanal 3 geöffnet. Die Vorsprünge an der Stange L haben die Bestimmung, nahe an beiden Enden des Kolbenschubes den Verteilungsschieber a in die Stellungen I und II zu bringen. Hierdurch wird abwechselnd das Einströmen des frischen Dampfes in den Cylinderraum B und gleichzeitig das Abströmen des expandierten Dampfes aus dem Cylinderraum A_1 in die Atmosphäre oder einen Kondensator, und beim Hubwechsel das Überströmen des Dampfes aus dem Raum B vermittelt.

Zur Sicherung der Kolben F und G gegen Anschlag an die Cylinderdeckel ist in jedem der letzteren ein konzentrischer Ring u und u_1 so angebracht, dafs die Kanten derselben einige Centimeter weit in die bezüglichen Cylinderräume hervorragen und sich durch starken Druck ebenso tief in genau schliefsende konzentrische Nuten zurückschieben lassen. Zur Regulierung der Kolbengeschwindigkeit ist in dem Dampfkanal ein von aufsen verstellbarer cylindrischer Hahn w angebracht.

Von dieser Konstruktion ist keine praktische Einführung bekannt geworden, wie überhaupt das Windhausen'sche Prinzip der Kaltluftmaschine erst dann eine allgemeinere Verbreitung fand, als von anderen Konstrukteuren die bei der Verwendung in der Praxis zu Tage getretenen Mängel durch entsprechende Verbesserungen beseitigt worden waren.

Die Bell-Coleman'sche Kaltluftmaschine.

Diese hat unter allen Kaltluftmaschinen die gröfste Verbreitung erfahren. Sie unterscheidet sich prinzipiell gar nicht von der Windhausen'schen Maschine, ist aber bezüglich der Konstruktion vielfach verbessert und zeichnet sich durch eine sehr kräftige Lufttrocknung aus, welche nicht nur mit Rücksicht auf die Verhinderung der Eisbildung bei der Expansion, sondern auch deshalb notwendig wurde, weil die Erfinder von vornherein die Verwendung dieser Maschine für die Konservierung von Fleisch im Auge hatten und für diesen Zweck trockene Luft die Vorbedingung ist. Die Trocknung der Luft wird bei diesem Systeme dadurch erzielt, dafs man diese im komprimierten Zustande stärker abkühlt, als dies durch Wasser möglich ist; man führt nämlich das zur Kühlung bestimmte Rohrsystem durch den zu kühlenden Raum selbst und erzielt so die vollständigste Wasserabscheidung.

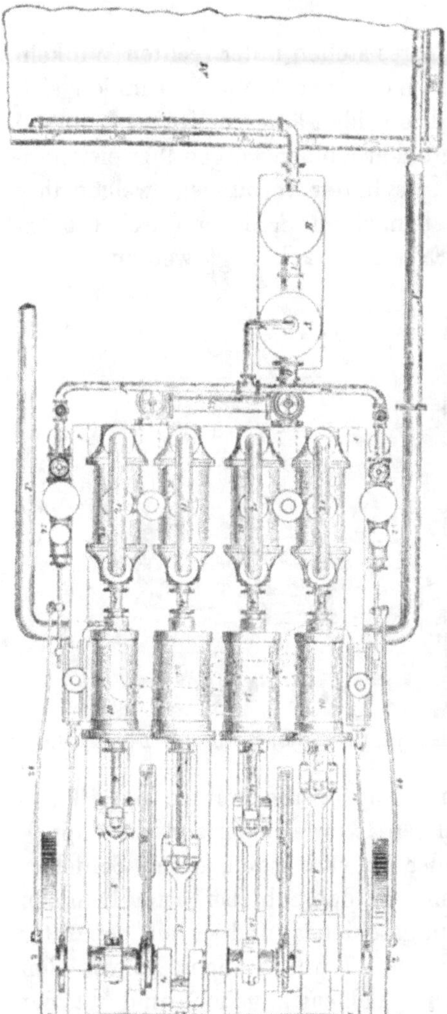

Fig. 28. Bell-Coleman'sche Luftexpansionsmaschine, Grundriſs.

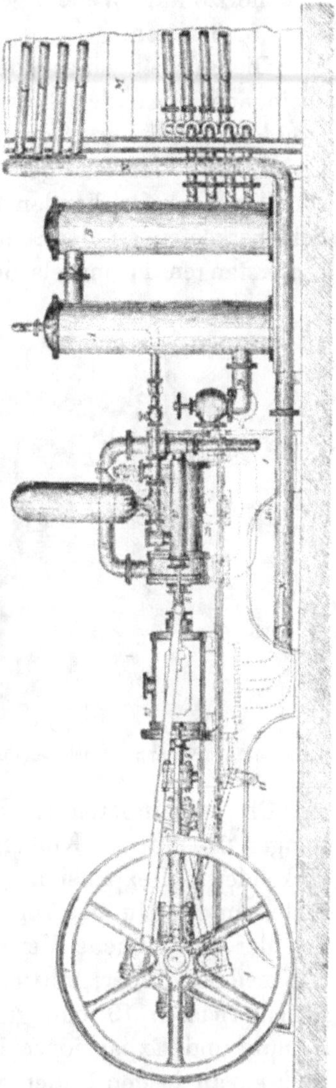

Fig. 29. Bell-Coleman'sche Luftexpansionsmaschine, Aufriſs.

Die Anordnung der Maschine ist je nach dem Zwecke und dem zu Gebote stehenden Raume eine verschiedenartige; nach der Patentbeschreibung hat sie folgende Einrichtung, wie sie in den Fig. 28 und 29 im Grund- und Aufriſs dargestellt ist.

Auf einem Gestell oder einer Fundamentplatte 1 von rechteckiger Form im Grundrifs wird von drei Lagern am Ende quer eine horizontale Welle 2 getragen, auf welcher zwei Paar Kurbeln 3, 4, 5, 6 sitzen.

Die Kurbeln eines jeden Paares stehen unter rechten Winkeln zueinander. An den äufseren Enden der Welle 2 befinden sich zwei leichte Schwungräder 7. Die beiden äufsern Kurbeln 3 und 6 sind mittels Pleuelstangen 8 mit den Kolbenstangen 9 zweier horizontalen doppelwirkenden Dampfcylinder verbunden, welche ihre Schieberkästen an der Seite haben, deren Schieber durch die Excenterstangen 11 mittels der Excenter 12 bewegt werden.

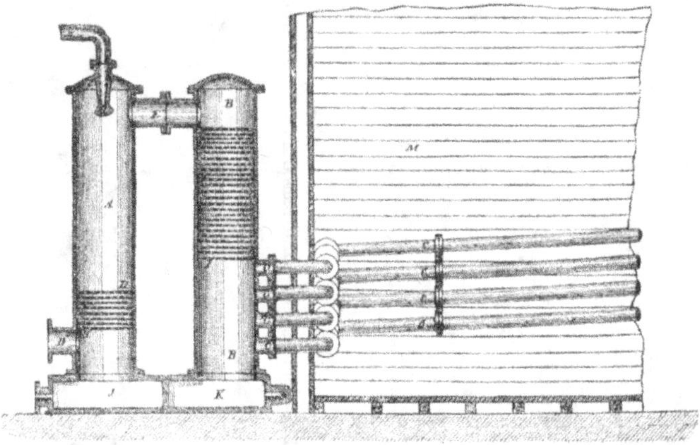

Fig. 30. Trockenapparat der Bell-Coleman'schen Luftexpansionsmaschine, Längsschnitt.

Die zwei inneren Kurbeln 4 und 5 sind mittels der Pleuelstangen 13 mit den Kolbenstangen 14 zweier horizontaler doppelwirkender Luftexpansionscylinder 15 verbunden, deren Schieberkästen an den Unterseiten sitzen. In den Schieberkästen befinden sich der gewöhnliche Vertheilungsschieber und je ein separater Expansionscylinder, mitttels Wellen 17 und Stangen 18 von den Excenterpaaren 19 bewegt. Die Kolbenstangen 9 und 14 der Dampf- und Expansionscylinder 10 und 15 gehen durch Stopfbüchsen an beiden Enden jener Cylinder und ferner in der Fortsetzung durch Stopfbüchsen in die vier Luftkompressionscylinder 20, die an dem Fundamentgestell 1 befestigt sind, und zwar an dem der Lagerung der Kurbelwelle entgegengesetzten Ende. Fig. 30 zeigt die Expansionscylinder im vergröfserten Mafsstabe im Längsschnitt. Die Ventile sind automatische Scheibenventile, welche durch den Druck der Luft geöffnet und durch Federn geschlossen werden, und deren Konstruktion aus Fig. 31 ersichtlich ist. Die Luft tritt durch Röhren 21 und durch die Ventile 22, welche sich in den obern Teilen der Cylinderenden befinden, in die Cylinder ein und tritt durch die in den untern Teilen der Cylinderenden befindlichen Ventile 23 und durch die Röhren 24 aus. An jedem Ende der Kompressionscylinder 20 befindet sich ein kleines Rohr 25 zum Wassereinspritzen, um die durch die Kompression entstehende Hitze zu absorbieren. Dieses heifsgewordene Wasser läuft dann durch die Röhren 24 und die Rohransätze 26 nach einem Klappen-Auslafsapparat. Die Luftkompressionscylinder 20 werden aufserdem häufig noch mit einem Mantel gemacht, um auch von aufsen die Luft während der Kompression zu kühlen; indessen ist die Wassereinspritzung der ökonomischere Weg, besonders dann, wenn sie mit dem nachstehend beschriebenen Apparat, um die Feuchtigkeit von der Luft zu trennen, kombiniert wird. Das Wasser, welches zum Einspritzen verwendet wird, wird durch die beiden Pumpen 27, welche sich an den Seiten der Kompressionscylinder befinden, transportiert; die Pumpen werden durch die Stangen 28 angetrieben.

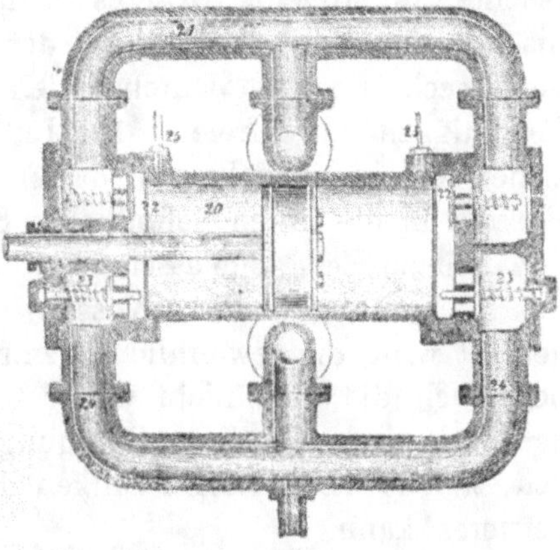

Fig. 31. Kompressionscylinder der Bell-Colemannschen Luftexpansionsmaschine, Längsschnitt.

Von den Ausblaseröhren 24 durch die Röhren 29, das Ventil D, gelangt die komprimierte Luft in den Apparat A B zum Entfernen der Feuchtigkeit. Dieser Apparat, der in Fig. 30 in vergröfsertem Mafsstabe abgebildet ist, besteht aus zwei verticalen Kesseln A und B und einem Satz Röhren C. Der erste Kessel A ist an seinem unteren Ende mit einem Stutzen D versehen, um die komprimierte Luft von den Kompressionscylindern eintreten zu lassen. Die Luft steigt in diesem Kessel A aufwärts, geht durch den Verbindungskanal E von oben in den zweiten Kessel B, in welchem sie herabsteigt und dann in die Röhren C gelangt. Oben im ersten Kessel A ist ein Rohr F angebracht, in welches mittels einer Pumpe Wasser von gewöhnlicher Temperatur eingespritzt wird, und zwar durch eine Brause, um das Wasser im Kessel A gut zu verteilen. Da die Luft aufwärts steigt und das Wasser abwärts fällt, so findet eine innige Mischung statt. Über dem Eintrittsrohr D sind eine Anzahl enggelochte Bleche in den Cylinder gelegt, deren Löcher in der Weise versetzt sind, daſs stets über einem Loch in der darüber befindlichen Platte volles Blech sich befindet. Da sich Luft und Wasser begegnen, so findet auch hier eine sehr innige Mischung statt.

In dem zweiten Kessel B ist eine gröſsere Anzahl ebensolcher Siebbleche in derselben Weise angebracht, durch welche nun die feuchte Luft streicht. War es in dem ersten Kessel Zweck, durch die Mischung eine Abkühlung der Luft zu bewirken, so ist hier der Zweck, sie beim Durchwinden durch die Öffnungen von der Feuchtigkeit zu befreien. Die Luft streift letztere beim Durchziehen ab, und es fällt nun das frei werdende Wasser aus beiden Kesseln in die unten befindlichen Sammelkästen J und K, wo es von Zeit zu Zeit abgelassen wird.

Da das angewendete Wasser, welches durch das Rohr F eingeführt wird, die gewöhnliche Temperatur hat, so kann es natürlich auch die Luft nicht weiter herabkühlen, und es verbleibt derselben noch die ihrem Sättigungsgrad entsprechende Feuchtigkeit, welche bei weiterem Sinken der Temperatur der Luft noch gefrieren kann.

Es ist nun der Zweck der Röhrenanordnung C, die Luft, bevor sie in die Expansionscylinder tritt, auch von diesen Wasserdämpfen zu befreien. Diese Röhren, die eine beträchtliche Länge haben, liegen in dem Raume selbst, der gekühlt wird, und da sie nach der Eintrittsstelle hingeneigt liegen, so flieſst das Wasser, welches die sich nach und nach abkühlende Luft fallen läſst, durch die Röhren C in den Kessel B ab. Da der gekühlte Raum selbst nie unter den Gefrierpunkt sinkt, so kann das Kondensationswasser in den Röhren C auch nicht gefrieren.

An den höheren Enden stehen die Röhren C mit einem Rohre N in Verbindung, welches die Luft zu den Expansionscylindern 15 führt. Nachdem die Luft in diesen Cylindern expandiert und abgekühlt ist, gelangt sie durch das Rohr P in den Kühlraum, in welchem sie durch eine Anzahl Röhren verteilt wird. Durch Ventile wird der Eintritt so reguliert, dafs eine gleichmäfsige Temperatur in dem Kühlraum gesichert ist.

Es wird in der Maschine stets dieselbe Luft verwendet, die also nur jedesmal von derjenigen Wärme befreit zu werden braucht, welche sie in dem Kühlraum *M* aufgenommen hat.

Die Konstruktion der Maschine ist so getroffen, dafs die Kurbelwelle in der Mitte auseinandergekuppelt werden kann, so dafs man imstande ist, mit einer Hälfte zu arbeiten, wenn die andere Hälfte in Unordnung ist. Dies gewährt eine grofse Betriebssicherheit.

Die kühlende Wirkung der Maschine hängt natürlich von der durch die Dampfcylinder 10 erzeugten Kraft ab, und die Temperatur in dem Kühlraum *M* kann daher reguliert werden durch Verstellung der Dampfdrosselklappe.

Diese Verstellung kann automatisch erfolgen mittels folgenden Coleman'schen Apparates.

In dem Kühlraum *M* sind ein oder mehrere geschlossene Gefäfse aufgestellt, welche durch ein Rohr oder Röhren mit dem Regulator kommunizieren. Letzterer ist ein glockenförmiges Gefäfs, welches mit dem Drosselklappenhebel verbunden ist, und in eine Flüssigkeit taucht, so dafs es bei verschiedenem Druck im Innern steigt und fällt. Das Innere kommuniziert durch ein Rohr mit obengenannten, im Kühlraum aufgestellten Gefäfsen. Dehnt sich in diesen die Luft aus oder zieht sie sich zusammen, beides infolge des Temperaturwechsels in dem Kühlraum, so bewirkt dies ein Steigen und Fallen in der Glocke und dadurch die Regulierung der Dampfdrosselklappe.

Die automatische Regulierung erfolgt auch durch elektrische Schliefsungsströme, welche durch Elektromagneten controliert werden. Diese sind so angeordnet, dafs sie auf die Dampfdrosselklappe wirken. Die elektrischen Ströme werden mittels Quecksilbers, welches wie in einem Thermometer wirkt, geöffnet oder geschlossen, dadurch, dafs Platindrähte in das Thermometerrohr an der betreffenden Stelle eingeschmolzen sind, welche die Leitung vermitteln; oder das Quecksilber wird mit einem nicht leitenden Öl oder einer anderen Flüssigkeit kombiniert. In diesem Apparate befindet sich das Öl oder die nicht leitende Flüssigkeit in einer Glaskugel, welche mit einem Schenkel eines **U** förmig gebogenen Rohres kommuniziert, dessen anderer Schenkel dem Zutritt der

Atmosphäre offen ist. Das Uförmige Rohr enthält Quecksilber, welches das Öl abschliefst. Ein Schliefsungsdraht wird in das Rohr geführt, so dafs er immer mit dem Quecksilber in Kontakt bleibt; ein anderer Schliefsungsdraht befindet sich in dem Schenkel, der das Öl enthält, ein dritter in dem Schenkel mit Quecksilber. Wenn nun die Temperatur in dem Kühlraum, in welchem das Thermometer aufgestellt ist, ihre obere Grenze überschreitet, so zwingt die Ausdehnung des Öles das Quecksilber, den äufseren Schliefsungsdraht zu berühren, wodurch der geschlossene Strom so auf einen Elektromagneten wirkt, dafs eine Vergröfserung des Dampfzutrittes durch die Drosselklappe erfolgt. Ebenso bewirkt auch das Sinken der Temperatur die Stromschliefsung, die einen entgegengesetzt auf die Drosselklappe einwirkenden Elektromagneten induziert. Auch Glockensignale werden auf diese Weise gegeben.

Die Bell-Coleman'sche Kaltluftmaschine wird, wie bereits erwähnt, fast ausschliefslich zum Zwecke der Konservierung von Fleisch verwendet, und ist diese Konstruction namentlich auf Schiffen sehr beliebt, welche entweder für den Fleischtransport von Australien nach England eingerichtet sind, oder diese Maschine zum Konservieren ihrer Vorräte oder zum Lüften der Kabinen verwenden. Man zieht auf Schiffen die Kaltluftmaschinen wegen ihrer direkten Wirkung und auch deshalb vor, weil man nicht gröfsere Mengen Chemikalien an Bord hat und auch gern die Anordnung eines Kühlrohrnetzes vermeidet. Die Art der Anordnung solcher Maschinen auf Schiffen wird in dem Kapitel von der Verwendung der Kältemaschinen ausführlicher erörtert werden.

Der Bell-Coleman'schen Luftexpansionsmaschine ist die Konstruktion von Menck & Hambrock (D. R. P. Nr. 12569) am ähnlichsten, welche folgende Einrichtung hat:

Die 3 Cylinder *A, B, C* sind, wie Fig. 32 zeigt, auch hier nebeneinander angeordnet, Dampf- und Expansionscylinder mit Expansionssteuerung versehen; diese ist für ersteren selbstthätig, für letzteren von Hand verstellbar. Doch kann man in letzterem Cylinder den Expansionsgrad auch abhängig machen von der Temperatur in der Kaltluftleitung, indem ein Thermometer bei steigender Temperatur eine galvanische Kette schliefst und hierdurch ein auf die Steuerung wirkender Magnet angezogen wird. Zur Abkühlung und Entwässerung der komprimierten Luft dienen die Apparate *D* und *E* (Fig. 32 a). *D* ist ein einfacher Röhrenkessel, durch dessen Röhren das Kühlwasser strömt, während die zu kühlende Luft sie umgibt; in ihm wird die Temperatur der Luft soviel als möglich erniedrigt. Sie gelangt dann durch das Rohr *a* (Fig. 32 b) in den Apparat *E*, tritt in feinen Strahlen durch die Öffnungen des Ringrohres *b* und macht den durch die Pfeile angedeuteten Weg, um durch *c* abzugehen. Bevor sie aber aus dem Expansionscylinder in den zu kühlenden Raum tritt,

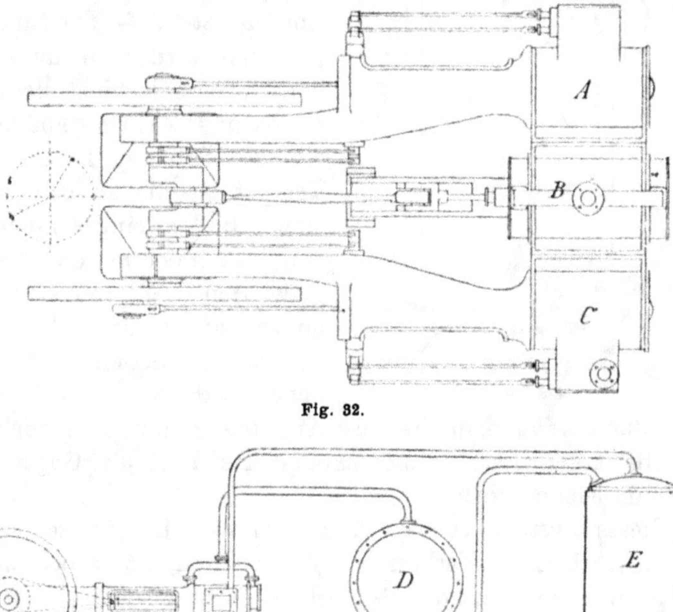

Fig. 32.

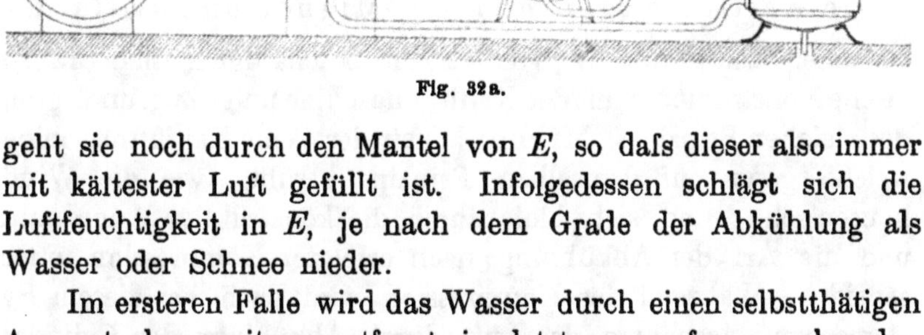

Fig. 32a.

geht sie noch durch den Mantel von *E*, so daſs dieser also immer mit kältester Luft gefüllt ist. Infolgedessen schlägt sich die Luftfeuchtigkeit in *E*, je nach dem Grade der Abkühlung als Wasser oder Schnee nieder.

Im ersteren Falle wird das Wasser durch einen selbstthätigen Apparat ohne weiteres entfernt, im letzteren muſs man aber den gebildeten Schnee erst auftauen. Dies geschieht durch die Dampfröhren *d*, welche einzeln mit Dampf gefüllt werden können; man stellt so viel Dampf an, dafs die Röhren stets mit Schnee bedeckt bleiben und das Tauwasser oben abläuft.

An der Wandung von E wird sich gleichfalls Schnee absetzen. Diese Schicht wird schliefslich so dick, dafs eine Wirkung des kalten Metalls auf den Luftinhalt nur noch in abgeschwächtem Mafse statthaben kann, und zwar bildet sich ein Gleichgewichtszustand heraus, sobald die Schicht so dick geworden ist, dafs die Innentemperatur 0° wird; dann kann natürlich die Schneeschicht nicht mehr wachsen. Dieser Umstand bewirkt eine selbstthätige Regelung der Temperatur der in den Expansionscylinder eintretenden und damit auch der von der Maschine gelieferten Luft. Immerhin dürften zu einer so starken Abkühlung der komprimierten Luft erhebliche Kühlflächen erforderlich sein, auch wenn man mehrere Apparate E hintereinander stellt und die komprimierte und expandierte Luft als Gegenströme durch dieselben führt.

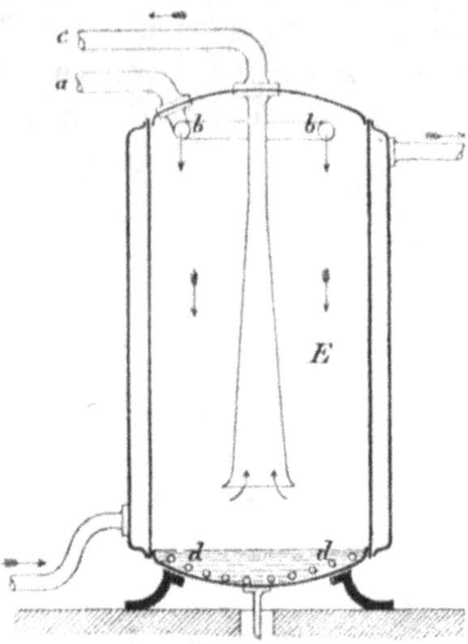

Fig. 32b.

Dieses System von Kaltluftmaschinen hat in seiner Ausführung mehrfache Verbesserungen erfahren, ist jedoch weniger häufig eingeführt, als die Bell-Coleman'sche Maschine.

Die Kaltluftmaschinen von Mignot und Giffard.

Gleichzeitig mit Windhausen beschäftigten sich französische Konstrukteure mit der Kaltluftmaschine unter Zugrundlegung des gleichen Prinzipes. Mignot konstruierte eine Kaltluftmaschine, welche ganz auf demselben Prinzipe beruht, wie die Windhausen'sche, und sich blofs durch die konstruktive Anordnung und die Art der Abkühlung nach erfolgter Kompression unterscheidet. Während der Kompression wird auch bei diesem Systeme von Maschinen der Luft durch Abkühlung der Cylinderwände und durch Einspritzung von Kühlwasser die gebildete Wärme entzogen; nach der Kompression erfolgt die Kühlung der Luft dadurch, daſs sie längs einer Reihe geneigter Flächen hinstreicht, über welche in entgegengesetzter Richtung Kühlwasser strömt.

Die Hauptbestandtheile der Mignot'schen Eismaschine bilden ein Kompressionscylinder, ein Kondensator und ein Expansionscylinder. An den beiden Enden jedes Cylinders sind für die Zu- und Ableitung der Luft zwei Ventile angebracht, welche auf entsprechende Weise geöffnet und geschlossen werden können. Ist die Maschine im Gange, so tritt atmosphärische Luft durch die Saugventile in den Kompressionscylinder ein, während die komprimierte und mit Einspritzwasser gemischte Luft durch die Druckventile zunächst in einen Kasten gelangt, aus welchem das Kühlwasser von oben, die verdichtete Luft aber von unten in den Kondensator gelangt.

Im Kondensator sind mehrere schwach geneigte Abteilungsböden angebracht, über welche das Kühlwasser hin und her flieſst und endlich durch eine Röhre abläuft, um, wenn erforderlich, nach genügender Abkühlung von neuem verwendet zu werden. Die verdichtete abzukühlende Luft, welche von unten in den Kondensator eintritt, durchstreicht denselben entgegen der Wasserströmung, gelangt sodann in den Expansionscylinder und aus diesem in den abzukühlenden Raum.

Mignot hat auch kleinere auf demselben Princip beruhende, einfach wirkende Apparate für den Handbetrieb konstruiert, ohne daſs jedoch dieselben häufiger zur Einführung gelangt wären.

Giffard hat Kaltluftmaschinen nach ähnlichem Prinzipe gebaut, bei welchen jedoch die Abkühlung der Luft nach der Kompression ganz in Wegfall kommt, dagegen die Abkühlung während der Kompression nach Möglichkeit weiter ausgenutzt wird. Doch hat Giffard mit seiner Maschine ebensowenig praktischen Erfolg gehabt, als Windhausen, da auch hier eine Vorrichtung fehlte, welche die Luft genügend trocken machte und die Schwierigkeiten beseitigte, welche sich aus der Schneebildung während des Betriebes ergaben.

Die Maschine Giffard (D. R. P. Nr. 10722 — Fig. 33) besteht aus dem Kompressionscylinder *C*, dem Expansionscylinder *D*, dem Luftreservoir *M* mit dem Kühlapparat R^1 und der Speisepumpe *I*, welche zunächst durch das Rohr *J* kaltes Wasser nach dem Kühlapparat und darauf durch das Rohr R^2 dasselbe Wasser in den um den Kompressionscylinder befindlichen hohlen Raum schafft. Die beim Aufgange des Kolbens angesogene Luft wird im Kompressionscylinder komprimiert und abgekühlt, gelangt von hier aus nach dem Kühlapparate R^1 und dem Reservoir M, um hierauf durch das Rohr L nach dem Expansionscylinder D zu fließen und von hier durch das Rohr H nach dem Raume befördert zu werden, wo sie als kalte Luft Verwendung finden soll. Die Pumpenkolben wirken nur einfach und sind durch an der Außenseite gehärtete Gummiringe, welche von dem entsprechenden Luftdrucke gegen die Cylinderwandung gepresst werden, gedichtet. Die Saug- und Zuflußventilkörper bestehen aus Stahlscheiben, dichten nur in einer Kante, werden mittels Federn

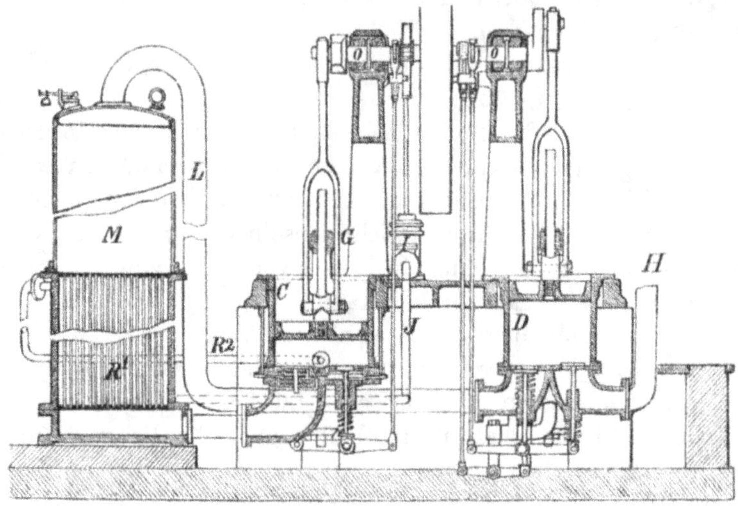

Fig. 33.

gegen ihre Ventilsitze gepreßt und mittels Hebel und Excenter ebenso wie die Speisepumpe, von der Antriebswelle O aus bewegt.

Aus der Maschine von Giffard ist die von Lightfoot hervorgegangen, welche von John Hall & Komp. in Dartford gebaut wird. Fig. 34 a, b stellt eine der neueren Maschinen dieser Firma dar; man sieht der Konstruktion sofort an, daß sie für Schiffsbedarf bestimmt ist, und sind neuerdings einige Dampfer damit ausgerüstet worden. Es ist A der Kompressions- und B der Expansionscylinder; zwischen ihnen befindet sich der Kühler C, auf dem die Dampfcylinder DD angeordnet sind. Die Cylinder sind sämmtlich einfachwirkend und mit Tauchkolben versehen; der Expansionscylinder ist oben nicht offen, sondern so gestaltet, wie Fig. 34 b zeigt; er besteht aus einem grösseren, unter dem Kolben, und einem kleineren ringförmigen, über dem Kolben liegenden Teile; jeder hat seinen besonderen Schieberkasten. Diese Einrichtung in Verbindung mit dem Reservoir *E* ermöglicht die Verwendung der Luft. Das Entwässern derselben geht nicht im Kühler vor sich, sondern die Luft tritt aus diesem in den oberen Teil des Expansionscylinders und wird hier soweit expandiert, dafs ihre Temperatur auf 1° bis 2° sinkt. Dabei scheidet sich natürlich eine Menge Wasser aus, welches mit der Luft in den Wassersammler und Druckregulator *E* geschafft wird und von hier selbstthätig abfliefst. Die Luft ist nun trocken genug, um ohne Schaden

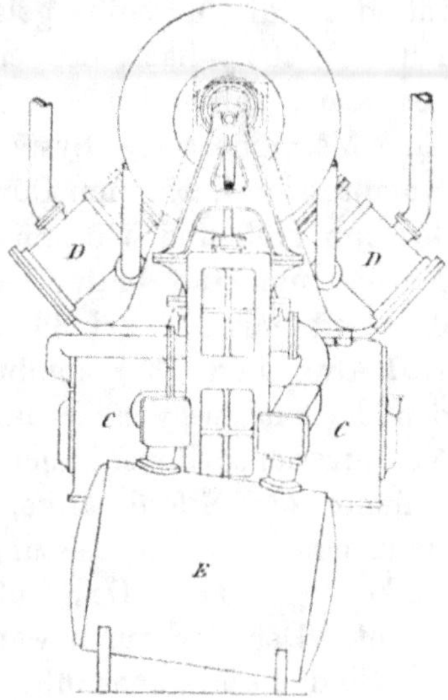

Fig. 34a.

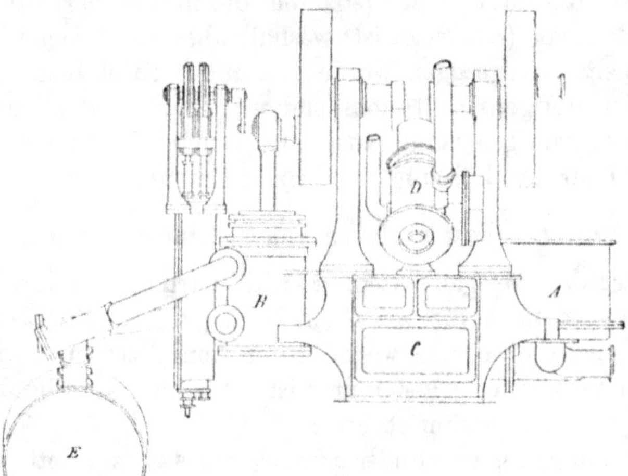

Fig. 34b.

im unteren Teile des Cylinders ausgedehnt werden zu können; die Schneeabscheidung ist so gering, dafs die Eisbildung an dem Ausgangsschieber nicht stattfindet, sondern der wenige Schnee von der ausströmenden Luft mitgerissen wird und in einer von der Kühlkammer angeordneten Schneekammer niederfällt. Lightfoot gibt an, dafs Luft, welche mit Wasserdampf völlig gesättigt in die Maschine gelangt, 74 % ihres Wassergehaltes im Kühler, 20 % nach der ersten Expansion und 2 % als Schnee abscheide, während 4 % in Dampfform in der kalten Luft bleiben. Eine Maschine seines Systemes, welche 686 mm Durchmesser im Kompressions-, 559 mm Durchmesser im Expansionscylinder bei 457 mm Hub und 305 mm Durchmesser in den Dampfcylindern bei 381 mm Hub hatte, leistete 425 cbm stündlich. Dabei trat die Luft mit 11° bei 88 % Wassergehalt ein und wurde auf 4,57 Atm. und 131° komprimiert. Sie gelangte mit + 21° in den Expansionscylinder und verliefs diesen mit — 63°. Der Kompressionscylinder indicirte 43,12 Pferdestärke, der Expansionscylinder 28,05 Pferdestärke; der Differenz von 15,07 Pferdestärke stand eine indirekte Leistung der Dampfcylinder von 24,6 Pferdestärke gegenüber. Das Kühlwasser wurde von 14° bis 63° erwärmt. Der Verbrauch war 2,5 hl stündlich.

Sind die Angaben über Schneebildung richtig, so hätte diese Maschine gegenüber der Bel-Coleman'schen den Vorzug, dafs das grofse Rohrsystem der letzteren durch ein verhältnismäfsig kleines Reservoir (*E*) ersetzt ist; weshalb aber die einfache Wirkung der doppelten vorgezogen wurde, ist nicht ersichtlich. Die Maschine ist übrigens sehr kompendiös gebaut und zeichnet sich durch sehr ruhigen Gang aus, aus welchen Gründen sie sich besonders für Luftkühlung auf Schiffen eignet.

Neuere Konstruktionen von Kaltluftmaschinen.

Unter den übrigen patentierten Konstruktionen von Kaltluftmaschinen ist noch die von Nehrlich (D. R. P. Nr. 12604) hervorzuheben, die jedoch wegen ihrer komplizierten Anordnung wenig in Verwendung gekommen ist. Sie hat, wie Fig. 35 a, b, c zeigt, nachstehende Einrichtung:

Im Kompressionscylinder *c* findet Einsaugung statt, wenn in den beiden Expansionscylindern *E* die Luft sich ausdehnt. *c* ist hierbei von den Kammern *a* abgesperrt, während die Cylinder *E*, welche als ein Expansionscylinder anzusehen sind, mit einer dieser Kammern *a* in Verbindung stehen und abgekühlte, komprimierte Luft zugeführt erhalten, bis Atmosphärenspannung erreicht ist.

Bei halbem Hub etwa tritt von oben Saugluft in *d* ein, so daſs die kalte Luft vollends nach *b* verdrängt wird. Am Hubwechsel tritt *c* mit der genannten Kammer in Verbindung und *E* wird abgesperrt. Auf dem Rückgange des Kolbens drückt *c* sein Luftvolumen in diese Kammer, wodurch hier Kompression stattfindet, während *E* die kalte Luft in die Schneekammer stöſst. Bei dem

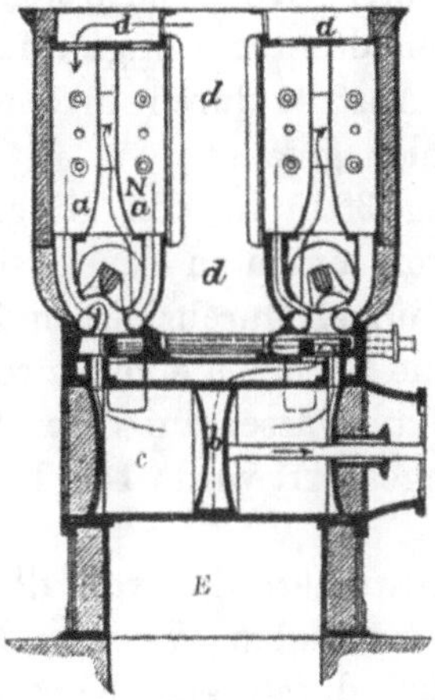

Fig. 35 a.

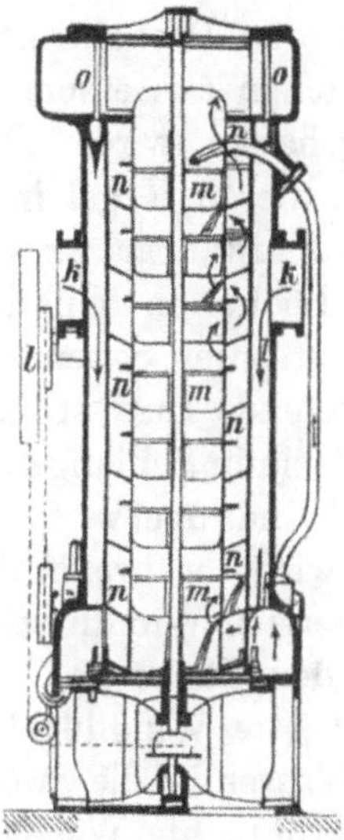

Fig. 35 b.

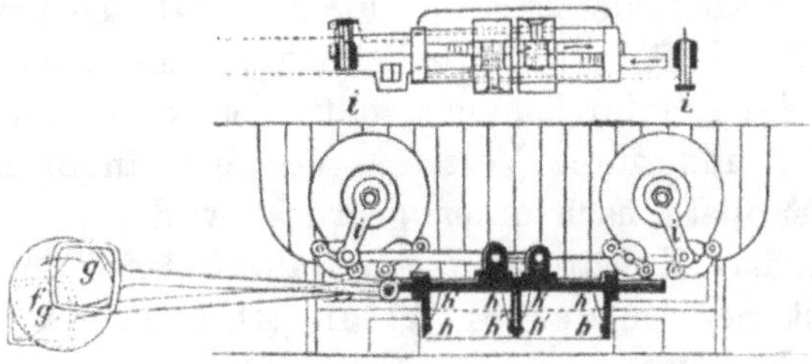

Fig. 35 c.

nächsten Kolbenspiel tritt die zweite, inzwischen mit dem Kühler in Verbindung gewesene Kammer in Dienst.

Für die Kompressionskühlung bestimmt, befinden sich an den Druckwindkesseln Absperrventile, welche die ersteren nur in der Druckperiode zur Ausgleichung der ungleichförmigen Kolbenbewegung der Pumpen in Funktion treten lassen.

Der Umleitungsapparat für die Druckventile besteht aus einem Cylinderchen, in dessen Mitte das Wasser eintritt. Ein darin verschiebbarer Kolben versperrt den einen oder andern Ausgang, indem er durch Anstofs eines auf der Drehschieberachse befestigten Hebels bewegt wird. Hierdurch erfolgt die Zuführung zu der Zeit, da die eine oder andere Kammer mit *c* in Kommunikation steht.

Die in den Deckeln der Cylinder *c* angebrachten Einspritzdrüsen bestehen aus einem konischen Ventilkegel, der von einer Feder zugehalten wird. Das unter Druck austretende Wasser wird durch diesen Kegel in einen dünnen, ringförmigen Strahl, und dann unmittelbar vor dem Austritt durch in den Ventilsitz eingefeilte Löcher in feine Strahlen geteilt.

Die von zwei Seiten *k* (Fig. 35b) in den Ringraum *l* des Kühlers tretende Luft strömt von unten in den zweiten innern Raum, den sie in Schlangenwindungen durchzieht, indem sie von einem der Windflügel *m* durch die Fächer *n* einem zweiten Flügel zugeführt wird, während das Kühlwasser auf dem Wasserteller des zweitobersten Windflügels eingesperrt wird. Der Teller schleudert es in den Fächer *n*.

Der oberste Windflügel zentrifugiert das von der Luft mitgerissene Wasser in die zwölf tangentialen Wasserspalten *o*.

Das verbrauchte Wasser wird durch eine Kapselpumpe zugeführt, die entsprechend gröfser, als die Einfuhrdruckpumpe ist.

In der Schneekammer wird durch lose hängende Siebe der von der kalten Luft mitgeführte Schnee abgesiebt, ohne dafs ein Verstopfen des Luftdurchganges stattfinden kann, weil die Luft oben eintritt, und durch Versetzen der Sieböffnungen die Strömung immer mehr nach unten gedrückt wird.

Eine andere Konstruktion von Kaltluftmaschinen rührt von dem Amerikaner Leicester Allen (D. R. P. Nr. 20227) her, welche Fig. 36 zeigt.

Bei dieser Luftexpansionsmaschine findet die Verdichtung und darauffolgende Ausdehnung der Luft oder des Gases bei Spannungen statt, die bedeutend höher sind als der atmosphärische Druck. Bei ihrer Kompression und Expansion macht die Luft oder das Gas einen beständigen Kreislauf, indem sie im Cylinder *B* komprimiert, in *C* abgekühlt und im Cylinder *D* expandiert wird. Von *D* strömt die Luft in den Kälteexpansionscylinder *E*, aus welchem sie wiederum in den ursprünglichen Luftverdichter *B* gelangt, um den Kreislauf von neuem zu beginnen. Zur Ersetzung der Luft- und Gasverluste dient eine Hilfspumpe; den Betrieb des ganzen Mechanismus vermittelt die Dampfmaschine *A*.

Allen hat sich auch schon vor Konstruktion seiner Kaltluftmaschine ein verbessertes Verfahren zum Kühlen und Trocknen der Luft patentieren lassen, durch welches das Verhältnis der Leistung zum Wärmewerte des Arbeitsaufwandes verbessert werden soll. Dieses Verfahren (D. R. P. Nr. 14864) besteht, wie Fig. 37 zeigt, in der Erzeugung eines Maximums von Kompression in einer bestimmten Luftmenge durch Aufeinanderfolge von Einzelkompressionen bei gleichzeitiger Abkühlung, und der hierauf folgenden Expansion der Luft bis zum ursprünglichen

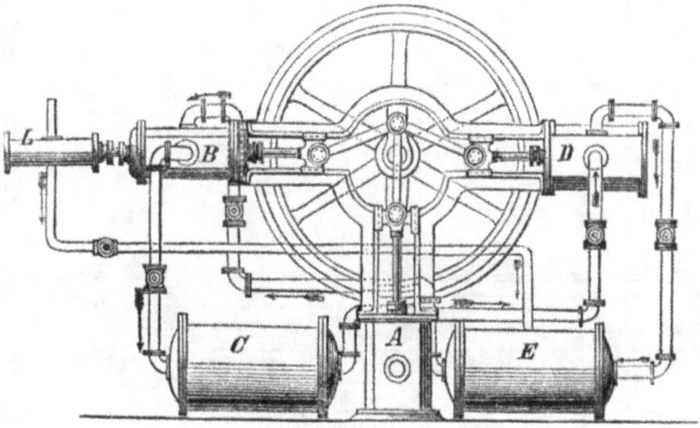

Fig. 36.

Druck durch aufeinanderfolgende Einzelexpansionen. Der Apparat besteht aus mehreren Kompressoren C^1 C^2 C^3 und eingeschalteten Kühlapparaten R^1 R^2 R^3, in welchen die Luft bei ihrem Wege von einem Kompressor zum andern abgekühlt wird. Mehrere mit komprimierter Luft getriebene Expansionsmaschinen E^1 E^2 E^3 nebst zwischengeschalteten Apparaten h_1 h_2 dienen zur Wärmeabgabe; sie liegen im Innern des zu kühlenden Raumes. Die Luft erwärmt sich in demselben auf ihrem Wege von einer dieser Expansionsmaschinen zur andern. Eine Dampfmaschine *B*, welche an einen der Kompressoren gekuppelt ist, liefert die nötige Kraft zur Vervollständigung der Leistungen der oben genannten, mit komprimierter Luft getriebenen Expansionsmaschinen.

Bei diesem Verfahren werden die schädlichen Wasserdämpfe aus der Luft entfernt, indem das sich aus der abgekühlten komprimierten Luft ausscheidende Kondensationswasser nach der ersten Kompression und nachdem der Maximaldruck erreicht ist, abgezogen wird.

Der Kühlraum A und die Luftkompressoren sind miteinander verbunden; letztere befinden sich aufserhalb der in jenem Kühl-

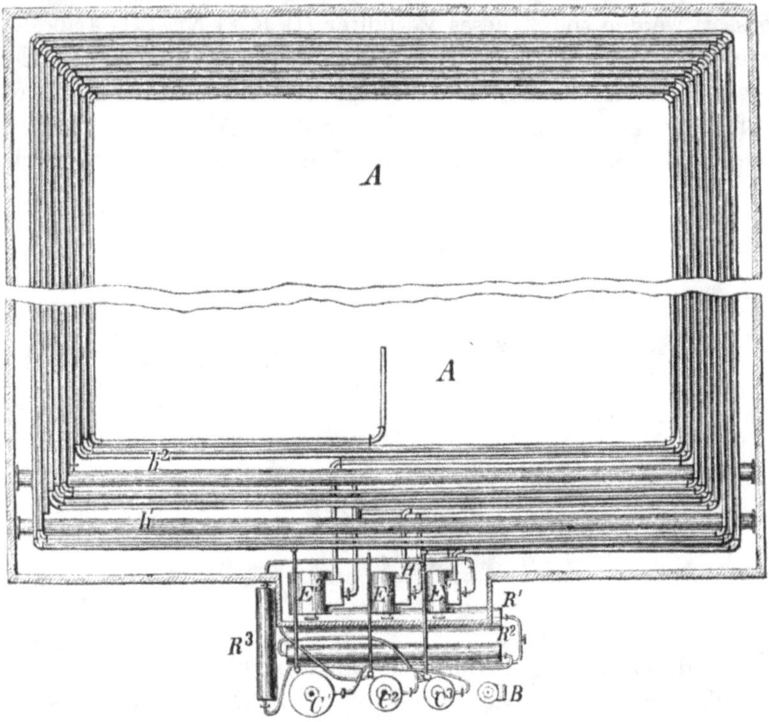

Fig. 37.

raum gelegenen Expansionsmaschinen so, dafs diese ihre Arbeit nach aufserhalb des Kühlraumes abgeben.

Die Luftkompressoren und Kühler sind durch Nebenleitungen verbunden, durch welche die Luft von einer zur andern Kompressionsmaschine geleitet werden kann, ohne dabei abgekühlt zu werden. Infolge dessen erlangt die komprimierte Luft eine so hohe Temperatur, dafs selbst verhältnismäfsig warmes Wasser als kühlendes Medium dienen kann.

Dem Kühlraum wird von den Luftkompressoren Wärme entzogen und an die von einer Maschine zur andern ziehende Luft und Nebenleitungen abgegeben, durch welche die Luft nach Belieben, auch ohne jene Apparate zu passieren, von einer zur andern Maschine gehen kann. Auf diese Weise kann eine sehr niedrige Temperatur der expandierten Luft hervorgebracht werden.

Die expandierte Luft wird vor ihrem Austritte in den Kühlraum durch einen aus Röhren bestehenden Apparat, welcher im Innern des Kühlraumes angeordnet ist, auf eine Temperatur erwärmt, bei welcher kalte Luft, wenn sie sich mit warmer feuchter Luft mischt, keinen Nebel erzeugt.

Es werden zwei oder mehrere Expansionsmaschinen miteinander verbunden, welche durch teilweise expandierte, von jeder

Fig. 38. Haslam-Kaltluftmaschine.

vorhergehenden Expansionsmaschine abgehende Luft bewegt werden. Hierbei werden Zwischenreservoirs zum Aufspeichern von teilweise expandierter Luft angewendet, in welchen sich der Druck der Luft ausgleicht, ehe die letztere zum Betriebe anderer Expansionsmaschinen benutzt wird.

Die Kühler bestehen aus einem Behälter zur Aufnahme von Luft, in welchen zwei Reihen horizontaler, über- und nebeneinander liegender, sich rechtwinkelig kreuzender Röhren angebracht sind, durch welche Röhren kaltes Wasser geleitet wird.

Zwei benachbarte Röhren sind durch eine U-förmige Verbindungsröhre miteinander verbunden.

Eine von der Haslam foundry Company in Derby gebaute Kaltluftmaschine, welche in der »Health-Exhibition« 1884 in London in Thätigkeit ausgestellt war, zeigt Fig. 38. Dieselbe hat eine dem allgemeinen Prinzipe der Kaltluftmaschine entsprechende Konstruktion, doch ist durch zweckmäfsige Anordnung der Teile eine erhebliche Raumersparnis erzielt. Die Fundamentplatte, ein breiter Kasten, bildet gleichzeitig den Kühler, in welchem die komprimierte Luft zuerst durch Röhren strömt, die von Kühlwasser umflossen sind, überdies hier auch noch dem abkühlenden Einflusse der bereits benutzten aus dem Kühlraume zurückkehrenden Luft ausgesetzt wird, um eine weitere Temperaturerniedrigung und Entwässerung der komprimierten Luft zu erzielen. An dem einen Ende dieses Kastens ist der doppelt wirkende Kompressor, am andern Ende der Expansions- und Dampfcylinder angebracht. Die Kolbenstangen dieser Cylinder arbeiten innerhalb des Rahmens und sind durch ein langes Querhaupt aus Gufsstahl verbunden, das an den beiden Enden in Führungen läuft, und sind mit Achsen zur Aufnahme der Flügelstangen versehen; diese gehen aufserhalb des Dampf- und Expansionscylinders zu den Kurbeln, welche an einer in zwei am Kühlkasten angebrachten Lagern laufenden Welle befestigt sind; auf der Welle ist noch ein kleines Schwungrad befestigt. Die beschriebene Maschine hat eine Leistungsfähigkeit von 18000 engl. Kubikfufs kalter Luft pro Stunde und wird fast ausschliefslich zur Fleischkonservierung auf Transportschiffen verwendet.

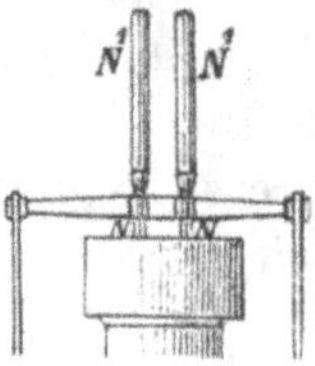

Fig. 39b.

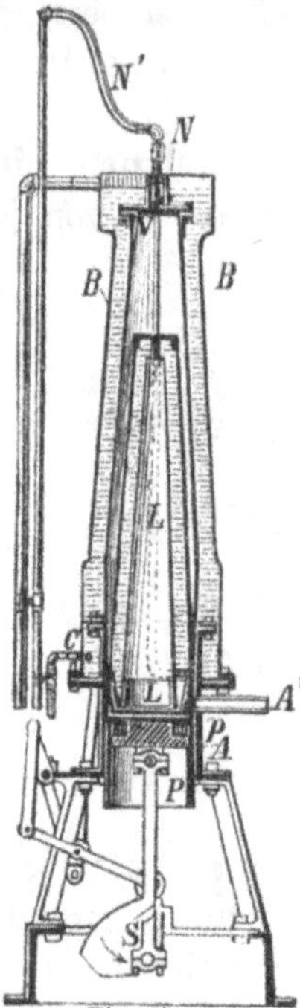

Fig. 39a.

Eine wesentlich verschiedene Konstruktion zeigt die kleine Luftexpansionsmaschine von Burnham in Chicago (Fig. 39) (D.R.P. Nr. 18154).

Diese Maschine bringt die Luft bei ihrer Ausdehnung nicht mit den nämlichen Oberflächen in Berührung, an welchen sie verdichtet wird, und vermeidet dadurch den Nachteil, dafs die bei der Verdichtung von den Wandungen aufgenommene Wärme von letzteren wieder bei der Expansion an die Luft abgegeben werde. Zu diesem Zwecke geschieht die Einsaugung, die Kompression, die Ausdehnung und schliefsliche Austreibung der Luft durch zwei in den Teilen *A* und *B* der Verdichtungskammer verschiebbare Kolben *P* und *L*. Der untere Kolben *P* ist an seinem oberen Teile mit der Packung *p* versehen und arbeitet in dem cylindrischen Teile *A* der Verdichtungskammern, während der obere Kolben *L* eine kegelförmige, mit dem Mantel *B* konzentrische Gestalt hat. Der untere Teil von *L* trägt eine Lederpackung, welche bei abwärts gehender Kolbenbewegung den Raum über dem Kolben abschliefst, beim Aufwärtssteigen aber die in diesem Raume befindliche verdichtete Luft nach unten in den Raum zwischen den beiden mit verschiedener Geschwindigkeit laufenden Kolben einströmen läfst. Die Öffnung *A'* dient zur Wegführung der verdünnten, abgekühlten Luft. Dagegen der Eintritt der Luft von aufsen findet durch das sich nach innen öffnende Luftventil *V* statt, während die Ein- und Ausströmung des Kühlwassers im Mantel des Verdichtungskolbens durch die Schläuche N^1 und die hohlen Kolbenstangen *N* bewirkt wird. Die Zuleitung der Bewegung für die beiden Kolben geschieht mit Hilfe der in Fig. 39a dargestellten Mechanismen von der Welle *S* aus.

Der Konstruktion von Allen ähnlich ist die der Luftkältemaschine von Klein in New-York (D.R.P. Nr. 19065), welche in Fig. 40 und 41 dargestellt ist.

Die Betriebskraft liefert der Dampfcylinder *S* oder ein anderer Motor. Von den Absperrventilen U^1 U^2 wird das erstere geöffnet und das letztere geschlossen. Der kleine Luftkompressor C^1 (die Luftspeisevorrichtung) füllt zunächst das Reservoir *y* mit komprimierter Luft, bis die Spannung in *y* um einen bestimmten Betrag höher ist, als die gewünschte Minimalspannung der Arbeitsluft; alsdann wird das Absperrventil U^2 allmählich geöffnet, die Speiseluft steigt langsam in Rohr H^1 in die Höhe, während die Feuchtigkeit sich niederschlägt und in H^2 ansammelt. Die trockene Speiseluft tritt bei *x x* in den Kreislauf der Arbeitsluft ein. Nachdem auf diese Weise die Maschine mit trockener Arbeitsluft gefüllt und die Minimalspannung erreicht ist, werden Maximal- und Minimalspannung der Arbeitsluft konstant bleiben, da sie selbständig (automatisch) reguliert werden durch Luftspeiser C^1, Reservoir *y* und Druckreduzierventil *J*.

Wird die Arbeit der Maschine für längere Zeit unterbrochen, so wird durch Schliefsen der Absperrventile U^1 und U^2 die im Reservoir y enthaltene Speiseluft aufbewahrt; beim nächsten Ar-

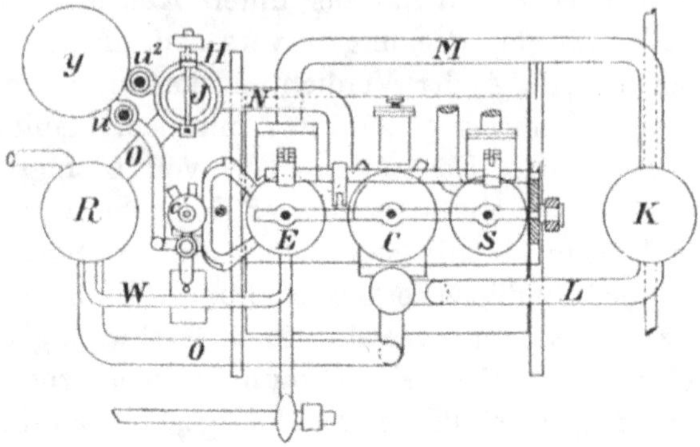

Fig. 40.

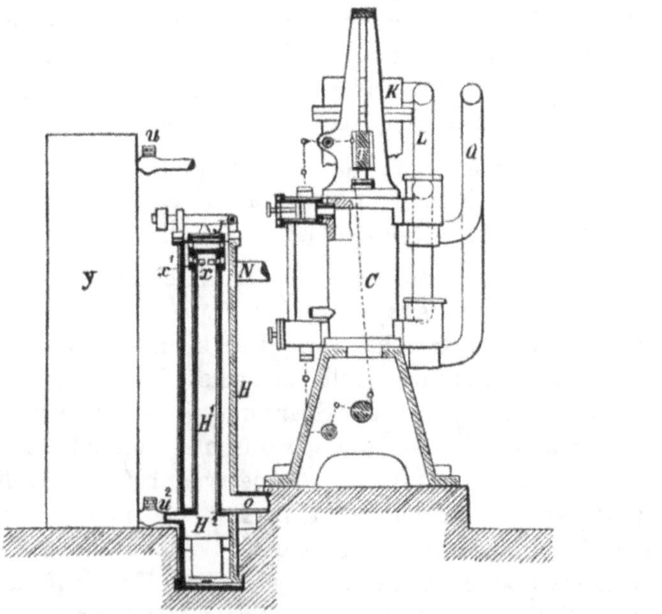

Fig. 41.

beiten der Maschine kann alsdann die letztere sofort mit konzentrierter Arbeitsluft nach folgendem Kreislauf gefüllt werden: Aus dem Kälteübertrager R geht die Minimalspannung habende Arbeitsluft durch das Rohr Q nach dem Kompressor C, worin sie auf ihre Maximalspannung komprimiert und infolgedessen erhitzt wird. Von hier wird sie durch das Rohr *L* in den Oberflächenkühler *H* geleitet; alsdann geht sie durch das Rohr *M* in den Expandor *E*, in welchem sie von ihrer Maximal- auf ihre Minimalspannung expandiert und dabei Kälte und Arbeit produziert. Die letztere wird zur Komprimierung der Arbeitsluft in *C* verwendet, so dafs also der Dampfcylinder von dieser Komprimierungsarbeit nur einen Teil zu leisten hat. Sobald die Arbeitsluft aus dem Expandor *E* durch das Rohr *N* in den oberen Teil des Raumes zwischen *H* und H^1 geht, hat sie ihre Minimalspannung und zugleich ihre niedrigste Temperatur erreicht, sie geht jetzt zwischen *H* und H^1 niederwärts und kühlt dabei die innerhalb der Röhren H^1 aufsteigende Speiseluft auf ihre eigene Temperatur ab. Aus *H* kommend gelangt die kalte Arbeitsluft durch das Rohr *O* in den Kälteübertrager *R*, geht nun durch *Q* wieder in den Kompressor *C*, worin sie abermals von ihrer Minimal- auf ihre Maximalspannung komprimiert und der eben beschriebene Kreislauf wiederholt wird. — Über die praktische Verwendbarkeit der letztbeschriebenen Maschinen ist wenig bekannt geworden.

Als neueste Erscheinung auf dem Gebiete der Kaltluftmaschinen ist ein Apparat zu besprechen, der dazu dienen soll, um die bei der Kompression und Expansion von Luft freiwerdende Wärme und Kälte zu verwerten, und insbesonders letztere zur direkten Kühlung und Lüftung von Räumen, auch von Gär- und Lagerkellern in Brauereien zu verwenden; derselbe ist dem Marquis Montgrand in St. Menet bei Marseille patentiert worden (D. R. P. Nr. 34414). Dieses neue Verfahren beruht darauf, dafs, wie bekannt, bei Verdichtung der Luft Wärme frei wird, während sie bei der Verdünnung gebunden wird.

Wenn von zwei bestimmten Volumen Luft das eine zusammengedrückt und das andere ausgedehnt wird, und sie in diesem gezwungenen Zustande unter Beibehaltung ihrer Spannungen nur durch gute Wärmeleiter getrennt erhalten werden, so wird das erste Luftvolumen Wärme entwickeln, die vom zweiten Luftvolumen völlig absorbiert wird, so dafs beide schliefslich die gleiche Temperatur annehmen. Bei dieser gleichen Temperatur sind aber die Spannungen oder Luftvolumina höchst verschieden, und wenn nun die Spannungen einzeln auf den gewöhnlichen Atmosphärendruck zurückgeführt werden, so hat das geprefste

Volumen um die vorher an seinen Nachbar abgegebene Wärme zu wenig, während das letztere einen Überschufs von diesem Quantum Wärme haben wird.

Hierauf gestützt, ist ein Apparat aus zwei abgesonderten Teilen zusammengestellt. Der eine, als Kompensator bezeichnet,

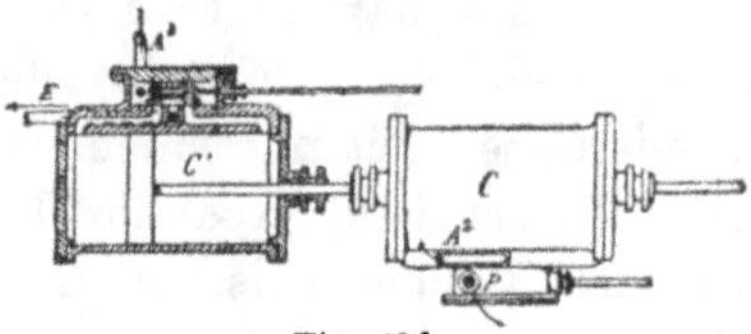

Fig. 42 b.

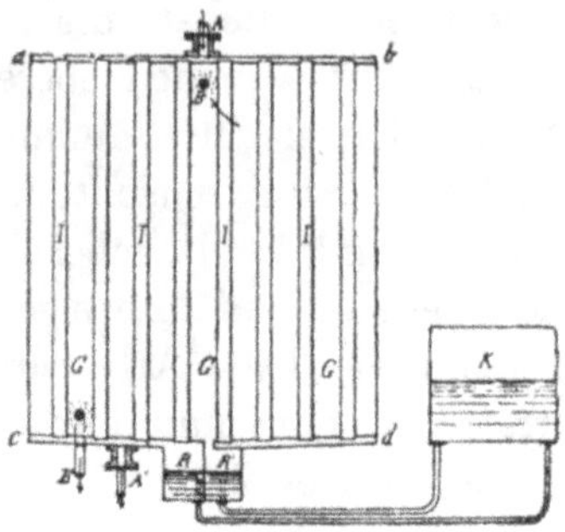

Fig. 42 a.

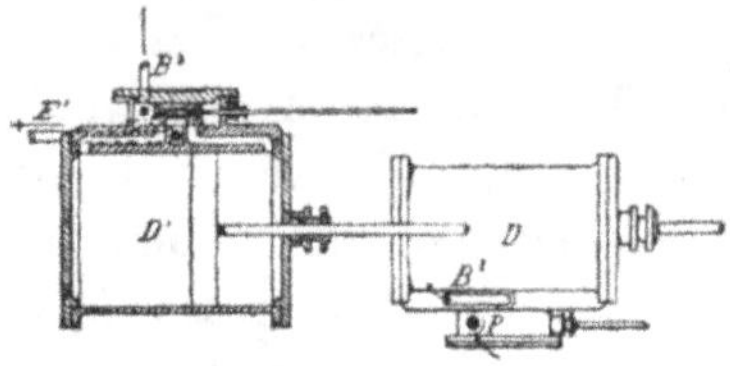

Fig. 42 c.

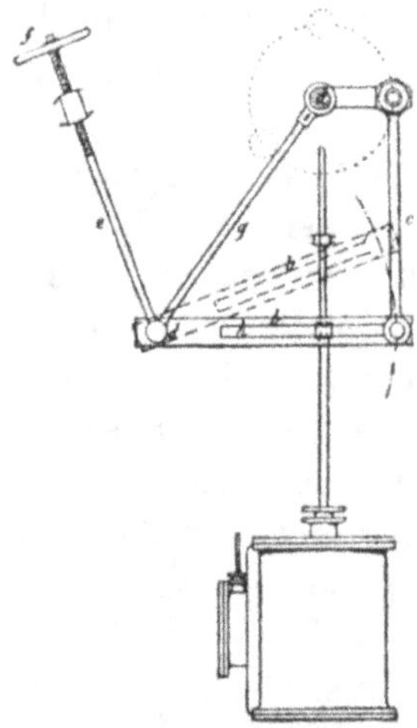

Fig. 42 d.

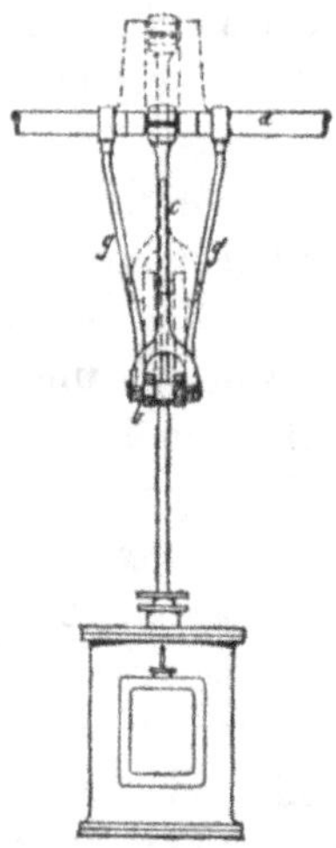

Fig. 42 e.

Apparat zur Erzeugung von Wärme und Kälte von Charles Marquis de Montgrand in St. Menet bei Marseille.

dient dazu, zwei gegebene Luftvolumina, von denen das eine komprimiert, das andere ausgedehnt wird, in mittelbare Berührung zu bringen; der andere Teil dient dazu, bestimmte Mengen atmosphärischer Luft zu schöpfen, in den Kompensator einzuführen und in dem geeigneten Zustande wieder abzuziehen.

Der Kompensator (Fig. 42 a) besteht aus einem metallischen Kasten $a\ b\ c\ d$, der mit einer isolierenden Hülle umgeben ist. Im Innern dieses Kastens befindet sich eine Unzahl vertikaler metallischer Röhren I von gleichen Dimensionen gleichmäſsig verteilt, die oben und unten frei miteinander kommunizieren. Das Innere dieser Röhren und deren Verbindungsraum werden mit komprimierter Luft gefüllt, deshalb wird dieser Raum »Kompressionsraum« genannt. Der übrige Raum im Kasten, welcher die verdünnte Luft enthalten soll, wird als »Verdünnungsraum« bezeichnet. Der Raum ist so berechnet, daſs ein bestimmtes Gewicht Luft ebenso lange darin bleibt, wie im Kompressionsraum.

Der Kompensator nimmt vier Röhren A, B, A^1 und B^1 auf, von denen zwei oben und unten dargestellt sind, das erste Rohr (A) führt Luft in den Kompressionsraum, das zweite (B) in den Verbindungsraum, das dritte (A^1) führt die Luft aus dem erstgenannten Raum ab, das vierte (B^1) aus dem letztgenannten Raum.

Der Boden des Kompensators ist mit zwei kleinen Rezipienten R und R^1 versehen, die untereinander getrennt sind, von denen aber der eine mit dem Kompressionsraum, der andere mit dem Verdünnungsraum kommuniziert. Jeder dieser Rezipienten steht auſserdem mittels eines Ventils mit einem Wasserreservoir K in Verbindung, welches dem atmosphärischen Druck ausgesetzt ist.

Der Apparat, welcher das Zirkulieren der Luft besorgt, besteht aus zwei Paar Cylinder CC^1 und DD^1 (Fig. 42 b u. c), das erste Paar für den Kompressions-, das zweite für den Verdünnungsraum. Alle vier sind doppelwirkend, von der gleichen Betriebsquelle bewegt, und ihre Kolben haben den gleichen Hub, die drei Cylinder C, C^1 und D haben die Kapazität, die für das Maximum ihrer Leistung erforderlich ist, ebenso der vierte D^1. Den beiden ersten Cylindern jeden Paares C und D fällt die Aufgabe zu, bestimmte Volumina atmosphärischer Luft abzumessen, und sie in einem der beiden Teile des Kompensators durch die Verbindungen $A\,A^2$ und $B\,B^2$ einzuführen. Die Luft tritt in diese Cylinder C und D durch die Röhren P ein. Die beiden anderen Cylinder C^1 und D^1 wollen wir einzeln prüfen.

Angenommen, die Luft im Kompressionsraum habe die Spannung der äuſseren Luft. Wenn der Kolben von C^1 beginnt, sich in einer Richtung zu bewegen, so ist die Kommunikation zwischen dem Cylinderraum und dem Kompressionsraum durch $A^1\,A^3$ offen.

Die Luft dieses Teiles des Kompensators füllt daher unter der ihr eigenen Spannung den Cylinder aus. Vor Ankunft des Kolbens am Ende seines Hubes aber schliefst sich die Kommunikation, und die Luft expandiert gleichsam wie in dem Cylinder einer Dampfmaschine. Es folgt hieraus, dafs die Verbindung des Verdichtungsraumes mit dem Cylinder C^1 wie bei solchen Expansionsmaschinen geregelt werden mufs. Das Gewicht an Luft, welches beim Arbeiten der Cylinder C und C^1 aus dem Kompressionsraum in C^1 eintritt, wird immer kleiner sein, als das Gewicht an Luft, welches der Cylinder C in den Kompressionsraum hineindrückt; es wird also die Spannung der Luft im Kompressionsraum bis zur gewünschten Höhe steigen.

Im Verdünnungsraum bringt das Spiel der Kolben in den Cylindern D und D^1 eine ähnliche, aber umgekehrte Wirkung hervor. Nehmen wir wieder an, die Spannung sei zunächst der äufseren atmosphärischen gleich. Bei dem Hub des Kolbens in D^1 in einer Richtung ist die Kommunikation des Verdünnungsraumes mit dem freien Cylinderraum durch B^1 B^3 offen, der sich mit Luft aus dem Verdünnungsraum füllt. Diese Kommunikation bleibt während des ganzen Hubes dieses Kolbens offen, welcher einen bedeutend gröfseren Raum freilegt, als der Kolben des Cylinders D, da der Cylinder D^1 bedeutend gröfser gewählt ist.

Bei jedem Kolbenspiel entnimmt also der Cylinder D^1 mehr Luft aus dem Verdünnungsraum, als ihm der Cylinder D zuführt. Die Verdünnung der Luft in dem Verdünnungsraum wird also bis zu einem vorher bestimmten Grade zunehmen, bei welchem die vom Cylinder D^1 ausgestofsene Gewichtsmenge an Luft der vom Cylinder D eingeführten gleich sein wird. Was die Art des Austreibens dieser Luft anbetrifft, so wird bei Rückgang des Kolbens in D^1 (entgegen der Bewegung, durch welche Luft aus dem Verdünnungsraum eingesaugt wurde) die Kommunikation von dem Verdünnungsraum abgeschlossen, und der Kolben, den Cylinderraum vor ihm verkleinernd, gestattet der Luft, sich zusammenzuziehen, bis sie die gewöhnliche atmosphärische Spannung erreicht hat. Durch diese Verdichtung wird die Luft warm und die Weiterbewegung des Kolbens in D^1 treibt die warme Luft durch das Rohr E aus und durch geeignete Leitungen dahin, wo man der Wärme bedarf. Die Verdünnung der atmosphärischen Luft im Verdünnungsraum würde sich immer gleich bleiben, wenn man dem Kolben immer gleichen Hub gäbe. Die hierbei entwickelte Kälte könnte aber der durch die Kompression im Kompressionsraum entstehenden Wärme nicht mehr entsprechen und das Gleichgewicht der Temperaturen beider Räume des Kompensators stören. Es wird somit nötig, ein Mittel anzuwenden, durch welches man den Hub des Kolbens in D^1 nach Bedarf verändern kann. Diese Einrichtung ist in Fig. 42 d, e dargestellt.

Anstatt die Kurbel der Triebwelle *a* direkt mit der Kolbenstange in Verbindung zu setzen, ist ein geschlitztes Zwischenstück *b* benutzt, an dessen einem Ende die Pleuelstange *c* angreift und dessen anderes Ende um einen festen Punkt *d* schwingt, welcher einerseits in den Stangen *gg* hängt und andrerseits mit der Stange *e* verbunden ist, die mittels des Handrades *f* in der festen Mutter *h* auf- oder niedergeschraubt werden kann, wodurch der Kolbenhub reguliert wird. Sobald die Luft vor dem Kolben D^1 die atmosphärische Spannung erreicht hat, hebt sie bei der Weiterbewegung des Kolbens ein Ventil, durch welches sie in die für sie eingerichtete Röhrenleitung gelangt.

Einer anderen Anordnung des Apparates gemäfs können die beiden Cylinder C^1 und D durch Mikrometerventile ersetzt werden, und man braucht nur die Cylinder C und D^1 beizubehalten, ersteren, um Luft in den Kompressionsraum einzupressen, letzteren, um die Luft vom Verdünnungsraum abzusaugen. Die beiden Mikrometerventile dienen teils zum Messen der aus dem Kompressionsraum austretenden Luft, teils zum Messen der in den Verdünnungsraum von aufsen eintretenden Luft. Die im Kompensator geprefsten bezw. verdünnten Luftmengen treten dann aus dem Kompressionsraum direkt durch das erste Ventil in die Leitungsröhren, bzw. aus dem Verdünnungsraum, wie oben beschrieben, durch den Cylinder D^1. Beide Luftvolumina haben in der Röhrenleitung nur den atmosphärischen Druck zu überwinden. Zwei Manometer, welche fortwährend den im Kompensator bestehenden Druck anzeigen, geben Ausweis über den Grad des Ausblasens und der Zulassung, welcher den beiden Ventilen gegeben werden mufs.

Es bleibt noch übrig, den Gebrauch der beiden kleinen Becken R und R^1 zu erklären, die unter dem Kompensator angebracht sind.

Die atmosphärische Luft enthält immer eine gewisse Menge Wasserdampf, welcher unter dem Druck im Verdichtungsraum an den Wandungen der Röhren I sich kondensiert und nach unten fließt. Der Wasserdampf kondensiert sich zu Wasser und nicht zu Eis oder Schnee, weil die Temperatur infolge der Kompression stets etwas über 0° ist. Um dieses Resultat zu erreichen, ist es nötig, daß man je nach Bedarf sowohl die Expansion der Luft im Kompressionsraum, als auch das Austreten derselben aus dem Verdünnungsraum regulieren kann. Um ein zu großes Ansammeln des Kondensationswassers zu vermeiden, welches den Raum im Kompensator verringern würde, ist das Bassin *R* des Kompressionsraumes am Boden mit einem Ventil versehen, welches sich öffnet, sobald das Niveau bis zu einer Höhe gestiegen ist, die es nicht überschreiten soll.

Andrerseits, wenn die äußere Luft kalt ist, so kann sie nur eine geringe Menge Feuchtigkeit enthalten, und wenn sie bei der Verdünnung im Verdünnungsraum die im Nachbarraum frei werdende Wärme aufnimmt, so steht die mitgeführte Feuchtigkeit nicht mehr im Verhältnis zu der Spannung und Temperatur. In diesem Zustande der äußern Atmosphäre zurückgegeben, wird diese Luft zum Athmen zu trocken sein. Man kann sie in diesem Zustande nutzbar machen, wo man sehr trockener Wärme bedarf. Im entgegengesetzten Falle liefert das Becken R^1 des Verdünnungsraumes der verdünnten Luft die ihr fehlende Feuchtigkeit durch Verdunstung des in ihm enthaltenen Wassers. Damit dieser Wasservorrat nicht ausgehe, ist der Boden des Beckens mit einem Ventil versehen, welches mit dem offenen Reservoir *R* in Verbindung steht. Wenn infolge der Verdunstung das Niveau des Wassers bis zu einer bestimmten Grenze sinkt und das Ventil öffnet, so wird Wasser vom offenen Reservoir in das kleine Becken eintreten, bis das aufsteigende Niveau das Ventil wieder geschlossen hat.

Die vorbeschriebene Maschine dürfte für die Bedürfnisse der Praxis wohl keine größerer Bedeutung erlangen, obgleich sie recht sinnreich erdacht und ausgeführt ist.

VI. Die Absorptionsmaschinen.

Die Absorptionsmaschinen sind die ältesten Apparate zur Kälteerzeugung; ihr Prinzip leitet sich von dem altbekannten physikalischen Versuche ab, dafs man Wasser durch rasches Verdampfen unter der Luftpumpe zum Gefrieren bringen kann, namentlich wenn man, wie Nairne im Jahre 1777 entdeckte, die sich entwickelnden Wasserdünste durch Schwefelsäure absorbieren läfst. Dieser Gedanke wurde praktisch in den Vacuum-Eismaschinen verwertet, welche erst in den letzten Jahren mit Erfolg verwendet wurden und im folgenden Kapitel ausführlicher besprochen sind. Die Absorption des Wassers durch Schwefelsäure hat die Unbequemlichkeit, dafs man die Schwefelsäure nur einmal zu diesem Prozefs verwerten kann; sollte die Absorptionsmaschine praktischen Wert haben, so mufsten Flüssigkeiten verwendet werden, mit welchen derselbe Vorgang sich beliebig oft wiederholen liefs, indem man die absorbierte von der absorbierenden Flüssigkeit durch Destillation trennte. Dies erreichte F. Carré durch die Anwendung des käuflichen Salmiakgeistes, einer Lösung von Ammoniak in Wasser, mit welcher Flüssigkeit er die ersten Absorptionsmaschinen konstruierte und damit glänzende Resultate erzielte, was daraus hervorgeht, dafs sich dieses System von Kühlmaschinen noch bis zum heutigen Tage erfolgreich neben den neueren Systemen von Kältemaschinen behauptet hat und noch immer mit sehr schönen Erfolgen arbeitet.

Die Carré'sche Eismaschine.

Die Carré'sche Eismaschine ist eine Verdampfungsmaschine mit Absorptionsapparat und beruht darauf, dafs aus käuflichem Salmiakgeist, d. i. einer Lösung von Ammoniak, das letztere durch

Erhitzen ausgetrieben und durch Abkühlung und den eigenen Druck zu einer Flüssigkeit verdichtet wird. Dieses flüssige Ammoniak wird rasch verdampfen gelassen, wobei es grofse Wärmemengen aus seiner Umgebung bindet, also Kälte erzeugt, worauf das verdampfte Ammoniak von der ursprünglichen, inzwischen abgekühlten Lösungsflüssigkeit wieder absorbiert wird, um dann von neuem zu dem gleichen Prozesse verwendet zu werden.

Die ältesten von Carré gebauten Maschinen waren intermittirende Apparate von sehr einfacher Konstruktion, wie selbe

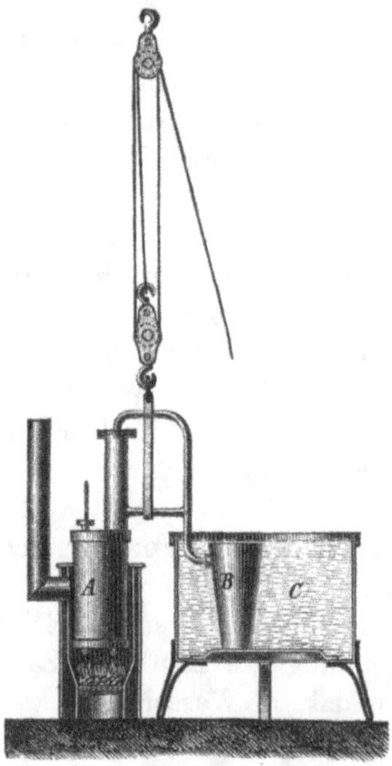

Fig. 43a.

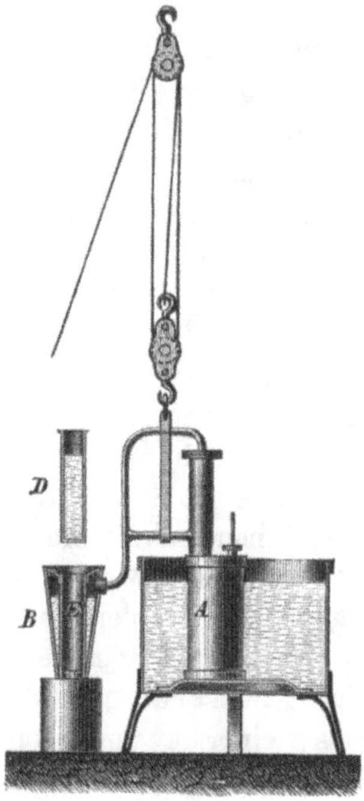

Fig. 43b.

in Fig. 43a u. 43b abgebildet sind; ein solcher Apparat (Fig. 43b), der gegenwärtig blofs für häusliche Zwecke Verwendung findet, besteht aus zwei Hauptteilen: dem Ammoniakbehälter *A* und dem Verdichtungsgefäfse *B*, welch' letzteres gleichzeitig als Hülle für das Gefriergefäfs *D* dient. Der Ammoniakbehälter *A* besteht aus einem flaschenförmigen Gefäfs, welches aus Schmiedeeisen gearbeitet ist und einem hohen Drucke Widerstand zu leisten imstande sein mufs. An dem Deckel dieses Gefäfses befindet sich eine enge Röhre, welche mit Öl gefüllt ist und in der ein Thermometer steckt. Dieser eiserne Behälter wird mit starker Ammoniakflüssigkeit gefüllt und in einen kleinen Ofen gestellt, der entweder mit Holzkohlen oder mit Leuchtgas geheizt werden kann.

Durch ein Rohr steht dieses Gefäſs mit einem zweiten ebenfalls aus sehr starkem Eisenblech gearbeiteten Gefäſse *B* in Verbindung, welches die Gestalt eines Kegelstutzes mit schwach geneigten Wänden hat und das in der Mitte eine cylinderförmige Höhlung besitzt. In diese Höhlung paſst ein Cylinder, welcher aus sehr dünnem Blech angefertigt ist, und in welchen das zu frierende Wasser gefüllt wird.

Man beginnt die Arbeit damit, daſs man den Cylinder *A* mit der stärksten Ammoniakflüssigkeit des Handels füllt und in dem Ofen bis auf etwa 130° erhitzt. Bei dieser Temperatur wird alles Ammoniakgas aus der Lösung ausgetrieben und strömt nach dem Gefäſs *B*. Infolge des starken Druckes, welchen das Ammoniakgas ausübt, verdichtet sich dasselbe in dem Gefässe zu einer Flüssigkeit.

Sobald die Temperatur der Flüssigkeit in dem Behälter die angegebene Temperatur von 130° erreicht hat, hebt man das Gefäſs aus dem Ofen, stellt es in einen Behälter mit kalten Wasser und schiebt das mit Wasser gefüllte Gefriergefäſs *D* in die Höhlung des Gefäſses *B*. Dieses Gefäſs soll jedoch nicht freistehen, sondern mit einer die Wärme schlecht leitenden Hülle aus Filz oder Stroh umgeben werden, um das Zutreten der Wärme von auſsen unmöglich zu machen.

Sobald die Flüssigkeit in dem Gefäſse *A* soweit abgekühlt ist, daſs sie wieder Ammoniak zu absorbieren vermag, kommt das in dem Gefäſse *B* enthaltene flüssige Ammoniak ins Sieden, verdampft wegen seines sehr niedrig liegenden Siedepunktes mit ungemein groſser Schnelligkeit und löst sich wieder in dem Wasser auf, welches in dem Gefäſse *A* enthalten ist.

Bei dem Sieden bindet das Ammoniak eine bedeutende Menge von Wärme und entzieht diese dem Wasser, welches sich in der Gefrierzelle befindet. Innerhalb weniger Minuten ist dasselbe in einen Cylinder aus reinem Eise verwandelt, der durch Umdrehen des Gefäſses *B* aus demselben gestürzt werden kann. An Stelle des Wassers kann man in die Gefrierzelle einen beliebigen Körper bringen, welche man abzukühlen wünscht.

Im Jahre 1862 konstruierte Carré seine erste kontinuierlich wirkende Eismaschine, welche sowohl für die Fabrikation von

Eis, wie auch zur Kühlung von Flüssigkeiten bestimmt war. Das erste Modell dieser Maschine wurde durch eine von der französischen Akademie der Wissenschaften gewählte Kommission geprüft und zweckentsprechend befunden.

Das Grundprinzip der Carré'schen Eismaschine ist ein sehr einfaches, und zwar das bereits besprochene der Absorptionsmaschine; als verdampfende Flüssigkeit wird eine Lösung von Ammoniak in Wasser, der käufliche Salmiakgeist verwendet. Diese Lösung erleidet vier Veränderungen ihres Zustandes: 1. sie wird in einem Kessel in Dampf verwandelt; 2. dieser Dampf wird durch einen Kondensator wieder verdichtet und die entstandene Flüssigkeit von einem Regulator aufgenommen, welcher sie im richtigen Verhältnis im Kühlapparate verteilt; 3. im Kühler verdampft diese Flüssigkeit abermals und erzeugt Kälte; 4. die so entstandenen Dämpfe werden durch eine Röhre angesaugt und nach einem Gefäſse gebracht, wo sie mit einer erschöpften, aus dem Kessel kommenden Flüssigkeit zusammentreffen, welche sich durch Absorption der Ammoniakdämpfe wieder sättigt und dann durch eine Pumpe in den Kessel zurückgeführt wird. Es findet also eine vollkommene Zirkulation der flüchtigen Flüssigkeit statt, wobei sich die beiden Gemengteile, Ammoniak und Wasser, abwechselnd vereinigen und trennen, wobei ihre gegenseitige Verwandtschaft eine nicht unwichtige Rolle spielt.

Die kontinuierliche Carré'sche Eismaschine, welche in Fig. 44 skizziert erscheint, besteht aus dem stehenden K e s s e l *A*, welcher mit Salmiakgeist gefüllt ist und der in der ursprünglichen Ausführung durch einen Ofen, bei den neueren Modellen durch eine Dampfschlange erhitzt wird; an demselben ist *D* das Sicherheitsventil und *F* das Rückfluſsrohr für die gesättigte Ammoniakflüssigkeit. Im Innern des Kessels befindet sich der R e k t i f i k a t o r *G*, welcher aus einer Anzahl durchlöcherter Schalen besteht, in welchen sich die Dämpfe und die durch *F* eintretende Flüssigkeit begegnen. Das durch Erhitzen des Salmiakgeistes ausgetriebene Ammoniakgas gelangt durch das Rohr *J* in den C o n d e n s a t o r *J*, welcher aus Schlangenröhren besteht, die sich in einem mit Kühlwasser gefüllten Kasten befinden. Das durch die Abkühlung zu einer Flüssigkeit kondensierte Gas flieſst durch das Rohr *L* nach dem Regulator *M*, welcher so konstruiert ist, daſs er alle Flüssigkeit, aber kein Gas durchläſst; die Flüssigkeit geht durch das

Rohr N nach dem Verdampfer Q, bestehend aus einer Anzahl Schlangenröhren, die in einem Kasten sich befinden, welcher von der abzukühlenden Flüssigkeit, gewöhnlich einer konzentrierten

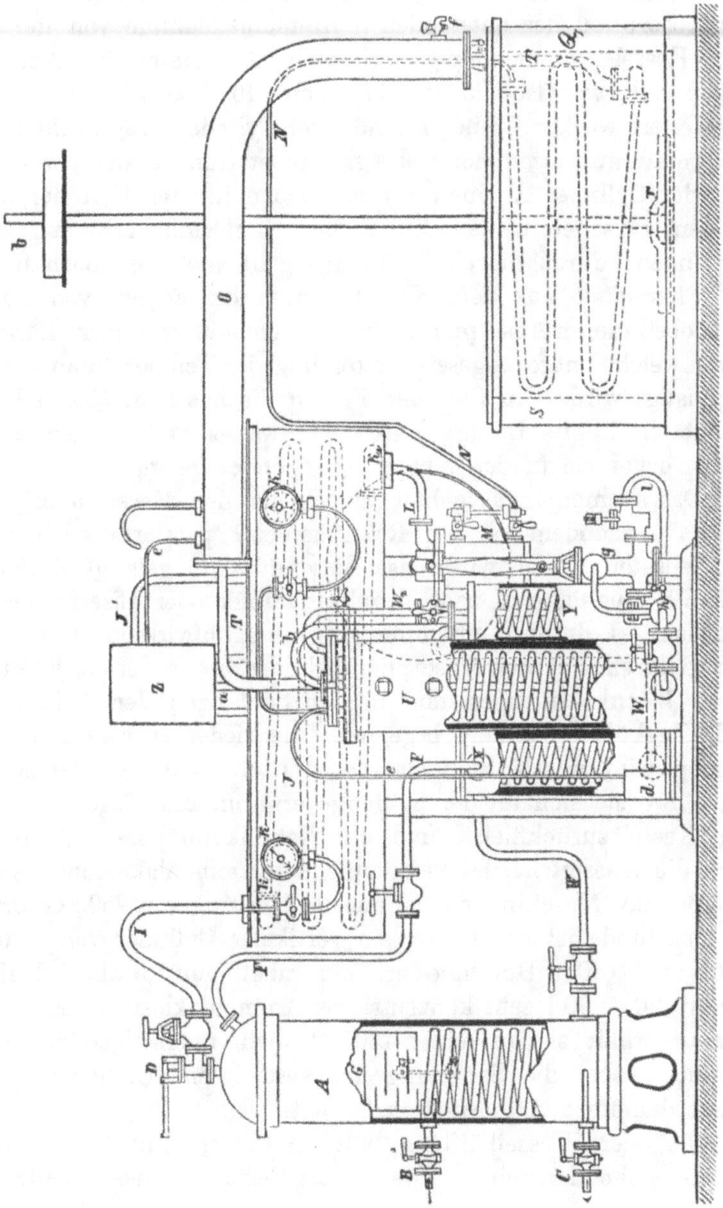

Fig. 44.

Salzlösung, gefüllt ist. In diesen Röhren verdampft die Flüssigkeit, kühlt die umgebende Salzlösung stark ab, die entstandenen Ammoniakdämpfe gehen durch das Rohr *T*, welches von der Hülse *V* umgeben ist, nach dem Absorptionscylinder *U*, in welchem die Absorption der entstandenen Ammoniakdämpfe von der aus dem Kessel kommenden, erschöpften Ammoniakflüssigkeit erfolgen soll, wo also die ursprüngliche Flüssigkeit immer wieder regeneriert wird. *X* und *Y* sind zwei Cylinder, in welchen der Temperaturaustausch der Flüssigkeiten stattfindet, und zwar enthält der Cylinder *X* einen konzentrischen inneren Cylinder, und in dem zwischen beiden befindlichen ringförmigen Raume zwei Schlangen; durch die eine Schlange geht von oben nach unten die Flüssigkeit aus dem Kessel, durch die andere von unten nach oben die im Absorptionscylinder *U* entstandene starke Lösung, durch welche entgegengesetzte Strömung der Temperaturaustausch begünstigt wird. Im Cylinder *Y* wird die aus dem Kessel kommende erschöpfte Lösung durch Kühlwasser vollkommen abgekühlt, bevor sie in den Absorptionscylinder gelangt.

Das Ammoniakgas geht demnach aus dem Kessel durch das Rohr *J*, nachdem es den Rektifikator *G* passierte nach dem Kondensator *J* und wird daselbst verflüssigt, gelangt durch *L* und den Regulator *M* nach dem Verdampfer oder Eiserzeuger *Q*; nachdem es durch Verdampfung seine Kühlwirkung ausgeübt, tritt es durch *T* in den Absorptionscylinder, wo es der erschöpften, durch *W* ankommenden und in den Schlangen der Cylinder *X* und *Y* gekühlten Lösung begegnet. Die wiederhergestellte starke Lösung wird durch Pumpen wieder nach dem Cylinder *X* geführt, wo sie sich an der Schlange erwärmt und durch *F* nach dem Kessel zurückfliefst, und den Rektifikator passiert, wo sie noch die Wasserteile des verdampfenden Ammoniaks kondensiert.

Bei dem Maschinenmodell mit der Leistung von 2500 Calorien in der Stunde ist der Kessel ein vertikaler Cylinder von 1,20 m Höhe und 0,40 m Durchmesser, sein Inhalt von 1,5 hl wird aber nur mit 80 — 90 l sehr konzentrierter Ammoniaklösung beschickt. Man unterhält sie auf einer 130° C. nicht übersteigenden Temperatur, wobei die Spannung der vereinigten Ammoniak- und Wasserdämpfe 8 Atmosphären beträgt.

Die obere Kesselhälfte enthält im Innern eine Reihe übereinanderstehender Schalen, welche als Rektifikationssäule für die

Ammoniakdämpfe dient, die hier einen grofsen Teil ihres Wassergehaltes verlieren. Der entwässerte Dampf geht durch eine lange Röhre nach dem Kondensator.

Der Kondensator besteht aus vier flachen parallelen Schlangenröhren, welche 5 cm von einander entfernt sind und in ein gemeinschaftliches horizontales Eintrittsrohr münden; jedes einzelne Rohr ist zunächst in einer Länge von 1,5 m gerade und nur so viel geneigt, dafs der Inhalt abfliefsen kann; es macht dann in einer Vertikalebene und mit gleicher Neigung drei Krümmungen und endigt in dem gemeinschaftlichen horizontalen Austrittsrohr. Dieses System von Zickzackröhren liegt in einem Gefäfs mit kaltem Wasser, welches durch die in den Röhren stattfindende Dampfkondensation erwärmt wird, aber die Temperatur von 30° C. nicht erreichen darf.

Im Austrittsrohr sammelt sich alle Flüssigkeit, welche sich sowohl durch die Abkühlung als durch den Druck von 8 Atm., der sich ohne Verminderung bis hierher fortpflanzt, in den Schlangen bildete. Von hier aber zirkuliert bis zum Kühler nur Flüssigkeit, welche bis zu einem eintretenden Hindernis stets dem Druck des Kessels unterworfen bleibt. Diese Flüssigkeit darf jedoch nur in bestimmter Menge und mit vollkommener Regelmäfsigkeit im Kühler anlangen; dies bewirkt der Regulator.

Derselbe besteht aus einem cylindrischen Gefäfse von 25 bis 30 cm Höhe und 4 bis 5 l Inhalt, in welches oben die Flüssigkeit durch einen seitlichen Rohransatz eintritt; am Boden dieses Gefäfses geht eine Röhre ab und verlängert sich unterhalb und in der Achse desselben; sie hat 15 bis 20 cm Länge bei nur 2 cm innerer Weite, und ist nur unten um einige Millimeter verengert und ausgedreht, um hier eine Art vom Hahnschlauch darzustellen. An dieser Stelle ist sie geschlossen und seitwärts in der Mitte des Schlauches mit einer Austrittsöffnung für die Flüssigkeit versehen. Ein dünner und leichter Schwimmer bewegt sich frei in dem Gefäfse; es ist oben offen und unten mit Ausnahme eines Loches, welches demjenigen des Schlauches entspricht, geschlossen; seine Gestalt entspricht derjenigen des Gefäfses, doch ist er etwas schmäler und berührt dasselbe nur in der Höhe des Schlauches. Die ganze Bewegung des Schwimmers besteht nur in einer vertikalen Schwingung von nicht über 10 bis 12 mm, bei welcher er sich nicht um seine Achse drehen kann.

Die zuerst ankommende Flüssigkeit fällt also zwischen die Wände des Regulatorgefäſses und des Schwimmers und hebt diesen letzteren, so daſs seine Öffnung derjenigen des Schlauches nicht mehr entspricht; infolge ihres fortdauernden Zuflusses tritt die Flüssigkeit bald von oben in den Schwimmer, erfüllt denselben mehr und mehr und bringt ihn in einem bestimmten Zeitpunkte zum Niedersinken bis zu seinem Ruhepunkt, wo seine Öffnung derjenigen des Schlauches entspricht und jetzt die Flüssigkeit nach auſsen entweichen läſst. Hierdurch wird er erleichtert und würde, wenn der Zufluſs seinen Verlust nicht ersetzte, bald wieder steigen und dem Kühler nichts weiter zukommen lassen. Natürlich geschieht dies aber nur dann, wenn es sein muſs, nämlich wenn kein Vorrat von Flüssigkeit mehr vorhanden ist.

An die Austrittsmündung des Regulators ist ein beliebig langes und gebogenes enges Rohr angesetzt, welches die Kälteflüssigkeit schlieſslich zum Kühler führt. Vor diesem befindet sich in der Röhre ein Hahn, der erste auf dem bisherigen Wege der Flüssigkeit. Er ist deshalb notwendig, weil die Spannung des Dampfes, welche im Kessel 8 Atm. beträgt, im Kühler beiläufig 1 Atm. oder etwas mehr sein muſs. Dieser eingeschaltete Hahn gleicht also den Drucküberschuſs aus und beschränkt ihn auf das zum richtigen Einströmen der Flüssigkeit in den Kühler erforderliche Maſs. Die Gestalt des Kühlers hat zwei wesentliche Bedingungen zu erfüllen; er muſs einerseits der Verdunstung groſse, stets von der Flüssigkeit benetzte Oberflächen und dem Dampfe freie Zirkulation darbieten, anderseits die Rückstände der Verdunstung, welche immer wasserhaltiger werden, in einem kleinen Raum sich ansammeln lassen, aus welchem sie von Zeit zu Zeit auf leichte und sichere Weise entfernt werden müssen.

Die Leistung des Apparates ist proportional der latenten Wärme der flüchtigen Flüssigkeit und der Anzahl der Kilogramme Dampf, welche sich stündlich in dem Kühler bilden. Dieses Dampfgewicht hängt nur von zwei Umständen ab: einerseits von der Gestalt des Kühlers, anderseits von der Differenz zwischen der in seinem freien Raume bestehenden Spannung und der Maximalspannung, welche diesem Dampf nach der Temperatur der die Flächen benetzenden Flüssigkeit zukommt. Denn wenn der freie Raum mit Dämpfen gesättigt wäre, so könnte kein

Dampf weiter gebildet und mithin auch keine Kälte erzeugt werden; bliebe hingegen der freie Raum vollkommen dampfleer, so würde die stündlich entstehende Dampfmenge und mithin auch die Kälteerzeugung ihr Maximum erreichen.

Dieser Dampf mufs also abgesaugt werden, und zwar in demselben Zeitpunkt, wo er zum Hindernis, nämlich wo er gebildet wird; es mufs der leere Raum im Kühler soviel wie möglich erhalten bleiben. Das beste von den vielen hiezu führenden Mitteln ist offenbar das hier angewandte, nämlich die Kondensation infolge einer raschen Auflösung, so dafs der Dampf später durch Temperaturerhöhung der Flüssigkeit wieder entwickelt werden kann.

Der Kessel ist so angeordnet, dafs in seinem unteren Teil die Ammoniaklösung sehr stark erschöpft ist; durch ein daselbst befindliches Rohr mit Hahn kann man ein beliebiges Volumen derselben ablassen. Dieses Rohr besteht aus Schmiedeeisen, ist 20 — 30 m lang und in verschiedenen Entfernungen zweimal zu schraubenförmigen Schlangen umgebogen, welche von Kühlflüssigkeiten umgeben sind. Die aus dem Kessel mit 130° austretende Flüssigkeit wird dadurch auf 20 — 25° abgekühlt und gelangt so zum oberen Teil des Absorptionsgefäfses, in welches sie als ein Strahl von Tropfen hinabfällt. Dieser ununterbrochene Regen erschöpfter Flüssigkeit ist das Mittel, wodurch stets die Leere in dem freien Raum des Kühlers hergestellt wird. Zu diesem Zwecke ist der obere Teil des Kühlers durch ein weites, mehrere Meter langes Rohr mit dem oberen Teil des Kondensators verbunden; sowie der darin befindliche Hahn geöffnet wird, strömen die ammoniakalischen Dämpfe des Kühlers in den Regen der erschöpften Flüssigkeit, kondensieren sich darin durch die stattfindende Absorption und es gelangt also eine ammoniakreiche Lösung auf den Boden des Gefäfses. Die hiebei notwendig frei werdende Wärme wird durch eine vom kalten Wasser durchflossene Schlange aufgenommen, die erhaltene Lösung aber wieder nach dem Kessel zurückgeführt, um demselben alles verlorene Ammoniak wieder zu ersetzen. Es finden also nur Anderungen in dem Zustande der Substanzen, nicht in ihrer Masse statt.

Diesen letzten Teil der ganzen Zirkulation vermittelt eine Saug- und Druckpumpe von eigentümlicher und sehr zweckmäfsiger Konstruktion. Sie saugt die Ammoniaklösung in dem Mafse, wie sie entsteht, aus dem Kondensator, treibt sie in ein Reservoir und von hier aus durch eine lange Röhre, worin sie erhitzt wird, nach dem oberen Teile der im Kessel befindlichen Rektifikationssäule. Diese Lösung hat, obwohl sie auf ihrem Wege erhitzt wurde, bei weitem nicht 130° und bewirkt daher eine Rektifikation der aufsteigenden wasserhaltigen Ammoniakdämpfe.

Die Absorptionsmaschine von Vaafs & Littmann.

In Deutschland fand die Carré'sche Maschine rasch Eingang und war es namentlich die Maschinenfabrik Vaafs & Littmann in Halle a. S., welche diese Maschinen zur Einführung brachte; durch sorgfältige Konstruktion, wie auch durch mehrfache Verbesserungen erlangten die Maschinen dieser Firma einen besondern Ruf, so dafs im Verlaufe weniger Jahre zahlreiche solcher Maschinen sowohl in Deutschland, als auch hauptsächlich in den heifseren Ländern eingerichtet wurden und sich durch Leistungsfähigkeit und Betriebssicherheit, namentlich für Zwecke der Eisfabrikation, sehr gut bewährten.

Die Maschine besteht, wie aus der Abbildung (Fig. 45) ersichtlich, aus einem Kessel *A*, in welchem der enthaltene Salmiakgeist erhitzt und dadurch das Ammoniakgas ausgetrieben wird. Das Erhitzen erfolgt bei gröfseren Anlagen ausnahmslos durch Dampf, welcher im Innern des Kessels in Schlangenröhren zirkuliert. Dieser Ammoniakkessel besteht aus einem stehenden Cylinder oder einem horizontalen Cylinder mit einem vertikal aufgesetzten Dome; ersterer ist zur Hälfte mit Salmiakgeist gefüllt.

Das entweichende Ammoniakgas geht durch das Rohr 1 nach dem Kondensator *B*, einem kastenförmigen Gefäfse, in welchem es mehrere Kühlschlangen passiert, die beständig von Kühlwasser umflossen sind. Aus dem Kondensator tritt das abgekühlte Ammoniak durch das Rohr 2 in das Gasgefäfs *C*, wo es durch den eigenen Druck, der auf 8—10 Atm. steigt, verflüssigt wird. Durch das Rohr 3 läfst man das verflüssigte Ammoniak mittels eines Regulierhahnes in die Schlangenrohre des Generators *D* eintreten, in welchen es sich verteilt, daselbst infolge des aufgehobenen Druckes rasch verdampft und der Flüssigkeit, welche den Generator füllt und die Verdampfschlangen umspült, gewöhnlich eine 30proz. Lösung von Chlorcalcium, so viel Wärme entzieht, dafs sie auf —7 bis —9° C. abgekühlt wird und dann zur Kühlung von Luft und Wasser, wie auch zur Eiserzeugung verwendet werden kann.

Das gasförmige Ammoniak soll nun von der ursprünglichen Lösungsflüssigkeit, die im Kessel zurückgeblieben ist, wieder absorbiert werden; dies erfolgt in der Einsaugungsvase *E*, in welche

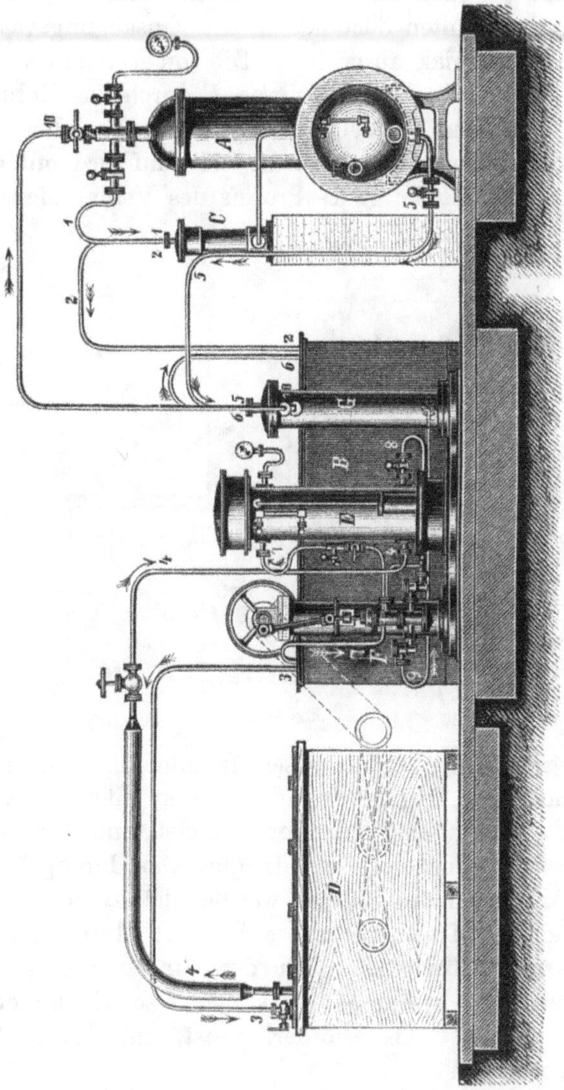

Fig. 45.

das Gas durch das Rohr 4 eintritt. In diese Einsaugungsvase gelangt auch die ammoniakarme Absorptionsflüssigkeit, nachdem sie aus dem Kessel durch das Rohr 5 abgelassen wurde und einen Vorwärmer oder Temperaturwechselcylinder *G* passierte, um daselbst ihre Wärme an die zum Kessel zurückströmende, gesättigte Ammoniakflüssigkeit abzugeben, sodann in einer besonderen Schlange des Kondensators durch Kühlwasser abgekühlt wird, endlich im abgekühlten Zustande in die Einsaugungsvase *E* tritt, wo sie das Ammoniak absorbiert. Die mit Ammoniak gesättigte Flüssigkeit wird mittels der Pumpe *F* durch das Rohr 8 angezogen und nach dem Kessel zurückgedrückt, nachdem sie zuvor in einem Vorwärmer erwärmt wurde. Hierauf wird mit derselben Ammoniakflüssigkeit der ganze Prozefs des Verdampfens und der Absorption wiederholt.

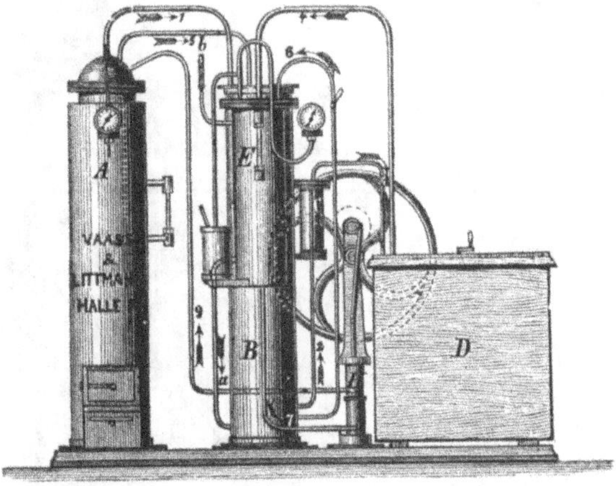

Fig. 46.

Der regelmäfsige Betrieb dieser Maschine hängt hauptsächlich von der richtigen Regulierung der beiden Hähne ab, nämlich desjenigen, der sich am Generator befindet, und der so geöffnet sein mufs, dafs ebensoviel verflüssigtes Gas durchgeht, als neu erzeugt wird; ferner des Hahnes, welcher sich zwischen dem Vorwärmer und der Einsaugungsvase befindet, durch welchen die ammoniakarme Flüssigkeit nach der Einsaugungsvase strömt, und der so gestellt sein mufs, dafs genau soviel ammoniakarme Flüssigkeit einfliefst, als erforderlich ist, um das zuströmende Gas zu absorbieren.

Bei kleineren Maschinen, welche ebenfalls von dieser Maschinenfabrik gebaut werden, erfolgt das Erhitzen des Ammoniakkessels über freiem Feuer, die Einrichtung solcher Maschinen ist jedoch die gleiche wie bei der vorbeschriebenen und ist dieselbe in Fig. 46 dargestellt.

Den Maschinen dieses Systems wird meist noch ein Apparat beigegeben, mit Hilfe dessen der für die erste Füllung erforder-

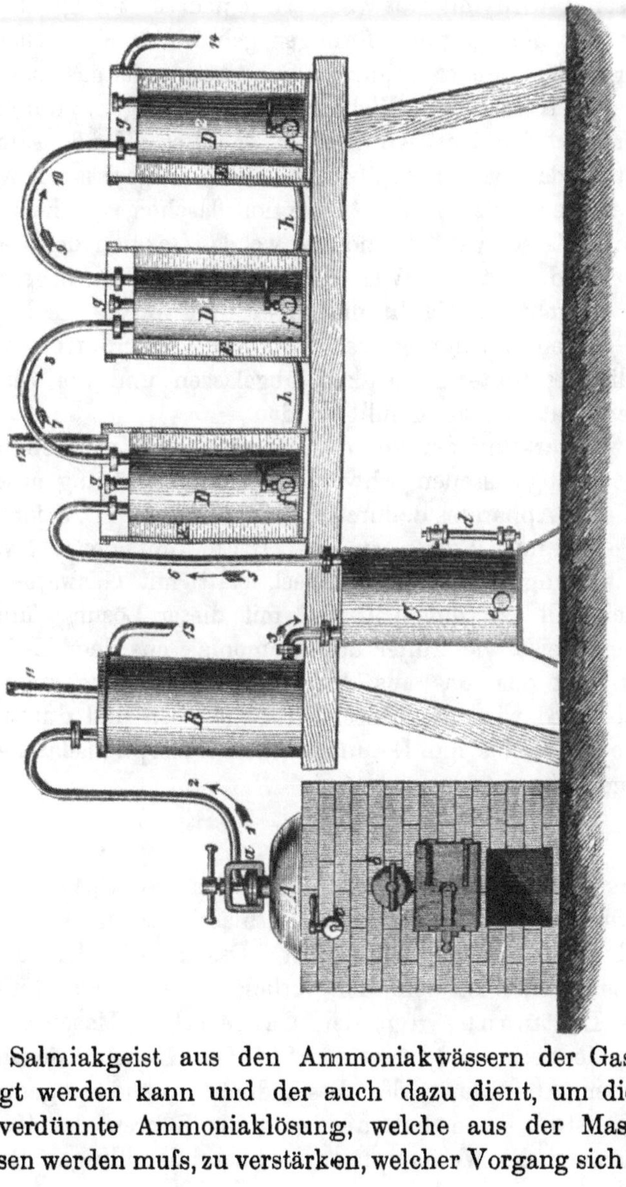

Fig. 47. Apparat zur Erzeugung und Verstärkung von Ammoniak.

liche Salmiakgeist aus den Ammoniakwässern der Gasanstalten erzeugt werden kann und der auch dazu dient, um die mit der Zeit verdünnte Ammoniaklösung, welche aus der Maschine abgelassen werden mufs, zu verstärken, welcher Vorgang sich besonders für überseeische Plätze, wo der Bezug von Salmiakgeist sehr umständlich ist, empfiehlt. Der Apparat, welcher in Fig. 47 abgebildet ist, besteht aus dem Kessel *A*, dem Kondensator *B*, dem Sammelgefäfs *C*, den Absorptionsflaschen *D* mit den Kühlgefäfsen *E*. Der Kessel *A* wird mit Gaswasser zu einem Drittel gefüllt, eine entsprechende Menge pulverförmiger gebrannter Kalk zugesetzt, und über freiem Feuer erhitzt. Das Ammoniakgas entweicht aus der im Kessel befindlichen Flüssigkeit, geht durch das Schlangenrohr des mit Kühlwasser gefüllten Kondensators *B*, sodann durch das Sammelgefäfs *C*, wo es die mitgerissenen Wasser- und Theerteile absetzt, in die Absorptionsflaschen, welche zu zwei Drittel mit Wasser gefüllt sind und wo das Gas von dem Wasser absorbiert wird. Ist das Wasser in der ersten Flasche genügend gesättigt, so geht das Gas in die zweite und von da in die dritte Flasche, bis ein Sättigungsgrad von 30° Cartier erreicht wird, worauf die gesättigte Flüssigkeit abgelassen und die Flaschen von neuem mit Wasser gefüllt werden.

Die Verstärkung der aus dem Kessel der Eismaschine von Zeit zu Zeit abgelassenen schwachen Ammoniaklösung geschieht mittels dieses Apparates dadurch, dafs man die drei Absorptionsflaschen statt mit Wasser zu zwei Drittel mit der schwachen Ammoniaklösung, ferner den Kessel, statt mit Gaswasser und Kalk, gleichfalls zu einem Drittel mit dieser Lösung füllt und in gleicher Weise wie früher das Ammoniak aus dem Kessel abdestilliert. Ist das Gas aus der schwachen Lösung im Kessel ausgetrieben, so wird die Flüssigkeit abgelassen und durch neue ersetzt, so lange, bis die Lösung in den Absorptionsflaschen genügend gesättigt ist.

Auch von der Maschinenfabrik Oskar Kropff in Nordhausen wurden die Carré'schen Eismaschinen in verbesserter Form gebaut und vielfach eingeführt. Das Prinzip der Kropff-schen Eismaschine ist dem der vorbeschriebenen Maschine von Vaafs & Littmann, resp. der Carré'schen Maschine vollkommen identisch und zeigt nur in den Konstruktionsdetails und in der Anordnung der Bestandteile Abänderungen. Die älteren Konstruktionen hatten sowohl die Röhren des Kondensators, als auch des Verdampfers, wie auch aller übrigen Gefäfse, spiralförmig angeordnet. Nachdem diese Anordnung sowohl die Reinigung als auch die Reparatur vielfach erschwerte, wurden in neueren Ausführungen sämtliche Röhren in parallelen Bündeln ausgeführt. Das Temperaturwechselgefäſs besteht bei dieser Maschine aus zwei Systemen von senkrechten parallelen Röhren, welche sich in einem mit Wasser gefüllten Cylinder befinden; das eine dieser Röhrensysteme wird von der kalten, das andere von der heiſsen Ammoniaklösung durchflossen, und das umgebende Wasser bewirkt den Temperaturaustausch. Nachdem dieses Temperaturwechselgefäſs jedoch nicht imstande ist, die erschöpfte Ammoniaklösung genügend abzukühlen, so flieſst dieselbe noch durch ein besonderes Röhrensystem, welches im Kondensator liegt und ebenfalls mit vom Kühlwasser gekühlt wird. Auch diese Maschine ist, wie erwähnt, vielfach zur Einführung gelangt.

Sowohl von Vaaſs & Littmann als auch von Kropff wurden kleinere Apparate nach dem Modell der kleinen Carréschen Eismaschine gebaut, welche intermittierend arbeiten, wie dies bereits früher beschrieben wurde. Diese kleinen Apparate sind zur Verwendung im Haushalte und dem Kleingewerbe bestimmt, haben aber wegen ihres hohen Preises keine nennenswerte Verbreitung erfahren.

Kropff beabsichtigte diese kleinen Apparate dadurch ununterbrochen wirksam zu machen, daſs statt eines Kessels zwei in Anwendung kommen und ein besonderer Kondensator eingeschaltet wird. Die Arbeit geht dann so von sich, daſs ein Kessel geheizt ist und seine Dämpfe im Kondensator niedergeschlagen werden, das verflüssigte Ammoniak aus dem Kondensator in den Eisgenerator übertritt und das verdampfte Ammoniak in den zweiten, inzwischen abgekühlten Kessel zurückgelangt. Ist dann im ersten Kessel die Flüssigkeit erschöpft, im zweiten aber genügend angereichert, so wechseln beide ihre Aufgabe, der erste wird gekühlt und mit dem Kondensator verbunden, der zweite geheizt und mit dem Eisgenerator in Verbindung gesetzt.

Die kleinen intermittierend arbeitenden Carré'schen Ammoniak-Eismaschinen, die eigentlich nur aus einem mit Ammoniakwasser gefüllten Kessel und einem Eiserzeuger bestehen, sind ferner von Friedrich Schmidt (in Firma Schmidt, Kranz & Comp. in Nordhausen) mit einer Verbesserung versehen worden, die im Deutschen Reich unter Nr. 37127 Patentschutz genieſst. Die bisherigen Ausführungen dieser Art Maschinen hatten erstens den Übelstand, daſs sie entweder oft umgehoben werden muſsten, um den Kessel einmal heizen, das andere Mal kühlen zu können, oder daſs der Eisbildner drehbar angeordnet werden muſste, um das Eis leicht von demselben abtauen bzw. darin angesammelte Flüssigkeit nach dem Kessel zurückleiten zu können; zweitens waren die Ventile innerhalb des Kessels angeordnet, so daſs bei etwaigem Festsetzen derselben ein vollständiges Auseinanderschrauben der Maschine erforderlich war, und drittens war die erwähnte bewegliche Verbindung mit Stopfbüchse zwischen Kessel und Eisbildner oft die Ursache von Ammoniakverlusten und Brüchen, namentlich ins Gewicht fallend für den Gebrauch dieser Apparate auf Schiffen. Wie diesen Nachteilen begegnet ist, ergibt sich aus der beigefügten Abbildung (Fig. 48) und aus der im nachstehenden beschriebenen Handhabung des verbesserten Apparates.

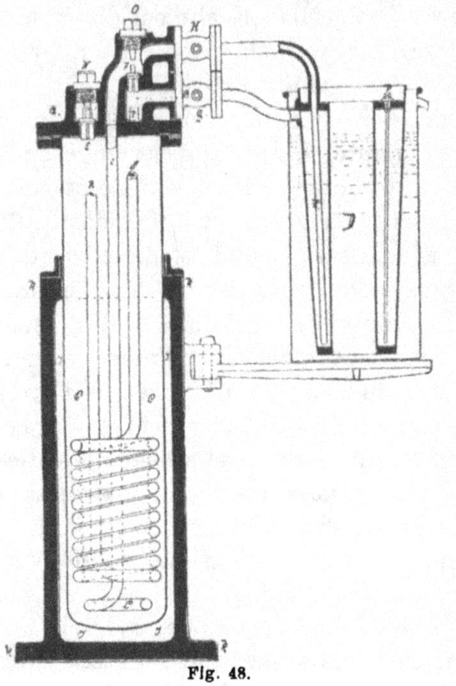

Fig. 48.
Carré'sche Ammoniak-Eismaschine von Friedrich Schmidt in Nordhausen.

A. Betrieb des Apparates bei Dampfheizung.

1. Periode. Es wird Niederschraubventil *H* geschlossen und *G* geöffnet und Dampf in den Zwischenraum *J* des Kessels *C* und des Mantels *K* geleitet, der Salmiakgeist in *C* erhitzt, das entweichende Ammoniakgas durch Rückschlagventil *E*, Kanal *F* und Niederschraubventil *G* in den Eisbildner *D* geleitet und in dessen konisch-ringförmigem Raum zu einer tropfbaren Flüssigkeit verdichtet; schlieſslich wird der Heizdampf abgestellt.

2. Periode. An Stelle des Heizdampfes tritt nun Kühlwasser in den Raum *J*, das kondensierte Ammoniakgas verdampft, erzeugt

Kälte in D und tritt durch Niederschraubventil G und Rückventil F in das Rohr L; dasselbe ist unten in eine flache Spirale gebogen und siebartig durchlöchert, so daſs die Gase, fein verteilt, gut absorbiert werden.

3. Periode. Das Wasser um D herum ist ausgefroren; das Ventil G wird geschlossen, H etwas geöffnet und statt des Kühlwassers wieder Dampf in J eingelassen. Die heiſsen Gase treten jetzt am Boden von D durch Rohr M aus und bewirken ein schnelles Abtauen des Eises von D, weil sie den Teil zuerst und am stärksten erwärmen, wo die stärkste Eismasse sitzt; ein Drehen des Eisbildners in die umgekehrte Stellung ist also überflüssig. Ist das Eis von D abgeschöpft, so schlieſst man auch H fest und läſst 2 Minuten durch J Kühlwasser statt Dampf streichen; nach dieser Zeit öffnet man Ventil H und der in D entstandene Überdruck treibt etwa darin zurückgebliebene, nicht verdampfungsfähige, weil wasserhaltige Ammoniakflüssigkeit sofort durch L nach C zurück. Sollten infolge längerer Auſserbetriebstellung des Apparates die Ventile E und F festrosten, so können sie durch Entfernen der Schrauben N und O schnell wieder in betriebsfähigen Zustand gesetzt werden. Das Entleeren und Füllen des Apparates geschieht ebenfalls ohne Umstände durch Entfernen von E und N; P dient zum Ablassen der atmosphärischen Luft.

B. Betrieb des Apparates bei Feuerheizung.

Für den Fall, daſs nicht Heizung mittels heiſser Dämpfe bzw. heiſser Flüssigkeiten, sondern direkte Feuerheizung in Betracht kommt, streichen die Feuergase durch den Raum J, die Abkühlung von C wird dann durch eine in den Kessel gehängte cylindrische Rohrspirale bewirkt, durch welche das Kühlwasser zirkuliert, durch R eintritt und S austritt. Die Ein- und Ausgangsenden der Schlange sind in dem guſseisernen Deckel bzw. Ventilkasten eingedichtet. Die Anwendung einer solchen Kühlschlange ist natürlich nichtausgeschlossen für den gleichen Apparat mit Dampfheizung.

Die bisher gebauten Eismaschinen für den Kleinbetrieb versagen sehr oft den Dienst, weil Ventile oder Hähne im Innern derselben angebracht sind, welche leicht auſser Ordnung kommen können. Um die Ventile oder Hähne wieder betriebsfähig zu machen, ist es nötig, die ganze Maschine auseinander zu nehmen, wodurch jedesmal bedeutende Ammoniakverluste entstehen, und ist es meistens unmöglich, die Maschinen ohne neue Füllung an Salmiakgeist wieder betriebsfähig herzurichten. A. Schulze in Halle a. S. hat sich deshalb eine Eismaschine D. R. P. Nr. 35826 für den Kleinbetrieb patentieren lassen, welche ganz ohne Ventile oder Hähne funktioniert und abweichend von den bekannten Konstruktionen einen besonderen Absorber hat.

Die neue Eismaschine (Fig. 49) funktioniert wie folgt:

In dem Kessel *A* befindet sich Salmiakgeist, welcher durch Erhitzen in einem Wasser- oder Salzwasserbade auf einer bestimmten Temperatur gehalten wird.

Hierdurch wird das Ammoniakgas aus dem Salmiakgeist ausgetrieben, geht durch den Absorber *B*, welcher ebenfalls im Heizbade steht, nach dem Eiserzeuger *C*, woselbst es durch Kühlung kondensiert wird. Sobald die Destillation beendet ist, dreht man die Maschine um einen Winkel von 90° mit Eiserzeuger *C* nach unten, wodurch die schwache Ammoniakflüssigkeit aus dem Kessel *A* in den Absorber *B* fliefst, dann bringt man die Maschine in die erste Stellung zurück, kühlt den Absorber *B* und umgibt den Eiserzeuger *C* mit Wasser, welches in Eis verwandelt werden soll.

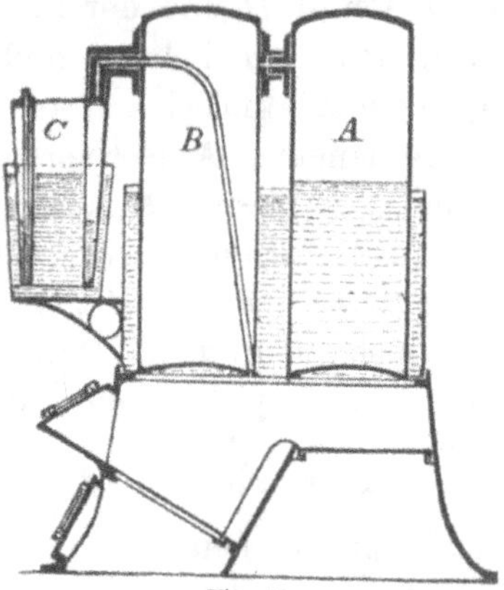

Fig. 49.

Durch die Abkühlung des Absorbers *B* wird eine Druckverminderung erzeugt, durch welche das im Eiserzeuger *C* angesammelte flüssige Ammoniak verdunstet und Kälte erzeugt. Nachdem die Eisbildung beendet, bringt man den Apparat in eine solche Position, dafs der Eiserzeuger *C* oben und der Kessel *A* nach unten zu liegen kommt; hierdurch wird das etwa nicht verdunstete flüssige Ammoniak aus dem Eiserzeuger *C*, sowie der konzentrierte Salmiakgeist aus dem Absorber *B* wieder in den Kessel *A* zurückgebracht. Nachdem dies geschehen, wird die Maschine wieder in ihre erste Stellung gebracht und ist für eine neue Operation bereit.

Im Jahre 1867 liefs Toselli in Paris (durch Clark) ein englisches Patent auf eine Ammoniak-Eismaschine nehmen, welche nach dem Prinzip des tragbaren Carré'schen Apparates eingerichtet war. Sie bestand aus zwei durch ein Rohr axial verbundenen Cylindern, die durch eine Kurbel dauernd gedreht wurden; der in dem einen Cylinder befindliche Salmiakgeist gab durch Erhitzen sein Ammoniak in den anderen Cylinder, das zurückbleibende Wasser nahm später den Dampf wieder auf, der Apparat blieb dauernd hermetisch verschlossen. Es war eine Anordnung sowohl für eine kleine tragbare Form zum häuslichen Gebrauch, wie für technischen Betrieb angegeben. Man hat jedoch über die Leistung einer ausgeführten Maschine nichts weiter gehört.

Absorptionsmaschine, Patent Koch-Habermann.

Um dem mit den meisten Absorptionsmaschinen verbundenen Übelstande des grofsen Kühlwasser- und Dampfverbrauchs zu begegnen, haben Koch & Habermann sich eine Verbesserung an Absorptionsmaschinen patentieren lassen, bei welcher durch rationelle Anwendung des Gegenstromprinzips und strenger Durchführung desselben in allen Teilen der Maschine eine wesentlich bessere Ausnutzung des Kühlwassers und des Dampfes erzielt und die Maschine deshalb viel leistungsfähiger gemacht wurde.

Diese verbesserte Absorptionsmaschine, welche bisher ausschliefslich von der Halle'schen Maschinenfabrik und Eisengiefserei in Halle a. S. konstruiert und zur Ausführung gebracht wurde, soll in nachstehendem unter Hervorhebung der wichtigsten konstruktiven Neuerungen beschrieben werden. Die Abbildung (Fig. 50, s. Tafel I) stellt eine bereits ausgeführte, seit Mai 1886 in regelmäfsigem und ununterbrochenem Betriebe stehende Anlage dieses Systemes in der Dampfbrauerei Zwenkau (bei Leipzig) vor, mit welcher nach Mitteilung der Besitzer und nach eigenen Beobachtungen vorzügliche Betriebsresultate erzielt wurden.

Die verbesserte Absorptionsmaschine Patent Koch und Habermann weist das bekannte Prinzip dieser Maschinen und im wesentlichen dieselben Bestandteile auf, als die der gewöhnlichen Kühlmaschinen dieses Systems, doch ist die Konstruktion der wichtigsten Teile eine vollständig neue und eigenartige, wodurch eben eine rationelle und vollständigste Ausnutzung des Dampfes und Kühlwassers ermöglicht wird. Die Maschine besteht in ihren wesentlichen Teilen aus dem Ammoniakkessel 1, in welchem das Ammoniak durch Einwirkung des Dampfes aus seiner Lösung, dem käuflichen Salmiakgeist, ausgetrieben wird; dem Kondensator 3, in welchem das Ammoniakgas unter Druck zu einer Flüssigkeit verdichtet wird, indem man die entstandene Wärme durch Kühlwasser entfernt; dem Kälteerzeuger oder Verdampfer 9, in welchem das verflüssigte Ammoniak verdampfen gelassen wird, wodurch es der umgebenden Flüssigkeit, einer konzentrierten Chlorcalciumlösung, Wärme entzieht; dem Absorber oder Aufsaugegefäfs 4, in welchem das Ammoniak nach erfolgter Expansion mit der inzwischen abgekühlten und entgasten Flüssigkeit aus dem Kochkessel zusammengebracht und von dieser wieder absorbiert wird, worauf die gesättigte Ammoniaklösung durch die Pumpe 5 nach dem Kochkessel zurückgebracht wird, endlich aus dem Temperaturwechselgefäfse 2 (Vorwärmer), in welchem diese gesättigte kalte Ammoniaklösung auf dem Rückwege nach dem Kessel die aus diesem kommende heifse ammoniakarme Flüssigkeit abkühlt, diese hierdurch zur Absorption des Ammoniakgases befähigt und sich selbst dabei erwärmt, daher im stark vorgewärmten Zustande nach dem Kessel zurückkehrt.

Mit der verbesserten Konstruktion der neuen Maschine soll in erster Linie eine rasche Verdunstung des verflüssigten Ammoniak im Kälteerzeuger dadurch bewirkt werden, dafs man den Druck, der sich dieser Verdampfung entgegenstellt, möglichst verringert, indem man das beim Verdampfen entstandene Gas möglichst rasch aus den Röhren des Verdampfers entfernt. Je schneller die Absorption dieses Gases durch die ammoniakarme Flüssigkeit erfolgt, desto tiefere Kältegrade können erzielt werden; dies geschieht aber, je reiner das expandierende Ammoniakgas, und je ärmer an Ammoniak die vom Kochkessel geleitete, zur Absorption dienende Flüssigkeit ist. Dies wird nun durch eine besondere Konstruktion des Ammoniakkessels sowohl wie auch des Absorptionsapparates erzielt, deren Einrichtung nachstehend speziell erläutert wird.

Damit die zur Absorption dienende Flüssigkeit möglichst ammoniakfrei, also möglichst aufsaugfähig wird, erhält der zum Erhitzen des Salmiakgeistes verwendete Kessel die nachstehende Einrichtung, wie sie in Fig. 51 (s. Tafel II) skizziert erscheint. Der Kessel, welcher aus einem horizontalen cylindrischen Teile und einem vertikalen hohen Aufsatze besteht, ist in eine Anzahl von Kammern geteilt und wird durch eine schlangenförmige Dampfleitung erhitzt. Der zugepumpte Salmiakgeist tritt an dem einen Ende des Kessels in die erste Kammer A, fliefst aus dieser, nachdem sie gefüllt ist, in die zweite Kammer A_1 u. s. w., bis zur letzten, von welcher er wieder nach dem Aufsauggefäfse geleitet wird. Die Erhitzung des Salmiakgeistes geht nun in der Weise vor sich, dafs der in der letzten Kammer A_5 liegende Teil der Heizschlange den heifsesten Dampf, die weiteren Kammern aber den weniger heifsen bereits mit Kondensationswasser gemischten Dampf erhalten. Der Salmiakgeist in der ersten Kammer ist mit Ammoniak gesättigt und bedarf nur einer geringen Erwärmung, um Ammoniak auszustofsen, wozu die Temperatur des bereits teilweise abgekühlten Dampfes resp. des Kondenswassers genügt. In der ersten, wie in jeder folgenden Kammer wird also Gas ausgestofsen, denn auf dem Wege zur letzteren Kammer wird der Salmiakgeist durch immer heifseren Dampf erhitzt; ist die Temperatur beispielsweise in der ersten Kammer nur so hoch, dafs blofs aus einem 29proz. Salmiakgeist Ammoniak ausgetrieben wird, so ist sie in der zweiten Kammer höher und geeignet, aus 25proz. Lösung noch Gas auszutreiben u. s. f. Den bei einfachen Kesseln sonst eintretenden Diffusionen der verschieden konzentrierten Flüssigkeit wird durch die Einteilung in Kammern entgegengewirkt und auf diese Weise die beabsichtigte möglichst vollkommene Entgasung der Ammoniaklösung erzielt.

Während diese Einrichtung des Ammoniakkessels den Zweck hat, möglichst ammoniakarmen Salmiakgeist und daher eine möglichst geringe Menge desselben dem Einsauggefäfs zuzuführen, damit bei der Rückführung entsprechend wenig gesättigter Salmiakgeist erwärmt, also auch Wärme erspart werden soll, ist dies noch dadurch zu erreichen, wenn in dem Aufsauggefäfse die Absorption des Ammoniaks möglichst vollständig erfolgt, der Salmiakgeist also durch Aufnahme von gröfseren Ammoniakmengen möglichst konzentriert wird. Dies kann durch tiefere Abkühlung der Lösungsflüssigkeit, jedoch bei gleichbleibender Menge und Temperatur des Kühlwassers, erzielt werden und zwar unter Anwendung eines Absorptionsgefäfses, welches, auf einem ähnlichen Prinzip der Gegenströmung beruhend, ebenso konstruiert ist, wie der vorbeschriebene Ammoniakkessel. Dieser Absorptionsapparat ist in Fig. 52 (s. Tafel II) im Durchschnitt dargestellt; er besteht aus einem Cylinder von gleichem Durchmesser (1 m), aber gröfserer Länge (6 m) wie der Verdampfungskessel, ist jedoch nicht horizontal, sondern unter einem Winkel von 20—25° geneigt aufgestellt und trägt am höher gestellten Ende einen 2,7 m hohen cylindrischen Aufsatz von 30 cm Durchmesser, welcher einen Tellerapparat enthält. Der Absorptionscylinder ist ebenfalls durch Scheidewände in Kammern geteilt, deren hier 9 vorhanden sind, und ist behufs Abkühlung der sich bildenden Ammoniaklösung von einer Kühlschlange durchzogen, in welcher von unten nach oben Kühlwasser von gewöhnlicher Temperatur läuft. Die ammoniakarme Flüssigkeit tritt von oben, über die zahlreichen Teller des Aufsatzes kataraktartig fallend, in den Absorber ein, während das Ammoniakgas ihr von unten nach oben entgegenströmt und von ihr absorbiert wird; die Kühlung erfolgt derart, dafs anfänglich, wo die Flüssigkeit noch wenig Ammoniak absorbiert hat, sie durch das wärmere, bereits den Apparat verlassende Kühlwasser gekühlt wird, während sie in der letzten (untersten) Kammer, wo sie bereits fast gesättigt ist und nun nur noch wenig Ammoniak aufnehmen kann, mit dem kältesten, eben eintretenden Kühlwasser in Berührung kommt. Um die innige Berührung zwischen Absorptionsflüssigkeit und Gas noch vollständiger zu machen, ist über jede Kammer des Absorbers ein flacher Überlaufsteller angeordnet, wodurch dem der Flüssigkeit entgegenströmenden Ammoniakgase eine möglichst grofse Flüssigkeitsfläche geboten wird.

Von diesem schwachen Überlaufteller träufelt die Flüssigkeit auf eine unter demselben liegende flache Rinne, wodurch die Flüssigkeit stets nach der höchsten Stelle der betreffenden Kammer gebracht und sonach gezwungen wird, auf ihrem Wege nach der nächsten Kammer möglichst lange mit der Kühlschlange in Berührung zu bleiben, damit auf diese Weise die bei der Absorption entstehende Wärme möglichst vollständig abgeleitet wird.

Auch bei dem Verdampfer, in welchem das verflüssigte Ammoniak möglichst rasch verdampfen und der umgebenden Chlorcalciumlösung Wärme entziehen soll, ist das Prinzip der Gegenströmung durchgeführt; der Verdampfer besteht, wie in Fig. 53 (s. Tafel II) skizziert erscheint, aus einem schmiedeeisernen, rechtwinkligen, oben blofs mit einem Holzdeckel versehenen Kasten (in ausgeführten Anlage von 2,7 m Länge, 1,15 m Breite und 3,15 m Höhe), dessen innerer Raum vollständig durch 12 Stücke von oben nach unten führenden, schmiedeeisernen Rohrschlangen *X* ausgefüllt ist, welche dicht nebeneinanderliegen; der Raum des *Verdampfers* ist durch die gegeneinander versetzten Scheidewände *a* und *b* ebenfalls in miteinander kommunizierende Kammern geteilt. Das aus dem Kondensator kommende flüssige Ammoniak tritt bei *c* in den Verdampfer ein, durchfließt die Schlangen und verläßt den Apparat bei *d*, um als Gas wieder dem Absorber zurückgeführt zu werden; das unter hohem Drucke stehende verflüssigte Ammoniak erleidet vor seinem Eintritt in die Verdampfschlangen eine Druckreduktion, wodurch ein rapides Verdampfen desselben in den Schlangen erreicht wird.

Die zu kühlende Chlorcalciumlösung tritt von unten bei *e* in den Apparat ein, durchfließt denselben, infolge der Scheidewände die Schlange zickzackförmig umspülend, und wird dabei sehr stark, bis auf —14°, abgekühlt. Diese kalte Lösung wird in gleicher Weise wie bei anderen Systemen von Kühlmaschinen zur direkten Kühlung der Keller verwendet, in welchen man sie durch Rohrleitungen an den Gewölben zirkulieren läßt und nach erfolgter Verwendung im Verdampfer neuerlich abkühlt, ferner zur Abkühlung von Süßwasser und zur Erzeugung von Eis in besonderen Eisgeneratoren benutzt.

Die Erfolge, welche mit dieser verbesserten Absorptionsmaschine erzielt wurden, lassen sie als eine sehr beachtenswerte Neuerung dieses Systems erscheinen.

Reece's Eismaschine.

Die Carré'sche Eismaschine wurde auch durch Reece verbessert, und ist die Konstruktion dieser verbesserten Maschine aus Abbildung Fig. 54 ersichtlich. Ihre Einrichtung ist folgende: Der Cylinderkessel *A* wird bis etwa über die Hälfte des Wasserraumes mit einer sehr schwachen Ammoniaklösung gefüllt. Der Dampf, welcher in dem Kessel unter einem Druck von 8—9 Atm. erzeugt wird, tritt in das mit einem Regulierhahn versehene Gefäß *B*, das eine Anzahl übereinanderliegender Schalen enthält. In dem oberen Teile desselben wird durch das Rohr *d* von einer Pumpe fortwährend eine konzentrierte Ammoniaklösung eingeführt, die, über die Schalen herabfallend, mit dem aufsteigenden, stark gespannten Wasserdampfe in Berührung kommt, so daſs das in Lösung befindliche Ammoniakgas frei wird und durch das Rohr *g* in den Rektifikator *D* entweicht, während sich aus dem Dampfe Wasser kondensiert, welches durch das Rohr *f* in den Kessel zurückflieſst. Der Rektifikator *D* besteht aus einer Anzahl vertikaler Röhren *h*, welche mit den horizontalen weiteren Röhren *i* in Verbindung stehen. Die geringe Menge Wasserdampf, welche das Ammoniak noch mit sich führt, kondensiert sich hier und scheidet sich ab, während das Ammoniakgas nach dem Kondensator *F* weiter geht, der, wie der Rektifikator, aus vertikalen Röhren *o o* und horziontalen Röhren *i* besteht. Hier wird das Ammoniak flüssig gemacht und läuft dann durch das mit einem Hahn versehene Rohr *c* in den Gefrierer *H*.

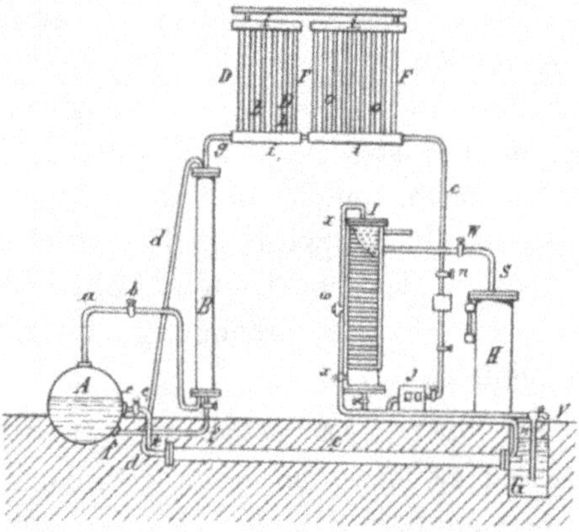

Fig. 54.

Während das Ammoniak diesen Weg macht, läuft gleichzeitig ein konstanter regulierter Strom Wasser aus dem Kessel *A* durch das mit einem Hahn *e'* versehene Überfallrohr *c* in das Rohr *C*; letzteres ist im Innern mit einer Anzahl Röhren versehen, in welche die konzentrierte Ammoniaklösung von einer Pumpe *J* mittels eines Rohres *u* eingeführt wird, um durch die Röhren *d d* in den oberen Teil des Analysators *B* zu gelangen. Auf diese Weise wird die Ammoniaklösung erwärmt und gleichzeitig das Wasser, welches sich im Behälter *G* sammelt, genügend abgekühlt, um in den Absorber *J* eingeführt werden zu können, in welchem es durch das mit einem Regulierhahn *w'* versehene Rohr *XX* aufsteigt. In dem Absorber sättigt sich das Wasser mit Ammoniakgas, welches durch das mit einem Hahn *w* versehene Rohr *S* aus dem Gefrierer herüber kommt; die hierbei entstehende konzentrierte Ammoniaklösung wird von der Pumpe *J* durch das Rohr *C* hindurch nach den Röhren *d* und dem Analysator *B* geführt.

Durch die Anwendung des Analysators B und des Rektifikators D will Reece die Entwässerung des Ammoniaks soweit treiben, daſs die in den Gefrierer tretende konzentrierte Flüssigkeit praktisch wasserfrei ist, während bei dem Carré'schen Apparat die in den Gefrierer gelangte Flüssigkeit 25% Wasser und nur 75% Ammoniak enthält.

Mort & Nicolle's Ammoniakmaschine mit Luftpumpe.

Im Jahre 1869 haben Mort & Nicolle in Sydney eine Ammoniakmaschine patentiert erhalten, welche durchaus verschieden von der Carré'schen eingerichtet ist und sich als eine Kombination von dieser mit der Äthermaschine ansehen läſst. Mort & Nicolle arbeiten nämlich in ihrer Maschine mit einer Luftpumpe, unterstützen dieselbe in ihrer Wirkung jedoch zugleich durch die Absorption. Als Kälte erzeugendes Mittel wird wässeriges Ammoniak, bzw. konzentrierter Salmiakgeist, angewendet. Das Ammoniak bleibt in dem Wasser nur bei dem Druck gelöst, unter welchem dasselbe gesättigt wurde, es entweicht in dem Verhältnisse, als der Druck vermindert wird; dabei muſs sich nun die Flüssigkeit abkühlen, genau in demselben Grade, wie bei der Verdunstung des flüssigen reinen Ammoniaks. Diese Druckverminderung bewirken Mort & Nicolle durch die Luftpumpe. Das entzogene Ammoniak wird beim Rückgange des Kolbens verdichtet und mit einer entsprechenden Menge der dem Verdunstungsbehälter gleichfalls entzogenen verdünnten Flüssigkeit zusammen durch einen Kühler gedrückt, wobei wiederum Absorption stattfindet. Es wird bei dieser Anordnung weniger Arbeitskraft erfordert, als bei der rein mechanischen Verdichtung. Diese Ammoniakmaschine dürfte eine gröſsere Nutzleistung geben, als die Äthermaschine; die der Carré'schen Maschine kann sie jedoch nicht erreichen. Die Maschine arbeitet bei niederem Druck wie die Äthermaschine und muſs wie diese vor dem Eindringen der Luft sorgsamst geschützt werden; eine Explosionsgefahr ist von der Maschine selbst entfernt und auf den Kessel des Motors übertragen.

Ende des Jahres 1870 haben sich Mort & Nicolle eine neue Ammoniakmaschine patentieren lassen. Dieselbe wird als Niederdruck-Eismaschine bezeichnet und kommt im Prinzip ziemlich auf die Carré'sche Maschine hinaus; die Luftpumpe ist weggelassen. Sie unterscheidet sich von letzterer Maschine darin, dafs nicht flüssiges wasserfreies Ammoniak erzeugt wird und verdunstet, sondern eine stark konzentrierte wässerige Lösung, welche natürlich eines viel geringeren Kesseldruckes (stärkster Druck des verdampfenden Ammoniaks etwa 2 Atm., bei Wasserdampfheizung von 109° C.) bedarf, aber auch bei der Verdunstung eine weniger starke Temperaturerniedrigung bewirkt. Die Anordnung ist derart getroffen, dafs die in den Eisbildner oben einströmende Ammoniakflüssigkeit über horizontal liegende Einstülpungen langsam niederfliefsend allmählich ihr Ammoniak verliert und unten nur noch mäfsig konzentriert anlangend, mittels einer Pumpe ausgezogen wird, und in einem besonderen Gefäfse das aus dem Kessel durch die Hitze vertriebene Ammoniak absorbiert, worauf die so wieder stark konzentrierte Lösung in den Eisbildner zurückgepumpt wird. Die aus dem Kessel unten abziehende fast rein wässerige Flüssigkeit dient wie bei Carré zur Absorption des im Eisbildner verdunstenden Ammoniaks und wird durch eine zweite Pumpe in den Kessel zurückgeschafft. Als eigentümlich ist noch hervorzuheben, dafs das im Kessel verdampfte Ammoniak, in einen Cylinder mit Kolben tretend, die Triebkraft zur Bewegung der Pumpen liefern soll, worauf nunmehr die Absorption stattfindet.

In der Durchschnittsskizze dieses Eisapparates (Fig. 55), bezeichnet *A* eine doppelt wirkende Pumpe mit einem Metallkolben, welcher mit einem nach abwärts sich öffnenden, durch eine Spiralfeder geschlossen gehaltenen Ventil versehen ist. Durch den Einschliefsschieber *B* tritt Ammoniakgas, sowie schwache — neuerdings zu sättigende — Ammoniaklösung in den Pumpencylinder ein. Die nach Mafsgabe des hervorgebrachten Druckes gesättigte Flüssigkeit und das Gas werden durch den Auslafsschieber *C* nach dem Schlangenrohr *D* getrieben, worin infolge der durch einen ununterbrochen wechselnden Wasserstrom hervorgebrachten Abkühlung eine weitere Absorption des Ammoniakgases stattfindet.

Das Schlangenrohr *D* führt zu einem hinlänglich festen Behälter *E*, welcher mit einem schlechten Wärmeleiter umhüllt ist. In diesen Behälter wird die konzentrierte Flüssigkeit durch die Pumpe *A* geprefst und tritt in feinen Strahlen durch eine Brause am Ende des Schlangenrohres aus.

Durch das im Innern des Kühlbehälters *E* angebrachte Schlangenrohr *F* passiert die vom Evaporator *H* abziehende verdünnte aber kalte Ammoniaklösung, kühlt demnach die Flüssig-

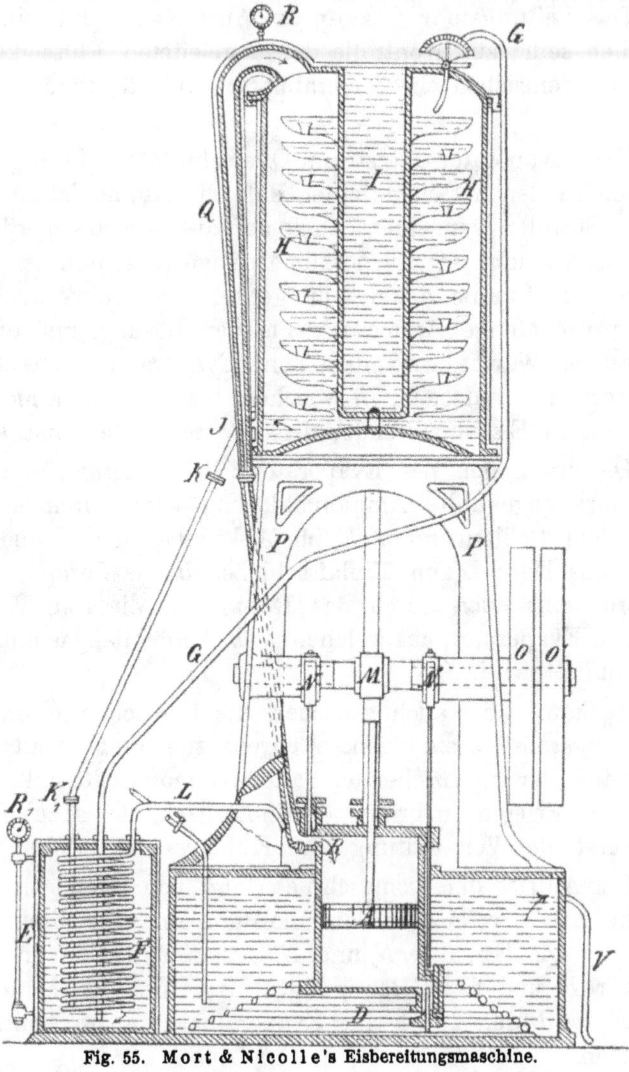

Fig. 55. Mort & Nicolle's Eisbereitungsmaschine.

keit in *E* noch weiter ab und erhöht dadurch den Konzentrationsgrad derselben.

Die in dieser Art abgekühlte, konzentrierte Ammoniakflüssigkeit wird durch das vom Boden des Behälters *E* aufsteigende

Rohr *G* dem Evaporator *H*, einem hermetisch geschlossenen, mit schlechten Wärmeleitern umgebenen Kessel, welcher auf dem Ständer *P* ruht, zugeführt.

Das Leitungsrohr *G* kann am Ausflufsende mit einer Brause versehen sein; zur Kontrolle der abgeleiteten Flüssigkeitsmenge mufs an demselben ein Zeigerapparat und Regulator angebracht werden.

Der Evaporator *H* ist im Querschnitt ringförmig und mit Schalen in der Art eingerichtet, dafs die Ammoniakflüssigkeit in feinen Strahlen von einer Schale auf die nächste überfliefst. Da nun der Druck im Evaporator infolge des ununterbrochenen Ganges der Pumpe *A* ein sehr geringer ist, so verflüchtigt sich eine grofse Menge Ammoniak aus der Lösung, und die hierbei gebundene Wärme wird dem vom Evaporator eingeschlossenen Refrigerator *J* entzogen, in welchen man ein oder mehrere Gefäfse mit in Eis umzuwandelndem Wasser gestellt hat.

Die am Boden des Evaporators *H* angesammelte verdünnte und stark abgekühlte Ammoniaklösung wird durch das Rohr *J* nach dem Schlangenrohr *F* im Abkühlbehälter *E* und von da durch das Rohr *L* zum Einlafsschieber *B* der Pumpe *A* geleitet; letztere steht auch durch das Rohr *Q* in direkter Verbindung mit dem Evaporator, aus welchem das Ammoniakgas unausgesetzt ausgepumpt wird.

Es kann aber auch zwischen die Flanschen *K* und *K'* des Ableitungsrohres *J* ein eigenes Röhrensystem eingeschaltet werden, um mittels der durchziehenden kalten Ammoniakflüssigkeit Räume, oder zum Frieren zu bringende Substanzen etc. abzukühlen, wonach erst die Weiterleitung zum Kühlkessel *E* erfolgt.

Der Antrieb der Eismaschine erfolgt von irgend einem Motor auf die Kurbelwelle *M*, welche die Pumpenstange direkt auf- und abführt. Die Excenter *N* und *N'* setzen den Ein- und Auslafsschieber *B* und *C* in Bewegung. Mit Hilfe der Manometer *R* und *R'* wird der Druck im Evaporator resp. im Kühlkessel *E* gemessen.

Über die praktische Verwendung dieser Maschine ist wenig bekannt geworden.

Absorptionsmaschine von Condict & Rose.

Eine weitere Neuerung an Absorptionsmaschinen ist von Woodhull Condict jun. und Thomas Rose vorgeschlagen worden. Über diese in jüngster Zeit patentierte, höchst beachtenswerte Neuerung ist aus der Patentschrift nachstehendes zu entnehmen:

Der Apparat (Fig. 56 *a—c*) besteht aus folgenden Teilen:

1. einer Gaspumpe *P*, welche am zweckmäſsigsten in der nachstehend beschriebenen Weise konstruiert ist;

2. einem Behälter *K*;

3. eine Röhre *m*, durch welche das Gas aus der Pumpe in den Behälter *K* gedrückt wird; diese Röhre ist mit Absperrhähnen *x* und *y* versehen;

4. der Vacuumkammer *I* und einer Röhre *t*, welche die Verbindung zwischen der ersteren und der Einlaſskammer der Pumpe herstellt;

5. einer unter oder neben der Vacuumkammer *I* liegenden Pumpe *H*, deren Einlaſskammer mit *I* in Verbindung steht;

6. einem Absorptionsgefäſs *A*, mit welchem der Behälter *K* durch eine Röhre *a* in Verbindung steht;

7. einem Neben-Absorptionsgefäſs *B*, welches dem ersteren ähnlich ist, mit diesem durch eine Röhre *n* verbunden ist;

8. einer Kühlkammer *W*, welche ein System von Kühlröhren enthält und auf verschiedene Weise konstruiert sein kann, ohne das Wesen der Erfindung zu beeinflussen (in der Zeichnung ist nur ein Teil der Kammer *W* dargestellt);

9. einer Röhre *e*, durch welche die Pumpe *H* die von der Vacuumkammer hergeleitete Kühllösung in die Röhren der Kühlkammer preſst. Diese letzteren bilden eine Fortsetzung der Röhre e^1 der erschöpften Flüssigkeit;

10. einer Serie von Gefäſsen $D D^1 D^2$ und E, welche mit den Verbindungsröhren e^2 verbreitete Fortsetzungen der Röhre e^1 bilden und eine Verbindung dieser letzteren mit dem Gefäſs herstellen;

11. einer Pumpe *R*, um die erschöpfte Flüssigkeit in das Neben-Absorptionsgefäſs *B* zu drücken;

12. einer zweiten Pumpe *T*, um die erschöpfte Flüssigkeit aus *B* in den Behälter *K* zu drücken;

13. einer mit einem Absperr- oder Zuleitungshahn v versehenen Röhre s, welche die Verbindung zwischen dem Haupt-Absorptionsgefäſs A und der Vacuumkammer herstellt und in

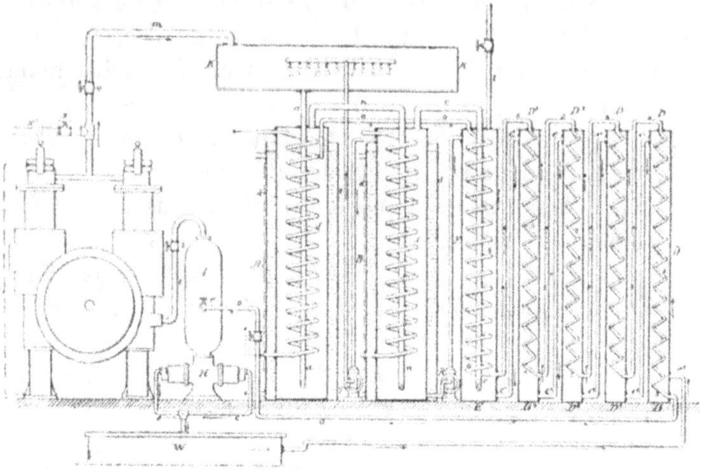

Fig. 56a. Neuerung an Kälteerzeugungsmaschinen von Nathan Woodhull Condict jr. und Thomas Rose in Brooklyn.

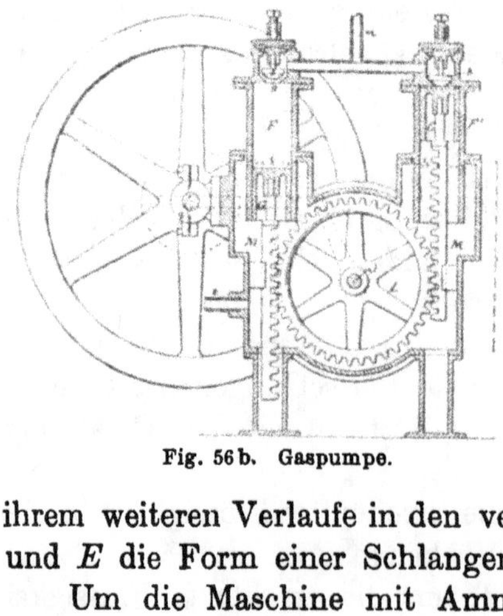

Fig. 56b. Gaspumpe.

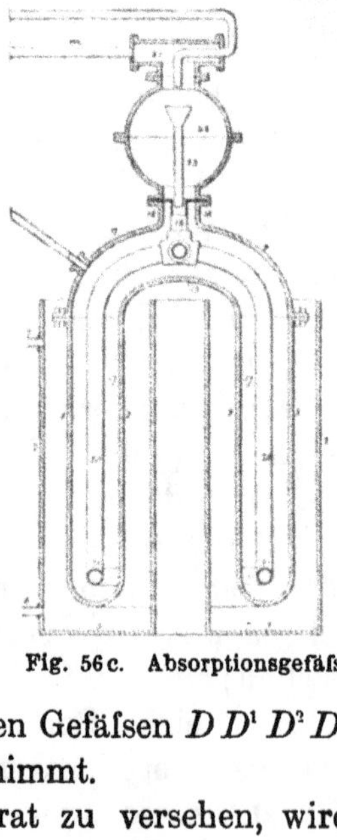

Fig. 56c. Absorptionsgefäſs.

ihrem weiteren Verlaufe in den verschiedenen Gefäſsen $D\,D^1\,D^2\,D^3$ und E die Form einer Schlangenröhre annimmt.

Um die Maschine mit Ammoniakhydrat zu versehen, wird der Hahn Y geschlossen und die Hähne $x\,z\,v$ geöffnet; hierauf wird die Pumpe P in Bewegung gesetzt, um aus einem jeden Teile der Maschine die Luft durch eine an dem Hahn x angebrachte Nebenröhre x^1 auszutreiben.

Wenn hierauf die Hähne z und v geschlossen werden und zeitweise eine Verbindung zwischen der Röhre I und einem eine passende Menge der Lösung enthaltenden Gefäſse hergestellt wird, sobald der Absperrhahn dieser Röhre geöffnet ist, so wird diese Lösung durch das Gefäſs E in die Maschine gelangen und wird der Apparat hinreichend gefüllt sein, wenn die Lösung durch ein an dem Absorptionsgefäſs angebrachtes Wasserstandsglas gesehen werden kann; der Hahn der Röhre I kann nunmehr geschlossen werden.

Um den Apparat in Thätigkeit zu setzen, wird der Hahn x geschlossen und die Hähne y und z geöffnet und der Speisehahn v so gestellt, daſs das Quecksilber in einer an der Vacuumkammer I angebrachten Glasröhre ungefähr 685 mm Vacuum anzeigt.

Die gesättigte Lösung wird in angemessener Menge durch die Röhre s und den Hahn v in die Vacuumkammer geleitet. In dieser Kammer kommt die Lösung mittels der Röhre t unter den Einfluſs der Pumpe P, welche einen Teil Gas aus der Lösung zieht und die Temperatur der zurückbleibenden Lösung auf fast Null Grad reduziert. Diese letztere wird von der Pumpe H durch ein geeignetes Röhrensystem in die Kühlkammer W gedrückt und wird, wenn sie beim Durchgang durch diese Röhren die erforderliche Wärmemenge absorbiert hat, zu einer erschöpften Flüssigkeit, welche beim Verlassen der Kühlkammer durch die Röhre e^1 in das Absorptionsgefäſs A zurückkehren muſs, um hier wieder mit Gas gesättigt zu werden, welch letzteres beständig aus der Pumpe P durch die Röhre m, den Behälter K und die bis fast auf den Boden des Absorptionsgefäſses reichende Röhre a tritt.

Die erschöpfte Flüssigkeit, welche die Röhren der Kühlkammer durch die Röhre e^1 verläſst, gelangt auf Umwegen und in Windungen in das Absorptionsgefäſs, denn die Gefäſse $D\,D^1\,D^2\,D^3$ und E sind in Wirklichkeit nur Fortsetzungen der Röhre e^1 und stets mit erschöpfter Flüssigkeit angefüllt, welche beim Verlassen des Gefäſses E durch die Pumpe R in das Neben-Absorptionsgefäſs B gedrückt wird, wo sie teilweise mit Gas aus der Pumpe O gesättigt wird, ehe sie in das Absorptionsgefäſs A tritt, wo die vollständige Sättigung erfolgt. Die Stärke der Lösung, mit welcher die Maschine gespeist wird, bestimmt in hohem Grade die Temperatur der Kühllösung, welche in die Pumpe H tritt, und es ist sehr vorteilhaft, wenn die Lösung zu jeder Zeit den vollen Stärkegrad besitzt. Bei Anwendung von nur einem Absorptionsgefäſs ist dies schwierig zu erreichen, ohne zuweilen einigen Druck in der Maschine zu erzeugen; bei Zuhilfenahme eines zweiten Absorptionsgefäſses, welches den Überschuſs von Gas aus dem ersten aufnimmt, ist diesem Übelstande vollkommen abgeholfen.

Die Temperatur der Speiselösung beim Eintritt in die Vacuumkammer I ist ebenfalls von Einfluſs auf die Kühllösung; es ist daher von Wichtigkeit, die Temperatur dieser Speiselösung auf ihrem Wege von A nach I zu reduzieren. Dies geschieht dadurch, daſs die Leitungsröhre s in Windungen durch jedes der Gefäſse $D\,D^1\,D^2\,D^3$ und E geführt wird, bevor sie die Vacuumkammer erreicht. Diese Windungen tauchen fortwährend in die durch die vorgenannten Gefäſse in der angedeuteten Weise zirkulierende erschöpfte Flüssigkeit; es folgt hieraus notwendigerweise, daſs die Temperatur der Speiselösung auf dem Wege der letzteren von dem Absorptionsgefäſs zu der Vacuumkammer reduziert wird. Die Speiselösung tritt aus dem Absorptionsgefäſse oft mit einer Temperatur von 80° F. (26,6° C.) aus, während die Temperatur der erschöpften, aus dem Refrigerator kommenden Flüssigkeit selten 30° F. (— 1° C.) übersteigt; dadurch aber, daſs die Speiselösung durch Röhren flieſst, welche der Wirkung der in entgegengesetzter Richtung flieſsenden erschöpften Flüssigkeit ausgesetzt sind, wird sie (die Speiselösung) mit einer Temperatur von ungefähr 30° F. (— 1° C.) in die Vacuumkammer I treten, während die erschöpfte Flüssigkeit mit einer Temperatur von ungefähr 80° F. (26,6° C.) in das Absorptionsgefäſs gelangt.

Die erschöpfte Flüssigkeit muſs aber, wenn sie das Absorptionsgefäſs erreicht, wo sie mit Gas gesättigt wird, von niedriger Temperatur sein; dies wird im vorliegenden Falle dadurch erreicht, daſs man in einem die Kammer umgebenden Mantel kaltes Wasser zirkulieren läſst, sowie ferner durch eine Kühlschlange f, in welcher ebenfalls kaltes Wasser zirkuliert. Bei dem Neben-Absorptionsgefäſs *B* ist eine ähnliche Kühlvorrichtung getroffen.

Hat die erschöpfte Flüssigkeit das Gefäſs *E* erreicht, so flieſst dieselbe von hier, wie vorher schon angedeutet, in die Kammer der kleinen Pumpe *R*, welche letzte sie in das Gefäſs *B* drückt, von wo sie in die Kammer einer anderen kleinen Pumpe *T* gelangt, die sie dann in die Behälter *K* drückt. Die Anbringung dieser Pumpe bezweckt, das Gas von dem Absorptionsgefäſs *A* zu dem Gefäſse *B* durch die Röhre *n* zu bringen, und die Luft, falls solche vorhanden ist, von dem Neben-Absorptionsgefäſs *B* zu dem Gefäſse *E* durch die Röhre *o*.

Derselbe Zweck kann auch durch andere Vorkehrungen erreicht werden. Doch hält man Pumpen für am einfachsten und sichersten. Luft kann zuweilen infolge undichter Verbindungen in dem Apparat vorhanden sein; ist dies der Fall, so wird sie aus dem Neben-Absorptionsgefäſs in das Gefäſs *E* treten und kann von hier durch die Röhre *c* entweichen. Die Anwesenheit von Luft kann durch ein an dem Behälter *K* angebrachtes Manometer angezeigt werden.

Die erschöpfte Flüssigkeit wird anstatt in das Absorptionsgefäſs *A* besser in den Behälter *K* gepumpt, weil sie auf ihrem Wege von *K* nach *A* durch die Röhre *a* etwas Gas aufnimmt und so die in dem Absorptionsgefäſs erforderliche Quantität Gas verringert wird.

Der Behälter *K* hat andere Zwecke; so verringert er z. B. die intermittierende Wirkung der Gaspumpe und bewirkt, daſs das Gas in einem verhältnismäſsig gleichförmigen Strom in das Absorptionsgefäſs *A* flieſst, sein Hauptzweck ist aber, das Eindringen der Lösung in die Pumpe *P* zu verhindern, wenn die Maschine in Ruhe ist. Dies würde aber der Fall sein, wenn die Röhre *m* direkt in das Absorptionsgefäſs *A* geleitet wäre.

Es wird noch bemerkt, daſs bei Ausführung der Hauptzüge dieser Erfindung die in Fig. 56 dargestellte Konstruktion und Anordnung der verschiedenen Teile nicht befolgt zu werden brauchen; dieselben sollen nur als Schema dienen, also eine bestimmte allgemeine Konstruktion der Apparate vorschreiben. Andere Systeme von Röhren und Kanälen können z. B. genommen werden, um zu bewirken, daſs die erschöpfte Flüssigkeit auf ihrem Wege zu dem Absorptionsgefäſs die Temperatur der Speiselösung auf dem Wege der letzteren in die Vacuumkammer erniedrige. Jedoch sei erwähnt, daſs in der Praxis es als vorteilhaft und wirksam erkannt worden ist, übereinander geschweiſste Röhren mit guſseisernen Endstücken für die verschiedenen Gefäſse zu wählen und für die Windungen Bleiröhren zu verwenden. Die Wirkung des Apparates steht vollständig unter der Kontrolle des Speisehahnes *V*, und wenn letzterer einmal gut gestellt ist, so wird der Apparat so lange, ohne auszusetzen, zu arbeiten fortfahren, als die Pumpen in Bewegung sind. Für ein gutes Arbeiten der Maschine ist eine wirksame Gaspumpe Bedingung. Die in Fig. 56b der vorstehenden Zeichnungen dargestellte Pumpe hat sich in der Praxis gut bewährt. Das Gehäuse dieser Pumpe bildet die Einlaſskammer, von welcher gesagt wurde, daſs sie mit der Vacuumkammer *I* durch die Röhre *t* in Verbindung stehe. In diese Kammer hinein reichen die mit den Seitenöffnungen *i i* versehenen beiden Pumpenstiefel *FF*'. Eine oscillierende Welle *J* geht auf einer Seite des Pumpengehäuses durch eine Stopfbüchse, das andere Wellenende reicht in einen auf der entgegengesetzten Seite des Gehäuses befindlichen hervorspringenden Teil hinein. Die Stiefel *FF*' sind einander völlig ähnlich; auf dem Kopfende eines jeden Stiefels befindet sich ein Ventilkasten, dessen Ventil auf dem Rande einer Öffnung *g* in dem Boden des Kastens sitzt. Die Öffnung *g* stellt, wenn das Ventil gehoben ist, eine Verbindung zwischen dem innern Raum des Kastens und dem Pumpenstiefel her.

Die Ventilkasten der beiden Pumpen stehen mit der oben erwähnten Röhre *m*, durch welche das Gas in den Behälter *K* gedrückt wird, in Verbindung. In jedem Stiefel ist ein ventilloser Kolben *G* auf dem oberen Ende der Leitzahnstange *M* befestigt; in die Zähne der letzteren greifen diejenigen des auf der oscillierenden Welle *J* sitzenden Rades *L* ein. Die Welle *J* wird in vorliegendem Falle durch eine Triebwelle *g* in Bewegung gesetzt, deren Kurbel mit einem Arm der Welle *J* verbunden ist; letztere kann jedoch auf verschiedene Weise getrieben werden.

Die Kolben sind so eingerichtet, daſs, wenn sie am Ende ihrer Bewegung nach aufwärts angekommen sind, sie sich dicht an den das Ende des Stiefels bildenden Ventilkasten legen, und wenn sie am Ende ihrer Bewegung nach unten angekommen sind, die Einlaſsöffnungen *i* des Stiefels freigeben, so daſs das

Gas ungehindert durch dieselben oberhalb des Kolbens gelangen kann, und wenn letzterer in die Höhe geht, zunächst die Öffnungen *ii* geschlossen werden und das Gas durch den Ventilkasten und die Röhre *m* in den Behälter *K* gedrückt wird. Die gute Wirkung dieser Pumpe beruht angeblich auf folgendem:

1. in dem Fortfalle der bei den gewöhnlichen Pumpen vorkommenden Fuſs- und Saugventile, indem das Gas leicht durch die Öffnungen *i* dringt und der Kolben die letzteren rechtzeitig schlieſst;

2. in der Anwendung eines ventillosen Kolbens, wodurch undichte Stellen vermieden werden und die Kolben so nahe an das obere Ende des Pumpenstiefels gebracht werden können, daſs wenig oder gar kein Gas in letzterem zurückbleibt, wenn die Rückbewegung des Kolbens beginnt.

Das Absorptionsgefäſs *A* kann auf verschiedene Weise konstruiert werden, ohne die Hauptzüge der Erfindung zu berühren.

Die Fig. 56 c erläutert die Beschaffenheit eines Absorptionsgefäſses, welches sich in der Praxis gut bewährt hat.

Der Kasten 2 ist in vorliegendem Falle ringförmig gestaltet und besteht aus einem äuſseren Mantel, einem inneren und einer runden Bodenplatte 5; das kalte Wasser wird bei 6 eingelassen und flieſst bei 7 ab. Das eigentliche Absorptionsgefäſs, welches auf geeignete Weise in dem Kasten angebracht oder aufgehängt ist, besteht aus zwei Teilen, nämlich dem Körper 8 und dem Deckel 9, welche in eigentümlicher Weise konstruiert und einander angepaſst sind. Der Körper 8 hat einen äuſseren Mantel, welcher am oberen Ende in einen Flansch endigt und dessen unteres Ende am besten in einer Kurve in einen inneren Mantel ausläuft, welcher durch das Kopfstück 13 geschlossen ist; das Ganze ist in einem Stück gegossen und der Deckel 9 ebenfalls mit einem Flansch versehen, welcher auf dem Flansch des Körpers aufpaſst und am oberen Ende ein Halsstück 16 besetzt. Wenn die beiden Teile des Absorptionsgefäſses durch Bolzen, welche durch die Flanschen hindurchgehen, miteinander befestigt sind, so umschlieſsen sie den mit 17 bezeichneten Raum, d. h. einen bis zum Boden ringförmig gestalteten Raum, der an seinem oberen Ende in den Hals 16 ausläuft. Der Zweck dieser eigentümlichen Gestalt des Gefäſses besteht darin, eine ausgebreitete Fläche dem durch den Kasten zirkulierenden Wasser zur Kühlung darzubieten, indem sowohl der innere wie der äufsere Behälter des Absorptionsgefäfses so der kühlenden Wirkung ausgesetzt werden. Eine Zentralröhre 18 stöfst mit ihrem Flansch an den Flansch des Halses 16 des Absorptionsgefäfses; mit dieser Zentralröhre stehen die Abzweigröhren 20 in Verbindung, welche zuerst strahlenförmig aus der Zentralröhre austreten und dann nach unten laufen. In vorliegendem Falle sind es deren vier, von denen jede in ein durchlöchertes, röhrenförmiges Segment 21 endigt, welche nahe am Boden des Absorptionsgefäfses, in welchem die Verteilungsröhren aufgehängt sind, liegen. Beim Gebrauch dieses Absorptionsgefäfses wird das Gas durch die Röhren *m* in das Gefäfs 21 und von hier in das breitere Gefäfs 22 geprefst, während die erschöpfte Flüssigkeit aus der Röhre der Kühlkammer in das trichterartig geformte obere Ende der Röhre 23 hineinfällt und hierbei etwas Gas absorbiert; schliefslich geht die Lösung durch die Röhre 18 und kommt in dem unteren Teil des Absorptionsgefäfses in Gestalt von zahlreichen dünnen Strahlen zur Verteilung. Andere Arten von Absorptionsgefäfsen können ebenfalls bei der Ausführung der Erfindung zur Verwendung kommen.

Einen glockenförmigen Kühler für Absorptionsmaschinen, welcher gleichzeitig als Druckwindkessel wirkt, hat sich Friedrich Schmidt in Nordhausen patentieren lassen (D. R.-P. Nr. 35439).

Die neue Erfindung dient besonders zur Vereinfachung der Temperaturwechselgefäfse an Carré'schen Eismaschinen und zur Vermeidung der Rohrarbeiten an denselben. Zu diesem Behufe wendet der Erfinder zwei auf einer gemeinschaftlichen Grundplatte angeordnete Cylinder an, so dafs ein ringförmiger und ein cylindrischer geschlossener Raum entstehen. Die Temperaturausgleichung erfolgt durch die Wandung des inneren Gefäfses derartig, dafs die vom Ammoniakkessel kommende heifse, gasarme Flüssigkeit durch einen Stutzen eintritt und unten durch zwei gegenüberstehende Stutzen nach dem Kühlgefäfse entweicht, während dagegen durch den inneren cylindrischen Raum die Pumpe die kalte, gasreiche Ammoniakflüssigkeit drückt. Vor der Ein- und Austrittsöffnung ist ein Dreiwegstück angebracht, durch welches ein Rohr bis in den obersten Teil des inneren Raumes geführt wird. Dadurch, dafs dieses Rohr in gröfserer Entfernung vom oberen Boden des Gefäfses endet, erhält man zugleich einen

Druckwindkessel für die Ammoniakpumpe. Um bei grofsen Apparaten die Abmessungen nicht unverhältnismäfsig grofs zu erhalten, wird das innere Gefäfs mit Galloway-Röhren durchsetzt.

Andere Systeme von Absorptionsmaschinen.

Von verschiedener Seite wurden Vorschläge gemacht, die Absorptionsmaschinen durch Verwendung eines anderen verdampfenden Mediums, als Ammoniak, oder einer anderen Absorptionsflüssigkeit statt Wasser abzuändern.

Du Motay und Rossi wollen ihr bei den Kaltdampfmaschinen später ausführlicher erörtertes Binary-System auch für Absorptionsmaschinen anwenden und auf diese Weise die hohe Spannung, welche bei den Ammoniakmaschinen auftritt, durch Anwendung einer zweistoffigen Flüssigkeit umgehen. Es soll hierbei als verdampfendes Medium die leicht kondensierbare schwefelige Säure, als Absorptionsflüssigkeit verschiedene Äther, unter welchen der Schwefelsäure-Methyläther, der Ameisensäure-Amyläther, der Essigsäure-Amyläther und als besonders vorteilhaft der Oxalsäureäther angeführt wird, welch' letzterer erst bei 184° siedet und 48% schweflige Säure zu absorbieren imstande ist; auch die übrigen vorgeschlagenen Äther haben einen höheren Siedepunkt als das Wasser, und wird der absorbierte Dampf bei einer Temperatur von höchstens 50° wieder abgegeben; der gewöhnliche Äthyläther ist als zu leicht siedend für diesen Zweck unverwendbar.

Im übrigen stimmt das vorgeschlagene System ganz mit dem der Ammoniak-Absorptionsmaschinen überein; nur soll die Kondensation der schwefligen Säure bei sehr niedrigen Temperaturen erfolgen, um hohe Spannungen zu vermeiden, weshalb an Stelle des Kühlwassers die Kühlung des Kondensators durch Schwefelkohlenstoff, Gasolin oder ähnliche leicht flüchtige Flüssigkeiten, deren Dampf sich durch Wasserkühlung wieder niederschlagen läfst, vorgeschlagen wurde. Hierdurch würde die Kesselspannung, die bei Anwendung der Wasserkühlung 2,8 bis 4,2 Atm. beträgt, auf 1,4 bis 1,75 Atm. sinken. Die mit schwefliger Säure gesättigten Äther sind unentzündbar, leicht zu transportieren und könnten fabriksmäfsig hergestellt werden.

Dieses vorgeschlagene System hätte viele Vorteile, steht jedoch in der Praxis hinter den Ammoniakmaschinen zurück, da es infolge der geringen Verdampfungswärme der schwefligen Säure viel gröfsere Dimensionen erfordert.

Von Rossi & Beckwith in New-York wird deshalb das Ammoniak als Verdampfungsflüssigkeit beibehalten, als Absorptionsmittel jedoch statt Wasser das Glycerin benutzt. Diese Flüssigkeit ist imstande, im konzentrierten wie im verdünnten Zustande beträchtliche Mengen von Ammoniak, das 250 bis 300-fache ihres Volumens zu absorbieren und bei vermindertem Druck im Vacuum leicht wieder abzugeben. Die zu diesem Zwecke vorgeschlagene Maschine besteht aus einer Luftpumpe, einem Kondensator und zwei oder mehreren Refrigeratoren, welche als Röhrenkessel konstruiert sind und vom Kühlwasser, bzw. der abzukühlenden Flüssigkeit, umspült werden. Durch die Pumpe wird in dem einen der Refrigeratoren eine Luftverdünnung erzeugt, wodurch das vom Glycerin absorbierte Ammoniak rasch verdunstet und der umgebenden Salzlösung Wärme entzieht. Die entstandenen Ammoniakdämpfe werden von der Pumpe in den Kondensator geschafft und hier unter sehr niedrigem Druck von dem abgekühlten Glycerin, welches aus einem zweiten Refrigerator in erschöpftem Zustande nach dem Kondensator geleitet wurde, absorbiert; das hier mit Ammoniak gesättigte Glycerin geht wieder nach dem ersten Refrigerator zurück und erfolgt der Prozefs der Verdunstung und Absorption kontinuierlich. Es wird auf diese Weise wohl die hohe Spannung der gewöhnlichen Ammoniak-Absorptionsmaschinen, deren Bedenklichkeit übrigens übertrieben wird, vermieden; es ist jedoch durch die Erfahrung noch nicht erwiesen, dafs solche unter vermindertem Druck arbeitende Maschinen auch vorteilhafter arbeiten.

Von Stockmann (D.R.P.Nr. 17267) ist in Vorschlag gebracht worden, das Ammoniakgas durch verdünnten Salmiakgeist absorbieren zu lassen, welches vorher durch einen besonderen Kühler, sowie durch die kalten Ammoniakdämpfe auf eine niedrige Temperatur gebracht wurde. Der Betrieb einer auf diesem Prinzip beruhenden Maschine erfolgt in der aus Fig. 57 ersichtlichen Weise. Der Apparat soll eine beständige Zirkulation des gasförmigen und flüssigen Ammoniaks dadurch herstellen, dafs die verdünnte Ammoniakflüssigkeit als ein Absorbierungsmittel verwendet wird, nachdem ihre Temperatur durch die Anwendung eines Kühlers *D* für verdünnte Flüssigkeit und durch den teilweise aus einem Refrigerator E abgehenden Dampf erniedrigt worden ist.

Die verdünnte Ammoniakflüssigkeit tritt in den Absorbierungsapparat F durch ein Verstäubungsmundstück W. Nachdem das Gas in dem Refrigerator E seine Funktion erfüllt hat, läſst man es aus den Schlangen P in den Aufsammler Q entweichen, und aus diesem Aufsammler wird das Gas durch das Rohr R, welches mit Ventil v und Manometer g versehen ist, nach der Absorbierungsschlange S geleitet und in den Absorbierungsapparat in der Nähe des Saugrohres i der Pumpe J eingelassen. Das mit dem Hahn ausgestattete Läuterrohr b führt von einem oberen Teile des Absorbierungsapparates F nach dem Kasten H, in dessen Kopfplatte der Ablaſshahn c zum Zweck der Beseitigung der atmosphärischen Luft aus dem ganzen Apparat angebracht ist.

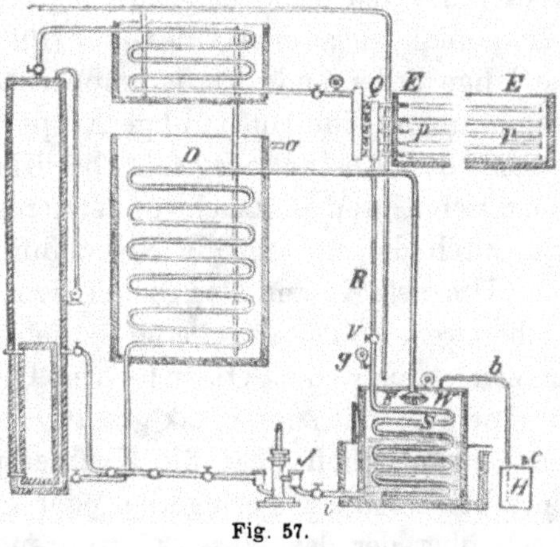

Fig. 57.

Sämtliche der letzterwähnten Systeme von Absorptionsmaschinen haben in der Praxis nur ausnahmsweise Anwendung gefunden, und sind unter den Absorptionsmaschinen fast ausschlieſslich die mit Ammoniak arbeitenden gebräuchlich.

Schlieſslich soll noch ein von Osenbrück vorgeschlagenes Prinzip von Absorptionsmaschinen erwähnt werden, welches demselben in jüngster Zeit (D. R.-P. Nr. 37762) patentiert wurde.

Bei dem Betriebe der Ammoniak-Absorptionsmaschinen liegt ein groſser Übelstand darin, daſs das für die Kühlleistung in den Maschinen benutzte Ammoniak aus einer wässerigen Lösung (Salmiakgeist) durch Destillation abgeschieden werden muſs, weil hierbei unvermeidlich eine mehr oder minder groſse Menge Wasser mit den Ammoniakdämpfen zur Kondensation gebracht wird. Je ärmer an Ammonik die wässerige Lösung wird, um so höher steigt die zur Abtreibung des Ammoniaks erforderliche Temperatur, und um so reicher an Wasser wird das Kondensationsprodukt.

Die Kühlwirkung desselben verschlechtert sich hierbei, während der Brennmaterialaufwand zu seiner Herstellung gesteigert wird; die Maschine geht aber in ihrer Leistung zurück. Dies wird noch dadurch vermehrt, dafs sich je nach dem Grade der Wasserhaltigkeit des flüssigen Ammoniaks, bei seiner Verdampfung unter niedriger Temperatur in den unteren Rohrlagen der Verdampfröhren des Generators langsam oder rascher wasserhaltiges flüssiges Ammoniak ansammelt, dieselben füllt und dadurch dem Apparat so lange bedeutende Verdampfoberflächen entzieht, bis diese Ansammlungen eine vollständige Absperrung der unteren Rohrlagen gegen das Absorptionsgefäfs bewirken und nun von den gespannten Gasen plötzlich in letzteres übergetrieben werden, wo sie durch die entstehende Niveaudifferenz störend wirken.

Um diese Kalamitäten zu beseitigen und einen ökonomischen, gesicherteren, und effektvolleren Betrieb für die Absorptionsmaschinen zu erreichen, wendet Osenbrück Glycerin, welches bei niedriger Temperatur mit Ammoniak gesättigt ist, als Absorptionsflüssigkeit an. Bekanntlich liegt die Kochtemperatur des Glycerins, entsprechend seinem geringeren oder gröfseren Wassergehalt, sehr hoch über der des Wassers, während sich die Abscheidung des Ammoniaks aus einer Glycerinlösung von z. B. 10% Wassergehalt (Kochtemperatur ca. 138° C.) schon bei einer Temperatur von 70° C. unter einer Druckentwickelung von ca. 8½ Atmosphären vollzieht. Ein Überdestillieren von Glycerin oder Wasser mit dem Ammoniak ist daher völlig ausgeschlossen, und es gelangt nur reines wasserfreies Ammoniak zur Verflüssigung, also auch zur vollständigen Verdampfung in den Verdampferröhren der Generatoren, und die Leistung der Maschine bleibt, abgesehen von einem unvermeidlich gesteigerten Brennmaterial- und Kühlwasseraufwande, auch dann noch eine konstante, wenn der Ammoniakgehalt des im Destillierkessel befindlichen Glycerins den Sättigungsgrad erheblich unterschritten haben sollte, weil zu seiner Abtreibung niemals die Kochtemperatur des Glycerins erreicht zu werden braucht.

Nachdem es gelungen ist, den bis dahin unvermeidlichen Ammoniakverlust durch eine besonders konstruierte Stopfbüchse vollständig zu beseitigen, so dafs mit dieser Stopfbüchse ausgerüstete Maschinen jahrelang mit derselben Charge wasserfreien Ammoniaks arbeiten, steht der Anwendung von Ammoniak für

Betriebszwecke nichts mehr entgegen. Diese Benutzung kann in zweierlei Weise geschehen:

a) entweder dadurch, dafs der flüchtige Körper zunächst durch Destillation und darauffolgende Kondensation aus der von Osenbrück angegebenen Lösung verflüssigt und zunächst durch Kälteerzeugung unter einer über Atmosphärendruck liegenden entsprechenden Spannung verdampft wird, hierauf in dem Cylinder einer Dampfmaschine eine seiner Spannkraft und Menge entsprechende mechanische Arbeit verrichtet und endlich wieder zur Absorption gebracht wird.

b) durch direkte Verwendung der Spannung des in dem Destillierkessel und der Glycerinlösung abgeschiedenen Ammoniakgases in dem Cylinder einer Dampfmaschine zur Arbeitsleistung und hierauffolgenden Absorption.

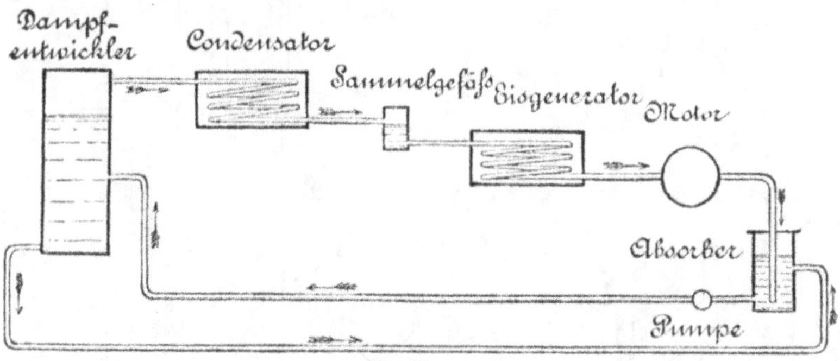

Fig. 58.

Für den ersten Fall a wird zwischen das Ausmündungsrohr der Verdampferröhren des Generators einer Ammoniak-Absorptionsmaschine und dem Absorptionsgefäfse derselben eine Dampfmaschine derartig eingeschaltet, dafs die aus den Verdampfungsröhren entweichenden Ammoniakdämpfe zunächst in dem Cylinder der Dampfmaschine durch Expansion eine mechanische Arbeit verrichten ehe sie in das Absorptionsgefäfs entweichen. Fig. 58 stellt schematisch eine derartige maschinelle Anlage dar.

Für den Fall b ist eine Maschine erforderlich, wie solche in Fig. 59 schematisch dargestellt ist und zwar bedeutet *A* einen irgendwie gestalteten und in irgend einer Weise erwärmten Druckerzeuger zur Aufnahme und Trennung der Glycerinammoniaklösung, *B* den Betriebscylinder, bzw. die Betriebscylinder irgend einer Dampfmaschinenkonstruktion, *C* ein irgendwie gestaltetes, geschlossenes Absorptionsgefäſs, in dem sich ammoniakärmeres Glycerin als in dem Druckerzeuger A befindet, in welches das Auspuffrohr des oder der Betriebscylinder der Dampfmaschine B zweckentsprechend eintaucht, um die erkalteten, expandierenden Gase zur Absorption zu bringen. Zur Aufnahme und Abführung der Absorptionswärme erhält das Gefäſs eine geeignete Wasserkühlungsvorrichtung D, ein (oder mehrere) mit dem Absorptionsgefäſs C oben durch das Rohr y kommunizierendes geschlossenes Absorptionsgefäſs, in dem (oder in denen) die Absorptionsflüssig-

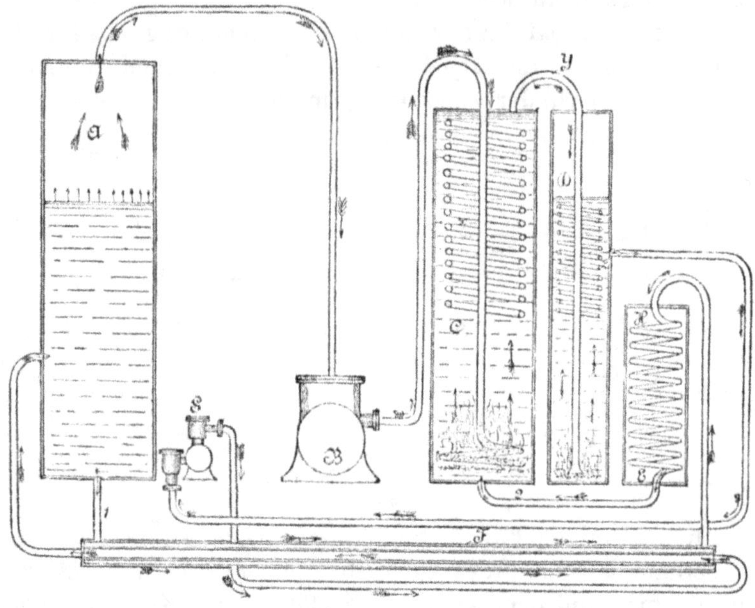

Fig. 59.

keit durch direktes Verdampfen von flüssigem, wasserfreiem Ammoniak in dem Rohrsystem Z auf die erforderlich niedrigere Temperatur als die des Brunnenwassers gebracht wird. G ist eine Saug- und Druckpumpe, welche die kalte gesättigte Glycerinammoniaklösung in das innere Rohr des Wärmeaustauschapparates F und von diesem in den Druckerzeuger A zurücktreibt. Die durch Abtreiben von Ammoniak wärmer gewordene heiſse Glycerinammoniaklösung aus dem Druckerzeuger wird durch eine mechanische Vorrichtung in dem Maſse aus dem Druckerzeuger durch das Rohr 1 in die äuſsere Mantelung des Wärmeaustauschapparates F

abgelassen, als dem Druckerzeuger gesättigte Glycerinammoniaklösung durch die Pumpe *G* zugeführt wird. Dafs jede Wärmeabgabe durch die äufsere Mantelung des Wärmeaustauschapparates an die Atmosphäre durch sorgsamste Umhüllung vermieden wird, ist selbstverständlich. Die in dem Apparat *F* abgekühlte Lösung erfährt eventuell noch in der Schlange *H* des Kühlapparates *E* eine Brunnenwasserkühlung, ehe sie durch das Rohr 2 dem Absorber *C* zugeführt wird.

Von einer Ausführung dieses Prinzipes für die praktische Verwendung ist nichts bekannt geworden.

VII. Die Vacuum-Eismaschinen.

Die Vacuum-Eis- und Kühlmaschinen sind als Absorptionsmaschinen anzusehen, bei welchen als verdampfende Flüssigkeit gewöhnliches Wasser und als absorbierendes Medium konzentrierte Schwefelsäure verwendet ist. Ihr Prinzip beruht auf dem bereits erwähnten physikalischen Versuche von Nairne, welcher Wasser unter der Luftpumpe dadurch rasch zum Gefrieren brachte, daſs er die entstehenden Dünste von konzentrierter Schwefelsäure absorbieren lieſs. Dieser Versuch wurde schon im Jahre 1810 durch Leslie, allerdings ohne praktischen Erfolg, in einem Eisapparate verwertet. Später nahm Vallance (1824) ein Patent auf eine Maschine, in welcher ein Strom trockener Luft von sehr niedriger Spannung über eine ausgedehnte Wasserfläche streicht, sich mit dem verdunstenden Wasser beladet und dieses sodann an Schwefelsäure abgibt, um dadurch getrocknet aufs neue Verdunstung und Abkühlung des Wassers zu veranlassen. Dasselbe Prinzip führte Vallance 1826 an einer zweiten Maschine in vervollkommneter Weise durch, ohne daſs diese Maschinen thatsächlich in Verwendung gebracht wurden.

Carrés Vacuum-Eismaschine.

Erst 1867 trat das Prinzip der Vacuum-Eismaschinen in praktischer Anwendung auf, indem Carré jun. auf der Pariser Ausstellung einen Apparat vorführte, welcher zur Herstellung der Eiswasserflaschen (carafes frappées) diente. Dieser Apparat beruht darauf, daſs aus starkwandigen Flaschen die Luft durch Auspumpen entfernt wird, wodurch ein Vacuum entsteht, welches ein rasches Verdunsten des Wassers und ein Gefrieren des zurückbleibenden Teiles veranlaſst. Die Verdunstung wird dadurch beschleunigt, dafs die entstandenen Wasserdämpfe von Schwefelsäure absorbiert werden. Fig. 60 zeigt die Abbildung eines derartigen Apparates; derselbe besteht aus einem Kessel *S*, der aus einer Legierung von Blei mit einigen Perzenten Antimon angefertigt ist. Dieser Kessel hat oben ein Trichterrohr, durch welches man Schwefelsäure in den Kessel giefst, und am Boden ein zweites Rohr, durch welches die in dem Kessel enthaltene Flüssigkeit (die verdünnte Schwefelsäure) abgelassen werden kann. Auf diesem Gefäfse ist eine gewöhnliche Luftpumpe *A* befestigt, durch welche aus der Flasche und dem die Schwefelsäure enthaltenden Kessel die Luft ausgepumpt wird. Ein zweiter Cylinder, welcher ebenfalls auf dem Schwefelsäuregefäfse sitzt, enthält eine Stange, mittels welcher ein Rührwerk in Bewegung gesetzt wird, welches die Schwefelsäure in dem Gefäfse durchrührt.

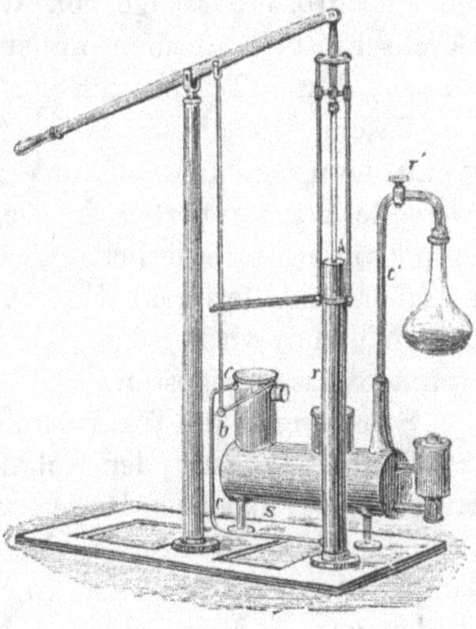

Fig. 60.

Die Funktion dieses Apparates ist nun die folgende: Man beschickt das Gefäfs *S* mit Schwefelsäure, setzt die Flasche mittels eines Kautschukstöpsels luftdicht an das Rohr und pumpt rasch die Luft aus dem Apparate. Das Wasser in der Flasche beginnt binnen einigen Sekunden zu sieden, und kocht einige Sekunden lang fort. Das Pumpen wird auch nach dem Aufhören des Siedens fortgesetzt, und werden die Wasserdämpfe, welche unausgesetzt aus der Flasche nach dem Schwefelsäuregefäfse strömen, augenblicklich von der Schwefelsäure absorbiert, so dafs auf diese Weise immer eine möglichste Verdünnung der Luft vorhanden ist.

Nachdem man etwa 50 bis 60 Sekunden gepumpt hat, zeigen sich in der Flasche die ersten Eisnadeln, und bildet sich dann in sehr kurzer Zeit eine Eiskruste; schliefslich kommt der ganze Inhalt der Flasche zum Frieren.

An Stelle der Schwefelsäure können überhaupt solche Substanzen zur Beschickung des Gefäfses *S* gewählt werden, welche

Wasserdämpfe kräftig zu absorbieren vermögen, und lassen sich hierfür beispielsweise auch Ätzkali, geschmolzenes Chlorcalcium etc. anwenden. Es sei aber bemerkt, daſs die Schwefelsäure in ausgezeichneter Weise ihrem Zweck entspricht und auch die anderen Substanzen — das geschmolzene Chlorcalcium vielleicht ausgenommen — an billigem Preise übertrifft.

Es ist sehr zweckmäſsig, der Flasche eine solche Form zu geben, daſs die Oberfläche des zum Frieren zu bringenden Wassers in derselben eine möglichst groſse ist, indem es bei einer groſsen Oberfläche des Wassers einer verhältnismäſsig kurzen Zeit bedarf, um eine gröſsere Menge von Wasser in Eis zu verwandeln. Im Durchschnitt kann man annehmen, daſs bei Anwendung von Wasser, dessen Temperatur 8 bis 10 Grad beträgt, der Inhalt einer Literflasche beiläufig in 3 bis 4 Minuten vollkommen erstarrt ist. Wenn man einen Eisschrank zur Verfügung hat und das zu frierende Wasser vorher in dem Schranke kühlt, so kann die zum Frieren erforderliche Zeit noch abgekürzt werden. Die Flaschen mit fertigem Eise werden in dem Eisschranke aufbewahrt und wird beim Gebrauche auf das Eis gewöhnliches Brunnenwasser gegossen.

Sobald man die Wahrnehmung macht, daſs die Zeit, welche erforderlich ist, um den Inhalt einer Flasche zum Frieren zu bringen, eine merklich längere wird, so ist dies ein Zeichen dafür, daſs die Schwefelsäure in dem Gefäſse schon so viele Wasserdämpfe absorbiert hat, daſs nur mehr wenig davon aufgenommen werden kann. Man muſs in diesem Falle die in dem Gefäſse enthaltene Schwefelsäure entfernen und durch frische, starke Säure ersetzen. Die schon einmal gebrauchte Schwefelsäure unterscheidet sich in nichts von der gewöhnlichen Schwefelsäure, als daſs sie eine etwas gröſsere Wassermenge enthält, und kann dieselbe daher zu allen Zwecken verwendet werden, zu welchen Schwefelsäure überhaupt angewendet wird, mit Ausnahme der Absorption von Wasserdämpfen. Man kann übrigens beiläufig 10 l Wasser zum vollständigen Frieren bringen und nimmt hierbei die Schwefelsäure nicht einmal ganz 200 g Wasser auf. Es ist nämlich zu berücksichtigen, daſs ein groſser Teil der Wasserdämpfe durch die unausgesetzte Thätigkeit der Luftpumpe fortgeschafft wird, ohne daſs derselbe von der Schwefelsäure absorbiert wird.

Bei den nach vorstehendem Prinzipe konstruierten Maschinen mufs man ganz besondere Sorgfalt darauf verwenden, dafs die Hähne absolut dicht schliefsen, und mufs auch die Luftpumpe sehr genau gearbeitet sein. Ist letztere gut geölt, so bedarf es keiner bedeutenden Kraft, um den Apparat fortwährend in Gang zu erhalten, und ist z. B. ein einziger Arbeiter ausreichend, um im Laufe eines Tages so viele Eisflaschen zu produzieren, als in einem gröfseren Café gebraucht werden. Wenn man die Einrichtung trifft, dafs an dem Rohre, an welchem die Luftpumpe arbeitet, zwei Flaschen angefügt werden können, so ist man im Stande, in zwei Flaschen auf einmal Eis zu erzeugen. In diesem Falle müssen aber sowohl das Gefäfs, in welchem die Wasserdämpfe durch Schwefelsäure absorbiert werden, als auch die Luftpumpe entsprechend gröfser angefertigt werden.

Windhausens Vacuum-Eismaschine.

Das gleiche Prinzip der Kälteerzeugung durch Verdampfen des Wassers im Vacuum hat Windhausen bei der Konstruktion seiner Vacuum-Eismaschine benutzt, jedoch dieselbe durch Vorrichtungen vervollkommnet, welche es ermöglichen, die zur Absorption des Wassers bereits verwendete und daher verdünnte Schwefelsäure wieder zu konzentrieren und dadurch zum weiteren Betriebe verwendbar zu machen. Die ersten nach diesem Prinzipe gebauten Maschinen, deren Vertrieb durch den »Internationalen Vacuum-Eismaschinenverein in Berlin« erfolgte, waren ausschliefslich für die Erzeugung von Blockeis eingerichtet; trotzdem diese Konstruktion durch inzwischen erfolgte Verbesserungen bereits verdrängt und wenig mehr verwendet ist, soll deren Beschreibung der Vollständigkeit wegen hier Platz finden. Der Vorgang der Eisbereitung in dieser Maschine ist folgender: In einem luftdicht verschlossenen Raume wird mittels einer Luftpumpe ein möglichst hohes Vacuum (1 bis 2 mm Barometerstand) erzeugt, und in diesen fast luftleeren Raum läfst man Wasser einfliefsen. Hierbei verdunstet $^1/_6$ des einfliefsenden Wassers und entzieht den übrigen $^5/_6$ die zum Verdunsten notwendige Wärme, welcher Rest infolge dessen gefriert. Die entstandenen Wasserdämpfe werden mit Hilfe der Luftpumpe abgesaugt und, um sie vollständig zu entfernen, durch konzentrierte Schwefelsäure, welche in einem eigenen Gefäfse sich befindet, begierig absorbiert. Durch die Aufnahme dieses Wassers wird selbstverständlich die Schwefelsäure verdünnt und verliert nach einiger Zeit die Fähigkeit, Wasserdünste rasch zu absorbieren, weshalb sie wieder konzentriert, d. h. von dem

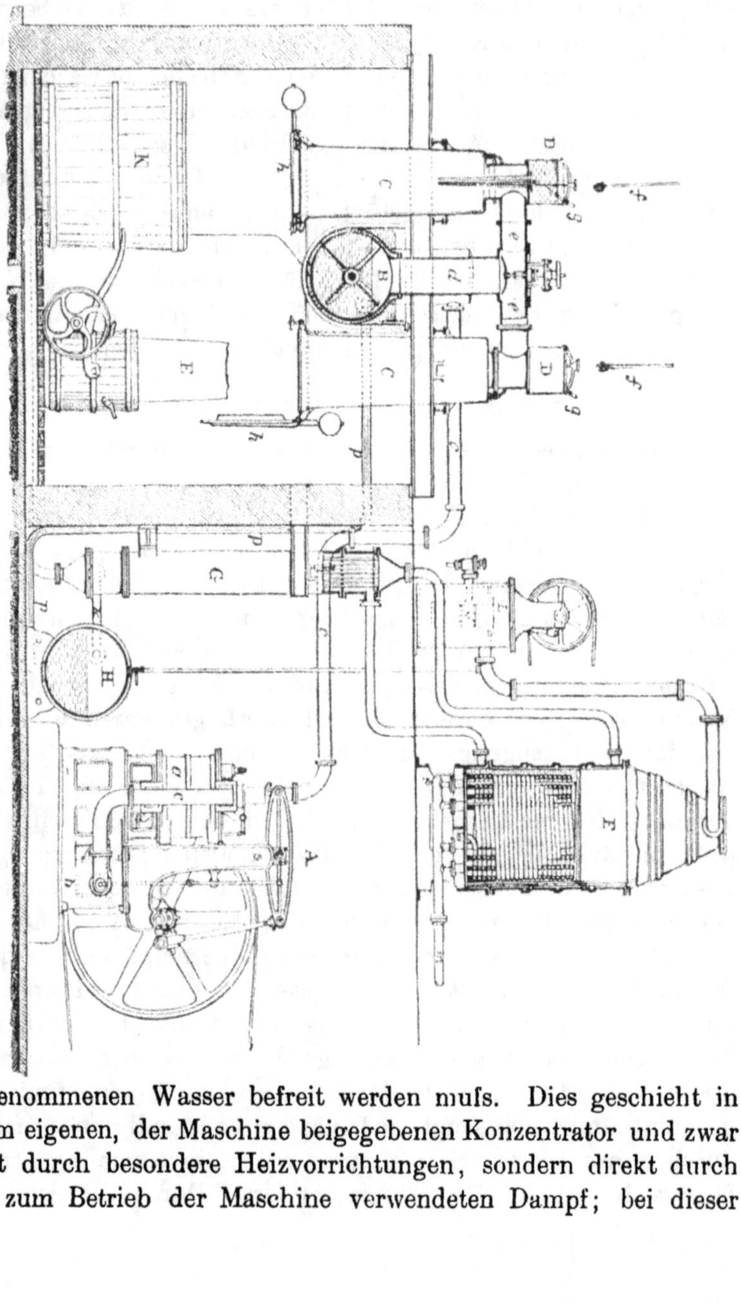

Fig. 61.
Windhausens Vacuum-Eismaschine.

aufgenommenen Wasser befreit werden mufs. Dies geschieht in einem eigenen, der Maschine beigegebenen Konzentrator und zwar nicht durch besondere Heizvorrichtungen, sondern direkt durch den zum Betrieb der Maschine verwendeten Dampf; bei dieser

Konzentration wird nur das Wasser der Schwefelsäure entfernt, und geht deshalb von diesem, übrigens sehr billigen Materiale absolut nichts verloren. Die Einrichtung der Maschine und ihrer Nebenapparate ist aus beigegebener Abbildung Fig. 61 zu entnehmen. Der wesentlichste Bestandteil ist die Vacuum-Luftpumpe *A*, bestehend aus zwei Pumpencylindern von 0,8 m und 0,22 m Durchmesser, die pro Minute 55 bis 60 Hübe machen; ferner den Gefriercylindern *C*, von welchen 6 oder 8 vorhanden sind, deren auf der Unterseite befindliche Deckel durch Schrauben befestigt und durch Kautschukringe und Wasser luftdicht abgeschlossen sind; sie stehen zu beiden Seiten des Absorbers *B*, eines horizontalen Eisencylinders, in welchem ein Rührwerk mittels einer Stopfbüchse luftdicht rotiert. Oberhalb der Gefriercylinder sind die Wassereinlaufgefäſse *D* angebracht, würfelförmige Blechkästen, aus denen die Eislaufrohre in die Gefriercylinder münden, und bei welchen der Wassereinlauf durch bestimmte Stellungen der Hähne *g* genau reguliert wird. Die Einlaufrohre selbst haben eine höchst sinnreiche Vorrichtung, um das Zufrieren derselben zu verhindern; sie haben nämlich eine doppelte Wandung, und wird das beim Einlaufen abgekühlte Wasser durch Wasser von gewöhnlicher Temperatur umspült und so das Gefrieren während des Einlaufens unmöglich gemacht. Die zur Konzentration der Säure dienenden Vorrichtungen bestehen aus dem Konzentrator *F*, dem sog. Austauschapparat *G*, der eine vollständige Ausnutzung der Wärme gestattet, dem geschlossenen Reservoir *H* für verdünnte und dem offenen Reservoir *K* für konzentrierte Säure. Auſserdem ist noch ein Reservoir für das zur Eisbildung erforderliche Wasser vorhanden. Sämtliche Gefäſse und Teile der Maschine stehen in luftdichter Verbindung miteinander, und ist bei vorhandenem Vacuum zum Übersteigen der Schwefelsäure aus einem Gefäſse in das andere keine besondere Pumpvorrichtung notwendig, da sie durch das Vacuum aufgesaugt wird.

Der Betrieb bei der Eisbereitung ist der folgende: Nachdem der Gefriercylinder sowie die übrigen Teile des Apparates luftdicht verschlossen sind, beginnt das Evacuieren mit Hilfe der Luftpumpe. Diese wirkt in der Weise, daſs zuerst vermittelst des groſsen Kolbens die Luft aus dem Gefrierraume abgesaugt und an die kleine Pumpe abgegeben wird, welche die Luft erst in die Atmosphäre befördert; auf diese Weise ist es möglich, das Evacuieren auf 2 bis 3 mm mit verhältnismäfsig geringem Kraftaufwande in der kurzen Zeit von 40 Minuten zu beenden. Vor Beginn des Evacuierens wird in den Absorber die erforderliche Menge von konzentrierter Schwefelsäure von 60° Beaumé (ca. 2600 l) aus dem Reservoir aufgesaugt, so dafs der Absorber bis $^3/_4$ seines Volumens gefüllt erscheint. Die zum Betriebe dienende Dampfmaschine erfordert für das erste Evacuieren eine Stärke von höchstens 6 Pferdekräften, während der Gefrierperiode selbst blofs 2 bis 2,5 Pferdekräfte, und dient dieselbe zur Bewegung der Luftpumpe, ferner des Rührwerkes im Absorber und der zum Evacuieren des Konzentrators dienenden Kondensationspumpe, ferner zum Heben des gesamten Wassers; überdies wird der Dampf vorher zum Konzentrieren der Säure verwendet, wie dies weiter unten ausgeführt werden soll.

Ist das Vacuum von 1 bis 2 mm hergestellt, so beginnt der Wassereinlauf für die erste Charge, und zwar werden in jeden Cylinder 360 l (30 Minuten à 6 l und 45 Minuten à 4 l) einlaufen gelassen. Während des Wassereinlaufes darf das Vacuum nicht über 3 bis 4 mm steigen, weshalb man zweckmäfsig den Wassereinlauf zweimal durch 5 Minuten sistiert. Von dem eingelaufenen Wasser verdunstet $^1/_6$, also 60 l aus jedem Cylinder, und wird von dem Absorber aufgenommen, während je 300 l gefrieren. Nach beendetem Wassereinlauf ist auch die Eisbildung erfolgt, es wird der Absorber durch Hähne von den Gefriercylindern abgesperrt, um daselbst das Vacuum zu erhalten, die unteren Deckel der Cylinder werden durch Lüften der Schrauben geöffnet, durch ein kleines Luftventil etwas Luft einströmen gelassen, und die gebildeten Eisblöcke, die 1,5 m Höhe und 80 cm Durchmesser besitzen, stürzen vermöge ihrer Schwere in die bereit gestellten Holzkübel, welche in der bei *E* dargestellten Weise sofort weggeführt werden.

Die Cylinder werden sogleich wieder luftdicht verschlossen, die Verbindung mit dem Absorber wird hergestellt und sodann von neuem evacuiert, was wieder 40 Minuten in Anspruch nimmt. Es erfolgt nun der Wassereinlauf für die zweite Charge, wieder 360 l per Cylinder, und zwar durch 30 Minuten je 4 l und durch 80 Minuten je 3 l mit zweimaligem Abstellen des Wassereinlaufes in der Dauer von 5 bis 10 Minuten; nach beendetem Wassereinlauf erfolgt die Entleerung der Gefriercylinder in gleicher Weise wie bei der ersten Charge. In ähnlicher Weise wird auch eine dritte Charge ausgeführt, bei welcher jedoch der Wassereinlauf und das Gefrieren 150 Minuten erfordern, und zwar 5 Minuten à 4 l, 30 Minuten à 3 l und 100 Minuten à 2½ l nebst 15 Minuten Abstellen. Die Schwefelsäure, welche nach der ersten Charge von 60° auf 56¾° Beaumé, bei der zweiten auf 53¾° Bé. verdünnt war, hat nach der dritten Charge blofs 52° Bé., woraus sich die etwas längere Dauer der Eisbildung erklärt. Nach Verlauf von drei Chargen kann die auf 52° Bé. verdünnte Säure keine hinreichend rasche Absorption der Wasserdünste mehr bewirken und mufs daher durch neue Säure von 60° Bé. ersetzt werden, welche während des Zeitraumes von 7½ bis 8 Stunden, welchen die drei Chargen in Anspruch nahmen, konzentriert wurde.

Der Vorgang der Konzentration der verdünnten Schwefelsäure ist besonders wichtig und interessant, und soll darauf speziell eingegangen werden. Die nach Verlauf von 3 Chargen auf 51 bis 52° Bé. verdünnte Säure, welche dabei ihr Volumen von 2600 l auf 3680 l vergröfserte und auf das ursprüngliche Volumen konzentriert werden mufs, wird vorerst in das Reservoir *H* abgelassen und von da in den luftleeren Konzentrator *F* aufgesaugt, passiert hierbei den sog. Austauschapparat *G*, einen hohen Cylinder mit einem System senkrechter Röhren, durch welche die heifse, bereits konzentrierte Säure nach abwärts fliefst, während die kalte, verdünnte Säure im Cylinder nach aufwärts gezogen wird, die heifsen Röhren umspült und so schon vorgewärmt in den Konzentrator gelangt. Der Konzentrator selbst besteht aus einem eisernen, mit Bleiplatten ausgekleideten Cylinder, in welchem vier Bleischlangen mit einer Gesamtoberfläche von 18 qm enthalten sind. Durch diese Schlangen wird der im Kessel erzeugte Dampf von 3½ Atmosphären Spannung geleitet, bevor er der Betriebsmaschine zugeführt wird, wobei er etwa ¼ Atmosphäre an Spannung verliert. Hierdurch wird die verdünnte Schwefelsäure erhitzt, gibt ihren Wassergehalt ab, die entweichenden Wasserdämpfe werden durch die Kondensationspumpe *L* aufgesaugt und durch Einspritzen von kaltem Wasser kondensiert, so dafs der Konzentrator stets evacuiert bleibt, und infolge dessen die verdünnte Säure ihren Wassergehalt bei möglichst niedriger Temperatur abgibt. Die konzentrierte Säure sammelt sich vermöge ihrer gröfseren Dichte im unteren Teile des Konzentrators und fliefst durch den Austauschapparat in den Sammelbehälter *K* ab, während die verdünnte Säure in gleichem Mafse aufgesaugt und konzentriert wird. Die Konzentration des ganzen Quantums der verdünnten Säure erfolgt, wie schon erwähnt, während des Zeitraumes von drei Chargen, d. i. in ca. 8 Stunden. Da bei Anwendung der Bleischlangensysteme im Laufe der Zeit Betriebsstörungen durch Platzen der Röhren vorkamen, wurde ein neuer Konzentrator konstruiert, der bei dem verbesserten Systeme der Vacuum-Kühlmaschine beschrieben wird.

In dieser Weise geht der Betrieb der Eismaschine regelmäfsig vor sich, und können während 24 Stunden acht Chargen durchgeführt werden.

Den gesteigerten Ansprüchen, welche in den letzten Jahren an die Kälteerzeugungsmaschinen gestellt wurden, konnte diese Form der Vacuum-Eismaschine nicht genügen, und wurde dieselbe daher in eine Vacuum-Kühlmaschine umgewandelt, welche nicht nur direkt zur Eiserzeugung, sondern, wie die übrigen neueren Systeme von Eismaschinen, für alle Zwecke der Kälteerzeugung, also auch zur Kühlung von Süfswasser und Salzlösung verwendbar sein sollte. Der Erfinder der Vacuum-Eismaschine liefs sich eine solche in ihrer Wirkung vervollkommnete Vacuum-Kühlmaschine, welche auf dem gleichen Prinzipe beruht, patentieren.

Windhausens Vacuum-Kühlmaschine.

Die neue Windhausen sche Kühlmaschine, welche in beistehender Abbildung Fig. 62 in ihrer Gesamtordnung dargestellt ist, besteht aus folgenden Hauptteilen: 1. dem Abkühlbehälter *A* zur Abkühlung von Salz- oder Chlorcalciumlösung (Salzwasserkühler); 2. den Vorrichtungen zur Erzeugung des geschlossenen Kreislaufes der gekühlten Lösung und zur Übertragung der Kälte auf Wasser oder andere Flüssigkeiten, sowie zur Abkühlung von Räumen, insbesondere bei Gär- und Lagerkellern, sowie endlich zur Herstellung von Eis auf indirektem Wege; 3. den Maschinen und Apparaten zur Herstellung und Unterhaltung eines tiefen Vacuums, als: der Luftpumpe und den Dampf absorbierenden Vorrichtungen (Absorber *B* mit Zubehör).

A bezeichnet in der Zeichnung einen cylindrischen, hermetisch geschlossenen Behälter (Salzwasserkühler), welcher circa bis zur

Hälfte mit Chlorcalcium- oder Salzwasserlösung gefüllt ist. Dieser Behälter *A* steht durch ein weites Rohr *C* mit einem ähnlichen

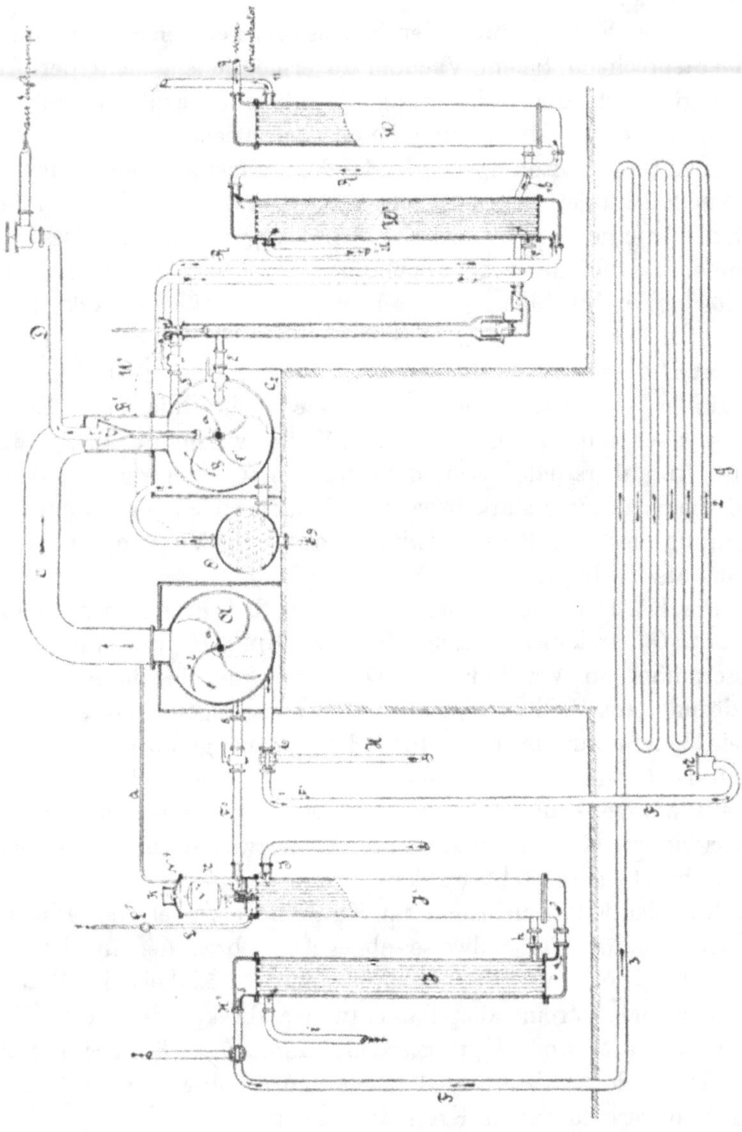

Fig. 62.

cylindrischen Behälter *B* (Absorber) in Verbindung. Der Absorber *B* wird durch nachstehend beschriebene Einrichtung bis circa zur Hälfte mit Schwefelsäure von 50 bis 60 ° Bé. gefüllt erhalten, und hat letztere den bekannten Zweck, die aus dem Salzkühler *A* durch das Rohr *C* zuströmenden Dämpfe zu absorbieren, bzw. zu kondensieren.

Um die Verdampfung der Salzlösung bei tiefer Temperatur und entsprechend tiefem Vacuum zu ermöglichen, steht der Absorber *B* durch die Rohrleitung *D* mit einer exakt wirkenden Luftpumpe, deren Einrichtung bereits beschrieben wurde, in Verbindung. Diese Luftpumpe ist imstande, ein fast absolutes Vacuum in dem Salzkühler *A* und Absorber *B* zu erzeugen und zu unterhalten. Infolge dessen wird die Salzlösung durch teilweises Verdampfen bis tief unter 0° abgekühlt. Um diese Abkühlung der Salzlösung zu beschleunigen und eine innige Mischung der Salzlösung zu bewirken, ist in dem Salzkühler ein rotierender Rührapparat *E* angebracht. Derselbe besteht aus einer central in dem Salzkühler gelagerten und durch eine dichtschliefsende Stopfbüchse nach aufsen hervorragenden Welle, welche im Innern eine grofse Anzahl radialer Schaufeln hat. Bei Drehung der Welle wird die Salzlösung stark bewegt und dadurch eine vollkommene Mischung der Salzlösung bewirkt, sowie die Verdampfung derselben beschleunigt.

Die Kühlrohrleitung steht einerseits bei F^1 mit dem Kühlrohrnetz *G*, anderseits durch das Zweigrohr *H* mit einer Salzwasserpumpe in Verbindung. Diese hat die Bestimmung, die Salzlösung aus dem Salzwasserkühler anzusaugen und eventuell in ein Bassin auszuwerfen, in welchem auf gewöhnliche Weise durch Einhängen von mit Wasser gefüllten Blechzellen Eis hergestellt werden kann. Durch einen Dreiweghahn *b* kann ersichtlicherweise die Kommunikation mit der Salzwasserpumpe oder dem Kühlrohrnetz hergestellt werden.

Nachdem die Salzlösung im Kühlrohrnetz oder Gefrierbassin die Kälte ganz oder teilweise abgegeben, bzw. der in dem zu kühlenden Raum oder der zu kühlenden Flüssigkeit die Wärme entzogen hat, strömt dieselbe entweder direkt oder, die Süfswasserkühler *J* und J^1 passierend, durch die Rohrleitung F^2 und F^3 in den Salzkühler *A* nach den Pfeilrichtungen 1, 2, 3 und 4 in geschlossenem Kreislauf zurück.

Die Süfswasserkühler *J* und J^1 haben den Zweck, Wasser oder eventuell auch andere Flüssigkeiten durch die zurückströmende Salzlösung nach dem Gegenstromprinzip abzukühlen, da diese Salzlösung noch Wärme binden kann. Zu dem Ende bestehen die beiden Körper J und J^1 aus cylindrischen, mit Röhren durchzogenen Behältern, die ober- oder unterhalb der Rohrwände durch aufgeschraubte Deckel Kammern haben, durch welche die Salzlösung nach den Richtungen 5, 6 und 7 die Kühlröhren durchströmt und bei 8 wieder in den Salzwasserkühler A zurückkehrt. Da die Abkühlung der Salzlösung durch Verdampfung im tiefen Vacuum erfolgt, so muſs so viel Wasser der Salzlösung kontinuierlich wieder zugeführt werden, als durch Verdampfung verloren geht. Diese Süſswasserzuführung geschieht durch eine dünne Rohrleitung L und einen Regulierhahn L^1, so daſs die Salzlösung in den Kühlern und Rohrleitungen stets gleiches Volumen und mittlere Sättigung erhält. Das abzukühlende Süſswasser (oder eine andere Flüssigkeit) dagegen tritt bei g in den Kühler J^1 und von da durch das Verbindungsrohr h in den Kühler J, und gelangt aus diesem durch die Rohrleitung i nach dem Orte seiner Bestimmung. Beim Durchströmen des Süſswassers kühlt sich dasselbe bis nahe auf die Temperatur ab, mit welcher die zurückkehrende Salzwasserlösung bei H^1 in den ersten Kühler J^1 eintritt.

Für eine eventuell eintretende Undichtigkeit in den Kühlrohrleitungen oder Süſswasserkühlern ist einerseits in der Rohrleitung f ein Rückschlagventil M angebracht, anderseits auf dem Süſswasserkühler J^1 (oder, wenn ein solcher nicht zur Verwendung gelangt, in der bezüglichen Rohrleitung) ein Apparat N, der die Bestimmung hat, den Süſswasserkühler vor Überfüllung zu schützen. Dieser Sicherheitsapparat N besteht aus einem über dem Röhrenkühler J^1 angebrachten hohlcylindrischen, oben durch einen Deckel geschlossenen und mit einer central durchbohrten Zwischenwand versehenen Guſsstück. In demselben befindet sich ein leicht beweglicher Schwimmer N^1 mit central unter demselben befestigten Kolbenschieber N^2, der in der konzentrischen Bohrung der Zwischenwand N^3 leicht auf- und abbeweglich ist. Dieser Kolbenschieber hat nur unten eine volle runde Platte und ist diese durch Rippen mit dem Schwimmer N^1 verbunden.

Dieser Schwimmer ist nun in solcher Höhe angeordnet, daſs bei dem normalen Niveau der Salzlösung im Kühler A die zurückströmende Salzlösung ungehindert durch die cylindrische Öffnung in der Richtung des Pfeiles 7 in den Kühler A strömen kann.

Sobald aber das Niveau der Salzlösung die normale Grenze überschreitet, hebt sich der Schwimmer und damit auch der Kolbenschieber und schliefst den Durchgangskanal ab. Steigt auch dann noch das Niveau der Salzlösung, so geht auch der Schwimmer höher und öffnet durch Anstofsen ein im Deckel N^1 angebrachtes Sicherheitsventil K, durch welches sodann mit grofsem Geräusch atmosphärische Luft eintritt, das Vacuum in dem Salzkühler vermindert und dadurch weitere Überfüllung des Kühlers A unmöglich macht.

Der Raum des Behälters N steht durch ein Rohr Q mit dem Dampfraum des Salzwasserkühlers A in Verbindung, so dafs das Salzwasserniveau im Sicherheitsbehälter N stets gleich dem im Salzwasserkühler A bleibt.

Der Absorber B ist in Form und Gröfse ähnlich dem beschriebenen Salzwasserkühler A. Um jedoch eine vollkommenere Kühlung der Schwefelsäure im Absorber zu erzielen, ist mit demselben noch ein Röhrenkühler O verbunden, in welchen durch ein auf der Rührwelle des Absorbers befindliches Flügelrad C^1 die Säure durch die Röhren des Kühlers O getrieben wird, und am anderen Ende des Röhrenkühlers die abgekühlte Säure wieder in den Absorber zurückgelangt. Auch hier kann das Flügelrad als eine selbständige Zentrifugalpumpe aufserhalb des Absorbers angeordnet werden. Das Kühlwasser tritt bei Pfeil 9, die Kühlröhre umspielend, in den Säurekühler O und strömt von da weiter in das den Absorber umgebende Bassin C^2, wodurch eine kontinuierliche Abkühlung der Schwefelsäure an grofser Oberfläche stattfindet. Der Absorber B steht durch das Rohr D mit der Luftpumpe in Verbindung (dieselbe ist hier nicht dargestellt). Um zu verhindern, dafs bei der Evacuierung Säurepartikelchen mit in die Röhre D gelangen, ist im Dampfdom B^1 ein Säurefangapparat in Form eines Trichters V angebracht, in welchen oben das Luftsaugrohr D so tief einmündet, dafs die abziehenden Dämpfe und Luft auf- und niedergehende Bewegung annehmen müssen und dabei die eventuell mitgerissene Säure in den Trichter werfen, aus welchem sie durch enge Mündung wieder in den Absorber zurückfliefst. Um die Säure im Absorber stets wieder auf ihre ursprüngliche Konzentration zurückzuführen, wird dieselbe kontinuierlich durch eine Säurepumpe einem Säureabdampfapparat zugeführt, während aus diesem die konzentrierte Säure in demselben Maſse wieder in den Absorber durch die Rohrleitung *R* zurückströmt. Bei dieser Säurepumpe sind die Schwierigkeiten vermieden, die bei gewöhnlichen Pumpen zum Absaugen von Flüssigkeiten aus geschlossenen Räumen, in denen eine Spannung unter dem Atmosphärendruck herrscht, vorhanden sind. Diese Schwierigkeiten bestehen darin, daſs diese Flüssigkeiten, namentlich ätzende, wenn dieselben bis an die Stopfbüchse der Kolbenstange herantreten, die Stopfbüchse undicht machen, und die Pumpe dadurch auſser Funktion setzen. Ebenso störend wirkt in solchen Fällen das Versagen eines Säureventils, indem die Pumpen nicht ansaugen wollen.

Im Kreislauf der Säure vom Absorber nach dem Konzentrator und von diesem wieder zurück in den Absorber sind zwei Wärmeaustauschapparate *W* und *W*¹ eingeschaltet. Aus dem Absorber wird die Säure durch die Säurepumpe in den Pfeilrichtungen 10 und 11 nach dem Konzentrator gepumpt, und gelangt aus letzterem die konzentrierte Säure, die Wärmeröhren im Austauschapparat *W* nach dem Prinzip der Gegenströmung umströmend, bei *S* wieder in den Absorber zurück. Auf diesem Wege gibt die heiſse Säure den gröſsten Teil ihrer Wärme im Austauschapparat *W* an die aus dem Absorber zugeführte Säure ab, während die aus dem Konzentrator dem Absorber zuströmende Säure weiter in den Wärmeaustauschapparat *W*¹ durch bei *T* zu- und bei *U* austretendes Kühlwasser bis nahe auf Wassertemperatur abgekühlt wird.

Die Windhausen'sche Verbesserung an Vacuum-Kühlmaschinen, welche dieses System den anderen in seiner Anwendung nahezu gleichwertig machte, wurde ebenfalls von dem Vacuum-Eismaschinenverein in Berlin zur Ausführung und Verbreitung gebracht. Die Vacuum-Kühlmaschine wurde noch mit weiteren Verbesserungen ausgestattet, welche sie für den kontinuierlichen Betrieb vollkommen geeignet machen. Diese verbesserte Maschine ist in Fig. 63 dargestellt und zeigt eine von der ersten Konstruktion wesentlich verschiedene Einrichtung.

Den wichtigsten Teil derselben bildet wieder die Vacuumpumpe *A*, welche, wie bereits beschrieben, aus einem groſsen und kleinen Luftcylinder besteht, von denen nur der letztere gegen die Atmosphäre arbeitet. Hierdurch wird erreicht, daſs einerseits die Vacuumpumpe mit Sicherheit ein sehr hohes Vacuum (bis

$^1/_{1500}$ Atm. = $^1/_2$ mm absoluter Druck) erzeugt und anderseits einen so leichten Gang hat, dafs derselbe nur eine sehr geringe

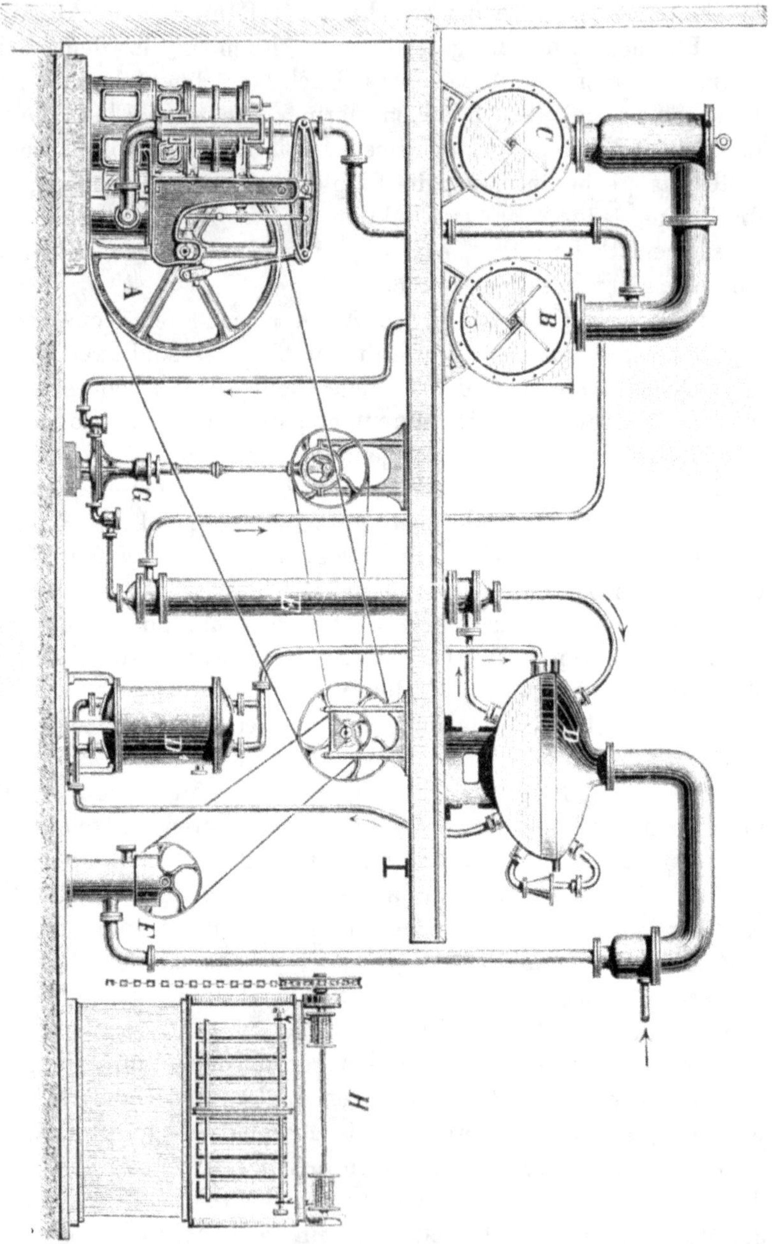

Fig. 63.

Betriebskraft benötigt. Diese Vacuumpumpe hat den Zweck, die zum Kühlprozefs erforderliche Luftleere im Absorber und Kühlapparat herzustellen und zu erhalten. Aufserdem schafft die Pumpe noch eine nicht unbedeutende Menge der aus dem zu kühlenden Wasser sich entwickelnden Dämpfe fort, insofern die Apparate erfahrungsmäfsig so dicht hergestellt werden können, dafs nur wenig durch etwaige Undichtigkeit eintretende Luft zu beseitigen ist.

Durch das Saugerohr der Vacuumpumpe steht dieselbe mit dem Absorptionsapparat *B* in Verbindung; derselbe besteht am zweckmäfsigsten aus einem horizontal gelagerten gufseisernen Cylinder von 0,9 m Durchmesser und einer Länge von 3 bis 8 m, je nach der Gröfse der Maschine. Der Absorber ist etwa bis zu zwei Drittel Höhe mit Schwefelsäure gefüllt, welche durch das in der Mittelaxe des Cylinders befindliche Rühr- und Schaufelwerk derartig in Bewegung erhalten wird, dafs eine möglichst grofse Oberfläche entsteht und die über dieselbe streichenden Wasserdämpfe gut absorbiert werden. Durch die Aufnahme der Wasserdämpfe tritt eine Erwärmung der Schwefelsäure ein, und da selbstverständlich diese Temperaturerhöhung ungünstig auf den Kühlprozefs einwirken würde, so läfst man fortwährend durch den äufserlich um den Cylinder angebrachten Wassermantel eine entsprechende Quantität Kühlwasser strömen.

Ein dem Absorber ähnlich geformter Apparat ist der Kühler *C*, welcher durch eine weite Bogenröhre mit ersterem in Verbindung steht. Der Kühlapparat besteht aus einem liegenden, mit Rührwelle versehenen Cylinder, welcher mit einem schlechten Wärmeleiter (wie Korkabfälle, Kuhhaare, Sägespäne etc.) umkleidet ist, um die Ausstrahlung der Kälte zu verhindern. In demselben wird beständig die zu kühlende Flüssigkeit durch ein entsprechend weites Rohr angesaugt und durch ein am entgegengesetzten Ende des Cylinders angebrachtes Rohr von einer gewöhnlichen Wasserpumpe (oder, wenn es die örtlichen Verhältnisse zulassen, durch ein 10 m hohes Fallrohr) nach einem Sammelreservoir fortgeschafft.

Durch die im Kühler sich entwickelnden Dämpfe, welche von der im Absorber befindlichen Säure absorbiert werden, würde diese selbstverständlich stark verdünnt werden, wenn nicht dieses von der Säure aufgenommene Wasser kontinuierlich wieder abgedampft würde. Dies geschieht nun durch den Konzentrator *D*.

Derselbe bestand nach der alten, bereits beschriebenen Konstruktion aus einem mit gewölbten Deckeln geschlossenen, stehenden Cylinder, welcher aus Hartblei mit innen aufgelöthetem Weichbleiüberzug hergestellt war. Im Innern des Apparates waren 2 bis 3 konzentrisch stehende Bleischlangen mit hinreichend groſser Wandstärke aufgestellt, durch welche Dampf von ca. 3 Atm. Spannung geleitet wurde und auf diese Weise die Säure auf ca. 135 ° C. erwärmte. Bei dieser Temperatur würde dieselbe unter gewöhnlichen Verhältnissen nur schwer vom Wasser zu befreien sein; wenn sie aber unter stark vermindertem Luftdruck erwärmt wird, so gibt die Säure das Wasser verhältnismäſsig leicht ab und fördert das Verdunsten desselben mit geringem Wärmeaufwand. — Dieser Konzentrationsapparat gab jedoch häufig zu Betriebsstörungen Veranlassung, nachdem die Bleischlangen infolge des groſsen Dampfdruckes platzten oder undicht wurden, und die Auswechslung dieser Schlangen sehr umständlich war. Es wurde daher die Konstruktion des Konzentrationsapparates durch eine dem Vacuum-Eismaschinenverein patentierte Einrichtung (D. R. P. Nr. 38015) wesentlich verbessert, und auf diese Weise auch die letzte Ursache der Betriebsstörungen bei Vacuum-Kühlmaschinen beseitigt. In der Abbildung (Fig. 63) ist dieser verbesserte Verdampfapparat ersichtlich, und besteht derselbe aus dem eigentlichen Verdampfgefäſse D und dem Säureerhitzer D_1. Die Detailkonstruktion dieses Konzentrationsapparates ist aus der Abbildung Fig. 64 a, und eine andere hier nicht angewendete Konstruktion desselben aus der Fig. 64 b ersichtlich. Die erste Konstruktion hat nachstehende Einrichtung:

Die aus Hartblei hergestellte und mit Wärmeschutzmasse versehene Abdampfschale S steht durch die Rohre a und b mit dem Säureerhitzer E und durch das Rohr d mit einem Säurevorwärmer in Verbindung. Säureerhitzer und Säurevorwärmer sind aus Eisen- oder Kupferblech hergestellte Dampfgefäſse, in welche eine oder mehrere konzentrisch zu einander liegende Bleirohrschlangen $M\,M^1$ auf eisernen Gestellen $N\,N^1$ eingesetzt sind. Der Kesseldampf tritt bei f ein, während bei g das Kondensationswasser durch geeignete Vorrichtungen abgelassen wird. Die Säure tritt vorgewärmt durch das Rohr d in die Schale S ein, wo ein Teil ihres Wassers verdampft, und sinkt als schwerere Säure zu Boden, von wo sie durch das Rohr b nach dem Erhitzer E und durch das Rohr a

wieder in die Abdampfschale *S* zurückgeführt wird. Das verdampfende Wasser wird durch den Dom *D* von einer Luftpumpe abgesaugt. Ist die Säure genügend konzentriert, so wird sie durch das Rohr *I* abgelassen. Soll der Apparat kontinuierlich arbeiten, so läfst man die Säure durch den Vorwärmer und von dort durch das Rohr *d* in die Schale *S* zu- und durch das Rohr *e* abfliefsen.

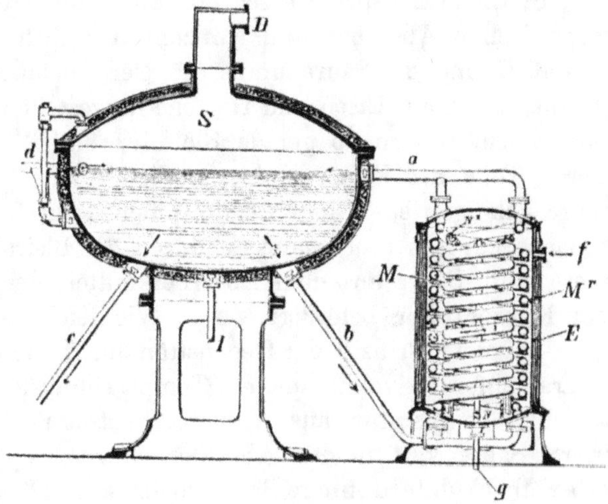

Fig. 64a.

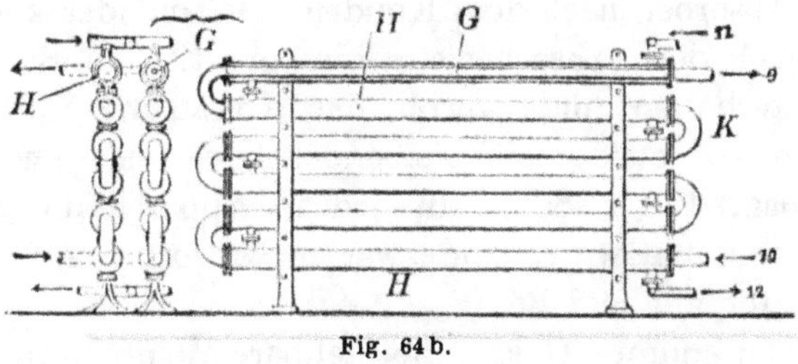

Fig. 64b.

Durch Hahnstellung wird Zu- und Abflufs der Säure so reguliert, dafs das Niveau derselben im Abdampfer konstant bleibt.

Fig. 64b stellt die andere Konstruktion des Säureerhitzers dar. Derselbe besteht aus einer oder mehreren flach gewundenen Bleirohrschlangen. Die geraden Bleirohre *G* sind in die etwas weiteren kupfernen oder eisernen Röhren *H* eingelagert. Im Zwischenraum beider Röhren zirkuliert der Dampf. Die geraden Röhren sind durch die Hartbleibogen *K* miteinander verbunden. In der Pfeilrichtung 10 tritt die zu erhitzende Säure ein, während sie bei 9 in die Abdampfschale gelangt. In entgegengesetzter Strömung der Säure zirkuliert der Dampf in der Pfeilrichtung 11 nach 12.

Die zur Konzentration erforderliche Luftleere stellt eine kleine einfach wirkende Luftpumpe *F* (Fig. 63) her, welche auch gleichzeitig das zur Kondensation der aus der Säure abziehenden Wasserdämpfe erforderliche Einspritzwasser entfernt. Zur Vermittlung der Säure zwischen Absorber und Konzentrator dient der Austauschapparat *E* und die Säurepumpe *G*. Der Austauschapparat ist ein ca. 3 m langer, aus Eisen und Hartblei hergestellter Cylinder, welcher in seinem Innern 55 gerade Bleirohre enthält. Die aus dem unteren Teile des Konzentrators abfliefsende schwere und heifse Säure gelangt, jene Bleirohre umspülend, durch den Austauscher nach dem Absorber, während durch die Bleirohre selbst die dünnere kalte Säure aus dem Absorber mittels der Pumpe *G* nach dem Konzentrator befördert wird. Wie leicht ersichtlich, bewirkt der auf dem Prinzip der Gegenströmung basierende Austauschapparat einen so vollkommenen Temperaturaustausch, dafs die mit hoher Temperatur aus dem Konzentrator abfliefsende konzentrierte Säure kalt in den Absorber eintritt, während die im Absorber abgekühlte dünnere Säure heifs in den Konzentrator einströmt. Diese kontinuierliche Zirkulation der verdünnten Säure aus dem Absorber nach dem Kondensator und der konzentrierten von da nach dem Absorber wird im praktischen Betriebe in der Weise unterhalten, dafs sowohl das Niveau der Säure in beiden Apparaten auf stets gleichbleibender Höhe, als auch der Konzentrationsgrad der Säure in jedem Apparat für sich immer konstant erhalten wird, und zwar im Absorber auf 56° Bé., im Konzentrator auf 59° Bé.

Die Säurepumpe *G* ist eine stellbare Membranpumpe, welche den kontinuierlichen Säurestrom vom Konzentrator nach dem Absorber vermittelt.

Während früher bei den direkt wirkenden Vacuum-Eismaschinen der intermittierende Betrieb mit einem periodischen Säurewechsel in Zwischenräumen von 8 bis 12 Stunden sich als praktisch brauchbar und bequem erwies und keineswegs die Quantität der Tagesproduktion beeinträchtigte, so stellte sich bei den ersten, in der Praxis eingeführten Vacuum-Eismaschinen heraus, dafs die infolge des Säurewechsels entstehende Unterbrechung in der Kälteerzeugung unstatthaft war; deshalb wurde bei den später konstruierten Kühlmaschinen, welche kalte Salzlösung zur Kellerkühlung erzeugen, der in den ursprünglichen Patenten angeführte kontinuierliche Betrieb der Maschine wieder eingeführt. Hierbei macht, wie vorhin beschrieben, ein und dieselbe Quantität Säure einen beständigen Kreislauf zwischen Absorber und Konzentrator, indem die im Absorber sich verdünnende Säure dem Konzentrator zugeführt wird und dieser konzentrierte Säure in gleichem Maſse an den Absorber zurückgibt.

Es ist nun klar, daſs die Vacuum-Kühlmaschine, eingerichtet mit kontinuierlichem Betriebe, stets eine konstante Leistungsfähigkeit besitzt, indem die absorbierende Flüssigkeit beständig ein und denselben Konzentrationsgrad (etwa 57 bis 58 ° Bé.) zeigt, während dies beim intermittierenden Betriebe nicht der Fall war, und die Leistungsfähigkeit der Maschine im Anfang der Arbeitsperiode gröſser, am Ende der Periode kleiner war. Bei der Blockeiserzeugung auf direktem Wege hatte dies weiter nichts zur Folge, als daſs die Zeitperioden der Eisentleerung verschieden waren, die sich aber regelmäſsig wiederholten und auf diese Weise, auf die Zeiteinheit reduziert, genau dieselbe Eisproduktion ergaben, als ob die Maschine mit kontinuierlichem Betriebe arbeitete. Bei der Vacuum-Kühlmaschine, speziell zur Erzeugung kalter Salzlösung für Kellerkühlung, stellte sich bei den zuerst ausgeführten Maschinen heraus, daſs die Temperatur des im groſsen Reservoir aufgespeicherten kalten Salzwassers während einer Arbeitsperiode der Säure nicht konstant erhalten werden konnte und namentlich während des Säurewechsels. Bei der neuerdings ausgeführten, nunmehr kontinuierlich arbeitenden Kühlmaschine ist dieser Übelstand gänzlich beseitigt, so daſs dieselbe sich in der praktischen Anwendung vorzüglich bewährte. Namentlich ist der geringe Kraftdampfverbrauch der Vacuum-Kühlmaschine im Vergleich zu allen anderen Systemen der Kälteerzeugung besonders hervorzuheben, denn für die meisten gut eingerichteten Brauer hängt die Anschaffung einer Vacuum-Kühlmaschine nicht erst von besonders zu dem Zwecke anzuschaffendem groſsen Dampfkessel und komplizierter Präzisionsdampfmaschine ab, sondern dieselbe kann in den meisten Fällen an die vorhandene Brauereibetriebsmaschine angehängt werden, ohne daſs ein wesentlich gröſserer Kohlenaufwand bemerkbar wird.

In der verbesserten Form ist die Vacuum-Kühlmaschine mit Anwendung der Säurekontinuität in der Betriebsführung bedeutend einfacher als früher, da der Maschinist bei der Überwachung einer solchen Maschine keine volle Beschäftigung hat und ebensogut mehrere Maschinen gleichzeitig bedienen kann. Durch Einführung des kontinuierlichen Betriebes sind die Reservoire für konzentrierte und verdünnte Säure unnötig geworden, so daſs die Maschine jetzt weniger Raum zur Aufstellung erfordert als früher mit intermittierendem Betriebe. An Stelle dieser Reservoire ist jetzt allerdings eine besonders zu diesem Zwecke konstruierte Säurepumpe *G* gekommen, die aber so klein ist und so wenig Raum einnimmt, daſs sie im Vergleich zu obigen Apparaten gar nicht in Betracht kommt. Während früher zwei Absorberfüllungen von Säure zum Betriebe erforderlich waren (d. h. während die eine Füllung im Absorber sich verdünnte, wurde die andere Füllung unabhängig davon konzentriert und periodisch gewechselt), so ist bei der neueren Anlage nur e i n e Füllung nötig, die beständig im Kreislauf zwischen Absorber und Verdampfer zirkuliert.

Eine auf dem gleichen Prinzipe der Wasserverdampfung im Vacuum und Absorption beruhende Eismaschine für den Handbetrieb hat sich der Internationale Vacuum-Eismaschinenverein in Berlin patentieren lassen (D. R. P. Nr. 36055), die in Fig. 65 in der Vorderansicht dargestellt ist und zur Erzeugung von Eis und Kühlung von Flüssigkeiten dient. Die kleine Maschine besteht im wesentlichen aus folgenden Teilen.

1. dem Eisbildner, bzw. Wasserkühlapparat *E*;
2. dem Absorber *A*;
3. dem Verdampfer (Konzentrator) *C*;
4. der zweicylindrigen Vacuumpumpe, deren beide Luftcylinder zu beiden Seiten eines Säulengestelles *R* montiert sind;
5. den zugehörigen Bewegungsmechanismen und den die vorstehenden Teile verbindenden Röhren.

Der Eisbildner oder Wasserkühlapparat *E* besteht aus einem an den Endflächen geradegeschliffenen hohlen Glascylinder, welcher zwischen zwei Gummiringen $K K^1$, mit welchem die beiden guſseisernen Deckel *G* und *H* versehen sind, durch eine Schraubvorrichtung eingepreſst wird. Der obere Deckel *G* ist mit dem

Abzugsbogenrohr *S* in fester Verbindung, während der untere Deckel *H* durch Schraube und Handrad *M* auf- und niederbewegt werden kann. Die Drehung dieses Deckels wird durch den in einer Nut geführten Stift *D* verhindert.

Durch das den Wasserdämpfen Abzug gewährende Rohr *S* steht der Eisbildner in Verbindung mit dem Absorber *A*. Dieser besteht aus einem vertikal oder horizontal gelagerten Cylinder mit gewelltem oder glattem Mantel, und kann aus Gufseisen, Schmiedeeisen oder Hartblei hergestellt sein. In der Mittelachse des Absorbers, welcher mit Schwefelsäure oder einer andern, die Wasserdämpfe absorbierenden Flüssigkeit zum Teil gefüllt ist, liegt ein in zwei Endlagern drehbares, eigentümlich geformtes Rührwerk *R*. Dasselbe wird durch Zahnräder oder Friktionsscheiben und die vertikale Achse *T* von der Hauptwelle *B* aus bewegt und ist mit wellenförmig gebogenen und perforierten Rührscheiben *Y* und dazwischen liegenden, gegen die Achse geneigt stehenden Rührschaufeln *X* versehen. Letztere haben den Zweck, eine innige Mischung und ein Zerstäuben der Absorptionsflüssigkeit zu erreichen, während die Rührscheiben eine möglichst grofse benetzte Oberfläche oberhalb des Flüssigkeitsniveaus bezwecken und die zu absorbierenden Wasserdämpfe zwingen, die Durchbrechungen und freien Umfangsflächen zu durchstreichen.

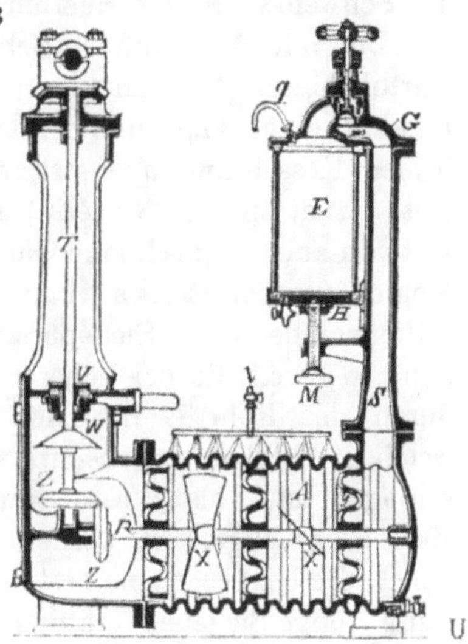

Fig. 65.

Der vordere Deckel des Absorbers geht in eine vertikale, hohle, gufseiserne Säule über, deren unterer geschlossener Teil den Dom des Absorbers bildet. In der unteren Ausbauchung des Deckels liegt das Radgetriebe des Rührwerkes. Die vertikale Welle *T*, welche die Bewegung der Rührwelle von der Hauptwelle *B* aus überträgt und durch eine Stopfbüchse *V* abgedichtet ist, besitzt unterhalb derselben (im Dom) einen Schirm *W*, um die noch in die Höhe spritzenden Partikelchen von der Rohrmündung und Stopfbüchse fernzuhalten.

Bei Erzeugung von geringen Quantitäten Eis genügt es in den meisten Fällen schon, die durch Aufnahme der Wasserdämpfe sich erwärmende Säure durch die äufsere Luft abkühlen zu lassen, weshalb die Mantelfläche des Absorbercylinders gewellt ist, um eine möglichst grofse Abkühlungsfläche zu erreichen.

Eine energischere Kühlung der Säure erzielt man dadurch, dafs man den Absorber mit einer lockeren Decke umgibt, über welche Wasser oder eine andere Flüssigkeit rieselt und durch Verdampfung wärmeentziehend wirkt. Zur Abdampfung des von der Schwefelsäure absorbierten Wassers dient der Konzentrator *C*.

Der mit einer dünnen Schwefelsäure zu füllende, oben offene Hartbleikessel *C* ist in einen gröfseren kupfernen oder eisernen Kessel *Q* eingehängt, und der dadurch gebildete Hohlraum zwischen beiden Kesselwandungen ist mit einer schwer siedenden Flüssigkeit (Ätznatron oder Glycerin) ausgefüllt. Wird nun diese Flüssigkeit von aufsen durch eine Gas- oder Petroleumflamme oder durch Kohlenfeuer erhitzt, so kann dieselbe nur die ihrem Konzentrationsgrade bzw. Siedepunkte entsprechende Temperatur annehmen, weil die bei höherer Erhitzung sich bildenden Dämpfe durch das Rohr *L* in einen Oberflächenkondensator *I*, durch welchen Kühlwasser zu- und abfliefst, geführt, hier niedergeschlagen und als Wasser durch das Rohr L_1 wieder in den Kessel zurückgeführt werden. Die Anwendung dieses Flüssigkeitsbades bezweckt eine bestimmte, zur Abdampfung der Schwefelsäure nötige Siedetemperatur zu erzielen und konstant zu erhalten.

Zur Herstellung des Vacuums im Absorber und Eisbildner dienen Pumpen. Das Saugrohr der gröfseren Luftverdünnungspumpe steht mit dem Absorberstutzen *N* in Verbindung. Die Pumpe saugt die Luft aus dem Absorber an und wird von dieser nach einer zweiten kleinen Pumpe befördert, welche die Luft auf Atmosphärenspannung komprimiert und auswirft. Durch diese Kombination wird auf einfache Weise ein hohes Vacuum erzielt.

Die beiden Pumpen werden durch die Welle *B* bewegt, welche durch zwei Lager auf dem Säulengestell drehbar ist und an einem Ende eine Kurbel zur Bewegung der grofsen Pumpe, am andern Ende einen Exzenter zur Bewegung der kleinen Pumpe und hinter diesem ein Schwungrad mit Handkurbel (für Maschinenbetrieb durch Riemscheibe U) zur Bewegung der ganzen Maschine besitzt.

Die Wirkungsweise der Hand-Eismaschine ist nun folgende: Ist in dem hermetisch geschlossenen Raum E die erforderliche Luftleere hergestellt, so fliefst durch den mit Skala und Zeiger versehenen und genau eingestellten Hahn q das zu gefrierende Wasser zu, indem dasselbe aus einem bereitstehenden Wassergefäfse angesaugt wird. Beim Eintritt des Wassers in den fast luftleeren Raum erfolgt wie bei den gröfseren Maschinen sofort der Gefrierprozefs. Ist die genügende Quantität Eis hergestellt (was man von aufsen genau beobachten kann), so wird das Ventil abgesperrt, durch den Hahn q Luft eingelassen und, indem der untere Tisch nach unten bewegt wird, der Eisblock aus dem abgenommenen Glascylinder entfernt. Soll nun Wasser oder eine andere Flüssigkeit abgekühlt werden, so wird durch den Hahn q so viel Wasser bzw. Flüssigkeit in den evacuierten Hohlraum des Cylinders eingelassen, dafs zwar eine lebhafte Verdunstung des Wassers unterhalten, dasselbe jedoch nur auf den gewünschten Grad abgekühlt wird. Auf diese Weise kann Wasser bis auf 0° oder eine schwer gefrierende Flüssigkeit auf beliebige Grade unter 0 abgekühlt werden. Das gekühlte Wasser wird unter Luftzutritt durch den Hahn q abgelassen.

Die kleine kompendiös gebaute Maschine hat sich als zweckmäfsig bewährt und mannigfache Einführung erfahren.

Vacuum-Eismaschine von Patten.

Neuerungen an Vacuum-Eismaschinen wurden von John Patten in New-York eingeführt, und bezwecken dieselben, das Gefrieren eines Eisblocks zu vereinfachen und einen Weitertransport desselben vor der Herausnahme aus der Maschine zu ermöglichen. Die zu diesem Behufe konstruierte Maschine ist so beschaffen, dafs sie eine Wasserschicht auf einer Oberfläche ausgebreitet enthält, welche von einem teilweisen Vacuum beeinflufst wird, um Wasser zum Gefrieren zu bringen, oder es kann auch eine angefeuchtete Oberfläche der Einwirkung kalter Luft ausgesetzt werden. Das Wasser wird auf dieser Oberfläche entweder durch Eintauchen der letzteren oder mittels hin- und hergehender Behälter ausgebreitet, in denen das Wasser so geschützt ist, dafs es der Einwirkung der kalten oder verdünnten Luft nicht ausgesetzt ist und nicht gefrieren kann.

In der nebenstehenden Abbildung Fig. 66 ist die allgemeine

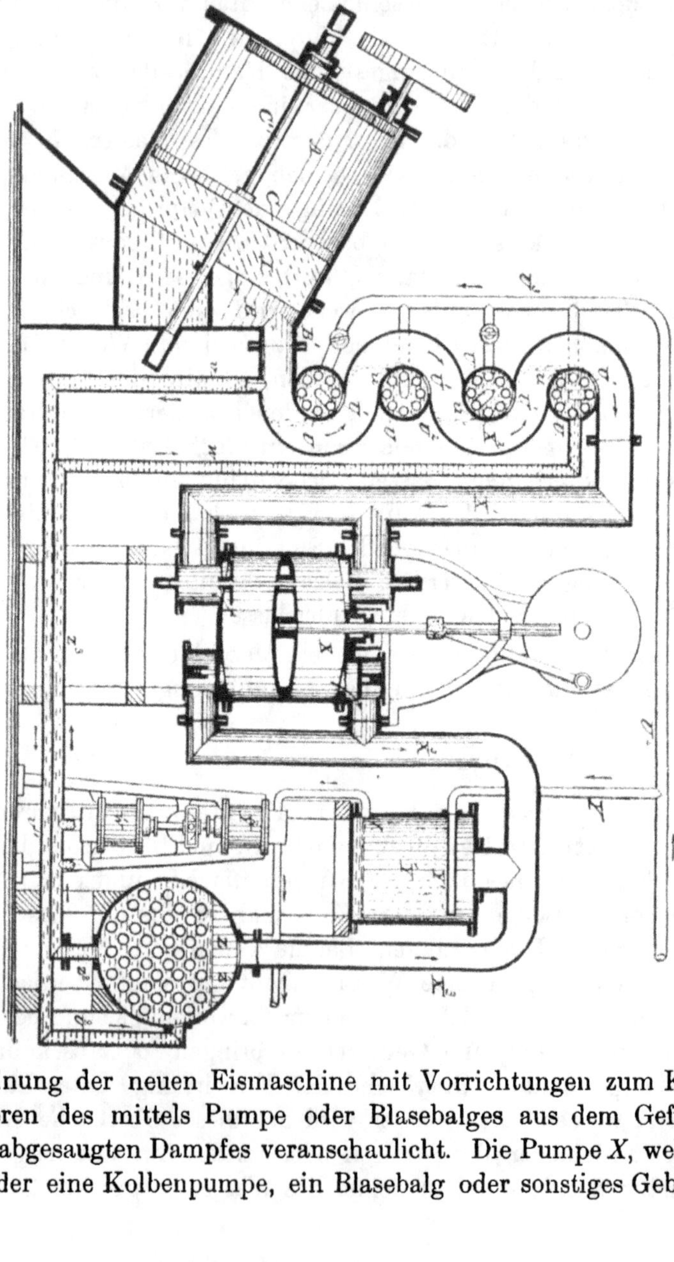

Fig. 66.

Anordnung der neuen Eismaschine mit Vorrichtungen zum Kondensieren des mittels Pumpe oder Blasebalges aus dem Gefrierraum abgesaugten Dampfes veranschaulicht. Die Pumpe *X*, welche entweder eine Kolbenpumpe, ein Blasebalg oder sonstiges Gebläse beliebiger Art sein kann, kommuniziert durch das Rohr X^1 mit einer Rohrschlange X^2, welche mit dem Stutzen B^1 des Gefäſses B in Verbindung steht, so daſs aller Dampf durch die Rohrschlange hindurch in die Pumpe gelangen muſs und von dort durch ein Rohr X^3 in einen Kondensator Y eintritt, in welchen ein perforiertes Wasserrohr Y^1 hineinragt. Durch dieses Rohr Y^1 wird Wasser getrieben, so daſs ein Sprühregen von dem oberen Teil des Kondensators Y zu Boden fällt und den Dampf kondensiert. Das von dem Kondensator Y abflieſsende Wasser wird mittels einer Pumpe Y^2 abgepumpt. An der Rohrschlange X^2 ist bei jeder Biegung ein querweise angeordneter Behälter oder Trog U angebracht, von denen jeder oben mit horizontaler Öffnung V^1 versehen ist. In jedem dieser Behälter U ist eine Anzahl Zirkulationswasserrohre U^2 angeordnet, wobei jede Gruppe solcher Zirkulationsrohre mit einem Rohr U^1 kommuniziert, welches seinerseits wieder mit einem Zufluſsrohr U^4 verbunden ist, welches zugleich dem Rohr Y^1 Wasser zuführt. Der oberste Behälter U ist durch das Rohr w mit einer Pumpe w^1 verbunden, durch welche der oberste Behälter U mit Schwefelsäure vollgepumpt wird. Die Schwefelsäure flieſst dann über den tiefer liegenden Rand der Öffnung U^1 des obersten Behälters, tropft auf die darunter befindliche Wölbung der Rohrschlange und flieſst in den zweiten Behälter U. Ist dieser voll, so flieſst die Schwefelsäure in den dritten und von da in den vierten Behälter und schlieſslich vom Boden der Rohrschlange aus in das Rohr v. Beim Durchflieſsen durch das Schlangenrohr absorbiert die Schwefelsäure den Wasserdampf und wird dadurch nach und nach verdünnt, so daſs sie in ganz verdünntem Zustande in das Rohr v einflieſst. Da die Schwefelsäure sehr groſse Mengen des Wasserdampfes absorbiert, so wird die durch die Pumpe X abzusaugende Dampfmenge wesentlich verringert, und die Betriebskosten für die Eismaschine werden in entsprechendem Verhältnis reduziert. Um die Schwefelsäure daran zu hindern, an der gekrümmten Wandung des Schlangenrohres entlang zu flieſsen, ist ein wenig unterhalb der unteren Kante einer jeden Öffnung U^1 eine vorstehende Leiste u angeordnet, welche ein senkrechtes Niederfallen der Schwefelsäure veranlaſst, so daſs diese die Dämpfe absorbieren kann. Die durch die aufgenommenen Dämpfe erhitzte Schwefelsäure wird durch in den Röhren U^2 zirkulierendes Wasser abgekühlt, fliefst aber noch ganz warm in das Rohr v ein. Aus dem letzteren tritt die warme, verdünnte Schwefelsäure durch die Rohre v^1 und v^2 in den oberen Teil des mit Feuerzügen Z^1 konstruierten Kessels Z, wo sie erhitzt wird, so dafs das von ihr aufgenommene Wasser verdampft und in Dampfform durch das ebenfalls nach dem Kondensator Y führende Rohr X^5 streicht und in Y mit den von der Pumpe X^1 eingeführten Dämpfen zusammen kondensiert wird. Die Schwefelsäure wird im Kessel Z allmählich konzentriert, fliefst durch die Rohre Z^2 nach der Pumpe w^1 und wird auf die vorgeschriebene Weise wieder in die Behälter U gepumpt. Es ist von aufserordentlicher Wichtigkeit, die durch die Pumpe abzusaugende Dampfmenge so viel wie möglich zu verringern, welcher Zweck aufser durch die vorstehend beschriebenen selbstredend auch durch andere äquivalente Mittel erreicht werden kann.

Absorptionsapparat von Egells.

Von **Hermann Egells** in Berlin sind bezüglich der bei Vacuum-Kühlmaschinen verwendeten Absorptionsapparaten einige beachtenswerte Neuerungen vorgeschlagen worden (D.R.P. Nr. 33166), die in folgendem bestehen:

Die zur Absorption von Gasen und Dämpfen durch Flüssigkeit (z. B. der Wasserdämpfe in Vacuum-Eismaschinen durch Schwefelsäure) benutzten Apparate sind bisher fast ausschliefslich einfache Cylinder, versehen mit einer Rührvorrichtung, welche verhindern soll, dafs das an der Oberfläche befindliche Absorbens, z. B. Schwefelsäure, sich allein verdünne und erwärme, vielmehr begünstigen soll, dafs die Oberflächenschicht mit der an der Wandung des Cylinders gekühlten, also absorptionsfähigeren Säure sich vermische und so die Absorption vollkommener gestalte. Die Anwendung eines solchen einfachen, glatten Cylinders, der innen einen einzigen Raum bildet, hat nicht allein den Nachteil, die unzweckmäfsigste Art der Wasserkühlung zu ergeben, sondern auch den Übelstand, dafs das Absorbens durch den ganzen Apparat wesentlich überall denselben Konzentrationsgrad aufweist, dafs es für kontinuierliche Arbeit mit einem solchen Absorber also nötig ist, das Absorbens nach seiner Verdünnung in grofser Menge einem Konzentrator zuzuführen und von diesem dann mit erhöhtem Konzentrationsgrade wieder zurückzubringen. Die hierbei zu fördernde Menge ist in den meisten Fällen zu grofs, als dafs sie mit wirklichem Vorteil, d. h. mit nur mäfsigem Kohlenaufwande, auf den zur Konzentration nötigen Wärmegrad und bald darauf wieder zurück auf die zur Absorption nötige niedrige Temperatur gebracht werden könnte. Um z. B. die Schwefelsäure im Absorber einer Vacuum-Eismaschine, welche 100 kg Eis pro Stunde erzeugen soll, permanent auf 58° Bé. bei einer Temperatur von höchstens 36 bis 40° C. zu erhalten, ist es notwendig, 500 kg Säure dem Absorber zu entnehmen, im Konzentrator auf 60 bis 62° Bé. zu konzentrieren und dieselbe gekühlt dem Absorber zuzuführen oder im Absorber selbst zu kühlen, ein Prozefs, wobei ca. 200 kg Kühlwasser von 10° Temperatur verbraucht und etwa 12 kg Kohle aufgewendet werden. Die grofse Menge permanent um wenige Grade zu konzentrierender Säure und die geringe Kühlungsfläche sind die Ursache des grofsen Wasser- und Brennmaterialaufwandes. Weil infolge hiervon der Absorptionsprozefs unverhältnismäfsig kostspielig wird, ging man im erwähnten speziellen Falle der Eisbereitung dazu über, eine bestimmte Menge von Schwefelsäure von 60° auf 50° Bé. durch Absorption herabzuarbeiten, dann diese verdünnte Säure aus dem Absorber zu entfernen und durch andere, in der Zwischenzeit wieder konzentrierte von 60° Bé. zu ersetzen. Dadurch wurde die kontinuierliche Wirkung der Vacuum-Eismaschine aufgehoben und in eine intermittierende verwandelt; aber man kam doch dahin, für je 100 kg Eis ca. 100 kg Säure mit 8 kg Kohlen zur Konzentration und 100 bis 110 kg Kühlwasser aufwenden zu müssen. Der mit der intermittierenden Arbeit verknüpfte Nachteil einer periodisch gröfseren und geringeren Kälteentwickelung kommt, solange es sich um die Produktion lediglich von Eis handelt, weniger in Betracht; wohl aber kommt jener Nachteil zur Geltung, wenn in jeder Zeiteinheit regelmäfsig ein bestimmtes Quantum Kälte in Form von kaltem Wasser oder tief abgekühlten, schwer frierenden Flüssigkeiten zu erzeugen ist.

Die Egells'sche Erfindung, welche angeblich wesentlich in dem erwähnten Übelstande der Vacuum-Eismaschine ihren ersten Anlafs fand, beruht nun nach Angabe des Erfinders darin, eine wirklich kontinuierliche Arbeit in derselben herzustellen, obgleich die Säure auch von 60° auf 52 bis 53° Bé. verdünnt wird. Es müssen aber nicht mehr als 100 kg Säure für 100 kg

Eis konzentriert werden. Dabei soll angeblich mit derselben Kühlwassermenge die Säure mehr abgekühlt und dadurch zur vermehrten Absorption befähigt werden, als dies seither der Fall war. Um diese Zwecke zu erreichen, konstruierte Egells den Absorber statt aus einem einfachen Cylinder in der aus der Zeichnung Fig. 67 sich ergebenden Weise mehrkammerig. Der Teil Y des Absorptionsapparates hat einen gröfseren Durchmesser als der Teil Z; jedoch können beide Teile auch denselben Durchmesser haben. Mit dem Teil Z verbunden ist das Eingangsrohr H für die zu absorbierenden Gase oder Dämpfe. Der Raum Y ist im unteren Teil in verschiedene Kammern $e\,e\,e\ldots$ geteilt, welche jede an ihrem Umfange m und an den Seitenflächen n von Wasser umspült und gekühlt werden, da der ganze Apparat von dem Kühlwasserbassin W umgeben ist. Auf diese Art kommt die Menge Säure, welche sich in einer Kammer e befindet, mit einer fast dreimal so grofsen Abkühlungsfläche in Berührung, als bei den bekannten Cylinderabsorbern auf den äquivalenten Teil entfällt. Egells' Apparat ermöglicht daher angeblich, die Säure mit demselben Kühlwasserquantum wie früher besser zu kühlen, d. h. das Kühlwasserquantum relativ zu verkleinern

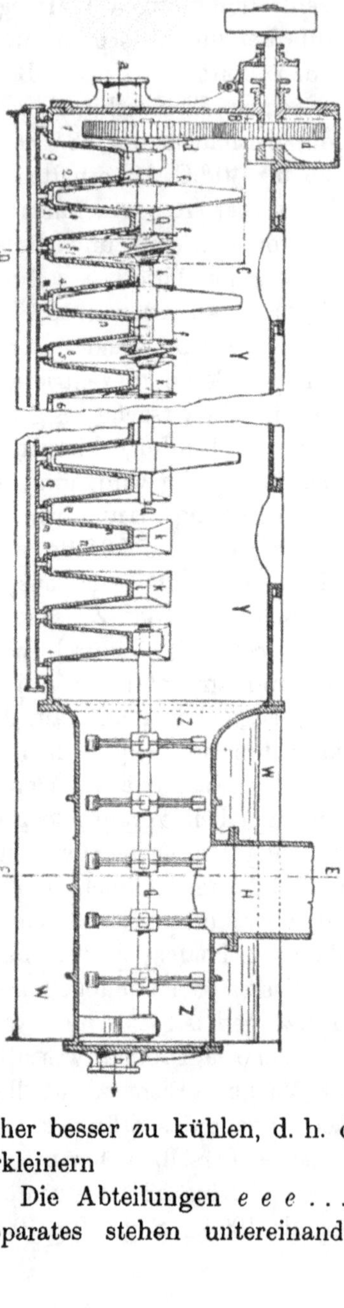

Fig. 67.

Die Abteilungen $e\,e\,e\ldots$ des aus Gufseisen bestehenden Apparates stehen untereinander durch ein gemeinschaftliches

Rohr *g* mittels Stutzen *i* in Verbindung, welche Stutzen für gewöhnlich durch gulseiserne Pflöcke oder Ventile geschlossen sind. Die letzteren können gehoben werden, um die Kammern *e e e* ... durch das Rohr *g* zu entleeren. Zu dem Zwecke läſst sich z. B. im Rohr *g* selbst eine Hebevorrichtung anbringen, wie etwa eine durchgehende, von auſsen zu regierende Daumenwelle. Der Teil *Z* wird durch den letzten Rohrstutzen *i* auf diese Art mit entleert. In jeder der Kammern *e* befindet sich ein Rührflügel und in dem Teil *Z* deren mehrere, alle auf einer gemeinschaftlichen Welle *Q* sitzend, welche in geeigneter Weise, z. B. durch Räder d d_1 in Umdrehung versetzt werden. Der Zwischenraum zwischen je zwei Kammern *e e* wird oben überdeckt bzw. abgeschlossen durch je eine Wand *k*, in welcher eine geeignete Austiefung für die Welle vorgesehen ist. Von dieser Aussparung aus steigen die erwähnten Wände nach der Absorberperipherie hinan. Damit wird erreicht, daſs das in den Kammern *e* befindliche und durch die rotierenden Flügel in Bewegung gesetzte Absorbens nicht über die ganze Breite weg von einer Kammer in die andere übertreten kann, sondern nur durch die Aussparung unter und neben der sich bewegenden Welle *Q*. Die gewöhnliche Standhöhe des Absorbens (Schwefelsäure) wird dann auch ohne Rücksicht auf den etwaigen Zufluſs sich mindestens auf die Höhe der Sohle der Aussparung einstellen und nur, wenn in der ersten Kammer ein Zufluſs von Säure stattfindet, dieser Spiegel, angemessen dem erwähnten Zufluſs, der durch den Rohrstutzen *a* erfolgt, sich erhöhen, worauf die Säure aus Kammer Nr. 1 in 2 und aus 2 in 3, aus 3 in 4 etc. übertritt. Um bei dieser Bewegung der Säure von einer Kammer in die nächstfolgende jener eine Richtung nach abwärts zu geben, befindet sich auf der Welle *Q* in jeder Kammer eine Scheibe *f*, die mit der Welle und den Flügeln rotiert und zwischen sich und der der nächstvorhergehenden Kammer zuliegenden Wand so viel Spielraum hat, um die aus einer in die andere Kammer überflieſsende Säure bequem durchzulassen.

Die Arbeit mit diesem Absorber geschieht in folgender Art: Angenommen, der ganze Apparat sei so weit, wie beabsichtigt, das ist in ungefährer Höhe der Welle, mit 60grädiger Schwefelsäure gefüllt, die Welle *Q* sei in Bewegung gesetzt, und die zu absorbierenden Dämpfe träten durch das Rohr *H* in den Teil *Z* ein. Hier werden sie nun zunächst durch die in demselben befindliche Säure aufgenommen und diese dadurch verdünnt. Ist die Verdünnung auf einen gewissen Grad gekommen, so wird die in der zunächst dem Teil *Z* liegenden Kammer befindliche Schwefelsäure, da sie noch einen höheren Konzentrationsgrad hat als die in *Z* schon herabgeminderte, anfangen, Dämpfe aufzunehmen und so auch sich verdünnen. Ist die Verdünnung in dieser erwähnten Kammer bis auf einen gewissen Grad erfolgt, der ungefähr demjenigen Konzentrationsgrade, welcher vorher in *Z* existierte, gleichkommt, und zu gleicher Zeit in *Z* die Konzentration auch wieder etwas herabgemindert, so wird die Säure in der zweitnächst von *Z* abgelegenen Kammer anfangen, Dämpfe aufzunehmen und sich dadurch verdünnen, während in der vorher betrachteten Nachbarkammer und in *Z* die Verdünnung noch weiter fortschreitet. Ist dann die zweitnächste Kammer bei dem gewissen Verdünnungsgrad angekommen, so wird nunmehr die drittnächste Kammer anfangen, Dämpfe etc. aufzunehmen, und so fort alle übrigen bis zu der am weitesten von *Z* entfernten Kammer (in der Beschreibung weiter oben als Kammer 1 bezeichnet), wo die Säure bis zuletzt höchst konzentriert bleibt. Aus dem Raum *Z* wird nun mittels Pumpe oder anderen Förderungsmittels die Säure, wenn sie bis auf 52 bis 53° Bé. herabgemindert ist, herausgenommen, in einem Konzentrator wieder auf 60 bis 61° Bé. konzentriert und durch Stutzen *a* des Absorbers in dessen Kammer 1 eingeführt. Von hier fliefst die Säure über in Kammer 2, dann in Kammer 3 etc., bis sie schliefslich nach *Z* kommt. Auf diesem Wege erfährt sie, wie sich aus Vorerwähntem ergibt, von der Kammer 1 an, wo sie mit höchstem Konzentrationsgrade eintritt, gradatim eine Verdünnung, bis sie in *Z* den niedrigsten Konzentrationsgrad, der angewendet werden soll, erreicht. Auf diese Art hat also die Säure in jeder Kammer einen von der in den übrigen Kammern verschiedenen Konzentrationsgrad, derart, dafs dieser von Kammer 1 an bis zum Raum *Z* stufenweise abnimmt, gleichwohl aber beteiligt sich die gesamte Säure an der Absorptionsarbeit. Dadurch stellt sich in den Apparaten *Y* und *Z* eine Kontinuität her, welcher zufolge in jeder Zeiteinheit ein bestimmtes Quantum Dämpfe, Gase etc. zur Absorption kommt. Das Säurequantum, welches bei diesem Verfahren aus *Z* ausgepumpt und konzentriert in Kammer 1 wieder eingeführt werden muſs, ist hierbei so klein, daſs etwa für je 100 kg Eis, welche eine mit dem Absorber in Verbindung stehende Vacuum-Eismaschine herstellen soll, nur ca. 116 kg verdünnte Säure aus *Z* entnommen und dafür 100 kg konzentrierte Säure der Kammer 1 wieder zugeführt zu werden brauchen. Bei Benutzung dieses einen kontinuierlichen Betrieb der Eismaschine ermöglichenden Verfahrens soll demnach äuſsersten Falls nicht mehr Säure konzentriert werden müssen als bei dem oben erwähnten intermittierenden. Dies würde allerdings ein bedeutsamer Vorteil sein. Aber selbst die Zweckmäſsigkeit der kontinuierlichen Wirkung der Absorption beiseite gelassen, soll ein Absorber, welcher nur den Teil *Y* aufweist (und auf die Benutzung dieses Teiles allein bezieht sich die neue patentierte Erfindung) schon deshalb von groſser Wichtigkeit, z. B. für die intermittierende Art der Kälteerzeugung mit der Vacuum-Eismaschine sein, weil der Absorber eine weit gröſsere (beinahe dreimal so groſse) Kühlfläche für dieselbe Menge des absorbierenden Mediums (Schwefelsäure) wie früher darbietet.

Nehrlich's Vacuum-Kühlmaschine.

Eine neuere Kühlmaschine unter Anwendung des Vacuum-Prinzips ist von Hugo Nehrlich in Berlin konstruiert worden, deren Skizze Fig. 68 zeigt. Diese Maschine zum Abkühlen von flüssigen Stoffen beruht auf Verdampfung derselben im luftleeren Raum, ohne Zuhilfenahme von Dampf absorbierenden Materialien. Die Maschine besteht aus einem luftdicht verschlossenen Gefäſse mit oder ohne Rührwerk, mit oder ohne Scheidewände, das entweder kontinuierlich von der abzukühlenden Flüssigkeit durchströmt, oder welches auf einmal damit beschickt wird. Auf dem Gefäſs sitzt ein Pumpwerk zum Wegschaffen der Dämpfe, bestehend aus zwei einfach wirkenden, aufrechten, oben offenen Cylindern, deren Kolben und Druckventile beständig von Wasser bedeckt sind, deren Saugventile gesteuert werden,

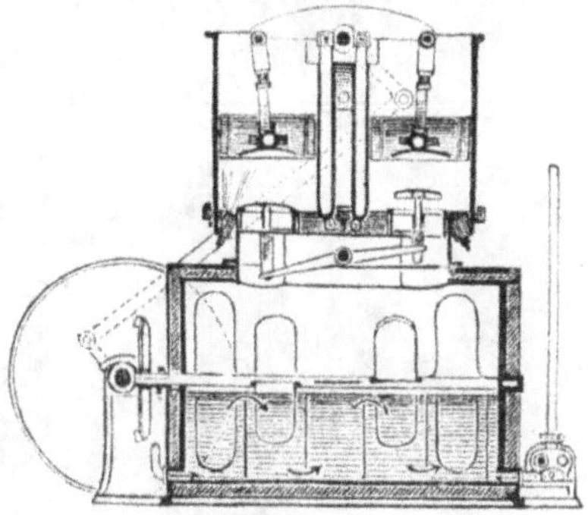

Fig. 68.

deren schädliche Räume auf ein Minimum reduziert sind, und in welche, wenn der Kolben abwärts geht, direkt eingespritzt wird. Es scheint mit dieser Maschine mehr das Prinzip als eine bestimmte Konstruktion patentiert worden zu sein, von welcher eine praktische Ausführung übrigens nicht bekannt geworden ist.

Vacuum-Kühlmaschine von Welz.

Eine andere Vacuum-Kühlmaschine ist von Emil Welz in Breslau (D. R. P. Nr. 31229) konstruiert worden, und zwar hat

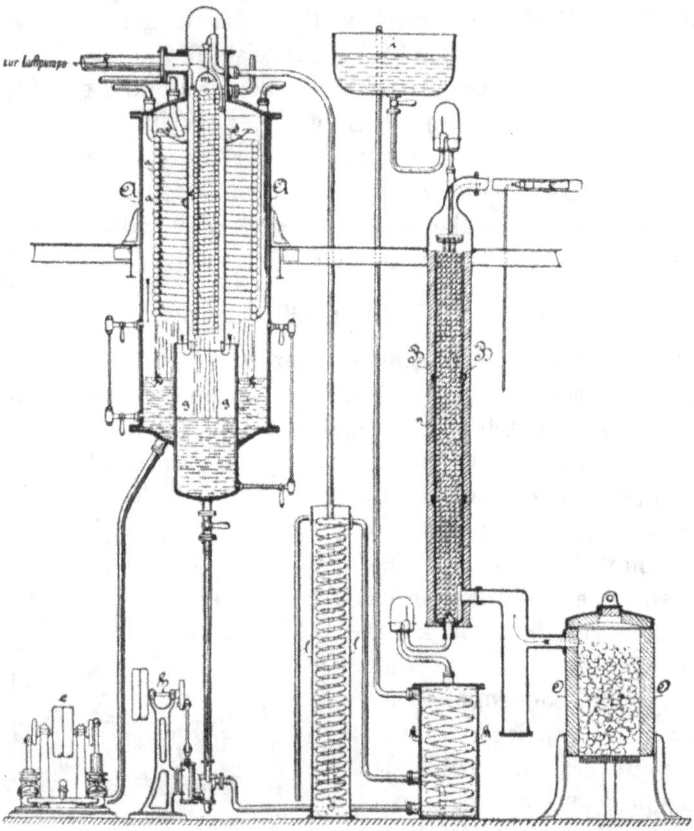

Fig. 69.

die Maschine speziell den Zweck, schwer gefrierbare Salzlösungen unter 0° abzukühlen. Die in Fig. 69 skizzierte Maschine besteht im wesentlichen:

1. aus dem Verdampfungs- und Dampfabsorbierungsgefäfs *A*, dem sog. Refrigerator;
2. aus dem Schwefelsäurekonzentrator *B* und
3. aus einer in der Zeichnung nicht weiter dargestellten Luftpumpe, welche ein tiefes Vacuum von weniger als 4 mm Quecksilbersäule hervorzubringen imstande ist.

Der Refrigerator ist in zwei konzentrische Kammern geteilt. In der äufseren Kammer *a* findet die Verdampfung der abzukühlenden Flüssigkeiten statt. Im Innern dieser Kammer sind vertikal zwei wellenförmige Flächen a^1 angeordnet, welche für sich einen mit dem Refrigerator nicht in Verbindung stehenden Innenraum bilden. In der Zeichnung sind diese wellenförmigen Flächen durch schlangenförmige, dicht aufeinander gelegte Rohre gebildet. Aufserhalb der wellenförmigen Flächen a^1 rieselt die abzukühlende Flüssigkeit in dünner Schicht herab. Durch die hierdurch dargebotene grofse und fortwährend bewegte Oberfläche findet im tiefen Vacuum eine rasche Verdampfung statt, wodurch der nicht verdampfende Teil der Flüssigkeit bedeutend unter 0^0 abgekühlt wird. Im Innern der wellenförmigen Flächen a^1 zirkuliert eine andere Flüssigkeit, welche durch Kontakt gekühlt wird. Es findet also Kältebildung sowohl direkt durch Verdampfung als auch durch Kontaktwirkung statt. Die durch Verdampfung abgekühlte Flüssigkeit sammelt sich im Raum *b*, wird von dort durch die Pumpe *c* angesaugt und nach dem Orte der Verwendung gedrückt. Von dort kehrt dieselbe in den Refrigerator auf den Verteilungsteller *d* zurück, berieselt wiederum die Flächen a^1 u. s. w. Auf diese Weise findet eine fortwährende kontinuierliche Kältebildung statt.

In der inneren, mit *a* kommunizierenden Kammer *e* des Refrigerators findet die Absorption der in der Kammer *a* entwickelten, bei den eingezeichneten Pfeilen in *e* übertretenden Dämpfe statt. Die nicht absorbierten Dämpfe, sowie durch etwa vorhandene Undichtigkeiten eintretende Luft, werden von einer hierzu geeigneten Luftpumpe durch das Rohr *f* abgesaugt.

In der Kammer *e* sind wieder zwei wellenförmige Oberflächen e^1 mit geschlossenem Innenraum angeordnet, ähnlich wie in der Kammer *a*. An der Aufsenseite dieser Flächen rieselt kontinuierlich Schwefelsäure herab; den entgegenströmenden

Dämpfen wird hierdurch eine grofse Oberfläche geboten, so dafs dieselben gierig aufgesaugt werden. Im Innern der Flächen e^1 zirkuliert Kühlwasser zur Abkühlung der durch die Aufnahme der Dämpfe stark erhitzten Schwefelsäure. Die verdünnte Schwefelsäure sammelt sich in dem Topfe *g* und wird von hier durch die Pumpe *h* herausgesaugt und durch den Vorwärmer *k* nach dem Sammelbassin *i* gedrückt. Von dort gelangt dieselbe in den Schwefelsäurekonzentrator *B*. Die konzentrierte heifse Schwefelsäure kommt aus dem Konzentrator in den Vorwärmer *k* und wird durch Kontakt von der gleichzeitig durch den Vorwärmer strömenden kalten, verdünnten Säure abgekühlt. Eine weitere Abkühlung durch Kühlwasser findet in dem Kühlapparate *l* statt. Von hier gelangt die nunmehr kalte, konzentrierte Säure nach dem Verteilungsteller *m* in der Kammer *e* des Refrigerators, rieselt wieder über die wellenförmigen Flächen e^1 u. s. w. Es findet also auch hier bei der Dampfabsorption und Konzentration der Schwefelsäure ein kontinuierlicher Kreislauf statt.

Der Schwefelsäurekonzentrator *B* besteht im wesentlichen aus einem Thon- oder Porzellancylinder *n*, der mit einem Blechmantel umgeben ist. Der Zwischenraum zwischen Mantel und Cylinder ist mit einem schlechten Wärmeleiter ausgefüllt, während das Innere des Cylinders Glas- oder Porzellankugeln füllen. An seinem unteren Ende steht der Konzentrator *B* mit einem Koksofen *O*, an seinem oberen Ende mit einem Exhaustor *p* in Verbindung. Der Vorgang bei der Schwefelsäurekonzentration ist nun folgender: Die im Koksofen *O* befindlichen Koks werden zum Glühen gebracht; vermittelst des Exhaustors *p* werden die heifsen Koksgase durch den Konzentrator *B* hindurchgesaugt und die Glaskugeln dabei stark erhitzt. Die aus dem Sammelbassin *i* kommende verdünnte Säure strömt nun über die heifsen Glaskugeln dem heifsen Luftstrome entgegen. Das in der Schwefelsäure enthaltene Wasser gelangt hierbei zur Verdampfung, und die Säure wird demnach am unteren Ende des Konzentrators stark konzentriert anlangen. Durch die im unteren Teile des Konzentrators herrschende Hitze wird die Schwefelsäure aber auch zum Teil verdampfen. Die Schwefelsäuredämpfe werden sich jedoch im oberen, kälteren Teil des Konzentrators niederschlagen, so dafs nur reine Wasserdämpfe zur Entweichung gelangen. Sollten trotzdem noch Säuredämpfe mitgerissen werden, so läfst sich zum Zwecke des vollständigen

Niederschlagens derselben zwischen Konzentrator *B* und Exhaustor *p* noch eine Kühlvorrichtung einschalten.

Die Patentschrift registriert noch eine andere Einrichtung für die Dampfabsorbierung in der Kammer *e* in drei verschiedenen Modifikationen. Die Schwefelsäure wird durch einen Zerstäubungsapparat eingeführt; durch die hierbei bewirkte feinste Verteilung der Schwefelsäure wird die gröſste Ausnutzung derselben erreicht. Auſserdem ist es durch die feine Zerteilung möglich, andere dampfabsorbierende Flüssigkeiten, wie beispielsweise Natronlauge u. s. w., zu verwenden. Allerdings wird hierbei durch Einführung der zur Zerstäubung notwendigen Luft die Arbeit der Luftpumpe vergröſsert.

Die Kühlung der durch die Dampfabsorption erhitzten Flüssigkeit erfolgt durch Wasserzirkulation, sowohl in dem Mantel der Kammer *e*, als auch in besonderen Kühlröhren, welche aus zwei ineinander geschobenen Röhren bestehen. Das Kühlwasser tritt in das erstere Rohr ein, kühlt die sich auf diesem Rohre niederschlagende Absorptionsflüssigkeit und wird durch das innere Rohr wieder fortgeleitet. Die Kühlröhre und die dazu gehörige Kühlkammer sind aber an sich nicht Gegenstand des Patentes. Die Hauptunterschiede der drei Modifikationen liegen in der verschiedenen Richtung der Strömung des Kühlwassers, dasselbe bewegt sich von unten nach oben und zurück, oder von oben nach unten und zurück, oder endlich in nahezu horizontaler Richtung. — Von einer praktischen Ausführung dieser Neuerung ist nichts bekannt geworden.

Andere Vacuum-Maschinen.

Ein weiterer auf dem Prinzipe der Verdunstung von Wasser unter Zuhilfenahme der Absorption durch Schwefelsäure beruhender Kühlapparat ist der von L. Reese in Dortmund (D. R. P. Nr. 29286). Dieser Kühlapparat (Fig. 70) besteht aus einem Refrigerator *A*, einer Luftpumpe *B*, einer Kühlrohrleitung *F* und einem Wasserstrahlinjektor *S*. In dem oberen Teile des Refrigerators befindet sich ein Gefäſs *J*, in welchem eine stark wasseranziehende Flüssigkeit, z. B. Schwefelsäure, welche unter Luftabschluſs aus einem Reservoir *H* kommt, zerstäubt wird. Die Kühlrohrleitung zieht in Windungen durch den zu kühlenden Raum, vereinigt sich vor dem Refrigerator mit dem Wasserstrahlinjektor und mündet in den Refrigerator in einer Zerstäubungsvorrichtung.

Die Wirkung der Maschine ist folgende: Das Druckwasser der Leitung *G* saugt mit Hilfe der Strahlpumpe die Salzlösung der Kühlrohrleitung an und treibt sie, sich innig mit ihr vermischend, fein zerstäubt in den Refrigerator. Bei der Zerstäubung findet infolge des durch die Luftpumpe erzeugten Vacuums eine lebhafte Verdunstung und dadurch Abkühlung der Flüssigkeit statt, während die eingespritzte Schwefelsäure den gebildeten Wasserdampf begierig absorbiert und dadurch die Wirkung der Luftpumpe unterstützt. Die abgekühlte Flüssigkeit sammelt sich an dem Boden des Refrigerators, durchfliefst vermöge der durch den Wasserstrahlapparat herbeigeführten Zirkulation die Kühlrohrleitung, mischt sich nach Ausnutzung ihrer Kälte mittels des Strahlapparates mit neuem Wasser und kehrt in den Refrigerator zurück. Die Schwefelsäure, welche sich bei der Absorption des Wassers verdünnt und erhitzt hat, sammelt sich am Boden des Gefäfses *J* und fliefst von da sofort durch das Barometerrohr *K* zum Gefäfse *L* ab. Der Dampf der zerstäubten Flüssigkeit wird von mitgerissenen Wassertropfen durch Passieren von Sieben *N* befreit. — Der beschriebene Apparat wird auch in veränderter Ausführung (Zusatzpatent Nr. 29711) und zwar wie folgt gebaut: Zur Verteilung der Salzlösung und der Schwefelsäure in dem Refrigerator der Maschine, welche zu der die Abkühlung hervorrufenden schnellen Verdunstung des Wassers, bzw. zur raschen Absorption des Wasserdampfes erforderlich ist, werden beide Flüssigkeiten nicht mehr zerstäubt, sondern rieseln über aufgehäuftes Füllmaterial, z. B. Koke, Scherben, Steine, Holz, Späne oder Dornen, oder über terrassenförmig übereinander aufgestellte Schalen, oder an spiralförmig gewundenen oder einander um-

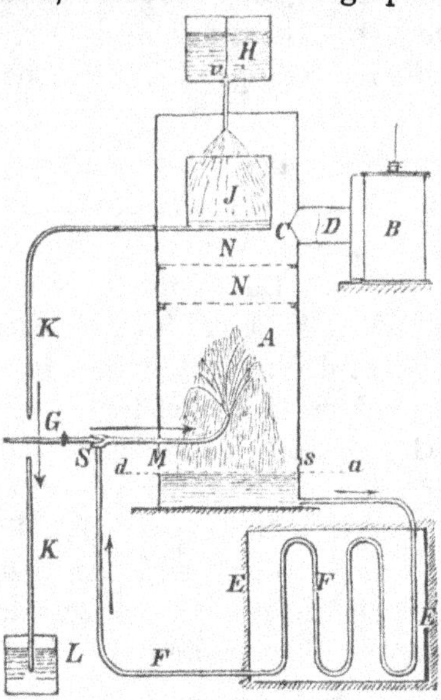

Fig. 70.

gebenden Flächen aus Metall oder Zeug herab, oder sickern durch die Wände poröser Thongefäſse hindurch.

In jüngster Zeit hat man den Vorschlag gemacht, die Luftverdünnung und Absorption des Wassers mittels Strahlapparaten zu bewirken; nachdem als absorbierende Flüssigkeit Schwefelsäure verwendet wird, müſsten diese Strahlapparate aus Hartblei angefertigt werden. Ein solcher Apparat müſste nach Harasson bestehen: aus der das Vacuum erzeugenden Maschine, also dem Strahlapparate nebst dem speisenden und aufsaugenden Behälter, der gleichzeitig zur Absorption der Wasserdämpfe eingerichtet ist; dem Verdampfungsapparat, in welchem sich die Abkühlung der Gefrierflüssigkeit vollzieht, und endlich dem Apparate, in welchem die durch Aufnahme der Wasserdämpfe verdünnte Schwefelsäure wieder konzentriert wird. Zum Heben der Schwefelsäure aus dem auffangenden nach dem den Strahlapparat speisenden Behälter, bzw. dem noch höher stehenden Konzentrator, ist eine verhältnismäſsig sehr geringe mechanische Arbeit erforderlich, da zur Erzeugung von 500 kg Eis in der Stunde nur 0,141 Pferdekraft notwendig sind. Der Verdampfungsapparat besteht aus einem aufrechtstehenden Cylinder, in welchem horizontal gelagerte, durchbrochene und mit Kies bedeckte Platten in gleichförmigen Abständen eingelegt sind. Die abzukühlende Salz- oder Chlorcalciumlösung tritt oben in den Cylinder ein, träufelt, von der Kiesschicht aufgehalten, von Platte zu Platte, verdampft zum Teil in dem hohen Vacuum und entzieht dem restlichen Wasser die durch die Verdampfung gebundene Wärme. Das auf dem Boden des Gefäſses sich ansammelnde abgekühlte Wasser wird durch eine Pumpe in eine Röhrenleitung gedrückt, die zu Kühlzwecken dient und wiederum oben in den Verdampfungsapparat endet, in welchem das erwärmte Kühlwasser eintritt. Das verdampfte Wasser wird durch eine Wassereinspritzung wieder ersetzt. Um beispielsweise stündlich 500 kg Eis erzeugen zu können, müssen dem Wasser 47 000 Calorien entzogen werden, was durch Verdampfung von 87 oder rund 100 kg Wasser in einer Stunde erreicht wird. Diese Dämpfe, einschlieſslich 2½ % gleich 2,5 l Luft sind stündlich durch den Strahlapparat zu entfernen, bzw. durch die Schwefelsäure zu absorbieren. Die Konzentration der Schwefelsäure geschieht in einem unter einem Vacuum stehenden Bleigefäſse, in welchem aus spiralförmig gewundenen Bleischlangen konkave und konvexe Schalen gebildet werden, über welche die verdünnte Schwefelsäure hinwegrieselt. Die Schlangen sind mit Dampf geheizt. Auf dem Boden des Gefäſses sammelt sich die konzentrierte Schwefelsäure und flieſst in den speisenden Behälter zum weiteren Eintritt in den Kreislauf. Zum Heben der Säure in den Konzentrator genügt eine ganz geringe Kraft. An Wärme sind zur Konzentration der verdünnten Schwefelsäure 64000 Calorien erforderlich. Das Heben der verdünnten Säure nach dem Konzentrator wird, da gewöhnlich Hebeapparate dem zerstörenden Einflusse der Schwefelsäure nicht widerstehen, durch einen Apparat bewerkstelligt, bei welchem die Schwefelsäure weder mit Kolben noch mit Stopfbüchsen in Berührung kommt. Dieser Apparat besteht aus einer kolbenlosen, einseitig wirkenden, trockenen Luftpumpe, von deren Boden ein Luftrohr nach einem in dem auffangenden Behälter des Strahlapparates befindlichen Hartbleigefäſse mündet, welches mit einem Saug- und Druckventil versehen ist. Die komprimierte Luft expandiert bei dem sich wiederholenden Kolbenrückgang in die Luftpumpe zurück und gestattet aufs neue den Eintritt der Säure in das Bleigefäſs, die bei weiterem Vorgange des Kolbens in das Druckrohr verdrängt wird. Der Brennstoffverbrauch einer derartigen Eismaschine von 500 kg stündlicher Erzeugung beträgt zusammen 15 kg Kohle pro Stunde, und es resultieren demnach für 1 kg Kohle 33,3 kg Eis. Bei der groſsen Einfachheit eines solchen Apparates gegenüber den bis jetzt gebräuchlichen ist selbstverständlich auch der Anschaffungspreis ein bedeutend geringer. Nach diesem Verfahren lassen sich Kühlmaschinen selbst für den Hausbedarf herstellen. Ein solcher für den Hausbedarf zu benutzender Apparat besteht aus einem tragbaren, mit Blei ausgefütterten und mit konzentrierter Schwefelsäure gefüllten Gefäſse. An der unteren Seite des Deckels dieses Gefäſses ist eine kleine Zentrifugalpumpe angebracht, und kann dieselbe durch Kurbel und Winkelräder in eine sehr schnelle Bewegung versetzt werden. Die Schwefelsäure wird angesaugt und durch einen kleinen, ebenfalls am Deckel befestigten Strahlapparat getrieben. Die Saugkammer dieses Strahlapparates steht mit einem auf dem Deckel stehenden Rezipienten in Verbindung, unter welchen man die zu kühlende Flüssigkeit stellt. Mit 50 l Schwefelsäure kann man ungefähr 10 l Wasser absorbieren, mittels deren 5000 Calorien einer Flüssigkeit entzogen werden können.

Eine weitere Neuerung für Vacuum-Eismaschinen mit einer Vacuum-Gefrier- oder Kühlkammer, in welche die Gefrierzellen eingehängt sind, hat Julius Csete in Birmingham konstruiert (D. R. P. No. 38733). Die Abbildung (Fig. 71) zeigt einen vertikalen Längsschnitt des Apparates; *a* ist eine Gefrierkammer, in

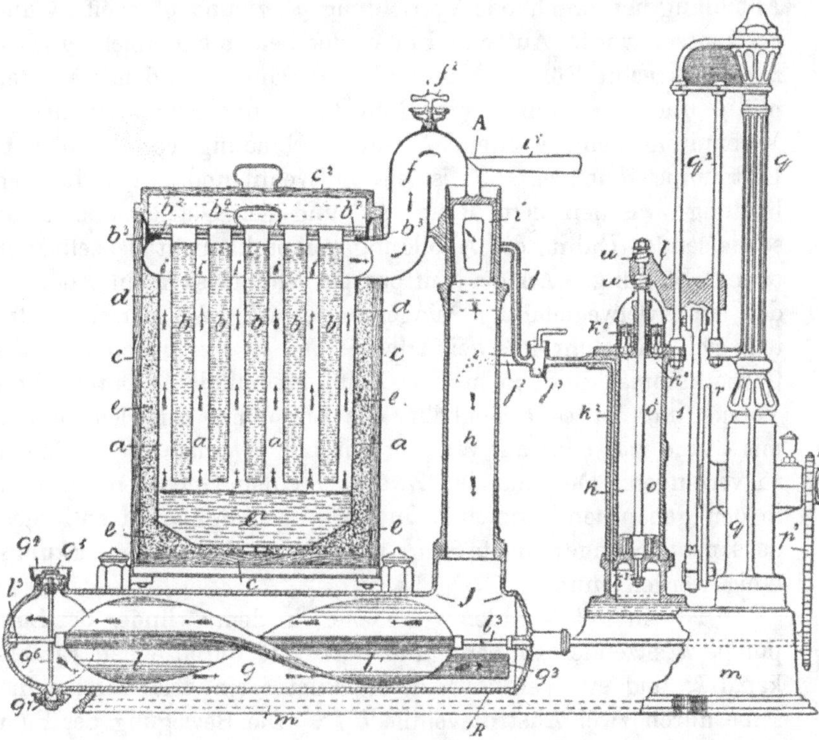

Fig. 71.

welche Behälter *b*, in denen das Eis hergestellt wird, herabhängen, b^2 ist eine die Behälter *b* tragende Platte, welche auf einer Gummiunterlage ruht, um einen dichten Abschlufs zwischen dem abhebbaren Oberteil c^2 und der Gefrierkammer *a* herzustellen. Letztere hat doppelte Wandungen *c* und *d*, deren Zwischenraum mit Salz (*e*) ausgefüllt ist. Unten in der Gefrierkammer befindet sich eine starke Sole e^2; b^4 sind Griffe, um die Platte b^2 und die Behälter herausheben zu können. gg^1 ist ein U-förmig gestalteter, Säure enthaltender Raum, in dessen einem Schenkel eine aus einer endlosen Schraube bestehende Umrührvorrichtung l angebracht ist, welche in Lagern l^3 sich dreht, die in einem von der Grundplatte m getragenen Rahmen sitzen. Die Wand zwischen den beiden Schenkeln ist am Ende derselben durch einen Kanal g^3 durchbrochen, so dafs durch die Rührvorrichtung die Säure n in beständiger Zirkulation erhalten wird. Das Ablassen der Säure geschieht durch die Öffnung g^7, welche durch die aus der Abbildung hervorgehende Vorrichtung g^4, g^5 und g^6 geöffnet und geschlossen wird. Auf den Enden der beiden Schenkel gg^1 sind zwei senkrechte Röhren h und h^2 angeordnet, von denen h unten mit g und oben durch ein Rohr f mit der Gefrierkammer in Verbindung steht, während h^2 eine Verbindung von g^1 zu einer Luftpumpe k herstellt. f^2 ist ein Luftventil und i^1 ein die Verbindung zwischen dem Raum gg^1 und der Gefrierkammer abschliefsender Hahn; die Abbildung veranschaulicht denselben in offener Stellung. An der Luftpumpe befindet sich ein Rohr, in das ein Zweiwegehahn j^3 eingeschaltet ist. Wo derselbe sitzt, teilt sich das Rohr in zwei Arme j^2 und j, von denen j zu der Gefrierkammer und j^2 in das Rohr h^2 mündet. Durch diese Vorrichtung ist es ermöglicht, die Luftpumpe zu gleicher Zeit mit a und gg^1 oder auf Wunsch mit nur je einem dieser Räume zu verbinden. Dies hat den Zweck, vor dem Gefrierprozefs etwa in den genannten Räumen befindliche Feuchtigkeit zu entfernen, da sonst die angewendete Säure verdünnt und weniger wirkungsfähig werden würde.

o ist ein mit Ventilen versehener, in dem Cylinder der Luftpumpe k sitzender Kolben. Die Luft tritt durch einen Einlafskanal k^2 und ein Ventil k^3 in die Pumpe ein und verläfst dieselbe durch zwei Austrittsventile $k^4 k^4$. Die Bewegung des Pumpenkolbens erfolgt von einer Welle p^2 aus durch eine Kurbelscheibe r und eine Pleuelstange s, welche mittels einer Traverse t, die in Stangen g^2 geführt wird, oben an die Kolbenstange o^2 angreift. Durch eine Zahnradkette p^3 wird die Rührvorrichtung l^3 von der Welle p^2 aus bewegt. Die Pumpe kann mit der Hand oder auch mit Dampf getrieben werden.

Die Kolbenstange a^2 sitzt lose in einer Traverse und ist oberhalb und unterhalb der letzteren mit Bunden versehen. Zwischen den Bunden und der Traverse befinden sich Federn. Die Anbringung dieser Federn gestattet der Kolbenstange nachzugeben, falls der Kolben mit dem oberen und unteren Ende der Luftpumpe in Berührung kommen sollte. Mit derselben Pumpe können zwei oder mehr Kühlkammern in Verbindung gebracht werden. Der Kühl- oder Gefrierprozeſs verläuft folgendermaſsen: Man füllt den Raum *g* bis zur erforderlichen Höhe mit Säure, gieſst dann eine kräftige Soole in die Gefrierkammer und hängt die Behälter *b* in sie ein. Das Luftventil f^2 wird geschlossen, die Verbindung des Säureraumes mit der Gefrierkammer durch den Hahn *i* abgeschnitten und der Hahn j^3 so gestellt, daſs die Pumpe nur mit dem Raum gg^1 (durch die Röhre j^2) in Verbindung steht. Hierauf wird die Pumpe in Thätigkeit gesetzt, so daſs alle in dem Raum gg^1 enthaltene Luft und Feuchtigkeit durch den Zweiwegehahn in die Pumpe geleitet wird. Ist dies geschehen, so wird der Hahn j^3 so gedreht, daſs die Luftpumpe nur mit der Gefrierkammer in Verbindung steht und so alle Feuchtigkeit aus der Gefrierkammer durch das Rohr *j* entfernt wird. Dann stellt man die Hähne *i* und j^3 so, daſs eine Verbindung zwischen der Gefrierkammer und dem Raum gg^1 und zwischen diesem und der Luftpumpe hergestellt ist. Die in dem Apparate zurückgebliebene Luft wird nun in der durch die Pfeile angegebenen Richtung entfernt, indem sie von der Kammer *a* aus durch das Rohr *f*, den Hahn *i*, das Rohr *h*, den Raum gg^1, das Rohr h^1 und j^2 in die Luftpumpe tritt. Die endlose Schraube *l* wird gleichzeitig in Rotation versetzt und so die Säure in Circulation erhalten.

Wird kein Widerstand mehr bemerkbar, so ist dies ein Zeichen, daſs Luft und Dampf entfernt und das Wasser in den Gefäſsen *b* in feste Eisblöcke umgewandelt worden ist. Bei einem derartigen konstruierten, die Säure enthaltenden Raum wird eine sehr vollständige Absorption und bald eine sehr niedrige Temperatur erzielt und das Wasser in feste Eisblöcke verwandelt. — Um die Behälter *b* entfernen zu können, wird f^2 geöffnet, und Luft eingelassen.

Ob diese Neuerung sich in der Praxis bereits bewährt hat, ist nicht bekannt geworden.

Noch ein seltsamer Vorschlag der Temperaturerniedrigung durch Verdunstung, muſs schlieſslich erwähnt werden. J. B. Toselli in Paris läſst ein spiralförmig gewundenes Rohr in einem Gefäſs mit Wasser rotieren, aus dem es zugleich jedesmal eine gewisse Menge schöpft und in ein daneben befindliches Gefäſs überträgt, von wo es in einem Schlangenrohr in das erste Gefäſs wieder zurückläuft. Bei der Drehung benetzt sich die Spirale an der ganzen Oberfläche; ein Ventilator bläst Luft auf dieselbe, verdunstet das anhängende Wasser und erniedrigt dadurch die Temperatur des Rohres und des darin befindlichen Wassers. Je nach der Witterung soll eine Abkühlung von 2,7° bis 18,3° erfolgen. In dem zweiten Gefäſs, welches von dem kalten Wasser in einem Schlangenrohr durchlaufen wird, befindet sich die zu kühlende Flüssigkeit, z. B. Bierwürze. Der Erfolg hierbei kann nur ein geringer sein, da er ganz von der Temperatur und dem nie fehlenden Feuchtigkeitsgehalt der Luft abhängt. Die Naſskälte eines am Versuchsorte aufgestellten Psychrometers bestimmt denselben mit ziemlicher Genauigkeit im voraus.

VIII. Die Kaltdampf- oder Kompressionsmaschinen.

Die Kaltdampf- oder Kompressionsmaschinen beruhen auf dem bereits theoretisch erörterten Prozesse, dafs eine Flüssigkeit von sehr niedrigem Siedepunkte zum Verdampfen gebracht und die hierdurch erzeugte Kälte ausgenutzt wird, worauf die gebildeten Dämpfe durch Kompression wieder verflüssigt werden, und auf diese Weise mit derselben Flüssigkeitsmenge der Prozefs beliebig oft wiederholt wird. Die Kaltdampfmaschinen sind ihrer Erfindung nach die ältesten in der Praxis verwendeten Kältemaschinen, und zwar wurde ursprünglich der gewöhnliche Äther als verdampfende Flüssigkeit benutzt; erst in neuerer Zeit wurden als für diesen Zweck viel geeigneter andere leicht flüchtige Körper, z. B. flüssiges Schwefeldioxyd, Kohlensäure, flüssiges Ammoniak etc., erkannt und verwendet, und hat insbesondere das letztgenannte eine vielfache Anwendung erfahren.

Ältere Konstruktion der Kaltdampfmaschinen (Äthereismaschinen).

Die älteren Kaltdampfmaschinen waren, wie bereits erwähnt, durchwegs Äthermaschinen; schon im Jahre 1834 konstruierte der Engländer Perkins eine solche Maschine. Dieselbe bestand, wie Fig. 72 schematisch darstellt, aus einem Verdampfer *D*, in welchem der enthaltene Äther verdampfte und von dessen Wänden der abzukühlenden Flüssigkeit die nötige Verdampfungswärme entzogen wurde. Eine Saug- und Druckpumpe *A* brachte die gebildeten Ätherdämpfe nach dem Kondensator *C*, in welchem dieselben niedergeschlagen wurden, indem sie an das dort zirkulierende Kühlwasser ihre Verdampfungswärme wieder abgaben, worauf mit dem verflüssigten Äther der gleiche Prozefs der Verdampfung und Kompression wiederholt wurde. An dieser An-

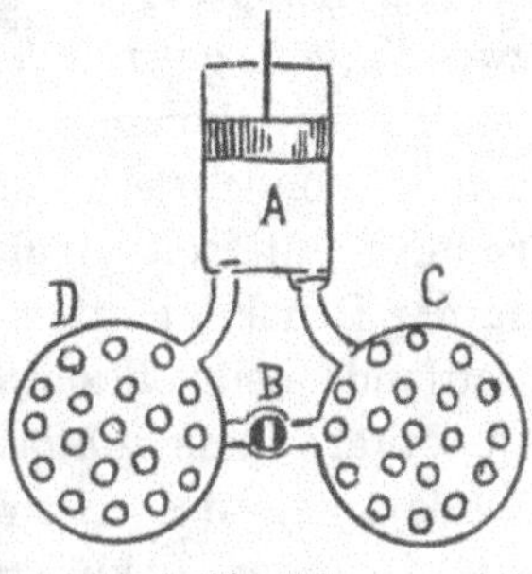

Fig. 72.

ordnung in drei Teilen haben auch sämtliche Kompressionsmaschinen, trotz vielfacher Verbesserungen in der Konstruktion, bis heute festgehalten.

Im Jahre 1836 konstruierte Shaw eine ähnliche Maschine, bei welcher der Verdampfer eine grofse Linse aus Kupferblech bildete, der Kondensator aus gebogenen Röhren zusammengesetzt war.

1856 wurde eine auf gleichem Prinzip beruhende Maschine von Harrison ausgeführt, welcher den Verdampfer und Kondensator in Form von Röhrenkesseln anordnete, um auf diese Weise grofse Berührungsflächen zu erzielen.

Diese drei Konstruktionen blieben ziemlich unbekannt und waren mehr als Projekte anzusehen. 1862 wurde durch Lawrence eine ähnliche Maschine in London ausgestellt, welche bereits 1859 in Liverpool zur Eisfabrikation verwendet worden war. Diese Maschine beruhte gleichfalls auf der Verdampfung und Kompression von Äther und bestand aus einem kupfernen Cylinder als Verdampfer, welcher durch eine Dampfmaschine luftleer gepumpt und der bis zu $^2/_3$ seines Inhaltes mit Äther gefüllt wurde. Um diesen Cylinder war ein hölzerner, wasserdichter Mantel angebracht, und der Zwischenraum zwischen Cylinder und Mantel mit einer gesättigten Kochsalzlösung gefüllt. Mittels einer durch die Dampfmaschine getriebenen Luftpumpe wurden die sich bildenden Ätherdämpfe rasch aus dem Cylinder gesaugt und in zwei vielfach gewundene Schlangen gedrückt, die in grofsen Kühlfässern sich befanden. In diesen Schlangen wurden die Ätherdämpfe kondensiert, und flofs der Äther von hier aus unausgesetzt von der Unterseite nach dem Cylinder, was um so leichter erfolgte, da der Druck nicht im Cylinder, sondern blofs in den Schlangen stattfand; bei vollkommener Dichtung des Apparates war dieselbe Quantität Äther immer zum Betriebe hinreichend. Durch das Verdampfen des Äthers wurde die im Raume zwischen Mantel und Cylinder zirkulierende Salzlösung auf — 6° R. abgekühlt; diese wurde in lange hölzerne viereckige Kasten fliefsen gelassen, welche der Quere nach mit Fächern versehen waren. In diese Fächer wurden mit Wasser gefüllte Blechzellen eingehängt, in welchen das Wasser sich in Eis verwandelte. Die aus dem Kasten abfliefsende Salzlösung wurde in einem kleinen Bassin gesammelt, von da in den Raum zwischen dem Holzmantel und Cylinder zurückgepumpt und neuerlich gekühlt. Die tägliche Produktion dieser Eismaschine, einer der ersten in Betrieb gesetzten, betrug 40 bis 60 Zentner.

Eine ähnliche Äthereismaschine wurde von Carré konstruiert, welche, wie Fig. 73 zeigt, in ihren Hauptteilen aus einem cylindrischen Calorimeter oder Congelator *A* besteht, der ringsum

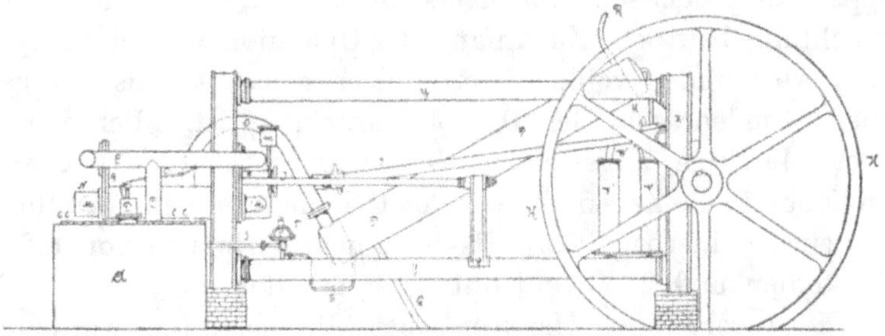

Fig. 73.
Carré's Äthereismaschine.

geschlossen und mit einer Hülle von Filz oder Werg umgeben ist. In die obere kupferne Deckplatte dieses Cylinders sind eine Anzahl cylindrischer Zellen *B* eingelötet, die fast bis zum Boden hinabreichen und oben offen sind; diese Zellen sind zur Aufnahme der Cylinder *C* bestimmt, in welchen das Gefrieren des Wassers erfolgt, und wechselt ihre Zahl nach der Gröſse des Apparates. An der äuſsern Wand dieser Zellen sind eine Anzahl kleiner umgekehrter abgestutzter Kegel so befestigt, daſs sie mit ihrer kleineren Basis die Zellen umfassen; diese Gefäſse sind zur Aufnahme des Äthers bestimmt, welcher beim Füllen von einem in das andere überflieſst, sobald er in die cylindrische Büchse *D* in der Mitte des Apparates eingegossen wird. Dieser Verdampfapparat ist mit einer Saug- und Druckpumpe *G* verbunden, deren horizontaler Cylinder neben dem Calorimeter angebracht ist; die Pumpe bringt durch ihre Bewegung eine Luftleere im Calorimeter hervor, wodurch eine Verdampfung des Äthers bewirkt wird, dessen Dämpfe die Pumpe nach dem Kondensator *P* treibt. Dieser besteht aus einem schiefliegenden Röhrenkessel, in dessen 61 Röhren sich die Ätherdämpfe verteilen. Das Kühlwasser, welches die Röhren umspült, tritt am untern Ende des Apparates mit hinreichendem Druck ein, um bis zum oberen Ende steigen zu können, wo es abflieſst. Der kondensierte Äther flieſst in umgekehrter Richtung, sammelt sich in dem untern durch eine Scheidewand getrennten Raume an und wird durch zwei Röhren nach dem Calorimeter zurückgeführt. Die Kühlfläche des Kondensators beträgt 6 qm, die Verdampfungsfläche für den Äther 3 qm. Die Saug- und Druckpumpe wird durch eine Lokomobile von 3 Pferdekräften mittels des Schwungrads *K* in Bewegung gesetzt und hat eine doppelte Stopfbüchse *H* mit Ölverschlufs, welche eine vollkommene Abdichtung bewirkt. Zu Anfang der Operation wird der Apparat durch Auspumpen vollkommen luftleer gemacht, was zur gänzlichen Kondensation der Dämpfe notwendig ist. Bei den mit dieser Maschine angestellten Versuchen gefror das Wasser in sämtlichen in die Zellen eingesetzten Cylindern binnen 1 ½ Stunden und wurden hierbei 100 kg Eis bei einem Verbrauch von 6,25 kg Steinkohlen und 2750 kg Kühlwasser erhalten.

Die vorerwähnte Harrison'sche Äthermaschine wurde von D. Siebe in London (1862) verbessert und auf der Londoner Industrie-Ausstellung vorgeführt; dieselbe ist in der Fig. 74 skizziert und besteht aus dem Ätherkessel *A*, der nach Art eines

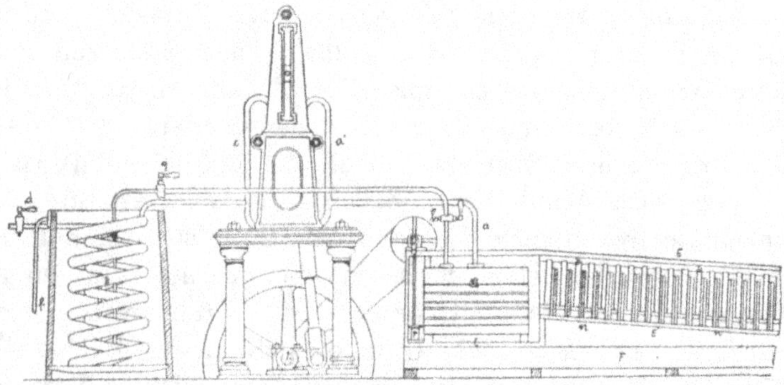

Fig. 74.
Siebe's Äthereismaschine.

gewöhnlichen Dampfröhrenkessels konstruiert ist; er steht durch das Rohrsystem *aa'* mit der Luftpumpe in Verbindung, welche durch die horizontal gelagerte Welle *b* in Umdrehung gesetzt wird. Die Luftpumpe stöfst die erzeugten Ätherdämpfe durch das Rohrsystem *cc'* nach der Kühlschlange *B*, in welcher sich dieselben kondensieren. Das Kühlwasser von gewöhnlicher Temperatur wird durch das Rohr *d* zu- und durch *f* abgeführt; durch Öffnen der Hähne *g* und *h* kann der in der Kühlschlange vorhandene Äther neuerdings in den Ätherkessel zur Wirkung gebracht werden.

Der Ätherkessel *A* besteht aus einer Anzahl paralleler, an ihren Enden verbundener Kupferröhren, welche sich in einem schlecht wärmeleitenden Behälter *C* befinden, der zum gröſsten Teil mit einer gesättigten Kochsalzlösung gefüllt ist. Das Gefäſs *C* steht direkt in Verbindung mit dem Kanal *E*, worin durch die Wände *n* Zellen angeordnet sind, welche die mit dem zu gefrierenden Wasser gefüllten Zinkkästen *v* aufnehmen. Die durch die Ätherverdampfung stark abgekühlte Salzlösung flieſst durch den Kanal und umspült die Zinkkästen, in welchen das Wasser gefriert. Durch die Pumpe *r* wird die verwendete Salzlösung wieder in den Behälter *C* zurückgeschafft und neuerdings abgekühlt. — Für eine Maschine, die täglich 1 Tonne Eis erzeugt, ist beiläufig eine Füllung von 64 Gallons Äther nötig, der Verlust durch Entweichen des Dampfes beträgt nach Siebe nicht über 1 Pfund Äther pro Tonne erzeugten Eises.

Diese Maschinen wurden in den letzten Jahren noch vielfach verbessert und sind gegenwärtig in England und den englischen Kolonien häufig verbreitet; die bekannteste Ausführung ist gegenwärtig die nach Siebe-Gormann. Ferner ist die Konstruktion von Siddeley & Makay in Liverpool sehr bekannt, bei welcher der im Kühlapparat verdampfende Äther mit Hilfe eines Wasserstrahles durch gelinden Druck im Kondensator verflüssigt wird und durch einen selbstthätig wirkenden Regulierhahn wieder in den Kühlapparat zurückflieſst, so daſs diese Maschine nicht mehr Überwachung erfordert als eine kleine Dampfmaschine; der mit dieser Maschine verbundene Eisgenerator, in welchem Klareisblöcke von 1 m Länge und $^1/_3$ m Breite erzeugt werden, enthält patentierte Metallhohlzellen, in welchen durch die zirkulierende abgekühlte Salzlösung das Wasser zum Gefrieren gebracht wird.

Von Tellier wurde zuerst als Verdampfungsflüssigkeit statt des gewöhnlichen Äthyläthers der Methyläther verwendet, welcher weit flüchtiger ist als der gewöhnliche Äther; er ist nämlich bei gewöhnlicher Temperatur und gewöhnlichem Druck gasförmig und läſst sich nur durch starke Abkühlung oder Druck zu einer Flüssigkeit verdichten, welche unter dem Druck einer Atmosphäre schon bei ca. 21^0 siedet; der Methyläther kann demnach bei gewöhnlicher Temperatur nur unter beträchtlichem Druck in

20*

flüssigem Zustande erhalten werden. Tellier hält immer eine hinreichende Menge desselben in gufseisernen Gefäfsen, die einen Druck von 10 Atm. aushalten können, vorrätig. An jedem solchen Gefäfse befindet sich ein kleiner Hahn, welcher so vorgerichtet und gedichtet ist, dafs kein Methyläther entweichen kann. Wenn derselbe geöffnet wird, tritt Methyläther aus dem Gefäfse heraus; er verwandelt sich dabei augenblicklich in Dampf und absorbiert dabei eine grofse Menge Wärme. Ein solches Gefäfs mit Methyläther bildet hiernach ein ergiebiges Kältereservoir, und es ist, wenn man den verdampften Äther nicht wieder gewinnen will, sehr einfach, damit augenblicklich Eis zu bereiten. Tellier hat auch vorgeschlagen, diese Methode anzuwenden, wenn es sich darum handelt, z. B. für chirurgische Zwecke, schnell kleine Mengen von Eis zu beschaffen, und dasselbe auf andere Weise nicht zu erlangen ist.

Bei der Fabrikation von Eis und der industriellen Erzeugung niedriger Temperaturen mufs man aber selbstverständlich den verdampften Methyläther verdichten, um ihn wiederholt benutzen zu können, und dies geschieht dadurch, dafs man den Dampf einem starken Druck aussetzt. Die Wirkung des Apparates beruht dann auf der beständigen Zirkulation derselben Menge von Methyläther, welcher abwechselnd durch Austritt aus einem Gefäfs verdampft und durch Kompression verdichtet wird. In ein hölzernes, mit einer Umhüllung von Stroh und Filz versehenes Gefäfs bringt man eine Flüssigkeit, welche eine hinreichend niedrige Temperatur ertragen kann ohne zu frieren; gewöhnlich benutzt man dazu eine Lösung von Chlorcalcium. In dieser hölzernen Kufe ist eine Reihe von Röhren, umgeben von einem cylindrischen Mantel, angebracht. Mittels einer rotierenden Pumpe wird die Flüssigkeit aus der Kufe herausgezogen und durch die Röhren hindurch wieder in dieselbe hineingetrieben; es findet also eine beständige Zirkulation der Flüssigkeit statt, und dadurch wird in der Flüssigkeit, in welcher die Formen mit dem Wasser, welches frieren soll, eingetaucht sind, allenthalben eine nahezu gleiche Temperatur unterhalten. Der in einem Gefäfs von der Form eines stehenden Cylinders enthaltene Methyläther tritt in den Mantel, welcher die Röhren umgibt, breitet sich als Dampf über die grofse Oberfläche der letzteren aus und entzieht ihnen Wärme, kühlt also die in ihnen zirkulierende Flüssigkeit ab.

Eine von einer Maschine getriebene Pumpe zieht den Methylätherdampf aus dem anderen Ende des cylindrischen Mantels wieder heraus und treibt ihn in den erwähnten stehenden Cylinder, wobei er sich wieder zur Flüssigkeit verdichet; das Niveau des flüssigen Methyläthers in dem Cylinder wird in dieser Weise fast konstant erhalten. Alle Röhren (ausgenommen die in dem Mantel befindlichen) sind dicht mit schlechten Wärmeleitern überzogen, mit Ausnahme einiger Teile, welche mit dem aus der Feuchtigkeit der sie umgebenden Luft entstandenem Eis bedeckt bleiben und dazu dienen, dafs die mit dem Betriebe des Apparates beauftragten Arbeiter um so leichter erkennen können, ob derselbe funktioniert. Die Pumpe ist in einem doppelten Mantel eingeschlossen, und in dem ringförmigen Raume um den Körper der Pumpe zirkuliert beständig ein Strom von kaltem Wasser, um die bei der Kompression des Methylätherdampfes frei werdende Wärme aufzunehmen. Es sind alle Vorsichtsmafsregeln getroffen, um das Entweichen von Dampf, welches sowohl einen Verlust bedingen als auch wegen der Brennbarkeit des Dampfes gefährlich sein würde, zu verhüten. Alle Dichtungen sind aus Kautschuk hergestellt, da diese Substanz der Einwirkung des Methyläthers gut widersteht. Die Hähne haben Schraubenenden, welche in spitze Kegel auslaufen, und sitzen auf einer Bleiliderung. Der Pumpenkolben ist mit metallenen Liderungsringen versehen; die Liderung der Kolbenstange besteht aus zwei Ringen, zwischen denen beständig ein Ölstrom unterhalten wird. Das Öl fliefst aus einem Reservoir in einem gleichmäfsigen, dünnen Strahl in die Liderung, dringt dann in den Körper der Pumpe und geht mit dem Methyläther in die Gefäfse. Der gröfsere Teil desselben wird nachher abgesondert, indem man die Mischung durch eine Seihvorrichtung gehen läfst; aber gleichwohl ist der Ölverbrauch sehr bedeutend. Die Temperatur der Chlorcalciumlösung wird auf — 10° C. erhalten.

Die Methyläthermaschine übertrifft in vieler Beziehung die gewöhnliche Äthermaschine an Leistungsfähigkeit, hat jedoch die gleichen Nachteile der geringen Verdampfungswärme und der Feuergefährlichkeit. Die Methyläthermaschine hat bereits in vielen Industrien Eingang gefunden und wurde mit Hilfe einer solchen das in Paris 1878 ausgestellte Schiff »Frigorifique« zu dem Zwecke eingerichtet, um frisches Fleisch aus Südamerika und Australien nach Europa zu bringen.

Die Kompressionsmaschine von Pictet.

Nächst den beiden Ätherarten wurde das flüssige Schwefeldioxyd (schweflige Säure) als verdampfende Flüssigkeit für Kaltdampfmaschinen verwendet, und zwar wurden solche Maschinen zuerst von Prof. Pictet in Genf gebaut. Diese Maschinen besitzen eine ähnliche Einrichtung wie die übrigen Kompressionsmaschinen; es wird in denselben flüssige schweflige Säure durch Verminderung des auf ihr lastenden Druckes zum Verdampfen gebracht und hierdurch einer umgebenden Salzlösung Wärme entzogen. Die verdampfte schweflige Säure wird sogleich wieder durch eine Kompressionspumpe verflüssigt und in den Verdampfraum zurückgebracht, so dafs man auch mit diesen Maschinen in der Lage ist, mit derselben Menge von schwefliger Säure beliebige Mengen von kalter Flüssigkeit oder Eis zu erzeugen. Allerdings ist dies blofs theoretisch möglich; in der Praxis sind gewisse Verluste infolge von Undichtheiten unvermeidlich, und sind diese Verluste um so gröfser, je höher der in den Apparaten herrschende Druck ist. Bei den Pictet'schen Maschinen, wo der Druck im Innern des Apparates kein besonders hoher ist und 3 Atm. selten übersteigt, sind die Verluste verhältnismäfsig gering, und mufs man die schweflige Säure nur in längeren Zwischenräumen durch Nachfüllen ergänzen.

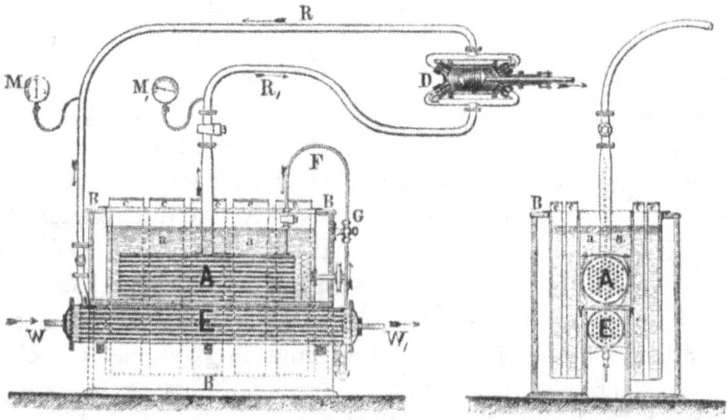

Fig 75.

Die Konstruktion der Pictet'schen Kompressionsmaschine ist durch die Fig. 75 versinnlicht. Der Verdampfer oder Refrigerator *A* besteht aus einem System von Röhren, welche zum Teil mit flüssiger schwefliger Säure gefüllt sind, und liegt in einem doppelwandigen Gefäſse, das eine konzentrierte Salzlösung enthält. Dieser Refrigerator steht durch das Rohr R_1 mit der Pumpe D in Verbindung, und wird durch die saugende Wirkung dieser Pumpe der Druck im Refrigerator fortwährend erniedrigt, was an dem Manometer M_1 ersichtlich wird, und zwar wird der Druck gewöhnlich auf $^1/_{10}$ Atm. erhalten. Die entstehenden Dämpfe werden aus dem Refrigerator kontinuierlich angesaugt und nach dem Kondensator E geschafft; dieser besteht gleichfalls aus einem horizontalen Cylinder, in dessen Röhren die schweflige Säure unter dem Einflusse des auf 3 Atm. gesteigerten Druckes wieder verflüssigt wird. Der Refrigerator wird beständig von Kühlwasser durchflossen, welches bei W eintritt, die Röhren umspült und bei W_1 wieder abflieſst. Je kälter dieses Kühlwasser ist, desto geringer braucht der zur Verflüssigung der schwefligen Säure erforderliche Druck zu sein. Bei G tritt die im Kondensator verflüssigte

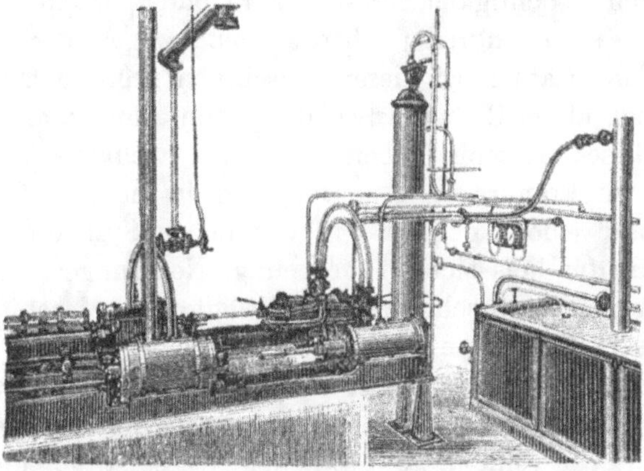

Fig. 76.

schweflige Säure wieder in den Refrigerator zurück, um den gleichen Kreisprozeſs neuerdings zu durchlaufen. Die in dem Gefäſse B enthaltene Salzlösung wird durch den Verdampfungsprozeſs stark unter 0° abgekühlt und kann sowohl zur Eisfabrikation als auch zur Kühlung von Luft und Flüssigkeiten verwendet werden. Solche Maschinen werden von der Aktiengesellschaft Pictet & Cie. in Paris und Genf gebaut, und zwar in zwölf Gröſsen für eine Leistungsfähigkeit von 13 bis 1250 kg Eis pro Stunde. Die Abbildung Fig. 76 zeigt in perspektivischer

Ansicht die Ausführung einer solchen Maschine für eine Produktion von 600 kg Eis pro Stunde; die beiden Cylinder an der Vorderseite enthalten die Saug- und Druckpumpen, das rechts stehende Gefäſs enthält den Verdampfer und die abzukühlende Salzlösung. Der Betrieb der Maschine erfolgt wie bei allen ähnlichen Konstruktionen mittels einer Dampfmaschine von entsprechender Gröſse.

Die Vorteile der mit schwefliger Säure arbeitenden Maschinen bestehen in der leichten Verdichtbarkeit des kälteerzeugenden Mediums, sowie in der Eigenschaft der schwefligen Säure, daſs sie im wasserfreien Zustande die Metallbestandteile der Maschine nicht angreift und im verflüssigten Zustande ein ausgezeichnetes Schmiermittel bildet, weshalb auch diese Maschinen keines weiteren Schmiermittels bedürfen. Die überwiegenden Nachteile der Maschine liegen in der Belästigung der Umgebung durch die entweichende schweflige Säure, sowie in dem Umstande, daſs sich beim Eindringen von Feuchtigkeit Schwefelsäure bildet, welche die Metallbestandteile stark angreift; überdies sind wegen der geringeren Verdampfungswärme bei diesen Maschinen gröſsere Dimensionen erforderlich, als z. B. bei Anwendung von Ammoniak. Die Maschinen dieses Systems haben zwar eine vielfache Verbreitung, besonders in Frankreich, Amerika und in heiſsen Ländern erfahren, sind jedoch gegenwärtig von neuen Systemen verdrängt worden. Später lieſs sich Pictet einige Neuerungen an der Konstruktion seiner vorbeschriebenen Schwefligsäure-Maschinen patentieren, die in folgendem bestehen.

Bei den Maschinen älterer Konstruktion war der aus Kupfer hergestellte Kondensator aus einer Reihe paralleler Röhren gebildet, die von einem gewöhnlichen Wasserstrom durchlaufen wurden. Hierbei bestanden jedoch die Übelstände, daſs das kalte Wasser die Röhren nur einmal durchlaufen kann und die mittlere Röhrengruppe einen zu intensiven Strom erhält, was mit einem groſsen, in unvorteilhafter Weise ausgenutzten Wasserverbrauch verbunden ist. Ferner wirkt nach dem Dalton-Gesetze jede Menge fremder Gase, atmosphärische Luft, Wasserstoff etc. auf die Kompression und Spannung beim Flüssigmachen ein und erhöht den Druck der Dämpfe im Kondensator oft in einer sehr unvorteilhaften Weise. Auch zieht ein an einem beliebigen Rohre der Gruppe etwa eintretendes Undichtwerden eine Menge nicht unberücksichtigt zu lassender Veränderungen, wie Verlust an flüchtiger Flüssigkeit, etwaiger Zutritt des Wassers und Verstopfung der beschädigten Röhren, nach sich, welch letzterer Umstand immer mifslich ist und auch eine Verminderung der wirkenden Fläche des Kondensators bewirkt. In dem neu patentierten kastenförmigen Kondensator ist ein starkes Rohr, welches die schweflige Säure enthält, durch schlangenförmige Röhren mit einem am Boden des Kondensators liegendem zweiten Rohre verbunden, und letzteres mit einem vertikalen rohrförmigen Reservoir versehen, welches etwaige durch Anwesenheit fremder Gase hervorgerufene Druckerhöhungen verhindert. Um die Stöfse der Saug- und Druckventile der Kompressionspumpe zu vermeiden, liefs Pictet bei den neueren Ausführungen die Ventile mit zwei Federn von verschiedener Federkraft, und zwar einer langen weichen sehr elastischen aus Stahl oder Kupfer und einer kurzen starren Feder, versehen. Diese neue Anordnung der Maschine arbeitete mit Schwefligsäureanhydrid vollständig zufriedenstellend und wurde auch bei der von Pictet neuestens vorgeschlagenen und von ihm angewendeten neuen Verdampfungsflüssigkeit benutzt.

In der letzten Zeit sind nämlich von Pictet neue eingehende Untersuchungen über Verbesserung seiner Kompressionsmaschine durch Anwendung einer anderen Verdampfungsflüssigkeit und Änderung der Konstruktion der Maschinenbestandteile angestellt worden [1]). Er suchte nach einer Flüssigkeit, deren Dampfspannung gröfser ist, als die der schwefligen Säure, aber geringer als die des Ammoniaks, deren Siedepunkt in der Nähe von — 20° liegt, welche also im Kondensator bei + 30° eine Spannung von 7 bis 8 Atm. erwarten läfst. Er stellte dabei die Bedingungen auf, dafs die Flüssigkeit nicht brennbar sein, die Metalle nicht angreifen, sich während des Gebrauchs nicht chemisch verändern dürfe, dabei aber von schlüpfriger Beschaffenheit sein müsse, damit der Kolben, wenn möglich, ohne Schmierung arbeiten könne, und endlich solle der Preis der Flüssigkeit ein geringer sein. Eine solche Flüssigkeit, welche all diesen Bedingungen entspricht, glaubt Pictet in einem Gemische von flüssigem Schwefeldioxyd und fester Kohlensäure gefunden zu haben; ein solches Gemisch ist leicht herzustellen, wenn man feste Kohlensäure, welche gegen-

[1]) Pictet, Neue Kälteerzeugungsmaschinen 1885.

wärtig billig im Handel zu haben ist, in flüssiger schwefliger Säure auflöst, welche Lösung bei der Berührung unter starkem Aufbrausen momentan erfolgt. Pictet hat verschiedene solcher Gemische hergestellt, deren Siedepunkte je nach dem Mischungsverhältnis zwischen — 71° (für $20\,CO_2 + SO_2$) und — 7,5° (für $CO_2 + 7\,SO_2$) variierten. Diesen Gemischen, welche ein syrupartiges Aussehen zeigten, fehlte jedoch die Homogenität. Bei einem Gemische von gleichen Molekülen schwefliger Säure und Kohlensäure ($SO_2 + CO_2$), welches bei — 19° siedet, ergab die Untersuchung, dafs dieses Gemisch bei seiner Siedetemperatur die Dampfspannung von 1 Atm., also beinahe das doppelte der reinen schwefligen Säure habe; bei + 22 bis 27° haben beide Flüssigkeiten dieselbe Dampfspannung, und bei + 50° ist die Dampfspannung der neuen Flüssigkeit merkbar kleiner als die der schwefligen Säure. Pictet hat sich diese Flüssigkeit als »liquide Pictet« für die Anwendung zu Kälteerzeugungsmaschinen patentieren lassen; die genaue chemische Zusammensetzung derselben ist noch nicht festgestellt, dürfte jedoch obiger Formel $SO_2 + CO_2$ entsprechen.

Das Studium der verschiedenen Gemische von schwefliger Säure und Kohlensäure ergab das Gesetz, dafs bei höheren Temperaturen die Vereinigung der Bestandteile dieser Gemische eine vollständige ist; bei niedrigen Temperaturen zerlegt sich jedoch die flüchtige Flüssigkeit in eine Reihe von sekundären Flüssigkeiten, von denen jede ihre eigenen Dämpfe aussendet. Dies wurde durch den Versuch bestätigt, dafs bei Erniedrigung der Temperatur das ursprünglich klare und durchsichtige Gemisch sich in eine Emulsion verwandelt, welche sich dann in mehrere übereinandergelagerte Flüssigkeitsschichten trennt; beim Erwärmen vereinigen sich jedoch die getrennten Schichten wieder zu einer gleichartigen wasserhellen Flüssigkeit. — Diese Versuche erklären die scheinbaren Anomalien, welche bezüglich der Dampfspannung der neuen Flüssigkeit beobachtet werden; bei niedrigen Temperaturen sind die einzelnen Flüssigkeiten mehr oder weniger voneinander geschieden, jede sendet ihre Dämpfe aus, als wäre sie allein vorhanden, und das Manometer zeigt die Summe der einzelnen Dampfspannungen. Diese Dämpfe passieren als Gemisch die Kompressionspumpe, gehen von da komprimiert in den Kondensator, dessen Temperatur höher liegt als die des Kühlers, und hier bildet sich unter dem Einflusse der Kondensation und der gegenseitigen physikalisch-chemischen Einwirkungen der Bestandteile wieder die neue »Flüssigkeit Pictet«. Der molekulare Effekt, welcher aus der gegenseitigen Einwirkung der Bestandteile der Flüssigkeit entspringt, liefert nach Pictets Ansicht den noch fehlenden Betrag der mechanischen Arbeit der Kompression, d. h. die Arbeit der Pumpe verringert sich um den Betrag der physikalisch-chemischen Arbeit der Vereinigung der Flüssigkeiten, welche im Kühler getrennt waren und im Kondensator verbunden sind.

Pictet hat dies auch, wie auf S. 137 bis 152 gezeigt wurde, aus den Lehrsätzen der mechanischen Wärmetheorie auf mathematischem Wege abgeleitet und die Richtigkeit seiner Annahme bewiesen, dafs die ganze Arbeitsersparnis der Pumpe durch die Verbindungsarbeit der Bestandteile der Flüssigkeit dargestellt wird.

Auf experimentellem Wege wurde ferner gezeigt, dafs es zur Herstellung der Flüssigkeit genüge, wenn man die beiden Gase in dem bestimmten Verhältnisse mengt und das Gemenge direkt mit Hilfe der Kompressionspumpe in einem Kondensator verflüssigt; es kann demnach auch diese Flüssigkeit fabriksmäfsig hergestellt werden. Wenn man Schwefelsäure bei 320° mittels Kohle zersetzt, so liefert diese Einwirkung ein gasförmiges Gemisch von zwei Molekülen schwefliger Säure und einem Molekül Kohlensäure nebst Wasser; wenn man dieses letztere beseitigt, überdies noch Kohlensäure zuführt, die man aus Marmor und Salzsäure leicht erhalten kann, das Gemisch dann in einen Gasometer leitet und mittels einer Kompressionspumpe verflüssigt, so erhält man die gewünschte »Flüssigkeit Pictet«. Ebenso kann man die Flüssigkeit erzeugen, wenn man gasförmige Kohlensäure in flüssige schweflige Säure, oder umgekehrt, einführt, oder schweflige Säure und Kohlensäure in flüssiger Form vermischt.

Mit dieser neuen Flüssigkeit wurden im Februar 1885 praktische Versuche in der Brauerei des Herrn Boch in Lutterbach, und zwar in einer älteren Pictet'schen Kompressionsmaschine vorgenommen, deren Eisproduktion bei Anwendung gewöhnlicher schwefliger Säure zwischen 210 und 220 kg pro Stunde schwankte. Mit Hilfe der neuen Pictet'schen Flüssigkeit wurden 345 kg Eis pro Stunde erzeugt, es wurde also durch Änderung der flüchtigen

Flüssigkeit sofort ohne irgend eine Veränderung an der Maschine eine Erhöhung der Leistung um über 50% der früheren Leistung herbeigeführt, welches Resultat die Rechnungen auf experimentellem Wege bestätigte. Dabei war der Gang der Maschine ebenso regelmäſsig wie beim früheren Betriebe, die Reibungen der Stopfbüchse und des Kolbens waren ebenso sanft wie bei Anwendung gewöhnlicher schwefliger Säure. Hierzu bemerkt noch Pictet in seinem Berichte, daſs bei der zu den Proben dienenden Maschine sowohl Kondensator als auch Kühler für die Höhe der neuen Leistung unzureichend waren, und hätte ein beinahe doppelt so groſser Kondensator und ein doppelt so groſser Kühler mit der Kompressionspumpe verbunden werden müssen, um die Teile der Maschine ins richtige Verhältnis zu bringen. Trotz dieser Fehler hat nach Pictets Mitteilungen die durch Anwendung der neuen Flüssigkeit umgestaltete Maschine den Erwartungen vollkommen entsprochen.

Die vorbeschriebenen Versuche Pictets über die Eigenschaften seiner neuen »liquide Pictet« haben begreiflicherweise Aufsehen erregt, wurden auch von mancher Seite als mit den Grundsätzen der mechanischen Wärmetheorie in Widerspruch stehend, ja gewissermaſsen an das Perpetuum mobile erinnernd, bezweifelt. Eine wissenschaftliche Widerlegung haben die Ergebnisse dieser Versuche bisher noch nicht gefunden, und so bleiben die Resultate vergleichender Beobachtungen an den nach diesem Systeme ausgeführten Kühlanlagen mit solchen nach anderen Systemen arbeitenden abzuwarten, um über diese Neuerung, welche, falls sich ihre Vorteile in vollem Maſse bestätigen würden, als eine der epochemachendsten auf dem Gebiete der Kälteerzeugung anzusehen wären, endgültig zu urteilen. Mehrere bisher in Frankreich, Deutschland, England und Österreich nach diesem neuen Pictet'schen Verfahren ausgeführte Kühlmaschinen haben sich als sehr vorteilhaft arbeitend erwiesen.

Nachdem Professor Pictet die im vorstehenden in ihren Eigenschaften beschriebene Flüssigkeit für die Zwecke der Kälteerzeugung adoptiert hatte, beschäftigte er sich auch damit, die Konstruktion der von ihm früher verwendeten Kompressionsmaschine in ihren Hauptteilen abzuändern, um durch sorgfältige Beobachtung der wissenschaftlichen Grundsätze eine erhöhte Leistungsfähigkeit der Maschine zu erzielen.

Er stellte hierfür in seiner bereits citierten Broschüre nachstehende Grundsätze auf:

A. Der Kühler.

»Ein vollkommener Kühler mufs folgende Bedingungen erfüllen:

1. Er mufs vollkommen luftdicht, dauerhaft gearbeitet, zur Erleichterung des Transportes ohne Schwierigkeit zerlegbar und von möglichst geringem Gewichte sein.
2. Die Oberfläche mufs fortwährend vollkommen ausgenützt werden.
3. Undichtheiten oder Verluste an flüchtiger Flüssigkeit dürfen möglichst wenig Einflufs auf die Leistung des Kühlers haben.
4. Das Gefrieren der Flüssigkeiten, die nicht gefrieren sollen, welches für die gebräuchlichen Kühler so gefährlich ist, darf die Dichtigkeit eines vollkommenen Kühlers nicht gefährden.
5. Der lichte Querschnitt mufs es ermöglichen, überall das Maximum der Dampfspannung konstant zu erhalten, da die Leistung der Maschine der Dampfspannung proportional ist.
6. Die Pumpe darf nur Dämpfe und möglichst wenig mechanisch mitgerissene Flüssigkeit ansaugen.
7. Die Zirkulation der nicht gefrierenden Flüssigkeit mufs leicht und reichlich ohne besonders grofsen Arbeitsaufwand vor sich gehen.
8. Die Oberfläche des Kühlers, die mit dem Salzwasser in Berührung ist, soll leicht zu reinigen sein, wegen der Niederschläge, die sich im Laufe der Zeit auf ihr bilden.
9. Die Konstruktion des Kühlers sei einfach und der Preis desselben niedrig.

Allen obigen Forderungen soll durch folgende Einrichtungen Genüge gethan werden:

Ein vertikaler gufseiserner Cylinder steht in einer Ecke in einem rechteckigen Kasten, dessen Dimension sich mit der Leistungsfähigkeit der Kälteerzeugungsmaschine ändert. Von diesem Cylinder zweigen sich, 1 m voneinander abstehend, zwei gufseiserne Rohre ab, die unter sich parallel und horizontal sind und an der kürzeren Seite des Kastens liegen, die eine am Boden, die andere oben am Rande des Kastens. Mehrere Schlangenröhren, aus horizontalen U zusammengesetzt, verbinden diese beiden weiten gufseisernen Rohre. Die Schlangensysteme werden aus 8 oder 10 geraden, parallelen, horizontalen Röhren gebildet, deren Enden durch gleiche in Kreisbogen von kleinem Radius gekrümmte Röhren verbunden sind. Sie gehen von dem oberen, weiten, horizontalen Rohre aus und münden senkrecht unter ihrem Ausgangspunkte in das untere weite Rohr. Die horizontalen Stücke der Schlangenröhren liegen in der Längsrichtung des Kastens. Die Schlangenröhren sind sämtlich parallel und lassen einen Zwischenraum von 8 bis 10 cm zwischen sich.

Der Gesamtquerschnitt der Schlangenröhren ist gleich oder wenig gröfser als der Querschnitt des Rohres, welches die Dämpfe zur Pumpe leitet. Dies ist ein neuer und wichtiger Punkt dieser Einrichtung. Es ist kein Zusammendrängen der Dämpfe, die sich in dem Kühler bilden, zu befürchten.

Das Saugrohr der Pumpe geht von dem Deckel des weiten, vertikalen, gufseisernen Rohres aus.

Wenn man die flüchtige Flüssigkeit in diesen Kühler einführt, fliefst sie in dem vertikalen Rohre herab, geht von da in das untere, weite, horizontale Rohr und in die Schlangenröhren, welche ja in letzteres münden. Infolge des hydrostatischen Druckes hat die Flüssigkeit in den Schlangenröhren dasselbe Niveau, wie in dem weiten, vertikalen Rohre. Das Salzwasser, mit dem die Kufe bis oben gefüllt ist, umspült die Aufsenseite der Röhren.

Setzt man die Pumpe, welche die Dämpfe aufsaugt, in Gang, so tritt folgendes ein: Die Flüssigkeitssäule, welche alle Schlangenröhren erfüllt, beginnt zu sieden. Da die Weite der Röhren nur 25 bis 30 mm beträgt und das Sieden ziemlich heftig ist, so wird die Flüssigkeitssäule in viele Stücke zerrissen, Dämpfe und Flüssigkeiten mischen sich und bilden eine Flüssigkeit von mittlerer Dichte, die weit unterhalb derjenigen der zusammenhängenden Flüssigkeit vor dem Sieden liegt. In dem weiten vertikalen Rohre kann der gleiche Vorgang nicht stattfinden, denn die äufsere Oberfläche ist, verglichen mit dem Querschnitt, verhältnismäfsig gering. Der hydrostatische Druck bleibt hier also unverändert; die Flüssigkeit mufs deshalb in allen Schlangenröhren entsprechend der Abnahme ihrer mittleren Dichte in die Höhe steigen und Flüssigkeit und Dampf schiefsen kräftig und lebhaft in das obere weite horizontale Rohr. In allen Schlangenröhren tritt eine rasche Zirkulation ein, die ein Gemisch von Flüssigkeit und Dampf in das obere Sammelrohr führt. Die Flüssigkeit fliefst von da wieder in das weite vertikale Rohr, während der Dampf den Weg zur Pumpe einschlägt. Die Zirkulation ist also kontinuierlich.

Die Undichtigkeiten haben keinen nennenswerten Einfluſs auf die Leistung der Maschine, denn die Dichte des Gemisches der Dämpfe und der Flüssigkeit ist so gering, daſs es ausreicht, wenn nur noch $^1/_{10}$ des vertikalen Cylinders mit Flüssigkeit gefüllt ist, um einen hydrostatischen Druck herzustellen, der das Gemisch in den Schlangenröhren bis in das obere Sammelrohr zu treiben imstande ist. Die Füllung mit flüchtiger Flüssigkeit kann also auf $^3/_4$ und weiter vermindert werden, ohne daſs die Leistung der Maschine abnimmt.

Die nutzbare Fläche des Kühlers ist die ganze Oberfläche der Schlangenröhren. Ein Mitreiſsen der Flüssigkeit in die Pumpe findet nur in sehr geringem Maſse statt, denn das Gemisch trennt sich in dem oberen Sammelrohre, von wo die Flüssigkeit in das weite vertikale Rohr flieſst, dessen Weite groſs genug ist, um die Ausströmungsgeschwindigkeit der Dämpfe zu mäſsigen.

Alle Röhren, aus denen die Schlangenwindungen sich zusammensetzen, sind bei den ersten Ausführungen aus einem Stück Eisen übereinandergreifend geschweiſst. Sie sind mit dem Sammelrohre durch Flanschenschrauben verbunden, was ein vollkommen hermetisches Anschlieſsen sichert. Der Transport des Apparates ist bequem und die Zusammenstellung sehr leicht, da man nur die Flanschenschrauben aufzuschrauben hat.

Die eisernen Röhren sind unter Wasser mit Luft im Innern auf 25 Atm. geprüft. Die geringste Undichtigkeit verrät sich auf diese Weise sofort. — Bei den neueren Ausführungen der Pictet'schen Maschinen sind alle Röhren ohne Naht aus gezogenem Kupfer hergestellt.

Eine Schraube oder Zentrifugalpumpen bewegen das Salzwasser, welches durch senkrecht in dem Kasten angebrachte Leitbleche gezwungen wird, die äuſsere Oberfläche aller Schlangenröhren zu bespülen. Mit einem Besen kann man von Zeit zu Zeit das ganze Röhrensystem reinigen.

B. Der Kondensator.

Ein vollkommener Kondensator mufs folgende Bedingungen erfüllen:

1. Er mufs vollständig luftdicht, dauerhaft und von einfacher Konstruktion sein.
2. Im Falle einer Undichtigkeit sei er leicht zu reparieren.
3. Er soll das Kondensationswasser so gut als möglich ausnützen, um den Verbrauch desselben zu vermindern.
4. Die Kondensationsoberfläche mufs so vollständig als möglich ausgenutzt werden.
5. Wenn fremde Gase zufällig in den Kondensator gelangen, dürfen sie nur einen sehr geringen Einflufs auf die Kondensation ausüben und diese so wenig als möglich hindern. Man mufs dieselben während des Betriebes leicht entfernen können.
6. Der Apparat soll leicht transportabel und sein Preis niedrig sein.

Pictets Einrichtung des Kondensators ist folgende: Er hat im allgemeinen die Konstruktion des Kühlers auch hier angenommen. Nur eine wesentliche Abänderung in der Zusammenfügung der Teile ändert die Wirkungsweisen der Oberflächen vollständig. Das Rohr, welches die komprimierten Dämpfe von der Pumpe herbeiführt, mündet in das Ende des oberen horizontalen Sammelrohres. Dieses Sammelrohr steht mit dem unteren weiten Rohr nur durch die parallelen Schlangenröhren in Verbindung, welche letzteren in jeder Beziehung den schon beschriebenen des Kühlers gleichen. Das untere Sammelrohr geht in ein vertikales gufseisernes Reservoir, welches dem vertikalen Cylinder des Kühlers entspricht. Der einzige Unterschied ist, dafs in dieses Reservoir blofs das untere Sammelrohr mündet; es ist ohne direkte Verbindung mit dem oberen Sammelrohr. Das kalte von einem Brunnen gelieferte Wasser geht von unten in den grofsen Kasten, in welchem sich das ganze Röhrensystem befindet.

Die komprimierten Dämpfe treten in das obere Sammelrohr und finden in dem ganzen Querschnitt der Schlangenröhren einen reichlich genügenden Abflufs, um ein Zusammendrängen zu verhüten, und jede Schlangenröhre arbeitet selbständig an der Entleerung des oberen Sammelrohres, das durch das Spiel der oberen

Pumpe gespeist wird. Die Dämpfe sinken also von der Oberseite des Kastens, wo sie noch ihre höchste Temperatur haben, nach unten. Sie gehen dabei in entgegengesetzter Richtung wie das Kondensationswasser, das von dem Boden des Kastens emporsteigt und sich durch Aufnahme von Wärme allmählich erwärmt. Horizontale Leitbleche führen das Kondensationswasser zwischen das Röhrensystem und nötigen es, in isothermen Schichten, deren Dichte sich mit der Erhebung vermindert, emporzusteigen. Das Wasser wird so methodisch ausgenützt und kann mit einer Temperaturänderung von 10 bis 12° den Kondensator verlassen.

Wenn endlich fremde Gase in den Apparat gelangt sind, werden sie von den Dämpfen mechanisch in den vertikalen Cylinder getrieben, welcher das Reservoir des unteren Sammelrohres bildet. Die Verbreitung der Gase ist wegen des im Vergleiche zu alten Kondensatoren sehr geringen Querschnitts nicht möglich. Die kondensierte Flüssigkeit fliefst durch ein Rohr am Boden des unteren Sammelrohres ab, während ein kleiner Hahn am oberen Teile des vertikalen Reservoirs es ermöglicht, fremde Gase entweichen zu lassen. Man kann so während des Ganges der Maschine fremde Gase, welche in die Röhren gelangt sind, austreiben, was bei den anderen Systemen absolut unmöglich ist. Übrigens wird bei der neuen flüchtigen Flüssigkeit, die bei — 20° siedet, der Eintritt fremder Gase viel seltener vorkommen als bei der schwefligen Säure, deren Siedepunkt bei — 10° liegt.

Eine Schraube kann, wenn es wünschenswert ist, die Zirkulation des Kondensationswassers zwischen dem Röhrensystem beschleunigen, was die vorteilhafte Folge hat, dafs die kleinen Luftblasen, welche sich immer an der Aufsenseite eines Rohres ansetzen, das in kälterem Wasser liegt, mechanisch entfernt werden. Diese Polarisation vermindert nämlich die Leitungsfähigkeit des Metalls.

C. Die Pumpe.

Auch an der Kompressionspumpe hat Pictet den wesentlichen Teil, nämlich die Ventile, einer Veränderung unterworfen. Pictet hat die Hauptursache der Ventilbrüche herabgemindert und beinahe vollständig beseitigt dadurch, dafs er die Ventile zwischen zwei Federn sich bewegen läfst. An den Enden des Ventilweges finden keine Stöfse mehr statt wie früher.

Das Kompressionsventil wird durch eine lange und weiche Feder in seiner Öffnung gehalten. Diese hebt sich infolge des Gasdruckes und wird ziemlich heftig gegen die Widerlager geschleudert; Pictet hat hier eine zweite starre Feder angebracht, welche den Stofs auffängt und das Ventil ohne Schleudern in seine Öffnung zurückführt, wo es sich am Ende des Kolbenganges ohne Geräusch auflegt.

Das Saugventil trifft, anstatt gegen ein Querstäbchen aus Bronze zu stofsen, welches Gefahr läuft, zu brechen und in den Cylinder zu fallen, wo es sehr empfindliche Unfälle veranlafst, gegen eine zweite starre kurze Feder, welche es aufhält, bevor es das Schutzstäbchen trifft. Infolge dieser doppelten Federn kann man den Gang der Pumpe fast bis auf das Doppelte beschleunigen, ohne Unfälle befürchten zu müssen.

Bei Apparaten von kleinen Dimensionen ist als Kompressionspumpe der Dämpfe der Pictet'schen Flüssigkeit SCO_4 der Motor und Kompressor von Westinghouse angewendet, der auf allen Lokomotiven mit Luftbremsen benutzt wird. Diese Einrichtung verleiht der Kälteerzeugungsmaschine einen aufserordentlichen Grad von Einfachheit und einen ungewöhnlich billigen Preis. Die Maschine kann zusammengestellt, wie sie ist, transportiert und durch jedermann in Gang gesetzt werden, da hierzu nur das Öffnen eines Dampfhahnes erforderlich ist. Sie hat kein Schwungrad, keinen Unterbau, keine Achsenlager, keine Pleuelstange, nur zwei Cylinder auf einem gemeinsamen Gestell. Ein Kasten von 2 m Länge, 1 m Breite und 1 m Höhe trägt an einer seiner Seiten den Motor und den Kompressor. In der ersten Abteilung dieses Kastens befindet sich der Kondensator, während der Kühler den übrigen Raum desselben einnimmt. Der Apparat produziert 60 kg Eis mit 3 Pferdekräften und nimmt wenig Platz in Anspruch.

Die gröfsere Pictet'sche Eismaschine, welche in Fig. 77 skizziert und in Fig. 78 in ihrer wirklichen Ausführung im Grundrifs und Durchschnitt dargestellt ist, besteht wie jede Kompressionsmaschine aus einem Refrigerator (Generator), einer Saug- und Druckpumpe (Kompressor) und einem Kondensator. Die Sammel- und Rektifikationsapparate für Schmieröl, sowie die Destillationsapparate, welche bei anderen Systemen nötig sind, kommen hier in Wegfall.

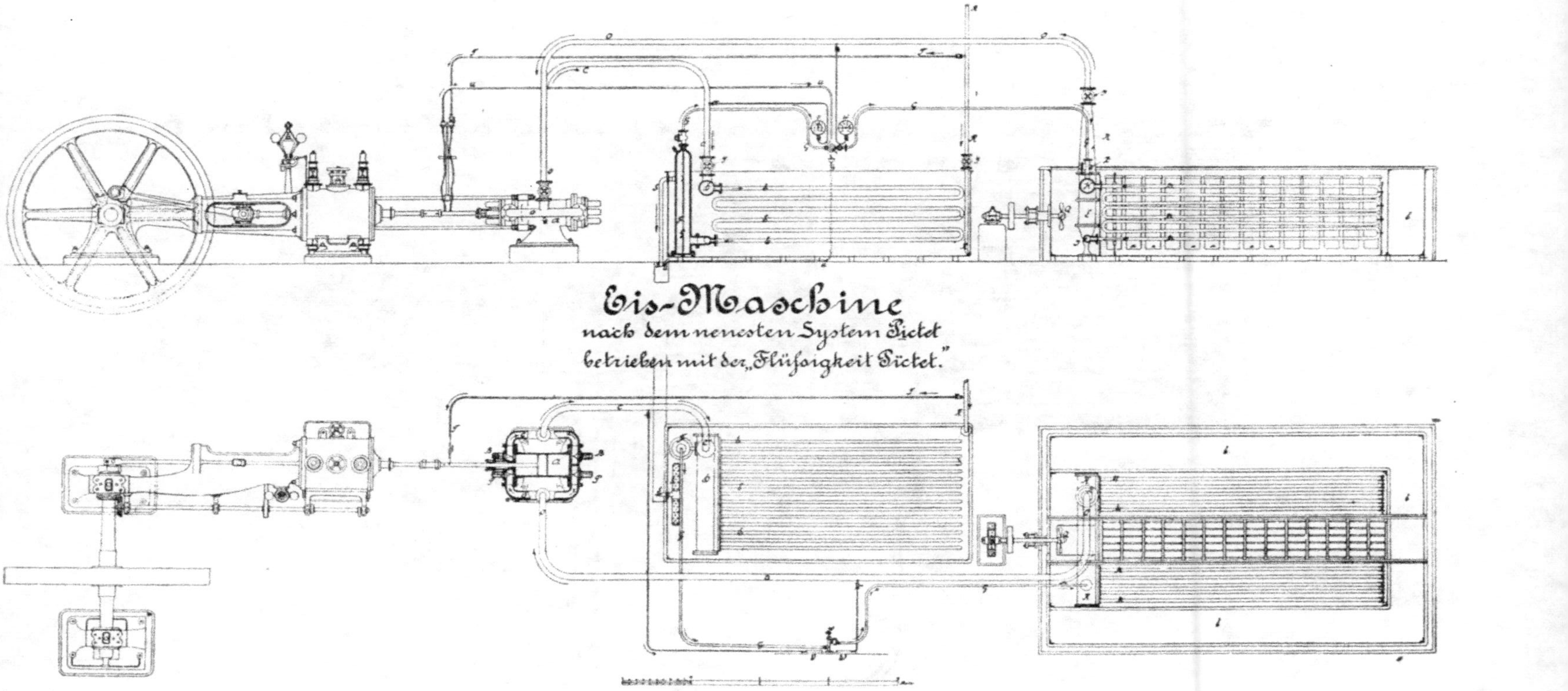
Eis-Maschine
nach dem neuesten System Pictet
betrieben mit der „Flüssigkeit Pictet."

Fig. 77.

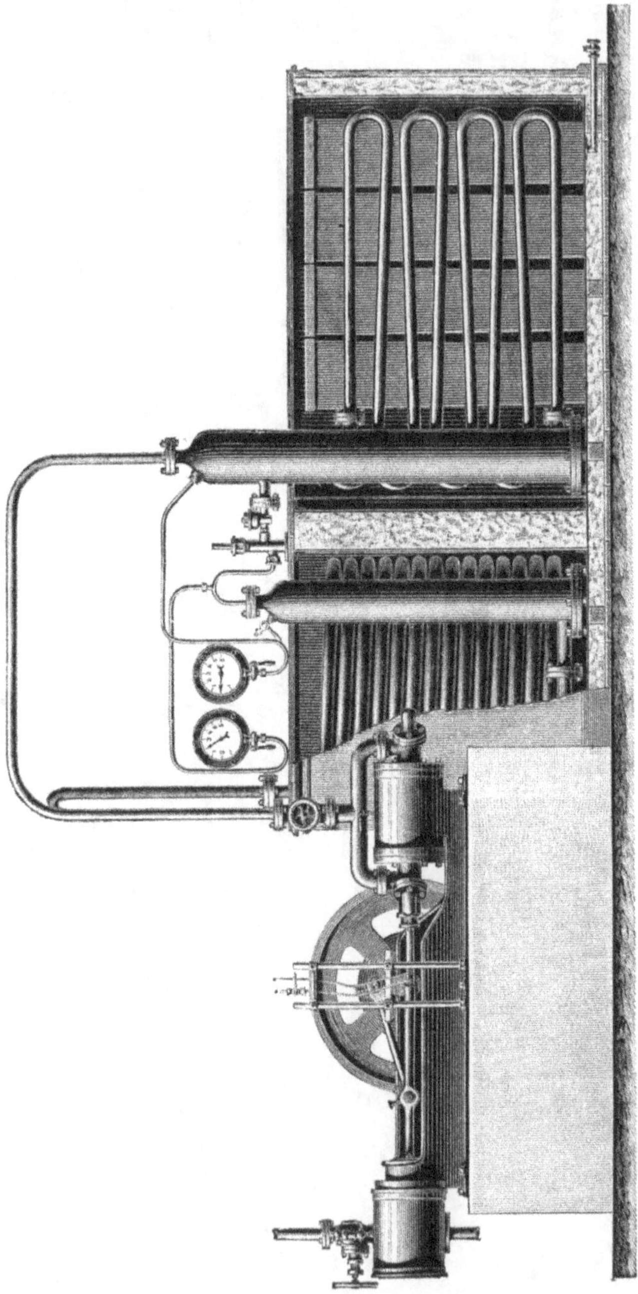

Fig. 78a.
Kompressionsmaschine von Pictet. Aufriſs.

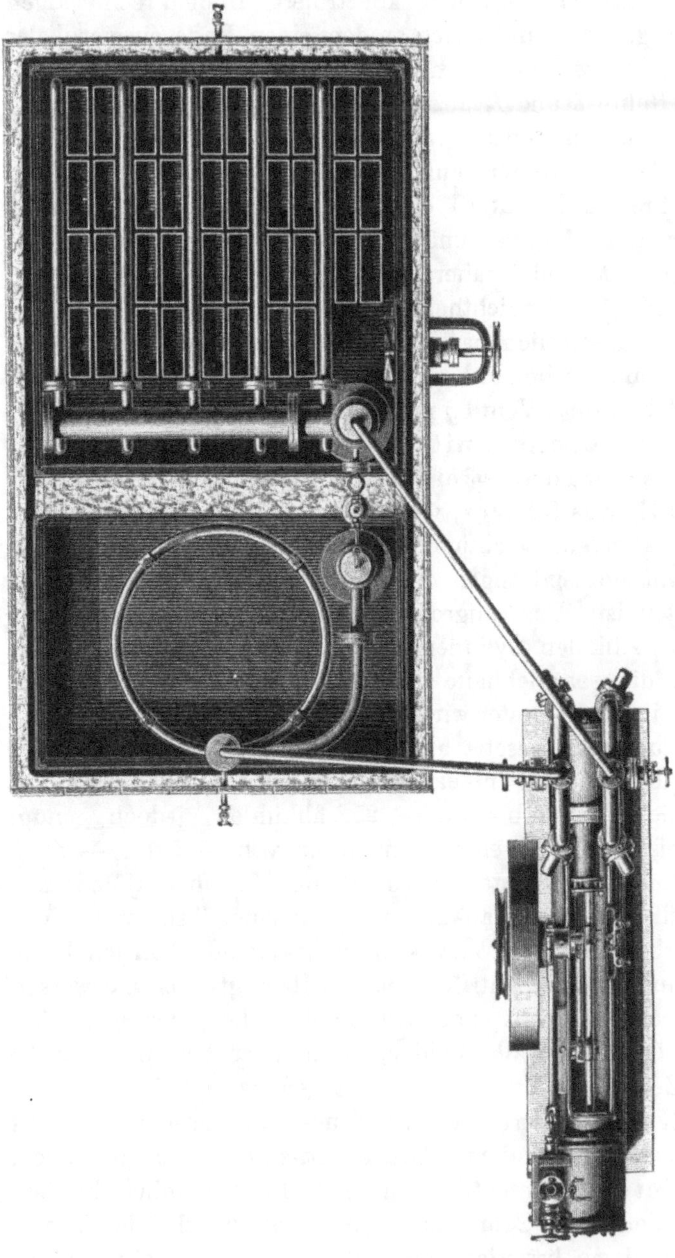

Fig. 78 b.
Kompressionsmaschine von Pictet. Grundriſs.

Der Refrigerator oder Generator ist nach Pictet's Angaben, wie früher ausgeführt, konstruiert: In dem rechteckigen Kasten *b* (Fig. 77) befindet sich an dem einen Ende ein vertikaler Cylinder *N*, von welchem sich, etwa 1 m voneinander abstehend, zwei weite Rohre *I* und *K* abzweigen, die unter sich parallel und horizontal sind, und an der kürzeren Seite des Generatorkastens, die eine am Boden, die andere am oberen Rande, liegen. Die beiden weiten Rohre sind durch eine Anzahl horizontal liegender Schlangenröhren *M M* verbunden, welche aus Kupferröhren ohne Naht hergestellt sind, daher sehr dauerhaft und wertvoll im Material sind und Undichtheiten nahezu ausschliefsen. Diese Schlangen sind sämtlich parallel und lassen einen Zwischenraum von 8 bis 10 cm zwischen sich; sie vereinigen sich in dem Cylinder *N* und stehen durch das Ventil *g* mit dem Kompressor in Verbindung. Der Gesamtdurchschnitt der Schlangenröhren ist, wie bereits erwähnt, gleich oder wenig gröfser als der Querschnitt des Rohres, welche die Dämpfe zur Pumpe leitet. Dies ist eine wichtige Neuerung an dem Refrigerator, da hier kein Zusammendrängen der daselbst sich bildenden Dämpfe zu befürchten ist. Das Saugrohr des Kompressors geht von dem Deckel des vertikalen Cylinders *N* aus.

Durch die sehr lebhafte innere Zirkulation der Pictet'schen Flüssigkeit im Refrigerator wird die gesamte Oberfläche des Kühlrohres in Thätigkeit gesetzt und die um die Röhren zirkulierende Salzlösung schnell und intensiv abgekühlt. Die Salzlösung läfst sich auf diese Weise bis auf — 25° abkühlen, jedoch genügt in den meisten Fällen eine Temperatur von — 5 bis — 7° C. Um den Refrigeratorkasten zirkuliert im Kasten *b* Süfswasser, welches sich gleichzeitig abkühlt und mit einer Temperatur von 0° zur Gärbottich- und Würzekühlung verwendet werden kann. Eine Schraube oder Zentrifugalpumpe bewegt das Salzwasser, welches durch senkrecht angebrachte Leitbleche gezwungen wird, die äufsere Oberfläche aller Schlangenröhren zu bespülen, welche man von Zeit zu Zeit von aufsen reinigen kann.

Der Kompressor ist eine Saug- und Druckpumpe mit vier Saugventilen *P* und vier Druckventilen *B*; auch an diesem hat Prof. Pictet die wesentlichsten Bestandteile, nämlich die Ventile, abgeändert, und zwar hat er die Hauptursache der Ventilbrüche dadurch zu beseitigen gesucht, dafs er auf die bereits beschriebene Weise die Ventile zwischen zwei Federn sich bewegen läſst, so daſs an dem Ende des Ventilweges keine Stöſse statt finden können. Um die Stopfbüchse und die Verpackung an derselben dicht und dauerhaft zu erhalten, ist eine Wasserzirkulation im Innern der Kolbenstange angebracht. Wie bereits bei der Besprechung der Pictet'schen Flüssigkeit hervorgehoben wurde, brauchen Kompressorkolben und Kolbenstange nicht geschmiert zu werden.

Der Kondensator ist im allgemeinen ähnlich dem Refrigerator konstruiert, und ist durch eine andere Zusammenfügung seiner Teile die Wirkungsweise der Oberfläche vollständig geändert; er besteht gleichfalls aus einem Schlangenröhrensystem und zwei groſsen Sammelrohren *D* und *F*, welche jedoch, entgegengesetzt wie bei dem Refrigerator, nicht miteinander in Verbindung stehen. Das Rohr, welches die komprimierten Dämpfe von dem Kompressor herbeiführt, mündet in das Ende des oberen horizontalen Sammelrohres. Dieses Sammelrohr steht mit dem unteren weiten Rohre nur durch die parallelen Schlangenröhren in Verbindung, welche letztere in jeder Beziehung denen des Refrigerators gleichen. Das untere Sammelrohr mündet in ein vertikales guſseisernes Reservoir *I*, welches dem vertikalen Cylinder *N* des Refrigerator entspricht, jedoch mit dem Unterschiede, daſs jenes ohne Verbindung mit dem oberen Sammelrohr ist. Das ganze Röhrensystem befindet sich in einem Kühlkasten, in welchen das vom Brunnen gelieferte Kühlwasser von unten eintritt. Durch die vorgeschriebene Anlage sind alle komprimierten Dämpfe und Gase gezwungen, das ganze Schlangenröhrensystem zu durchstreichen, und wenn Spuren von fremden Gasen in die Maschine eingetreten sein sollten, dieselben mechanisch in das Endreservoir *F* zu führen, wo sie sich sammeln, ohne im geringsten der Kondensationsarbeit zu schaden. Durch einen am oberen Ende dieses Reservoirs befindenden kleinen Hahn kann man die fremden Gase entweichen lassen. Ein sehr empfindlicher und leicht zu handhabender Hahn, welcher bei *H* unter den Manometern *V* und *W* angebracht ist, dient als Regulator. Man läſst durch denselben die kondensierte Flüssigkeit aus dem Kondensator in den Refrigerator übergehen, wo die kälteerzeugende Wirkung durch den Wechsel des Aggregatzustandes beginnt.

Prof. Pictet, welcher seine ersten mit schwefliger Säure betriebenen Kompressionsmaschinen durch die »Compagnie industrielle des procédés Raul Pictet« in Paris ausführen liefs, hatte den Vertrieb der neuen verbesserten, mit der »liquide Pictet« betriebenen Maschinen anderen Gesellschaften und Industriellen übergeben. Die obgenannte Gesellschaft, welche auf die Ausführung dieser neuen Maschinen ein Vorrecht zu haben behauptet, hat den Prozefsweg betreten, jedoch inzwischen für den Betrieb der alten Schwefligsäure-Maschinen mit einer ähnlichen Flüssigkeit wie die »liquide Pictet«, und zwar einer einfachen Lösung von Kohlendioxyd in flüssigem Schwefeldioxyd, ein neues Patent erworben. Der bezüglichen Patentschrift ist nachstehendes zu entnehmen.

»Flüssiges Schwefligsäureanhydrid SO_2 findet sich bei atmosphärischem Drucke bei der Temperatur von -11^0 C.

Man kann den Siedepunkt des Schwefligsäureanhydrids bei atmosphärischem Drucke erniedrigen, indem man in demselben eine gewisse Menge Kohlensäure löst. Das Schwefligsäureanhydrid besitzt nämlich die Fähigkeit, eine gewisse Menge Kohlensäure (etwa $^1/_{40}$ bis $^1/_{50}$ seines Eigengewichtes) in Lösung zu halten. Durch die in Lösung befindliche Kohlensäure werden die Eigenschaften des Schwefligsäureanhydrids in der Weise geändert, dafs seine Verflüssigungspunkte bei verschiedenen Temperaturen und Drucken andere werden.

Der Siedepunkt einer auf solche Weise mit Kohlensäure gesättigten flüssigen schwefligen Säure sinkt bei atmosphärischem Drucke bis auf -30^0 C.

Je nach der Menge gelöster Kohlensäure kann dieser Siedepunkt zwischen -30^0 und -11^0 variieren; durch diese mehr oder minder vollständige Sättigung der SO_2 mit CO_2 werden die Eigenschaften der SO_2 tiefgehend verändert. So ist die zur Kondensation dieser neuen Flüssigkeit, welche wir karbonisierte schweflige Säure nennen, erforderliche Arbeit im Vergleiche mit der durch dieselbe bewirkten Temperaturerniedrigung geringer als die Arbeit, welche nötig ist, um reine SO_2 in flüssige Form überzuführen. Mit anderen Worten, in Schwefligsäure-Eismaschinen, welche mit karbonatisierter schwefliger Säure arbeiten, ist die erzeugte Kältemenge gröfser, als der Zunahme an Arbeit entsprechen würde, welche durch die Erhöhung der Spannung der

Dämpfe veranlafst wird. Die Erhöhung der Spannung wird natürlich durch das Lösen der Kohlensäure veranlafst. Bekanntlich ist bei Maschinen des in Rede stehenden Systemes die erzeugte Kältemenge bei gleichem Volumen der abgesaugten Dämpfe der Spannung dieser Dämpfe proportional.

So beträgt z. B. die Spannung der Dämpfe von Schwefligsäureanhydrid bei einer Temperatur von — 15° C. 0,9 Atm., während bei der gleichen Temperatur die neue mit CO_2 gesättigte Flüssigkeit Dämpfe von 1,4 Atm. Spannung gibt. Daraus kann man schliefsen, dafs bei gleichem Volumen der abgesaugten Dämpfe die durch die neue Flüssigkeit erzeugte Kältemenge sich zu der von schwefliger Säure erzeugten verhalten mufs wie 1,4 zu 0,9. — Bei Verwendung ein und derselben Pumpe zum Absaugen der Dämpfe ergibt also die karbonatisierte schweflige Säure eine um etwa 50 % gröfsere Kältemenge. Anderseits ist die im Kondensator der Eismaschinen zum Verflüssigen der Gase erforderliche Arbeit der Spannungszunahme der abgesaugten Dämpfe, oder mit anderen Worten, der erzeugten Kältemenge nicht proportional. In einem Tableau der Patentschrift ist die Arbeitsmenge graphisch dargestellt, welche erforderlich ist, um Dämpfe von reiner SO_2 und solche von mehr oder minder CO_2 gesättigter SO_2 in flüssige Form zu bringen, wobei vorausgesetzt ist, dafs die Dämpfe bei — 15° C. abgesaugt und bei + 13° C. komprimiert werden. Aus den Flächen dieser Diagramme geht hervor, dafs die Menge der zur Flüssigkeit erforderlichen Arbeit mit der Erhöhung des Sättigungsgrades der SO_2 mit CO_2 abnimmt. Die Ersparung an Arbeit beträgt bei der gesättigten Flüssigkeit etwa 10 % der ganzen zur Kompression erforderlichen Arbeit. Die Anwendung karbonatisierter schwefliger Säure bietet also zwei Vorteile: 1. für die Erzeugung einer gewissen Kältemenge können die Dimensionen der Kompressionspumpe kleiner gehalten werden; 2. gleichzeitig wird die zur Erzeugung der Kälte erforderliche Arbeit reduziert.

Man stellt die karbonatisierte schweflige Säure dar, indem man bei niedriger Temperatur gasförmige Kohlensäure blasenweise von unten in flüssige schweflige Säure eintreten läfst. Sobald die gesättigte Flüssigkeit bei einer bestimmten Temperatur höhere Spannung zeigt als die normale, unterbricht man die Operation.

In der Praxis setzt man die Eismaschine erst mit reinem Schwefligsäureanhydrid in Gang und läſst dann successive Kohlensäure zutreten, bis die gewünschte Saturation hergestellt ist; doch kann man die Maschine auch gleich mit karbonatisierter schwefliger Säure beschicken. Die hierzu erforderliche Kohlensäure wird nach einem der gewöhnlichen Verfahren bereitet«.

Die Linde'sche Kompressionsmaschine.

Es wurde bereits in der allgemeinen Erörterung der verschiedenen Systeme von Kaltdampfmaschinen hervorgehoben, daſs sich das verflüssigte Ammoniak als verdampfende Flüssigkeit für solche Maschinen besonders geeignet erweist, nachdem es wegen seiner groſsen Verdampfungswärme sehr kleine Dimensionen der Maschinen erfordert, und seine Spannung innerhalb der auftretenden Temperaturen weder zu hoch noch zu niedrig wird. Diese Umstände veranlaſsten Prof. Linde zur Konstruktion seiner Ammoniak-Kompressionsmaschine, welche sich bald derart vorzüglich und leistungsfähig bewährte, daſs sie binnen wenigen Jahren fast allgemein zur Einführung gelangte, und daſs bald darauf mehrere ähnliche Kompressionsmaschinen unter Anwendung von flüssigem Ammoniak konstruiert wurden.

Der Linde'schen Maschine liegt das allgemeine Prinzip der Kaltdampf- oder Kompressionsmaschinen zu Grunde. Es wird Ammoniakgas mittels einer Kompressionspumpe verflüssigt; dieses verflüssigte Ammoniak besitzt die Eigenschaft, schon bei niedriger Temperatur rasch zu verdampfen, wobei es die zur Verdampfung erforderliche, sogenannte latente Wärme seiner Umgebung entziehen muſs, also eine es umgebende Flüssigkeit stark abkühlt. Das durch die Verdampfung entstandene Ammoniakgas kann durch eine Kompressionspumpe leicht wieder in den flüssigen Zustand überführt werden, wobei man nur dafür zu sorgen hat, daſs die bei der Kompression entstandene Temperaturerhöhung durch Kühlwasser ausgeglichen wird. Das auf diese Weise verflüssigte Ammoniak flieſst nun wieder in den Verdampfraum zurück, um hier durch rasche Verdunstung abermals eine Temperaturerniedrigung zu bewirken, und kann man diesen Kreisprozeſs mit derselben Menge Ammoniak beliebig oft wiederholen.

Die Linde'sche Kälteerzeugungsmaschine hat die in der Fig. 79 im Grund- und Aufriſs dargestellte Einrichtung.

Sie besteht hauptsächlich aus drei Teilen: 1. dem Verdampfer, in welchem das verflüssigte Ammoniak rasch verdampft und dabei die umgebende Flüssigkeit, gewöhnlich eine

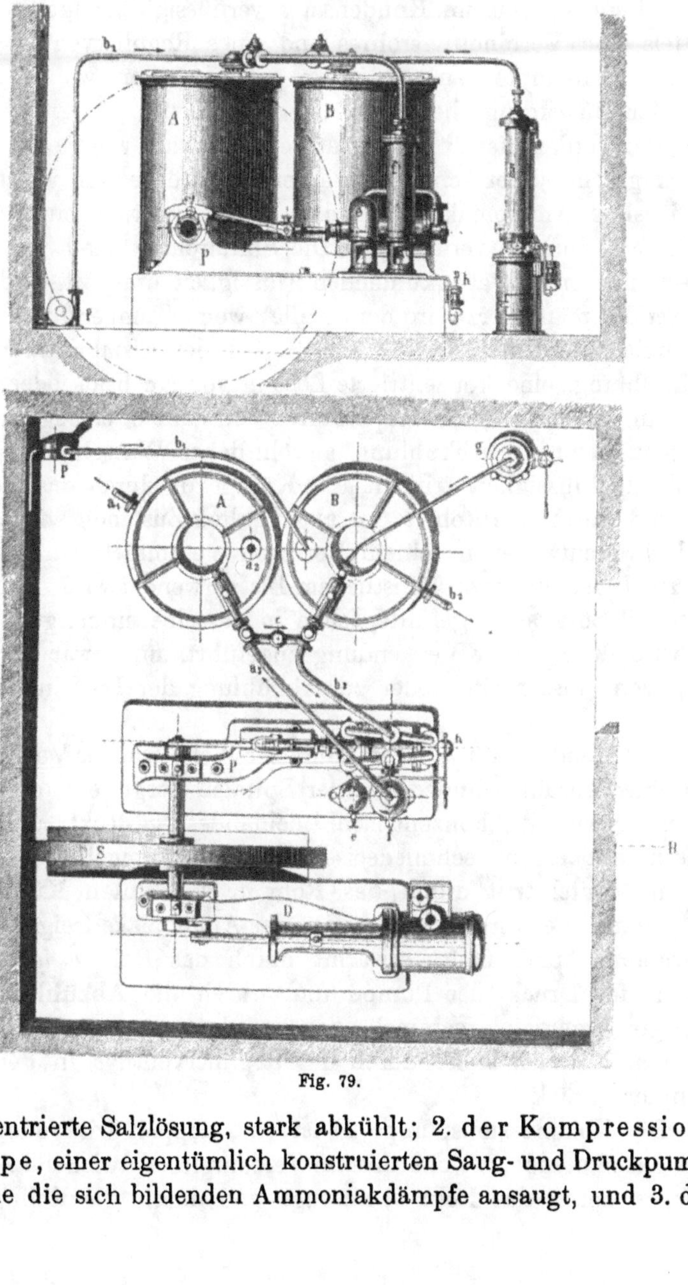

Fig. 79.

konzentrierte Salzlösung, stark abkühlt; 2. der Kompressionspumpe, einer eigentümlich konstruierten Saug- und Druckpumpe, welche die sich bildenden Ammoniakdämpfe ansaugt, und 3. dem

Kondensator, in welchen die angesaugten Ammoniakdämpfe gepreſst und daselbst komprimiert werden, wobei die entstehende Wärme durch entsprechende Mengen von Kühlwasser weggeschafft werden muſs. Das im Kondensator verflüssigte Ammoniak wird mittels eines Verbindungsrohres und eines Regulierventils wieder in den Verdampfer zurückflieſsen gelassen, von wo es seinen Kreislauf neuerdings beginnt.

Der Verdampfer B besteht aus einer Anzahl von je aus einem Stück geschweiſster schmiedeeiserner Spiralröhren, in welche das verflüssigte Ammoniak durch das Regulierventil c eintritt und in ihrem Innern verdampft. Die Spiralröhren sind in einem Reservoir von der abzukühlenden Flüssigkeit umspült, und zwar verwendet man hierzu in dem Falle, wenn Temperaturen unter 0° erzielt werden sollen, wie z. B. bei der Eisfabrikation und Luftkühlung, eine konzentrierte Lösung von Kochsalz oder Chlorcalcium; sollen dagegen Temperaturen von nahe 0° erzeugt werden, so genügt für die Abkühlung gewöhnliches Wasser. Die abzukühlende Flüssigkeit tritt in das Kühlgefäſs durch das Rohr b_1 ein und durch das Rohr b_2 im abgekühlten Zustande wieder aus, und wird entweder in einem Reservoir gesammelt, in welchem sie zur Erzeugung von künstlichem Eis verwendet wird, — indem man mit Süſswasser gefüllte Zellen in dasselbe einhängt — oder sie wird direkt ihrer Verwendung zugeführt, und zwar zur Kühlung von Flüssigkeiten oder zur Abkühlung der Luft in Räumen benutzt.

Der Kondensator A ist in ähnlicher Weise wie der Verdampfer aus einer Anzahl schmiedeeiserner Spiralen hergestellt, die cylindrisch gewickelt, konzentrisch ineinander gesteckt und von auſsen mit einem schmiedeeisernen Mantel umgeben sind; in diesen Mantel tritt durch das Rohr a_1 von unten Kühlwasser ein, nimmt die durch Kompression des Ammoniaks freigewordene Wärme auf und flieſst erwärmt durch das Rohr a_2 ab. Das durch den Druck der Pumpe und durch die Abkühlung verflüssigte Ammoniak sammelt sich in den unteren Teilen der Spiralen an und flieſst durch das Regulierventil c in den Verdampfer zurück.

Die Kompressionspumpe P ist eine doppelt wirkende Saug- und Druckpumpe, welche das im Verdampfer entwickelte Ammoniakgas durch das Rohr b_3 ansaugt und durch die Rohrverbindung a_3 in den Kondensator prefst; sie ist gewöhnlich liegend konstruiert, und sind alle Teile möglichst zugänglich angeordnet, wie dies aus Fig. 80, welche auch die Einrichtung des Kondensators zeigt, zu ersehen ist. Der Kolben ist metallisch gelidert, und sind die Ventile durch Federn in ihre Sitze geprefst. Die Stopfbüchse hat die wichtige und schwierige Aufgabe zu lösen, die unter so hohem Druck stehenden Ammoniakdämpfe nach aufsen abzudichten und gleichzeitig die Pumpe zu schmieren. Diese wichtige Frage, den Pumpeninhalt von der äufseren Luft abzusperren und dabei gleichzeitig das Ammoniak vom Schmiermittel reinzuhalten, hat Prof. Linde nach vielfachen Versuchen und Verbesserungen in sinnreicher Weise gelöst, und erst der befriedigenden

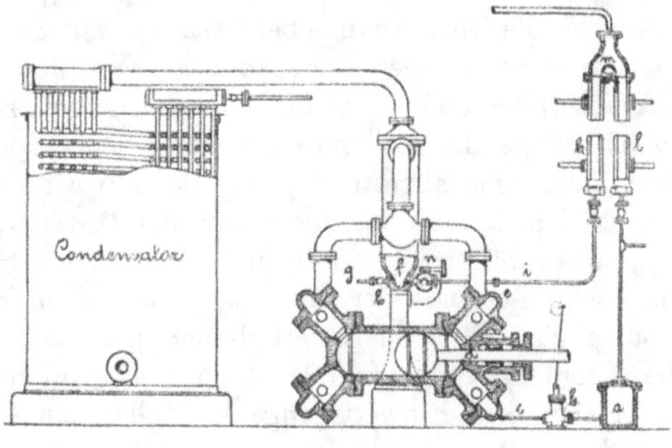

Fig. 80.

Lösung dieser Aufgabe ist es zu danken, dafs die Ammoniakmaschine ihre so hohe Bedeutung für die Kälteerzeugung gewinnen konnte. Als Schmier- und Absperrflüssigkeit wurde von Linde zuerst Glycerin verwendet, welches sich sehr gut bewährte, trotzdem es die Eigenschaft zeigte, Ammoniak in bedeutender Menge zu absorbieren und deshalb einige besondere Vorrichtungen zu seiner Reinigung notwendig machte; es wird auch noch bis heute häufig verwendet, wurde jedoch bei vielen Linde'schen Maschinen durch Mineralöl ersetzt, welches weniger Ammoniak absorbiert und auch wohlfeiler ist.

Die Abdichtung der Pumpe wird dadurch erreicht, dafs die Stopfbüchse sehr lang konstruiert, und in dieser zwei Packungen hintereinander angeordnet sind, wodurch zwischen denselben eine Sperrkammer eingeschaltet wird, welche ganz mit Glycerin gefüllt ist; diese Kammer ist einerseits vom Cylinder, anderseits von der äufseren Luft durch die sehr sorgfältig herzustellenden Gummipackungen getrennt. Um das Glycerin in der Sperrkammer halten zu können, erachtete man es früher für nötig, die Sperrkammer mit der Druckleitung zu verbinden, damit in ihr stets die Kondensatorspannung als höchste in der Maschine auftretende herrsche. Es hat sich aber herausgestellt, dafs, wenn man der Kolbenstange Glycerin in reichlicher Menge aufserhalb zuführt, dasselbe gewissermafsen angesaugt wird; es findet also trotz des hohen Überdruckes in der Pumpe eine Bewegung des Glycerins von aufsen nach innen statt. Diese eigentümliche Erscheinung schreibt Linde dem Umstande zu, dafs diese geringe Menge von Glycerin, welche die Kolbenstange bei ihrem Einwärtsgange durch Adhäsion mitnimmt, in der Sperrkammer bezw. dem Cylinder Ammoniak absorbiert und daher ihr Volumen vergröfsert, so dafs beim Auswärtsgange der Kolbenstange ein Teil der Sperrflüssigkeit an den Packungen abgestreift wird. Deshalb wird die Sperrkammer auch dann, wenn sie nicht mit der Druckleitung verbunden ist, stets gefüllt sein und die in ihr herrschende Spannung ist lediglich vom Zustande der Packungen auf beiden Seiten der Kammer abhängig. Etwa aus dem Cylinder in die Sperrkammer durch die innere Packung tretendes Ammoniak wird hier absorbiert und gelangt beim Einwärtsgange der Kolbenstange mit dem Glycerin in den ersteren zurück. Ist aber der Zustand der inneren Packung ungenügend, so wird die in die Sperrkammer eindringende Ammoniakmenge zu grofs, um absorbiert werden zu können, und ein Entweichen durch die äufsere Packung möglich.

Diesem bei mangelhafter Wartung eintretenden Verluste, der weniger des Wertes des Ammoniaks als des Geruches wegen recht unangenehm ist, kann man vorbeugen, wenn man der Sperrkammer von aufsen her fortwährend soviel Sperrflüssigkeit zuführt, dafs alles in die Kammer tretende Ammoniak sicher absorbiert wird und für einen Abzug des mit Ammoniak gesättigten Glycerins sorgt. Diesem Zwecke, wie zur Reinhaltung der Ammoniakfüllung dient folgende, aus Fig. 80 ersichtliche Einrichtung:

Aus dem Glycerinbehälter *a* wird durch eine kleine Pumpe *b* fortwährend Sperrflüssigkeit durch die Leitung *c* in die Sperrkammer *d* geschafft. Ein Teil derselben tritt durch die innere

Packung in den Cylinder; der Rest, welcher also Ammoniak absorbiert hat, gelangt durch das Rohr *c* und eine weiterhin zu beschreibende Vorrichtung zur Austreibung des Ammoniaks nach *a* zurück. Da aus der Sperrkammer fortwährend Glycerin in den Pumpencylinder übertritt, so würde dieses von dem dampfförmigen Ammoniak in den Kondensator übergerissen werden, hier mit dem niedergeschlagenen Ammoniak ein Gemisch bilden, so in den Verdampfer gelangen und sich in diesem ansammeln. Infolge dieser Umstände müfste sich aber die Leistung der Maschine allmählich vermindern, weil Glycerin und Ammoniak ein Flüssigkeitsgemisch bilden, welches bei gleicher Spannung höhere Temperatur zeigt als reines Ammoniak. Es ist deshalb nötig, das Glycerin, bevor es in den Kondensator gelangen kann, abzuscheiden. Deshalb ist in die Druckleitung der Pumpe der Glycerinsammler *f* eingeschaltet. In diesem rohrförmigen Gefäfse, dessen Querschnitt gröfser ist als der der Leitung, sammelt sich das mitgerissene Glycerin an; um es von neuem benutzen zu können, ist das von ihm absorbierte Ammoniak auszutreiben. Dies kann im Destillationsapparate geschehen; man braucht den Glycerinsammler *f* nur durch ein Rohr *g* mit diesem zu verbinden und von Zeit zu Zeit durch Öffnen des Hahnes *h* seinen Inhalt übertreten zu lassen. Indem nun das Ammoniak von dem Glycerin abdestilliert wird, gelangt ersteres in die Saugleitung der Maschine, letzteres in den Sammler *a* zurück.

Vollkommener ist die Einrichtung, wenn man einen besonderen Rektifikationsapparat zur Abscheidung des Ammoniaks benutzt. Vom Glycerinsammler *f* führt ein Rohr *i* zu diesem Apparate, welcher aus zwei Röhren *k* und *l* besteht, die von einem Mantel umgeben und oben durch ein Sammelstück *m* verbunden sind. Durch den Mantel des Rohres *k* strömt Dampf oder heifses Wasser aus den Kondensationstöpfen der Dampfleitung, durch den Mantel von *l* aber Kühlwasser. In dem geheizten Rohre scheidet sich das Ammoniak vom Glycerin; ersteres tritt durch das Sammelstück *m* in die Saugleitung der Maschine, letzteres in das gekühlte Rohr über und gelangt von hier in den Sammler *a* zurück. Den Übertritt vom Glycerinsammler und Rektifikator kann man auch selbstthätig machen, indem man in die Leitung *i* einen von der Maschine getriebenen rotierenden entsprechend gekerbten Cylinder *n* schaltet, welcher die Menge der von *f* nach *k* übertretenden Flüssigkeit regelt. Die Schmier- und Sperrflüssigkeit macht also einen vollständigen Kreislauf durch die Maschine. — Wie bereits erwähnt, wird in neuerer Zeit als Schmierflüssigkeit fast ausschliefslich Mineralöl benutzt.

Jeder Maschine ist als weiterer Bestandteil überdies ein kleiner Apparat beigegeben, um dieselbe bei Inbetriebsetzung mit der notwendigen Menge von reinem wasserfreien Ammoniakgas zu füllen. Es ist dies der Destillationsapparat *g* (Fig. 79), welcher durch eine kleine Handpumpe *k* mit gewöhnlichem käuflichem Ammoniakgeist gefüllt wird. In einem im Apparate enthaltenen kleinen schmiedeeisernen Kessel wird der Salmiakgeist durch eine Dampfspirale oder durch direkte Feuerung erwärmt, wobei sämtliches in der Flüssigkeit enthaltene Ammoniak ausgetrieben wird. Die durch das entwickelte Ammoniakgas stets mitgerissenen Wasserdämpfe werden in dem Kühlaufsatze durch zirkulierendes Kühlwasser niedergeschlagen, und es gelangt das ziemlich wasserfreie Ammoniakgas in den Verdampfer und von da aus in den Kondensator. Der erschöpfte Salmiakgeist wird nach erfolgter Füllung der Maschine ausfliefsen gelassen und der Destillationsapparat aufser Betrieb gesetzt; er dient nur noch manchmal dazu, die während des Betriebes durch etwaige Undichtheiten verloren gegangenen Ammoniakmengen zu ersetzen.

Nach einer weiteren Neuerung, welche sich Prof. Linde patentieren liefs, kann die Zurückführung der Ammoniakdämpfe in den flüssigen Zustand statt mittels einer Pumpe durch ein gewöhnliches Dampfstrahlgebläse erfolgen, und ist der hierzu dienende Apparat in Fig. 81 abgebildet. Die zum Zwecke der Kühlung verdampfende Ammoniakflüssigkeit befindet sich in dem Kessel *A*. Sie umgibt die Spirale *a*, in welcher zu kühlendes Wasser oder schwer frierende Flüssigkeit zirkuliert und die Wärme an die Dämpfe abgeben kann. Die entstandenen Dämpfe werden durch das Dampfstrahlgebläse *B* angesaugt und in den Kessel *C* geprefst, in welchem die Rekondensation derselben durch das in der Spirale *b* zirkulierende Kühlwasser stattfindet. Die entstehende Flüssigkeit sammelt sich am Boden des Kondensators *c* und tritt durch das Rohr *e* wieder in den Verdampfer ein. Das durch den Schwimmer *d* gesteuerte Ventil *e* erhält das Niveau der Flüssigkeit in dem Verdampfer *A* konstant. Der für das Dampfstrahlgebläse *B* notwendige Betriebsdampf wird durch den

Kessel *D* geliefert, in welchem Dampf von hoher Spannung aus derselben flüchtigen Flüssigkeit erzeugt wird, die den Kühlprozefs durchführt. Die Erwärmung und Verdampfung dieser Flüssigkeit in dem Dampfkessel *D* erfolgt am besten in der angedeuteten Weise durch ein Spiralrohr *f*, in welchem der Dampf oder das Wasser eines gewöhnlichen, unter atmosphärischem Druck stehenden Dampfkessels zirkuliert. Es ist hierdurch die Überschreitung eines gewissen Maximaldruckes im Dampfkessel des Apparates unmöglich gemacht. Das Röhrchen *z* führt die

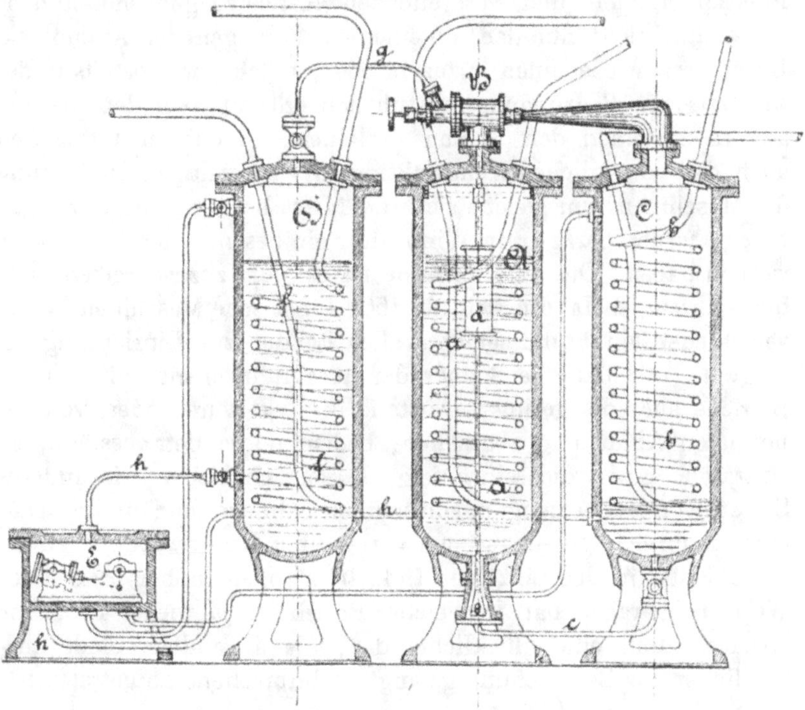

Fig. 81.

hochgespannten Dämpfe dem Dampfstrahlapparat *B* zu. Die gemischten Dämpfe aus dem Dampfkessel *D* und aus dem Verdampfer *A* kondensieren sich im Kondensator *C*. Die Speisung des Dampfkessels *D* kann wie bei einem gewöhnlichen Kessel durch Hand- oder Dampfpumpe oder auch durch einen Injektor erfolgen. Im vorliegenden Falle ist eine Dampfpumpe angenommen, betrieben durch eine Zwillingsdampfmaschine, welche den Betriebsdampf aus dem Kessel *D* erhält und zur Vermeidung von Dampfverlusten samt der Pumpe in ein mit dem Kessel *D* kommunizierendes Gehäuse eingeschlossen ist. Die aus dem Kondensator *C* in den Kessel *D* führende Speiseleitung ist in der Figur mit *h* bezeichnet.

Diese Einrichtung, welche besonders für kleinere Anlagen geeignet sein dürfte, ist noch wenig zur Ausführung und Anwendung gelangt.

Gegenwärtig gehört die Linde'sche Maschine zu den bestfunktionierenden und verbreitetsten Kälteerzeugungsmaschinen; es ist dies nicht nur den allgemeinen Vorzügen der Ammoniak-Kompressionsmaschinen zuzuschreiben, welche, wie bereits in der theoretischen Begründung ausführlich erörtert, vor den meisten andern Systemen den Vorzug verdienen, sondern hauptsächlich auch der vorzüglichen Konstruktion und sorgfältigen Ausführung der Maschinen, um welche sich die Maschinenfabrik Augsburg, ferner Sulzer in Winterthur ein besonderes Verdienst erworben haben. Diesem Umstande ist es wohl zuzuschreiben, dafs binnen wenigen Jahren weit über 500 Linde'sche Maschinen in den verschiedensten Etablissements aller Länder zur Einrichtung gelangten, und dafs bei keiner der ausgeführten Maschinen beim Betriebe auch der geringste Anstand bemerkt wurde oder, von der normalen Abnutzung abgesehen, bedeutendere Betriebsstörungen auftraten. Es ist dies ein Erfolg, dessen sich bisher kein anderes System von Kälteerzeugungsmaschinen rühmen kann und welcher auch hauptsächlich zur raschen Verbreitung der Anwendung künstlicher Kälte in den einzelnen Industriezweigen in hervorragender Weise beigetragen hat, in welcher Beziehung ja wieder Professor Linde durch eine glückliche Idee, die an anderer Stelle ausführlicher zur Besprechung gelangt, bahnbrechend aufgetreten ist.

Die Osenbrück'sche Kompressionsmaschine.

Nachdem durch Linde die Ammoniak-Kompressionsmaschine eine solch ausgedehnte Verbreitung und Anwendung erhalten hatte, wurden nach gleichem Prinzip mehrere ähnliche Maschinen ausgeführt, welche sich nur durch unwesentliche Konstruktionsänderungen von den Linde'schen Maschinen unterscheiden. Unter den späteren Konstruktionen der Ammoniak-Kompressionsmaschinen ist die von Osenbrück am bemerkenswertesten, welche in den letzten Jahren durch die Maschinenfabrik Germania in Chemnitz häufig zur Ausführung gekommen ist, ohne jedoch in ihren Erfolgen die Linde'sche Maschine zu erreichen.

Osenbrück acceptierte das System der Ammoniakkompression vollständig und änderte die Ausführung der Maschine nur durch eine neue Konstruktion der Pumpe ab, bei welcher er als Dichtungs- und Schmierflüssigkeit sogleich Mineralöl statt des von Linde zuerst benutzten Glycerins verwendete. Die Ähnlichkeit der Konstruktion dieser beiden Maschinen hatte einen langwierigen Patentstreit zwischen der Linde-Gesellschaft und Osenbrück zur Folge, welcher jedoch im Vergleichswege ausgetragen wurde.

Bei der Konstruktion dieser Pumpe war Osenbrück von dem Gedanken geleitet, alle beweglichen Teile derselben in ein Ölbad einzulagern, damit sie die geringste Abnutzung erleiden und die Pumpe keiner besonderen Wartung bedürfe, ferner eine leichte und sichere Abdichtung der Stopfbüchse, durch welche die Kurbelwelle geführt ist, dadurch zu erzielen, daſs die mit geeignetem Öl gefüllte Kurbelwellenkammer unter den Minimaldruck der Pumpe gebracht wird, und endlich dafür zu sorgen, daſs bei jedem Kolbenwege ein regulierbares Quantum Öl hinter die Kolben gespritzt wird, um die schädlichen Räume zu beseitigen und den Nutzeffekt der Pumpe zu verbessern, und zwar derart, daſs diese Ölzuführung sowohl von der Minimal- als Maximaldruckseite der Pumpe geschehen kann, wodurch gleichzeitig durch die Pumpe selbst eine Ausgleichung der Ölniveaus in der Ölkammer der Minimaldruckseite und dem Ölreservoir der Maximaldruckseite, falls eine Verschiebung derselben stattgefunden hat, bewirkt wird. Für diesen Zweck ist auſserdem noch eine selbstthätig wirkende Vorrichtung vorhanden.

Die in Fig. 82a bis 82d dargestellte Konstruktion der Osen brück'schen Kompressionspumpe zeigt folgende Bestandteile:

A ist die Kurbelwellenkammer, welche durch die Deckel *a* und *b* öldicht geschlossen ist.

An dem Deckel *b* ist die Stopfbüchse für die Kurbelwelle befindlich. *B* und *C* sind die beiden Pumpencylinder, *D* eine durch eine horizontale, fein durchlöcherte Platte *c* abgeteilte Kammer, welche mit der Saugleitung der Pumpen *d* und d_1 kommuniziert. Alle diese vier genannten Teile *ABCD* bestehen aus einem Stück. *E* ist ein Ölreservoir, in welches das Druckrohr *e* der Pumpe führt. Durch den Hahn *f* kann die Pumpe gegen die Druckleitung abgesperrt werden. Oben an dem Helm des Ölreservoirs, welches also unter dem Maximaldruck der Pumpe steht, setzt sich das Druckrohr fort. Das Ölreservoir dient zur

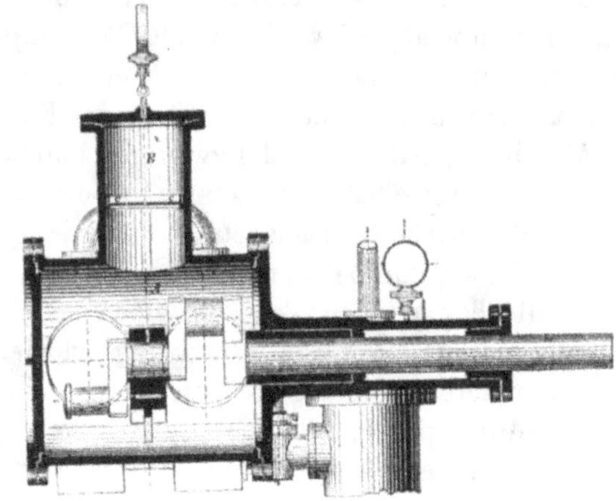

Fig. 82a.

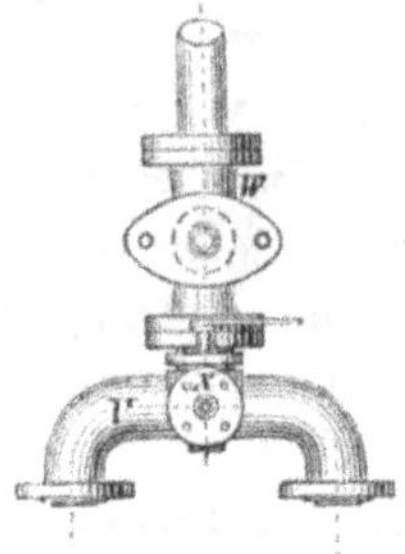

Fig. 82d.

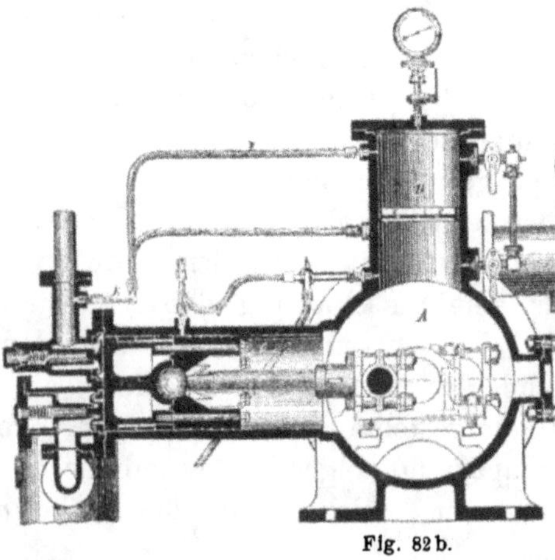

Fig. 82b.

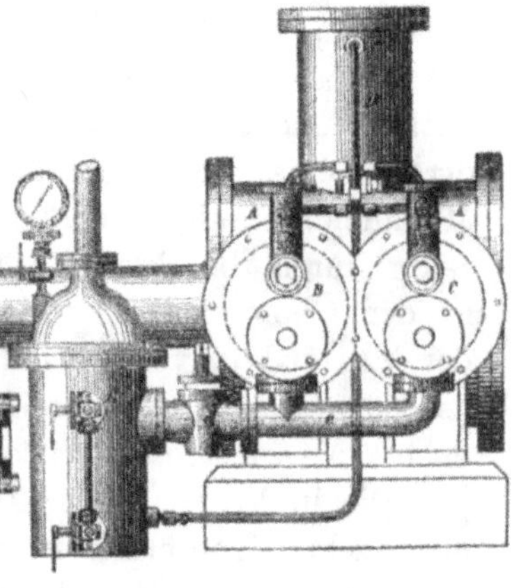

Fig. 82c.

Einspritzung von Öl hinter die Pumpenkolben. Die Saugröhren der Pumpen *d* und *d*' werden durch ein T-Rohr miteinander verbunden, und die Pumpe kann durch den auf diesem Stück angebrachten Hahn *w* gegen die Saugleitung abgesperrt werden. Durch den vorne angebrachten kleinen Hahn *x* wird reines flüssiges Ammoniak der Pumpe zugeführt. Das Rohr *g* mündet in den unteren Teil des Ölbehälters *E* und führt zu dem Dreiweghahn *h*, welcher einmal in den Ölraum der Kammer *D* und auf dem anderen Ende durch Verzweigung in die beiden Pumpencylinder *B* und *C* mündet, und zwar so, daſs die Einspritzlöcher in diesen Cylindern beim Ende jedes Kolbenhubes in Saugerichtung von dem Kolben freigegeben werden, so daſs also ein entsprechendes Ölquantum einspritzen kann. Die Kolben sind so lang bemessen, daſs sie sich selbst führen, sind der Quere nach auf halbe Länge geteilt. Beide Hälften werden durch Schrauben miteinander verbunden und die Pleuelstangen sind in dieselben mittels Kugelgelenkes eingekapselt.

Der Vorgang in der Pumpe ist nun folgender:

Die Pumpe ist bis nahe zu der horizontalen durchbohrten Scheidung *c* in der Ölkammer *D*, welche ein Umherspritzen des Öles beim Arbeiten der Pumpe verhindert, mit geeignetem Öl gefüllt, das Ölreservoir *E* etwa bis zur Hälfte. Der Dreiweghahn *h* stellt die Verbindung zwischen Reservoir *E* und den Pumpencylindern *B* und *C* her. Bei Vollendung jedes saugenden Hubes geben die Kolben die Einspritzöffnung des Rohres *g* in die Pumpencylinder frei, und es spritzt ein der Hahnstellung und dem Druck entsprechendes Quantum Öl hinter die Kolben. Dasselbe gelangt direkt durch die Druckventile der Pumpe in das Ölreservoir zurück, um denselben Kreislauf anzutreten. Wenn Gas oder Öl durch Undichtigkeiten der Kolben in die Kurbelkammer *A* gelangen, so steigt ersteres durch die gelochte Platte *c* in den oberen Teil der Kammer und vereint sich hier durch das Rohr *k* mit dem Gase der Saugleitung, während letzteres ein Steigen des Öles in der Ölkammer *D* bewirkt. Wird das Ölniveau auf diese Weise zu hoch und hat sich dementsprechend in dem Ölreservoir *E* gesenkt, so wird der Dreiweghahn so gestellt, daſs die Einspritzung von Öl hinter die Pumpenkolben von *D* aus geschieht. Dasselbe gelangt dann durch die Druckventile in das Ölreservoir zurück, wodurch dessen Niveau steigt, während das der Ölkammer sinkt. Der Dreiweghahn wird wieder mit dem Ölreservoir in Verbindung gebracht, sobald in diesem das richtige Niveau erreicht ist. Um eine derartige Beaufsichtigung der Pumpe ganz überflüssig zu machen, kann auch eine freie Rohrverbindung *i* mit der Saugrohrleitung der Pumpe verbunden werden, wobei die Einmündung des Rohres *i* in die Ölkammer höher als die Ausmündung desselben in die Saugleitung anzuordnen ist. In diesem Falle fliefst alles durch Undichtigkeiten der Kolben in die Kurbelkammer A gelangende Öl direkt in die Saugleitung, gelangt durch die Saugventile hinter die Pumpenkolben und wird durch die Druckventile in das Ölreservoir zurückgebracht. Der Dreiweghahn g wird in diesem Falle durch einen gewöhnlichen Hahn ersetzt, weil die Injektion von Öl hinter die Kolben dann stetig von dem Ölreservoir E aus erfolgt. Die Rohrverbindung k ist dann unnötig. Die Pumpe erfordert demnach gar keine Beaufsichtigung und erhält die Ölniveaus in der Ölkammer und den Ölreservoirs selbst konstant. Etwa durch die Wellenstopfbüchse nach aufsen verschleichendes Öl wird durch eine an der Ölkammer D anzubringende Ölvase mit doppelten Hähnen wieder zugeführt.

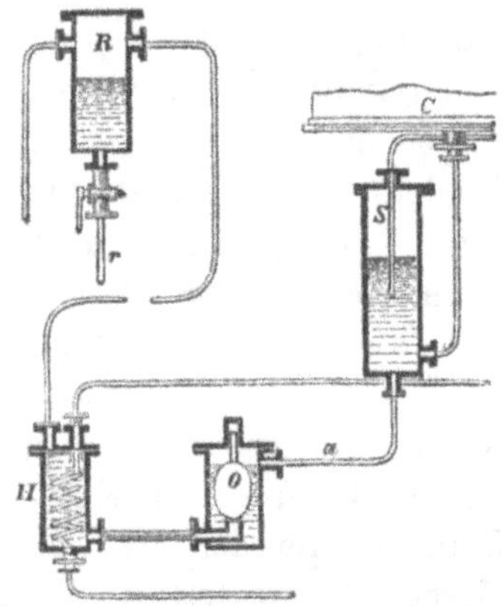

Fig. 83.

Der bei den Osenbrück'schen Maschinen zur Trennung der Gemische von Öl und flüssigem Ammoniak verwendete Apparat, welcher Gegenstand eines besonderen Patentes (D. R.-P. Nr. 29765) ist, hat nachstehende in Fig. 83 dargestellte Einrichtung:

Zwischen dem Kondensator C und dem Saugraum der Pumpeinrichtung bei Kälteerzeugungsmaschinen mit flüssigem Ammoniak wird ein Ölabscheidungsapparat eingeschaltet, in dessen Sammelgefäfs S sich das ammoniakgesättigte Öl unter dem flüssigen Ammoniak absetzt. Durch ein Rohr a, in welches ein Hahn oder der automatisch wirkende Apparat O eingeschaltet sein kann, wird dasselbe in das Gefäfs H abgeleitet, durch eine Dampfschlange erwärmt und durch die Saugkraft der Pumpeinrichtung in das Scheidegefäfs R befördert, von wo das gasförmige Ammoniak der Pumpe zuströmt, während das Öl durch Rohr r abgelassen werden kann.

In neuerer Zeit werden von der Maschinenfabrik Germania, welche früher ausschliefslich ihre Kühlmaschinen nach dem Patente Osenbrück baute, andere jedoch ähnliche Konstruktionen nach eigenen Patenten angewendet.

Die Neubecker'sche Kompressionsmaschine.

Eine neuere Konstruktion der Ammoniak-Kompressionsmaschinen ist die von Neubecker, welche mit zahlreichen Details in Fig. 84 dargestellt ist. Nach der Patentschrift werden

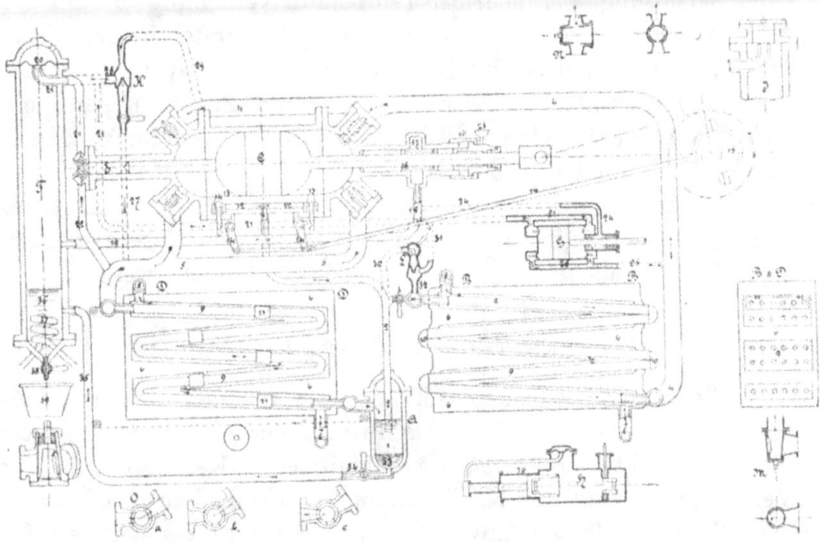

Fig. 84.
Ammoniak-Kompressionsmaschine von Neubecker.

durch diese neue Konstruktion nachstehende Verbesserungen beabsichtigt:

1. Behufs Herabdrückung der zur Wärmeübertragung erforderlichen Temperaturdifferenzen auf das geringste Mafs eine eigentümliche Anordnung der Evaporatoren (Verdampfer) und Kondensatoren.
2. Behufs Vermeidung einer Überhitzung der Dämpfe bei der Kompression die Einführung von flüssigem Kältestoff in den Kompressor.
3. Behufs Verhinderung von Gasentweichungen aus dem Kompressor eine eigentümliche Anordnung von dessen Stopfbüchse.
4. Behufs sicheren Abschlusses der Gasrohrleitungen eine eigentümliche Anordnung der Absperrhähne.
5. Behufs Wiedergewinnung des Schmieröles die Rektifikation desselben innerhalb der Maschine.

Es befindet sich ein geeigneter, tropfbar flüssig gewordener Kältestoff in dem Sammeltopfe *A* bis 1. Er wird durch das Rohr 2 und den Drosselhahn 3 in den Evaporator *B* eingelassen, wo er unter der Erwärmung einer äufseren Flüssigkeit, gewöhnlich einer Salzlösung, bei niedriger Temperatur verdampft. Durch das Rohr 4 gelangen die Dämpfe aus dem Evaporator in den Kompressor *C* und weiter durch 5 in den Kondensator *D*, wo sie unter der vereinten Wirkung der höheren Spannung und der Abkühlung durch eine äufsere Flüssigkeit, gewöhnlich Kühlwasser, sich wieder niederschlagen und als tropfbare Flüssigkeit in dem Sammeltopfe *A* ansammeln, um von da ihren Kreislauf von neuem zu beginnen. — Die vorangeführten Verbesserungen sollen durch folgende Detailkonstruktionen erreicht werden.

1. Evaporator und Kondensator.

Alle bisher bei Kältemaschinen angewendeten Apparate entbehren mehr oder weniger das Prinzip der Gegenströmung, sei es, dafs direkt die höchst unvollkommenen Kesselapparate der Verdampfung und der Kondensation zu dienen haben, oder dafs man Röhrenschlangen anwendet, die in einem kesselartigen Behälter liegen; die auf der Zeichnung Fig. 84 dargestellten Apparate *B* und *D* dagegen beruhen auf dem strenge durchgeführten Gegenstromprinzip. Sowohl der flüchtige Kältestoff mufs in beiden Apparaten einen langen Weg machen, als auch ihm entgegen einerseits die zu erkältende Flüssigkeit und anderseits das zu erwärmende Kühlwasser. Hierdurch wird in erster Linie die Temperaturdifferenz zwischen dem flüchtigen Kältestoff und den die Wärme abgebenden, bzw. aufnehmenden Flüssigkeiten auf das möglichst geringste Mafs herabgedrückt, also auch die Verdampfungstemperatur, bzw. die Kondensationstemperatur den beiden gegebenen Grenztemperaturen möglichst genähert; und in zweiter Linie werden die Wärm- und Kühlflüssigkeiten besser ausgenutzt, was insbesondere auf die zur Kondensation erforderliche Kühlwassermenge einen günstigen Einflufs ausübt.

Infolge des in erster Linie erzielten Vorteiles wird der Kompressor leistungsfähiger, weil er dichtere Dämpfe einsaugt, und bedarf weniger Betriebskraft, weil die Kompressionsspannung niedriger bleibt.

Entweder lassen sich die genannten Apparate aus geraden kurrenten Röhren zusammensetzen, wie in Evaporator *B* angegeben, die aufsen durch Kapseln 10 verbunden sind, oder aus zickzackförmig zusammengeschweifsten Röhren, wie im Kondensator *D* angegeben. Wichtig ist, damit die Wärmeleistungsfähigkeit der Kühlfläche nicht beeinträchtigt wird, dafs insbesondere beim Kondensator diese Kühlfläche nicht mit der Zeit mit Schlamm belegt wird; auch das scheinbar reinste Kühlwasser hinterläfst auf den Röhren Schlamm. Zur steten Entfernung desselben und Reinhaltung der Röhren ist deshalb ein mechanischer Bürstenapparat beim Kondensator *D* vorgesehen.

Jeder der beiden Apparate besteht aus einem rektangulären Kasten, der durch keilförmige Zwischenböden 6 in einzelne rechteckige Kanäle getrennt ist, die übereinander liegen und den äufseren Flüssigkeiten einen langgestreckten Zickzackweg von unten nach oben anweisen. Auch können die Kondensatoren unter Zuhilfenahme von Wellblech hergestellt werden, und zwar so, dafs sich die Wellbleche den zickzackförmig zusammengeschweifsten Röhren anschmiegen, nur einen geringen Raum zwischen den Röhren und der Wellblechumfassung lassend. Hierbei ist neben vollständiger Anwendung des Gegenstromprinzipes für die Kühlung mit Wasser der Luft noch ein Teil der Abkühlung übertragen durch Herstellung grofser von der äufseren Atmosphäre berührten Oberfläche. Die Flüssigkeiten strömen durch das Rohr 7 ein und durch 8 wieder aus. Die Kanäle nehmen eine Anzahl nebeneinander liegender Röhren 9 auf, und zwar nur so viele, als der Durchgang des flüchtigen Kältestoffes Querschnitt erfordert. In den Röhren strömen die Dämpfe des flüchtigen Kältestoffes zickzacklinig von oben nach unten, wodurch einerseits die in den Evaporator eingeführte tropfbare Flüssigkeit, nach unten rieselnd, die Heizfläche ausgiebig berührt, und anderseits im Kondensator die niedergeschlagene Flüssigkeit ihren Weg nach unten in den Sammeltopf findet.

In jedem Kanale des Kondensators *B* ist über jede Röhrenreihe quer ein Bürstenapparat in Hülsenform gesteckt. Alle diese Bürsten werden durch einen geeigneten Mechanismus hin und her gezogen. Der Evaporator *B* bedarf dieser Bürstenreinigung nicht, solange er mit einer im geschlossenen Kreislaufe zirkulierenden Flüssigkeit arbeitet.

2. Überhitzung der Dämpfe.

Im Evaporator *B* soll sich die gesamte Flüssigkeit in Dampf verwandeln, und es wird deshalb der austretende Dampf trocken gesättigt, möglicherweise schon etwas überhitzt sein. Wird er in diesem Zustande komprimiert, so tritt, wie die Theorie lehrt, eine Überhitzung ein, welche eine Vergröſserung derjenigen Kompressionsarbeit zur Folge hat, die für rein isothermische Kompression stetig gesättigter Dämpfe erfordert wird. Die Dämpfe bleiben aber gesättigt, solange sie noch mit der Flüssigkeit, aus welcher sie noch entstehen, in Berührung sind.

Es wird deshalb im vorliegenden Falle dem Kompressor *C* während des Kompressionsaktes tropfbar flüssiger Kältestoff zugeführt, und zwar mittels des aus der Zeichnung ersichtlichen Mechanismus.

Eine Rohrleitung 2 und 12 verbindet den Sammeltopf *A* mit den Einspritzventilchen 13, die durch ein Hebelwerk 14 und Exzenter 15 derart gesteuert sind, daſs sie sich mit Beginn der Kompression öffnen und vor Hubende des Kolbens wieder schlieſsen. Die Flüssigkeit steht im Sammeltopfe unter dem höchsten Kompressionsdrucke, spritzt also auch unter diesem in den Kompressor ein, aber nur so lange, bis auch in diesem der Kompressionsdruck erreicht ist; dann hört die Einspritzung von selbst auf und findet demnach nur während der eigentlichen Kompressionsperiode statt.

Statt der Ventilchen 13 können auch Rund- oder Flachschieber angewendet werden, die mit dem gleichen oder einem anderen geeigneten Mechanismus bewegt werden.

3. Gasentweichung beim Kompressor.

Während andere Systeme sich einer Sperrflüssigkeit bedienen, um das Entweichen des flüchtigen Kältestoffes aus der Stopfbüchse des Kompressors zu verhindern, wird hier in die Stopfbüchse 16 eine nur mit Gas, nicht mit einer Flüssigkeit gefüllte Kammer 17 gelegt. Zur Offenhaltung dieser Gaskammer ist ein verschiebbarer Gasring 18 in die Packung der Stopfbüchse 16 eingeschaltet. Das entweichende Gas wird in dem Gasringe und der Gaskammer abgefangen und auf folgende Weise in die Maschine wieder zurückgebracht.

Die Gaskammer 17 steht mittels des Rohres 19 in steter Verbindung mit dem Ausgleichgefäſse *F*. Aus diesem Gefäſse saugt eine Hilfspumpe *E*, aber nicht direkt, sondern unter Vermittelung des Ausgleichventils 20 und der Rohrverbindung 21, drückt das aufgefangene Gas durch das Rohr 22 in die Maschine, hier in den Kondensator, zurück.

Das Ausgleichsventil 20 bezweckt die Konstanthaltung der Gasspannung in dem Ausgleichsgefäſse *F*, und deshalb auch in der mit ihm verbundenen Vorkammer 17 mit dem äuſseren Atmosphärendruck. Die Hilfspumpe ist so bemessen, daſs sie mit Sicherheit das sämtliche in das Ausgleichgefäſs gelangte Gas aufnehmen kann. Sobald jedoch die Spannung im Gefäſse unter Atmosphärendruck fallen will, schlieſst sich das Ventil 20 selbstthätig, und die Pumpe arbeitet dann leer. Es ist nämlich dieses Ventil an einer Membrane befestigt, auf welcher äuſserlich der Luftdruck und innerlich die Gasspannung lastet. Will der Druck im Gefäſse *F* infolge des Eindringens von Gas aus der Stopfbüchse über eine Atmosphäre steigen, dann hebt sich die Membrane und mit ihr das Ventil, und die Hilfspumpe tritt wieder in Funktion. Auf den Zeichnungen ist die Hilfspumpe durch die hintere Verlängerung der Kolbenstange des Kompressors gebildet und gibt auf diese Weise keine Veranlassung, daſs aus ihr selbst Gas ins Freie entweichen könnte.

Unter Vermittelung der eben beschriebenen Mechanismen wird also die Gasspannung in der Vorkammer 17 dem äuſseren Luftdruck stetig äquivalent gehalten. Die diese Kammer nach auſsen absperrende Packung wird deshalb kein Gas aus der Kammer entweichen lassen, und wird ebenso keine Luft in die Kammer eindringen können. Weil aber bekanntlich alle Gase unabhängig von ihren Spannungen ineinander diffundieren, wird trotz der Äquivalenz der Spannungen ein allerdings nur höchst geringfügiger Austausch der beiden vor und hinter der Stopfbüchse 16 liegenden Gasarten stattfinden, sobald diese Stopfbüchse wie gewöhnlich nicht absolut dicht hält. Um auch dieser letzteren geringfügigen Veranlassung zu einem Entweichen des inneren Gases und einem Eindringen der äuſseren Luft zu begegnen, ist die Stopfbüchsenhülse mit einer Aussparung versehen, welche von der Schmiervase 23 mit Öl beschickt wird. Dieses Öl soll die Lücken in der Packung zusetzen und die Berührung beider Gase, und damit ihre Diffusion verhindern. Gleichzeitig dient der Ölraum in der Stopfbüchsenhülse in bekannter Weise zur Schmierung der Kolbenstange.

Das hier eingefügte Öl dient demnach nicht in gleichem Sinne wie die Absperrflüssigkeit der hydraulischen Abdichtungen, denn es steht nicht wie dort unter einer Spannung, weder unter dem Kompressions- noch unter dem Saugdrucke.

Vor allem ist die aus den eben benannten Apparaten bestehende Vorrichtung zur Verhinderung von Gasentweichung ins Freie für solche Maschinen geeignet, welche mit einem Kältestoff arbeiten, dessen Verdampfungsspannung eine höhere wie der äufsere Luftdruck ist; aber auch bei Kältestoffen, die unter Atmosphärendruck verdampfen, ist sie anwendbar, wenn nur die Kondensationsspannung darüber bleibt. Hält sich die Spannung der Verdampfung in der Nähe des äufseren Luftdruckes, dann genügt es, wenn die Vorkammer einfach mit dem Saugrohr des Kompressors verbunden wird.

4. Gashähne.

In die Rohrverbindung zwischen Kompressor, Kondensator, Evaporator, Sammeltopf, Ausgleichgefäfs, Hilfspumpe etc. müssen Absperrungen eingesetzt werden, die ermöglichen, dafs der eine oder andere dieser Apparate oder auch die Rohrverbindungen selbst nach Bedarf sofort ausgeschaltet werden können, um eine etwaige Undichtigkeit oder sonstige Unordnung zu beseitigen. Vorher wird, wenn möglich, der betreffende Bestandteil mittels des Kompressors abgesaugt und das flüchtige Gas nach den anderen Apparaten hinüber geschafft. Damit nun auch bei derartigen Manipulationen kein Gas nach aufsen verloren gehen kann, ist es erforderlich, dafs die erwähnten Absperrungen gegen hohen Gasdruck absolut dicht halten. Nun sind hierzu im allgemeinen die bekannten selbstdichtenden Hähne sehr geeignet, bei denen das Küken durch die Gasspannung in das Gehäuse eingeprefst wird; diese Hähne erfüllen aber ihren Zweck nur immer nach der einen Richtung. Sind z. B. der Eckhahn M und der Durchgangshahn N geschlossen, so sind sie nur selbstdichtend, wenn die Absperrung gegen einen in der Pfeilrichtung wirkenden Druck erfolgt. Wirkt der Druck in umgekehrter Richtung, dann wird das Küken gehoben und die Selbstdichtung versagt.

Bei vorliegender Maschine müssen aber die Absperrungen abwechselnd nach beiden Richtungen hin dicht halten, je nachdem vor oder hinter dem Hahn ausgeschaltet wird. Es ist deshalb den zu vorliegendem Zwecke dienenden selbstdichtenden Hähnen die Anordnung *O* gegeben worden; sie sind als Durchgangshähne *a* konstruiert, deren Ausgangsstutzen aber nicht in einer Achse liegen, sondern einen Winkel von 120° miteinander bilden. Wird in der Richtung *B* abgesperrt, dann liegt der höhere Druck ebenso im Küken und dichtet es wie in der umgekehrten Richtung *c*. Denselben Vorteil etwa durch eine rechtwinklige Stellung der Ausgangsstutzen erzielen zu wollen, gelingt nicht, wie man sich durch eine Probe überzeugen kann.

5. Rektifikation des Schmieröles.

Die vorliegende Dampfmaschine ist eine geschlossene; während bei den offenen Heifsdampfmaschinen das verbrannte Schmieröl mit dem Dampfe ausgeworfen wird, sammelt es sich hier allmählich in der Maschine an und würde Störungen des Prozesses veranlassen, wenn es nicht zeitweilig aus ihr abgelassen würde. Jedoch kann dies nicht ohne weiteres geschehen, weil das Öl unter dem in der Maschine herrschenden hohen Drucke eine beträchtliche Menge des flüchtigen Kältestoffes absorbiert, welche aufserhalb infolge der Druckverminderung wieder frei wird und demnach verloren gehen würde.

Nun ist das Öl am zweckmäfsigsten in dem Topfe *A* anzusammeln, weil es aus dem Kompressor fein zerstäubt in den Kondensator übergerissen wird, hier aber sich mit den kondensierenden Dämpfen niederschlägt und sich schliefslich infolge seines verschiedenen spezifischen Gewichtes im Sammeltopfe *A* von dem tropfbaren Kältestoffe absondert, entweder über oder unter ihm, je nachdem dieser spezifisch schwerer oder leichter wie das Öl ist. Es sei hier der letztere Fall angenommen, und man wird das Öl (33) unter dem Kältemittel 1 haben. Das Rohr 2, welches das letztere aus dem Sammeltopfe abführt, taucht deshalb nicht bis zum Boden herab, während vom Boden des Topfes ein Rohr 35 wiederum nach dem Ausgleichgefäfse *F* geht. Wird der Hahn 34 geöffnet, so tritt das Öl 33 aus dem Sammeltopfe unter dem höheren Drucke in das Ausgleichgefäfs unter 36. Daselbst findet es Atmosphärenspannung vor und entbindet infolgedessen den gröfsten Teil seines absorbierten Gases, das durch die Hilfspumpe etc., wie beschrieben, wieder in die Maschine zurückgeschafft wird.

Um das Öl von dem letzten kleinen Reste absorbierten Gases zu befreien, ist am Boden des Ausgleichgefäfses eine kleine Heizschlange 37 eingesetzt zur Erwärmung des Öles. Nunmehr kann es durch den Hahn 38 ins Freie abgelassen werden, z. B. in den Eimer 39, und wenn es sich abgekühlt und seinen Reibungsschmutz abgesetzt hat, ist es wieder zur Schmierung zu verwenden.

Die Patentansprüche bei dieser neuen Konstruktion beziehen sich auf die vorbeschriebenen Neuerungen; auch von diesen Maschinen sind bereits mehrere Anlagen zur Ausführung gelangt, und sollen sich dieselben als ökonomisch arbeitend bewährt haben.

Die Ammoniak-Kompressionsmaschine System Hartung-Wepner.

Eine neue Konstruktion von Kompressionspumpen für hochgespannte flüchtige Dämpfe, hauptsächlich für Ammoniak und Kohlensäure, und zwar zum Zwecke der Kälteerzeugung haben sich die Ingenieure C. Hartung und L. Wepner, früher in Nordhausen, jetzt in Magdeburg, patentieren lassen (D. R.-P. 38477).

Diese Pumpe besitzt eine selbstthätig und kontinuierlich wirkende Kühlung für die innere Kolbenstange und den Kolben, sowie eine Absaugevorrichtung, vermittelst welcher die Undichtigkeiten des Kolbens und der Stopfbüchse in der Weise unschädlich gemacht werden, dafs die dadurch sonst verloren gehenden Gase ohne jeden Verlust der Saugleitung wieder zugeführt werden.

In der Zeichnung Fig. 85a, b ist die Kompressionspumpe im Aufrifs und im Grundrifs, teilweise in vertikalen und horizontalen Schnitten dargestellt. Dieselbe besteht aus einem Cylinder *A*, welcher ein Saugventil *x* und ein Druckventil *y* besitzt, und dessen Kolben *s* von der Hauptwelle *B* aus durch die Kurbel *C* und die Pleuelstange *D* bewegt wird, wobei die Kolbenstange *z* vermittelst des Kreuzkopfes *E* in der Gleitbahn *F* geführt wird. Der Kolben ist für die Kompressionsarbeit ein einfach wirkender. Die Kolbenstange *z* hat einen ein wenig geringeren Durchmesser als der Kolben *s*, und wirkt der auf diese Weise hinter dem Kolben geschaffene Raum *a* durch geeignet angebrachte Saug- und Druckventile *b* und *c* als kleine Pumpe. In diesem Pumpenraum *a* kann nur ein Druck herrschen, welcher von der Dichtigkeit des Kolbens abhängig ist, jedenfalls ist derselbe aber so gering, daſs

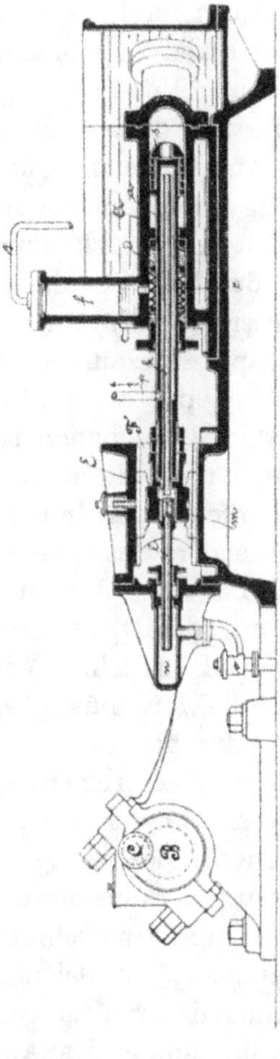

Fig. 85 a.

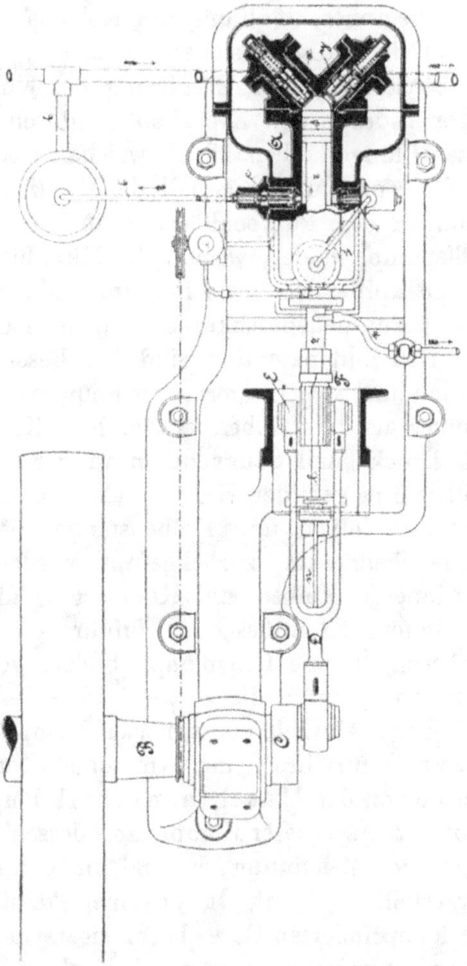

Fig. 85 b.

die Stopfbüchsendichtung keine Schwierigkeiten mehr bietet. Sollte dennoch die innere Packung *d* der Stopfbüchse durchlässig werden, so sammeln sich die Gase zwischen den durchlöcherten Stahlscheiben *e*, Fig. 85 b, entweichen in einen über der Stopfbüchse angebrachten Raum *f*, und werden aus diesem durch das mit dem Saugventil *b* in Verbindung stehende Rohr *g* nach dem Pumpenraum *a* gesaugt und von hier durch das Rohr *h*, welches einerseits mit dem Druckventil *c* des Hilfspumpenraumes *a* und anderseits mit dem Saugventil *x* der Hauptpumpe in Verbindung steht, nach der Saugleitung des Kompressors gedrückt.

Die innere Kühlung des Kolbens *s* und der Kolbenstange *z* ist zu einer absolut sicheren gemacht, indem das im Innern der Kolbenstange *z* zur Zuführung der Kühlflüssigkeit angebrachte Rohr *k* durch den Kreuzkopf hindurch in seiner Verlängerung *l* einen Plungerkolben bildet, welcher wiederum mit dem in dieser Verlängerung und innerhalb des Kreuzkopfes angeordneten Druckventil *m*, dem Pumpenkörper *n* und dem Saugventil *o* eine zweite Hilfspumpe bildet, welche die Kühlflüssigkeit mit Druck durch die zu kühlenden Teile hindurchtreibt und durch das Schlauchrohr *p* zur neuen Abkühlung in das Kühlreservoir zurückbringt.

Neu und patentiert sind bei dieser Kompressionspumpe die Verbindung des ringförmigen Raumes *a*, welcher durch die etwas dünner als der Kolben ausgeführte Kolbenstange geschaffen ist, mit Druck- und Saugventilen in der Weise, dafs dadurch eine Hilfspumpe gebildet wird, mittels welcher die infolge von Undichtheit an Kolben und Kolbenstange entweichenden Gase wieder in die Saugleitung zurückgeführt werden; ferner die Anordnung der inneren Kolben- und Kolbenstangenkühlung derart, dafs das die innere Kühlflüssigkeit zuführende Rohr *k l* in seiner Verlängerung *l* eine Hilfspumpe bildet, welche die Kühlflüssigkeit selbstthätig durch die zu kühlenden Teile hindurchtreibt.

Einen ähnlich konstruierten Kompressor wenden Hartung-Wepner für ihre neuen Ammoniak-Kompressionsmaschinen an, welche von der Maschinenfabrik Buckau bei Magdeburg gebaut werden. Dieser Kompressor, dessen Konstruktion aus der beigegebenen Zeichnung, Fig. 86, im Grundrisse und Querschnitte dargestellt erscheint, ist von einem Mantel umgeben, in welchem die komprimierten Gase, bevor sie in den Kondensator gelangen, schon vorgekühlt werden, wodurch zur Verflüssigung des Ammoniaks weniger Kühlwasser erforderlich ist. Überdies ist der Kompressor noch mit einer neuen gleichfalls besonders patentierten Absaugevorrichtung für die Stopfbüchse versehen, deren Wirkungsweise gleichfalls aus der Abbildung Fig. 86 leicht ersichtlich ist. Die Stopfbüchse ist mit einem am hinteren Ventildeckel des Kompressors sitzenden Absaugeventil in Verbindung gebracht, welches sämtliches durch die hintere Stopfbüchsenpackung entweichende Ammoniak direkt wieder in den Kompressorcylinder zurücksaugt. Bei dieser hier angewendeten Neuerung liegt der Hauptvorteil darin, daſs die vordere Packung der Stopfbüchse nur die Saugspannung abzudichten hat. Der Innen-

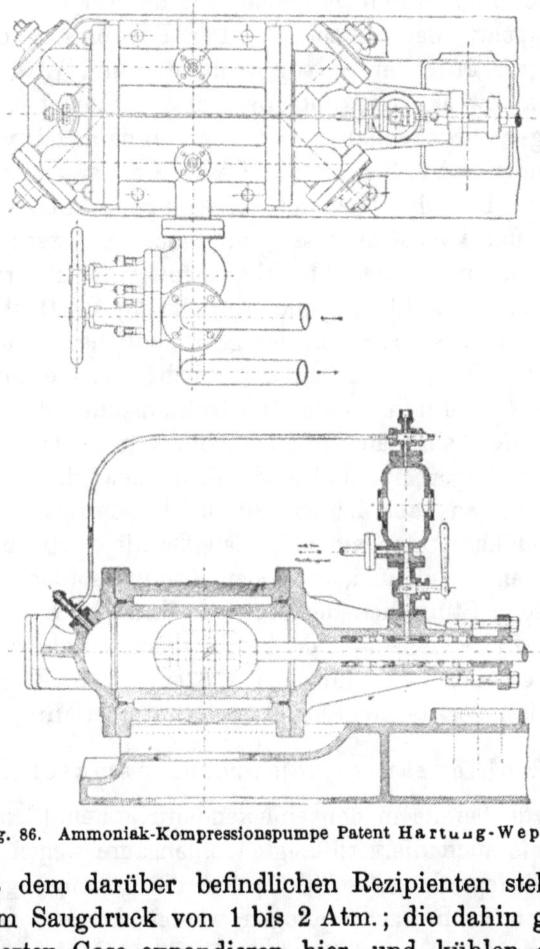

Fig. 86. Ammoniak-Kompressionspumpe Patent Hartung-Wepner.

raum mit dem darüber befindlichen Rezipienten steht stets nur unter dem Saugdruck von 1 bis 2 Atm.; die dahin gelangenden komprimierten Gase expandieren hier, und kühlen dadurch die ganze Stopfbüchse, was als weiterer Vorteil dieser Konstruktion anzusehen ist. Verluste an Ammoniak sind hierbei vollständig ausgeschlossen, und die Anwendung einer Abdichtungs- und Sperrflüssigkeit wird dadurch unnötig.

Bei den nach diesem System ausgeführten Kühlmaschinen ist noch eine weitere zum Patent angemeldete Neuerung angewendet, durch welche der Kühlwasserverbrauch verringert werden soll. Es wird hierbei im Kondensator in besonderen Schlangen etwas Ammoniak verdampfen gelassen, wodurch das erwärmte Kühlwasser von neuem abgekühlt, und auf diese Weise Kühlwasser, allerdings durch erhöhten Kraftaufwand für die Kompression, erspart werden soll. — Der Kompressor drückt die Ammoniakgase durch einen sog. Schmutz- und Wassersammler, welcher den Zweck hat, mitgerissene Wasserteilchen und Verunreinigungen zurückzuhalten; diese werden dann zeitweise mittels eines besonderen Ventils in den Destillierapparat zurückgeleitet und, nachdem hier alles etwa mitübergegangene Ammoniak wieder abdestilliert und vom Kompressor aufgesaugt ist, werden die Verunreinigungen durch einen Ablaſshahn entfernt. In ihren übrigen Teilen ist die Konstruktion und Einrichtung der Kühlmaschine von Hartung-Wepner den der gebräuchlichen Kompressionsmaschinen ähnlich, und zeichnet sie sich, wie die ausgeführten Anlagen zeigen, durch solide Konstruktion aus; die sämtlichen Schlangenröhren sind aus je einem Stück geschweiſst, die Verschraubungen liegen frei und sind leicht zugänglich, die Ventile der Kompressoren, aus feinem Guſsstahl gefertigt, liegen sehr bequem, und kann man auch die Saugventile nach Lüftung von vier Schrauben nachhelfen, ohne den Kompressordeckel lösen zu müssen. Beim Stillstehen der Maschine braucht nur ein Ventil geschlossen zu werden. — Die beschriebene Kühlmaschine hat, trotzdem sie eines der jüngsten Systeme von Kompressionsmaschinen ist, bereits mehrfache Ausführung erfahren.

Die Kohlensäure-Kompressionsmaschinen.

Es wurde bereits in den einleitenden Kapiteln (S. 51) hervorgehoben, daſs auch die verflüssigte Kohlensäure wegen ihres sehr niedrigen Siedepunktes (— 78° C.) für die Erzeugung niedriger Temperaturen in Betracht gezogen werden könne. Im kleinen Maſsstabe wurde die verflüssigte und feste Kohlensäure schon früher bei physikalischen und chemischen Versuchen, insbesondere bei der Verflüssigung der sog. permanenten Gase, zur Erzeugung sehr niedriger Temperaturen benutzt; ein Gemenge von fester Kohlensäure und Äther ergab Temperaturen von — 110° C. Der hohe Druck, welcher jedoch für die Verflüssigung der Kohlensäure erforderlich ist und welcher bei gewöhnlichen Temperaturen auf 60 bis 70 Atm. steigt, setzten der Anwendung der Kohlensäure für die Kälteerzeugung im grofsen vielfache Schwierigkeiten entgegen, welche durch die Fortschritte der Maschinentechnik bald überwunden wurden, indem man schon seit einer Reihe von Jahren Kohlensäure in grofsen Mengen fabriksmäfsig komprimiert und im verflüssigten Zustande in schmiedeeisernen Flaschen, welche auf hohen Druck bis 250 Atm. geprüft sind, in den Handel bringt, nachdem die verflüssigte Kohlensäure bereits eine vielfache industrielle Anwendung, insbesondere in neuerer Zeit auch beim Verzapfen und Abfüllen des Bieres, gefunden hat.

Bezüglich der Anwendung der verflüssigten Kohlensäure für die Erzeugung künstlicher Kälte durch Kompressionsmaschinen kommt insbesondere die Eigenschaft der Kohlensäure in Betracht zu ziehen, dafs sie für den gleichen Kälteeffekt gegenüber anderen kälteerzeugenden Medien den kleinsten Kompressionsraum erfordert; denn wie bereits auf S. 112 angeführt, hat Zeuner gezeigt, dafs, wenn man den Inhalt des für die Kompression des Ammoniaks bei einer Temperatur von -5^0 im Saugraume erforderlichen Arbeitscylinders $= 1$ setzt, die für andere kälteerzeugenden Medien erforderliche Gröfse des Kompressionsraumes die nachstehende ist: für Äther 15,1, für Schwefeldioxyd 2,6, für Methyläther 1,8, für Kohlensäure 0,16, so dafs der Kompressionscylinder für Kohlensäure kaum $^1/_6$ so grofs zu sein braucht als für Ammoniak, welches bisher die kleinsten Kompressoren beanspruchte und aus diesem Grunde am häufigsten als kälteerzeugendes Medium angewendet wird.

Nachdem aber auch bei kleineren Kompressionscylindern die Reibungswiderstände geringer werden, so würde theoretisch die Kohlensäure-Kältemaschine unter sonst gleichen Verhältnissen am rationellsten und billigsten arbeiten.

Trotzdem wurde von der Anwendung der verflüssigten Kohlensäure für die Kälteerzeugung im grofsen bis in die jüngste Zeit abgesehen, da die Konstruktion von Kompressoren, welche den erforderlichen hohen Druck sicher aushalten, begreifliche Schwierigkeiten bot, welche erst in jüngster Zeit mit Erfolg überwunden wurden. Die Besorgnis, mit Kompressionsmaschinen unter so hohem Druck zu arbeiten, ist wohl noch vielfach vorhanden, ist jedoch bei den kleinen Dimensionen, natürlich die Anwendung des vorzüglichsten Materials und vorhergegangene hohe Druckproben vorausgesetzt, unbegründet, da ein hoher Druck in Cylindern von kleinem Querschnitt nicht gefährlicher ist, als eine relativ kleinere Spannung in Räumen von grofsem Inhalte.

Die ersten Versuche zur Anwendung der verflüssigten Kohlensäure für die Kälteerzeugung im grofsen wurden von Ingenieur Franz Windhausen, welcher dieses Gebiet mit zahlreichen neuen Erfindungen bereicherte, gemacht, und hat sich derselbe die Konstruktion seiner Kohlensäure-Kältemaschine (D. R.-P. Nr. 37214) patentieren lassen.

Nachdem die Herstellung flüssiger Kohlensäure keine Schwierigkeiten mehr bietet und dieselbe bereits ein Exportartikel geworden ist, da ferner die Versendung durch die Eisenbahnen, sowie die Aufbewahrung in bewohnten Räumen in hinlänglich starken Gefäfsen gestattet ist, steht der Einführung von Kälteerzeugungsmaschinen mit Anwendung von flüssiger Kohlensäure kein Hindernis mehr im Wege. Als Vorteile, welche die Anwendung von flüssiger Kohlensäure als kälteerzeugendes Medium bietet, werden von Windhausen unter anderen folgende angegeben:

1. Durch Verdunstung flüssiger Kohlensäure läfst sich eine fast beliebig tiefe Kälte erzeugen.
2. Die flüssige Kohlensäure ist jetzt schon viel billiger als fast alle bisher in Eismaschinen als kälteerzeugende Medien verwendeten Chemikalien.
3. Die Kohlensäure kann ferner mit Hilfe der Kohlensäure-Kälteerzeugungsmaschinen zu sehr billigem Preise in flüssigem Zustande gewonnen werden, indem dieselbe in den bekannten Kohlensäure-Entwickelungsapparaten durch Einwirkung von Salzsäure auf kohlensauren Kalk entwickelt, gereinigt und durch Überleitung in den Refrigerator oder in die Kompressionspumpen kondensiert wird. Der Rückstand in dem Entwickelungsapparat ist flüssiges Chlorcalcium, welches in der Eismaschine selbst als kälteübertragende Flüssigkeit dient und so die Kosten für Entwickelung der Kohlensäure zum grofsen Teile deckt.
4. Die Apparate für diese Art von Kälteerzeugungsmaschinen, insbesondere die Kompressionspumpe, werden bedeutend kleiner als die bis jetzt bei anderen Kälteerzeugungs-

maschinen angewendeten Apparate sein können, indem für gleiche Leistung die Kompressionspumpe bei dieser Maschine nur ein ca. $^1/_{15}$ so groſses Dampfvolumen von 20° als bei Anwendung von Ammoniak-Eismaschinen und $^1/_{25}$ und $^1/_{150}$ so viel Dampf als bei Schwefligsäure- resp. Äther-Eismaschinen zu komprimieren hat.

Wie alle Kältemaschinen besteht auch die neue patentierte Windhausen'sche aus drei Hauptteilen:

dem Refrigerator, in welchem die flüssige Kohlensäure bei tiefer Temperatur und entsprechender Spannung verdampft und dadurch der die Refrigeratorröhren umgebenden Flüssigkeit (Chlorcalciumlösung) Wärme entzieht (sich abkühlt);

der Kompressionspumpe, welche die Kohlensäuredämpfe aus dem Refrigerator ansaugt und entsprechend hoch komprimiert;

dem Kondensator, in welchem die Kohlensäure durch Kontaktkühlung mit Wasser von gewöhnlicher Temperatur wieder flüssig wird, um in diesem Zustande durch eine entsprechende Reguliervorrichtung in den Refrigerator graduell wieder zurückzuströmen.

Die nachstehenden Abbildungen zeigen in Fig. 87a die Kompressionspumpe in vertikalem Durchschnitt, in Fig. 87b, c und d in Ansicht und in Verbindung mit dem Refrigerator und Kondensator dargestellt. Die Kompressionspumpe muſs bei den hohen Spannungen der Kohlensäuredämpfe, die aus dem Refrigerator mit ca. 17 bis 20 Atm. bei —20° bis —25° C. Temperatur angesaugt und bis auf 60 bis 70 Atm. komprimiert in den Kondensator verdrängt werden, um daselbst durch Kontaktkühlung kondensiert zu werden, möglichst den Bedingungen entsprechen, daſs während des Betriebes keine Dämpfe entweichen, dieselben nicht verunreinigt werden, der Zutritt atmosphärischer Luft abgehalten und der schädliche Raum in der Pumpe auf ein Minimum reduziert wird.

Die in Fig. 87a in vertikalem Durchschnitt dargestellte Kompressionspumpe ist aus Stahl oder Eisen heberförmig angeordnet. In dem einen Schenkel A bewegt sich der Kolben B auf und ab. Unter dem Kolben und in dem andern Schenkel A_1 der Pumpe befindet sich eine Druckflüssigkeit, über welcher die zu komprimierenden Dämpfe durch das Saugventil b in den Kondensator, Fig. 87c, abgestoſsen werden.

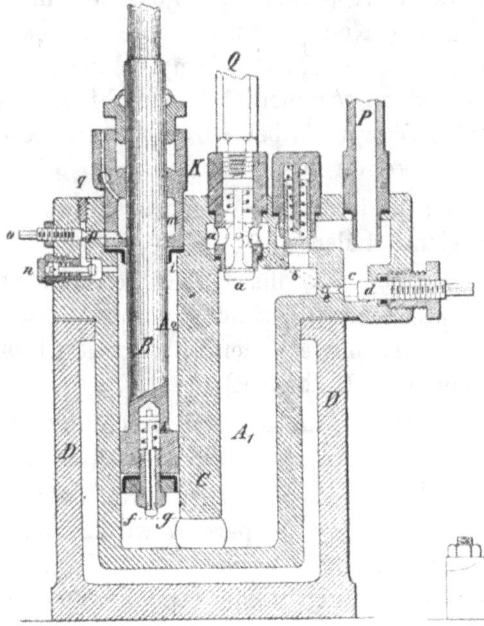

Fig. 87 a.

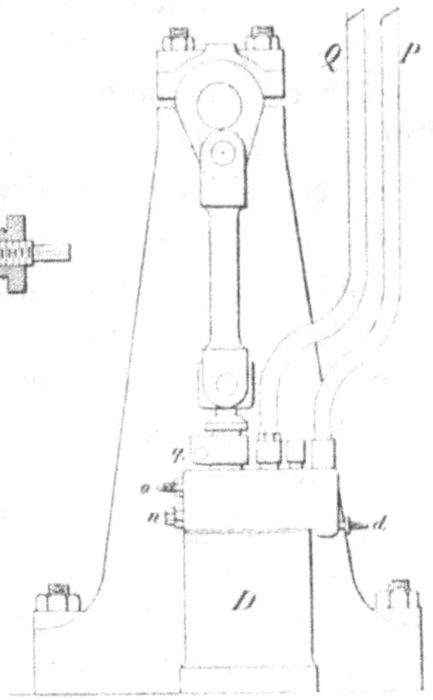

Fig. 87 b.

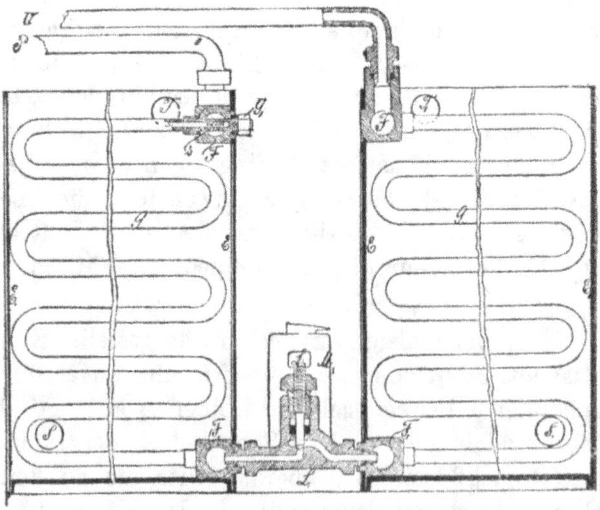

Fig. 87 c. Fig. 87 d.

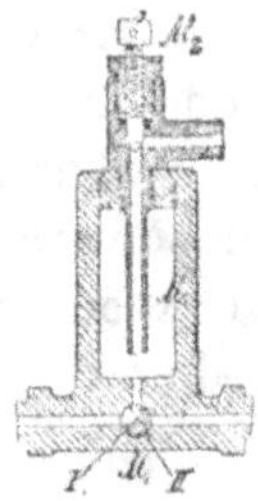

Fig. 87 e.

Die Masse der Druckflüssigkeit ist so bemessen, dafs beim tiefsten Stande des Kolbens der Raum *A* bis dicht unter die Ventile *a* und *b* mit Druckflüssigkeit ausgefüllt ist und so die Dämpfe durch das Druckventil *b* verdrängt werden. Sollte Druckflüssigkeit durch das Druckventil mit übergetreten sein, so sammelt sich dieselbe in dem Raum *C* und strömt kontinuierlich oder periodisch durch den mittels Absperrschraube *d* verschliefsbaren Kanal *c* in den über dem Saugventil *a* befindlichen Raum a_1 und aus diesem durch das Saugventil in die Pumpe zurück. Die Druckflüssigkeit besteht aus Quecksilber, auf welchem sich zunächst unter dem Kolben, etwa bis zur Linie *f*, ein Quantum Öl befindet, und zwar von solcher Masse, dafs es noch über der Unterkante der Zwischenwand *C* steht.

Der Ringraum A_2 zwischen Cylinder und Kolbenstange ist dazu bestimmt, die durch etwaige Undichtheiten des Kolbens entweichende Druckflüssigkeit aufzunehmen und beim Rücklaufe des Kolbens durch das im Kolben angebrachte Rückschlagventil *g* und Kanal *h* wieder unter denselben zurückzuführen. Um aber auch bei etwaiger Undichtheit an der Kolbenstangenliderung *i* entweichendes Öl wieder in die Pumpe zurückzuführen, hat die Kolbenstange eine doppelte Abdichtung bei *i* und *k* und zwischen diesen einen freien Ringraum *m*, in welchen die Sperrflüssigkeit gelangt, die eventuell durch die Dichtung *i* entweicht. Beim Niedergange des Kolbens wird periodisch oder kontinuierlich die Sperrflüssigkeit aus dem Ringraum *m* durch den Kanal *p* und das geöffnete Absperrventil *o* und Saugventil *n* zurückgesaugt und beim Aufgange des Kolbens wieder unter den Kolben geprefst. Der Ringraum *m* steht behufs Füllung der Pumpe durch den mittels Hahn verschliefsbaren Kanal *q* mit der Atmosphäre in Verbindung. Damit aber auch durch das Ventil *n* etwa mitgesaugte Luft nicht unter den Kolben gelangen kann, hat der Ringraum A_2 eine solche Höhe, dafs beim höchsten Stand des Kolbens noch ein so grofser Raum bleibt, dafs die Luft über dem Kolben immer eine kleinere Spannung hat, als die kleinste Spannung in der Kompressionspumpe beträgt.

Aus vorstehendem erhellt, dafs der Kolben und die Kolbenstange stets in Öl gehen und deshalb keiner besonderen Schmierung bedürfen, dafs von der Druckflüssigkeit sowohl als auch von den Kohlensäuredämpfen nichts entweichen kann, und dafs ferner die Kohlensäuredämpfe stets rein bleiben, indem sie nur mit der Oberfläche des Quecksilbers in Berührung kommen.

Endlich ist noch zu bemerken, dafs die Kompressionspumpe zum Zwecke der steten Abkühlung mit einem Gehäuse umgeben ist, innerhalb dessen Kühlwasser zirkuliert. Der Bewegungsmechanismus und der Kolben einer oder mehrerer Kompressionspumpen können entweder direkt wirkend, ähnlich wie in Fig. 87b in Ansicht dargestellt, oder auch in bekannter Weise mittels Balanciers hergestellt werden.

In Fig. 87c und 87d sind der Kondensator und der Refrigerator in vertikalem Durchschnitt dargestellt. Dieselben bestehen aus je einem, oben offenen Reservoir E, je zwei in denselben oben und unten eingeschraubten, starkwandigen Röhren F und F_1 aus Gufsstahl oder Schmiedeeisen, in Kommunikation mit einer entsprechenden Anzahl von Schlangen- oder spiralförmig gebogenen Röhren G, in welchen die Kohlensäure in Form von Dampf oder Flüssigkeit zirkuliert. Der Kondensator und Refrigerator kommunizieren unten durch die Regulierapparate L und M in ersichtlicher Weise miteinander. Zur Regulierung und event. Absperrung der Kommunikation dient das Schraubenventil L_1 im Apparat L, sowie im Apparat M der Dreiweghahn M_1 (in Fig. 87e ist der Regulierapparat M in vertikalem Durchschnitt dargestellt), welcher periodisch in die Stellungen I und II gebracht wird und so abwechselnd den Raum M_2 mit dem Kondensator oder dem Refrigerator in Kommunikation bringt. In der Hahnstellung I strömt die kondensierte Kohlensäure aus dem Kondensator in den Behälter M und aus diesem in der Hahnstellung II in den Refrigerator, so dafs im letzteren möglichst nur flüssige Kohlensäure ohne wesentliche Änderung der Druckdifferenz im Kondensator und Refrigerator überströmt. Die periodische Stellung bzw. Drehung des Hahnes M_1 geschieht von seiten der Maschine durch Rad- oder Hebelübersetzung in bekannter Weise. Zum Ab- und Einfüllen der Kohlensäure befindet sich auf dem Behälter M (s. Fig. 87e) ein Schraubenventil M_2 mit entsprechender Rohrleitung.

Durch diese Rohrleitung P und Q stehen Kondensator und Refrigerator mit den Räumen über dem Druckventil oder Saugventil der Kompressionspumpe in ersichtlicher Verbindung. Endlich ist noch zu bemerken, dafs die Schlangenröhren im Kondensator und Refrigerator so angeordnet sind, dafs sie mit ihren Enden die Röhren F und F_1 dichtschliefsend durchdringen und aufserhalb der Reservoire durch Anziehen der Schraubenmuttern G_1 befestigt und gelöst werden können, während durch Schlitze s in den Röhren G und innerhalb der Röhren F und F_1 die Kommunikation mit letzteren hergestellt ist. Auf diese Weise können nach dem Abschrauben der Rückwand E_1 die einzelnen Rohrelemente G leicht herausgenommen oder ausgewechselt und wieder eingesetzt werden.

Über den Betrieb der Eismaschine ist der Patentschrift folgendes zu entnehmen:

Behufs Gewinnung der flüssigen Kohlensäure wird das Saugrohr Q statt mit dem Refrigerator mit einem Kohlensäure-Entwickelungsapparat verbunden, die gasförmige Kohlensäure angesaugt, komprimiert und durch das Rohr P in den Kondensator oder Refrigerator geprefst, daselbst durch Kontaktkühlung mittels Kühlwasser, welches durch die Röhren S und T und S_1 und T_1 zu- und abfliefst, kondensiert und periodisch durch die mit dem Regulierapparat, Fig. 87e, verbundene Rohrleitung in starkwandige Kohlensäureflaschen abgefüllt.

Behufs Kälteerzeugung bleibt die Rohrverbindung, wie auf der Zeichnung dargestellt; der Refrigerator wird zum gröfsten Teile mit flüssiger Kohlensäure gefüllt; die sich entwickelnden Kohlensäuredämpfe werden durch das Rohr Q von der Kompressionspumpe kontinuierlich angesaugt, komprimiert in den Kondensator eingeprefst, daselbst kondensiert und durch die Regulierapparate L und M in den Refrigerator zurückgeführt. Die Glycerin- oder Alkohollösung strömt durch das Rohr T_1 in den Refrigerator und abgekühlt aus demselben durch das Rohr S nach den zu kühlenden Räumen oder dem Eisgenerator und kommt relativ erwärmt durch das Rohr T in den Refrigerator zurück, um fort und fort aufs neue abgekühlt zu werden.

Um neben der Kälteerzeugung zugleich flüssige Kohlensäure zu gewinnen, kann der Refrigerator durch besondere Röhrenleitung und ein Absperrventil mit einem Kohlensäure-Entwickelungsapparat in Verbindung gesetzt werden. Es können dann Kohlensäuredämpfe schon bei einem im Refrigerator vorhandenen Drucke von 15—20 Atm. kondensiert werden.

Schliefslich wird noch bemerkt, dafs die Form des U-förmigen Innenraumes der Kompressionspumpe ohne Änderung des Konstruktionsprinzipes auch so angeordnet werden kann, dafs der Cylinderraum, in welchem sich der Kolben auf und ab bewegt, von einem mit ersterem kommunizierenden Ringraum umschlossen wird, in welchem, entsprechend der Bewegung des Kolbens, die neutrale Flüssigkeit sich auf und ab bewegt und dadurch die Kohlensäure in den Ringraum angesaugt, komprimiert und in den Kondensator verdrängt wird. Alle übrigen Organe der derartig in der Form abgeänderten Kompressionspumpe bleiben wie beschrieben.

Die nach diesem Windhausen'schen Patente gebaute Maschine wurde von der Maschinenfabrik Riedinger in Augsburg in einzelnen Anlagen ausgeführt und soll sich daselbst gut bewährt haben. Ob der hohe Druck in den Kompressoren zu irgend welchen Nachteilen oder Betriebsstörungen geführt hat, ist bisher nicht bekannt geworden. Zweifellos liegt ein weiterer grofser Vorteil der Kohlensäure vor den anderen kälteerzeugenden Medien, insbesondere bei der Anwendung in Brauereien darin, dafs das bei dem hohen Drucke etwa entweichende Gas geruchlos ist, also die Luft nicht verunreinigt, daher die Kohlensäure-Kühlmaschinen auch ohne Bedenken in den Kellerräumen der Brauereien selbst aufgestellt werden können, was natürlich bei Anwendung stark riechender Medien nicht zulässig wäre. Als bedenklich wurde bei dieser Eigenschaft der Geruchlosigkeit allerdings angeführt, dafs sich ein etwaiges Ausströmen von Gas bei eingetretenen Undichtheiten nicht wie bei anderen Medien durch den Geruch zu erkennen gebe, und hierdurch möglicherweise eine Gefahr für die Arbeiter eintreten könne. Bisher liegen über diesen Punkt Erfahrungen nicht vor, welche diesen übrigens nicht so bedenklichen Übelstand bestätigen würden.

Kompressionsmaschinen unter Anwendung von flüssiger Kohlensäure wurden aufser nach dem Windhausen'schen Patente auch durch die Maschinenfabrik Deutschland in Dortmund, und zwar nach der Konstruktion eines anderen Patentinhabers, Dr. W. Raydt in Hannover, gebaut; dieselben arbeiten nach Angaben des letzteren mit einem Kompressionsdruck von blofs 54 und einem Saugdruck von 29 Atm., während die Windhausenschen Kohlensäure-Maschinen mit einem Kompressionsdruck von

73,8 und einem Saugdruck von 19,8 Atm. arbeiten. Raydt will daher mit seinen Maschinen 1,4 mal soviel Kälte erzeugen als mit dem System Windhausen, und zwar bei geringerem Kraftaufwand; diesen günstigen Effekt glaubt Raydt in erster Linie mit Hilfe des ihm patentierten „Zwischenkühler" zu erreichen. In diesem wird nämlich die aus dem Refrigerator zurückkehrende kalte Kohlensäure benutzt, um sowohl die aus dem Kondensator ankommende, als auch die in besonderen Vorratsbehältern sich ansammelnde flüssige Kohlensäure abzukühlen und dadurch die Spannung derselben, gegen welche die Kompressoren zu arbeiten haben, wesentlich zu erniedrigen. Aufserdem soll das günstige Verhältnis 54 : 29 der Druckspannung zur Saugspannung bewirken, dafs der an sich schon äufserst geringe schädliche Raum die Leistungsfähigkeit der Kompressoren sehr wenig beeinträchtigt.

Nachdem das System dieser Kühlmaschinen bisher blos vereinzelte Ausführung gefunden, so liegen über die Leistungen der Raydt'schen Maschinen bisher keine genauen Erfahrungen vor. Als Neuerung führt Dr. Raydt an seinen Maschinen noch die Benutzung eines Gasometers zur Verhütung von Gasverlusten ein; es steht nämlich der zwischen den doppelten Stopfbüchsen, welche die Kompressoren besitzen, befindliche Raum mit dem unter gewöhnlichem Luftdruck befindlichen Gasometer derart in Verbindung, dafs die etwa durch die erste, innere Stopfbüchse hindurchgehende Kohlensäure in den Gasometer geführt und aus diesem von Zeit zu Zeit wieder in den Saugraum zurückgepumpt wird. Durch diese Einrichtung, bei welcher die Packung der äusseren Stopfbüchse nur gegen einen äufserst geringen Überdruck dicht zu halten braucht, sollen Gasverluste an den Kompressoren so gut wie gänzlich vermieden werden.

Eine mit verflüssigter Kohlensäure arbeitende Kompressionskältemaschine soll auch seit einer Reihe von Jahren in den Krupp'schen Werken in Essen in Betrieb stehen und dort sehr befriedigende Resultate erzielen.

Der Vollständigkeit halber mag hier erwähnt werden, dafs versuchsweise gasförmige Kohlensäure, aus Spateisenstein und Schwefelsäure unter einem Druck von mehreren Atmosphären erzeugt, von Seyboth in München in einer Expansionskühlmaschine verwendet wurde, deren ökonomischer Erfolg jedoch ein sehr geringer war.

Andere Systeme von Kompressionsmaschinen.

Aufser den ausführlich beschriebenen Kompressionsmaschinen sind eine weitere Anzahl von verschiedenartigen Konstruktionen solcher Maschinen patentiert worden, ohne jedoch ausgedehntere Anwendung erhalten zu haben. Von amerikanischen Erfindern sind vor allem Holden, Cook und Boyle zu nennen, deren Konstruktionen sich der Linde'schen Maschine anschliefsen. — Eine wesentlich kompliziertere Konstruktion zeigt die Maschine von de la Vergne und Mixter, welche in Fig. 88 dargestellt erscheint und in welcher gleichfalls Ammoniakgas durch eine Druckpumpe komprimiert wird, worauf das verflüssigte Ammoniak nach Aufhebung des Druckes plötzlich durch einen Wasserkasten oder einen anderen Behälter hindurch expandiert. Die Anordnung ist in der Weise getroffen, dafs die Kompressionscylinder J auf gufseisernen Böcken ruhen, zwischen welchen quer hindurch die von der Dampfmaschine getriebene Welle läuft. Zum Abschliefsen der Aufsenseite jener Pumpencylinder J, sowie zum Ölen der Kolbenstange wird durch das Röhrchen K die schmierende Flüssigkeit zugeführt. Der Zuflufs zum Pumpeninnern selbst geschieht durch den Stutzen, welcher mit einer Plungerstange verbunden ist. An demselben Ende befindet sich ein weiterer Ansatz Q, an welchem das Gassaugerohr s befestigt ist, und welcher mit einem nach innen zu öffnenden Klappenventil i versehen ist. Die Kuppel R besitzt zwei Ausgangsöffnungen S und T, wovon erstere mit dem Flüssigkeitsabflufsrohr und T mit dem Gasdruckrohr verbunden ist. u ist eine Zwischenplatte mit Ventilen jj versehen, welche die beiden Räume der Pumpe für den Durchgang der komprimierten Gase und ölenden Flüssigkeit verbinden.

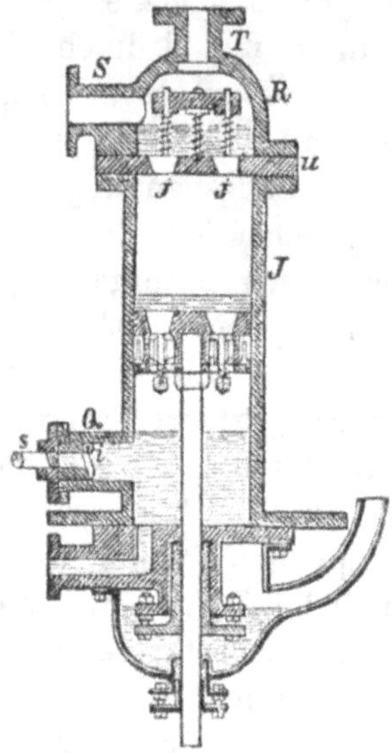

Fig. 88.

Die Anordnung dieser Maschine ist so kompliziert, dafs ihr ein praktischer Wert kaum zugeschrieben werden kann, weshalb auch über ihre Ausführung nichts bekannt geworden ist.

Eine neue Kompressionspumpe für Kaltdampfmaschinen ist von **R i c h a r d A s c h e** in Paris (D. R.-P. No. 32061) konstruiert worden. An Stelle der gewöhnlich zu diesem Zweck verwendeten doppeltwirkenden Pumpen mit aufsen liegenden Kolbenstangenstopfbüchsen, oder des in neuerer Zeit in geschlossenen Räumen unterbrachten Kurbelmechanismus hat der genannte Erfinder nachstehende Konstruktion vorgeschlagen, die in Fig. 89 skizziert erscheint. Die Kolben K der beiden Kompressionscylinder $C\,C_1$ der Pumpe, welche bei Maschinen zur Erzeugung von Kälte durch Kompression und Expansion von Gasen benutzt werden soll, und eines zwischen ihnen liegenden gröfseren Cylinders A sind auf derselben Kolbenstange befestigt. Die Bewegung des mittleren Kolbens K_1 wird durch einen von Maschinenkraft bewegten Kolben K_2 in einem neben dem ersteren Cylinder liegenden,

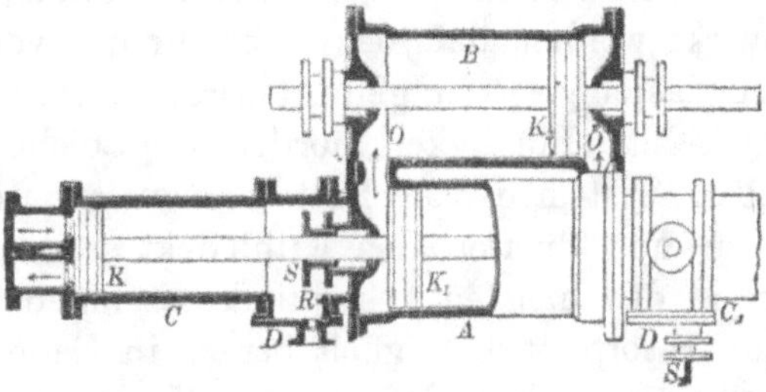

Fig. 89.

durch weite Öffnungen N mit ihm verbundenen zweiten Cylinder B vermittelt. Beide Cylinder A und B sind vollständig mit einer Flüssigkeit gefüllt, welche durch die Bewegungen des Kolbens K_2 abwechselnd vor oder hinter den Kolben K_1 getrieben wird, und so die Kraft überträgt. Die Stopfbüchsen S der beiden Kompressionscylinder, welche zur Vermeidung von Verlusten an Gasen einer besonders sorgfältigen Abdichtung bedürfen, liegen also in mit Flüssigkeit gefüllten, von der Atmosphäre abgeschlossenen Räumen und sind daher leicht dicht zu halten. Der zweite Flüssigkeitscylinder B ist mit einem Windkessel versehen. Der Raum R vor der Stopfbüchse steht durch eine Rohrleitung mit dem Saugraume der Pumpe in Verbindung, um seinen Druck auf denjenigen des letzteren zu reduzieren. Die Stopfbüchsen können mittels einer durch eine kleinere Stopfbüchse geführte Spindel S, welche mit den Schraubenmuttern des Stopfbüchsdeckels durch

Zahnräder und Schnecken verbunden ist, ohne Öffnung der Seitendeckel D von aufsen nachgedichtet werden.

Eine Verbesserung der Kondensationsapparate für Kompressions- wie auch Absorptionsmaschinen wurde von Littleton (D. R.-P. No. 23 345) vorgeschlagen. Statt dafs, wie gewöhnlich üblich, die Verbindung des Kondensators mit dem Verdampfer durch ein freiliegendes Rohr vermittelt wird, in welchem ein Teil der Kühlwirkung sich vermindert, verwendet der genannte Erfinder eine derartige Kommunikation, dafs das verflüssigte Gas, ehe es in dem Verdampfer expandieren kann, durch dasjenige Gas, welches eben darin expandierte, abgekühlt wird. Zu diesem Zweck wird durch das Ausströmungsrohr des Verdampfers ein verschlossenes Gefäfs eingeschaltet, in welchem eine Schlange angebracht ist, durch die das verflüssigte Gas aus dem Kondensator in den Verdampfer gelangt. Diese Kühlung kann auch dadurch bewirkt werden, dafs das Rohr für das verflüssigte Gas mitten durch dasjenige Rohr geführt wird, welches die im Refrigerator abgekühlte Flüssigkeit fortleitet. Solche Vorrichtung kann an allen Systemen von Kälteerzeugungsmaschinen angebracht werden und dürften den Kühleffekt jedenfalls erhöhen. Übrigens ist in den meisten Absorptionsmaschinen diese Art der Kühlung der Absorptionsflüssigkeit bereits in Gebrauch.

Eine andere neue Konstruktion von Kompressionsmaschinen ist die von Eduard Fixary in Paris; dieselbe zeigt noch die weitere Neuerung, dafs sie den in der abgekühlten Luft in Suspension gehaltenen Wasserdampf zum Gefrieren bringt und gleichzeitig den so gebildeten Reif wieder schmilzt, so dafs hierdurch Süfswasser gebildet wird, was namentlich bei Schiffen, welche die Tropen befahren, von grofsem Vorteil ist. Dies wird hierdurch erreicht, dafs in einem Teil des Apparates die Verflüchtigung momentan unterbrochen wird, während in dem übrigen Teil des Apparates die Verflüchtigung fortdauert, so dafs plötzliche Temperaturwechsel in den verschiedenen Teilen des Apparates abwechselnd stattfinden, ohne dafs dadurch das regelmäfsige Funktionieren der eigentlichen Eis- oder Kältemaschine, noch die kontinuierliche Abkühlung der Luft einen Augenblick unterbrochen wird. Diese plötzliche Unterbrechung der Verflüchtigung des abkühlenden Mittels in einem Teile des Apparates wird durch die Anordnung von Mehrweghähnen in Verbindung mit Klappen bewirkt, welche dazu dienen, die in den Apparat getriebenen Luftströme so zu dirigieren, daſs sie dort, wo die Verflüchtigung unterbrochen ist, das Schmelzen des gebildeten Reifes bewirken, während sie in dem anderen Teile des Apparates von dem von ihnen mitgeführten Wasser befreit und vor ihrem Eintritt in den abzukühlenden Raum abgekühlt werden. Die Erfindung besteht dann ferner noch in gewissen Verbesserungen im Schmieren der Kolbenstangen der Kompressionspumpen von Kältemaschinen, und zwar einerseits darin, daſs das Öl an den Stellen, wo es mit den zu schmierenden Teilen unmittelbar in Berührung kommt, zum Gefrieren gebracht wird, anderseits in bestimmten Vorrichtungen, durch welche das Öl und die flüchtigen Gase des Gefriermittels wieder voneinander getrennt werden.

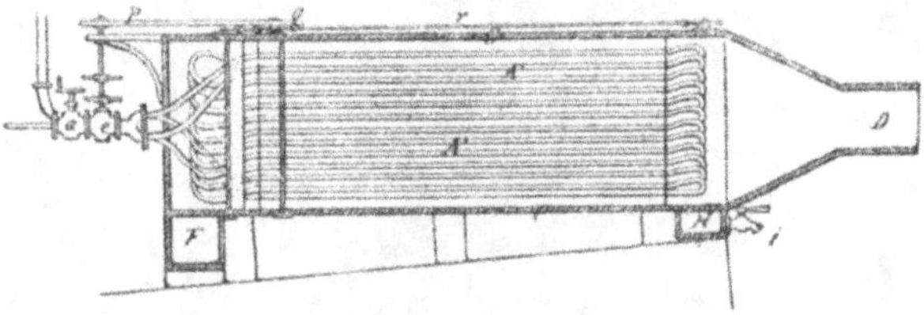

Fig. 90.
Kälteerzeugungsapparat von E. Fixary.

In Fig. 90 ist im Vertikalschnitt der Apparat dargestellt, in welchem das Gefrieren des in der Luft enthaltenen Wassers, sowie das Auftauen des auf diese Weise gebildeten Reifes und das Ansammeln des Schmelzwassers vor sich geht. Eine doppelte Reihe von Röhren *AA'* sind untereinander verbunden, einerseits durch den Hahn *a*, welcher die flüchtige Flüssigkeit einläſst, und anderseits durch Hilfshähne, welche zu den Kompressoren einer Kältemaschine führen. Diese Röhren *AA'*, in welchen die Verflüchtigung der komprimierten Flüssigkeit stattfindet, befinden sich in einem Behälter *C*, der möglichst hermetisch verschlossen ist, um die äuſsere Luft von seinem Innern abzuhalten. Dieser Behälter steht mit seinem Ende *D* mit dem abzukühlenden Raume und mit seinem anderen Ende mit dem Zuführungskanal *F* für die warme Luft in Verbindung. *I* ist ein Hahn, durch welchen das Schmelzwasser in einen Sammelbehälter abläuft.

Die durch irgend eine Kältemaschine kontinuierlich zugeführte flüchtige Flüssigkeit gelangt durch den Hahn *a* und den

Hilfshahn *e* nach den Röhren *A A'* in hinlänglicher Menge, um die Abkühlung in *C* zu bewirken.

Um nun die plötzlichen Temperaturwechsel in den beiden Teilen des Behälters *C* abwechselnd zu bewirken, ist außerhalb des Behälters eine Vorrichtung angebracht, mit Hilfe deren die Regulierhähne einerseits, sowie die im Innern des Behälters angebrachten Klappen beständig und selbstthätig umgesteuert werden. Zu diesem Zwecke sitzt auf der Welle, welche die Hähne dreht, eine Schnurscheibe, von welcher die Schnur *p* zu dem Kurbelrad *z* läuft. Dieses setzt durch die Kurbelstangen *r r* die Klappen in Bewegung. Durch Sektoren werden die beiden Hähne gleichzeitig bewegt.

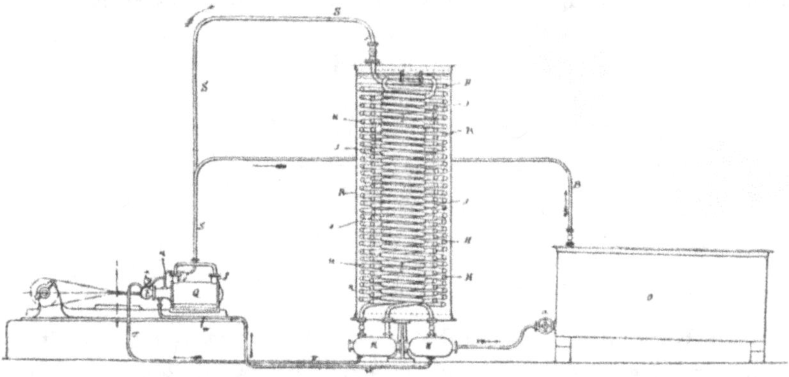

Fig. 91.

Fig. 91 zeigt eine äußere Ansicht der Gesamtordnung eines Kühlsystems mit dem Trennungsapparat des Öls von den flüchtigen Dämpfen in Vertikalschnitt. Der Schmierapparat besteht aus einem Ölbehälter *t* und einem Schmiertopf *u*. Ein Rohr *w* steht mit dem Behälter *N* für das flüssige Ammoniak und ein Rohr *v* mit dem unter Druck befindlichen Ölreservoir *M* in Verbindung. Wenn die Maschine mit irgend einer passenden flüchtigen Flüssigkeit, z. B. wasserfreiem Ammoniak, und dem zum Schmieren erforderlichen Öl gefüllt ist, so öffnet man den Hahn des Rohres *v*, welches mit dem Behälter *M* in Verbindung steht, und erzielt hierdurch einen Druck auf das Öl in dem Behälter *t*. Die Trennung des Öls und der flüchtigen Flüssigkeit wird durch ein System von drei Kondensationsspiralen bewirkt, welche mit zwei voneinander getrennten Behältern in Verbindung stehen.

Diese Anordnung sichert die vollständige Trennung des Öls und der Gase während der kontinuierlichen Druckwirkung der Kompressionspumpe und der Abkühlung des Kondensators. Das Öl, welches mit den Gasen gemischt in die erste Rohrspirale des Kondensators gelangt, setzt sich zuerst in dem ersten Behälter ab und läſst das Gas in die zweite Rohrspirale gelangen, woselbst dasselbe, in die Höhe steigend, den letzten Rest des etwa noch mitgenommenen Öls läſst, bevor es in der dritten Rohrspirale hinabsteigt, von wo es in reinem und flüssigem Zustand in den zweiten Behälter gelangt.

In Fig. 91 ist, wie erwähnt, die Gesamtanordnung einer solchen Kältemaschine mit doppelter Wirkung und dem Gefrierapparat für das Schmieröl, sowie dem Apparat zur Trennung des Öls von den Gasen dargestellt. Indem man den Hahn des in der Fig. 90 dargestellten Refrigerators *O* öffnet, expandiert die flüchtige Flüssigkeit, um im gasförmigen Zustande von der Pumpe *Q* durch die Röhren hindurch angesaugt zu werden. Diese Pumpe drückt die komprimierten Gase in die Spiralen *HIJ* des Kondensators, woselbst dieselben flüssig werden, um von neuem in den Behälter *N* zurückzukehren. Nachdem das Öl zum Schmieren der Pumpe gedient hat, folgt es der Gaszirkulation im Zustande von Dämpfen durch das Druckrohr *S* und die Spirale *H* bis zum Behälter *M*, woselbst es sich wieder im flüssigen Zustande sammelt. Die aus der Spirale *I* tretenden Ammoniakdämpfe werden unter der vereinten Wirkung des Druckes und der Abkühlung in *J* wieder flüssig und flieſsen nach *N* zurück.

Die beschriebenen Kühlmaschinen nach dem Patente Fixary haben in jüngster Zeit in Frankreich mehrfache Ausführung erfahren und werden gegenwärtig auch in Deutschland von der Maschinenfabrik Humboldt zu Kalk a/Rh. gebaut.

An Stelle des bei den Kompressionsmaschinen üblichen Verfahrens der Gewinnung flüssigen Ammoniaks durch Destillation des künstlichen Salmiakgeist und darauffolgende Kompression hat sich die Consolidatet Refrigerating Cie. in New-York ein neues Verfahren patentieren lassen, dessen Patentbeschreibung folgendes zu entnehmen ist.

Gewöhnlich wird das Ammoniakwasser des Handels unter sehr geringem Druck in einer Retorte oder Blase destilliert, das sich hierbei entwickelnde dampfförmige Gas im Vacuum gekühlt und alsdann mittels Pumpen zu Flüssigkeit komprimiert. Diese kostspieligen mechanischen Einrichtungen und Arbeiten fallen bei dem vorliegenden Verfahren, zu welchen der in Fig. 92 abgebildete Apparat dient, fort.

Der neue Apparat besteht aus der ziemlich hohen Blase *A*, welche aus Stahl- oder Eisenblech gefertigt ist, im Innern eine Dampfschlange 2 enthält und aufserdem mit Standglas 6, Manometer 7 und Probierhähnen 8 versehen ist. Vom Deckel der Blase *A* führt ein mit Ventil 5 versehenes Rohr 4 etwa 12 m in die Höhe. Die Blase *A* ist am Boden mit einem Ablafshahn 9 versehen. Zum Füllen der Blase dient die Pumpe *B*, welche imstande sein mufs, das durch Rohr 10 aus dem Behälter 11 entnommene Ammoniakwasser mit einem Druck von etwa 12 kg

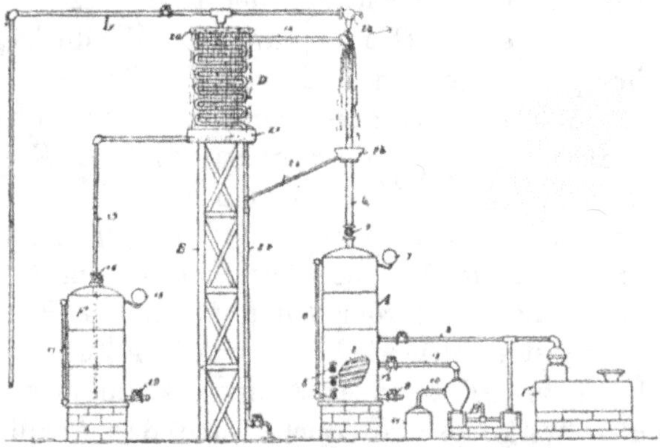

Fig. 92.
Apparat zur Ammoniak-Destillation der Consolidated Refrigerating Co. in New-York.

pro Quadratcentimeter durch Rohr 12 nach der Blase zu drücken; letzteres mit einem Hahn 13 versehene Rohr 12 mündet nahe am Boden der Blase. Das von der Blase *A* in die Höhe führende Rohr 4 geht oben in ein horizontales Rohr 14 über, welches an eine auf dem Gestell *E* aufgestellte Schlange *D* anschliefst, deren Ablaufrohr 15 nahe am Boden der Vorlage *F* mündet, mit Standglas 17, Manometer 18 und Ablafshahn 19 versehen ist. Ein Wasserrohr *G* ist bis über die Schlange *D* geführt und hier mit einem Sprengrohr 20 versehen. Das über die Schlange *D* niederrieselnde Wasser sammelt sich in dem Trog 21 und fliefst durch Rohr 22 ab. Das Wasserrohr *G* reicht bis über das Rohr 4 und ist hier mit einem Hahn 23 versehen, so dafs das Rohr 4 ebenfalls mit kaltem Wasser berieselt werden kann. Das herabfliefsende Wasser wird in dem Gefäfs 24 aufgefangen und durch Rohr 25 nach dem Ablaufrohr 22 geleitet.

Das Destillationsverfahren ist folgendes: Die Blase wird zunächst durch die Pumpe *B* zu $^2/_3$ mit Ammoniakwasser gefüllt. Die Hähne 13, 5 und 16 sind hierbei geöffnet, alle übrigen geschlossen. Alsdann wird der Hahn im Rohr 3 geöffnet und aus dem Kessel *C* Dampf in die Schlange *D* eingelassen, so dafs das Ammoniak verdampft und als Gas durch Rohr 4 hochsteigt, während die wässerigen Teile in der Blase *A* zurückbleiben.

Für gewöhnlich wird dieses Ammoniakgas abgeleitet, gekühlt und dann mittels einer Pumpe oder sonstiger mechanischer Kompressionsmittel zu einer Flüssigkeit verdichtet. Bei vorliegendem Verfahren wird im Gegenteil die Erwärmung durch Einlassen frischen Dampfes noch weiter gesteigert und hierdurch auch der Druck erhöht, und dies so lange durchgeführt, bis sämtliches Ammoniak frei geworden ist. Der hohe Druck hat den Zweck, das Mitverdampfen des Wassers zu verhindern. Etwa doch aufsteigende Wasserdämpfe werden infolge dieses hohen Druckes und des über das Rohr 4 herabrieselnden Kühlwassers jedenfalls noch innerhalb des Rohres 4 kondensiert, so dafs das Kondensationswasser wieder in die Blase *A* zurückfliefst und somit in das Rohr 14 Wasserdampf keinesfalls mehr mit eintritt. Das Ammoniakgas steigt durch Rohr 14 in die Schlange *D* und wird hier stark gekühlt, so dafs dasselbe infolge des hierbei zunehmenden spezifischen Gewichtes und infolge des in der Blase *A* herrschenden Überdruckes ohne Schwierigkeit durch Rohr 15 nach der Vorlage *f* fliefst, wo es durch den beständigen Druck, welcher durch die Rohrleitung hindurch von *A* aus ausgeübt wird, sich zur Flüssigkeit verdichtet. Der hierzu erforderliche Druck beträgt allerdings etwa 6½ Atm., und müssen die Teile des Apparates entsprechend stark sein. Da das Rohr 16 dicht über dem Boden des Behälters *F* ausmündet, so wird die Ausflufsöffnung sehr bald in das zur Flüssigkeit verdichtete Ammoniak tauchen und hierdurch eine Art Syphon gebildet werden, so dafs das weitere Gas verhältnismäfsig rasch zur Flüssigkeit verdichtet wird. Sobald sämtliches Ammoniak abgetrieben ist, wovon man sich mittels der Probierhähne 8 sehr leicht überzeugen kann, wird der Hahn 16 geschlossen, so dafs jedes Expandieren der im Behälter *F* enthaltenen Flüssigkeit vermieden wird. Gleichzeitig wird der Dampfzutritt zur Schlange 2 abgesperrt und aus der Blase *A* durch Hahn 9 das zurückgebliebene Wasser abgelassen. Sodann wird die Blase *A* frisch gefüllt und in die Schlange 2 wieder Dampf eingelassen, bis der Druck in der Blase *A* demjenigen des Behälters *F* gleicht; es werden nun die Hähne 5 und 16 wieder geöffnet, und die Operation beginnt von neuem. Es kann aber auch unter weiterer Zufuhr frischen Ammoniakwassers, welches sich infolge des geringeren spezifischen Gewichtes über dem Wasser sammelt, und unter Einleiten von Dampf die Destillation noch weiter fortgesetzt werden. Sobald das Standglas 6 aber anzeigt, dafs die Blase *A* zu stark gefüllt ist, zieht man unten durch Hahn 9 eine entsprechende Menge Wasser ab. Fällt der Druck in der Blase *A* infolge zu geringer Wärmezufuhr oder zu starken Einleitens des kalten Ammoniakwassers unter den im Behälter *F* herrschenden Druck, so mufs sofort der Hahn 5 geschlossen werden, und zwar so lange, bis der Manometer 7 wieder den geeigneten Druck anzeigt, welcher hier stets höher sein soll als in dem Behälter *F*. Ist letzterer mit Ammoniakflüssigkeit gefüllt, so zieht man die Flüssigkeit in besondere Gefäfse ab, wobei der Druck des über der Ammoniakflüssigkeit befindlichen Gases den Abflufs und somit das Füllen wesentlich begünstigt.

Das beschriebene Verfahren entspricht im Prinzipe eigentlich der bei den Absorptionsmaschinen angewendeten Methode der Verflüssigung des Ammoniaks durch seinen eigenen Druck und dürfte wohl kaum geeignet sein, die Kompressionsmaschinen zu verdrängen oder zu ersetzen.

Von M. Rotten in Berlin ist eine neue Einrichtung zum Zurückführen des in die Stopfbüchse von Kompressions-Kältemaschinen entweichenden flüchtigen Körpers zum Patent angemeldet worden (D. R.-P. No. 35415). Diese Erfindung bezieht sich auf diejenigen bei der Kälteerzeugung benutzten Kompressionspumpen, welche mit einem flüchtigen Körper, wie Ammoniak u. dergl. arbeiten, und bezweckt, die Verluste an dem flüchtigen Körper, welche durch Undichtigkeiten und durch Überströmen in die Stopfbüchse bei der Hin- und Herbewegung der Kolbenstange entstehen, zu vermeiden und die diesbezüglichen Mengen dieses flüchtigen Körpers in den Kreislauf der Maschine zurückzuführen. Erreicht wird dieser Zweck durch Zuhilfenahme der Druckverminderung, die an derjenigen Stelle des Apparates eintritt, an welcher der benutzte flüchtige Körper in den Expansionsapparat eingeführt wird. In der beigefügten Zeichnung Fig. 93 ist eine derartige Anordnung in schematischer Weise dargestellt. *A* ist der Kompressionscylinder, welcher bei *BB'* die Abströmung für den verdichteten flüchtigen Körper nach dem Kondensator *C* besitzt, während derselbe bei *DD'* mit dem Expansionsapparat *E* in Verbindung steht, in welchem die Temperaturerniedrigung durch die Expansion des flüchtigen Körpers erfolgt. Wie bekannt, funktioniert der Apparat in der Weise, daſs der verdichtete, bei *BB'* aus dem Cylinder in den Kondensator *C* abströmende flüchtige Körper in dem letzteren durch eine Abkühlung mit Wasser

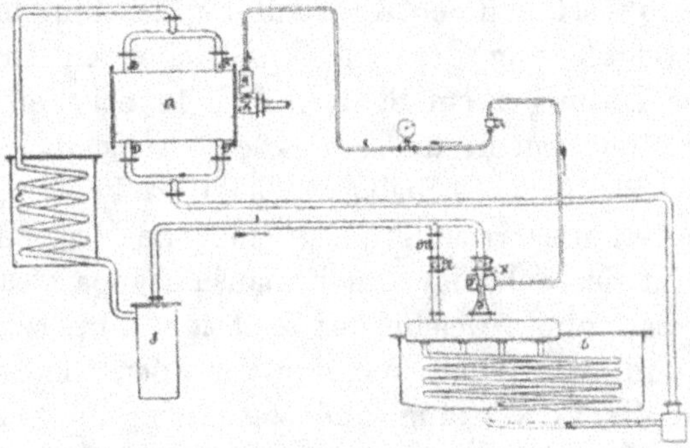

Fig. 93.

in den flüssigen Zustand übergeht und sich dann in dem Sammelgefäſs *S* in diesem flüssigen Zustande ansammelt, von wo der flüchtige Körper durch eine Leitung *J* in die Schlange des Expansionsapparates *E* gelangt, um durch die bei der Expansion erfolgende Wärmebindung die Erzeugung der Kälte zu ermöglichen. An dieser Stelle nun, an welcher der flüchtige Körper seinen Übergang aus dem flüssigen in den gasförmigen Zustand vollführt, tritt infolge der Druckverminderung ein heftiges Strömen nach dieser Stelle hin ein, indem der verdichtete flüchtige Körper in dem Sammelgefäſse eine hohe Spannung, z. B. 6 bis 8 Atm., besitzt, und der gasförmige, in den Expansionsschlangen wirkende Körper, welcher wieder bei *DD'* in dem Cylinder angesaugt wird, nur die Saugspannung des Cylinders, z. B. 1 bis 2 Atm. hat. Dieses Strömen des verdichteten flüchtigen Körpers (derselbe kann eventuell auch etwas gasförmig geworden sein) nach der Verdampfungsstelle erzeugt beim Austritt aus der Düse *H* eine saugende Wirkung, wodurch in der Kammer *F* eine Gasverdünnung stattfindet. Die Übergangsstelle *F* wird nun mittels der Leitung 2 mit einem Kasten *G* verbunden, welcher mit der Stopfbüchse direkt oder durch eine Rohrleitung kommuniziert. Die Übertrittsstelle *F* wird, wie auf der Zeichnung ferner dargestellt, so konstruiert, dafs in derselben eine Düse *H* und ein Übertritts- oder Sammeltrichter *J* eingeschaltet wird, so dafs durch die Druckerniedrigung an dieser Übertrittsstelle bei *F* eine saugende Wirkung hervorgebracht und dadurch der nach der Stopfbüchse *K* des Cylinders übertretende flüchtige Körper durch die Leitung 2 mit angesaugt, und durch die Schlange des Expansionsapparates wieder in den Kreislauf der Maschine hineingeführt wird. Zur Regulierung der bei *F* entstehenden Druckdifferenz kann in der Leitung 1 ein Stellventil *L* in beliebiger Weise angeordnet werden, wobei, um auch den Druck in der Schlange des Expansionsapparates beliebig variieren zu können, eine zweite mit einer Abschlufsvorrichtung *N* versehene Verbindung *M* der Leitung 1 mit der Schlange des Expansionsapparates angeordnet wird. Die Spannung, welche der flüchtige Körper in der Stopfbüchse *K* und dem damit kommunizierenden Gefäfse *G* besitzt, kann durch die Verstärkung und Verminderung der saugenden Wirkung vermittelst Regulierung des Stellapparates *L* verändert, also auf jede beliebige Spannung, sowohl über als auch unter die Atmosphäre, ins Vacuum gebracht werden. Arbeitet man mit einer niederen Spannung, die sich bis ins Vacuum erstreckt, so legt man, um das Eindringen von atmosphärischer Luft in die Stopfbüchse, bzw. in die Maschine, zu vermeiden, eine Sperrflüssigkeit, z. B. Öl, vor dieselbe, wie sie bei Stopfbüchsen von Dampfmaschinen, Kondensatoren in bekannter Weise in Anwendung ist. Diese Flüssigkeit übernimmt gleichzeitig das Schmieren der Kolbenstange. Um endlich zu verhüten, dafs unter Umständen ein Zurücktreten des zu verdampfenden flüchtigen Körpers nach der Stopfbüchse eintritt, wird in der Rohrleitung 2 an irgend einer beliebigen Stelle ein Rückschlagventil *R* eingeschaltet, welches nur nach der Übertrittsstelle *F* zu sich öffnet und jede Rückwärtsbewegung des flüchtigen Körpers verhindert.

Noch andere Substanzen von niedrigem Siedepunkt lassen sich gleich den Ätherarten als Mittel zur Temperaturerniedrigung benutzen, ohne dafs von der theoretischen Nutzleistung ein besseres Ergebnis zu erwarten wäre. Van der Weyde in New-York verwendet das Chymogen, einen zwischen 0° und 16° verdampfenden Bestandteil des Petroleums, welcher Stoff für Europa wohl wenig in Betracht kommt und nur in Amerika in der Nähe seiner Fundorte verwendbar wäre.

Von Tellier wurden Äthylamin (C_2H_5, NH_2), welches bei + 18° siedet, und Methylamin (CH_3, NH_2), dessen Siedepunkt unter 0° liegt, als Verdampfungsflüssigkeiten vorgeschlagen; die schwierige Darstellung derselben macht ihre vorteilhafte Verwendung zur Eisfabrikation unwahrscheinlich.

Von Köhler wurde das Chloräthyl (C_2H_5Cl.) vorgeschlagen, dessen latente Verdampfungswärme und Siedepunkt ziemlich günstig sind; zu einer praktischen Anwendung dieser Substanz ist es jedoch nicht gekommen.

Der Schwefelkohlenstoff wurde zuerst von Lienard & Hugon in Paris vorgeschlagen, derselbe steht jedoch wegen seiner geringen latenten Wärme und seines höheren Siedepunktes hinter dem Äther zurück. Aufserdem mufs wegen der geringen spezifischen Wärme seiner Dämpfe die Maschine viel gröfser sein, oder es sind viel niedrigere Temperaturen erforderlich als bei den Äthermaschinen von gleicher Leistungsfähigkeit.

Auch von Windhausen in Berlin wurde eine Kompressionsmaschine unter Anwendung von Schwefelkohlenstoff als Kälte erzeugendes Medium konstruiert (D. R.-P. No. 23112). Die Einrichtung der zu diesem Zwecke verwendeten Maschine ist ähnlich wie bei den anderen Kompressionsmaschinen und besteht aus den gleichen Hauptteilen: einem Refrigerator (Verdampfer), einer Kompressionspumpe und einem Kondensator. Der Refrigerator bildet einen mit Sioderöhren durchzogenen Dampfkessel, in welchem sich der Schwefelkohlenstoff befindet, durch dessen Verdampfung bei einer Spannung von ca. 0,1 Atm. Wärme gebunden, bzw. eine Kälte von etwa 15° C. erzeugt, und an eine den Refrigerator umgebende und durchströmende Chlorcalcium- oder Glycerinlösung übertragen wird, welche dann zur Kühlung und Eiserzeugung dient. Im Dampfdom des Refrigerators ist, um den Schwefelkohlenstoff vor Eintritt in die Kompressionspumpe möglichst zu trocknen, ein Dampftrockenapparat angebracht, bestehend in einem aus dünnem Blech hergestellten Behälter, der von einer spiralförmigen Mantelwand, Boden und Deckel gebildet ist. Der Schwefelkohlenstoffdampf strömt durch einen rechteckigen Schlitz, welcher durch den Abstand der Enden der spiralförmigen Mantelwand gebildet ist, in den Apparat ein, und wird der durch die angewiesene centrifugale Strömung etwa mitgerissene flüssige Anteil an die Mantelwand geschleudert und durch Röhren in den Refrigerator zurückgeführt.

Die Kompressionspumpe besteht in einer doppeltwirkenden Saug- und Druckpumpe, mittels welcher durch Saugventile die Schwefelkohlenstoffdämpfe angesaugt, durch einen Kolben bis nahe auf 1 Atm. absoluten Druck komprimiert und durch Druckventile in den Kondensator gedrückt werden. Der Pumpencylinder ist behufs Ableitung der bei der Kompression entstehenden Wärme innerhalb einer Ummantelung mit Kühlwasser umgeben. Ferner fliefst zur Verhinderung des Eindringens atmosphärischer Luft innerhalb zweier Kolbenstangenpackungen Wasser um die Mantelfläche der Kolbenstange. Die Bewegung des Kolbens kann durch Balancier- und Kurbelmechanismus oder mittels Kurbel und Schwungrad erfolgen.

Der Kondensator besteht in einem aufrechten mit Kühlröhren durchzogenen Kessel, innerhalb dessen, die Kühlröhren von unten nach oben durchströmend, fortwährend Kühlwasser zu- und abströmt. Die Schwefelkohlenstoffdämpfe treten in einen unter dem Deckel befindlichen Raum, werden in den Kühlröhren verflüssigt, und sammelt sich der verflüssigte Schwefelkohlenstoff in einem am Boden befindlichen Raum, aus welchem derselbe periodisch dem Refrigerator zugeführt wird. Dies geschieht durch ein mit einem Schwimmer verbundenes Ventil, welches sich öffnet, wenn durch eine gröfsere Ansammlung von Schwefelkohlenstoff der Schwimmer gehoben wird. Dieser Schwimmer ist spezifisch leichter als Schwefelkohlenstoff, aber schwerer als Wasser, wodurch bewirkt wird, dafs zwar der über eine bestimmte Niveauhöhe sich ansammelnde Schwefelkohlenstoff in den Refrigerator überströmen kann, nicht aber das etwa durch Undichtheiten in den Kondensator gelangte Wasser. Zum Schutz gegen zu hohe Spannung der Dämpfe im Kondensator und zum zeitweisen Ablassen der eventuell in den letzteren eingedrungenen atmosphärischen Luft ist der obere Raum des Kondensators mit einem Sicherheitsventil versehen, welches so belastet ist, dafs es durch den Dampfdruck schon geöffnet wird, bevor die Dampfspannung im Kondensator den Druck der äufsern Atmosphäre erreicht hat. Weiters ist an dem Kondensator ein Sperrventil angebracht, welches den Zweck hat, bei Inbetriebsetzung der Maschine die etwa in der letzteren befindliche Luft abzulassen. Dieselbe strömt zunächst in einen mit Kühlwasser gefüllten Behälter, in welchem sich die etwa beigemengten Schwefelkohlenstoffdämpfe kondensieren und unter dem Kühlwasser ansammeln, worauf sie durch ein dem erstbeschriebenen ähnlich eingerichtetes Schwimmerventil in den Refrigerator zurückgeführt werden. In den Rohrleitungen sind weiters Absperr- und Rückschlagventile angeordnet, um bei Inbetriebsetzung der Maschine die in ihren Teilen enthaltene Luft vollständig zu entfernen.

Dieses System von Maschinen ist trotz seiner mannigfachen Vorteile nicht zur Ausführung gelangt, da die abkühlende Wirkung des Schwefelkohlenstoffs gegenüber der des Ammoniak eine zu geringe ist, und die Dämpfe dieser Flüssigkeit ebenso feuergefährlich sind wie Ätherdämpfe.

Ballo in Pest will Kälte dadurch erzeugen, dafs er Luft mittels der sog. Babo'schen Mostpeitsche (d. h. sehr fein verteilt) durch Schwefelkohlenstoff treibt. Nur bietet ihm vorerst die Kondensation resp. Wiedergewinnung der Substanz Schwierigkeit. Daran mufs nun in Wirklichkeit das ganze Projekt auch scheitern. Eine Wiedergewinnung des Schwefelkohlenstoffes auf anderem Wege, als durch Verdichtung und Abkühlung der damit gesättigten Luft, in Ermangelung geeigneter Lösungsmittel, ist unmöglich und würde dies besondere Schwierigkeiten machen und grofse Arbeitskraft erfordern; man gelangte dann auf das Prinzip der Kaltluftmaschine. Das Problem ist in dieser Richtung praktisch ganz unlösbar.

Young und Neilson wenden zum Betriebe von Kaltdampfmaschinen die flüchtigsten Teile des Petroleums oder die sehr flüchtigen Kohlenwasserstoffe des Leuchtgases, oder die bei der trockenen Destillation der bituminösen Schiefer auftretenden Gase, endlich Lösungen solcher flüchtiger Körper in Äther an. Für die Wahl dieser Flüssigkeiten wird als Grund angegeben, dafs bei der Verdampfung derselben kein gleichmäfsiges Übergehen, sondern eine Scheidung in flüchtige und weniger flüchtige Teile erfolgt, da bei gleicher Spannung die Siedepunkte der einzelnen

Bestandteile verschiedene sind, also einige Teile höhere, andere niedrigere Siedepunkte haben als die ganze Flüssigkeit. Wenn man demnach die Verdampfung, welche bei teilweisem Vacuum vor sich gehen mufs, so vornimmt, dafs die einzelnen Bestandteile dabei getrennt sind, so kann man die abzukühlende Flüssigkeit mit immer kälteren Dämpfen in Berührung bringen und so eine viel tiefere Temperatur erzielen, als bei gleicher Spannung durch die gemischte Flüssigkeit möglich wäre. Wenn man dann aber die Kondensation im gemischten Zustande vornimmt, so kann dies bei einer höheren Temperatur oder bei einer niedrigeren Spannung geschehen, als jene sein würde, welche zur Kondensation der flüchtigeren Teile erforderlich ist. Ein derartiger Vorgang bietet einige Vorteile gegenüber der Arbeit mit einfachen Flüssigkeiten, jedoch sind die verwendeten Substanzen unvorteilhaft, nachdem die Verdampfungswärmen derselben zu gering, die Siedepunkte zu hoch sind, deshalb grofse und kompliziert gebaute Maschinen erforderlich wären; überdies sind die vorgeschlagenen Flüssigkeiten auch wegen ihrer Feuergefährlichkeit ebensowenig wie der Äther zu empfehlen.

Von Vincent wurde das Methylchlorid als Verdampfungsflüssigkeit in Vorschlag gebracht, welche Substanz ähnlichen Erfolg wie Methyläther erzielt und dabei billiger ist. Es hat gegenüber dem Ammoniak den Vorzug, dafs es geringere Spannungen erfordert, es beansprucht jedoch gröfsere Dimensionen der Maschinen, aber nicht so grofse als der Äther. Der Betrieb ist bei Anwendung des Methylchlorid ein sehr bequemer, da es selbst als Schmiermittel dient; die leichte Entzündbarkeit seiner Dämpfe macht es gleichfalls gefährlich. Es werden mit demselben namentlich kleinere Maschinen für den Hausgebrauch betrieben, für welche es vielleicht dem Ammoniak vorzuziehen wäre, da man bei solch kleinen Maschinen lieber mit niedriger Spannung arbeitet. Die nach diesem Prinzip konstruierten Maschinen sind von Crispin in Paris gebaut.

Du Motay und Rossi benutzen bei ihrem sog. Binary-System als verdampfende Flüssigkeit Lösungen der schwefligen Säure in gewissen Ätherarten, welch letztere bis zu ihrem 300fachen Volumen des genannten Gases absorbieren, und welche Flüssigkeit dann als binary (zweistoffige) bezeichnet wird. Die Konstruktion der hierbei verwendeten Kaltdampfmaschinen beruht auf denselben

Grundsätzen wie bei Anwendung anderer Verdampfungsflüssigkeiten, doch ist die Spannung in denselben geringer als bei Anwendung reiner schwefliger Säure oder Ammoniak, während die Dimensionen der Maschine geringer sind als bei Anwendung von reinem Äther, daher die Maschine zwischen diesen beiden Extremen steht; die Flüssigkeit ist selbstschmierend und greift Metalle nicht an. Der Betrieb einer solchen Maschine erfolgt in ähnlicher Weise wie bei den früher beschriebenen Kompressionsmaschinen mittels Saug- und Druckpumpen; bei der Kondensation der Dämpfe durch Druck wird wieder die Lösung gebildet. In erster Linie wird als Verdampfungsflüssigkeit eine Lösung von schwefliger Säure in gewöhnlichem Äther, oder von Ammoniak in Äther vorgeschlagen; von ersterer wird 33 bis 70% des Äthergewichtes absorbiert und erzeugt die 33proz. Lösung eine Temperaturerniedrigung von 13,5°, eine 6proz. Lösung von Ammoniak in Äther eine Erniedrigung von 12,5°, während reiner Äther die Temperatur blofs um 8,5° erniedrigt. Aufser diesen beiden Lösungen können noch verwendet werden: Eine Lösung von schwefliger Säure in Schwefelkohlenstoff, bei welcher die Absorption 143%, die Temperaturerniedrigung 8⅓° beträgt; von schwefliger Säure in Chloroform (Absorption 5%, Temperaturerniedrigung 5,5°) u. a. m. Der Betrieb einer für derartige Flüssigkeiten gebauten Maschine erfolgt in nachstehender Weise: Die angewendete gemischte Flüssigkeit verdampft im Refrigerator, die Dämpfe werden von der Pumpe angesaugt und komprimiert, im Kondensator schlägt sich der Äther nieder und absorbiert die schweflige Säure, worauf die wiederhergestellte Flüssigkeit zum Refrigerator zurückkehrt. Eine einzige solche Maschine wurde in New-York in Betrieb gesetzt, über ihren Erfolg ist jedoch nichts bekannt geworden.

Von der Société anonyme »Le froid« wird bei gleichzeitiger Anwendung eines Vacuums irgend ein leicht flüchtiger Körper zum Verdampfen gebracht, welcher von einer mitbenutzten Flüssigkeit nicht absorbiert wird, z. B. Methyläther und eine Lösung von kohlensaurem Kali oder Natron, oder Chlorwasserstoffäther in Verbindung mit einer Chlorcalciumlösung. Es werden bei diesem System auch keine Gaspumpen wie bei den Ammoniak-Kompressionsmaschinen verwendet, sondern kleine Flüssigkeitspumpen in Verbindung mit Glocken, in welche die indifferente Flüssigkeit eingetrieben wird, welche daselbst die Dämpfe der flüchtigen Flüssigkeit verdichtet. Die Ausführung dieses Verfahrens erfolgt, wie durch Fig. 94 dargestellt wird, derart, dafs man die Dämpfe der flüchtigen Flüssigkeit in den Glocken *o o*¹ durch Eintreiben einer gegen diese Dämpfe indifferenten Flüssigkeit mittels der Pumpe komprimiert, dann durch das Ventil *s* nach dem Sammelbehälter *Q* eintreten läfst. Von dort gehen die Dämpfe in die Schlange *S* des Kondensators *D*, wo sie verflüssigt werden und weiter durch das Schwimmventil *R* und das Rohr *np* nach dem Refrigerator *E*, wo sie expandiert werden. Der Refrigerator steht durch das Rohr *k* mit den Kompressionsglocken in Verbindung. Wenn nun die in *o*¹ enthaltene Flüssigkeit von der Pumpe angesaugt und nach *o* übergeführt wird,

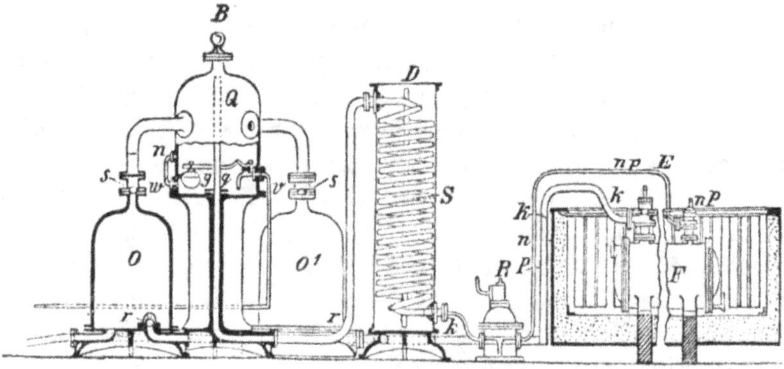

Fig. 94.

so entsteht in der Glocke *o*¹ ein Vacuum. Infolgedessen wird das Ventil *r*, welches das Rohr *k* verschliefst, gehoben, und die Dämpfe treten aus *E* nach der Glocke *o*¹, so dafs diese endlich ganz mit Dämpfen angefüllt, während *o* ganz voll Flüssigkeit ist. Durch Umsteuern eines Schiebers des Pumpensystems wird die Flüssigkeit wieder von *o* nach *o*¹ befördert und der Prozefs auf diese Weise kontinuierlich fortgesetzt.

Auf ähnlichen Grundsätzen beruht eine neue Eismaschine von Oskar Vezin in Elizabeth (D. R.-P. Nr. 36334), bei welcher als kälteerzeugendes Medium irgend ein kompressibles Gas verwendet wird, welches unter Druck irgend einer gegen dasselbe indifferenten Flüssigkeit (z. B. Glycerin) verdichtet werden soll. Der Vollständigkeit wegen soll auch diese Maschine beschrieben werden.

Fig. 95 stellt eine Ansicht der Maschine in teilweisem Vertikalschnitt dar. *A* ist eine rotierende Pumpe auf dem Gestell *a*. Ein Einführungsrohr a^1 tritt in den Boden der Pumpe ein und geht von dem oberen Teil derselben nach einer Kammer *B*. a^3 ist ein Ventil in dem Rohr a^2; ein Rohr *b* führt von dem

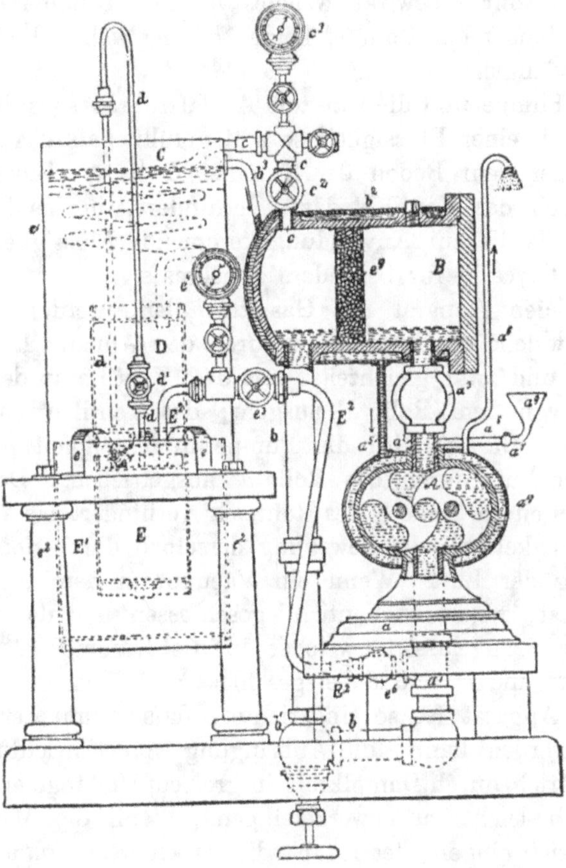

Fig. 95.
Eismaschine von Oscar Vezin in Elizabeth.

Boden der Kammer *B* nach dem Rohr a^1, welches ein Ventil b^1 besitzt. Ein Rohr *c* verbindet die Kammer *B* und die Kondensationsschlange *C*, welche in einem Wasserbehälter c^1 liegt. Diese Schlange führt zu einer Kammer *D* in dem unteren Teil des Behälters. Ein Rohr *d* geht von dem Teil der Kammer *D* nahe dem Boden nach der Kammer *E*, die in einem Behälter E^1

aufgehängt ist. Das Rohr c ist mit einem Ventil c^2 und einem Manometer c^3, Rohr E^2 mit Vacuummeter e^4 und einem Rückschlagventil e^6 an oder nahe der Verbindung mit dem Rohr a^1 versehen. Wassermäntel a^4 und b^2 schliefsen die Pumpe A und Kammer B ein, und eine Wasserzirkulation durch dieselbe wird durch das Rohr b^3 bewirkt, welches von dem Behälter c^1 ausgeht; dabei verbindet ein Rohr a^5 beide Mäntel, während a^6 als Überlaufrohr fungiert.

Die Pumpe und die Ein- und Auslafsröhren sowie das Rohr b werden mit einer Flüssigkeit so weit gefüllt, dafs das Niveau ein wenig über dem Boden der Kammer B liegt. Die Flüssigkeit wird durch das Ventil e^6 daran verhindert, in das Rohr E^2 zu treten. Als die zur Anwendung kommende Flüssigkeit hält der Erfinder Glycerin für besonders zweckmäfsig.

Um den Apparat mit Gas zu füllen, werden zuerst alle Ventile, welche die Zirkulation durch den Apparat herbeiführen, geöffnet, und zwar gleichzeitig mit dem Ventil a^7 in dem Rohr a^8, welches von dem Rohr a^2 ausgeht; das Ventil a^8 ist dabei geschlossen. Darauf wird die Pumpe in Thätigkeit gesetzt und die ganze Luft durch das Rohr a^8 ausgetrieben. Das trichterförmig erweiterte Ende a^9 des Rohres a^8 verhindert das Verschütten von Flüssigkeit bei der Bewegung derselben durch den schnellen Durchzug der Luft. Wenn ein Vacuum in dem Apparat hergestellt ist, wird das Ventil a^7 geschlossen und das Gas durch das Rohr c^7 zugelassen, welches in die Kammer E führt; die Ventile d^1 und e^3 sind dabei geschlossen.

Der Apparat ist so eingerichtet, dafs er mit der Hand getrieben werden kann; die Anbringung von Einrichtungen, die einen Betrieb durch Dampfkraft in grofsem Umfange ermöglichen, ist jedoch leicht zu bewerkstelligen. Wenn die Maschine für Handbetrieb eingerichtet ist, ist die Arbeitsweise folgende:

Das Ventil d^1 wird geschlossen, die anderen Zirkulationsventile werden geöffnet und darauf die Pumpe in Gang gesetzt. Hierdurch wird das Gas in der Kammer E frei, und nach und nach durch das Rohr E^2 in und durch die Pumpe gezogen. Das Gas entweicht nach der Kammer B, wo es emporsteigt und sich von der Flüssigkeit abscheidet; durch die Pumpe wird es darauf in den Kondensator C getrieben, wo es unter Druck kondensiert wird, um von da in die Kammer D überzugehen. Es empfiehlt sich, ein Diaphragma e^9 in der Kammer B anzuordnen, welches aus doppelter Drahtgaze mit zwischenliegendem groben Kies besteht; hierdurch wird die etwa mit dem Gasstrom fortgerissene Flüssigkeit gehindert, in das Rohr c überzugehen.

Die Verdampfung des Gases veranlaſst das Gefrieren des Wassers im Behälter E^1, welcher vorher mit demselben gefüllt worden war, und das gebildete Eis haftet an der äuſseren Fläche der Kammer E. Darauf wird die Pumpe abgestellt und das Eis von der Wandung der Kammer E durch Öffnung des Ventils d^1 losgelöst, weil etwas von dem warmen, komprimierten und kondensierten Gase, das in der Kammer D angehäuft war, in den Behälter E abgezogen ist und diesen erwärmt hat. Darauf kann das Eis aus dem Behälter E^1 entfernt werden. Diese Operation wird je nach der herzustellenden Menge Eis entsprechend oft wiederholt.

Wird eine gröſsere Maschine durch Dampfkraft getrieben, so empfiehlt es sich, den Betrieb des Apparates kontinuierlich zu gestalten, und in diesem Falle ist der Behälter E^1 geräumig und mit einer nicht gefrierenden Flüssigkeit, wie Salzsoole, angefüllt; in diesen Behälter werden Gefäſse, welche das zu gefrierende Wasser enthalten, aufgehängt. Die Ventile einschlieſslich d^1 werden darauf geöffnet und die Pumpe ständig in Betrieb gehalten; die abwechselnde und aufeinanderfolgende Verflüchtigung und Kondensierung des Gases wird wie bei allen Eismaschinen bewirkt.

Der besondere neue Gesichtspunkt dieser Erfindung soll in der Anwendung einer rotierenden Pumpe und der Anbringung der beschriebenen Ein- und Auslaſsröhren, die alle von einem Flüssigkeitsabschluſs von Glycerin oder einer ähnlichen Flüssigkeit versehen sind, liegen; hierdurch werden die Ventile in den Pumpen der Eismaschinen bisheriger Konstruktion angeblich gänzlich entbehrlich. Mittels der neuen Maschinen sollen alle Schwierigkeiten, welche bei den gewöhnlich angewendeten Pumpen auftreten können, überwunden werden. Bei denselben tritt weniger oder gar keine Reibung auf, und der Flüssigkeitsabschluſs in der rotierenden Pumpe verhindert jedes Entweichen von Gas. — Über die praktische Anwendung dieser Maschinen ist gleichfalls nichts bekannt geworden.

Eine neuere Kompressions-Eismaschine unter Anwendung anderer flüchtiger Flüssigkeiten ist von Henry Albert Flenſs in Newton (Insel Wight) erfunden worden (D. R.-P. No. 31 811). Die Kälte wird in dieser Maschine, die in Fig. 96 skizziert ist, durch Verdunsten einer im Wasser unlöslichen Flüssigkeit, wie z. B. Pentan, Gasolin, Rhipolen u. dgl. in einem Verdampfgefäſse *J* erzeugt, welches die Gefrierzellen *K* umgibt. Die Saugpumpe *B*, welche durch Rohr *H*, Gefäſs *M* und Rohr *N* mit dem Vacuumgefäſse kommuniziert, befindet sich in einem geschlossenen Kessel *K* mit Wasser, welcher sich auf einer Seite zu einem Dome *D* erhebt, und steht durch die Schlitze *S* frei mit demselben in Verbindung. Der bei dem Hochgange des Kolbens der Pumpe angesaugte Pentandampf verdichtet sich beim Niedergange des Kolbens unter demselben zu Pentan, welches durch das Auslaſsventil in das umgebende Wasser austritt und infolge seines geringeren spezifischen Gewichtes sich an dessen Oberfläche im Dome *D* ansammelt. Von hier wird es von Zeit zu Zeit durch das Rohr *L* mit Hahn *L'* zum Vacuumgefäſse *J* zurückgeführt. Unter den Kolben der Pumpe tritt bei seiner höchsten Stellung durch die Öffnung *O* eine kleine Quantität Wasser ein, welche das Saugventil bedeckt, so daſs der beim Niedergange verbleibende schädliche Raum nicht von verflüssigtem Pentan, sondern von Wasser ausgefüllt wird. Die Kolbenstange führt durch eine von einer Wasserschale *W* umgebene Stopfbüchse in der Wand des Kessels und ist mit Wasserdichtungsringen versehen, von denen der eine nach oben und der andere nach unten schlieſst.

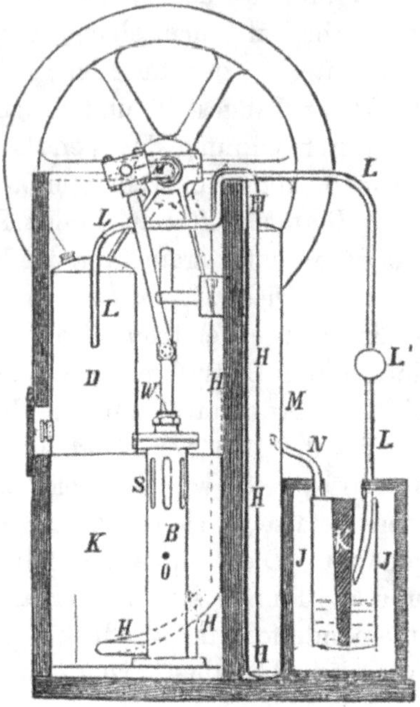

Fig. 96.

Die Herstellung des Ventils geschieht am billigsten durch dünne Metallscheiben, welche durch eine Schraube von einer Öffnung, die in der Wand des Ventilgehäuses befindlich ist, entfernt oder derselben genähert werden können. Die Schalen oder Ringe der

Stopfbüchse werden am besten aus vulkanisierter Faser hergestellt, da dieses Material von Flüssigkeiten am wenigsten angegriffen wird.

Um den Apparat zu füllen, läfst man nun zunächst durch eine Öffnung Wasser in das Gefäfs laufen, bis das Niveau desselben sich oberhalb des oberen Endes der Pumpenstiefel befindet, aber nicht bis zur Mündung des Rohres reicht. Ist der Kessel soweit gefüllt, so wird das Ventil geschlossen und die Pumpe in Thätigkeit gesetzt, bis man im Gefäfs die Luft so stark verdünnt hat, als dies praktisch durchführbar ist. Die Öffnung, durch welche der Kessel gefüllt worden war, wird mit einem Pfropfen verschlossen und das Absperrventil geöffnet. Die flüchtige Flüssigkeit, die sich oberhalb des Rohres befindet, läuft dann sofort durch das Rohr; das Gefäfs und der Apparat sind zum Gebrauche fertig. Am Ende jedes Hochganges des Kolbens, wenn derselbe die kleine Öffnung passiert hat, tritt eine geringe Menge Wasser in den unteren Teil des Cylinders und bedeckt die obere Fläche des Eintrittsventils. Während des Niederganges des Kolbens wird der Dampf komprimiert und kondensiert, und wenn der Kolben bis zum Wasser am Boden des Stiefels gelangt ist, wird stets der kondensierte Dampf im Hohlraum am Boden des Kolbens angesammelt, und sobald er hinreichend komprimiert ist, hebt er das Ventil, das Wasser am Boden des Stiefels geht gleichfalls nach aufwärts durch das Ventil, nachdem der gesamte kondensierte Dampf durch dasselbe hindurchgegangen ist. Auf diese Weise wird die nach dem Niedergang unter dem Kolben zurückbleibende kleine Quantität Flüssigkeit lediglich Wasser sein müssen, nicht aber Teile der flüchtigen Flüssigkeit enthalten.

So wird es möglich, ein besseres Vacuum zu erzielen, als es bisher bei Eismaschinen dieser Klasse der Fall war, und demnach eine gröfsere Leistungsfähigkeit hergestellt. Bei grofsen Maschinen, welche längere Zeit hindurch in Thätigkeit gehalten werden sollen, wird es besser sein, das Absperrventil zum Teil geöffnet zu erhalten, so dafs die flüchtige Flüssigkeit kontinuierlich in das Gefäfs läuft. Der Grad der Öffnung wird nach dem Stande des Manometers reguliert.

Eine andere Neuerung für Kühlmaschinen ist von Dr. Arm. Müller in New-York in seinem Zerstäubungsrefrigerator (D. R.-P. No. 35437) vorgeschlagen. Dieselbe beruht darauf, dafs man die zu verdunstende oder kälteerzeugende Flüssigkeit (Äther, Schwefelkohlenstoff, Ligroin u. s. w.) vermittelst eines sog. Zerstäubers unter Anwendung von Luft oder der Dämpfe der betreffenden Flüssigkeiten und vermittelst einer kräftigen Druckpumpe in den geschlossenen Kühlapparat (den sog. Refrigerator, in dessen Innerm die abzukühlende Flüssigkeit durch ein Schlangenrohrsystem zirkuliert) einspritzt, auf solche Weise die Flüssigkeit zerteilt und deren Oberfläche unendlich vergröſsert, woraufhin ihre Verdampfung weit rascher und leichter erfolgen muſs. Die entstandenen Dämpfe oder Gase werden, wie bei den bekannten Maschinen, durch Auspumpen stets sofort wieder entfernt, zur Kondensation gebracht, in den Zerstäuber zurückgetrieben und aufs neue in Zirkulation versetzt, so daſs eine ununterbrochene Kälteerzeugung stattfindet.

Alle während der Suspension nicht zur völligen Verdampfung gelangenden Flüssigkeitströpfchen werden im Refrigerator auf das eine möglichst groſse Oberfläche darbietende Rohrsystem, durch welches die abzukühlende Flüssigkeit strömt, hingeworfen, wo ihnen wiederum die beste Gelegenheit zur Verdunstung, eine groſse Oberfläche, geboten wird.

Etwa nicht verdampfende Flüssigkeit fällt auf den Boden des Refrigerators, bleibt auch noch hier in ihrer ganzen Oberfläche der verdunstenden Wirkung der Saugpumpe ausgesetzt und gelangt vom Refrigerator aus in ein Sammelgefäſs, aus welchem sie nebst der durch die Saugpumpe kondensierten Flüssigkeit mittels eines Injektors in den Zerstäuber zurückbefördert wird, um aufs neue verteilt, d. h. zerstäubt zu werden.

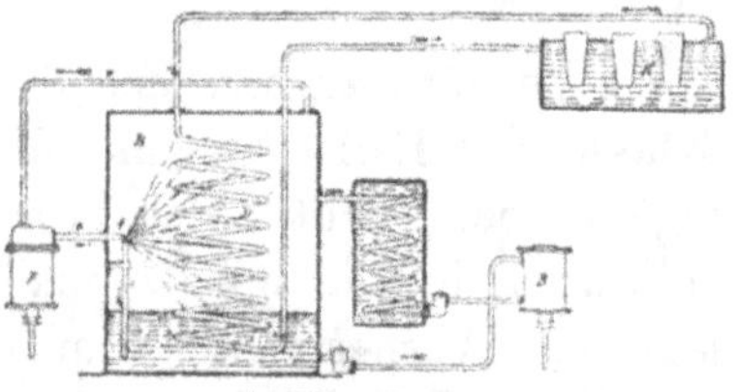

Fig. 97.

Die denkbar einfachste Konstruktion einer Eismaschine unter Anwendung des Zerstäubers wird durch beistehende Zeichnung (Fig. 97) angedeutet, wobei die kälteerzeugende Flüssigkeit Äther, Schwefelkohlenstoff oder ein flüchtiger Kohlenwasserstoff, z. B. Ligroin, sein kann.

Im Refrigerator R, welcher von einem die Wärme schlecht leitenden Stoff umgeben ist, oder den fortwährend frisches kaltes Wasser umspült, befindet sich das Rohrsystem D, in welchem eine

Chlorcalcium- oder Kochsalzlösung odereine Mischung von Glycerin und Wasser zirkuliert, nach den Gefrierkästen *K* hingeführt wird und von dort wiederum nach dem Refrigerator zurückkehrt.

Die Zirkulation dieser Flüssigkeit wird, wie bei den meisten bestehenden Maschinen, durch Injektoren bewerkstelligt. Die stark abgekühlte Flüssigkeit hat die Aufgabe, Wasser in dem Gefrierkasten *K* zum Gefrieren zu bringen, wonach sie mit erheblich höherer Temperatur wieder in den Refrigerator *R* zurückkehrt, um dort aufs neue abgekühlt zu werden.

An der einen Wandung, dem Schlangensystem gegenüber, befindet sich das Zerstäubersystem *a*, bestehend aus einem mit einer Saug- und Druckpumpe *P* kommunizierenden vertikalen Rohr *b*, welches in eine höchst feine Öffnung ausmündet; in rechtem Winkel zu diesem Rohr befindet sich das Rohr *c* innerhalb des Refrigerators, welches in den am Boden des Refrigerators befindlichen Äther taucht. Wird Luft oder Ätherdampf, welch letzterer direkt dem Refrigerator durch das Verbindungsrohr *v* entzogen werden kann, vermittelst der Pumpe durch das Rohr *b* eingetrieben, so steigt der Äther in *c* so hoch, daſs es zur Zerstäubung der Flüssigkeit kommt, welche nun teils direkt verdampft, teils zu demselben Zwecke auf das Refrigerator-Schlangensystem hingespritzt wird. Der nicht verdampfende Äther sinkt zu Boden.

Die gebildeten Ätherdämpfe werden durch eine zweite Pumpe *B* aus dem Refrigerator ausgesaugt und durch ein hinreichend langes Kühlschlangensystem oder durch Druck zur Kondensation gebracht; der kondensierte Äther wird in den Refrigerator zurückgetrieben.

Das Flüssigkeitssaugrohr *c* des Zerstäubers, sowie das Ätherreservoir, von dem aus der Zerstäuber gespeist wird, kann sich auch auſserhalb des Refrigerators befinden, und auf dem Ätherreservoir das Saugrohr *v* der Pumpe *P* wirken, wodurch es ebenfalls als Refrigerator arbeitet.

Bei Anwendung von Wasser an Stelle von Äther gestaltet sich der Apparat höchst einfach, die Abkühlung kann indes nicht so weit wie mit Äther, d. h. um ca. — 18 ° C., gesteigert werden, wogegen sich dieser Apparat ganz vorzüglich zur Erzeugung kalter Luft eignet.

IX. Verwendung der Kälteerzeugungsmaschinen.

Ursprünglich hatten die Kälteerzeugungsmaschinen ihre Anwendung fast auschliefslich zur Erzeugung von künstlichem Eis gefunden, weshalb sie auch früher durchwegs mit dem Namen Eismaschinen bezeichnet wurden. Es wurde mit Hilfe derselben durch das abgekühlte Medium gewöhnliches Wasser in Eis verwandelt, indem man dasselbe in Blechzellen in die abgekühlte Salzlösung hängte, oder die mittels der Kaltluftmaschinen erzeugte kalte Luft direkt über das Wasser hinstreichen liefs. Das auf diese Weise erzeugte Eis wurde dann zu den verschiedenen industriellen Zwecken verwendet oder in den Handel gebracht.

In neuerer Zeit ist man jedoch in jenen Industriezweigen, bei welchen man auf die Erzeugung künstlicher Kälte angewiesen ist, von der Verwendung des Eises ganz abgekommen, nachdem man mit viel gröfserem Vorteile die abgekühlte Salzlösung oder Luft direkt zur Kühlung verwendet. Diese Art der Verwendung künstlicher Kälte, welche als eine der bedeutendsten Errungenschaften in dieser Richtung anzusehen ist, hat auch der Benützung der Kälteerzeugungsmaschinen in der Industrie eine ungeahnte Verbreitung gesichert, da sie eine überaus bequeme und rationelle Anwendung der erzeugten Kälte ermöglichte. Insbesondere haben die Gärungsgewerbe, und zwar die Bierbrauerei und die Spiritusfabrikation, sich dieser vorteilhaften Neuerung mit grofsem Erfolge bedient; doch auch in anderen Zweigen der chemischen Grofsindustrie, wie in der Fabrikation von Zucker, Kunstbutter, Paraffin, verschiedener chemischer Produkte, hat die Anwendung künstlicher Kälte bereits eine grofse Verbreitung erfahren. Für Schlachthäuser und Fleischtransportschiffe ist die

Anwendung künstlicher Kälte eine Lebensfrage geworden: Nebenbei hat die Fabrikation künstlichen Eises nicht nur keine Abschwächung, sondern durch die stets vervollkommneten Apparate eine bedeutende Erweiterung erfahren, und es gibt gegenwärtig keine gröfsere Stadt, in welcher nicht durch eine Eisfabrik für den täglichen Bedarf an Eis Vorsorge getragen wäre. Die wichtigsten Arten der Anwendung künstlicher Kälte in der Industrie sollen nachstehend erörtert werden.

a. Die Eisfabrikation.

Die zur Fabrikation von künstlichem Eise dienenden Apparate sind bezüglich ihrer Einrichtung in erster Linie von der Konstruktion und dem System der hierzu verwendeten Kälteerzeugungsmaschinen abhängig. Die bei den älteren Maschinensystemen angewendeten Methoden der Eisfabrikation wurden bereits bei der Beschreibung der betreffenden Konstruktionen erwähnt. Bei den ältesten Äthermaschinen wurde entweder, wie noch jetzt üblich, eine Salzlösung mit Hilfe des verdunstenden Äthers abgekühlt, und das Eis durch Eintauchen der Gefrierzellen in diese Lösung erzeugt; oder man liefs die kalten Ätherdämpfe direkt auf die Gefrierzellen einwirken, wie z. B. bei der Carré'schen Äthereismaschine. Bei den älteren Absorptionsmaschinen wurden ebenfalls beide Methoden der Eisgewinnung angewendet, indem bei der ältesten intermittierenden Carré'schen Maschine die verdampfende Ammoniakflüssigkeit direkt auf die Gefrierzellen wirkte, bei den späteren Konstruktionen in einem besonderen Verdampfer eine Salzlösung stark abgekühlt und mit Hilfe derselben Eis erzeugt wurde.

Bei den älteren Luftexpansionsmaschinen wurde fast ausschliefslich die gekühlte Luft direkt zur Eisfabrikation verwendet. Bei der Windhausen'schen Kaltluftmaschine strömt die erzeugte kalte Luft durch einen Holzkanal direkt in den Eis- oder Gefrierapparat. Derselbe besteht aus einem geschlossenen mit schlechten Wärmeleitern umgebenen, hölzernen oder eisernen Behälter, welcher eine quadratische Grundfläche von 10 bis 12 m Seitenlänge und eine Höhe von 0,6 m hat. In diesem Behälter werden durch vertikale Scheidewände Kanäle gebildet, so dafs die kalte Luft den Apparat schlangenförmig durchströmt, wobei sie das brausenförmig einfliefsende Wasser zum Gefrieren bringt. Auf diese Weise wird das Eis in Blöcken oder grofsen Platten gewonnen.

Soll das Eis in bestimmten, gleich grofsen Stücken von regelmäfsiger Form, wie es namentlich für Verkaufseis gefordert wird, erzeugt werden, so werden mit Wasser angefüllte Blechkästen von gewünschter Gröfse in den Apparat gesetzt und zum Gefrieren gebracht. Das auf diese Weise erzeugte Eis ist durch die darin eingeschlossene Luft milchig getrübt, sehr hart und spröde.

Will man krystallklares Eis darstellen, so wird das Bassin bis zu einer bestimmten Höhe mit Wasser angefüllt, und die kalte Luft strömt über den Wasserspiegel hinweg. Hierbei friert das Wasser ebenso wie in der Natur von oben nach unten und das auf solche Weise erzielte Produkt ist ebenso klar und durchsichtig wie das Natureis.

Aufser dem Bassin-Eisapparat werden noch bei der Kaltluftmaschine drei andere Systeme von Eisapparaten angewendet, nämlich:

1. Ein Apparat, in welchem das Wasser in geschlossenen Blechbüchsen gefriert. Letztere werden von der kalten Luft der Maschine umströmt, wodurch das in diesen Hülsen befindliche Wasser zum Gefrieren gebracht wird.

Solche Apparate liefern das Eis jedoch nur in kleinen Stücken und haben sich in der Praxis als unvollkommen erwiesen, weil die Kälte darin nicht gehörig ausgenutzt wird.

2. Der Blockeisapparat besteht aus einem der Leistungsfähigkeit der Maschine entsprechend grofsen, mit Blech ausgeschlagenen Holzkasten, in welchen das Wasser kontinuierlich einfliefst; entgegengesetzt zum Wasserzuflufs strömt die kalte Luft darüber, und es gefriert das Wasser zu Eis bis zu beliebiger Dicke. In solchen Apparaten lassen sich Eisblöcke von 100 und mehr Centnern Gewicht herstellen.

3. Der Schrank-Eisapparat. In demselben wird das Eis in regelmäfsig geformten Platten von 20 bis 50 kg Gewicht in offenen Zinkblechkästen, welche von der kalten Luft umströmt werden, fabriziert.

Der Apparat wird durch einen grofsen Schrank, welcher äufserlich mit doppelten Holzwänden und mit 4 bis 6 nebeneinander liegenden Doppelkammern versehen ist, gebildet. Eine jede dieser Kammern kann durch Abstellen zweier Blechklappen von der Luftzirkulation ausgeschlossen werden, so dafs man während des Betriebes das fertige Eis ungestört daraus entfernen kann.

Eine solche Einrichtung, wie die hier beschriebene, haben auch die anderen beschriebenen Windhausen'schen Eisapparate, wodurch das Ausbringen des fabrizierten Eises stets ermöglicht werden kann, ohne dafs eine Störung des kontinuierlichen Betriebes stattfindet und ohne wesentlichen Verlust an kalter Luft. Die aus dem Eisapparat entweichende kalte Luft hat, je nach der Ausnutzung zur Eisbildung, noch eine Temperatur von 0 bis —10° und kann dann noch sehr vorteilhaft zur direkten Wasserkühlung verwendet werden.

Die direkte Eiserzeugung bei den Vacuum-Eismaschinen, und zwar sowohl die in Flaschen bei der Maschine von Carré jun., als auch die in grofsen Blöcken bei den älteren Vacuum-Eismaschinen von Windhausen wurde bereits bei der Beschreibung dieser Maschinen (S. 260 bis 268) eingehend besprochen, und kann hierauf blofs verwiesen werden.

Von Emile Fontenille in Paris ist ein neuer Apparat zur Erzeugung konischer Eisblöcke bei Vacuum-Eismaschinen (D. R.-P. Nr. 36884) konstruiert worden. Derselbe ist auf beistehender Zeichnung (Fig. 98) im Vertikalschnitt dargestellt; *a* ist ein Rohr, durch welches auf das Gefäfs *b* eine Vacuum-Kühlmaschine wirkt; *c* ist ein in das Gefäfs *b* eingeschlossenes Metallgefäfs von konischer Form, welches mit ersterem Gefäfs von oben und unten vereinigt ist, ohne jedoch mit ihm zu kommunizieren; es ist oben geschlossen, gestattet aber einem nach aufsen mündenden Rohr den Durchgang.

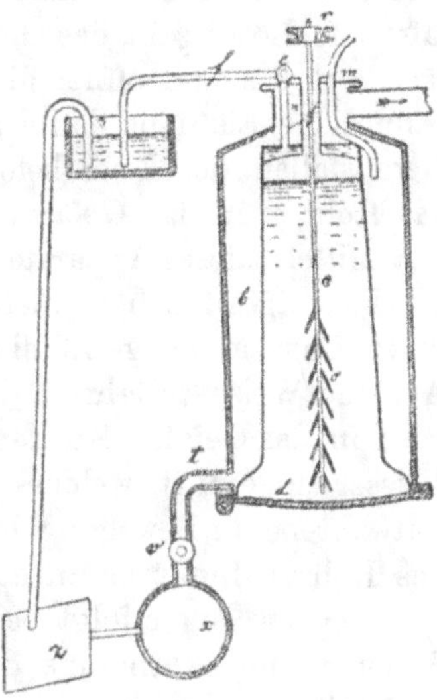

Fig. 98.

Das Gefäfs *c* besitzt oben einen Aufsatz, welcher ein kleines Reservoir bildet. Das Gefäfs *b* ist unten durch den klappenförmigen Boden *d* geschlossen. Über dem Gefäfs *c* mündet ein mit Hahn *e* versehenes Rohr *f* ein, welches mit seinem vorderen Ende in ein Gefäfs *s* eintaucht, welches eine schwer gefrierbare Lösung enthält. Am unteren Ende des Gefäfses *b* ist ein mit Hahn *v* ausgerüstetes

Ablaſsrohr *t* angebracht, welches in ein luftleeres Gefäſs *x* führt. Anstatt eines einzigen Gefäſses *c* können deren mehrere in demselben Apparat *b* angebracht werden. Die Wirkungsweise dieses Apparates ist folgende: Durch das Rohr *a* entsteht Luftleere im Gefäſs *b*; das Wasser, welches zum Gefrieren gebracht werden soll, wird durch das Rohr y in das Gefäſs c eingeführt; dann öffnet man den Hahn *e*, und es tritt unter dem Einfluſs der Luftleere, die in dem Bassin *s* befindliche schwer gefrierbare Lösung in das Gefäſs *b*, flieſst auf den oberen Teil des Gefäſses *c* und breitet sich in dünnen Strahlen längs der Wände dieses Gefäſses aus. Die Lösung bietet dadurch eine sehr groſse Oberfläche dar, verdunstet infolgedessen lebhaft, erzeugt sehr niedrige Temperatur und überträgt ihre Kälte auf das Wasser, welches sich im Gefäſs *c* befindet und gefriert. Um die abgekühlte Lösung aufs neue zu benutzen, läſst man dieselbe durch das Rohr *t* in das Gefäſs *x* treten, wo ebenfalls Luftleere herrscht, und regelt die Entleerung mittels des Hahnes *v*. Mittels der Pumpe *z* wird die Lösung aus dem Gefäſse *x* in das Bassin *s* zurückgeschafft. Wenn man das erzeugte Eis herausnehmen will, schlieſst man das Saugrohr *a*, läſst alle Lösung in das Gefäſs *x* ab, leitet dann Luft in die Gefäſse *b* und *c* und öffnet die Bodenklappe *d*; das in dem Gefäſs *c* befindliche Eis fällt dann heraus. Nötigenfalls kann man das Herausfallen des Eises befördern, indem ein Dampfstrahl durch das Rohr *m* in das Gefäſs *b* geleitet wird.

Mittels dieses Apparates läſst sich nach Belieben weiſses oder durchsichtiges Eis herstellen. Man erhält weiſses Eis, indem man unter Anwendung gewöhnlichen Wassers auf oben beschriebene Art und Weise verfährt. Um aber transparentes Eis zu erzielen, wird in das Gefäſs *c* Kondensationswasser oder auch gewöhnliches Wasser eingeführt, welches man mittels einer Rührvorrichtung *ro* fortwährend in Bewegung hält. Rie Rührvorrichtung wird durch das Rohr *n* hindurch in das Gefäſs *c* eingeführt.

Gegenwärtig erfolgt bei den Kälteerzeugungsmaschinen aller Systeme, mit Ausnahme der Luftexpansionsmaschinen, die zur Eisfabrikation nur ausnahmsweise verwendet werden, die Fabrikation des Eises in sog. Eisgeneratoren; es sind dies groſse rechteckige Bassins aus Eisenblech, welche durch Holzverkleidung gegen Wärmeabgabe nach auſsen geschützt sind. Diese Bassins sind mit der stark gekühlten Salzlösung angefüllt, welche entweder in dem Apparate selbst durch eine entsprechende Anzahl von Verdampfschlangen auf eine niedrige Temperatur von —8 bis —10° gebracht wird, wie dies meist bei den Verdampfungsmaschinen erfolgt, oder es wird die Salzlösung in einem besonderen Apparate gekühlt und in den Eisgenerator fliefsen gelassen. In diese abgekühlte Salzlösung werden die mit Wasser gefüllten Gefrierzellen, gewöhnlich aus Zinkblech gefertigt, eingehängt, und das Wasser darin gefrieren gelassen.

Der Eisgenerator bei der Linde'schen Kompressionsmaschine, welche nebst der Maschine in Fig. 99a und b im Grund- und Aufrifs dargestellt erscheint, besteht aus einem eisernen Reservoir *E*, welches zum Schutze gegen Kälteverluste mit einer isolierenden Holzverkleidung umgeben und ebenso mit einem Holzdeckel versehen ist. Dieses Reservoir besitzt in seinem unteren Theile einen siebförmigen Zwischenboden, unter welchem eine entsprechende Anzahl von Verdampferspiralen nebeneinander angeordnet ist, in welchen das verflüssigte Ammoniak, das durch ein Regulierventil eintritt, verdampft. Das Reservoir ist in allen seinen Teilen mit einer konzentrierten Salzlösung gefüllt, welche durch das verdampfende Ammoniak auf mehrere Grade unter 0° abgekühlt wird; diese Salzlösung wird behufs gleichmäfsiger Abkühlung mittels der an den Seiten angebrachten Rührschrauben in beständiger Bewegung und Zirkulation erhalten. In dem oberen Teile des Eisgenerators werden eine Anzahl von Blechzellen *F* reihenweise eingehängt; diese Zellen sind prismatisch, von rechteckigem oder quadratischem Querschnitt, nach unten zu etwas verjüngt und fassen 12 bis 25 kg Eis; sie sind mittels gemeinsamer Rahmen in Sektionen zu 12 bis 18 Stück gefafst und können die einzelnen Sektionen durch einen oberhalb des Generators auf Trägern angebrachten Laufkrahn *L* gehoben und gesenkt, sowie auf einfachen Laufrollen nach vor- und rückwärts bewegt werden und zwar mittels einfacher Hebelstellungen, welche Bewegungen von einem einzigen Arbeiter bequem ausgeführt werden. Die einzelnen Zellreihen werden aus einer am hinteren Ende des Generators angebrachten Füllvorrichtung mit gewöhnlichem Wasser angefüllt und in den Generator eingesenkt: sie werden allmählich gegen das vordere Ende des Generators verschoben, in dem Mafse, als durch Ausheben der gefrorenen Zellreihen Raum gewonnen wird. Während dieses Weges durch den Eisgenerator ist das

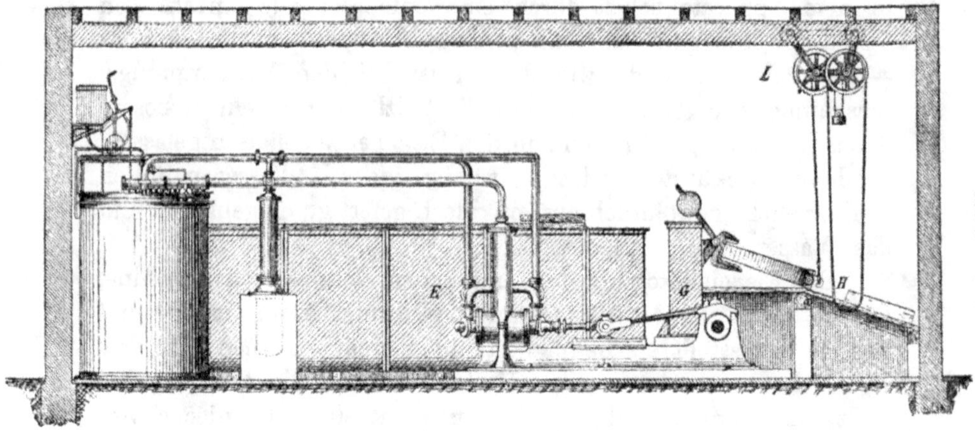

Fig. 99a. Linde'sche Eismaschine mit Eisgenerator, Ansicht.

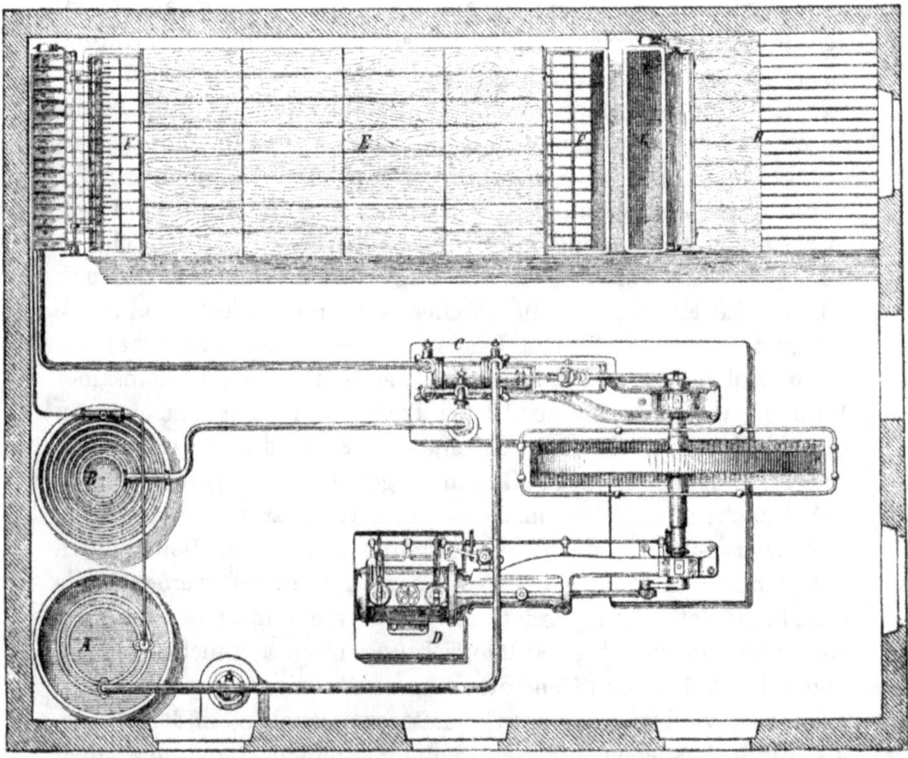

Fig. 99b. Grundrifs. *A* Süfswasserkühler, *B* Kondensator, *C* Ammoniak-Kompressor, *D* Dampfmaschine, *E* Eisgenerator, *F* Gefrierzelle, *G* Aufthaugefäfs, *H* Ausladebühne, *L* Laufkrahn.

Wasser infolge Abgabe der Kälte von der Salzlösung an die Zellwände in den einzelnen Zellen zu Eis erstarrt, die ganze Reihe wird gleichzeitig ausgehoben, behufs Ablösen der Eisblöcke in ein am vorderen Generatorende befindliches, mit warmem Wasser gefülltes Aufthaubassin *G* eingetaucht, sodann herausgehoben und wieder mit Hilfe des Generators auf die schiefe Ausladebühne *H* umgekippt, wodurch die Eisblöcke von selbst aus den Zellen fallen und sogleich wegtransportiert werden können. Die leeren Zellen werden wieder an das hintere Ende des Generators gefahren, mit Wasser gefüllt und, nachdem die übrigen Zellreihen mittels eines Schaltwerks vorgeschoben worden sind, neuerdings in den Generator gesenkt. Diese Operation erfolgt continuirlich in dem Maſse, als eine Zellreihe gefroren erscheint.

Bei den übrigen Systemen von Kälteerzeugungsmaschinen sind die Eisgeneratoren genau in gleicher Weise eingerichtet, nur daſs bei einzelnen Systemen wie z. B. den Kompressionsmaschinen von Osenbrück, den Absorptionsmaschinen von Vaaſs & Littmann die Verdampferschlangen nicht blos im unteren Teile des Eisgenerators angeordnet, sondern auch zwischen den einzelnen Zellreihen verteilt sind; dadurch wird wohl die gleichmäſsige Ausnutzung der Kälte etwas gefördert, jedoch die Bewegung der Zellreihen häufig behindert. Bei einzelnen Konstruktionen, wie z. B. den Vacuum-Kühlmaschinen, enthält der Eisgenerator überhaupt keine Verdampfschlangen, sondern wird mit der in einem besonderen Gefäſse gekühlten Salzlösung angefüllt. Als abkühlende Flüssigkeit wird entweder eine konzentrierte Lösung von Kochsalz oder Chlorcalcium, ausnahmsweise auch Chlormagnesium verwendet.

Das Bewegen und Ausheben der Zellen mittels eines Laufkrahnes ist gegenwärtig allgemein üblich; früher erfolgte das Ausheben der Zellen einzeln durch Arbeiter, was natürlich Arbeits- und Kälteverlust mit sich brachte.

Bei der Anwendung eines solchen Eisgenerators und gewöhnlichen Brunnenwassers wird auf diesem Wege ein Eis erhalten, welches, obgleich ebenso hart und fest als Natureis, sich von diesem durch seine Undurchsichtigkeit und eine milchweiſse Farbe unterscheidet. Diese Farbe rührt hauptsächlich davon her, daſs in dem gewöhnlichen Wasser Luft- und Gasbläschen enthalten sind, welche mit einfrieren und das Eis trüben; auch die im Wasser gelösten Salze bewirken beim Frieren eine Trübung. Bei den ersten Konstruktionen der Eismaschinen suchte man das Trübwerden des Eises dadurch zu verhindern, daſs man das zur Eisbildung verwendete Wasser durch Kochen entlüftete, oder ein durch Kondensation von Dampf gewonnenes, also destilliertes Wasser zur Eisbildung verwendete. Bei den Absorptionsmaschinen, System Vaaſs & Littmann, dient zu diesem Zwecke ein besonderer Apparat, der in Fig. 100 dargestellt ist. In demselben ist B der Koch- und Kondensationscylinder, C der Wasserkühlcylinder. In dem Cylinder B wird der aus dem Dampfkessel kommende Dampf kondensiert, sowie das kondensierte Wasser wieder aufgekocht. Von dem Cylinder B tritt das kochende kondensierte Wasser in die Schlange des Cylinders C und wird hier abgekühlt, bevor es durch den Hahn F vermittelst des Ventils P in die Eisformen gelassen wird.

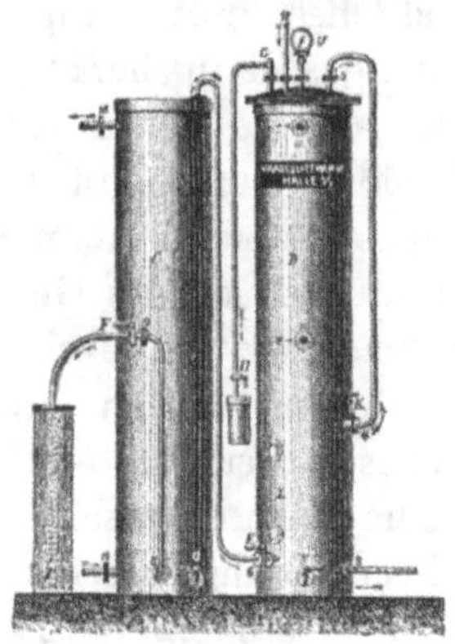

Fig. 100.

Ein ähnlicher Apparat ist auch den Kropff'schen Absorptionsmaschinen beigegeben.

In der Eisfabrik zu Köln wird versuchsweise zur Herstellung von Klareis der Retourdampf der Betriebsmaschine verwendet, welcher natürlich zuerst in einem besonderen Apparate gereinigt werden muſs. Dieser Dampfreinigungsapparat besteht aus einem Cylinder von 1 m Höhe und 1 m Durchmesser und enthält ein System senkrechter geschlitzter Bleche, zwischen welchen der Dampf zirkuliert, und das mitgerissene Öl beim Durchgange durch die feinen Schlitzöffnungen abstreift. Der auf diese Weise vollständig vom Öl gereinigte Dampf wird durch einen Röhrenkondensator geführt, wo er durch Kühlwasser kondensiert und abgekühlt, sodann das gebildete Wasser in einem Reservoir gesammelt wird, um zum Füllen der Eiszellen verwendet zu werden.

Bei den neueren Systemen von Eismaschinen wird die Entlüftung des Wassers auf mechanischem Wege durch besondere Rührvorrichtungen durchgeführt und aus solchem Wasser dann krystallhelles Eis erhalten. Ursprünglich wurde dies bei den Linde'schen Maschinen durch einen besonderen Apparat, dem rotierenden Eisgenerator bewirkt, der jedoch nicht häufig in Gebrauch gekommen ist.

Der rotierende Linde'sche Eisgenerator ist ein mechanischer Apparat, der gleichzeitig die Eisfabrikation vollkommen automatisch bewirken soll. Die ebenso mühsame wie zeitraubende Arbeit der Füllung und Entleerung der Eiszellen soll vermieden, vielmehr Alles auf mechanische Weise durchgeführt werden. Die Konstruktion dieses Apparates ist aus Fig. 101a und b ersichtlich.

Am Umfang einer Trommel *T* sind radial gestellte Blechzellen eingesetzt, die mit der Trommel fest verbunden und gegen das Innere derselben sorgfältig abgedichtet sind. Die beiden ebenfalls dicht aufgeschraubten Böden tragen in der Mitte hohle Zapfen. Im Innern dieser Trommeln befindet sich der Verdampfer der Eismaschine in Form einer liegenden Rohrspirale *S*, umgeben von einer schwer gefrierenden Flüssigkeit (Chlorcalciumlösung). Die Rohrenden der Verdampferspirale, sowie eines Füllungs- und Entleerungsrohres für die Salzlösung, treten durch die hohlen Zapfen der Trommel aus und sind in denselben durch leicht drehbare Stopfbüchsen gedichtet. Die ganze Trommel ist in zwei Lagern aufgehängt und wird durch zwei Stirnkolben in langsame Rotation versetzt. Da sie bis nahe zur Mitte in ein Süſswasserreservoir *R* eintaucht, so bedecken sich die Zellenwände je mit einer Wasserschicht, welche während der Umdrehung krystallklar anfriert.

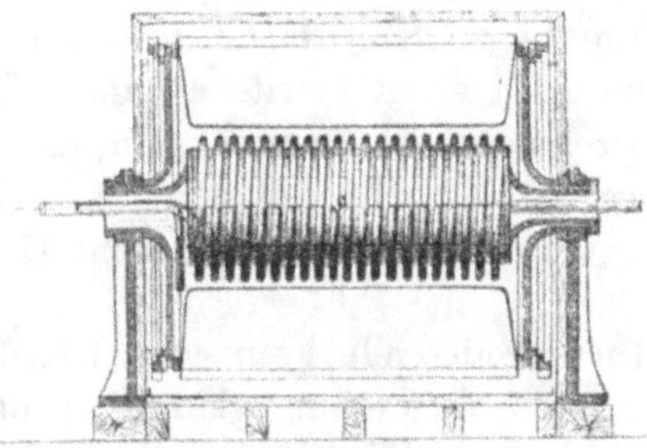

Fig. 101a.

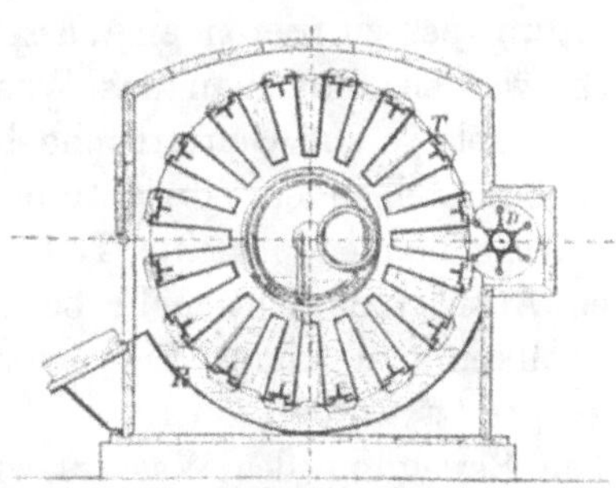

Fig. 101b.

Die Rotation bewirkt aufserdem noch eine starke Bewegung der Salzlösung im Innern der Trommel und damit einen lebhaften Wärmeaustausch mit der Verdampferspirale.

Sind die Zellen vollkommen ausgefroren, was nach ca. 8 Stunden der Fall ist, so wird zur Ablösung des Eises von den Zellenwänden die kalte Salzlösung ausgepumpt und durch eine etwas vorgewärmte ersetzt. Da jedoch stets ein Überfrieren des Eises über die Zellenränder stattfindet, so mufs zur vollkommenen Ablösung der Eisprismen das Eis an den Zellenrändern durchgeschnitten werden, eine Aufgabe, die in sehr vollkommener Weise durch einen eigentümlich konstruirten Dampfabschneideapparat *D* erfüllt wird. Die nun vollständig abgelösten Eisplatten fallen ohne weitere Nachhilfe durch die geöffnete Thüre des Apparates in einen bereitstehenden Wagen. Auf diese Weise ist in kurzer Zeit eine Trommel von 72 Eistafeln im Gesamtgewichte von ca. 1250 kg Eis entleert. Die Trommel ist zum Schutze gegen Wärmeaufnahme von einem Holzkasten vollkommen eingehüllt.

Diese rotierende Form des Linde'schen Eisgenerators hat nur geringe Verbreitung gefunden; dagegen hat Linde für die Erzeugung von Klareis in seinem kastenförmigen Eisgenerator eine sehr einfache und sinnreiche Neuerung angebracht. Die Entlüftung des zu frierenden Wassers kann nämlich auch dadurch bewirkt werden, dafs man das Wasser während des Erstarrungsprozesses relativ zur Gefrierfläche bewegt; dieses Mittel wird bei der zu beschreibenden Vorrichtung auch angewendet; der in der Mitte übrig bleibende kleine Teil des Wassers, welcher beim erfolgten Ausfrieren nicht mehr bewegt werden kann, mufs, wenn man vollkommen klares Eis erzeugen will, durch destilliertes Wasser ersetzt werden.

Die Bewegung des Wassers wird hervorgebracht durch Lamellen, welche in die Gefrierzellen eintauchen und in denselben oszillieren. Die Anwendung oszillierender Lamellen ist an sich nicht neu, sondern mehrfach beschrieben. Stets aber ist die konstruktive Einrichtung derart, dafs während des ganzen Prozesses eine und dieselbe Lamelle in ein und derselben Weise in ein und derselben Gefrierzelle sich bewegt. Hieraus resultiert folgender Übelstand: Durch Breite und Länge der Lamellen einerseits und durch den bei der Oszillation zurückgelegten Weg anderseits wird ein Raum repräsentiert, in welchem der Gefrierprozeſs entweder gar nicht oder erst nach Entfernung der Lamelle vor sich gehen kann. Deshalb muſs dieser »Oszillationsraum« möglichst reduziert werden, wenn der durchsichtige Teil des Eisblockes möglichst groſs ausfallen soll. Da nun aber anderseits bei Beginn des Gefrierprozesses der Oszillationsraum eine gewisse Gröſse haben muſs, um die zur Bildung von Klareis nötige Bewegung an der Gefrierfläche herzustellen, so ergibt es sich als zweckmäſsig, den Oszillationsraum, sei es durch Veränderung der Dimensionen, sei es durch Veränderung der Schwingungsweite der Lamellen während des Gefrierprozesses so zu verändern, daſs er in dem Maſse abnimmt, in welchem der eisfreie Kern innerhalb der Gefrierzellen kleiner wird.

Die nachstehend beschriebenen Klareisapparate realisieren in einigen Beispielen dieses Konstruktionsprinzip der Anwendung von oszillierenden Lamellen in Gefrierzellen, bei welchen die Dimensionen der Lamellen oder die Schwingungsweite derselben mit fortschreitendem Gefrierprozeſs abnehmen. Neu ist ferner bei den dargestellten Apparaten die Verbindung der Lamellen mit den Gefrierzellen, sowie die Art der Bewegung der Lamellen und der Gefrierzellen.

In Fig. 102a bis d ist ein Klareisapparat dargestellt, bei welchem die Veränderung des Oszillationsraumes durch Veränderung der Schwingungsweite bewerkstelligt ist.

In dem Eisgenerator-Kasten A sind die Gefrierzellen (in der Querrichtung des Kastens) reihenweise durch je einen Rahmen zusammengehalten, welcher auf beiden Seiten mit Laufrollen versehen ist. Mittels dieser Laufrollen stützen sich die Rahmen auf Laufschienen *ff*, welche in der Längsrichtung an den Kastenwänden befestigt sind. Die mit Wasser gefüllten Zellenreihen werden stets an dem Kastenende I eingesetzt, die fertig ausgefrorenen Reihen stets an dem Kastenende II ausgehoben. Nach jedem Ausheben werden mittels eines Verschiebmechanismus sämtliche Zellenreihen um eine Teilung in der Richtung von I nach II vorgeschoben, so daſs stets für die frisch einzusetzenden Zellenreihen bei I Raum geschaffen wird.

Der Klareisapparat selbst setzt sich zusammen wie folgt:

Die Lamellen *ll* (Fig. 102c, d) sind auf Traversen *tt* (Fig. 102*c*) aufgesteckt und tauchen je in eine Gefrierzelle ein. Die Traversen *t t* werden auf zwei eiserne Träger *s d* (Fig. 102 a b) aufgelegt, welche je bei *d* einen Drehpunkt haben, bei *s* aber durch eine Kuppelstange verbunden und durch einen Kurbelmechanismus *k* in oszillierende Bewegung gesetzt werden. Aufserdem sind die

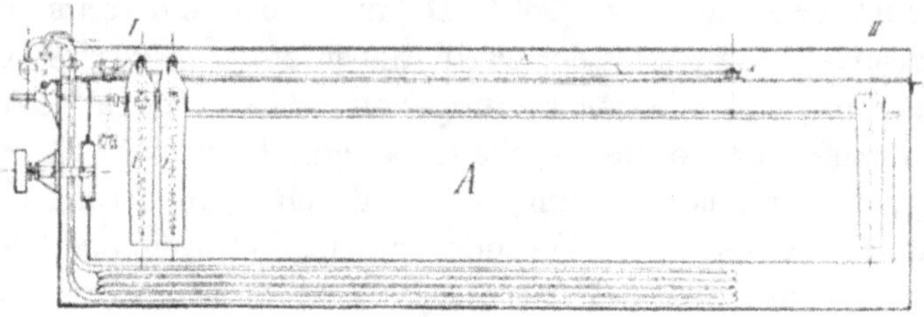

Fig. 102 a.

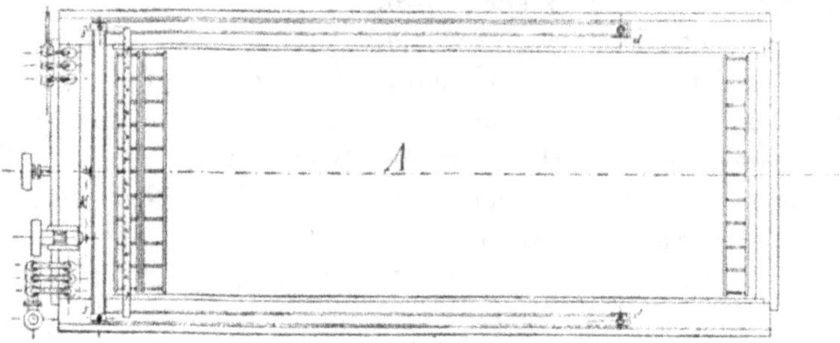

Fig. 102 b.

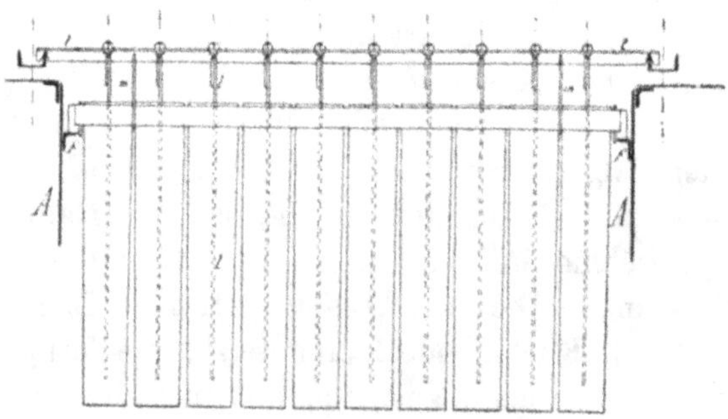

Fig. 102 c.

Fig. 102 d.

Rührwerke für Gefrierzellen von Klareisapparaten.

Traversen *t t* durch Mitnehmer *m m* so mit den Zellenrahmen verbunden, dafs sie zwar in der Querrichtung des Kastens sich frei gegen die Zellenrahmen bewegen können, in der Längsrichtung aber von der Lage der Zellenrahmen abhängig sind, bzw. von diesen mitgenommen werden, während sich dieselben in der Richtung von I nach II bewegen.

Die Traversen *t t* und mit denselben die Lamellen *l l* erhalten auf solche Weise einerseits eine oszillierende Bewegung, anderseits schreiten sie langsam mit den Gefrierzellen vorwärts, wobei mit der Entfernung von den Drehpunkten *d d* die Schwingungsweite abnimmt. Gleichzeitig mit der Schwingungsweite kann auch die Tiefe vermindert werden, bis zu welcher die Lamellen in die Gefrierzellen eintauchen, indem man nämlich die Träger *s d* gegenüber den Laufschienen *f f* in der Richtung von *s* nach *d* ansteigen läſst.

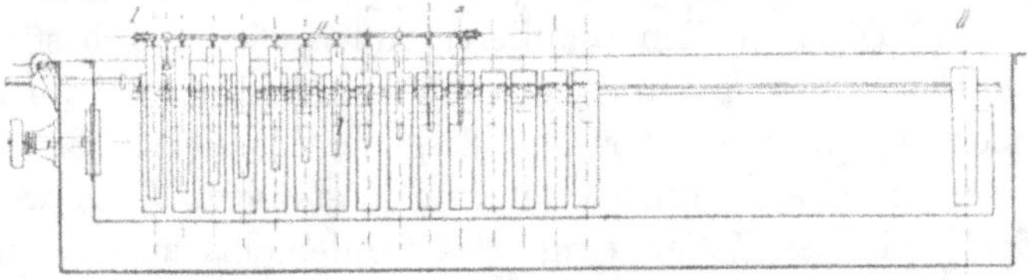

Fig. 103 a.

An geeigneter Stelle *x* werden die Traversen *t t* je aus der betreffenden Zellenreihe herausgeschoben, um wieder in die bei I frisch eingefüllte Zellenreihe eingesetzt zu werden.

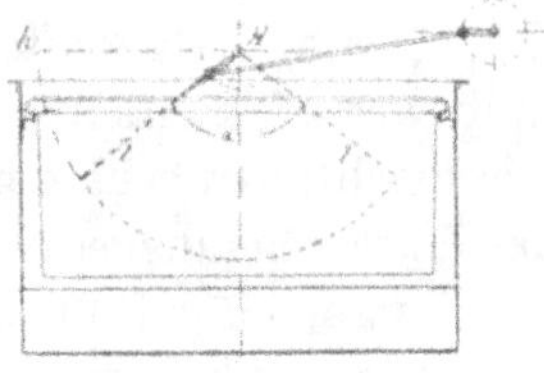

Fig. 103 b.

Nachdem bei *x* die Lamellen aus der betreffenden Zellenreihe entfernt sind, wird der noch nicht ausgefrorene innere Teil ohne weitere Verkehrungen als trüber, undurchsichtiger Kern ausfrieren. Soll dies vermieden werden, so werden an Stelle der Lamellen *l l* in die Gefrierzellen Röhrchen eingetaucht, welche durch ein die Traverse *t* ersetzendes Querrohr verbunden sind. Dieses Rohr wird zunächst mit einem Raum in Kommunikation gesetzt, in welchem ein geringerer Druck herrscht wie der atmosphärische, so daſs das in den Hohlräumen der Zellen noch befindliche Wasser ausgesaugt wird. Alsdann werden die Hohlräume durch Vermittelung derselben Rohrverbindung mit destilliertem Wasser gefüllt.

Die Lamellen *l l* und die oben erwähnten Röhrchen einerseits, sowie die Traversen *t t* und die Querrohre anderseits können miteinander vereinigt werden in der Weise, dafs an der Stelle der Lamellen Röhrchen von länglichem Querschnitt verwendet werden. In diesem Falle werden je an der Stelle x die Querrohre durch eine Schlauchkuppelung zuerst mit dem Ansaugeraum, alsdann mit dem Reservoir für das destillierte Wasser in Kommunikation gesetzt.

In Fig. 103a und b ist ein Klareisapparat dargestellt, bei welchem die Schwingungsweite zwar in allen Zellen dieselbe ist, wogegen die Dimensionen der Lamellen mit fortschreitendem Gefrierprozefs abnehmen.

Die oben beschriebenen Zellenreihen sind hier je durch eine einzige breite Zelle ersetzt. In jede dieser Zellen taucht eine Lamelle l ein. Die Lamellen oszillieren innerhalb eines bestimmten Drehungswinkels a um eine horizontale Achse H, welche in der Längsrichtung mitten über dem Eisgenerator liegt. Breite und Länge der Lamellen nehmen von dem Kastenende I, an welchem die frisch gefüllten Zellen eingesetzt werden, bis an die Stelle x, wo sie gänzlich aufhören, fortwährend ab. Während des kurzen Zeitraumes, welcher nötig ist, um die Zellen je um eine Teilung vorwärts zu schieben, werden die Lamellen in der Stellung Hh (Fig. 103 b) festgehalten, so dafs die Zellen sich frei darunter hinbewegen können. Um auch den innern Kern der Eistafeln durchsichtig zu erhalten, kann an der Stelle x durch ein Röhrchen das Wasser herausgesaugt und durch ein zweites Röhrchen destilliertes Wasser eingefüllt werden.

Osenbrück sucht bei seinen Klareisgeneratoren diese oszillierende Bewegung durch eine auf- und abbewegte Rührvorrichtung zu ersetzen, deren Konstruktion aus Fig. 104a und b ersichtlich ist und nachstehende Einrichtung hat:

Zentral in jede Zelle taucht eine Stange, an deren unterem Ende eine starke, runde oder viereckige Gummiplatte angebracht ist. Alle Stangen gehen durch Büchsen in der festen Decke des Generators und sind sektionsweise in Winkel-Eisenstangen befestigt, welche ihrerseits quer mit zwei Längsbalken verbunden sind. Diese Längsbalken erhalten je nach der Länge des Generators vier oder mehrere Geradführungen und Pleuelstangen, und werden durch ein Kurbel- und Hebelsystem auf- und abbewegt. Die Gummiplatten der ersten Sektion (auf der Zuführungsseite des Generators) erhalten den gröfsten Durchmesser, weil in diesen

Zellen noch kein Eis angesetzt ist. Der Durchmesser dieser Platten verringert sich in angemessener Weise in der Richtung nach dem entgegengesetzten Ende des Generators, wo die Stärke der Eisbildung zunimmt. Der Hub ist so begrenzt, daſs der tiefste Stand der Gummiplatten *x* etwas über halbe Dicke des Eisblockes vom Boden entfernt bleibt, während dieselben im höchsten Stand bei *y* etwas unter dem Niveau der Zellen bleiben.

Soll eine Sektion aus dem Generator entfernt und eine neue eingebracht werden, so wird die Bewegung der Rührvorrichtung

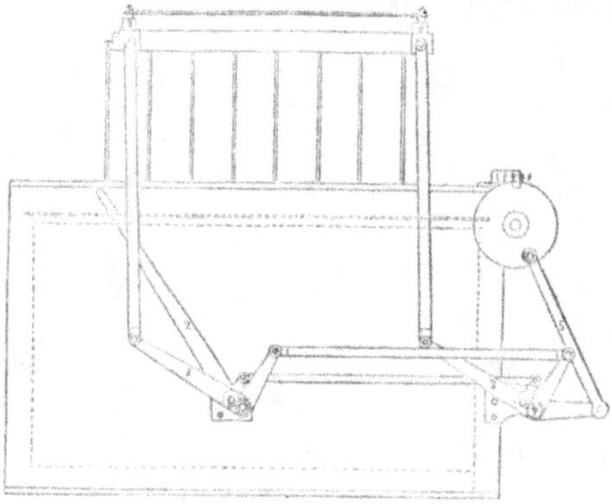

Fig. 104a.

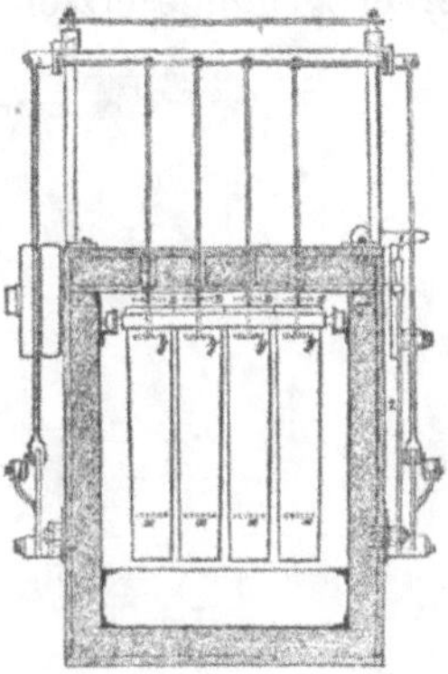

Fig. 104b.

gehemmt, die Kurbelscheibe durch die Sperrklinke *1* in die gezeichnete Lage gebracht und der Hebel *2* niedergedrückt. Dann hebt sich, weil die Bewegungshebel *3* des Rahmens auf die kurzen Hebel *4* aufgezapft sind, das ganze System, wobei diese Hebung durch den Widerstand der Pleuelstange *5* verdoppelt wird, bis sich sämtliche Gummischeiben der vertikalen Stangen über den Zellenrand in der Lage *z* befinden, worauf das Vorschieben der Sektionen erfolgen kann.

O s e n b r ü c k hat auch noch eine zweite Vorrichtung zur Erzeugung von Klareis konstruiert, bei welcher er durch das zu frierende Wasser einen starken Luftstrom treibt; diese Vorrichtung ist in Fig. 105a und b skizziert. Das Mittel, um das Einfrieren der Luft, die sich in dem zu gefrierendem Wasser befindet, zu verhindern, ist wieder eine lebhafte Bewegung der Gefrierzellen, so daſs durch diese Bewegung die kleinen Luftbläschen von der Eisoberfläche fortgerissen werden, wodurch die Einschlieſsung derselben in das Eis verhindert wird.

Diese Bewegung des Wassers in den Zellen geschieht wie erwähnt durch Einblasen kalter Luft in das Wasser möglichst nahe dem Boden. Bei diesen Vorrichtungen sind wie bei der vorbeschriebenen die Zellen reihenweise in Rahmen zu Sektionen vereinigt, welche mittels Rollen auf den am Generator angebrachten Seitenschienen bewegt werden, so daſs auf dem einen Ende des Generators das Einbringen, auf dem anderen Ende das Herausnehmen dieser Sektionen erfolgt, also bei jeder Einbringung einer Sektion eine Fortbewegung sämtlicher Sektionen in Richtung nach der entgegengesetzten Seite stattfindet.

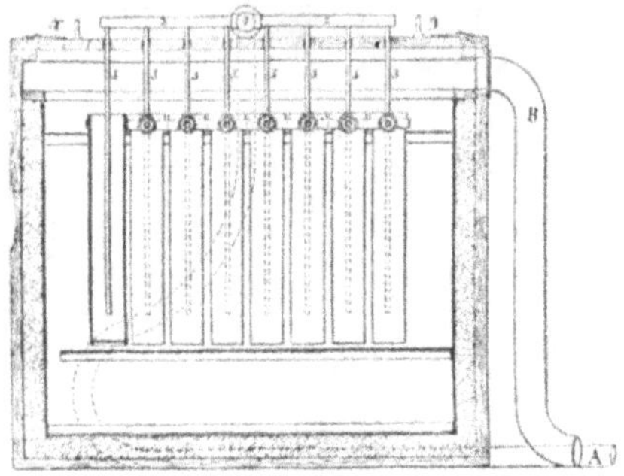

Fig. 105a.

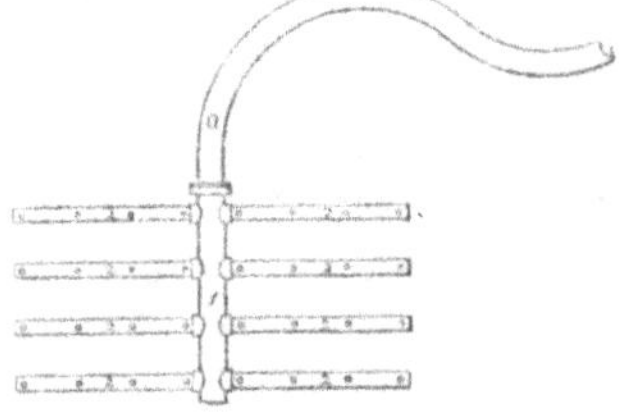

Fig. 105b.

Fig. 105a stellt einen Längsschnitt durch einen Generator ohne die Fortbewegungsmechanismen für die Sektionen, sowie ohne die Verdampfungsröhren und Zirkulationspumpe dar.

Fig. 105b zeigt die untere Ansicht des Windzuführungs-Apparates für einen Generator mit 32 Zellen.

Dieser Apparat liegt auf dem festen Holzdeckel des Generators, und sein Hauptrohr 1 ist mittels eines Gummischlauches A mit einem Gebläse Root'scher Konstruktion, welches nicht gezeichnet ist, verbunden. Von dem Hauptrohre zweigen die Seitenröhren *2* ab, in denen die Einblaseröhren *3* für die einzelnen Zellen sich befinden; die Mündungen dieser Röhren sind reichlich um die halbe Dicke des zu bildenden Eisblockes vom Boden der Zelle entfernt. Die Röhren *3* gehen, ziemlich dicht schlieſsend, durch die Holzdecke des Generators, und die Endklappen x und y zum Einbringen und Entnehmen der Sektionen schlieſsen ebenfalls möglichst dicht.

Die auſserhalb des Generators liegenden Röhren, sowie das Gebläse selbst, werden durch schlechte Wärmeleiter gegen Wärmezufuhr geschützt. Wenn die Röhren nun in das Wasser der Zellen eintauchen und kräftig Luft in dieselben geblasen wird, so erregt die letztere starke Strömungen und Wallungen in dem Wasser, wodurch der angegebene Zweck erreicht wird. Die kalte, aus den Zellen entweichende Luft verbleibt im oberen Raume des Generators und wird durch das geschützte Rohr *B* vom Gebläse abgesaugt, um denselben Kreislauf wieder zu beginnen; eine Wärmezuführung wird hierdurch vermieden. Das Ausfrieren der Blöcke findet nur so weit statt, als es ohne Anfrieren der Gebläseröhren möglich ist. Soll eine Sektion Eiszellen dem Generator entnommen werden, so wird, um das Vorschieben sämtlicher Sektionen um eine Sektion zu ermöglichen, der ganze Röhrenapparat so weit durch eine mechanische Vorrichtung gehoben, dafs die Zellen frei unter den Eisblaseröhren fortrücken können. Der Gummidruckschlauch gestattet diese Hebung; das Gebläse wird zuvor abgestellt.

Eine noch neuere von Osenbrück vorgeschlagene Vorrichtung behufs Herstellung von Klareis (D. R.-P. Nr. 33171) besteht in einer Rüttelvorrichtung an den Gefrierzellen selbst und hat nachstehende, aus Fig. 106 ersichtliche Konstruktion: Die Gefrierzellen des Generators sind sektionsweise etwa in halber Höhe in schmiedeeisernen Rahmen *a* befestigt, deren an ihren Stirnflächen angebrachte Zapfen *b* in den an den Langwänden des Generators befestigten Schleifen *c* gelagert sind. An ihrem oberen Ende sind

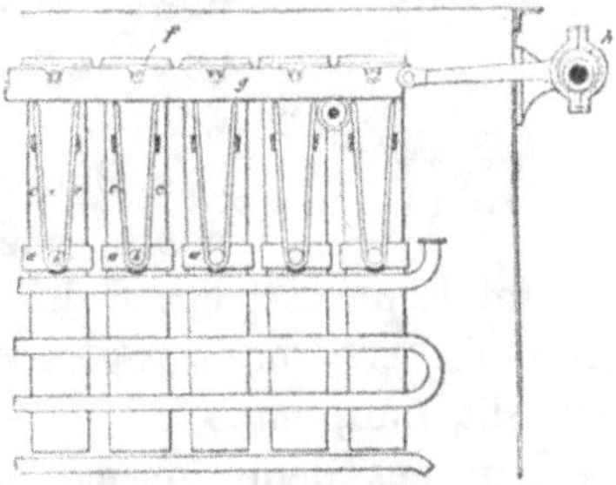

Fig. 106.

die Gefrierzellen in schmiedeeisernen Rahmen befestigt, deren Stirnzapfen *f* in den nach oben offenen Schlitzen der beiden auf Rollen beweglichen Zugstangen *g* liegen. Diese Zugstangen werden durch die auf einer Welle befestigten Exzenter *h* gleichmäfsig mit angemessener Geschwindigkeit hin- und herbewegt, wodurch die Zellen in schwingende Bewegung versetzt werden. Hierdurch geräth das Wasser in den Zellen ebenfalls in heftige Bewegung, wobei die sich ausscheidenden Luftbläschen von der Eisoberfläche losgerissen werden und daher nicht einfrieren können, so dafs Klareis erzeugt wird.

Die ausgefrorenen Sektionen werden, ohne dafs die übrigen Sektionen in ihrer Bewegung gestört werden, mittels des Krahnes aus dem Generator gehoben, das Eis entleert, sodann die Zellen mit frischem Wasser gefüllt und wieder eingesetzt.

Auf ähnliche Weise bewirkt auch Mackay in Liverpool die Bildung von Klareis, indem er das zu frierende Wasser durch Pumpen, welche in entsprechender Weise angebracht sind, bewegt, wodurch die in dem Wasser enthaltene Luft möglichst vollständig entweicht. Als solche Pumpen können Kolbenpumpen mit massivem oder Ventilkolben, Zentrifugalpumpen, Pumpen mit elastischem Kolben und solche mit schwingendem Kolben dienen.

Oskar Kropff bewerkstelligt die Auf- und Abwärtsbewegung des Wassers behufs seiner Entlüftung dadurch, dafs er das Wasser selbst aus den Zellen entfernt und wieder zusetzt. Dieses wird auf folgende Weise bewerkstelligt: Die Zellen *a a* sind, wie aus der Zeichnung (Fig. 107) ersichtlich, mit einem isolierten Rohre verbunden, welches oberhalb bei *c* erweitert ist und nach dem Hauptrohre *d* führt. Die Zellen selbst hängen wie gewöhnlich in dem Eisgenerator und sind mit einer weit unter 0° gekühlten Salzlösung umgeben. Das Hauptrohr *d* steht wieder mit einer Luftpumpe oder einem Exhaustor in Verbindung.

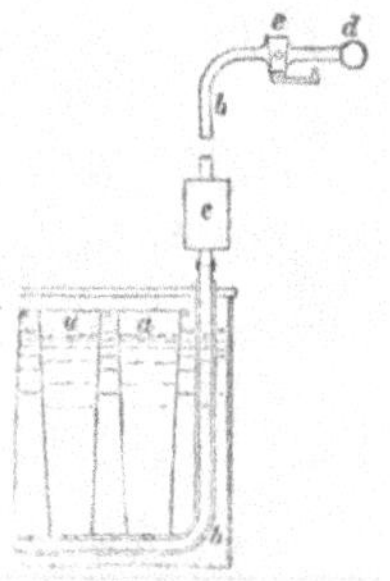

Fig. 107.

Im Rohr *b* ist ein Hahn *e* eingeschaltet, welcher aufser dem gewöhnlichen Durchgang noch eine zweite Öffnung hat. Setzt man die Luftpumpe in Bewegung, und zwar so, dafs dieselbe die Luft aus dem Rohre *d* saugt, so steigt zunächst aus allen untereinander verbundenen Zellen das Wasser durch das Rohr *b* nach dessen Erweiterung *c*. Wird nun durch eine Zahnstange der Hahn *e* so gedreht, dafs durch die zweite Öffnung Luft nach dem Gefäfs *c* gelangen kann, so fliefst das Wasser wieder nach den einzelnen Zellen zurück.

Geschieht die Drehung des Hahnes *e* in regelmäfsigen Zwischenräumen, so kann dadurch ein regelmäfsiges Steigen und Fallen des Wasserspiegels in den einzelnen Zellen hervorgerufen werden, oder mit anderen Worten, man erzielt eine Auf- und Abwärtsbewegung des Wassers, wodurch die Krystallisation gestört wird und die Luftbläschen sich nicht ansetzen können. Auf diese Weise werden die Rührvorrichtungen erspart, und das erzeugte Eis wird ganz klar. Man kann auch die Bewegung des Wassers dadurch hervorrufen, daſs man, statt die Luft abzusaugen, dieselbe in das Rohr *b* drückt, und auf diese Weise ein Schwanken des Wasserspiegels hervorruft.

Der von Richter in Berlin konstruierte Klareisapparat (D. R.-P. Nr. 26423) beruht auf einer ähnlichen Idee wie der Linde'sche Rotations-Eisgenerator; zur Aufnahme des Wassers, welches durch Kontakt mit gekühlter Salzlösung in Eis verwandelt werden soll, dient ein cylindrisches drehbares Gefäſs mit sternförmig um dasselbe gruppierten Eiszellen, deren Wandungen beim fortwährenden Drehen des Apparates von dem das Gefäſs nur teilweise anfüllenden Wasser beständig überrieselt werden und sich dabei mit einer Kruste von klarem Eis bedecken, das allmählich die Zellen ganz ausfüllt, während der Raum, in welchen letztere einmünden, hohl bleibt. Praktische Erfolge hat dieser Apparat bisher nicht erzielt.

Dr. W. Raydt in Hannover benutzt zur Entlüftung des Wassers zum Zwecke der Krystalleisfabrikation einen Wasserstrahlapparat (D. R.-P. Nr. 33112). Es wird das für den Betrieb jeder Eismaschine stets erforderliche Kühlwasser dazu benutzt, um mittels eines Wasserstrahlapparates das den Gefrierzellen zuzuführende oder in denselben befindliche Wasser durch Druckverminderung zu entlüften. Auf diese Weise wird eine vorteilhafte Ausnutzung dieses Wassers für die Bereitung von Krystalleis ermöglicht; der mit Kühlwasser gespeiste Strahlapparat kann entweder mit den zur Aufnahme des in die Gefrierzellen einzuleitenden Wassers bestimmten Behältern oder aber direkt mit den gefüllten Gefrierzellen verbunden werden. Im letzteren Falle kommt ein loser Deckel in Anwendung, der auf seiner unteren Seite mit elastischem Material und einem Rohrstutzen versehen ist, der eine Verbindung des Deckels mit dem Strahlapparat mittels eines Rohres oder Schlauches ermöglicht; dieser Deckel wird lose auf die Gefrierzelle gelegt und saugt sich von selbst fest.

Nach einer anderen von Dr. Raydt vorgeschlagenen Konstruktion (D. R.-P. Nr. 38675) wird die Entlüftung des Wassers durch eine Bewegung der Gefrierzellen selbst herbeigeführt, und zwar wird diese durch Daumenräder oder Exzenter, oder durch eine stoſsweise wirkende Pumpe hervorgerufen. Bei der in Fig. 108a dargestellten Einrichtung ruhen die einzelnen Zellen *a* mit ihren abgerundeten, seitlichen Zapfen *b* auf Schienen *c*, die ihrerseits wieder mit ihren Enden durch Daumenräder *d* unterstützt werden. Bei dieser Konstruktion sind die Schienen *c* zu diesem Behufe an ihren beiden Enden mit je einem Lappen versehen, der einen kreisförmigen Ausschnitt mit einem Zahn *e* besitzt. Eine Drehung der Daumenwellen *c* in Richtung der Pfeile hat zur Folge, dafs die Schienen *c* an beiden Enden gleichzeitig und mit ihnen auch

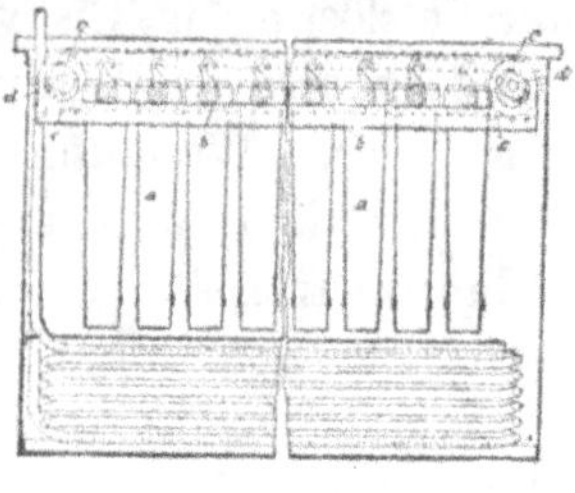

Fig. 108a.

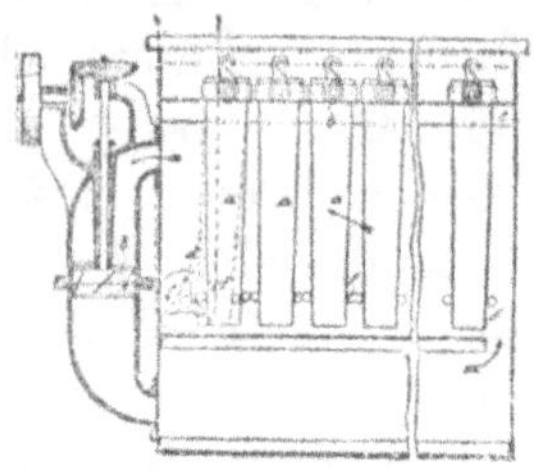

Fig. 108b.

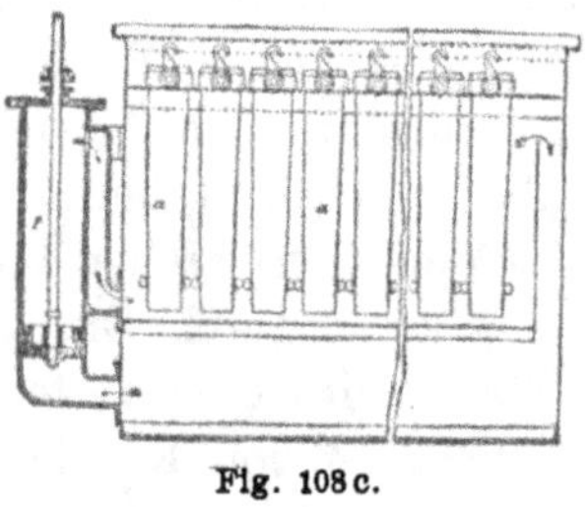

Fig. 108c.

die Gefrierzellen *a* emporgehoben werden. Sobald ein Daumenpaar der Wellen *c* die Zähne *e* verlassen hat, fallen letztere in Lücken der Daumenräder *d*, welcher Bewegung die Schienen und damit die Gefrierzellen folgen. Die hierdurch verursachte Erschütterung der Zellen teilt sich dann dem gefrierenden Wasser der Zellen mit.

Eine Abänderung dieser Konstruktion ergibt sich, wenn die Schienen *c* nicht gleichzeitig an beiden Enden gehoben werden, sondern diese Bewegung an den Enden wechselt. Setzt man in diesem Falle an Stelle der Daumenräder *d* Exzenter, so entsteht die verlangte Bewegung des gefrierenden Wassers durch Hin- und Herschwingen der Zellen.

Bei der in Fig. 108b dargestellten Einrichtung wird die Kühlflüssigkeit durch die Rotationspumpe *R* als konstanter Strom in den Refrigerator getrieben. Dieselbe nimmt hierbei den durch die Pfeile gekennzeichneten Weg. Die Gefrierzellen *a*, die mit ihren runden Zapfen *b* auf den festen Schienen *c* hängen, werden infolge der Stromrichtung aus ihrer vertikalen Lage gedrängt, und nehmen die in Fig. 108b links punktiert gezeichnete Lage an. Die rotierenden Daumenränder *d* drücken dann die Gefrierzellen wieder zurück, und damit dieser Vorgang sich bei allen Gefrierzellen gleichmäfsig und gleichzeitig vollzieht, sind die Zellen mit seitlichen Knaggen *f* ausgestattet, mit denen sie sich aneinander legen, so dafs der von den Daumenrädern *d* auf die nächstliegende Zelle ausgeübte Schub auch auf alle übrigen Zellen übertragen wird. Haben die Daumen *d* die Knaggen *f* der nächstliegenden Zelle *a* verlassen, so tritt wieder die Kraft des Kühlstromes in Wirksamkeit und bewegt die mit den Knaggen *f* aneinander liegenden Zellen gegen die Daumenräder *d*.

Bei einer in Fig. 108c dargestellten Abänderung wird gleichfalls die Kraft des Kühlstromes zur Bewegung der Zellen *a* verwendet, doch erfolgt hier diese Bewegung unter Ausschlufs jedes Hilfsmechanismus lediglich durch einen pulsierenden Strom. Die Kühlflüssigkeit wird durch eine einfach wirkende Pumpe *P* stofsweise in den Refrigerator getrieben und nimmt den durch die Pfeile in Fig. 108c gekennzeichneten Lauf. Strömt dieselbe in den Refrigerator, so werden die Zellen *a*, dem Stromlauf entsprechend, aus ihrer vertikalen Lage gebracht; hört dann der Druck des Wassers auf, so kehren die Zellen *a* vermöge ihres Eigengewichtes wieder in ihre vertikale Lage zurück. Das gefrierende Wasser der Zellen wird demnach in jedem Falle durch die pendelnde Bewegung letzterer in Bewegung versetzt.

Eine ähnliche Vorrichtung zur Krystalleisbereitung ist von Peter Effertz in Chemnitz (D. R.-P. Nr. 35044) konstruiert worden, welche folgende Einrichtung hat:

Das in Krystalleis zu verwandelnde Wasser wird in seinen verschiedenen Schichten successive von unten nach oben in lebhafte Bewegung versetzt, um von seiner Luft befreit zu werden, und zwar in der Weise, dafs es in seinen tiefer stehenden Schichten abwechselnd angesaugt und in anderen höheren Schichten in die in der Gefrierzelle zurückbleibende Wassermenge zurückgespritzt wird.

Zu dem Zweck sind in die mit Wasser gefüllten Gefrierzellen *AA* (Fig. 109a und b), welche in üblicher Weise in eine unter 0° abgekühlte Lösung *L* eintauchen, von einer gemeinsamen Leitung *R* (Fig. 109a bis d) ausgehende, an ihrer tiefsten Stelle mit Saugventilen versehenen Röhren oder Schläuche *rr* eingeführt, mittels deren das Wasser durch ein beliebig konstruiertes

Pumpwerk *K* bei jedem Kolbenspiel aus den tieferen Wasserschichten der Zellen *A* angesaugt und durch ein oder mehrere höher liegende Druckventile v_1 v_2 (Fig. 109*b*) in höhere Wasserschichten derselben wieder zurückgespritzt wird. Diese Druckventile bestehen aus einer Anzahl kleiner, von aufsen durch einen elastischen Gummiring geschlossener Öffnungen in den Röhren oder Schläuchen, damit das Wasser bei der Druckperiode in fein zerteiltem Zustande in die Zelle gedrückt, das darin befindliche Wasser intensiv aufgerührt und die Luft energisch ausgetrieben

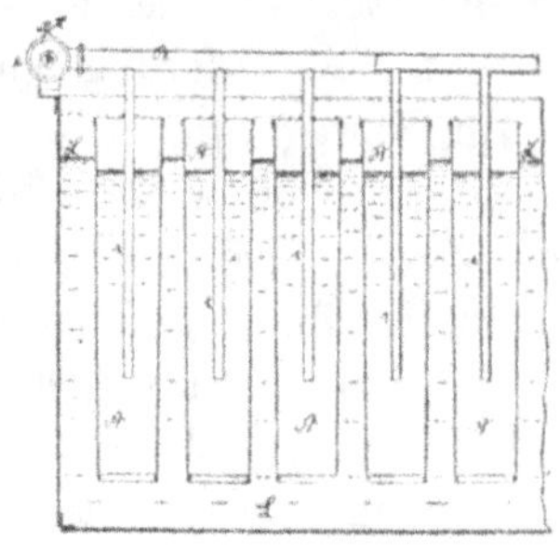

Fig. 109 a.

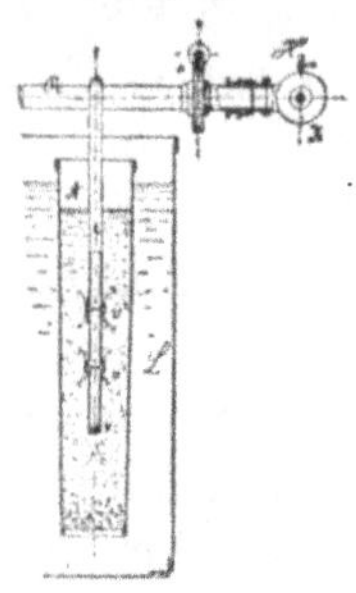

Fig. 109 b.

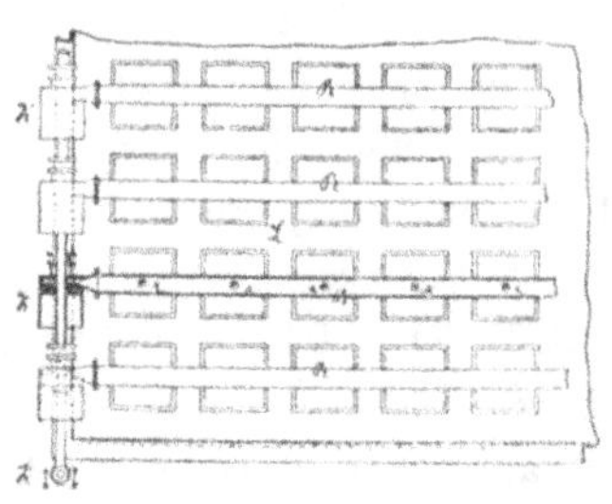

Fig. 109 c.

Fig. 109 d.

wird. Die beim Ansaugen durch Ventil *v* freiwerdende Luft steigt durch die Röhren *r r* nach oben; zu deren Abführung ist am höchsten Punkte der Leitung *R* oder auf dem Cylinder *e* (Fig. 109 a) ein dieselbe selbstthätig auslassendes Entlüftungsventil oder Hahn *H* angebracht.

Damit die Röhrchen oder Schläuche *r r* bei voranschreitender Eisbildung nicht einfrieren, sind sie in geeigneter Weise zum Hochziehen oder Verkürzen eingerichtet. Beispielsweise kann man bei Anwendung von Schläuchen das gemeinschaftliche Rohr *R* am Pumpenkörper oder einem feststehenden Teile der Leitung drehbar und luftdicht anschliefsen und mit Hilfe einer aufgesetzten Schnecke *s* (Fig. 109b) in Umdrehung versetzen, so dafs die Schläuche *r* auf das Rohr *R* aufgewickelt werden.

Ein anderes Rührwerk (mittels Ketten) zur Krystalleiserzeugung von Adolf Walther in Chemnitz (D. R.-P. Nr. 35047) hat folgende Einrichtung:

Die Gefrierzellen werden reihenweise, wie üblich, im Rahmen *a* (Fig. 110) befestigt und in den Generator *b* gehängt. Auf diese Rahmen wird ein Aufsatz *c*, enthaltend Antrieb und Lagerung der Rührvorrichtungen *dd*, angebracht. Der Antrieb erfolgt durch einen endlosen Riemen, der über Rollen und Riemscheiben läuft, und wird durch Übertragungsscheiben transmittiert. Die Übersetzung auf die Kettenrührer, welche in die einzelnen Gefrierzellen eingehängt sind, geschieht durch Schnurantrieb oder Friktionsantrieb.

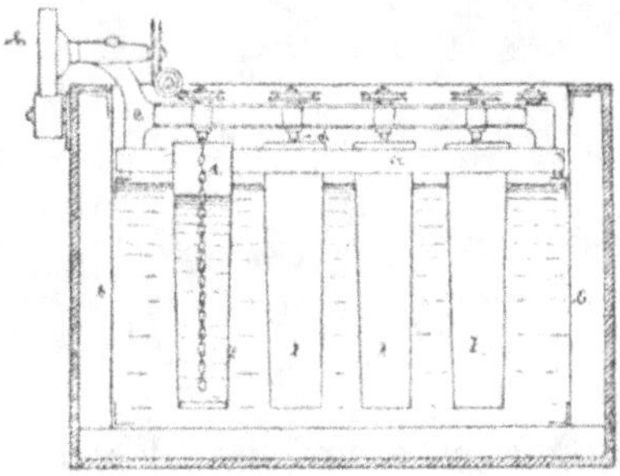

Fig. 110.

Um Oxydbildungen zu vermeiden, werden die Ketten verzinnt. Die Rührketten *d* verkürzen sich beim Ausfrieren der Zelle, das von unten nach oben vor sich geht, durch Zusammenlegen.

Eine andere Rührvorrichtung zur Herstellung von Klareis (D. R.-P. Nr. 37233) ist von Fuglsang und Hilterhaus in Mühlheim an der Ruhr konstruiert, welche darüber Nachstehendes mitteilen:

Bei den für die Klareisfabrikation bisher angewendeten Rührvorrichtungen macht sich der Übelstand geltend, dafs die Flossen, welche fest in einem auf- und abbewegten Rahmen verbunden sind, in den Zellen nicht bis auf das Eis herabbewegt werden können, da dieselben in der einen Zelle, welche etwas mehr gefroren ist als die andere, sich einstemmen und eine weitere Bewegung nicht zulassen würden.

Da es aber, um klares Eis herzustellen, hauptsächlich notwendig ist, dafs das untere, eben gefrierende Wasser mit von von den Flossen berührt wird, wurde die auf beistehender Abbildung (Fig. 111) dargestellte, nachstehend beschriebene Anordnung getroffen, vermittelst welcher vollständig klares Eis erzielt werden kann. Um erstens den Hub der Flossen dem noch freien Wasserstande in den hinteren, ziemlich zugefrorenen, und den vorderen, erst eingeschobenen, wenig oder gar nicht gefrorenen Zellen einigermafsen anzupassen, wurden die Stangen N um den Punkt M, welcher sich hinter den bereits gefrorenen Zellen befindet, drehbar angeordnet, während dieselben am entgegengesetzten Ende, wo die Zellen eingeschoben werden und somit wenig oder gar kein Eis vorhanden ist, durch die Kurbel entsprechend weit hin- und herbewegt werden. Mit den Stangen N sind Querstege verbunden, und in diesen sitzen die Flossen A in Bohrungen bzw. besonderen Führungen, und zwar nicht fest, sondern verschiebbar, und an denselben befinden sich die Platten a, welche sich ebenfalls verschieben lassen. Wird nun der Rahmen durch die Kurbel niederbewegt, so trifft jede der Flossen auf das Eis auf, und es bleibt gleichgültig, ob eine Zelle mehr oder weniger zugefroren ist, da durch die Verschiebung die Flossen unabhängig vom Rahmen sind.

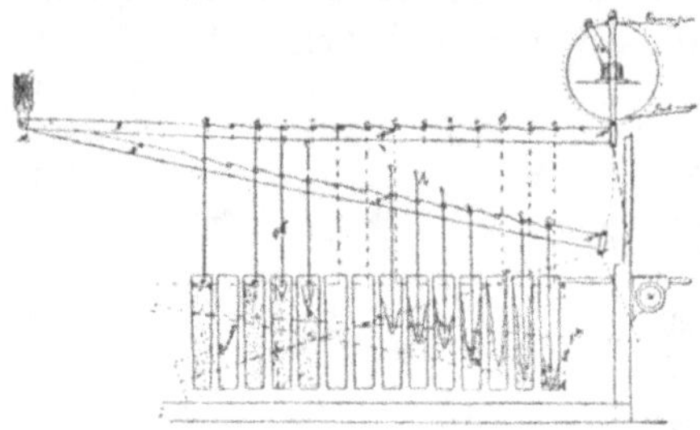

Fig. 111.

Die Platte a wird ebenfalls so weit niederbewegt, bis sie an den mehr oder weniger gefrorenen Rändern der Zellen gehalten wird.

Die Flossen A sind oben und unten umgebogen, bzw. mit Ansätzen versehen; der obere Ansatz dient als Anschlag für den Quersteg oder die daran befindliche Führung, und die untere Umbiegung, die zugleich als Rührer funktioniert, dient als Anschlag für die Platte a, und es verbinden also diese Ansätze die Platten und Flossen mit dem Rahmen in der Weise, dafs diese bei dem Hochgehen des Rahmens mitgehoben werden, und zwar so weit, bis dieselben über dem Wasserspiegel stehen.

Es können auch, da sich das Eis stets in der Weise ansetzt, dafs sich die noch freie Öffnung in den Zellen verengt, oder auch bei überhaupt nach unten verengten Zellen, die Flossen mit mehreren Platten a versehen werden, wovon die oberen gröfser, die unteren kleiner gestaltet sind, so dafs nicht nur die engeren Stellen der Zellen, sondern auch die weiteren bis zum Rande von den Platten berührt werden. Die Flossen und Platten können nach Erfordernis belastet oder auch mit Federn versehen werden, welche dieselben nach unten drücken. Um den Gang der Maschine zu erleichtern, kann ein Gewicht für den Rahmen angebracht werden, oder es kann die Einrichtung getroffen sein, daſs zwei Kurbeln angebracht werden, wovon die eine die Hälfte der Rührvorrichtung hebt, während die andere die zweite Hälfte senkt. Die Geschwindigkeit der Bewegung des Rahmens mit den Flossen richtet sich nach der erzeugten Kälte.

Von Gustav Hose in Elberfeld ist ein Quirlwerk zur Entlüftung des Gefrierwassers konstruiert worden (D. R.-P. Nr. 35948), welches in Fig. 112 skizziert ist.

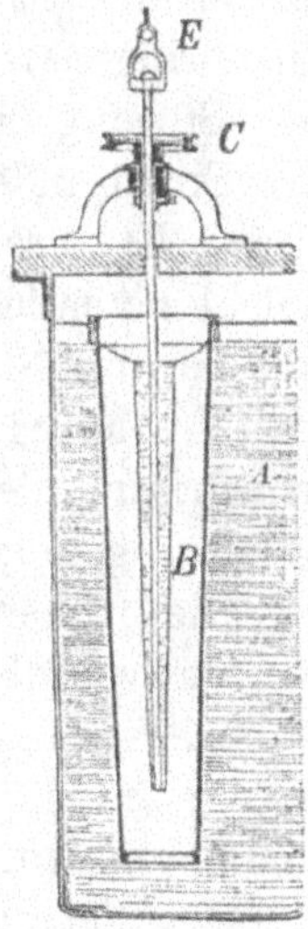

Fig. 112.

In die Gefrierzelle *A* ist der aus einem dünnen, quadratischen Stäbchen *B* bestehende Quirl so eingehängt, daſs er sich in einem in dem Schnurrädchen *C* befindlichen quadratischen Loche vertikal emporschieben kann, während das Rädchen mit dem Quirl rotiert. An dem oberen Ende des Quirls befindet sich ein Bügel *E*, welcher die aufsteigende (fortschreitende) Bewegung mitmacht, nicht aber die rotierende. Der Bügel hängt an einer Kette, die über eine Rolle geführt ist und ein Gegengewicht trägt. Das Schnurrädchen ist mit seinem Zapfen in einem Bocke gelagert. Nachdem die Gefrierzelle mit Süſswasser gefüllt ist, wird der Quirl durch den Schnurtrieb in Rotation versetzt, infolgedessen das in der Zelle befindliche Wasser in geringem Grade mitrotiert. Indem nun die unter 0^0 temperierte Salzlösung die Wärme aus dem in der Zelle befindlichen Süſswasser aufnimmt, findet die Eisbildung statt, an dem Umfang der Zelle beginnend und nach dem Innern fortschreitend.

Das Wesen der Entlüftung des Gefrierwassers besteht nun erfahrungsgemäſs darin, daſs in dem Augenblick der Bildung der Eiskrystalle das in deren unmittelbarer Nähe befindliche Wasser bewegt wird. Da aber die Gefrierzelle sich nach oben erweitert, so wird auch der obere Teil zuletzt durch Eis geschlossen, welcher Umstand die Veranlassung ist, daſs sich der Quirl bis zum Schluſs der Gefrierarbeit von selbst aus dem Gefrierwasser heraushebt.

Damit das Herausheben leicht und gleichmäfsig von statten geht, ist der Quirl abzüglich seines Auftriebes im Wasser durch ein Gewicht, der Auftrieb selbst aber durch das sich über die Rolle ziehende Kettenende stetig ausbalanciert.

Zu diesem, seither erloschenen Patente wurde unter Nr. 36846 D. R.-P. ein Zusatzpatent auf folgende Verbesserung genommen:

Das Rührstäbchen *B* des im Hauptpatente beschriebenen Quirlwerkes ist von quadratisch gezogenem geschweifsten Eisenrohr hergestellt und an der tiefsten Stelle mit einem eingelöteten Boden versehen, wodurch ein wasserdichter Hohlraum entsteht, der den Zweck hat, das Stäbchen mit einem höheren Auftrieb zu versehen und zu ermöglichen, dafs dasselbe durch einen glühenden Eisendraht, Dampf oder heifses Wasser, welches in den Hohlraum einzubringen ist, aufgetaut werden kann, wenn es durch irgend eine Störung einfrieren sollte.

Einem anderen Krystalleis-Apparat von O. F. Kropff in Strafsburg i. E., dessen Konstruktion unter Nr. 33033 im Deutschen Reiche patentiert ist, liegt der Gefrierprozefs der Natur zu Grunde. Wie in der Natur das beste Klareis bei ruhigem kalten Wetter entsteht, so wird bei diesem Apparat das Eis durch Temperaturerniedrigung der das Wasser umgebenden Luft nur durch direkte Berührung mit einer stark abgekühlten Flüssigkeit hergestellt.

Die früheren Apparate dieser Gattung bezweckten, die im Wasser befindliche Luft durch Rühr- und Schüttelvorrichtungen zu entfernen. Solche Apparate erfordern beständige Arbeit und Überwachung; aufserdem erfüllen sie ihren Zweck häufig nur unvollkommen, da stets ein weifser Kern in dem Eisblock bleibt.

Die Patentschrift beschreibt den neuen Apparat wie folgt:

In einem gut isolierten Kasten befindet sich ein Röhrensystem, durch welches man eine tief abgekühlte Flüssigkeit leitet, oder in welchem man direkt die Verdunstung einer Kälte erzeugenden Flüssigkeit vor sich gehen läfst. Die im Kasten befindliche Luft wird hierdurch tief unter 0^{0} abgekühlt. In die Zwischenräume der einzelnen Schlangen sind Blechzellen eingeschoben, welche das zu gefrierende Wasser enthalten.

Das durch diese Gefriermethode gewonnene Eis wird vollständig krystallhell, weil erstens die Kälte nicht durch direkte Berührung mit einer abgekühlten Flüssigkeit, sondern durch Luft, wie in der Natur, übertragen wird, und zweitens das Verhältnis der luftbespülten Oberfläche zu den übrigen Dimensionen ein grofses ist. Um das Ansetzen von Reif an die Röhren zu verhindern, wäscht man sie bisweilen mit Salzwasser ab.

Durch dieses System ist man imstande, grofse, leicht transportable Blöcke, sowie auch durch Teilung der Zellen beliebig kleine, für den Detailverkauf passende Eisquantitäten zu erzeugen. Jede einzelne Zellenreihe ist durch eine besondere Öffnung zugänglich.

Bekanntlich rührt das Trübwerden des aus gewöhnlichem Wasser erhaltenen Eises aufser von den enthaltenen Luftbläschen auch von den im Wasser gelösten Kalksalzen her. August Schwirkus in Berlin hat zum erstenmale den Vorschlag gemacht, behufs Darstellung von Krystalleis aufser der Luft auch die Kalksalze zu entfernen. Die zu diesem Zwecke vorgeschlagenen Einrichtungen (D. R.-P. Nr. 30031) bestehen: 1. In zwei gröfseren Behältern, in welchen abwechselnd das zur Eisfabrikation bestimmte Wasser von seinem Kalkgehalte befreit wird; dies geschieht durch Ausfällung mittels Kalkwasser und Entfernung des gebildeten Niederschlags durch Absitzenlassen oder Filtrieren.

2. In einem Apparat zur Entfernung der Gase. Derselbe besteht in einem gufseisernen, luftdicht schliefsenden Behälter, welcher oben mit einer Luftpumpe verbunden ist, und in welchem das vom Kalkgehalte befreite Wasser durch einen Hahn und mit Hilfe der Luftpumpe bis zu einer bestimmten Höhe emporgesaugt wird. Hierauf wird der Hahn geschlossen und von der fortarbeitenden Luftpumpe der über dem Wasser verbliebene Luftraum evacuiert, wodurch auch die absorbierten Gase herausgesogen werden. Um das Entweichen der Gase auch aus den unteren Wasserschichten zu befördern, ist in dem Behälter ein schnell rotierendes Rührwerk angeordnet, welches sowohl die Zähigkeit des Wassers überwindet, als auch durch Zerteilung der untersten Flüssigkeitsschichten den Gasen den Austritt gestattet. Vor dem Luftabführungskanal der Pumpe ist noch eine aus schrägen Blechwänden gebildete Vorrichtung zum Schutze der Luftpumpe gegen eindringendes Wasser angebracht. Durch Einlassen von Luft mittels eines Lufthahnes kann das fertig behandelte Wasser in die Gefrierzellen der Eismaschine abgelassen werden. An Stelle des Rührwerks kann auch eine Einrichtung zum Schütteln des

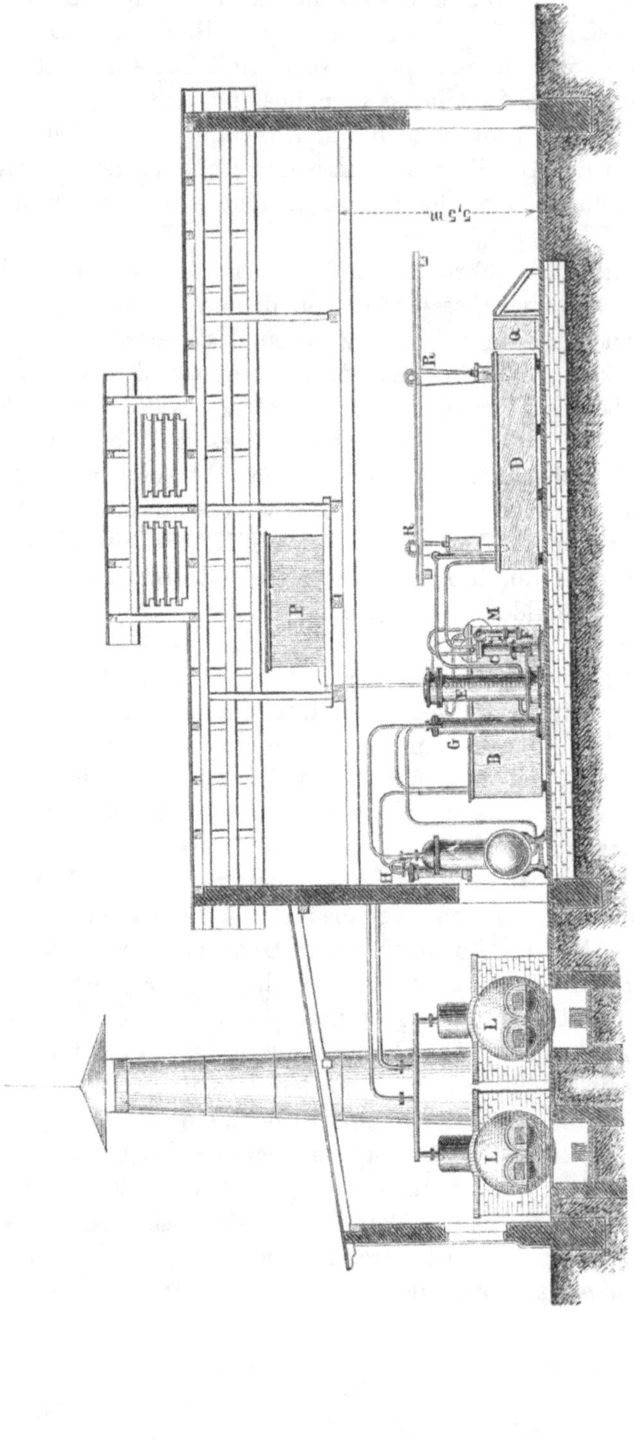

b) Aufriſs.

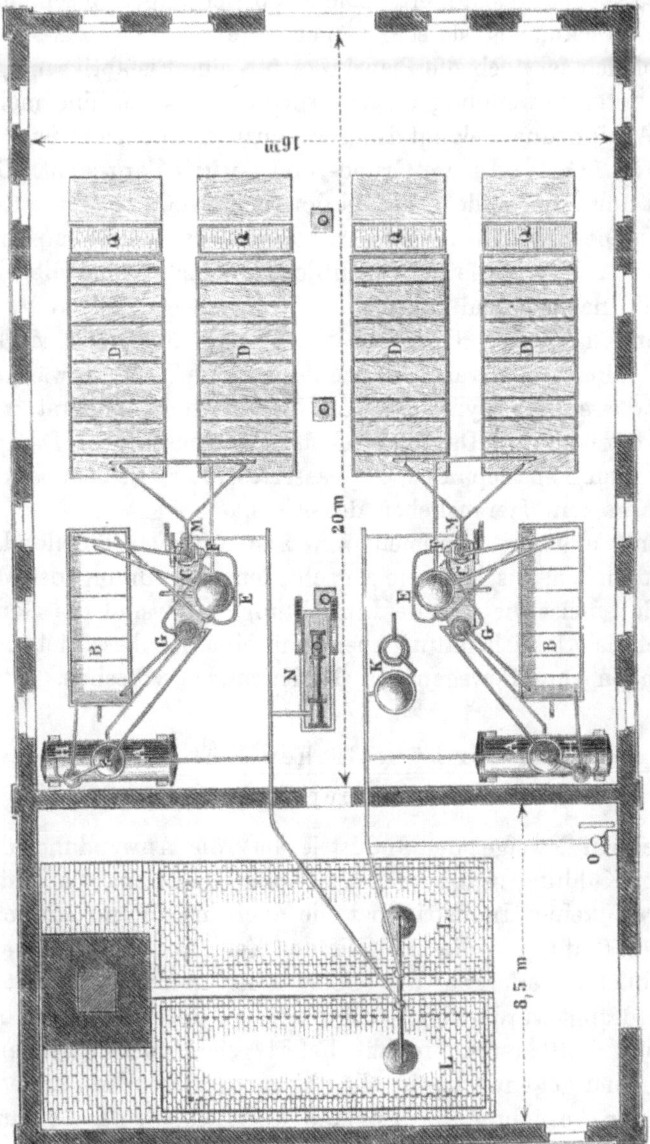

a) Grundriß.

Fig. 113. Eisfabrik-Anlage für eine tägliche Leistungsfähigkeit von 50000 kg Krystalleis.

Gefäſses, oder ein Klopfwerk angebracht werden, durch welches die Wände des Gefäſses und damit das Wasser selbst in regelmäſsigen Schlägen erschüttert. Diese Vorrichtungen erscheinen jedoch, so zweckmäſsig sie sein mögen, viel zu kompliziert.

Schlieſslich sei noch die Planskizze für eine Eisfabriksanlage, wie selbe unter Anwendung einer Absorptions-Eismaschine mehrfach zur Ausführung gelangt ist, reproduziert, und zwar ist dieselbe in Fig. 113a und b im Grund- und Aufriſs dargestellt. Die Anlage ist für eine tägliche Produktion von 50000 kg Krystalleis berechnet. Die Einrichtung und Anordnung der einzelnen Teile ist aus der Abbildung leicht ersichtlich, und zwar sind die einzelnen Teile nachstehend bezeichnet:

A Ammoniakkessel, *B* Kondensator, *C* Gassammelgefäſs, *D* Eisbildner, *E* Einsaugungsvase, *F* Ammoniakpumpe, *G* Vorwärmer, *H* Gasentwässerungs-Cylinder, *K* Kondensations-Apparat zur Krystalleisfabrikation, *L* Dampfkessel, *M* Dampfmaschine, *N* Dampfpumpe, *O* Dampfspeisepumpe, *P* Wasserreservoir, *Q* Thaubassin, *R* Laufkrahn zum Herausheben des Eises.

Die mit anderen Systemen von Eismaschinen arbeitenden Eisfabriken haben, bis auf eine verschiedene Anordnung der Maschinenteile, meist die gleiche Einrichtung, und sind die Generatoren behufs Klareisbereitung meist mit einer der beschriebenen Vorrichtungen zum Bewegen des Gefrierwassers versehen.

b) Anwendung der künstlichen Kühlung in der Bierbrauerei.

In keinem Zweige der Industrie hat die Anwendung der künstlichen Kühlung sich so rasch Eingang verschafft, als in der Bierbrauerei, keiner Industrie hat sie auch annähernd ähnliche Vorteile verschafft, wie dieser. Seit der Zeit, wo das früher allgemein übliche Verfahren der Obergärung durch die Untergärung verdrängt wurde und letztere Art der Gärung, welche ein feineres und haltbareres Produkt liefert, sich überall Eingang verschaffte und gegenwärtig in allen bierproduzierenden Ländern, mit alleiniger Ausnahme von England und Belgien, das fast ausschlieſslich angewendete Gärverfahren ist, war das Eis ein unentbehrliches Braumaterial geworden, und nachdem dessen Beschaffung auf natürlichem Wege häufig mit Schwierigkeiten und grofsen Kosten verbunden war, ergriffen die Brauer gern die Gelegenheit, welche ihnen durch die stets verbesserten Konstruktionen der Eis- und Kühlmaschinen geboten wurde, um sich von dem Einflusse der Witterung bei der Eisbeschaffung möglichst zu emanzipieren. Anfänglich benutzte man die Eismaschinen, um in Jahren, wo natürliches Eis nicht zu beschaffen war, den Eisvorrat durch künstliche Erzeugung zu decken; doch setzte man wegen der noch bedeutenden Betriebskosten diese Maschinen nur dann in Betrieb, wenn das Natureis nicht billiger zu beschaffen war. Aber es fehlte nicht an Versuchen, die Anwendung des Eises überhaupt durch künstliche Kühlvorrichtungen zu ersetzen; als erster derartiger Versuch mag die im Jahre 1857 durch den französischen Brauer Velten in Marseille angewendete Kühlung von Wasser mittels einer Lösung von Ammoniumnitrat angesehen werden. Als später die Kaltluftmaschinen konstruiert wurden, wendete man dieselben in vielen Brauereien direkt zur Kühlung der Gär- und Lagerräume an, welche Art der Kühlung sich wegen der zu niedrigen Kältegrade als unrationell und kostspielig erwies. Bald nachdem Professor Linde den Vorschlag gemacht hatte, die in den Eismaschinen erzeugte kalte Salzlösung nicht zur Eiserzeugung, sondern direkt zur Abkühlung der Luft in den Kellern und zur Herstellung des erforderlichen Kühlwassers durch Kälteübertragung zu verwenden, wurde diese neue Art der künstlichen Kühlung von zahlreichen Brauereien eingeführt, insbesondere als Prof. Linde das Prinzip der Warmwasserheizung auch für die Kühlung in Gär- und Lagerkellern adoptierte, indem er die in der Eismaschine erzeugte kalte Salzlösung durch lange Rohrleitungen in den abzukühlenden Räumen zirkulieren liefs, wodurch die Luft dieser Räume auf die gewünschte niedrige Temperatur gebracht wurde. Auch bei den übrigen Systemen von Kühlmaschinen wurde dieses Prinzip der Kälteübertragung in Anwendung gebracht, so dafs im Laufe weniger Jahre Kühleinrichtungen in vielen hundert Brauereien ausgeführt wurden und gegenwärtig keine gröfsere Brauerei mehr besteht, welche von dieser Neuerung, der gröfsten Errungenschaft, welche die Brauindustrie aufzuweisen hat, nicht Gebrauch gemacht hätte; ja es dürfte die Zeit nicht mehr fern sein, wo eine Kühlmaschine ebenso zu den notwendigen Erfordernissen jeder gut eingerichteten Brauerei gehören wird, wie die Dampfmaschine.

Die Verwendung von Kälte in der Brauerei erfolgt in verschiedener Weise. In erster Linie handelt es sich darum, die Gär- und Lagerkeller auf entsprechend niedriger Temperatur zu erhalten, erstere auf ca. 4°, letztere auf 1° C. Dies konnte früher nur unter Anwendung grofser Eismassen erzielt werden, welche in besonderen Eisgruben oder Eiskellern neben oder über den zu kühlenden Kellern aufbewahrt wurden. Natürlich mufsten dann so grofse Eisvorräte angehäuft werden, dafs sie für die Dauer eines ganzen Jahres, bei Eintritt milder Winter auch noch für längere Zeit ausreichten. Dies erfordert, abgesehen von den schon in normalen Wintern sehr bedeutenden Kosten der Eisgewinnung und Eislagerung, auch grofse Anlage- und Erhaltungskosten für die Eisaufbewahrungsräume. In milden Wintern, wo das Eis oft aus weiter Entfernung bezogen werden mufs, steigern sich diese Kosten der Eisbeschaffung; und diese milden Winter sind auch in der gemäfsigten Zone nicht so selten, da die Erfahrung lehrt, dafs es binnen zehn Jahren regelmäfsig einen bis zwei Winter gibt, in welchen die Eisbeschaffung unsicher, wenn nicht gar unmöglich ist.

Die ersten Versuche der direkten Kühlung von Kellern wurde mittels der Kaltluftmaschinen, besonders von W i n d h a u s e n, durchgeführt, und waren Kaltluftmaschinen zu diesem Zwecke in mehreren grofsen Brauereien, z. B. der Overbeck'schen Brauerei in Dortmund und der Hildebrand'schen Brauerei in Pfungstadt während einiger Jahre in Verwendung. Hier diente die aus der Maschine kommende kalte Luft, welche Temperaturen von —40° bis —50° zeigte, direkt zur Kühlung der Gär- und Lagerkeller. In der Overbeck'schen Brauerei strömte die kalte Luft zunächst durch einen ca. 8 m langen Kanal bis etwa 1 m unter das Gewölbe der Keller. Von da ging eine etwa 20 m lange Holzrohrleitung die Keller entlang nach einem Sammelkasten, von welchem die Rohrleitung in zwei Richtungen abzweigte. Aus diesen Zweigröhren strömte der gröfste Teil der kalten Luft durch ein etwa 6 m langes Rohr nach den Lagerkellern, der kleinere Teil nach den Gärkellern. Die kalte Luft in den Rohrleitungen zeigte stets Temperaturen unter —40°, an den Deckenwölbungen der Lagerkeller, ungefähr 2 m seitwärts von der Kaltluftrohrmündung zeigten sich Temperaturen von —2° bis —6°, ja auch bis —10°. Mitunter fing es in den Kellerabteilungen zu schneien an und an manchen Lagerfässern bildeten sich Eiszapfen; ähnliche Resultate wurden auch in der Hildebrand'schen Brauerei erzielt. Es erwies sich die abkühlende Wirkung dieser Art von Maschinen als zu ungleichmäfsig und die erzielten Temperaturen waren für die Zwecke der Brauerei zu niedrig, übrigens auch der Betrieb dieser Maschinen zu kostspielig, so dafs diese Maschinen nach wenigen Jahren in den Brauereien ganz aufser Gebrauch gesetzt wurden.

Eine andere Methode der Luftkühlung wurde mit Hilfe einer Linde'schen Kompressionsmaschine und zwar nach Angaben von Prof. Linde in der Dreher'schen Brauerei in Triest, also unter den denkbar ungünstigsten klimatischen Verhältnissen, eingerichtet, wo sie noch gegenwärtig in befriedigendster Weise funktioniert. Diese Einrichtung hat den Zweck, einen Gärkeller auf der für die Gärung ohne Schwimmer notwendigen niedrigen Temperatur zu erhalten und erreicht diesen Zweck dadurch, dafs die gesamte Luftmenge des Kellers in beständiger Zirkulation durch die Kühlmaschine erhalten wird. Ein Ventilator saugt die Luft aus dem Keller an, mischt sie behufs Lufterneuerung mit einem regulierbaren Quantum frischer Luft und treibt dieselbe durch den Kühlapparat hindurch wieder in den Keller. Die Abkühlung der Luft erfolgt dadurch, dafs diese mit einer von der Kälteerzeugungsmaschine abgekühlten Flüssigkeit in innige Berührung gebracht wird. Diese innige Berührung wird durch die eigentümliche Konstruktion des Luftkühlapparates erzielt, welcher in Fig. 114a und b dargestellt erscheint.

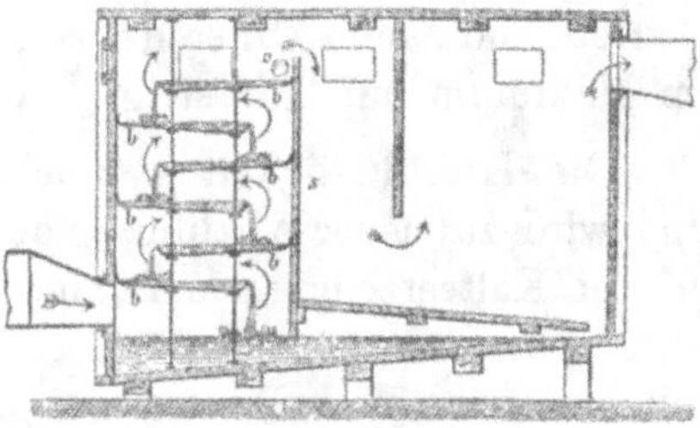

Fig. 114a.

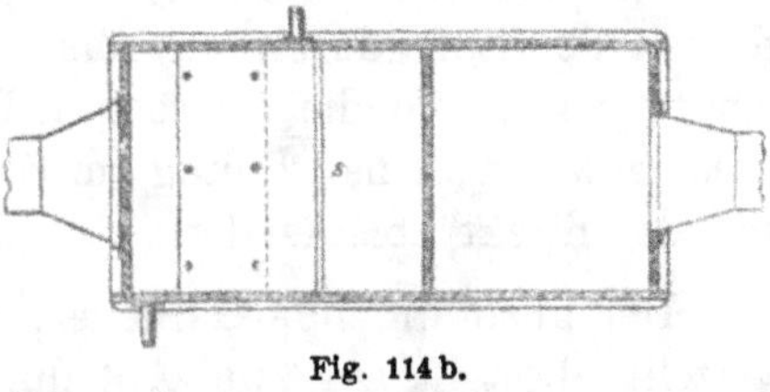

Fig. 114b.

Dieser Apparat besteht aus einem hölzernen Kasten von 3 m Höhe, 4,7 m Länge und 2 m Breite, der durch eine im Innern angebrachte Scheidewand *s* in zwei Kammern getrennt ist. In der vorderen Abteilung befinden sich sechs hürdenförmig übereinander angeordnete, etwas nach vorn geneigte Bleche *bb*, die einander gegenüberstehend, die durchströmende Luft zu einem Zickzackwege zwingen. Durch die Eintrittsöffnung *o* strömt auf das oberste Blech die von der Maschine gekühlte Flüssigkeit (Salzwasser), verteilt sich auf der ganzen Breite desselben und läuft in dünner Schichte auf das zweite Blech, von diesem auf das dritte u. s. w. Durch diese Einrichtung ist es nicht nur gelungen, die Luft in verhältnismäſsig kleinem Raume an einer groſsen gekühlten Metallfläche vorbeizuführen, sondern muſs dieselbe auch noch ohne groſsen Druckverlust direkt durch die kalte Flüssigkeit durchdringen. Bei dieser innigen Berührung findet sehr rasch und vollständig die Wärmeabgabe statt, so daſs zwischen der Temperatur der Kühlflüssigkeit und derjenigen der Luft bei normalem Betriebe nur eine Differenz von ca. 2,6° C. vorhanden ist, die im Maximum auf 3,5° steigt.

Die Kühlflüssigkeit sammelt sich am Boden des Kastens und wird zu neuer Abkühlung durch eine der Zentrifugalpumpen *cc'* der Kälteerzeugungsmaschine zugeführt. Die durchströmende Luft reiſst selbstverständlich etwas Kühlflüssigkeit mechanisch mit, und wird deshalb derselben in der zweiten Kammer Gelegenheit gegeben, diese mitgerissenen Flüssigkeitsteilchen wieder abzusetzen; dies wird einfach dadurch erreicht, daſs die Geschwindigkeit der Luft durch vergröſserte Durchgangsquerschnitte verringert wird, und die schwereren Flüssigkeitsteilchen Zeit haben, niederzufallen; eine Öffnung am Boden vereinigt diese Flüssigkeit mit der direkt ablaufenden.

Der abzukühlende Gärkeller, in Fig. 115 im Grundriſs dargestellt, besteht aus zwei Abteilungen *A* und *B*, die bei intensivem Betriebe gleichzeitig zu kühlen sind.

Die durch den Kühlkasten abgekühlte Luft strömt durch das Druckrohr *rr* dem Keller zu, und zwar mündet dasselbe in ein an der Decke angebrachtes Querrohr, das mit einer Anzahl regulierbarer Austrittsöffnungen versehen ist. Die austretende Luft bewegt sich, allmählich sich erwärmend, durch die ganze Länge des Kellers und wird am anderen Ende desselben durch ein entsprechendes Querrohr des Saugrohres *r'* vom Ventilator angesaugt und zu gleichem Kreislaufe dem Kühlapparate wieder zugeführt. Ein Zweigrohr r'' der Saugleitung wird geöffnet, wenn die Abteilung *B* des Kellers in Betrieb zu setzen ist.

Der Rauminhalt der Abteilung *A* beträgt ca. 3900 cbm, die Abteilung *B* enthält ca. 1600 cbm. Die Zahl der aufgestellten Gärbottiche ist 152 à 26 hl Inhalt, bezw. 60 à 25 hl Inhalt. Bei stärkstem Betriebe kommen in 24 Stunden 420 hl Würze mit einer Anstelltemperatur von 4,5° in die Keller. Die in den Kellern

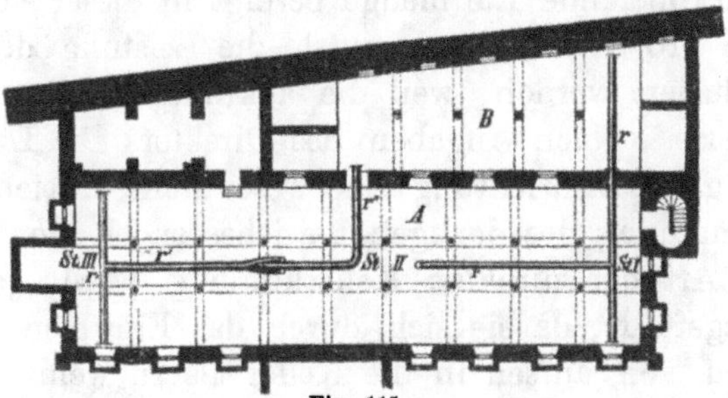

Fig. 115.

durch diese Kühlung erzielten Temperaturen schwankten zwischen 4 und 5° C., bei einer äufseren Lufttemperatur von 16 bis 27°. Hierbei konnte die Anwendung der Schwimmer in den Gärbottichen gänzlich unterbleiben, die früher bis 80 Ztr. Eis täglich konsumierten. Auf genaue Versuche gestützte Rechnungen ergaben für die Ammoniakpumpe einen Kraftverbrauch von 8 effektiven Pferdestärken, während der Ventilator, die Zentrifugalpumpe und die Transmission 4 effektive Pferdestärken absorbierten.

Auf den Verlauf der Gärungen war diese Raumkühlung von der günstigsten Wirkung. Die klimatischen Verhältnisse machten es früher in erhöhtem Mafse notwendig, sämtliche Luftöffnungen dicht zu verschliefsen; die nun stagnierende Luft, verbunden mit dem hohen Feuchtigkeitsgehalt, begünstigte aber das Wachstum einer besonderen Art mikroskopischer Pilze, die ihrerseits sehr nachteilig auf den Verlauf der Gärung selbst einwirkten. Beide Grundursachen dieser Pilzbildung wurden durch Anwendung der Luftkühlung beseitigt; erstens war stete lebhafte Luftzirkulation vorhanden, und aufserdem wurde dadurch, dafs die einströmende kalte Luft bei ihrer Erwärmung imstande war, Wasserdampf aufzunehmen und diesen Wasserdampf zum grofsen Teil bei der im Luftkühlapparate herrschenden niedrigen Temperatur zu kondensieren und an die Salzlösung abzugeben, eine austrocknende

Wirkung auf den Keller ausgeübt. Es führen z. B. 1000 cbm Luft, die mit 6° den Keller in gesättigtem Zustande verlassen, 2 Liter Wasser dem Kühlapparate zu, wenn sie bei 1° gesättigt wieder in den Keller eintreten.

Thatsächlich beträgt die auf solche Weise täglich im Keller verdunstende Wassermenge mehrere hundert Liter, und erscheinen Boden und Bottichwände fast vollständig trocken.

Die zirkulierende Luftmenge beträgt in dieser Anlage bis zu 10000 cbm pro Stunde, und mufste die Leistung der Maschine häufig reduziert werden, weil die abkühlende Wirkung sich zu sehr steigerte. Nach Angaben des Direktors Dr. Lermer war durch die ganze Einrichtung eine wesentliche Erleichterung und Vervollkommnung des dortigen Betriebes erzielt worden.

Diese Art der direkten Kellerkühlung wurde jedoch nicht wieder ausgeführt, da sie sich durch das Eintreten bedeutender Luftmengen von aufsen in die Keller als zu wenig ökonomisch erwiesen hatte.

Eine andere auf ähnlichen Prinzipien beruhende Art der direkten Gärkellerkühlung in Verbindung mit Ventilation mittels künstlich gekühlter Luft wurde durch den Brauereibesitzer Jacobsen sen. in seiner Brauerei Alt-Carlsberg bei Kopenhagen unter Benutzung einer Linde'schen Kühlmaschine eingerichtet, wo sie noch gegenwärtig mit bestem Erfolge funktioniert. Diese Anlage ist in Fig. 116 dargestellt und zeigt nachstehende Einrichtung: Die Zeichnung zeigt im Grundplan die 7 Gärkellerabteilungen *AA*, jede mit 16 Schieferbottichen *BB*; 2 Bottiche enthalten einen Sud von 100 hl Bier. Der ganze Gärkeller hat 112 Bottiche = 56 Sude à 100 hl.

Die Kellerabteilungen sind durch den Corridor *C* verbunden, und dieser steht durch die Öffnungen *DD* und den Kanal *E* mit dem kalten Raume *F* in Verbindung, in welchem die Verdampfer und Kühlapparate für Würze und Bier aufgestellt sind.

Aus diesem »Eisraum« *F* wird die Luft in den Kühlraum *GG* mittels des Ventilators *H* gesaugt und durch denselben in den Kalt-Luft-Kanal *J*, mit einem kleinen Überdruck von ca. 2,5 cm Wasserdruck, getrieben. Dieser Kanal verzweigt sich in dem gemauerten Kanal *K* unter dem Gewölbe des Korridors *C*.

Aus diesem Kanal wird die Luft in die hölzernen Kanäle *LL* unter die Gewölbe der Gärkeller getrieben. Diese Kanäle haben an beiden Seiten lange und schmale Klappen *MM*, eine über jedem Bottich, durch welche die kalte Luft nach Belieben auf jeden einzelnen Bottich hinabströmen kann. Die Klappen sind mit so viel Blei beschwert, dafs sie ziemlich luftdicht gegen Leisten von Kautschuk schliefsen können. Aufserdem hat jeder der hölzernen Kanäle *L* am Eingange von *K* eine Drehklappe, durch welche der Kanal teilweise oder ganz geschlossen werden kann. Von den Gärkellern kehrt die Luft durch den Korridor *C*, die Öffnungen *DD* und den Kanal *E* nach dem Kühlraum *GG* zu-

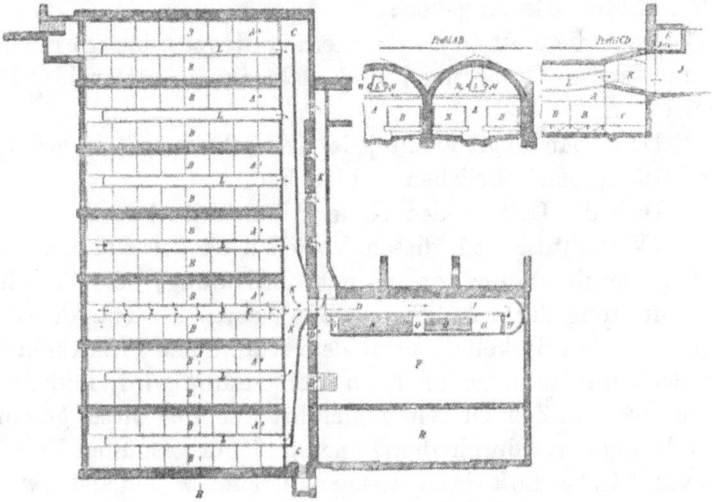

Fig. 116.
Gärkellerkühlung in Alt-Carlsberg.

rück. In diesem Kühlraume liegen zwei Gruppen von Kühlröhren, *N* und *O*, durch welche die Kühlflüssigkeit (Salzlösung) zirkuliert. Die Gruppe *N* hat 240 Röhren von 7,5 cm Durchmesser und von 8 m Länge. Über diesen Gruppen liegen 12 Röhren *P*, mit einer grofsen Anzahl von kleinen Löchern versehen, durch welche ein dichter Regen von kaltem Salzwasser über die Kühlröhren spritzt, wodurch die durch den Kühlraum strömende Luft vollständig gereinigt wird. Das abtropfende Salzwasser sammelt sich im Bassin *Q* und wird von diesem aufs neue durch die Röhren *P* gepumpt. Da dieses Regenwasser die durch die Kälte kondensierte Feuchtigkeit der Luft aufnimmt und sich verdünnt, so wird von Zeit zu Zeit ein Teil davon abgelassen und neues, trockenes Salz hinzugefügt.

Die zweite Gruppe von Kühlröhren *O* hat 200 Röhren, jede 7,5 cm im Durchmesser und 5 m Länge. Diese Abteilung, in welcher kein Regen fällt, dient, um die Luft zu trocknen und noch vollständiger zu kühlen. Der Ventilator fördert per Stunde 50000 Kubikmeter Luft.

Die Menge von Kühlflüssigkeit, welche durch die Röhren *N* und *O* getrieben wird, kann durch Ventile an den Centrifugalpumpen nach Belieben reguliert werden.

Die Vorzüge dieses Kühlungs- und Ventilationssystems sind nach Jacobsen's Angaben:

1. Dafs die Luft in den Kellern vollständig gereinigt ist und weder Organismen und Bakterien, noch wilde Hefezellen enthält.

2. Dafs man nicht allein jede Kellerabteilung, sondern auch jeden Bottich nach Belieben kühlen kann.

3. Dafs die Luft in den Kellern immer trocken ist.

Im Verhältnisse zu diesen Vorteilen ist der Kraftverbrauch für den Ventilator nur von geringer Bedeutung, besonders nach der Einführung der vorzüglichen Blackmann-Ventilatoren. — Da die von den Gärkellern nach dem Kühlraume zurückkehrende Luft nach und nach zu reich an Kohlensäure wird, mufs etwas frische Luft von Zeit zu Zeit eingeführt werden. Dieses geschieht dadurch, dafs man durch den reinen und gut gespülten Vorraum *R* etwas frische Luft in den sog. Eisraum *F* einläfst, welche Luft, sofort durch den Regen in *N* gereinigt, in die Gärkeller getrieben wird; gleichzeitig läfst man aber auch einen Teil der an Kohlensäure reichen Luft aus den Gärkellern ins Freie entweichen.

Von vielen Seiten wird dieser Art Kellerkühlung, welche darauf hinausgeht, nicht nur die Temperatur und den Feuchtigkeitsgehalt der Kellerluft zu beeinflussen, sondern auch die ganze Kellerluft zu reinigen, entgegengetreten. Die meisten der Gegner halten zunächst die Kraft, welche die Ventilation der Luft durch den Ventilator erfordert, für eine ungerechtfertigte Auslage und weisen auf den Umstand hin, dafs durch die Friction der Luft in den Ventilatoren die Temperatur der Luft sogar um 1° oder selbst oft mehr erhöht werde.

Für diese Art von Kühlung sprechen hingegen folgende Gründe:

Die vorher präparierte und auf den nötigen Temperaturgrad abgekühlte Luft wird vermittelst der Ventilatoren mit einer mehr oder minder grofsen Kraft in die Keller hineingeblasen, es findet infolge dieser forcierten Luftströmung gleichsam eine Luftpressung in den Kellerräumen statt, die von günstiger Wirkung auf die Kellerluft sein mufs, und zwar deshalb, weil dieselbe die Zuströmung schlechter und selbst warmer Luft von der äufseren Atmosphäre, mehr aber noch der durch den Boden und die Kellermauern eindringenden, wenn auch nicht ganz aufhält, so doch wesentlich vermindert.

Diese Pression der Kellerluft nach aufsen und das Abhalten der warmen und schlechten Luft von den Kellern wirkt günstig, jedoch beobachtet man gleichzeitig, dafs dieser Einflufs nur dann von umfassendem Erfolg begleitet war, wenn die Ventilation eine total stabile ist, und zwar von dem Zeitpunkte, wo überhaupt die äufseren und inneren Temperaturen sich ausgleichen.

Wenn einmal die äufsere Luft ihren Weg in die Keller gefunden, und wenn sie auch zeitweilig wieder durch Pression zurückgedrängt wird, so ist es dann schwer, dieselbe selbst mit dem gröfsten Luftdruck abzuhalten. Aus diesem Grunde erscheint die angeführte Art der Kellerkühlung besonders vorteilhaft.

Eine andere Art der Gärkellerkühlung und Ventilation mittels kalter Luft ist durch Ingenieur Zahrtmann in der Brauerei Neu-Carlsberg bei Kopenhagen nach Angaben des Besitzers, Jacobsen jun., zur Einrichtung gelangt und funktioniert daselbst gleichfalls mit bestem Erfolge. Diese Anlage ist in Fig. 117 dargestellt und zeigt folgende Einrichtung: Die in der Kühlmaschine (System Linde) abgekühlte Salzlösung zirkuliert in einem Röhrensystem, welches hier oberhalb der abzukühlenden Keller angeordnet ist.

Durch das Rohr *A* kommt eine ungefähr 28% starke Salzlösung, welche von dem Verdampfer der Eismaschine bis zu — 10 ° C. abgekühlt ist. Durch die Blindflansche *b* von der obersten Hälfte des Röhrensystems, welches eine Fläche von 280 qm hat, geschieden, passiert die kalte Flüssigkeit erst die untere Hälfte und dann die obere, um von da durch das Rohr *c* in den Verdampfer zurückzulaufen und wieder, wenn sie abgekühlt worden ist, mittels einer Centrifugalpumpe in die Röhren geprefst zu werden.

Das Röhrensystem wird gleichzeitig und ununterbrochen von einer konzentrierten Salzlösung überrieselt, welche durch eine andere Zentrifugalpumpe in die durchlöcherten Röhren *e* hinaufgebracht wird. Die überrieselte Flüssigkeit wird von Schalen *f* aufgefangen, von wo sie durch das Rohr *G* in einen Behälter zurückläuft, aus dem die Zentrifugalpumpe sie wieder in die Überrieselungsröhren bringt.

Die Luftzirkulation in den unten befindlichen Gärkellern geschieht nun mittels der Kanäle *L* und der Schornsteine *P*.

Die um die Röhren stehende Luft wird durch die in den Röhren vorhandene Salzlösung abgekühlt, ist daher schwerer als die im Keller befindliche Luft, und indem sie durch die Kanäle *L* herabfällt, breitet sie sich längs des Bodens aus und zwingt gleichzeitig die unter der Decke stehende, durch den Gärungsprozefs

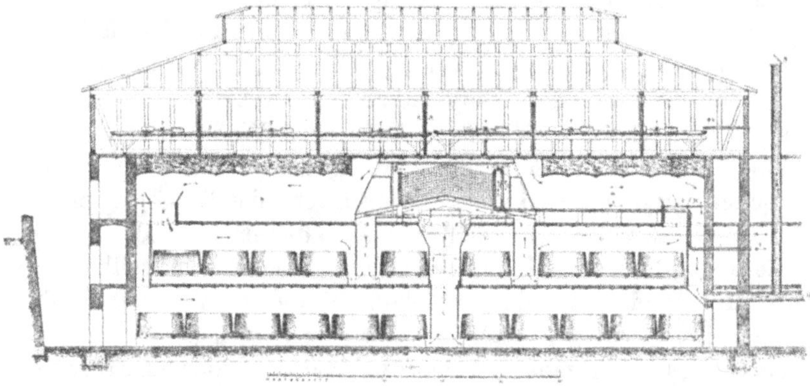

Fig. 117.
Gärkeller-Kühlanlage in der Brauerei Neu-Carlsberg.

erwärmte Luft, durch den Schornstein in den Raum *R* zu steigen, von wo sie in die Eisröhren geht. (Der Raum *R* ist zur Anbringung von Behältern für Wasser von 0° für die Serpentinen bestimmt.)

Hier wird die Luft wieder abgekühlt, gewaschen und getrocknet, indem sie das mit einer konzentrierten Kochsalzlösung überrieselte Röhrensystem passiert. Die Salzlösung nimmt die Feuchtigkeit der Luft auf und reinigt sie gleichzeitig vom aufgenommenen Staube und Schimmelsporen, um wieder durch die Kanäle in die verschiedenen Keller hinabzufallen.

Die Luft ist nämlich, wenn sie zum Regenbad hinaufsteigt, nachdem sie den Keller passiert hat, mit mehr Wasserdämpfen gesättigt, als sie hatte, bevor sie durch die Kanäle in die Keller ging, und nachdem sie das Kochsalz-Regenbad passiert hatte. Selbst wenn man das Gewicht der vorhandenen Wasserdämpfe zu dem Gewicht der trockenen Luft addiert, ist der Unterschied der Gewichte der 5 bis 8° C. warmen, feuchten Luft, welche durch die Schornsteine hinaufsteigt, und der minder warmen, trockenen Luft, welche durch die Kanäle fällt, dennoch hinreichend, um eine starke Luftzirkulation in den Kellern zu erzielen.

Durch den Gärungsprozefs wird jedoch die Luft nach und nach so reich an Kohlensäure, dafs der Aufenthalt für Menschen unmöglich wird. Es kann keine Respiration stattfinden, und es mufs daher frische Luft in die Keller eingeführt werden. Dies geschieht mittels eines in einem Nebenlokal angebrachten Exhaustors, welcher, indem er die Luft des Kellers aufsaugt, diese durch das Rohr *H* über das Dach des Gebäudes hinwegstöfst. (In diesem Falle wird die Klappe *M* geschlossen, und das Ventil *N* geöffnet.) Gleichzeitig kommt frische Luft durch das Fenster *O* in den Raum *R* (alle Klappen, welche die Luftschornsteine decken, sind dann geschlossen), passiert das Röhrensystem und geht dann abgekühlt durch den Luftkanal in die Keller.

Wünscht man eine schnellere Lufterneuerung als diese, welche bei dem oben beschriebenen Verfahren stattfindet, kann der Exhaustor (indem man das Ventil *N* schliefst, die Klappe *M* öffnet und die Klappen der übrigen Luftschornsteine schliefst), statt die Luft über das Dach des Gebäudes wegzuführen, diese über das Eisröhrensystem durch die Kanäle in diejenigen Keller, von wo er sie gesogen hat, pressen.

Gleichzeitig mit der Abkühlung der Luft geschieht eine Reinigung in dem Kochsalz-Regenbade von den in der Luft enthaltenen festen Bestandteilen, welche entweder Detritus oder organisierte, entwickelungsfähige Körper sein können.

Die atmosphärische Luft ist in den verschiedenen Jahreszeiten Träger einer gröfseren oder geringeren Menge Organismen, welche in verschlossenen Räumen, wie z. B. Gärkeller, sich bedeutend steigern kann. Diese Organismen haben, wenn sie in einen günstigen Boden, in diesem Falle in Würze oder gährendes Bier, fallen, wo sie imstande sind, sich zu entwickeln, oft einen sehr schlimmen Einflufs auf das Bier, namentlich auf dessen Haltbarkeit und Geschmack. Die Reinigung der Luft von diesen

Krankheit erzeugenden Organismen geschieht im Regenbade gleichzeitig mit der Abkühlung, indem die fremden Bestandteile aus der Luft gewaschen werden.

Eine ähnliche Art von Kellerkühlung und Ventilation ist von Ingenieur Schröder in Genf vorgeschlagen und in der Brauerei Pignoux bei Bourges zur Ausführung gebracht. Die Ausführung dieser Kühlanlage beruht auf nachstehenden Grundsätzen: Über die zu kühlenden Räume, welche auch zwei oder mehrere Etagen umfassen können, wird eine Kammer für kalte Luft, von entsprechender Höhe je nach der Zahl der Etagen der zu kühlenden Räume, angeordnet, und führen aus dieser Kanäle in alle abzukühlenden Räume, welche die kalte Luft dahin leiten. Andere Kanäle gehen von den Decken der zu kühlenden Räume in diese Luftkammer, unter deren Decke sie münden.

In dieser Kaltluftkammer ist eine Reihe von Kühl- und Sammelschiffen ungefähr 0,5 m über dem Boden aufgestellt, und über diesen eine weitere Reihe von Schiffen von geringerer Breite, letztere aus gelochtem Blech bestehend. Auf diese oberen Schiffe wird nun durch Röhren und Brausen die in der Kühlmaschine auf —6 bis —10° abgekühlte Flüssigkeit geführt und fällt dann in Regenform in die unteren Sammelschiffe. Durch die von den oberen zu den unteren Schiffen strömende kalte Flüssigkeit wird eine bedeutende Kühlfläche gebildet, an welcher sich die Luft leicht bis auf 0° abkühlt, um dann vermittelst ihrer eigenen Schwere durch die Kanäle in die tiefer gelegenen Lokale zu dringen, während gleichzeitig die wärmere Luft derselben nach oben steigt, sich abkühlt und dann wieder ihren Weg nach unten nimmt. Die hierdurch erwärmte Salzlösung fließt von den Sammelschiffen wieder der Kühlmaschine zu, um neuerlich abgekühlt zu werden und ihren Kreislauf wieder anzutreten. Die Kaltluftkammer ist gut asphaltiert und durch eine starke Isolierschichte von der Decke des darunter liegenden Raumes getrennt, um an dieser jede Kondensation zu verhüten. Die kondensierte Feuchtigkeit der warmen Luft fällt nach eingestellter Arbeit von den unteren Kühl- und Sammelschiffen, an denen sie sich als Reif angesetzt hat, auf den Asphaltboden und wird von dort durch ein Rohr in den Abzugskanal geleitet. Der Vorteil dieses Kühlsystems beruht darin, daß die Luftzirkulation nur durch die eigene Schwere der kalten Luft, ohne jede mechanische Vorrichtung bewirkt wird. Selbstverständlich muſs eine solche Anlage, wenn sie richtig funktionieren soll, sehr sorgfältig ausgeführt sein und jede Störung der Luftzirkulation vermieden werden.

Eine andere Methode der direkten Luftkühlung soll bei den nach Patent Fixary von der Maschinenfabrik Humboldt in Kalk a./Rh. ausgeführten Kühlanlagen zur Anwendung gelangen. Es soll nämlich bei diesem Kühlsysteme, wie bereits auf S. 367 erwähnt, die Abkühlung der Luft dadurch bewirkt werden, daſs man sie in geschlossenen Kammern direkt an den Röhren des Verdampfers abkühlen läſst, und zwar sollen vier solche Kühlkammern angewendet werden, deren jede ein System von Verdampferröhren enthält. Diese vier Kammern sollen kontinuierlich in Betrieb erhalten werden, derart, daſs nach je einer Stunde die Funktion der einen Kammer an die nächstfolgende übergeht und zwar in nachstehender Weise: In den Verdampferröhren der ersten Kammer, welche während des Betriebes mit Eiskrusten überzogen sind, wird zunächst kein Ammoniak verdampfen gelassen, damit die Luft sich an den beeisten Röhren abkühlen und diese zum Abtauen bringen kann. In den Röhren der zweiten Kammer wird Ammoniak verdampft, wodurch infolge der intensiven Abkühlung die Feuchtigkeit der Luft an den Röhren festfriert und die Luft dadurch getrocknet wird. Die dritte Kammer dient als eigentliche Kühlkammer für die trockene Luft, die vierte Kammer als Reserve für die nöthige Umwechslung. Die Zirkulation der Luft wird durch einen Exhaustor unterhalten, welcher die erwärmte Luft aus den Kellern von oben absaugt, durch die Kühlkammern treibt, und die gekühlte Luft den Kellern von unten wieder zuführt. Für gewöhnlich wird stets mit denselben Luftmengen gearbeitet, doch ist auch die Einrichtung getroffen, daſs eine Lufterneuerung in den Kellern nach Erfordernis vorgenommen werden kann und dadurch auch eine Ventilation der Keller ermöglicht ist. Nachdem sich dieses Kühlsystem derzeit noch im Versuchsstadium befindet, kann über den Erfolg desselben vorläufig kein Urteil gefällt werden.

Noch ökonomischer und zweckmäſsiger hat sich die von Prof. Linde zuerst empfohlene Art der Kellerkühlung nach dem Prinzip der Warmwasserheizung bewährt, welche seither fast ausschlieſslich sowohl bei den Linde'schen Kühlanlagen, wie auch bei den Kühlanlagen aller anderen Systeme angewendet wird.

Es wird hierbei die auf irgend eine Weise sehr stark unter 0° (bis auf —8 oder —10°) in der Kühlmaschine abgekühlte Salzlösung durch lange Röhrensysteme flieſsen gelassen, welche an der Decke der Gär- und Lagerkeller in mehreren Strängen neben- und übereinander aufgehängt sind, wie dies in Fig. 118 u. 119 dargestellt erscheint.

Die mit der groſsen Oberfläche dieser Kühlröhren in Berührung stehende Kellerluft wird stark abgekühlt, wird dadurch schwerer und sinkt zu Boden, während die unteren wärmeren Luftschichten aufsteigen und sich wieder an den Röhren abkühlen,

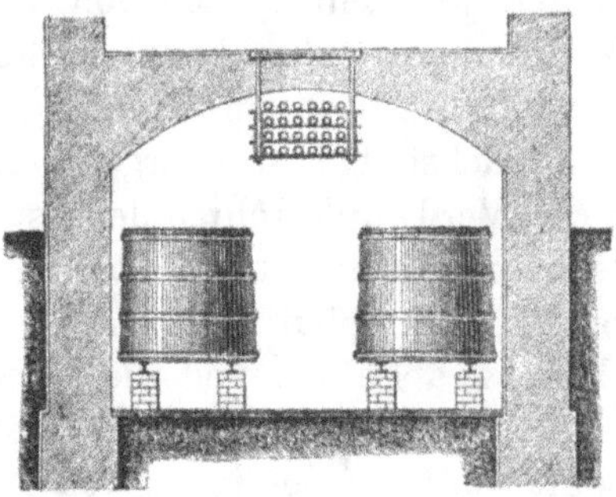

Fig. 118.

Fig. 119.

so daſs eine beständige Luftzirkulation unter gleichzeitiger Kühlung stattfindet. Die hierbei erwärmte Salzlösung flieſst nach der Kühlmaschine zurück, um dort neuerdings abgekühlt zu werden; die kontinuierliche Zirkulation dieser Salzlösung in den Rohrleitungen wird durch eine Pumpe unterhalten. Die zuströmende Menge von Salzlösung kann für jede Kellerabteilung durch einen Hahn genau reguliert oder auch ganz abgesperrt werden, so daſs auf diese Weise die Temperatur jedes Kellers aufs Genaueste geregelt werden kann. Eine derartige Regelung der Kellertemperatur bis auf halbe Grade ist bei der sonst üblichen Art der Kellerkühlung mittels Eisgruben nicht möglich.

Ein besonderer Vorzug dieser Art von Kellerkühlung liegt darin, daſs sie zugleich eine austrocknende Wirkung auf die Kellerluft ausübt; es schlägt sich nämlich die in der Kellerluft stets enthaltene Feuchtigkeit an den sehr kalten Kühlröhren in Form von Reif nieder, so daſs die Röhren mit starken Eiskrusten bedeckt erscheinen; dadurch bleiben Wände und Decken der Keller vollkommen trocken, und wird die so gefährliche und gefürchtete Schimmelbildung vollständig verhindert, da die Pilzkeime an den Kühlröhren festfrieren und an der Entwickelung gehindert werden.

Eine andere Art der Anordnung der Kühlröhren in Gär- und Lagerkellern, wie sie z. B. von der Firma Schmidt, Kranz & Co. (früher O. Kropff) in Nordhausen ausgeführt wird, ist in Fig. 120 dargestellt; dieselbe unterscheidet sich nur durch die zickzackförmige Führung der Kühlröhren, welche entweder auf horizontalen Eisenrosten oder auf gebogenen, der Wölbung angepaſsten Trägern befestigt sind. Die Wirkung dieser Anordnung der Kühlröhren ist die gleiche wie bei der parallelen Führung derselben.

Fig. 120.

Ingenieur P. Bender in Mannheim hält diese Art der Kälteausnützung durch die an den Scheiteln der Kellerwölbungen angeordneten Röhrenleitungen nicht für rationell genug, und führt als einen Nachteil dieser Art von Kühlung an, daſs die Ventilation eine ungenügende ist, da die Luft eine zu geringe Fallhöhe hat, um die für eine wirksame Zirkulation erforderliche Geschwindigkeit zu erlangen, daſs ferner zwischen den auf- und niedersteigenden Luftschichten schon ein sehr bedeutender Wärmeaustausch stattfindet, wodurch die Zirkulation der Luft ebenfalls vermindert wird. Er führt als weiteren Übelstand dieses Kühlsystems an, daſs eine Reinigung der Kühlröhren von den sich ansetzenden Unreinigkeiten der Luft mit groſsen Unzuträglichkeiten verknüpft ist, da beim Abtauen der Röhren diese Unreinigkeiten mit dem

Tauwasser in die Keller gelangen, endlich daſs bei jedem Defekt an der Maschine oder an der Rohrleitung sowohl die Kühlung, als auch die Ventilation gänzlich aufhören. Bender will diesen Übelständen dadurch abhelfen, daſs er in seiner patentierten Kellerkühlung die Kühlröhren in einem besonderen Raume oberhalb der zu kühlenden Keller anordnet, und sowohl der verbrauchten wie der gekühlten Luft getrennte Wege anweist, wie dies aus der Fig. 121 ersichtlich erscheint. Zu beiden Seiten der Kühlkammer *A* erstrecken sich die Lagerräume *BB'*, und ist in der Figur 121 eine derartige Anordnung gezeigt, daſs die warme Luft der Räume *B*, nachdem sie gekühlt ist, wieder in dieselben

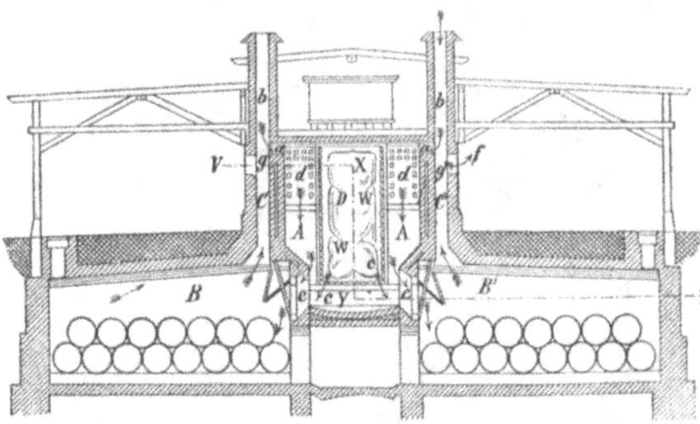

Fig. 121.

zurückkehrt, während die verbrauchte Luft der Lagerräume *B'* in das Freie entweicht, und durch frische abgekühlte Luft ersetzt wird.

Der Lagerraum *B* öffnet sich in seinem Gewölbe zu einem Luftschachte *C*, der durch einen Kanal *a* mit dem Kühlraum in Verbindung steht, und oberhalb des Kanales durch eine Klappe oder einen Schieber *b* verschlossen ist. Eine zweite seitliche Öffnung *f* des Luftschachtes, die im vorliegenden Falle gleichfalls durch einen Schieber verschlossen ist, mündet in das Freie. Die dem Lagerraume *B* entströmende, verbrauchte, erwärmte Luft steigt empor, flieſst an der schrägen Wölbung entlang in den Luftschacht *C*, steigt in diesem empor und gelangt, da die Klappe *b* geschlossen ist, durch den Kanal *a* in den Kühlraum.

Der Kühlraum nimmt in seiner Mitte und in seiner ganzen Länge eine Eiskammer *D* auf, die auf den einen Rost bildenden Trägern *c* ruhend, von Wänden mit möglichst groſser Oberfläche, also z. B. Wellblech w, umgeben ist. Zu beiden Längsseiten dieser Kammer D sind in der Kammer A eine dem zu kühlenden Raum entsprechende, grofse Anzahl Röhren d, in denen die kalte Flüssigkeit zirkuliert, angeordnet. Die in die Kühlkammer A durch den Kanal a eintretende Luft wird über die erwähnten Kühlröhren d hinstreichen, sich abkühlen, niedersinken und das ganze Kühlrohrbündel bestreichen, um dann durch die am Boden der Kühlkammer A befindliche Einfallöffnung e wieder in den Lagerraum B zu gelangen. Die Einströmung der auf dem beschriebenen Wege abgekühlten und fast auf die Temperatur der Kühlflüssigkeit gebrachten Luft kann an der Einlafsöffnung e durch den verstellbaren Schirm geleitet und reguliert werden. Die Luft führt also einen permanenten Kreislauf aus, indem sie sich im Lagerraum B erwärmt, in dem Luftschachte C emporsteigt, durch den Kanal a in die Kühlkammer A tritt, sich dort abkühlt, niedersinkt und wieder durch die Öffnung e auf den Boden des Lagerraumes B fliefst.

Können durch irgend eine Veranlassung die Kühlröhren d nicht in Thätigkeit versetzt werden, so tritt die Wärmeentziehung der Luft durch den Eisblock der Kammer d in Kraft. Die warme Luft strömt dann über die nicht gekühlten Röhren d hinweg auf den Eisblock, kühlt sich ab, sinkt zwischen Eis- und Blechwand w nieder, tritt am Boden der Eiskammer D wieder hinaus und gelangt durch e in den Lagerraum B. Der Eisblock bildet somit, wie ersichtlich, ein Kühlreservoir, welches nur in Thätigkeit tritt, wenn die Röhrenkühlung abgestellt ist, und da während des Funktionierens der Röhrenkühlung das Kältereservoir nicht angegriffen wird, sondern der Eisblock in dieser Zeit nur noch fester gefriert, da die Luft beim Durchstreichen des Rohrbündels schon alle Wärme abgegeben hat, so bilden beide Einrichtungen zusammen eine Anlage, die die Fortführung der Kühlung bei jeder absichtlichen und unabsichtlichen Unterbrechung der Kaltwassererzeugung sichert.

Sowohl bei der Röhrenkühlung als auch bei der Eiskühlung bildet sich Kondensations- bezw. Schmelzwasser, das von den Lagerräumen abgehalten werden mufs. Zu diesem Zwecke ist unterhalb des Kühlraumes eine Kammer angeordnet, deren nach der Mitte hin geneigter Boden das abträufelnde Wasser in einer Rinne sammelt und ableitet. Ein in dem Ableitungsrohre eingeschalteter Wasserverschlufs verhindert das Einströmen warmer Luft.

Wie schon erwähnt, vollführt die Luft bei der soeben beschriebenen Anordnung einen permanenten Kreislauf; ist es aber notwendig oder wünschenswert, die Luft zeitweilig oder permanent durch frische Einströmung zu ersetzen, so werden einfach die Klappen *b* und *f* des Luftschachtes *C* geöffnet, während die sich oberhalb der Öffnung *f*, aber unterhalb des Kanales *a* befindliche Klappe *g* geschlossen wird. Die warme, verbrauchte Luft des Lagerraumes *B'* steigt dann in dem Luftschachte C' in die Höhe und entweicht durch die geöffnete Klappe *f* direkt in das Freie (da, wie erwähnt, Klappe *g* geschlossen ist), während frische Luft von oben in den Luftschacht eindringt, in den Kühlraum tritt, sich da an den Röhren, bezw. an dem Eisblock, weiter abkühlt, zu Boden sinkt und durch die Einlafsöffnung *e* in den Lagerraum *B'* gelangt.

Bei der beschriebenen Anordnung ist es natürlich gleichgiltig, auf welche Weise die Kühlflüssigkeit hergestellt wird; als wesentlicher Vorteil ist aber noch hervorzuheben, dafs die die Kühlflüssigkeit enthaltenden Röhren mit den Lagerräumen gar nicht in Berührung kommen, und bei einer etwaigen Undichtigkeit der Röhren eine Verunreinigung der genannten Räume mithin absolut ausgeschlossen ist, und vor allen Dingen eine sehr lebhafte Ventilation stattfindet. — Auch über diese Art von Kühlanlagen liegen noch keine hinreichenden Erfahrungen aus der Praxis vor, um über deren Verwendbarkeit ein Urteil fällen zu können.

Eine andere beachtenswerte Neuerung bezüglich der Luftkühlung in Kellern ist von Mignon und Rouart vorgeschlagen (D. R.-P. Nr. 23601). Die Kühlung erfolgt hier dadurch, dafs man Luft vermittelst eines Ventilators oder durch andere mechanische Mittel durch die kalte Flüssigkeit in den abzukühlenden Raum drückt. Die Luft wird, ehe sie mit der in der Kühlmaschine abgekühlten Flüssigkeit in Berührung kommt, durch natürliche Mittel vorgekühlt, wie z. B. durch Berührung mit Wasser oder Leitung durch den Boden, oder durch die Temperaturausgleichung mit der Luft, welche aus dem abgekühlten Raum entweicht.

Die beigefügte Abbildung (Fig. 122) zeigt einen zur Kühlung verwendeten Rohrstrang im Schnitt. Derselbe besteht aus einem äufseren, oben offenen Rohr oder einer Rinne *R* aus Thon oder emailliertem Metall, welche von einer die Wärme nicht leitenden Bekleidung, wie Holz oder einem anderen isolierenden Stoff, umgeben sind. Diese Bekleidung hat den Zweck, die Kondensation von Wasserdämpfen an der äuſseren Rohrwand zu verhindern. Das offene Rohr *R* dient zur Aufnahme der die Kälte weitertragenden Flüssigkeit von sehr niedrigem Gefrierpunkt. Die Höhe dieser Flüssigkeit wird durch einen besonderen Apparat reguliert. In der Flüssigkeit des oben offenen Rohres *R* ist das für die Zirkulation der Luft bestimmte Rohr *L* eingelegt. Dasselbe ist von Metall und auf seiner unteren Fläche gespalten oder mit kleinen Löchern versehen, und zwar auf der ganzen Länge des Rohrsystems. Durch diesen Spalt oder auch die Löcher dringt die durch einen Ventilator oder andere Einrichtungen in die Röhren gepreſste Luft, indem sie sich durch die aus der Eismaschine kommende kalte Flüssigkeit in der Rinne *R* emporgearbeitet.

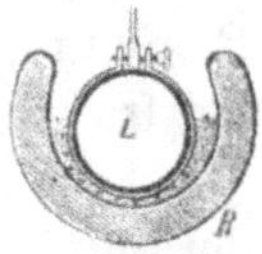

Fig. 122.

Die Luft wird bei ihrem Aufsteigen innerhalb der Flüssigkeit fein zerteilt und durch Berührung mit derselben auf eine sehr niedrige Temperatur gebracht. Aus dem oben offenen Rohr *R* aufsteigend, erfüllt sie den ganzen abzukühlenden Raum.

Das Rohr *R* kann je nach Umständen eine verschiedene Form haben; es kann oben in Gestalt einer Rinne weit geöffnet oder beinahe geschlossen sein, wie ein oben gespaltenes Rohr. Um die Luft vorzukühlen, leitet man sie am besten durch vertikal in der Erde versenkte Röhren. Die in den Erdröhren abgekühlte Luft kann auſserdem durch einen besonderen Refrigerator nochmals weiter vorgekühlt und auf eine noch niedrigere Temperatur gebracht werden.

Eine andere Art der direkten Kühlung der Luft mittels gekühlter Salzlösung ist noch von Emanuel Mosler vorgeschlagen. (D. R.-P. Nr. 35686.) Der hiezu dienende Apparat besteht aus einem Kasten, welcher unter dem Gewölbe des zu kühlenden Raumes angebracht ist, und in welchem die kalte Salzlösung zunächst durch ein groſses Röhrensystem geleitet wird, welches, an der unteren Fläche nach beiden Seiten mit kleinen Löchern versehen, das Ausspritzen der kalten Flüssigkeit ermöglicht. Den unteren Teil des Kastens bildet eine Schale, welche so groſs ist, daſs sie die gesamte ausspritzende Flüssigkeit auffängt. Zwischen den Röhren und oberhalb dieser Schale sind drei oder mehr feinmaschige Siebe in dem Kasten eingeschaltet, welche die ausflieſsende Salzlösung noch feiner verteilen. An den beiden Seiten des Kastens sind Jalousien angebracht, durch welche die Luftzirkulation stattfinden kann. Der Zweck dieser Anordnung soll eine bessere Ausnützung der Kühlwirkung unter gleichzeitiger Reinigung der Luft von Miasmen sein, wie dies ähnlich schon bei früher besprochenen Kühlsystemen erörtert wurde.

Einen anderen Luftkühlapparat, der gleichfalls zur Kühlung der Luft in Gärkellern und anderen Kelleranlagen bestimmt ist, hat Hermann Kropff in New-York konstruiert (D. R.-P. Nr. 22475). Dieser Luftkühlungsapparat besteht im wesentlichen aus einem Gehäuse, in welchem eine Anzahl aufrechtstehender Röhren angebracht ist. Die aufrechtstehenden Röhren sind in einer Blechscheibe, welche sich über dem Luftausgange befindet, wasserdicht befestigt, so daſs das unten eintretende Eiswasser zuerst den Raum zwischen den Röhren anfüllt und dann in den Röhren herunter nach dem unteren Raum flieſst. In den oberen Enden der aufrechtstehenden Röhren sind schraubenförmig gewundene Bleche eingesetzt, welche die Luft zwingen, wirbelnd die Röhren zu passieren. Die abzukühlende Luft tritt oben ein und unten abgekühlt wieder aus. Die zum Kühlen zu verwendende Flüssigkeit tritt am unteren Teile der aufrechtstehenden Röhren ein, rieselt in denselben herunter und verläſst dann das Gefäſs durch ein Rohr, welches unterhalb des Luftaustrittrohres angebracht ist. Es wird also die Luft durch Röhren gekühlt, welche nicht allein von kalter Flüssigkeit umgeben sind, sondern auſserdem durch letztere innen berieselt werden. Ob sich dieser Apparat praktisch bewährt hat, ist nicht bekannt geworden.

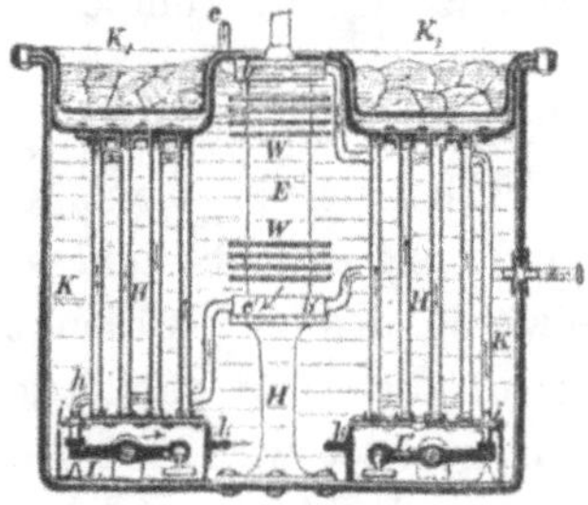

Fig. 123.

Ein anderer Kühlapparat, der direkt durch Luftexpansion wirkt, ist von A. Th. Müller in Berlin konstruiert worden (D. R.-P. Nr. 29031). Der Hauptteil dieses Apparates (Fig. 123) ist eine doppelwirkende Pumpe E, die durch Zahnradsegmente, welche in die in eine Zahnstange übergehende Kolbenstange eingreifen, bewegt wird. Die Saugventile der Pumpen befinden sich im oberen Teil bei b, im unteren Teil bei b^1, die Auslafsventile im oberen Teil von E bei c, im unteren Teil bei c^1; an beiden Teilen befinden sich Wärmeverteilungsringe W. Die Pumpe selbst ruht auf einem gufseisernen Ständer H und ist vermittelst eines Façoneisens mit dem aus Eisenblech hergestellten Wasserbehälter K fest verbunden, in welchem ein cylindrisches, mit durchlöchertem Boden versehenes, mit Eis gefülltes Kühlgefäfs K_1 eingehängt ist. Beim Niedergange des Kolbens wird die Luft komprimiert, erhitzt sich dabei und gibt die Wärme wieder an das umgebende Kühlwasser ab. Sie tritt dann durch das Ventil bei c^1 in die linksseitigen Kästen H ein. Diese bestehen aus einem mit zwei Zwischenwänden und Durchlafsöffnungen versehenen Rahmen, dessen Seiten von starken Platten gebildet werden. In diesen erleidet die Luft eine zweite Kompression, gibt ihren Wärmeüberflufs ebenfalls ab und tritt vermittelst des Verbindungsrohres $h\,i$ unter bestimmtem Druck in den Gewichtsventilkasten L. Von hier gelangt sie, indem sie beim Austritt aus dem Gewichtsventile sich infolge der eintretenden Expansion abkühlt, durch das Rohr k nach einem Röhrensystem in den Kühlbottich, in welchem sich die abzukühlende Flüssigkeit befindet, durchläuft dasselbe und kehrt dann durch das Saugventil b^1 in die Pumpe E zurück. Beim Rückgange des Kolbens tritt die Luft gleichfalls unter Kompression und Kühlung in die rechtsseitigen Kästen H, durchstreicht dieselben unter fortdauernder Abgabe ihrer Kompressionswärme, gelangt durch das Rohr i in den Ventilkasten L^1 und von dort aus unter Abkühlung infolge von Expansion nach einem mit Düsen versehenen, oberhalb des Kühlbottichs angebrachten Spiralrohre M, von welchem sie sich über die abzukühlende Flüssigkeit herabsenkt. Das Saugventil b entnimmt den Luftbedarf vermittelst der Röhre $b\,e$ direkt aus der Atmosphäre. Der Apparat dient aufser zur Luftkühlung in geschlossenen Räumen auch als Bottichkühlapparat. Die Kühlung der im Bottich enthaltenen Flüssigkeit geschieht in zweifacher Weise und zwar: 1. durch innige Berührung der Flüssigkeit mit einem eisigkalten Röhrensystem, und 2. durch auf die Oberfläche der Flüssigkeit sich herabsenkende Eisluft. Behufs schnellerer Abkühlung ist es zweckmäfsig, möglichst viele Teilchen der Flüssigkeit mit den Kühlern in Berührung zu bringen, und dies geschieht durch ein Schaufelrührwerk. Diese Konstruktion soll im Brauerei- und

Brennereibetriebe zur schnelleren Abkühlung der Maische, wie überhaupt da zur Anwendung kommen, wo es sich um eine thunlichst beschleunigte Abkühlung stark erwärmter Flüssigkeit handelt.

Einen anderen Luftkühlapparat unter Anwendung künstlich gekühlten Wassers hat Prof. Linde für die Kühlung und Ventilation von Malztennen vorgeschlagen und zuerst in der Mainzer Aktienbrauerei zur Anwendung gebracht. Der hierzu verwendete Apparat besteht, wie Fig. 124 vorstellt, aus einer Trommel von 2 m Länge, welche aus drei konzentrisch liegenden Drahtgewebe-Cylindern *M* von 1,65 m, 1,50 m und 1,35 m Durchmesser gebildet ist; die eine Stirnwand dieses Cylinders ist durch eine Blechscheibe *s* geschlossen, in die gegenüberliegende Stirnwand ist das Gehäuse eines Axialventilators

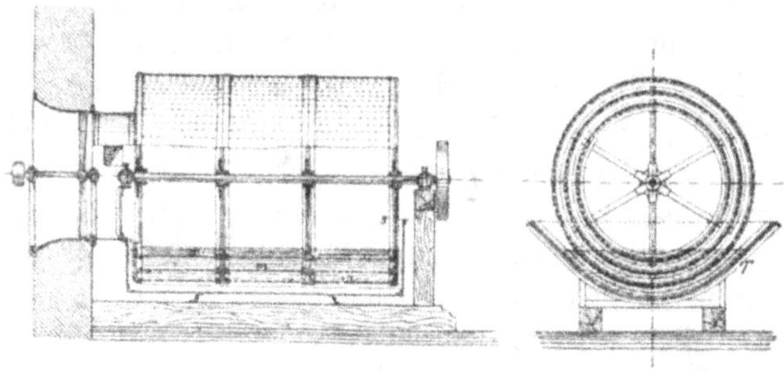

Fig. 124.

eingesetzt, welches die Luft in die Trommel drückt oder aus derselben saugt; natürlich kann auch irgend eine andere Ventilationsvorrichtung an dessen Stelle treten. Die Trommel taucht in einen mit künstlich gekühltem Wasser angefüllten Trog *T* ein, so daſs bei langsamer Rotation der Trommel sich die Drahtgeflechte derselben mit einer Schichte kalten Wassers bedecken; der von dem Ventilator kommende Luftstrom muſs durch die von einem feinen Wasserschleier bedeckten siebartigen Öffnungen der groſsen Oberflächen der Trommelwände treten, kühlt sich durch diese innige Berührung mit dem kalten Wasser ab, sättigt sich mit Feuchtigkeit und tritt so in die Malztennen. Das hierbei erwärmte Wasser wird aus dem Troge kontinuierlich abgeleitet und in der Kühlmaschine von neuem abgekühlt. Durch diese Vorrichtung ist man imstande, den ganzen Sommer hindurch zu mälzen, da mit Hilfe des beschriebenen Apparates eine konstante Temperatur von 12 bis 14° C., ferner hinreichend frische Luft mit einem Feuchtigkeitsgehalte von 65 bis 90 % erhalten wurde.

Statt der vorbeschriebenen Apparate kann man auch ähnliche Vorrichtungen anwenden, durch welche eine innige Be-

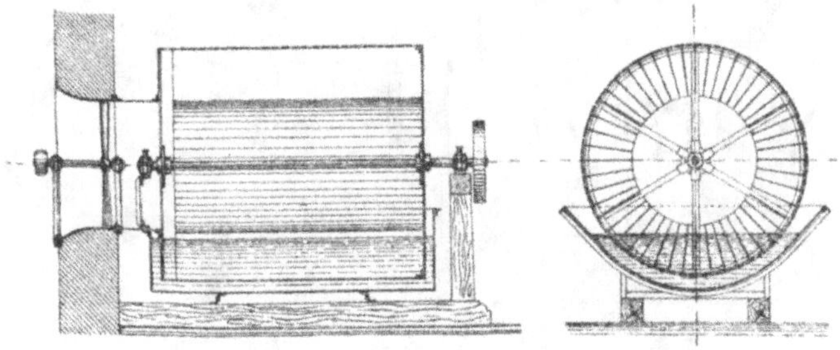

Fig. 125.

rührung der Luft mit dem kalten Wasser erzielt wird; so können, wie Fig. 125 zeigt, statt der cylindrischen Drahtgeflechte Blechtafeln in radialer Aufstellung Verwendung finden, so dafs die Trommel die Gestalt eines enggeschaufelten Wasserrades erhält.

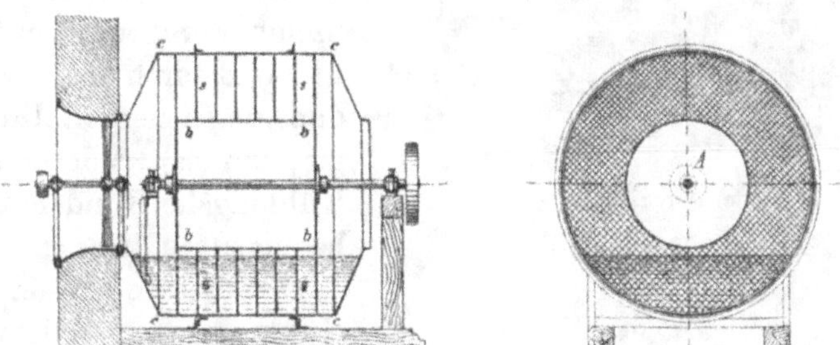

Fig. 126.

Oder können, wie Fig. 126 zeigt, in einem cylindrischen Gehäuse *c* und einer darin befindlichen geschlossenen Trommel *b* auf langsam rotierender Axe *A* ringförmige Scheiben aus Drahtgeflecht *s* aufgesetzt sein, welche mit ihrem unteren Teile in das kalte Wasser eintauchen, während der Luftstrom den aufserhalb des Wassers befindlichen Teil in axialer Richtung durchströmt. Diese ringförmigen Drahtgeflechte können auch, wie Fig. 127 zeigt, durch ringförmige Scheiben *t* im inneren Umfange eines rotierenden Blechcylinders *B* ersetzt sein; je zwischen einem Paar der ringförmigen Scheiben befindet sich auf der Axe *X* eine kreis-

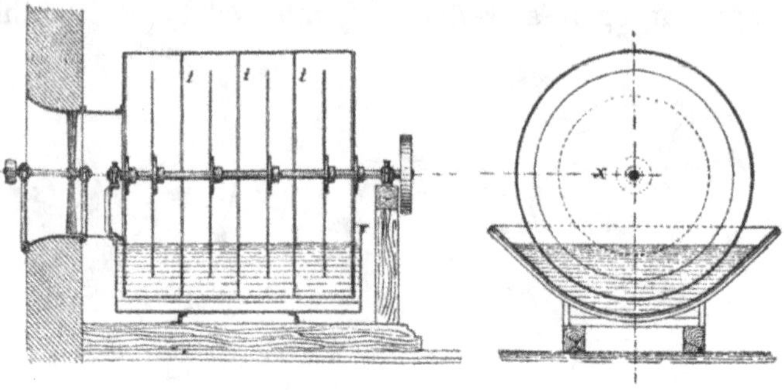

Fig. 127.

runde Scheibe, so dafs der Luftstrom neben seiner Bewegung in axialer Richtung eine wellenförmige Bewegung zu machen und die ringförmigen Blechscheiben zu bespülen gezwungen ist.

Ähnliche Apparate wurden von Prof. Linde bei seinen Kompressionsmaschinen auch angewendet, um das bereits zur Kondensation des Ammoniaks benutzte Kühlwasser durch innige Berührung mit der Luft und durch teilweise Verdunstung neuerlich abzukühlen, um es wiederholt zur Kühlung der Kondensatoren benutzen zu können.

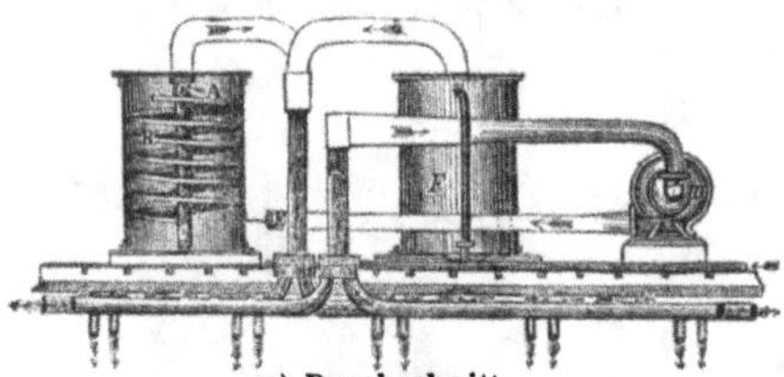

a) Durchschnitt.

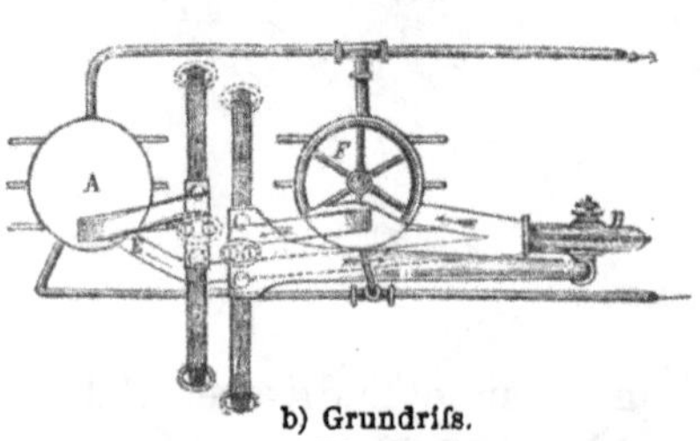

b) Grundrifs.

Fig. 128.

Osenbrück, Apparat zur Luftkühlung.

Osenbrück wendet zur Kühlung von Malztennen oder anderen Räumen nachstehende in Fig. 128 abgebildete Vorrichtung an.

In dem Kühlapparate, einem oben und unten geschlossenen cylindrischen Gefäfse *A* befindet sich eine gufseiserne Schnecke *B*, welche sich um ein in der Mitte befestigtes Kernrohr *C* windet und mit radialen Stauungen von solcher Höhe versehen ist, dafs die

Flächen derselben stets mit der oben in den Apparat eingepumpten Kühlflüssigkeit, gekühltem Süfswasser, bedeckt bleiben. Bei jeder Schneckenwindung sind aufserdem mehrere Durchlässe angeordnet, durch welche ein Teil der Kühlflüssigkeit als Wasserschleier auf die untere Schneckenfläche fliefst. Dieser abfliefsenden Kühlflüssigkeit wird die der Malztenne durch einen Exhaustor *D* entzogene warme Luft unterhalb der letzten Schneckenwindung durch ein an den Kühler seitlich angebrachtes Rohr *E* entgegengetrieben und hier in vielfache Berührung mit der Kühlflüssigkeit gebracht, indem sie gezwungen wird, die Wasserschleier zu durchqueren und die Flächen der Ablaufplatten zu bestreichen. Hierbei gibt die Luft ihre Wärme an die Platten, bzw. an die Kühlflüssigkeit ab und gelangt so gekühlt und vollständig gereinigt aus dem Kühlapparat durch weitere Röhren netzartig durch den ganzen Raum; die gekühlte, feuchte Luft strömt durch viele kleine Öffnungen aus und sinkt vermöge ihrer gröfseren spezifischen Schwere zu Boden. Die erwärmte Luft dagegen sammelt sich unter der Decke wieder an, wird durch den oben erwähnten Exhaustor *D* angesaugt und dem Kühlapparat aufs neue zugeführt. Die erwärmte Kühlflüssigkeit fliefst aus dem Kühlapparat in den Süfswasserkühler zurück, wird dort wieder gekühlt und wiederholt dann, wie die Luft, ihren Kreislauf. Eine Zentrifugalpumpe befördert die Kühlflüssigkeit aus dem Süfswasserkühler in den Kühlapparat.

Eine hervorragende Anwendung der künstlichen Kühlung im Brauereibetriebe erfolgt auch bei der Abkühlung der vom Kühlschiffe nach dem Gärkeller fliefsenden heifsen Würze, welche, wie bekannt, möglichst rasch von einer Temperatur von $+ 40^{0}$ und darüber auf $+ 4^{0}$ gebracht werden soll. Dies geschieht allgemein durch Kühlapparate verschiedener Konstruktion, welche entweder auf Gegenstromprinzip beruhende Röhrenapparate oder Flächenberieselungsapparate sind. Bis vor wenigen Jahren erfolgte die Kühlung der Würze in solchen Apparaten ausschliefslich durch gewöhnliches Wasser, in welches man behufs Erzielung gröfserer Kühlwirkung Eisstücke brachte. Abgesehen von dem hierdurch notwendigen grofsen Aufwande von Arbeitskraft für den Transport und die Zerkleinerung des Eises, wurden mit dem letzteren grofse Mengen von anhängenden Verunreinigungen, wie Schlamm, Erde etc., in den Kühlapparat gebracht, welche eine häufige Reinigung des Apparates im Innern notwendig machten, die bei den meisten Konstruktionen sehr umständlich, schwierig und zeitraubend ist. Überdies wurden bei dieser unrationellen Art der Wasserkühlung grofse Mengen von Eis verschwendet, was wieder einen gröfseren Eisvorrat und gröfsere Vorratsräume erforderte. Durch die Einführung der künstlichen Kühlung im Brauereibetriebe können alle diese Übelstände beseitigt werden; man erzeugt sich in der Kühlmaschine das zur Kühlung erforderliche Wasser von $^1/_2$ bis 1^0 entweder direkt in einem Süfswasserkühler, welcher genau die gleiche Einrichtung hat, wie der zur Kühlung des Salzwassers dienende Apparat, nämlich ein cylindrisches oder kastenförmiges Gefäfs, in welchem eine Anzahl von Verdampferschlangen enthalten sind, in denen das flüssige Ammoniak verdampft und das Wasser auf die erforderliche niedrige Temperatur bringt; oder kann man auch die Abkühlung des Süfswassers durch die stark abgekühlte Salzlösung bewirken, welche man in einem Röhrensysteme durch das Kühlwasserreservoir zirkulieren läfst. Das gekühlte Süfswasser wird in einem höher liegenden Reservoir gesammelt und nach den Würzekühlern geleitet, von welchen, wie bereits bemerkt, jedes System verwendet werden kann. Am zweckmäfsigsten haben sich hierfür die Flächenberieselungskühler erwiesen, da bei diesen noch die Einrichtung getroffen werden konnte, dafs die noch heifse Würze im oberen Teile des Kühlapparates zuerst mittels gewöhnlichen Brunnenwassers vorgekühlt, und durch das künstlich gekühlte Wasser erst im unteren Teil auf die gewünschte Temperatur von $+ 4^0$ gebracht wird; auf diese Weise kann eine nutzlose Verschwendung des Kühleffekts vermieden werden.

In ähnlicher Weise kann künstlich gekühltes Süfswasser verwendet werden, um die Temperatur in den Gärbottichen zu regulieren; dies erfolgte bisher ausschliefslich durch sog. Eisschwimmer, cylindrische Blechgefäfse, welche mit Eis gefüllt und in die gärende Würze eingesenkt wurden. Die Manipulation mit solchen Eisschwimmern ist stets sehr unbequem und zeitraubend, und ebenfalls mit grofser Eisverschwendung und mit der Mühe des Eistransports verbunden, abgesehen von dem Übelstande, dafs solche Schwimmer häufig im Gärbottich umkippen und ihren nicht immer ganz reinen Inhalt in das Bier entleeren. Man war schon vor Einführung der künstlichen

Kühlung darauf bedacht, diese unbequemen Schwimmer durch andere Kühlvorrichtungen zu ersetzen, in welchen man natürliches Eiswasser zirkulieren liefs, was jedoch nicht immer genug wirksam war, abgesehen davon, dafs die Herstellung solchen Eiswassers sehr mühsam ist. Nach Einführung der künstlichen Kälteerzeugung wurde das in den Süfswasserkühlern erzeugte Kühlwasser auch diesem Zwecke dienstbar gemacht und zwar zum ersten Male in gröfserem Mafsstabe in der Brauerei der Gebrüder Dieterich in Düsseldorf. Es werden zu diesem Zwecke Schwimmer verwendet, die von besonderer Konstruktion und zwar entweder einfache Röhren- oder sog. Taschenschwimmer sind. Ein solcher Röhrenschwimmer, wie er in Fig. 129 dargestellt erscheint, besteht aus einem Schmiedeeisenrohr *a* von 6—8 cm Durchmesser, welches kreisförmig auf 65—70 cm gebogen ist und einerseits in ein engeres Rohr von 2 cm Durchmesser endigt, das durch ein Stück Gummischlauch mit der Röhrenleitung *r*, welche das Kühlwasser aus dem Süfwasserkühler zuleitet, verbunden ist. Das andere Ende des Schwimmerrohres ist durch einen Hahn *h* verschlossen, dessen Küken einen 1,5 mm hohen horizontalen Schlitz besitzt, also sehr feine Regulierung des austretenden Wassers gestattet. Mit diesem Wechsel kann noch ein Dreiweghahn *h'* verbunden werden, der durch entsprechende Stellung des Kükens das Wasser austreten und so die Menge des durch den Schwimmer fliefsenden Wassers beurteilen läfst. Eine Holländerverbindung mit Schmiedeeisenröhrchen und Gummischlauch stellt, in gleicher Weise wie für das eintretende Wasser, die Verbindung mit dem Rücklaufrohr *r'* her, welches das durch diese Verwendung erwärmte Wasser wieder einem Reservoir und dem Süfswasserkühler zur neuerlichen Abkühlung zuführt. Die Druckdifferenz der beiden Reservoirs genügt vollständig, um die nötige Zirkulation zu erhalten.

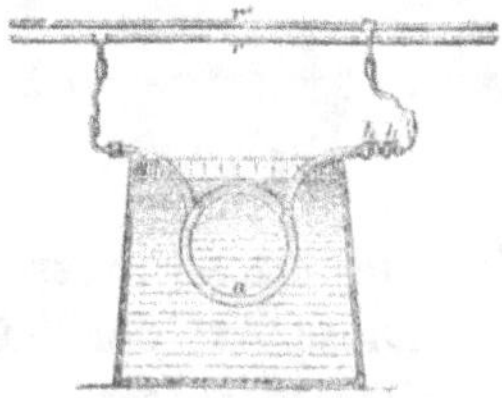

Fig. 129.

Die Form und Konstruktion der ebenfalls sehr häufig verwendeten Taschenschwimmer zeigt Fig. 130; ein solcher besteht aus zwei gleich grofsen viereckigen Platten von verzinntem Eisenblech, welche sich in geringem Abstande voneinander befinden und von allen vier Seiten verschlossen sind. Zwischen diesen Blechplatten sind Blechstreifen in der Art horizontal angeordnet, dafs das Kühlwasser zwischen denselben hin- und herfliefsen, also zirkulieren mufs. Das Wasser tritt auch bei diesen Schwimmern durch ein Zuleitungsrohr ein und durch ein Ableitungsrohr aus, und sind beide Röhren mittels Kautschukschläuchen mit den Kühlwasserleitungen verbunden. Der Wasserzuflufs kann mittels eines kleinen Hahnes für jeden einzelnen Schwimmer genau reguliert oder auch ganz abgesperrt werden, wie es eben der Stand der Gärung erfordert. Die Schwimmer hängen vertikal in den Bottichen und liegen mit den Zu- und Ableitungsröhren auf dem Bottichrande auf.

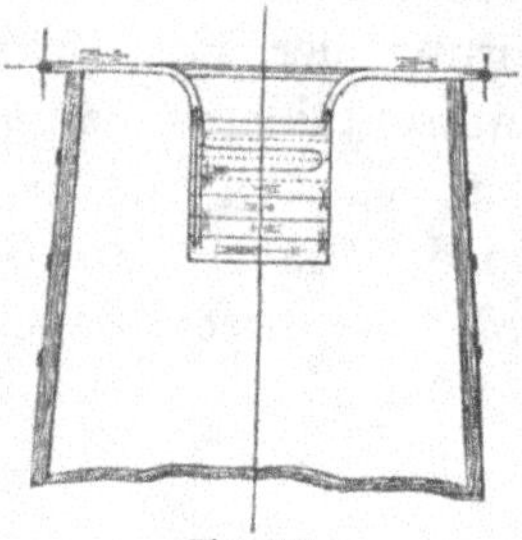

Fig. 130.

Diese Art der Kühlung hat sich als besonders bequem und vorteilhaft erwiesen, nicht nur wegen der Ersparnis an Eis und Arbeitskraft, der Reinhaltung des Gärkellers etc., sondern hauptsächlich wegen der leichten Bedienung, nachdem der Gärführer ganz allein imstande ist, sämtliche Gärbottiche zu beaufsichtigen und nach Erfordernis mit Kühlwasser zu bedienen, überdies die Temperatur in denselben auf das Genaueste zu regulieren.

Die zur Kühlung der Gärbottiche mittels künstlich abgekühlten Süfswassers verwendeten Apparate können aufser den abgebildeten taschen- und kreisförmigen Konstruktionen auch andere Einrichtungen zeigen. In der Brauerei Neu-Carlsberg werden zu diesem Zwecke gleichfalls taschenförmige Schwimmer verwendet, in welchen die Zirkulation des Kühlwassers nicht durch Scheidewände bewirkt wird, sondern welche aus doppeltem Wellblech zusammengesetzt, durch die gegenüberliegenden Erhöhungen des Wellbleches ein System paralleler Röhren bilden, welche abwechselnd unten und oben kommunizieren und auf diese Weise die Zirkulation des Kühlwassers ermöglichen; diese Apparate führen den Namen Serpentinenkühler und haben sich sehr gut bewährt.

In amerikanischen Brauereien werden unter den vielfachen verschiedenen Konstruktionen solcher Schwimmer häufig auch Hohlcylinder angewendet, welche mit doppelter Mantelfläche versehen sind, in deren Raum das Wassereinströmungsrohr bis nahe zum Boden reicht, so dafs das Wasser im Kreislauf zur Abströmungsöffnung nach oben gehen mufs, wo das Ablaufrohr angebracht ist. Der Vorteil dieser cylindrischen Schwimmer liegt darin, dafs sie die gröfste Kühlfläche bieten und wegen ihrer runden Form sich leicht reinigen lassen.

Eine andere Art der Gärbottichkühlung wurde vorgeschlagen, dahin gehend, kalte Luft nach Erfordernis direkt in die gärende Würze einzuleiten. Solche Versuche wurden von Galland und Velten in Frankreich, sowie von Jacobsen in Alt-Carlsberg vorgenommen, ohne brauchbare Resultate zu erzielen. Ein ähnliches Verfahren hat Ueckermann in Herford vorgeschlagen und sich patentieren lassen. Dieses Verfahren besteht darin, nahe am Boden der Gärbottiche gereinigte Luft, welche auf irgend eine Weise auf $+5^0$ C. abgekühlt ist, in erforderlicher Menge durch dünne Rohrleitungen ausströmen zu lassen. Diese Luft wird in einem Luftreservoir in schwach komprimiertem Zustande gesammelt, und wird vorher durch eine zwischen zwei Siebböden gelagerte Baumwollschicht streichen gelassen, um von Pilzen und Sporen gereinigt zu werden. Diese gereinigte Luft strömt aus dem Reservoir in das Hauptrohr der Leitung, welches über den Gärbottichen so angebracht ist, dafs sich Rohrabzweigungen zu den einzelnen Gärbottichen leicht bewirken lassen. Diese Zweigröhren werden vertikal und zentral über jeden einzelnen Gärbottich angeordnet und können nach Erfordernis mittels kleiner Luftregulierhähne mit der Hauptleitung verbunden werden. In jedem senkrechten Zweigrohre befindet sich in einer Stopfbüchse auf- und ab verschiebbar eine Rohrverlängerung, welche bis auf den Boden des Gärbottichs reicht und am unteren Ende wieder mehrere horizontale, fein gelochte Abzweigungen trägt. Diese Anordnung und Verschiebbarkeit der Zweigröhren ermöglicht, die einströmende kalte Luft in jeder Flüssigkeitsschichte des Gärbottichs in feinen Strahlen austreten und verteilen zu lassen. — Praktische Verwendung scheint diese Art der Kühlung noch wenig gefunden zu haben.

Eine andere Form von Gärbottich-Luftkühlern ist von Pieper & Otto in Altona konstruiert worden. Derselbe bildet einen cylindrischen Körper von ringförmigem Querschnitt, welcher in den Gärbottich eingehängt ist. Dieser ringförmig-cylindrische Hohlraum ist durch vertikale Wände in vier Abteilungen geschieden, welche Wände jedoch nicht ganz bis auf den Boden des Hohlraumes reichen. Die kalte Kellerluft tritt durch zwei dieser, oben offenen Abteilungen des Kühlers ein und geht von unten in die beiden anderen Abteilungen über; letztere sind jedoch oben abgeschlossen, miteinander durch ein Querrohr und mit einem Exhaustor in Verbindung, welcher die Luft aus allen nebeneinanderliegenden Kühlern absaugt. Diese Einrichtung bietet für die Praxis wenig Vorteile.

Einen neuen Maische- und Bierwürzekühlapparat haben Kalai, Herzberg & Kohn in Budapest patentiert erhalten (D. R.-P. Nr. 33361), dem sich Originalität jedenfalls nicht absprechen läſst, dessen praktische Verwendbarkeit jedoch erst erprobt werden muſs. Die vorliegende Erfindung ist von den bisher üblichen Kühlungsmethoden für Maische und Bierwürze vollständig verschieden, da weder Wasser noch Luft die Abkühlung bewirken, sondern Ammoniakgas zur Verwendung kommt. Der trogförmige Maischbottich wird von zahlreichen horizontalen Kühlröhren durchzogen, in welchen das Ammoniakgas einer Kältemaschine zirkuliert. Für die Kniestücke oder Krümmer, welche die Kühlröhren verbinden, sind an dem Troge durch Verdoppelung der Stirnwände Kammern gebildet, welche mit Salzlösung angefüllt werden, so daſs die Kälte der Krümmer noch für die Kühlung der Stirnseiten nutzbar gemacht wird. Ob dieses neue Verfahren schon in einer Brauerei versucht worden ist, ist nicht bekannt; jedenfalls ist die Regulierung der Temperatur eine viel schwierigere, abgesehen von dem Übelstande, daſs bei dem geringsten Undichtwerden der Rohrleitungen die gekühlte Flüssigkeit durch Austritt von Ammoniak unbrauchbar wird.

Wenn in einer Brauerei durch die vorbeschriebenen Verwendungsarten die in der Kühlmaschine erzielte niedere Temperatur nicht vollkommen ausgenützt wird, so kann mit Hilfe der erzeugten kalten Salzlösung noch Eis als Nebenprodukt erzeugt werden, wozu man sich irgend eines der im vorigen Kapitel beschriebenen Eisgeneratoren bedient; das erzeugte Eis kann, nachdem man für dasselbe in einer mit künstlicher Kühlung eingerichteten Brauerei keine direkte Verwendung hat, entweder an die Kunden abgegeben oder zum Verkauf gebracht werden, und kann man damit einen groſsen Teil der täglichen Betriebskosten decken.

Auſser den vielfachen Vorteilen, welche die künstliche Kühlung den Brauereien durch einen viel geregelteren, reinlicheren, von allen Einflüssen der Witterung und des Klimas vollkommen unabhängigen Betrieb gewährt, ist noch einer als besonders wichtig hervorzuheben. Nachdem bei Anwendung der künstlichen Kühlung die Einbringung und Aufbewahrung von Natureis ganz überflüssig wird, so sind auch die hierzu sonst notwendigen Eisgruben, Eiskeller und sonstigen Eislagerräume entbehrlich und können diese, falls sie sonst die Eignung hierzu besitzen, zu Lagerkellern adaptiert werden; nachdem die Eisräume in den meisten Fällen ein Drittel der Lagerräume ausmachen so kann auf diese Weise der Lagerraum einer Brauerei um den dritten Teil vergröfsert werden. Dies geschah auch in fast allen Brauereien, in welchen die künstliche Kühlung zur Einführung gelangte, und viele Etablissements, welche infolge der Ausdehnung ihres Betriebes zu einer Vergröfserung ihrer Gär- und Lagerkeller durch kostspielige Neubauten gezwungen gewesen wären, griffen gern als Ersatzmittel zur künstlichen Kühlung, um auf solche Weise mit nahezu denselben Kosten einen unter allen Verhältnissen gesicherten Betrieb und gleichzeitig die erforderliche Vergröfserung der Kellerräume zu gewinnen. Dieser Umstand allein hat der künstlichen Kühlung vielfache Einführung verschafft, und wie sehr man deren Vorteile bereits zu würdigen weifs, geht daraus hervor, dafs seit dem Jahre 1880, bis zu welchem im Ganzen kaum 50 Brauereien mit künstlicher Kühlung versehen waren, bis heute wohl nahezu 1000 Anlagen der verschiedenen Systeme in Betrieb stehen, und dafs gegenwärtig diese Einrichtung nicht nur in den grofsen Brauereien, sondern in vielen kleinen mit einer Jahresproduktion von 10000 bis 20000 hl erfolgreich funktioniert.

Die nachfolgende Skizze (Fig. 131) soll die Art und Weise der Anwendung künstlicher Kälte in den verschiedenen Teilen einer Brauerei zur Anschauung bringen und zwar unter Anwendung einer Absorptionsmaschine, deren einzelne Teile: Ammoniakkessel *A*, Kondensator *B*, Gasgefäfs *C*, Eisgenerator *D*, Einsaugungsrohr *E*, Ammoniakpumpe *F*, Süfswasserkühler *G*, Wasserpumpe *H*, Chlorcalciumpumpe *K*, Reservoire für kaltes und erwärmtes Wasser *M*, *N*, *O* und *P*, in der Figur ersichtlich sind. Der Betrieb einer solchen Anlage erfolgt in nachstehender Weise: Die in den Generatoren *DD* erzeugte kalte Chlorcalcium- (oder Kochsalz-) Lösung läuft durch das Röhrennetz 10 an den Decken der Gär- und Lagerkeller, kühlt dieselben ab und fliefst in etwas erwärmtem Zustande nach der Rotationspumpe *K*, welche die Lösung wieder nach dem Generator zur neuerlichen Abkühlung auf — 8° bis — 10° zurückbringt. Das abzukühlende Süſswasser flieſst aus dem Reservoir *M* durch die Röhrenleitung 1 nach dem

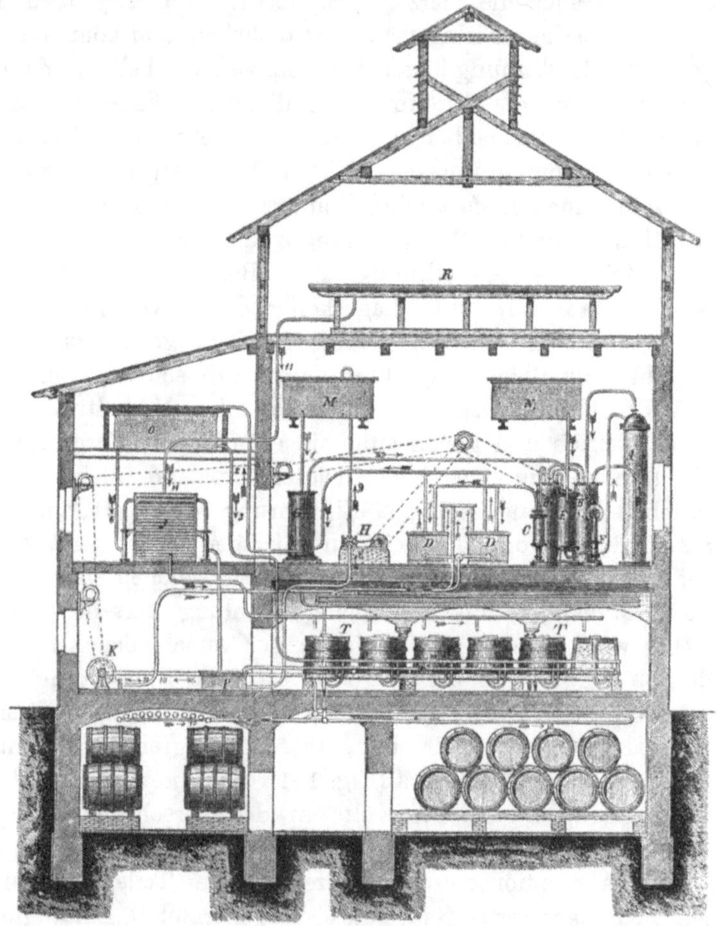

Fig. 131.

Süſswasserkühler *G*, wird hier auf + 1° abgekühlt, und sammelt sich, durch das Rohr 2 aufsteigend, im Reservoir *O*. Von diesem aus verteilt es sich nach Erfordernis durch die Rohrleitungen 3 in den Bottichkühlern *T*, oder geht durch das Rohr 6 nach dem Berieselungskühler *J*, über welchen die abzukühlende Würze vom Kühlschiffe *R* aus und sodann nach den Gärbottichen flieſst.

Das auf diese Weise verwendete Süſswasser sammelt sich im Reservoir *P*, wird von da mittels der Wasserpumpe *H* in das Reservoir *M* gehoben und flieſst dann in den Süſswasserkühler *G* zurück, von wo es nach neuerlicher Abkühlung seinen Kreislauf wieder beginnt. Die Generatoren *D* können nach Erfordernis nebenbei auch zur Eisbereitung eingerichtet werden, wie dies im betreffenden Kapitel ausführlich erläutert wurde.

Die Anordnung einer Kompressionsmaschine bei ihrer Anwendung in der Brauerei zeigt die im Grund- und Aufriſs dar-

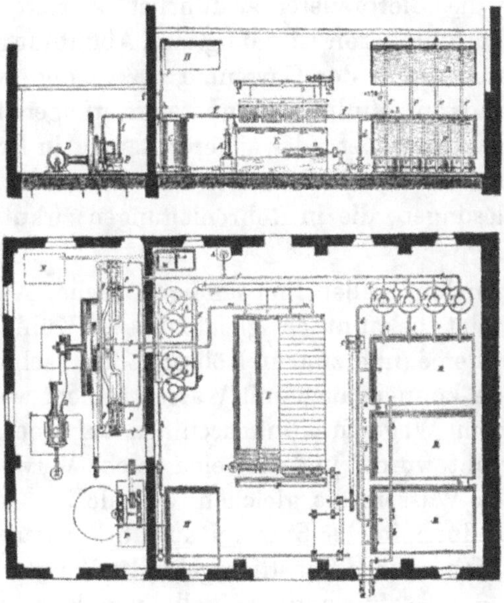

Fig. 132.

gestellte Skizze der Kühlanlage in der Münchener Spatenbrauerei (System Linde). In derselben (Fig. 132) bezeichnen *P* die beiden Ammoniakkompressoren, *D* die Dampfmaschine, *C* die vier Kondensatoren, *V* die vier Verdampfer für Süſswasserkühlung, *E* den Generator für Salzwasserkühlung und Eiserzeugung, *R* und R_1 die sechs Sammelreservoirs für kaltes und erwärmtes Süſswasser, endlich *A* den Destillationsapparat. Die Rohrleitung *a* führt das auf $+ 1^0$ gekühlte Süſswasser aus den Reservoirs R_1 seiner verschiedenen Verwendung in der Brauerei zu, und zwar sowohl nach den Gärbottichen als auch zu den Berieselungskühlern; die Rohrleitung *b* führt das durch diese Verwendung erwärmte Kühlwasser nach den untern Reservoirs *R* und von da wieder nach den Kühlern; ähnliche Leitungen vermitteln den Zu- und Abfluſs des gekühlten Salzwassers nach den Gär- und Lagerkellern und zurück nach der Maschine [1]).

c) Die Anwendung künstlicher Kälte in der Spiritus- und Zuckerfabrikation.

In der Spiritusfabrikation kann die künstliche Kühlung in ähnlicher Weise Verwendung finden, wie dies im vorigen Abschnitte für die Bierbrauerei ausführlich erörtert wurde. Auch bei der Spiritusfabrikation ist häufig eine Abkühlung einzelner Betriebslokalitäten, z. B. der Gärräume, notwendig, welche in derselben Art und mit ähnlichen Apparaten erfolgen kann, wie die Abkühlung der Gärkeller oder anderer Räume in Brauereien, und zwar entweder direkt mittels kalter Luft oder mittels stark abgekühlter Salzlösungen, die in Röhrenleitungen zirkulieren gelassen werden.

Die in vielen Fällen notwendige rasche Abkühlung der Maischen erfolgt bekanntlich gleichfalls in Kühlapparaten verschiedener Systeme, und zwar in Röhren- oder Flächenberieselungskühlern; diese können auch mit Wasser bedient werden, welches auf künstlichem Wege in Kühlmaschinen auf eine niedrige Temperatur gebracht wurde, und hat eine solche Verwendung künstlich gekühlten Wassers die gleichen Vorteile im Gefolge, welche für die Anwendung in der Brauerei ausführlich dargelegt wurden. Ebenso läſst sich solches künstlich gekühlte Wasser mit gleichem Vorteile bei der Gärführung an Stelle von Eisschwimmern verwenden, und wird dann jeder einzelne Bottich mittels der im vorigen Kapitel beschriebenen Taschen- oder Röhrenschwimmer gekühlt.

Auch für die Kühlung des abdestillierten Spiritus, welche möglichst rasch und vollständig erfolgen soll, eignet sich das künstlich gekühlte Wasser in besonders vorteilhafter Weise. Die Art der Verwendung künstlicher Kühlung in einer Spiritusfabrik ist in nebenstehender Skizze (Fig. 133) dargestellt, wo die erzeugte

---

[1]) Eine ganze Reihe ausgeführter Kühlanlagen verschiedener Systeme sind in dem Werke: »Prof. Schwarz, Brautechnische Reiseskizzen« (Frankfurt a. O., B. Waldmann's Verlag) ausführlich beschrieben.

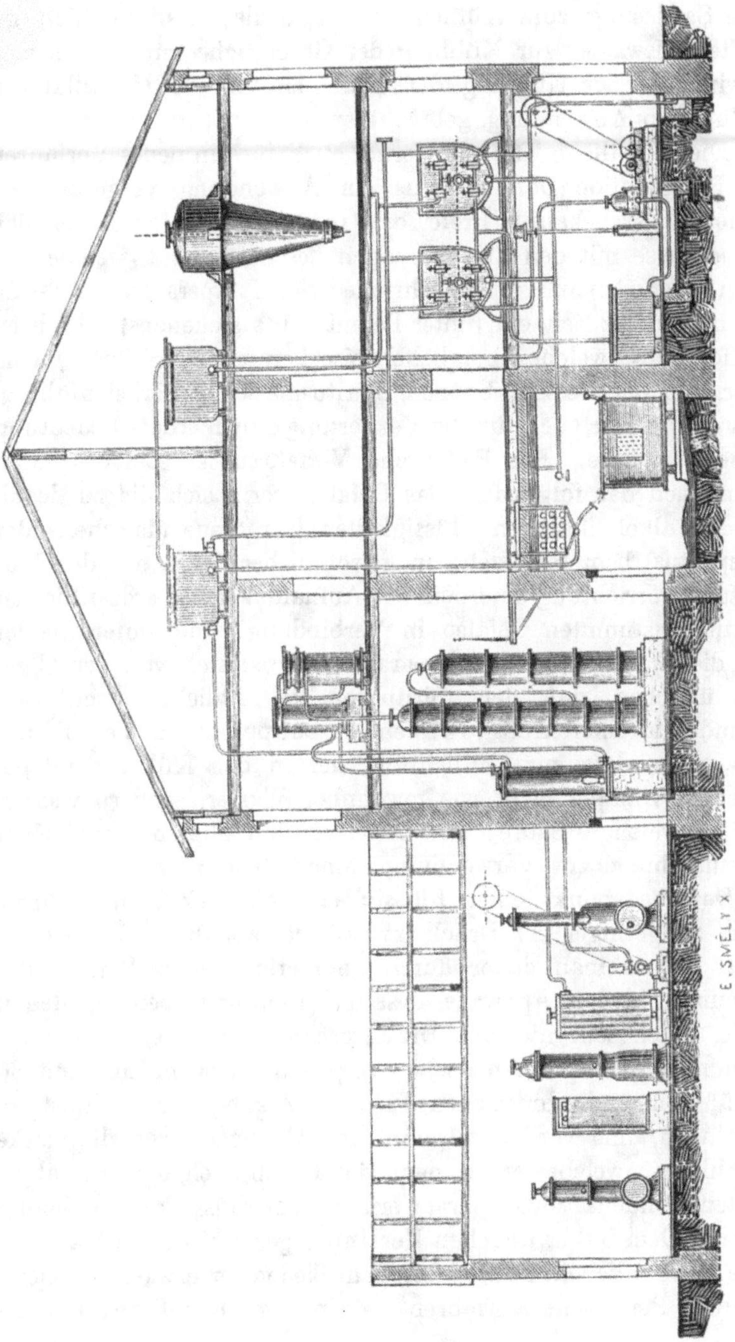

Fig. 133.

kalte Salzlösung zum Kühlen der Gärlokale, das künstlich gekühlte Süſswasser zur Kühlung der Gärbottiche mittels Taschenschwimmer, zur Kühlung der Maischen und der Destillationsprodukte in Anwendung gebracht erscheint.

Die künstliche Kälte ist ferner auch für ein neues Verfahren der Rektifikation von Spiritus zur Anwendung vorgeschlagen worden. Der bekannte Professor Pictet aus Genf, welcher sich vorzugsweise mit den Erscheinungen beschäftigt hat, welche eintreten, wenn man Körper sehr niederen Temperaturen aussetzt, hat in neuester Zeit ein (unter Patentschutz stehendes) Verfahren veröffentlicht, welches möglicherweise berufen sein dürfte, eine Reform in der Destillation von Spiritusmaischen herbeizuführen, andererseits aber auch für die Verwertung von Bierhefe Bedeutung erlangen könnte. Das Pictet'sche Verfahren ist seinen Grundzügen nach das folgende: Das Gefäſs, worin sich die zu destillirenden alkoholhaltigen Flüssigkeiten (vergorene Maischen oder Rohspiritus) befinden, steht in gewöhnlicher Weise mit der Verdichtungsvorrichtung und dem zur Aufnahme des überdestillierten Spiritus bestimmten Gefäſse in Verbindung, und unterscheidet sich die Einrichtung des Apparates nur dadurch von der allgemein üblichen, daſs der Spiritusbehälter luftdicht verschlossen ist und mit einer kräftig wirkenden Luftpumpe in Verbindung steht, sowie daſs zur Verdichtung der in den Kühlapparat gelangenden Dämpfe nicht wie gewöhnlich Wasser, sondern wasserfreie schwefelige Säure, wie selbe in den älteren Pictet'schen Kältemaschinen zur Verwendung kommt, benutzt wird.

Der Siedepunkt einer Flüssigkeit sinkt bekanntlich umsomehr, je geringer der Druck ist, welcher auf dieser Flüssigkeit lastet. Wenn man daher durch ununterbrochenen Betrieb der Luftpumpe in dem Apparate, dessen Einrichtung oben angedeutet wurde, einen sehr niederen Druck erhält, so wird schon die Erwärmung einer Spiritusmaische, resp. eines Rohspiritus, auf 30 bis 35° vollständig hinreichen, um allen Alkohol zur Verdunstung zu bringen, und wird der Dampf des Alkohols durch die starke Abkühlung, welche er in dem durch schwefelige Säure abgekühlten Kondensationsapparate erfährt, zur Flüssigkeit verdichtet werden. Dem bisher üblichen Verfahren gegenüber, die Maischen unter gewöhnlichem Drucke bis zum Sieden zu erwärmen, bietet zwar das Pictet'sche Verfahren keinen Vorteil in Bezug auf Ersparnis an Wärme dar, denn jene Wärmemenge, welche man bei der Erwärmung der zu destillierenden Flüssigkeit erspart, wird für den Betrieb der Luftpumpe und der Kältemaschine verbraucht werden. Der Vorteil liegt aber in anderer Richtung. Bekanntlich enthalten die vergorenen Spiritusmaischen neben dem gewöhnlichen Alkohol noch eine ganze Reihe von flüchtigen Körpern, welche man als Fuselöle bezeichnet und welche mit dem Alkohole überdestillieren. Die Fuselöle haben aber durchwegs Siedepunkte, welche um vieles höher liegen als der Siedepunkt des Alkoholes und werden demzufolge bei der ungemein niedrigen Temperatur, bei welcher man den Alkohol im luftverdünnten Raume verflüchtigen kann, nur in sehr geringen Mengen verdampfen. Man wird daher bei der Destillation von vergorenen Maischen in dem Pictet'schen Apparate einen Rohspiritus von viel gröfserer Reinheit erhalten, als in den Apparaten von gewöhnlicher Einrichtung. Noch stärker wird aber der Unterschied bei der Rektifikation von Rohspiritus hervortreten und dürfte man in dem Pictet'schen Apparate einen Spiritus erzielen, welcher an Reinheit des Geschmackes jenen, der in den gewöhnlichen Apparaten gewonnen wird, bei weitem übertrifft.

Es könnte der Pictet'sche Apparat vielleicht auch zum Zwecke der Verwertung der Bierhefe Anwendung finden. Bekanntlich lassen sich aus der Bierhefe durch Destillation derselben beiläufig 3½ bis 4% Alkohol (vom Gewichte der Hefe) gewinnen; selbstverständlich wird hierbei die Hefe infolge des Erhitzens getötet und ist dann nur mehr als Düngemittel zu gebrauchen. Unter Anwendung eines Pictet'schen Destillierapparates mufs es aber möglich sein, aus der Hefe den in ihr enthaltenen Alkohol zu gewinnen, ohne die Hefe im geringsten zu schädigen, da man Hefe, ohne dafs sie hierdurch an vergärender Kraft oder an Vermehrungsfähigkeit Einbufse leidet, bis auf 40° erwärmen kann; diese Temperatur ist aber bei gleichzeitiger Anwendung eines verminderten Druckes mehr als hinreichend, um den Alkohol zur Verdampfung zu bringen. Die von Alkohol befreite Hefe könnte dann wieder als Stellhefe für Bierwürzen und Branntweinmaischen und als Bäckerhefe verwendet werden. Über die Erfolge dieser interessanten Methoden liegen praktische Erfahrungen noch nicht hinreichend vor, um über ihre Bedeutung für die Praxis endgiltig zu urteilen.

Die Verwendung künstlicher Kälte in der Zuckerfabrikation ist jüngeren Datums und beschränkt sich zumeist auf die Erzeugung von Kühlwasser, welches bei den sog. Steffen'schen Ausscheidungsverfahren, d. i. einer patentierten Methode der Verarbeitung von Melasse auf Krystallzucker (D. R.-P. Nr. 15074, 31486 und 33284) erforderlich ist. Auf die Details dieses Verfahrens, dessen Patent überdies geheim registriert ist, kann hier nicht näher eingegangen werden; es dürfte genügen, mitzuteilen, daſs dieses Verfahren darauf beruht, die Melasse durch Vermischen mit gebranntem Kalk (Kalkmehl) in Zuckerkalk überzuführen und aus dieser Verbindung den Kalk wieder abzuscheiden. Der Prozeſs verläuft bei diesem Verfahren um so glatter, je mehr man eine Temperaturerhöhung beim Mischen vermeiden kann, und deshalb ist die Anwendung von Kühlwasser möglichst niedriger Temperatur besonders vorteilhaft.

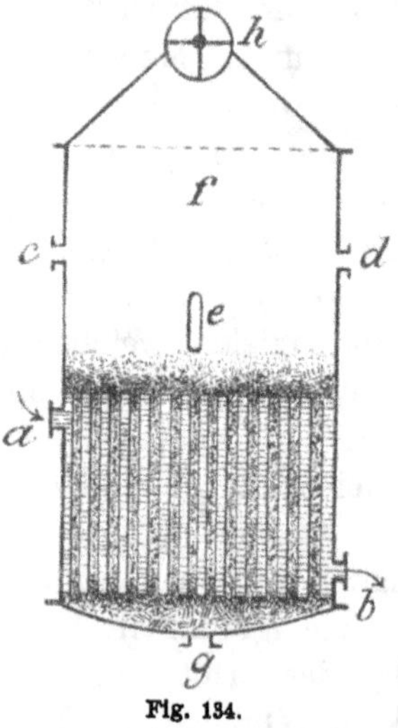

Fig. 134.

Der Apparat, in welchem das Vermischen der Melasse mit dem Kalkmehl erfolgt und der gleichzeitig als Kühler dient, ist dem in der Zuckerfabrikation bekannten Robert'schen stehenden Verdampfapparate sehr ähnlich; er besteht, wie die beistehende Skizze Fig. 134 zeigt, aus einem vertikalen Cylinderkörper, dessen untere Hälfte mit Röhren versehen ist, in denen sich die abzukühlende Mischung befindet, während die Röhrenwände vom Kühlwasser umspült werden. Der Fassungsraum eines solchen Apparates beträgt ca. 40 hl, der Durchmesser der einzelnen Röhren 1 cm bei einer Länge von 1,25 m. Die Kühlfläche beträgt ca. 100 qm. Die Armatur dieses Apparates besteht aus zwei Stutzen *a* und *b* mit Absperrhähnen, welche den Eintritt und Austritt des verwendeten Kühlwassers ermöglichen, der Melassezuleitung *c* und der Wasserzuleitung *d*, einem Schauglase *e* und einem im oberen Teile des Apparates *f* befindlichen, mit Riemenantrieb versehenen Rührwerke. Der Bodenteil des Apparates, an welchem ein Ablaſsstutzen *g* für die mit Kalk versetzte Melasse angebracht ist, kommuniziert mittels des Röhrensystems, das in der Skizze im Längsschnitt ersichtlich ist, mit dem oberen Teile. An der Spitze des Apparates ist ein Mefsgefäfs *h* in Form eines Tourniquets angebracht, durch welches ein bestimmtes Quantum Kalkmehl in den Apparat gelangt.

Die Verwendung des Kühlwassers bei diesem Verfahren beschränkt sich, wie erwähnt, darauf, dafs man das Wasser zwischen den Röhren des Mischapparates zirkulieren läfst, um eine Erhöhung der Temperatur, welche die Ausbeute beeinträchtigt, zu verhindern. Die Erzeugung des Kühlwassers erfolgt in derselben Weise und mit ähnlichen Apparaten, wie dies im früheren Kapitel für die Verwendung des Kühlwassers im Brauereibetriebe ausführlich erörtert wurde; es kann natürlich auch hierbei jedes System von Kühlmaschinen benützt werden.

Ein ähnliches Verfahren ist auch in den Zuckerraffinerien zur Herstellung von weifsem Zucker aus Rohzucker oder Füllmasse in Anwendung, bei welchem gleiche Apparate unter Kühlung mit künstlich gekühltem Wasser benutzt werden; in einzelnen Etablissements ist gleichzeitig Luftkühlung nach den bereits beschriebenen Systemen eingerichtet. Unter andern haben die Zuckerraffinerien Dessau, Hildesheim, Paris (C. Say), Rossitz, Spora, Waghäusel etc. solche Anlagen mit Linde-Eismaschinen in Verwendung.

d) Die Verwendung künstlicher Kälte in den verschiedenen Zweigen der chemischen Industrie.

Eine ganze Reihe von Industriezweigen, welche sich mit der Herstellung gewisser chemischer Produkte beschäftigen, benötigen zu ihrem Betriebe erhebliche Mengen von Kühlwasser oder gröfserer Räume von niedriger Temperatur; für solche empfiehlt sich in gleicher Weise wie bei den früher besprochenen Fabrikationszweigen die Anwendung künstlicher Kälte. In erster Linie gilt dies von den Kunstbutterfabriken, welche ihr Erzeugnis durch Abkühlung zum Erstarren zu bringen haben, ferner von Stearin- und Paraffinfabriken, bei welchen gleichfalls durch Abkühlung ein rascheres Ausscheiden der Produkte bewirkt wird, Anilinfarbenfabriken, in welchen die bei gewissen chemischen Reaktionen eintretende Erwärmung durch Kühlwasser paralysiert werden soll, Leimfabriken, wo das Erstarren des Leims, namentlich während der warmen Jahreszeit, ohne Abkühlung schwierig zu erzielen ist u. s. w. Die Verwendung der künstlichen Kälte in diesen verschiedenen Industriezweigen ist eine ganz ähnliche wie in der Bierbrauerei, und zwar kann die Kälte entweder zur Abkühlung einzelner Lokalitäten, oder direkt zur Kühlung der betreffenden Produkte, oder endlich zur Herstellung von Kühlwasser dienen. Selbstverständlich ist die Art dieser Verwendung ganz von dem Fabrikationsverfahren abhängig, doch können im allgemeinen die gleichen Kühlvorrichtungen, sowohl für Raum- als für Flüssigkeitskühlung zur Anwendung gelangen, wie in der Bierbrauerei. Von einer besonderen Beschreibung der zu diesem Zwecke verwendeten Apparate kann wohl abgesehen werden, da dieselben von den in der Brauerei verwendeten und in dem betreffenden Kapitel ausführlich erörterten Vorrichtungen wenig oder gar nicht abweichen. Als bemerkenswert wäre der Umstand anzuführen, dafs die meisten dieser Industrie-Etablissements, welche künstliche Kühlung zu irgend einem Zwecke eingeführt haben, die Einrichtung derselben als Fabriksgeheimnis wahren und Unberufenen, insbesondere aber Konkurrenten die Besichtigung verweigern; die Vorteile dieser Kühlmethoden sind eben so bedeutende, dafs die betreffenden Fabriken sie möglichst lange allein geniefsen wollen. Wer jedoch einmal die Prinzipien der Anwendung künstlicher Kälte genau studiert hat, für den kann die Verwertung in speziellen Fällen keine Schwierigkeit mehr bieten.

Zur Kühlung von Flüssigkeiten genügt es in den meisten Fällen, die kalte Lösung in einfachem Spiralrohr durch die Flüssigkeit zu leiten, oder die beiden Flüssigkeiten werden in den längst bekannten Kühlern meist im Gegenstrom zur Berührung gebracht und gleichen so ihre Temperaturen aus. Findet während der Abkühlung eine Ausscheidung gelöster Teile statt, so eignen sich vorstehende Methoden weniger, da besonders den kalten Flächen, welche von der Kälteflüssigkeit bespült werden, die Ausscheidungen anhaften und die Wirksamkeit dieser Flächen reduzieren. In diesem Falle mufs getrachtet werden, die gekühlten Flächen entweder durch lebhafte Bewegung der zu kühlenden Flüssigkeit rein zu halten, oder wo dieses nicht genügt, direkt die Flächen ständig mechanisch zu reinigen. Für letzteren Fall eignet sich besonders die Form eines rotierenden Cylinders, der entweder innen oder aufsen von der Kälteflüssigkeit bespült ist, und auf der entgegengesetzten Seite die zu kühlende Flüssigkeit nebst dem Schabwerke enthält. Solche Einrichtungen sind in der Stearinfabrikation mit Erfolg angewendet und auch für Paraffingewinnung versucht worden.

Eine bemerkenswerte Form eines derartigen Apparates ist der von Kind in Mira (Venedig) angegebene und patentierte Kühler zum Zwecke der Stearingewinnung aus Oleïn. Derselbe ist ein Ergebnis des seit langer Zeit bestehenden Bestrebens, durch Einführung von rationellen Kühlvorrichtungen das Oleïn unabhängig von der Lufttemperatur auf eine einfache und rasche Weise auf beliebig niedere Temperatur zu bringen. Das bei normaler Fabrikation von den hydraulischen Pressen abfliefsende Oleïn enthält bekanntlich mindestens 10, im Sommer aber bis 20% Prozent Stearin (feste Fettsäure) gelöst, welches durch Abkühlen auf + 5° beinahe vollständig auskrystallisiert und durch Filtrieren gewonnen werden kann. Dieses Verfahren ermöglicht, sämtliches Stearin auf rasche und billige Weise zur Krystallisation zu bringen und dadurch die Stearinausbeute um mindestens 5% zu erhöhen.

Das Verfahren beruht im Wesentlichen darauf, dafs man das Oleïn durch Einwirkung einer Kühlmaschine und eines dazu gehörigen besonders konstruierten Kühlapparates langsam abkühlt, bis alles Stearin auskrystallisiert. Es ist dann leicht, das körnige Stearin von dem flüssigen Oleïn durch Filterpressen zu trennen.

Die in Mira (Venedig) seit zwei Jahren nach diesem Systeme funktionierende Anlage besteht aus einem glatt ausgedrehten Cylinder, welcher an beiden Enden durch Deckel verschlossen und aufsen mit gegeneinander versetzten Rippen versehen ist, die sich an korrespondierende Rippen eines zweiten, des äufseren Cylinders, derart anschliefsen, dafs abwechselnd oben und unten durchbrochene Scheidewände in dem vom Kühlwasser durchströmten Zwischenraume gebildet werden, die jenes nötigen, auf und nieder um den inneren Cylinder zu zirkulieren. In diesem Cylinder, dessen innere Fläche die Kühlfläche für das Oleïn bildet, rotiert ein dritter Cylinder, welcher das dem Kühlwasser in entgegengesetzter Richtung einströmende Oleïn nötigt, in dünner Schicht an der Kühlfläche sich vorbeizubewegen, während zugleich die auf dem rotirenden Cylinder angeordneten Rippen das festgewordene Oleïn von der Oberfläche kontinuierlich abstreifen, wodurch die Kühlfläche fortwährend in Wirksamkeit erhalten wird.

Das Oleïn fliefst nun aus dem Reservoir in ein zweites tiefer gestelltes, von wo es mittels einer Druckpumpe durch den in Bewegung gesetzten und von Kühlwasser durchströmten Apparat in ein drittes Reservoir gedrückt wird.

Ist das erste Reservoir leer, so tritt durch eine einfache Hahneinstellung das Oleïn aus dem dritten Reservoir in das erste, von wo sich der oben beschriebene Vorgang wiederholt, wobei beim jedesmaligen Durchgang durch den Apparat die Temperatur des Oleïns um einige Grade abnimmt, während sich zugleich eine entsprechende Menge Stearin ausscheidet.

Der Kreislauf wird so lange fortgesetzt, bis das Oleïn die gewünschte Temperatur erreicht hat. Die nun dicke, krystallinische Masse wird in ein anderes Reservoir gebracht und aus demselben durch Filterpressen unter gleichmäfsigem allmählich steigenden Drucke filtriert, bis die Prefskuchen einen Erstarrungsgrad von 38 bis 40° erreichen, um dann mit den von den Wärmepressen abfliefsenden Fettsäuren in gewöhnlicher Weise verarbeitet zu werden.

Soll bei den verschiedenen chemischen Industriezweigen eine ruhige Krystallisation eines Salzes aus einer Lösung erzielt werden, so bringt man die Lösung in zweckmäfsig geformte Blechgefäfse und hängt diese Gefäfse in die Kälteflüssigkeit ein, derselbe Vorgang, den man für Eisfabrikation beobachtet. Für Paraffingewinnung ist zweifellos diese letztere einfache Art ebenfalls zu acceptieren, jedoch mit der wesentlichen Modifikation, dafs man nacheinander Kälteflüssigkeiten von verschiedenen Temperaturen anwendet, um die verschieden bewerteten Paraffine von höherem und niedrigerem Schmelzpunkt direkt zu sortieren.

Für die Petroleumraffinerie wird zweifellos sowohl die Raumkühlung, wie auch die Flüssigkeitskühlung mit Hilfe der Kälteerzeugungsmaschinen bald ähnlich hohe Bedeutung gewinnen, wie sie für die Brauereien und andere Industrien bereits erreicht ist.

Ebenso haben auch in jüngster Zeit einzelne Kaliwerke durch Anwendung künstlicher Kühlung aufserordentlich günstige Betriebsresultate erzielt und zwar bei der Verarbeitung der sog. Bühnensalze, den Lösungsrückständen des Carnallits, auf Glaubersalz. Bei der Verarbeitung des Carnallits auf Chlorkalium bleibt nämlich das Bühnensalz, ein Gemenge von Chlornatrium und schwefelsaurem Magnesium, welches noch bis 8% Chlorkalium enthält, zurück. Dieses Gemenge kann nach dem sog. Ballartschen Prozesse durch Auflösung und wechselseitige Zersetzung seiner Bestandteile in schwefelsaures Natrium (Glaubersalz) und Chlormagnesium umgesetzt werden; diese Umsetzung erfolgt jedoch nur bei niedriger Temperatur und wurde bisher nur unter Einwirkung der Winterkälte vorgenommen.

In den südfranzösischen Kaliwerken und nach deren Beispiel auch im Kaliwerke Aschersleben wird nunmehr dieser Prozeſs kontinuierlich unter Anwendung künstlicher Kälte durchgeführt und zwar in der Weise, daſs das Bühnensalz zu einer Konzentration von 30° Bé. aufgelöst und direkt in den Verdampfern einer Kühlmaschine auf —2° abgekühlt wird Es haben sich hierzu die Vacuumkühlmaschinen am geeignetsten erwiesen und steht auch im Kaliwerke Aschersleben eine groſse Vacuumkühlanlage, bestehend aus einem Verdampfer von 10,5 m Länge und 1,5 m Durchmesser, drei Absorbern von je 8 m Länge und 0,9 m Durchmesser, ferner zwei Vacuumpumpen von 800 mm Durchmesser und 500 mm Hub, in Verwendung. Die auf diese Weise direkt abgekühlte Lauge, in welcher die Umsetzung in Glaubersalz und ein teilweises Auskrystallisieren desselben bereits erfolgt ist, wird mittels einer Pumpe abgesaugt, in Kästen, sog. Nutschen abflieſsen gelassen, in welchen das Glaubersalz auf Filtertuchunterlagen auskrystallisiert. Da das auskrystallisierte Salz noch 60% Wasser enthält, wird es in doppelwandigen Kesseln mittels Dampf geschmolzen, in einem Vacuumapparat bei 35° C. verdampft, dann gemalen, getrocknet und calciniert. Die vorbeschriebene Anlage produziert in 24 Stunden 700 Ctr. rohes Glaubersalz und zwar während des ganzen Jahres, während früher die Produktion von der Jahreszeit abhängig war, da die Umsetzung bei der wechselnden Wintertemperatur erst in 3 bis 6 Tagen, bei Anwendung der Kühlmaschine aber in sehr kurzer Zeit erfolgt.

Unter den verschiedenen Fabriken, welche zuerst die künstliche Kühlung in ihren Betrieben zur Einführung brachten, seien u. a. angeführt: die Kunstbutterfabriken in Elberfeld, Emmerich, Haag, Helmond, Oosterhout, Oss, Verviers etc., die Stearinfabriken in Brüssel und Buenos-Ayres, die Farbenfabriken in Basel, Griesheim, Höchst a. M., Ludwigshafen, Madrid, Neuville etc., die Anglo-Swiss Condensed Milk Comp. in Cham, die Asphaltgruben in Pichelbronn (Elsaſs), das Eisenwerk Thorncliffe in Sheffield, die Telegraphenbauanstalt Siemens & Halske in Berlin u. v. a., deren

Zahl sich von Tag zu Tag vermehrt; nachdem immer neue Industriezweige sich dieser vorteilhaften Art der Kühlung bedienen. Auch in den berühmten Eisenwerken von Krupp in Essen steht seit einigen Jahren eine Kohlensäure-Kältemaschine in Verwendung, welche zur Kühlung bei gewissen Stahlgufs-Operationen benützt sein soll, über welche Verwendung jedoch nichts Näheres bekannt wurde.

Als Kuriosum sei noch angeführt, dafs die Kühlmaschinen eine besondere Art der Anwendung bei Fundierungsarbeiten im Triebsand und in wasserführenden Erdschichten gefunden haben. Nach dem Verfahren des Ingenieur Paetsch werden in solchen Fällen mit der in der Nähe des Arbeitsortes aufgestellten Kühlmaschine eine Anzahl Röhren in Verbindung gebracht, diese in die zu durchteufende Erdschicht eingebohrt und die stark gekühlte Chlorcalciumlösung darin zirkulieren gelassen. Diese Röhren teilen den umgebenden Erdschichten ihre niedrige Temperatur mit, die Erdmassen gefrieren und lassen sich wie Gestein bearbeiten. Dieses Verfahren wurde zuerst in einer Grube bei Aschersleben mit grofsem Erfolge angewendet, ebenso bei den Arbeiten im Hudson-Tunnel benutzt. Die Kosten des Verfahrens wurden auf ca. zehn Mark pro 1 cbm berechnet, sind also nicht zu bedeutend. Es steht also auch hier der Anwendung der künstlichen Kühlung ein neues interessantes Gebiet offen.

e) Die Luftkühlung in Schlachthäusern und Fleischtransportschiffen.

Im allgemeinen verwendet man zur Kühlung und Aufbewahrung des Fleisches Eis, das entweder Natureis oder mit Eismaschinen erzeugtes sein kann. Die Nachteile dieser Eiskühlung sind hauptsächlich, dafs das Fleisch sehr bald sein frisches Ansehen verliert, fade von Geschmack wird, sich mit Schleim überzieht und Neigung zum Verderben zeigt. Der Grund dafür ist darin zu suchen, dafs die feuchte kalte Luft der Eisräume dem Fleische unzuträglich ist und denselben die nötige Ventilation fehlt. Es ist daher nötig, das Fleisch in trockene kalte Räume zu hängen, die gut ventiliert werden, und zwar lehrt die Erfahrung, dafs es sich bei $+ 1^{0}$ bis $+ 2^{0}$ am besten hält.

Zum Export bestimmtes Fleisch wird übrigens häufig noch der Einsalzung unterzogen, in besonders dazu bestimmten Behältern, die mit dem Fleisch, der Salzflüssigkeit und Natureis angefüllt werden. Hierbei haben die Unreinigkeiten und Beimengungen des Natureises denselben Einfluſs, wie oben erwähnt, bei Aufhängung des Fleisches in Eisräumen, daſs sich namentlich das Fleisch mit Schleim überzieht und zum Verderben neigt.

Für öffentliche Schlachthäuser sowohl wie für Exportschlächtereien ist die künstliche Kühlung vor allen Dingen in den warmen Jahreszeiten von Wichtigkeit, damit man imstande sei, das Fleisch im Sommer ebenso gut und ebenso lange aufzubewahren wie im Winter.

Bei Anwendung der Luftkühlung soll vermittelst der in die Kühlräume eingeführten trockenen kalten Luft in denselben der Zustand und die Temperatur des Winters erzeugt werden. Da die erwärmte Luft gleichzeitig mittels der Kälteerzeugungsmaschine abgesaugt wird, so findet ein fortwährender Luftwechsel statt und das zu kühlende Fleisch befindet sich in einer stets reinen, trocknen, kalten Luft. Die Kühlung erfolgt allmählich und ist je nach der Stärke des Fleischstückes in 10 bis 15 Stunden soweit fortgeschritten, daſs das Fleisch eine Temperatur von $+2^0$ bis 3^0 erreicht hat. Das so gekühlte Fleisch ist an Geschmack und Aussehen frisch.

Die Anlage von Kühlkammern ist, wie man sieht, im Schlächtereibetrieb unerläſslich. Im Kleinbetrieb sind solche Kühlanlagen kaum durchzuführen, dagegen ist das Mittel, das ganze Fleischergewerbe diesen Vorteil genieſsen zu lassen, durch Errichtung öffentlicher Schlachthäuser geboten, die mit allen Einrichtungen versehen sein sollten, welche in sanitärer und wirtschaftlicher Hinsicht erwünscht sind. Ist das der Fall, so hat der erstrebte Schlachtzwang in öffentlichen Schlachthäusern nur Vorteile für den Kleinbetrieb im Gefolge.

Gut durchgekühltes Fleisch hält sich längere Zeit in gutem Ansehen und verträgt den Transport zu der konsumierenden Kundschaft auch im Sommer gut. Wenn der Betrieb der öffentlichen Schlachthäuser es gestattet, den einzelnen Schlächtereien gesonderte Kühlkammern zu überlassen, in welchen sie ihr Fleisch bewahren, und aus welchen sie dasselbe entnehmen können, so ist dadurch der Bequemlichkeit in ausreichendem Maſse Vorschub geleistet.

In Fig. 135 ist ein solches Kühlhaus gezeichnet. Der untere Raum des Kühlhauses dient ausschliefslich zur Vorkühlung des frisch geschlachteten Viehes, die Längswände sind mit grofsen Fensteröffnungen versehen, die von der Decke bis zum Fufsboden reichen und durch stellbare Jalousien geschlossen sind. Der Fufsboden ist mit Steinplatten belegt und die Decke aus starken Balkenlagen hergestellt. An den Balken sind starke horizontale Laufschienen aufgehangen, welche bis in das Schlachthaus führen und von dort zum Kühlhaus mäfsiges Gefälle haben. Auf diesen Schienen laufen starke Rollen mit Haken. Das abgehäutete, hakenreine Vieh wird vom Gewinde in den Haken der Rolle aufgehängt und so auf den Schienen in das Kühlhaus geschoben.

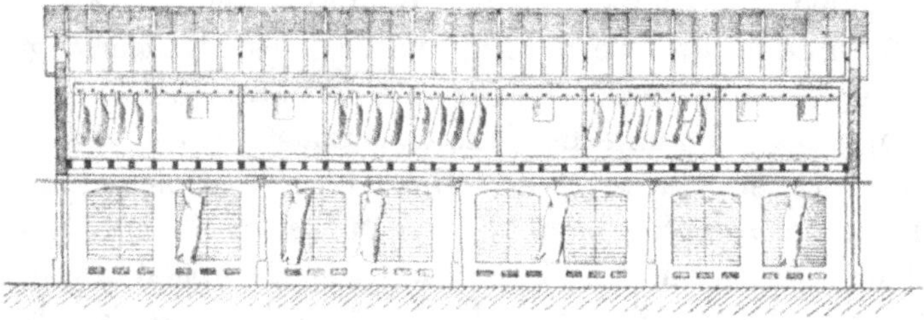

Fig. 135.

Die Höhe der Schienen vom Fufsboden beträgt ca. 4,5 m, die Höhe des Kühlhauses im unteren Raum 5 m, so dafs der Verkehr im Schlachthause durch das Abschieben des Fleisches nach dem Kühlhause nicht gestört wird.

Über jeder Reihe von Schlachtständen laufen zwei Schienen, zwischen welchen eine leichte Laufbrücke hängt, die das Überhängen vom Gewinde auf die Rolle ermöglicht. Da die Schienen nach dem Kühlhaus zu im Gefälle liegen, so ist nur ein geringer Anstofs erforderlich, um die Rolle in Bewegung zu setzen.

Im Kühlhaus verzweigen sich die Schienen in eine gröfsere Anzahl von Parallelschienen.

Das Fleisch hängt hier frei in gehöriger Entfernung von einander und ist dem Luftzug durch die Jalousien ausgesetzt. Im Winter werden letztere mehr oder weniger geschlossen, um den Raum frostfrei zu halten.

Das Fleisch kühlt hier bis einige Grade über der Lufttemperatur und ist im Sommer auf 15 ° bis 17 ° zu bringen, wenn es während der Nacht, also ca. 12 bis 15 Stunden, hängt.

Am anderen Morgen wird das Fleisch mittels einfacher Absatzwinden herabgenommen, die entweder an den Wänden angebracht und verschiebbar sind, oder von der Decke in Form von Differential-Flaschenzügen herabhängen.

Im oberen Stockwerke des Kühlhauses sind die Kühlkammern eingerichtet.

Nachdem das Vieh unten im Kühlraum in Viertel geschlagen und gewogen ist, wird das Fleisch mittels Fahrstuhl mit Seilradwinde in den oberen Raum gebracht.

Vor den Kammern liegt ein ca. 3 m breiter Korridor, der den Zugang zu den einzelnen Kammern ermöglicht. Die Kammern, mit gut isolierten Wänden versehen, erhalten nach der Rückseite doppelt verglaste Fenster.

In den Kammern hängt das Fleisch behufs weiterer Abkühlung an Haken. Den Kammern entlang, oberhalb der Thüren, ist der Luftkanal gelegt, welcher die kalte Luft von dem Luftkühler dem Raume zuführt. Jede Kammer erhält eine vom Hauptkanal abgehende Zuleitung mit regulierbarem Schieber, so daſs die Luftzuführung nach Bedürfnis eingestellt resp. die Kammer ganz abgestellt werden kann. Ein zweiter mit dem Luftkanal parallel laufender Kanal führt die warme, von der Maschine abgesaugte Luft fort.

Auſsen an den Kammern, jedoch in dieselben hineinreichend, sind Thermometer angebracht, durch welche die Temperatur in den Kammern kontrolliert werden kann, ohne daſs letztere betreten werden müssen.

Das Fleisch wird in den Kühlkammern in der Zeit von 10 bis 15 Stunden auf 2° bis 3°, im dicksten Teile des Fleisches gemessen, gekühlt, so daſs es also in 30 Stunden nach der Schlachtung zum Konsum bereit ist. Bleibt das Fleisch zur längeren Aufbewahrung in den Kammern, so wird die Temperatur fortwährend auf 2° bis 3° gehalten und das Fleisch kann 5 bis 6 und mehrere Tage ohne irgend welche Nachteile für Aussehen und Qualität aufbewahrt werden.

Es dürfte sich empfehlen, die Anzahl und Gröſse der Kammern so einzurichten, daſs einzelne Groſsschlächter sich Kammern zum selbständigen Gebrauch mieten können. Zum allgemeinen Gebrauch dienen dann die gröſseren Kammern.

Erfahrungsgemäfs ist zur Unterbringung des Fleisches in den Kammern pro 1 qm Grundfläche 3 bis 3,5 Zentner Fleisch zu rechnen, wobei genügender Raum für das Begehen der Kammer, wenn sie mit Fleisch gefüllt, mit eingerechnet ist.

Der Kühlapparat oder die Kaltluftmaschine ist in möglichster Nähe des Kühlhauses aufzustellen, um unnütz lange Luftleitungen zu vermeiden.

Der Kühlraum für Kleinvieh und Schweine unterscheidet sich im wesentlichen von vorstehender Einrichtung nur dadurch, dafs die Luftschienen ca. 2 m vom Fufsboden gelegt sind, so dafs auch der Raum dementsprechend niedriger ist.

Im Schlachthause zu Bremen, woselbst die Kühlanlage durch eine Kompressions-Eismaschine, System Osenbrück, betrieben wird, verwendet man die abgekühlte Chlorcalciumlösung sowohl zur Klareisbereitung als auch zur Luftkühlung. Zu letzterem Zwecke wird die Chlorcalciumlösung in einem ebenfalls patentierten Luftkühlapparat von Osenbrück folgender Weise benutzt:

Ein cylindrisches Gefäfs von Holz oder Eisen, (das Material ist nach dem Aufstellungsort zu wählen), enthält im Innern um einen Mäkler eine gufseiserne Schnecke von fünf oder sechs Windungen, deren jede aus sechs Teilen zusammengesetzt ist. Die radialen, vertikal nach oben gerichteten Flanschen, mittels deren die einzelnen Sektionen miteinander verbunden sind, haben eine solche Höhe, dafs sie herabfliefsendes Wasser soweit aufstauen, dafs die oberhalb liegende Sektion völlig davon bedeckt ist. Unterhalb der oberen Stauflansche jeder Sektion ist eine Anzahl Löcher zum regenartigen Durchlafs von Wasser auf die darunter liegende Sektion angebracht. Die Wirkung der Vorrichtung ist folgende:

Das Kühlwasser (Chlorcalciumlösung, event. gewöhnliches niedrig gekühltes Wasser) fliefst oben auf die gufseiserne Rampe, so dafs dieselbe völlig davon bedeckt ist. Die Luft ist unten in den Apparat durch einen Ventilator eingeblasen, und kühlt sich an den kalten Gufseisen- und Wasserflächen, sowie beim Durchgang durch den Wasserregen ab. Das erwärmte Wasser wird den Generatoren zu erneuter Abkühlung zugeführt und die kalte Luft in den Kühlraum getrieben u. s. f.

Der grofse Kühlraum, um den es sich hier handelt, hat 2320 cbm Inhalt und soll bis ca. 40000 kg frisches Fleisch aufnehmen, welches innerhalb 24 Stunden auf + 5 °C. resp. + 2 °C. abzukühlen ist. Es sind für diesen Zweck vier Luftkühlapparate, Patent Osenbrück, mit dem Boden oberhalb des Kühlraumes aufgestellt, deren jeder 3 m lichten Durchmesser und 4 m Höhe hat. Dieselben sind aus 10 cm dickem Holz angefertigt. In jedem Bottich sind gufseiserne Schnecken von sechs Windungen und 480 mm Steigung um einen Mäkler von 300 mm Durchmesser aufgeführt. Zwei Ventilatoren, deren jeder pro Minute 2 cbm Luft fördert, werden durch eine zehnpferdige dreicylindrige Dampfmaschine betrieben. Die Druckröhren beider Ventilatoren verzweigen sich zur Speisung je zweier Luftkühlapparate. Die abgekühlte Luft wird oben von den vier Luftkühlapparaten in ein zwischen denselben liegendes horizontales Querrohr abgeführt, von dem fünf teils gerade, teils geschweifte Röhren nach unten abzweigen. Diese münden auf etwa halbe Länge des Kühlraumes in denselben ein und verzweigen sich nach beiden Seiten dicht unterhalb der fünf flachen Gewölbe der Länge nach.

Jedes dieser Längsröhren erhält 22 nach unten gerichtete Röhren, von denen immer fünf Stück mit 22 Querröhren verbunden sind, welche insgesamt etwa 2200 Ausströmungsöffnungen enthalten.

Diese Ausströmungsöffnungen befinden sich über den Aufhängegerüsten für das frische Fleisch, so dafs die kalten Luftströme dasselbe energisch bestreichen. Die Luft erwärmt sich hierbei und steigt infolge dessen seitlich der kalten, abwärts gerichteten Luftströme in die Höhe unter das Gewölbe, wo sie von fünf Einsaugungsröhren, welche parallel den Hauptzuführungsröhren der kalten Luft unter den Gewölben angebracht sind, abgesaugt und durch die Ventilatoren wieder den Luftkühlapparaten zugeführt wird. Die Absaugungsröhren haben gleichen Querschnitt, wie die Zuführungsröhren, und oben an der dem Gewölbe zugekehrten Seite längliche Schlitze, so dafs die Luft möglichst hoch abgesaugt werden mufs.

Die Geschwindigkeit der Luft beträgt überall in den Leitungen nicht über 3 m pro Sekunde.

Es werden stündlich 400 cbm frische, abgekühlte Luft dem Kühlraume zugeführt, so dafs er, vorausgesetzt, dafs die Luft in derselben Reihenfolge abgesaugt wird, wie sie erneut wird, in 24 Stunden angenähert viermal durch neue Luft erfüllt wird.

Eine ähnliche Kühlanlage wurde im Schlachthause zu Wiesbaden durch die Gesellschaft für Linde's Eismaschinen eingerichtet, wo sie sich, wie dies seitens der Metzger Wiesbadens, welche die Anlage gegen Entrichtung einer Miete benutzen, wiederholt öffentlich bestätigt wurde, auf das Vortrefflichste bewährt hat, so dafs bei der in den Kühlräumen herrschenden Temperatur von + 2 bis + 5 °C auch in der heifsesten Jahreszeit das Fleisch 8 bis 10 Tage ohne jegliche Verminderung des Ansehens aufbewahrt werden kann. Für die Miete der Kühlräume wurde der Betrag von 25 Mark jährlich pro 1 qm festgesetzt. Die Erzeugung der Kälte wird in diesem Schlachthause durch eine Linde'sche Maschine No. V bewirkt, deren Leistung zur Hälfte durch das Kühlhaus, zur anderen Hälfte durch Klareisfabrikation entsprechend einer Produktion von täglich 120 Zentner Eis absorbiert wird.

Die Kältemaschine kühlt zunächst Salzlösung in einem schmiedeeisernen Behälter auf mehrere Grade unter Null ab. In diesem Behälter sind die mit Süfswasser gefüllten Zellen zum Zwecke der Eisfabrikation eingesetzt. Einerseits gibt nun hierzu die Salzlösung Kälte ab, während sie anderseits durch eine Zentrifugalpumpe zur beständigen Zirkulation zwischen dem Eisgenerator und den im Fleischkühlhause befindlichen Luftkühlapparaten gebracht wird, wobei sie Kälte an die Kühlhausluft überträgt, und um einige Grade erwärmt in den Eisgenerator zurückkehrt.

Während Kessel und Maschinenhaus nebst Generatorraum unmittelbar bei einander liegen, steht das Kühlhaus ca. 120 m davon entfernt, so dafs auch die gut isoliert unter den Boden verlegte Zu- und Rückleitung der Salzlösung für die Luftkühlapparate diese Länge erhalten mufsten.

Die Kühlhalle bildet einen 28 m langen, 1,05 m breiten und 4 m hohen Raum, der in seiner Längsrichtung von zwei Gängen durchzogen wird, welche den Zugang zu den einzelnen, von Eisengitterwerk umschlossenen Fleischkammern, deren die Halle 45 von 4, 6, 8 und 10 qm Grundfläche fafst, ermöglichen.

An der zwischen *T*-Trägern gewölbten Decke laufen Systeme von zweizölligen Röhren entlang, welche die Luftkühlapparate bilden, indem sie von der kalten Salzlösung durchströmt werden und hierbei nach dem umgekehrten Prinzip der Warmwasserheizung die Luftkühlung in der Weise bewerkstelligen, dafs die in Berührung mit der grofsen Rohroberfläche kommende Luft herabsinkt und stets durch aufsteigende warme Luft ersetzt wird. Erfahrungsgemäfs ist diese natürliche Luftzirkulation eine so energische, dafs Maximaldifferenzen der Temperatur von höchstens 1 ° C. an den verschiedenen Punkten des Kühlhauses konstatiert werden können.

Die grofsen Oberflächen der Röhrensysteme haben fernerhin nicht blofs eine abkühlende, sondern auch eine den Feuchtigkeitsgehalt der Luft im Kühlraum regulierende und diese Luft reinigende Wirkung. Da die Salzlösung, welche durch die Röhren zirkuliert, in der Regel auf — 3 ° bis — 6 ° C. gehalten wird, beschlagen sich die Röhrenoberflächen mit Eis und Schnee, indem aus der beständig zirkulierenden Luft jeder Überschufs an Wasserdampf über diejenige Menge, welche der Sättigung bei der an der Oberfläche der Röhrensysteme herrschenden Temperatur entspricht, abgegeben, und sie dadurch dem Fleisch gegenüber stets aufnahmefähig erhalten wird. Gleichzeitig werden an den nafskalten Flächen Gase absorbiert und die in der Luft schwebenden Staubteilchen und Organismen durch Adhäsion festgehalten.

Zum Zweck der Erneuerung der Kühlhausluft sind einerseits in der Mitte des Kühlhauses zwei durch Drosselklappen regulierbare Luftschachte für den Eintritt frischer Luft über das Dach hinausgeführt, anderseits sind in den Stirnwänden des Kühlhauses unten durch Schieber verstellbare Öffnungen für den Luftaustritt hergestellt.

Es hat sich diese natürliche Ventilation des Kühlraumes zwar als ausreichend erwiesen, es besteht indessen keine Schwierigkeit, für solche Anlagen eine künstliche Ventilation einzurichten und hierbei bestimmten Anforderungen bezüglich Menge, Temperatur, Feuchtigkeitsgehalt und Reinheit der zugeführten Luft durch besondere Einrichtungen Rechnung zu tragen.

Man wird solche künstliche Ventilationen besonders leicht da anbringen können, wo Kühl- und Maschinenhaus nahe bei einander liegen, weil dann die Kraftübertragung auf die Ventilatoren sehr einfach zu bewerkstelligen ist.

In ähnlicher Weise, jedoch unter Anwendung von natürlichem Eise, ist die von Behrend erbaute Exportschlächterei von Schubarth in Altona mit einer Kühlanlage eingerichtet worden, welche durch umstehende Planskizze Fig. 136 erläutert ist.

In dieser Anlage können täglich bis 250 Schweine geschlachtet werden und erfolgt der Betrieb in nachstehender Weise:

Nachdem die Schweine geschlachtet und im Fleischzerteilraum in geeigneter Weise zerlegt, unter Durchstreichen von Luft nahezu auf die Lufttemperatur abgekühlt sind, wird das Fleisch in die Kühlräume gebracht, wo es bis auf 2° gekühlt wird und etwa 15 Stunden hängen bleibt. Dazu dienen die Räume *a a a*. Alsdann wird es auf Rutschen in den unteren Raum *b*, den Einsalzraum, gebracht, wo die Einsalzung unter kühler Temperatur vor sich geht.

Wie die Fig. 136 zeigt, werden die Kühlräume durch Eisräume beherrscht, so dafs sich erstere stetig in ziemlich niedriger

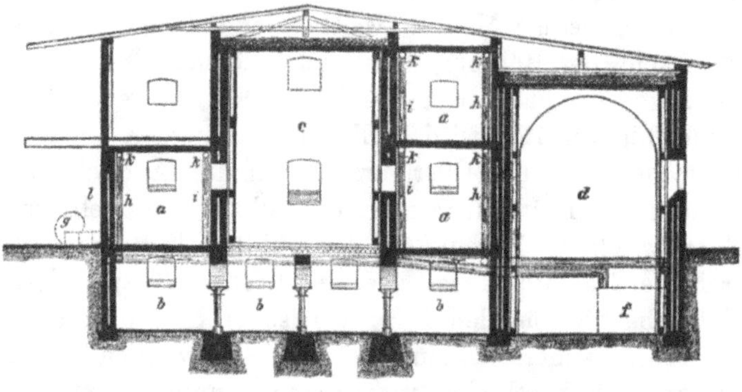

Fig. 136.

Temperatur befinden. Der Eisraum *c* bleibt geschlossen, das Eis wird nicht angegriffen. Der Boden desselben besteht aus gewelltem Eisenblech, so dafs die Abkühlung des Einsalzkellers mittels Oberflächenkühlung erfolgt. Der Eisraum *d* dient vorzugsweise, um das zum Betrieb erforderliche Eis ihm zu entnehmen.

In dem Vorkeller *e* steht der Kühlapparat *f*. Derselbe ist ein Röhrenapparat, durch welchen die Luft streichen kann, um sich abzukühlen. Oberhalb desselben wird über einem Sieb Eis aus dem daneben liegenden Eisraum *d* gepackt und der Kasten mit Kühlwasser gefüllt, das einer stetigen Erneuerung unterliegt. Die durchstreichende Luft wird auf diese Weise gekühlt.

Der Ventilator *g* saugt die Luft aus den verschiedenen zu kühlenden Räumen und bläst sie durch den Kühlapparat *f*, wo sie sich abkühlt, nach den Räumen zurück.

In den Kühlräumen *a* hängen an den Wänden herab eine Anzahl vertikaler Röhren, die siebartig durchlöchert sind. Durch die Reihen *h* wird die Luft abgesaugt, durch die Reihen *i* wird die gekühlte Luft eingeblasen, welche dadurch gezwungen ist, ihren Weg durch das dazwischen aufgehängte abzukühlende Fleisch zu nehmen.

Mittels der Drehklappen *k* ist man im Stande nach Belieben den Zutritt und Abfluſs der Luft zu regulieren; durch das Rohr *l* wird frische Luft aus der Atmosphäre behufs stetiger Erneuerung der Luft den zu kühlenden Räumen zugeführt.

Selbstverständlich kann auch die Anlage mittels künstlicher Kühlung eingerichtet werden; bei Anwendung einer Kälteerzeugungsmaschine wird nur an Stelle des Kühlapparats *f* ein solcher benutzt, wie er früher in verschiedenen Konstruktionen beschrieben worden ist.

Der Inhalt der drei Kühlräume beträgt zusammen 480 cbm, der Inhalt des Einsalzraumes 1008 cbm; der Ventilator ist imstande, in der Stunde 10 000 bis 12 000 cbm Luft abzusaugen, das Verhältnis der Leistung desselben zu dem Inhalt der Kühlräume ist also ein ähnliches, wie bei der Anlage in Bremen.

Vielfach werden auch die Kaltluftmaschinen zur Kühlung von Fleisch-Aufbewahrungsräumen benutzt; auf der letzten Gesundheitsausstellung in London war die auf S. 207 beschriebene und abgebildete Haslam-Kaltluftmaschine, sowie die Lightfoot-sche Kaltluftmaschine, genannt Universal-Dry-Air-Refrigerator zur Kühlung von Fleischkammern in Verwendung, in welcher Thätigkeit sie sich als auſserordentlich leistungsfähig erwiesen, nachdem die verhältnismäſsig kleinen Maschinen ziemlich groſse mit Fleisch gefüllte Kühlkammern kontinuierlich kühl erhielten und dabei das Fleisch vortrefflich konservierten.

Am häufigsten sind diese und ähnliche Kaltluftmaschinen auf jenen Schiffen in Verwendung, welche für den Fleischtransport bestimmt sind und den Zweck haben, frisches Fleisch aus Südamerika und Australien nach Europa zu bringen, um die ungeheuren Viehbestände dieser Länder auszunützen. Eines der ersten Fleischtransportschiffe, der »Frigorifique«, war im Jahre 1878 auf der Pariser Weltausstellung zu sehen und zwar war derselbe damals mit einer Tellier'schen Äthereismaschine eingerichtet. Gegenwärtig sind die meisten Fleischtransportschiffe mit Kaltluftmaschinen versehen, und zwar sind es besonders die auf S. 190 f. beschriebenen, von Bell-Collman verbesserten Kaltluftmaschinen, welche am häufigsten eingeführt sind. Die generelle Anordnung einer solchen Kaltluftmaschine und der abzukühlenden Vorratsräume in den Fleischtransportdampfern, oder auf gröfseren Dampfschiffen zur Konservierung der eigenen Vorräte, zeigt die nebenstehende Skizze, Fig. 137. In dieser stellen AA die Dampfcylinder zum Betrieb der Maschine, B den Kompressionscylinder, C den Wasserturm, in welchem die durch Kompression erhitzte Luft abgekühlt wird, dar; durch das Verbindungsrohr D gelangt die Luft nach den Trockenröhren etc., in welchen sie vollständig entwässert wird, geht dann durch das Rohr F nach dem Expansionscylinder G, in welchem sie expandiert und dadurch stark abgekühlt wird. Diese kalte Luft wird zunächst in die Eiskammer geführt, wo das zum täglichen Gebrauch erforderliche Eis erzeugt wird, und strömt von dort in die Vorratsräume, die durch entsprechende Regulierung auf einen beliebigen Grad von Abkühlung gebracht werden können.

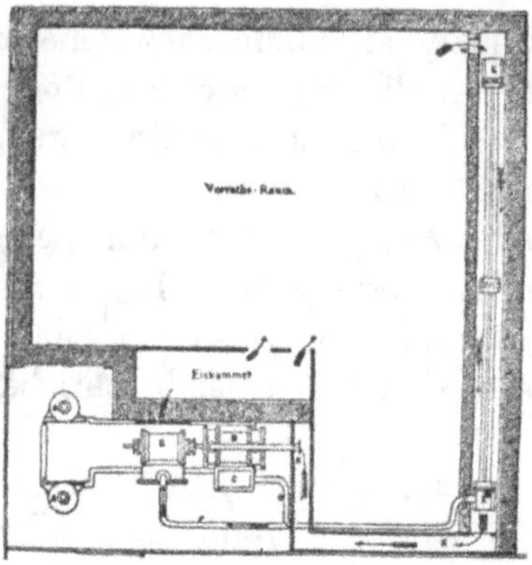

Fig. 137.

X. Rentabilitätsberechnung bei Verwendung von Kälteerzeugungsmaschinen.

Die Vorteile, welche die Anwendung von künstlich erzeugter Kälte an Stelle des Natureises für alle jene Industrien bietet, die bei ihrem Betriebe konstant niedrige Temperaturen benötigen, sind derart in die Augen springend und durch die in dieser Richtung gemachten Erfahrungen zur Evidenz nachgewiesen, dafs die Zweckmäfsigkeit der Einführung künstlicher Kühlung aufser allem Zweifel steht. Schon allein der Umstand, dafs selbst im gemäfsigten Klima, noch mehr aber in wärmeren Gegenden nicht alljährlich mit Sicherheit auf die Beschaffung einer genügenden Quantität des für einen Grofsindustrie-Betrieb erforderlichen Eises auf natürlichem Wege gerechnet werden kann, hat die Einführung künstlicher Kühlung für alle jene grofsen Etablissements zur Existenzbedingung gemacht, die vermöge ihrer Ausdehnung die Regelmäfsigkeit ihres Betriebes nicht mehr von den Zufällen der Witterung abhängig machen dürfen; dies gilt in erster Linie von den grofsen Brauereien, für welche gleichmäfsiger Betrieb während des ganzen Jahres behufs Erzielung eines gleichartigen Produktes die erste Bedingung ist.

Die Frage der Erzeugung künstlicher Kälte ist in technischer Beziehung, dank der Errungenschaften der letzten Jahre, in einer Weise gelöst, dafs in dieser Richtung so gut wie gar keine Schwierigkeiten mehr bestehen. Es gibt bereits mehrere Systeme von Kälte-Erzeugungsmaschinen, welche durch vielfache Ausführung und langjährige Erfahrung auf ihre Tauglichkeit erprobt sind, so dafs diesbezüglich der Einführung von künstlicher Kälte an Stelle des Natureises kein Hindernis mehr im Wege steht. Die einzige Schwierigkeit bietet nur noch der etwas hohe Anschaffungspreis dieser Maschinen, welcher vielleicht manchen Industriellen von der Einführung dieser so vortrefflichen Neuerung abhält. Wenn man jedoch bedenkt, dafs im Laufe weniger Jahre über 1000 Kälteerzeugungsmaschinen der verschiedensten Systeme zur Aufstellung gelangten, so dürfte wohl damit der Beweis ihrer Zweckmäfsigkeit erbracht sein. Die Betriebskosten stellen sich bei rationeller Behandlung derart, dafs der Gestehungspreis des künstlichen Eises oder der auf Eisverbrauch berechneten Kühlwirkung (auf Flüssigkeiten oder Luft bezogen) sich niemals höher, häufig jedoch viel niedriger stellt, als die Kosten der Gewinnung, Einbringung und Aufbewahrung natürlichen Eises, so dafs die immensen Vorteile, welche mit der Anwendung künstlicher Kälte verbunden sind und von welcher als die naheliegendsten der gleichmäfsige, von Witterungsverhältnissen unabhängige Betrieb, speziell in der Brauerei die Erhaltung trockener, reiner, schimmelfreier Keller, der Wegfall der grofsen, kostspieligen Eisgruben etc. angeführt werden können, ohne wesentliche Mehrkosten erreichbar sind.

Nachstehend sollen einige Beispiele der Rentabilitätsberechnung bei Eis- oder Kälteerzeugungs-Maschinen verschiedener Systeme angeführt werden, um die Richtigkeit des Vorstehenden zu belegen. Als Grundlage für diese Berechnungen diene eine Maschine Modell Nr. V, welche bei fast allen Systemen für eine Produktion von 500 kg Eis pro Stunde (12 000 kg pro 24 Stunden) bei direkter Eiserzeugung, oder für eine Netto-Leistung von 70 000 Wärmeeinheiten (Calorien) pro 24 Stunden, welche in ihrer Wirkung dem Verbrauch vom 20 000 kg Eis äquivalent sind, entspricht, und welche z. B. für eine Brauerei mit einer jährlichen Produktion von ca. 30 000 hl vollkommen ausreicht. Die bei diesen Berechnungen eingeführten Ziffern sind natürlich blofs Durchschnittsziffern und variieren, speziell bezüglich der Arbeitslöhne und Kohlenpreise nach den lokalen Verhältnissen; dieselben sind in den folgenden Aufstellungen auf Grund der Prospekte der betreffenden Fabrikanten von Kühlanlagen angenommen, welche Angaben jedoch unter Garantie aufgestellt und bezüglich ihrer Richtigkeit durch vielfache Erfahrungen bestätigt sind.

I. Berechnung für eine Maschine System Linde Nr. V.

a) Eiserzeugung.

(12 000 kg pro 24 Stunden.)

Anlagekosten (Lokal als vorhanden vorausgesetzt):

Eismaschine mit Eisgenerator	Mk.	29 000
Dampfmaschine samt Kessel-Einmauerung	„	12 000
Aufstellungskosten	„	2 500
Summa	Mk.	43 500

Die täglichen Betriebskosten bei einem Betrieb von 270 Tagen berechnen sich nach folgender Aufstellung:

Verzinsung und Amortisation (15 %)	Mk.	24,16
Kohlen (pro 100 kg 2 Mk.) 2 kg pro Pferd u. Stunde	„	17,28
Bedienung und zwar: Maschinisten	„	8,—
Heizer	„	7,—
Taglöhner	„	10,—
Ammoniakverbrauch (3,50 Mk. pro Kilogramm) . . .	„	3,25
Beleuchtung, Schmieröl etc.	„	3,31
Summa der täglichen Betriebskosten	Mk.	73,—

Es stellen sich demnach 50 kg Eis auf

73 : 240 = 0,30 Mk.

Bei gröſseren Anlagen stellen sich die angeführten Betriebskosten verhältnismäſsig niedriger, z. B. bei einer Maschine Nr. VI mit 20 000 kg Produktion in 24 Stunden kosten 50 kg Eis bloſs 0,25 Mk., bei einer solchen Nr. VII mit 40 000 kg täglicher Produktion gar bloſs 0,18 Mk., wobei die Kosten für Verzinsung und Amortisation eines eigenen Gebäudes mit in Rechnung gezogen sind.

b) Flüssigkeitskühlung.

Bei Benutzung der Maschinen für Flüssigkeits- oder Luftkühlung stellen sich die Kosten der Einrichtung infolge der zur Kühlung verwendeten Apparate und Rohrleitungen entsprechend höher, der Preis für die der Leistung äquivalente Eismenge für je 50 kg jedoch noch bedeutend niedriger.

Für die mechanische Kühlung von Bierwürze, Gärbottichen etc., welche einem täglichen Eisverbrauch von 20 000 kg äquivalent ist, wären die Anlagekosten:

Kühlmaschine	Mk.	26000
Dampfmaschine und Kessel . . .	„	12000
Wasserreservoir und Rohrleitung .	„	5800
Aufstellungskosten etc.	„	2200
Summa	Mk.	46000

Die Betriebskosten für 200 Arbeitstage à 24 Stunden stellen sich jährlich:

Verzinsung und Amortisation (15 %)	Mk.	6900
Kohlen (100 kg = 2 Mk.), 2,5 kg pro Pferd u. Stunde	„	4320
Maschinisten und Heizer	„	3600
Ammoniak	„	650
Beleuchtung etc.	„	550
Summa pro Jahr	Mk.	16020
pro Tag	„	80,01

Die Kosten für je 50 kg des Eisersatzes betragen demnach 80,01 : 400 = 0,20 Mk. Bei gröfseren Anlagen stellen sich dieselben auf blofs 0,16, beziehungsweise 0,11 Mk. pro 50 kg Eisersatz.

In ähnlicher Weise berechnen sich die Kosten des Eisersatzes bei der Luftkühlung in Gähr- und Lagerkellern.

II. Kompressionsmaschine System Osenbrück.

a) Berechnung der Produktionskosten des gewöhnlichen Kunsteises für eine Maschine Nr. V mit 12000 kg Produktion in 24 Stunden.

Anlagekosten:

Eismaschine mit Dampfmaschine . . .	Mk.	38000
Aufstellungskosten	„	2500
Dampfkessel mit Einmauerung . . .	„	5000
Summa	Mk.	45500

Tägliche Produktionskosten für 300 Betriebstage:

Verzinsung und Amortisation (15 %)	Mk.	22,75
Bedienung und zwar: Maschinist .	„	8,—
Heizer . . .	„	7,—
Taglöhner . .	„	7,—
Kohlen	„	16,20
Beleuchtung und Schmiere	„	3,50
Summa der täglichen Kosten	Mk.	64,45
Demnach kosten 50 kg Eis 64,45 : 240 =	„	0,26

Bei der Bereitung von Krystalleis stellen sich die Anlagekosten um ca. 8000 Mk., die Betriebskosten täglich um 10 Mk. höher, demnach kommen je 50 kg Krystalleis auf 0,31 Mk., also um 14 % höher als gewöhnliches Eis.

b) Kosten der Flüssigkeitskühlung für die Wirkung einer äquivalenten Eismenge von 20000 kg in 24 Stunden.

Die Anlagekosten betragen	Mk.	43 500
Jährliche Betriebskosten für 300 Arbeitstage:		
Amortisation und Verzinsung (15 %) . . .	„	6 525
Maschinist und Heizer für Tag und Nacht	„	2 100
Kohlenverbrauch	„	4 150
Schmiere und Beleuchtungskosten	„	1 440
Summa der jährlichen Betriebskosten	Mk.	14 215
„ „ täglichen	„	47,38
Demnach die Kosten der für je 50 kg Eis äquivalenten Kühlwirkung 47,38 : 400 =	Mk.	0,12

III. Absorptions-Eismaschine Nr. V System Vaafs & Littmann für 500 kg stündlicher Leistungsfähigkeit.

Die Anlagekosten betragen:

Eismaschine	Mk.	33 000
Dampfmaschine s. Kessel	„	6 200
Pumpen und Transmissionen etc.	„	14 000
Aufstellungskosten	„	900
Anlagekapital: Summa	Mk.	41 500

Die täglichen Betriebskosten bei 270 Arbeitstagen berechnen sich:

Zinsen und Amortisation (15 %) . .	Mk.	23,05
1 Maschinist	„	4,—
5 Arbeitsleute für Tag und Nacht . .	„	12,50
1200 kg Kohlen	„	18,—
Verlust an Salmiakgeist	„	2,—
„ „ Chlorcalcium	„	0,80
Schmieröl und Beleuchtung	„	1,—
Summa	Mk.	61,35
Daher die Kosten für 50 kg Eis 61,35 : 240 =	Mk.	0,25

Bei Benutzung der Maschine zur Wasserkühlung stellt sich das Anlagekapital auf rund Mk. 40000.

Die täglichen Betriebskosten bei jährlich 200 Arbeitstagen sind folgende:

Zinsen und Amortisation . . .	Mk.	30,—
2 Mann Bedienung	„	9,—
Verlust an Ammoniak	„	2,—
1200 kg Steinkohle	„	18,—
Beleuchtung und Schmieröl . .	„	1,—
Summa	Mk.	60,—

Die Leistung dieser Maschine für Wasserkühlung ist einem Eisersatz von 20000 kg äquivalent, daher stellt sich der Ersatz von 50 kg auf 0,15 Mk.

Für die übrigen Systeme von Eis- und Kälteerzeugungsmaschinen, wie z. B. die Vacuum-Anlagen, die Kompressions-Maschinen mit Pictet'scher Flüssigkeit, die Windhausen'schen Kohlensäure-Kompressionsmaschinen dürften die Berechnungen ähnliche Zahlen ergeben, obgleich hierüber hinreichende Erfahrungen aus dem praktischen Betriebe noch nicht bekannt wurden. Die Differenzen der Gestehungskosten des Eises oder der äquivalenten Kühlwirkung dürften, einen ökonomischen und sachgemäfsen Betrieb vorausgesetzt, bei den verschiedenen Systemen von Kühlanlagen sehr gering und höchstens von den lokalen Preisverschiedenheiten verursacht sein. Bei der Berechnung der Kühlwirkung in den verschiedenen einzelnen Betrieben für kombinierte Anlagen ist festzustellen, dafs eine Maschine für eine stündliche Produktion von ca. 500 kg Eis imstande ist, in der gleichen Zeit 140 hl Flüssigkeit von 20° auf 10° C., oder 80 hl von 10° auf 0° C. abzukühlen, oder aber bei Luftkühlung 20000 m³ Luft von + 30° auf 10° C., 60000 m³ von + 10° auf 5° C. oder 50000 m³ von + 5° C. auf 0° zu bringen; auf Grund dieser Zahlen läfst sich eine Umrechnung der Betriebskosten für jede einzelne Kühlwirkung leicht vornehmen.

Durch die vorstehenden Zahlen, welche, wie bereits bemerkt, bei gröfseren Anlagen bezüglich der Gestehungskosten des Eises oder der äquivalenten Kühlwirkung noch eine erhebliche Reduktion erfahren, dürfte wohl der Nachweis erbracht sein, dafs die Anlage einer Kälteerzeugungs-Maschine in allen jenen Etablissements, welche kontinuierlich niedrige Temperaturen für ihren Betrieb benötigen, in erster Linie aber für untergärige Brauereien, abgesehen von den vielfachen damit verbundenen Vorteilen, höchst rationell und ökonomisch ist. Es dürfte nur wenige Orte, gewiſs aber keine gröſsere Stadt geben, wo die Gewinnung, Einbringung und Aufbewahrung des natürlichen Eises nicht ebenso groſse, ja vielleicht gröſsere Kosten verursacht, als der Betrieb einer kontinuierlich wirkenden Kühlmaschine, und wäre die Rentabilität solcher Anlagen nicht erprobt, so hätten sich nicht sämtliche gröſsere Brauereien mit der Einführung derselben beeilt; eine gröſsere Brauerei ohne Kühlmaschine gilt gegenwärtig für nicht mehr konkurrenzfähig, und es dürfte die Zeit nicht mehr ferne sein, wo die Kühlmaschine ebenso zur notwendigen Betriebseinrichtung jeder gröſseren Brauerei oder der sonstigen mit Kälte arbeitenden industriellen Anlagen gehören wird, wie die Dampfmaschine, ohne welche man sich ein gröſseres Industrie-Etablissement gar nicht mehr denken kann.

XI. Beurteilung und Prüfung der verschiedenen Systeme von Kühlmaschinen.

Die rasche und vielseitige Einführung, welche die Kühlmaschinen im Laufe der letzten Jahre in den verschiedensten Industriezweigen gefunden hatten, mufsten begreiflicherweise unter den zahlreichen Systemen dieser Maschinen eine lebhafte Konkurrenz hervorrufen. Jede dieser Maschinen wollte in ihren Prospekten als die leistungsfähigste gelten, jede den gröfsten Kühleffekt bei geringstem Kühlwasser- und Kohlenverbrauch erzielen. Dafs bei diesen Anpreisungen im Eifer des Geschäftes in den Versprechungen häufig zu weit gegangen wurde, ist leicht erklärlich; das Bedauerliche in diesem zu weitgetriebenen Konkurrenzkampfe war, dafs durch solche Anpreisungen die Anschauungen über die wirkliche Leistungsfähigkeit der einzelnen Systeme verwirrt werden mufsten, und war es für den Industriellen, welcher doch in der Beurteilung dieser Maschinen zumeist Laie ist, sehr schwierig, sich bei eingetretenem Bedarf für das eine oder das andere System zu entscheiden. Instinktiv griff man nach einem Systeme, welches durch langjährige Erfahrung und vielfache Einführung bereits erprobt war, und genügende Beweise seiner Leistungsfähigkeit gegeben hatte. Wenn auch in einem solchen Falle die Besteller einer Maschine selten Ursache hatten, ihre Entschliefsung zu bereuen, so war doch, wenn man nur nach diesem Mafsstabe wählen wollte, jeder Fortschritt auf diesem wichtigen Gebiete für alle Zukunft ausgeschlossen oder wenigstens gehemmt. Es lag daher die unabweisliche Notwendigkeit vor, die verschiedenen Systeme von Kühlmaschinen von unparteiischer Seite auf ihre Leistungsfähigkeit und ihren Nutzeffekt vergleichsweise zu untersuchen und die Resultate dieser

Prüfungen zu veröffentlichen. Die zahlreichen Messungen, welche im Laufe der Jahre von einzelnen Beobachtern durchgeführt wurden, konnten zu dieser Beurteilung nur wenig beitragen, da selbe unter den verschiedenartigsten Modalitäten vorgenommen waren und eine Vergleichung der Resultate nicht gestatteten.

Die erste Anregung zu einer vergleichenden Untersuchung zweier verschiedener Systeme von Kühlmaschinen wurde, wenn wir von den vorhergegangenen, bereits gewürdigten theoretischen Beobachtungen von Linde, Zeuner etc. absehen, durch den »Bayerischen Dampfkessel-Revisions-Verein« in München veranlaſst worden, welchem im Jahre 1883 die in der Aktienbrauerei »zum Löwenbräu« in Betrieb gesetzte Vacuum-Eismaschine und die im Linde'schen Eiswerke verwendete Kompressionsmaschine einer vergleichenden Prüfung unterziehen lieſs, welche zu Gunsten der letzteren Maschine entschieden wurde.

Die immer gröſseren Schwierigkeiten, welche sich für den Konsumenten bei Beurteilung der auf die Leistungsfähigkeit von Kühlmaschinen angegebenen Zahlen boten, insbesondere betreffs der Maschinen neuerer Systeme, über welche noch nicht hinreichende Erfahrungen vorlagen, veranlaſsten den »Polytechnischen Verein« zu München, im Hinblick auf die groſse Bedeutung, welche die Kühlmaschinen insbesondere für das bayerische Braugewerbe haben, zu Anfang des Jahres 1884 eine Kommission zu bestellen, bestehend aus den Herren Prof. Dr. Bunte, Prof. M. Schröter, Prof. Dr. Ernst Voit und Ingenieur W. Gyſsling, mit dem Auftrage, die zur Zeit in der Praxis bestehenden Systeme von Kühlmaschinen eingehend zu studieren und über das Ergebnis dieser Untersuchungen Bericht zu erstatten. Es sollte damit eine nach wissenschaftlichen Grundsätzen und völlig unparteiisch durchgeführte Würdigung der relativen Leistungen der verschiedenen Kühlmaschinen geboten, anderseits aber auch für die Entwickelung der in manchen Punkten nach der experimentellen Richtigstellung harrenden Theorie ein neuer Anstoſs gegeben werden.

Der namens dieser Kommission von Prof. M. Schröter erstattete erste Bericht, das Resultat mehrjähriger Beobachtungen und Rechnungen, ist vor kurzem veröffentlicht worden. Wir können auf diesen Bericht, welcher unter dem Titel »Untersuchungen an Kältemaschinen verschiedener Systeme« im Verlage von R. Oldenbourg in München erschienen ist, hier nur verweisen. Der Bericht enthält auf 172 Seiten eine solche Fülle interessanter Beobachtungs- und Versuchsergebnisse, dafs auch nicht die auszugsweise Wiedergabe möglich erscheint. Es wurden von dieser Kommission 9 Kühlmaschinen untersucht, und die Resultate der vorgenommenen 11 Versuchsreihen zusammengestellt. Die Untersuchungen betrafen die Absorptionsmaschinen von O. Kropff in Nordhausen, Vaafs & Littmann in Halle a/S., sowie die Vacuum-Kühlmaschine; die Kompressionsmaschinen von Linde und Pictet sowohl älteren wie neueren Systems, endlich die Kaltluftmaschine von Bell-Colemann. Diese erste Versuchsreihe kann selbstverständlich nicht als erschöpfend gelten, da während der Ausführung der bezüglichen Versuche und nach Verarbeitung des gewonnenen Beobachtungsmateriales sowohl an den bestehenden und bereits untersuchten Kühlmaschinen vielfache Verbesserungen eingeführt worden waren, welche teilweise die Leistungsfähigkeit einzelner Kühlmaschinen erhöhten, anderseits aber eine ganze Reihe neuer Systeme von Kühlmaschinen in die Praxis eingeführt wurden, welche naturgemäfs noch nicht in Vergleich gezogen werden konnten. Überdies erfolgten die von der Kommission selbst angestellten Untersuchungen teilweise unter so verschiedenartigen Bedingungen, dafs auch nach erfolgter Umrechnung auf gleiche Verhältnisse eine Vergleichung der verschiedenen Systeme auf Grund dieser ersten Versuchsreihe nicht gut möglich war. Thatsächlich enthält der Bericht mit Ausnahme einer einzigen am Schlusse angefügten Übersichtstabelle keine vergleichende Beurteilung der untersuchten Systeme von Kühlmaschinen, und verwahrt sich der Bericht ausdrücklich dagegen, dafs die Zahlen dieser Übersichtstabelle schon die endgiltige Rangordnung der einzelnen Systeme darstellen sollen. Aus diesem Grunde hat dieser Bericht für die Bedürfnisse der Praxis noch nicht die von ihm erwartete und erhoffte Bedeutung. Die Konsumenten von Eismaschinen hatten diesem Berichte in der Erwartung entgegengesehen, dafs er direkt ein sicheres und endgiltiges Urteil abgeben werde, welches der untersuchten Maschinensysteme sich in der Praxis am leistungsfähigsten erwiesen habe; dieser Erwartung hat der Bericht allerdings nicht entsprochen und die Praktiker deshalb auch nicht vollständig befriedigt. Trotzdem war es ungerechtfertigt, diesem Berichte jeden Wert abzusprechen, wie es von Seite einzelner Praktiker versucht wurde. Der Bericht enthält eine Fülle von schätzenswertem und wichtigem Material, welches vereint mit den Ergebnissen der noch anzustellenden Untersuchungen zweifellos geeignet sein wird, die so wichtige Frage der endgiltigen Beurteilung der Leistungsfähigkeit der verschiedenen Systeme von Kühlmaschinen erschöpfend zu lösen.

Die bisherigen Untersuchungen dieser Kommission konnten hauptsächlich nur das Ergebnis haben, den Weg zu finden, welcher zur Beurteilung der verschiedenen Systeme von Kühlmaschinen unter möglichst gleichen Verhältnissen einzuschlagen sei. Dafs bei diesen Versuchen einzelne Irrtümer und Fehler unterliefen, ist bei der grofsen Zahl von Beobachtungen und den verschiedenartigen, oft sehr schwierigen Beobachtungsverhältnissen leicht erklärlich; trotzdem hat der Polytechnische Verein und die von ihm eingesetzte Kommission durch die mühevolle und auch kostspielige, wenn auch noch nicht vollständig beendigte Lösung dieser wichtigen Frage die Anerkennung der Wissenschaft und der Praxis in hohem Grade verdient. Es wäre allerdings vielleicht empfehlenswert gewesen, mit der Veröffentlichung der Beobachtungsresultate so lange zurückzuhalten, bis das gesammelte Material die so lange erwartete endgiltige Beurteilung dieser wichtigen Frage ermöglicht hätte.

Es ist, wie schon erwähnt, unmöglich, das reichhaltige in diesem Berichte enthaltene Material der Versuchsergebnisse auch nur auszugsweise mitzuteilen; um jedoch die Art und Weise der Beobachtung, sowie die Methode der Prüfung von Kühlmaschinen auf ihre Leistungsfähigkeit, wie selbe durch die genannte Kommission angewendet wurde, hier zur Mitteilung zu bringen, seien die Ergebnisse der Beobachtung an einer Absorbtions- und einer Kompressionsmaschine vollinhaltlich reproduziert.

a) Absorptionsmaschinen.

Eismaschine von O. Kropff in Nordhausen a. H., aufgestellt in der Eisfabrik von Benzinger in Karlsruhe.

Die Maschine wurde im Jahre 1884 aufgestellt für eine stündliche Produktion von 10 Zentner = 500 kg Klareis, indem das durch die Kondensation des Heizdampfes im Ammoniakkessel gewonnene destillierte Wasser zur Füllung der Eiszellen verwendet wird. Es bot sich hier insofern ein ganz günstiges Versuchsobjekt dar, als die Maschine ausschliefslich der Eisfabrikation dient und ebenso der dafür in Verwendung stehende Kessel seinen Dampf nur an die Eismaschine abgibt.

Der Generator liegt in einem besonderen Raum neben dem Maschinenhaus und enthält 30 Zellenreihen à 14 Zellen, welche durch einen automatischen Füllapparat gleichzeitig ihre Wasserfüllung erhalten; dieselbe wurde durch Wägung einer Anzahl Zellen vor und nach der Füllung zu 9,07 kg ermittelt. Der Generator wird durch einen Laufkrahn bedient und zwar in der Art, dafs die Zellen ihren Ort im Generator nicht wechseln, sondern die jeweilig zu entleerende Reihe ausgehoben, an das andere Ende des Generators zum Auftaubassin transportiert, entleert und schliefslich mit frischer Füllung versehen wieder auf ihre alte Stelle zurückgebracht wird. Beim gewöhnlichen Betrieb werden in 24 Stunden zwei Pausen von je einer Stunde gemacht; während des Versuches wurde jedoch, um den Beharrungszustand möglichst wenig zu stören, ohne Pause gearbeitet.

Es versteht sich von selbst, dafs die Untersuchung einer Kältemaschine, wie diejenige einer beliebigen andern Maschine, im Beharrungszustand erfolgen soll, und es mufste deshalb besondere Aufmerksamkeit darauf verwendet werden, denselben als vorhanden nachzuweisen. Bei einer Kältemaschine besitzt man hierfür ein sehr einfaches und zuverlässiges Kennzeichen in den Temperaturen, die in den einzelnen Teilen der Maschine herrschen. Bei einem vollkommenen Beharrungszustand sind dieselben nur Funktionen des Ortes, nicht aber der Zeit, d. h. messen wir an irgend einer Stelle eine Temperatur, so mufs sie an dieser Stelle einen konstanten Wert zeigen, an anderer Stelle wird eine andere, aber gleichfalls konstante Temperatur beobachtet werden. Es ist dies der Ausdruck der Bedingung, dafs die Summe aller von dem arbeitenden Körper aufgenommenen Wärmemengen gleich der Summe der abgegebenen sein mufs, dafs also in keinem Teil der Maschine eine Anhäufung von Wärme (oder Kälte) stattfindet. Die Temperaturen des arbeitenden Körpers selbst sind gewöhnlich der direkten Messung nicht zugänglich, dagegen unterliegt es keinen Schwierigkeiten, die Temperaturen derjenigen Körper zu messen, welche dem arbeitenden Körper die Wärme liefern und wieder abnehmen, also die Temperaturen der den Verdampfer und Kondensator umgebenden Flüssigkeiten, der Salzlösung und des Kühlwassers. Von besonderer Wichtigkeit ist die Beobachtung der Temperatur der Salzlösung bei Eis- und Kühlmaschinen, insofern sie direkt über die Kälteleistung der Maschine in jedem Moment orientiert. Bleibt dieselbe konstant, so ist dies ein Zeichen dafür, dafs die in der Maschine produzierte Kälte gerade hinreicht, um die bezüglich der Eisbildung an die Maschine gestellten Anforderungen zu erfüllen; steigt die Temperatur der Salzlösung, so wird zu viel, sinkt sie, so wird zu wenig Eis entnommen. Natürlich mufs, wenn auch innerhalb des Versuches die Temperatur der Salzlösung nicht vollkommen konstant war, auf jeden Fall am Ende der Versuchszeit die anfänglich vorhandene Temperatur wieder vorhanden sein, damit man überzeugt sein kann, dafs alles entnommene Eis wirklich nur durch die Arbeit der Maschine während der Versuchsdauer erzeugt wurde und nicht etwa hierzu der in der Salzlösung angehäufte Kältevorrat in Anspruch genommen worden war. Hand in Hand damit geht aber bei Eismaschinen die Bedingung, dafs der im Generator vorhandene Eisvorrat am Ende des Versuchs noch genau ebenso grofs sein soll wie zu Anfang; namentlich hat man bei relativ kurzen Versuchen an grofsen Maschinen dem letzteren Punkt besondere Aufmerksamkeit zu schenken.

Es verhält sich damit genau so wie mit der Bestimmung der auf dem Rost liegenden Kohlenschicht bei Untersuchung von Dampfkesselfeuerungen. Wollte man eine solche Untersuchung nur z. B. eine Stunde lang ausdehnen, so könnte es leicht sein, dafs das pro Stunde verbrannte Kohlenquantum nicht viel mehr oder weniger betrüge, als die zu Anfang des Versuchs auf dem Rost liegende Menge. Wenn nun am Ende nicht genau derselbe Zustand auf dem Rost herrscht wie zu Anfang, so ist einleuchtend, dafs das Resultat leicht um viele Prozente falsch sein kann, wenn der Versuch nur kurze Zeit dauert; eine lange Versuchsdauer dagegen, bei welcher das im ganzen verbrannte Gewicht an Kohlen ein bedeutendes Vielfaches von dem auf dem Rost liegenden ist, reduziert den in Prozent ausgedrückten Fehler natürlich ganz erheblich. Daher die Regel, solche Versuche 12, 24 Stunden lang dauern zu lassen (die ja auch noch durch andere Überlegungen mit begründet ist). Dasselbe gilt offenbar auch von Versuchen an Eismaschinen; damit der mögliche Irrtum in der

Bestimmung des anfänglichen und schliefslichen Eisvorrates im Generator im Verhältnis zur gesamten während des Versuches produzierten Eismenge klein werde, mufs letztere grofs sein, d. h. der Versuch soll möglichst lang dauern, im Minimum bei konstant bleibender Temperatur so lange, als zu einer einmaligen Entleerung des ganzen Generators erforderlich ist. Wo irgend möglich, wurde daher bei den Versuchen mit Eismaschinen an dem Grundsatz festgehalten, so lange zu arbeiten, bis der ganze Generator einmal, womöglich 1½ bis 2 mal entleert worden sei. So lagen die Verhältnisse bei dem in Rede stehenden Versuch, und daher schien die Kontrole des Beharrungszustandes durch das Thermometer als ausreichend.

Das Versuchsprogramm war durch die Natur der zu lösenden Aufgabe ohne weiteres klar vorgezeichnet; der Messung der von der Maschine effektiv produzierten Kälte einerseits (ausgedrückt durch das gewonnene Eisquantum) stand auf der andern Seite die Messung der hierzu verbrauchten Wärme gegenüber, welche der Maschine durch den im Dampfkessel erzeugten Dampf zugeführt wird und teils direkt (im Ammoniakkessel) Verwendung findet, teils indirekt (durch die Betriebsmaschine) in Gestalt von mechanischer Arbeit der Eismaschine zugeht. Ein weiterer, unter Umständen stark ins Gewicht fallender Faktor ist noch der Kühlwasserverbrauch, dessen Messung als ebenfalls wesentlich mit in das Programm aufgenommen wurde. Hand in Hand damit hatte selbstverständlich die Messung der Temperaturerhöhung des Kühlwassers zu gehen, deren Ergebnisse zur Untersuchung des ganzen in der Maschine vor sich gehenden Prozesses von Wichtigkeit waren.

Der Bericht gliedert sich demgemäfs nach den drei Gesichtspunkten:

1. Eisproduktion,
2. Speisewasser- und Kohlenverbrauch,
3. Kühlwassermenge und Temperaturerhöhung desselben.

Zur Ausführung des Versuches waren von Seiten der Kommission der Berichterstatter und Herr Ingenieur Negele, Assistent für theoretische Maschinenlehre an der kgl. technischen Hochschule in München, delegiert worden; der Versuch fand, in der entgegenkommendsten Weise von dem Besitzer unterstützt, am 16. April 1885 statt. Noch mag bemerkt werden, dafs die Maschine kurz vorher zum Beginn der Sommerkampagne ganz zerlegt gewesen war, in frisch gereinigtem Zustand sich befand und bei Beginn des Versuches schon 20 Stunden lang im Beharrungszustand gearbeitet hatte, nachdem sie tags zuvor mit ganz frischem Salmiakgeist beschickt worden war. Da erfahrungsgemäſs die Leistung einer Absorptionsmaschine mit der Zeit schwächer und schwächer wird, so ist die bei dem Versuch unmittelbar nach frischer Füllung gefundene Leistung jedenfalls als unter den für die Maschine günstigsten Umständen konstatiert zu betrachten. Beim Beginn und Schluſs aus dem Absorber entnommene Proben zeigten

	schwache Lösung	starke Lösung
8 Uhr früh	19° Beaumé	26,5° B.
10 Uhr 50 Min. abends	18½° Beaumé	26,5° B.

1. Eisproduktion.

Zur Kontrolle des Beharrungszustandes waren an drei Stellen im Generator Thermometer eingehängt, welche alle Stunden abgelesen wurden; die nach dem Geisler'schen Normalthermometer des Laboratoriums für Maschinenlehre an der technischen Hochschule zu München durch direkte Vergleichung bei derselben Temperatur korrigierten Werte enthält die Tabelle I (s. f. S.).

Der Versuch begann um 8 Uhr morgens, und es wurde in regelmäſsigen Zeiträumen von 18 bis 20 Minuten Eis gezogen bis 9 Uhr 50 Minuten abends, worauf noch eine Stunde lang ohne Eisentnahme weiter gearbeitet werden muſste, um die Anfangstemperatur wieder zu erreichen. In diesen 14,83 Stunden wurde 46 mal Eis gezogen, der Generator also 1½ mal entleert, und es blieb eine Zelle $14{,}83 \cdot \frac{30}{46} = 9{,}7$ Stunden im Generator, bis die Reihe wieder an sie kam.

Es wurde, weil dies zu umständlich für die vorhandenen Hilfskräfte gewesen wäre, nicht alles produzierte Eis gewogen, sondern immer nur jede dritte Reihe; die erhaltenen Gewichte sind:

kg	kg	kg
127	130,8	125
126	121	126
126,5	124	126,5
126	124,3	124
120	124,5	123,5

im Mittel pro Reihe 125 kg.

Tabelle I.

Temperaturen der Salzlösung; ° C. unter Null.

Zeit	Therm. 1	Therm. 2	Therm. 3	Bemerkungen
8h	11,1	10,8	11,5	Das Gesamtmittel aller Ablesungen ist — 10,4°; die Eisentnahme geschah gegen die Mitte der Versuchszeit etwas zu rasch; das Tempo wurde infolgedessen ermäfsigt und zuletzt die Eisentnahme solange sistiert, bis die anfängliche Temperatur möglichst annähernd wieder erreicht war.
9h	12,0	12,1	12,2	
10h	11,7	11,6	11,8	
11h	10,3	10,4	10,6	
12h	9,9	10,1	10,3	
12h 30	9,8	9,9	10,1	
1h	10,0	10,1	10,4	
2h	9,9	9,9	10,1	
2h 35	9,9	9,9	10,1	
3h 10	9,9	10,0	10,2	
3h 45	9,9	10,0	10,3	
4h 15	9,7	9,9	10,1	
4h 45	10,2	10,3	10,5	
5h 30	10,5	10,7	10,9	
6h 10	10,4	10,4	10,5	
7h 10	—	9,6	9,9	
8h 10	—	9,6	9,9	
9h 10	—	9,7	9,9	
9h 40	—	9,8	10,0	
10h 05	10,5	10,3	10,4	
10h 30	10,5	—	10,8	
10h 50	11,1	—	11,6	

Die nicht unbeträchtlichen Verschiedenheiten rühren von Unachtsamkeit der den Füllapparat bedienenden Leute her, sind übrigens ganz gleichmäfsig um den Mittelwert herum verteilt.

Die sämtlichen gewogenen Reihen ergeben 1875,1 kg; setzt man die übrigen 31 mit dem Mittelwert von 125 kg ein, so würden sich ergeben im ganzen 5750,1 kg, davon gehen aber, weil eine Zelle in der einen Reihe fehlte und eine zweite Reihe ebenfalls ein Manko in der Füllung hatte, 22,8 kg ab, so dafs die gesamte Produktion in effektivem Eis sich auf 5727,3 kg oder pro Stunde 386,1 kg stellt. Die Leistung bleibt also hinter dem garantierten Quantum von 500 kg um 114 kg oder ca. 23 % zurück.

Zur Ermittelung des Schmelzverlustes kann aus obigen Zahlen das Eisgewicht pro Zelle ermittelt werden, wenn man den Umstand berücksichtigt, dafs in jeder Reihe eine Zelle um 1/3 gröfser war, als die übrigen; man findet pro Zelle 8,72 kg, somit einen mittleren Schmelzverlust von 9,07 — 8,72 = 0,35 kg oder 3,86 %; dieser gegenüber den bei andern Maschinen konstatierten Verlusten auffallend geringe Wert rührt wohl daher, daſs das Füllen der Zellen nicht sehr achtsam besorgt wurde, so daſs das mittlere Wassergewicht pro Zelle sich wohl gröſser herausgestellt hätte, wenn dasselbe aus einer gröſseren Zahl von Zellen bestimmt worden wäre.

Die im Generator wirklich auf die Abkühlung des Wassers verwendete Wärmemenge berechnet sich nun pro 1 kg Wasser aus der Anfangstemperatur desselben, 7 °C., und der mittleren Temperatur des Eises, — 10,4 °, zu $79 + 7 + 0{,}5 \cdot 10{,}4 = 91{,}2$ (indem die spezifische Wärme des Eises = 0,5 gesetzt ist), und da pro Stunde thatsächlich $\frac{386{,}1}{0{,}9614} = 401{,}6$ kg Wasser in Eis verwandelt wurden, so ergibt dies pro Stunde 36626 Kalorien, welche im Generator dem Wasser entzogen worden sind. Damit ist aber die Kälteleistung der Maschine, soweit sie überhaupt gemessen werden konnte, noch nicht erschöpft. Es ist nämlich die Anordnung getroffen, daſs das zur Füllung der Zellen bestimmte destillierte Wasser, nachdem es eine Anzahl von Kühlapparaten passiert hat, zuletzt noch von den aus dem Generator nach dem Absorber entweichenden Ammoniakdämpfen abgekühlt wird; das zur Füllung der Zellen dienende Quantum wird jeweilig dem Reservoir, durch welches die Rückleitung der Ammoniakdämpfe hindurch geht, entnommen und ergänzt sich bis zur nächsten Zellenfüllung im normalen Gang der Maschine durch den fortwährenden Zufluſs aus dem Ammoniakkessel wieder. Man kann also die gemessene Eismenge gleich dem im Ammoniakkessel kondensierten Wasser setzen, wobei noch zu berücksichtigen ist, daſs bei jeder Füllung einer Zellenreihe durch unvorsichtiges Manipulieren ungefähr ²/₃ eines Zelleninhaltes verspritzt wurde. Da im ganzen 46 mal in 14,83 Stunden gefüllt wurde, so ergibt sich im ganzen ein Verlust von $6 \cdot 46 = 276$ kg oder pro Stunde 20 kg. Da also im Ganzen $401{,}6 + 20 = 421{,}6$ kg Wasser von der Temperatur von 14 °C. (Eintrittstemperatur in das Reservoir) auf 7 ° abgekühlt wurden, so hat die Maschine noch $421{,}6 \cdot 7 = 2951$, total also 39577 nachweisbare Kälte im Generator produziert.

2. Speisewasser- und Kohlenverbrauch.

Wenn bei diesen und andern Versuchen der Kohlenverbrauch gleichfalls gemessen wurde, so mag gleich hier die allgemeine Bemerkung Platz finden, daſs die Kommission diese Messung jeweilig nur ausführte, um dem Besitzer ein Bild von der Leistung seiner Kesselanlage zu geben, nicht aber, weil die verschiedenen Eismaschinen nach ihrem Kohlenverbrauch pro Kilogramm Eis oder umgekehrt nach der Eisproduktion pro 1 kg Kohle untereinander vergleichbar wären; es liegt ja auf der Hand, daſs dieses, noch vielfach gebrauchte Maſs gar kein solches ist, und daſs es schon in vielen Fällen schwer hält, den Dampfverbrauch als Vergleichseinheit zu benutzen.

Im vorliegenden Falle handelt es sich um einen Bouilleur-Kessel von 48 qm Heizfläche und 2,03 qm Rostfläche, der mit sog. Maschinenkohle (von der Ruhr) geheizt und durch eine Dampfpumpe gespeist wird, deren Dampfverbrauch in dem gemessenen Speisewasserverbrauch mitenthalten ist. Der im Kessel produzierte Dampf wird verwendet 1. zur Heizung des Ammoniakkessels, 2. zum Betrieb der ausschlieſslich für das Eiswerk dienenden kleinen Dampfmaschine, 3. zur Speisung des Kessels mit Hilfe der Speisepumpe und endlich 4. zur eventuellen Nachhilfe, wenn das aus dem Ammoniakkessel kommende Wasser zur Eisbildung nicht ausreicht. Während der Versuche war dies nicht der Fall, so daſs der Dampf nur zu den drei erstgenannten Zwecken verwendet wurde.

Zur Messung des Speisewassers diente das gewöhnliche Verfahren, wonach zwei Reservoire übereinander aufgestellt werden; aus dem unteren saugt die Speisepumpe, während das obere durch das von selbst zuflieſsende Speisewasser immer bis zu einer Marke gefüllt und dann in das untere Gefäſs abgelassen wurde. Selbstverständlich war das untere Gefäſs zu Anfang und Ende des Versuchs in ganz gleicher Weise gefüllt, ebenso der Wasserstand im Kessel und der Dampfdruck zu Anfang und Ende der nämliche. Eine mehrmalige Wägung ergab als Inhalt des oberen Gefäſses 195,72 kg; im ganzen wurden in 14 Stunden 56½ Fässer abgelassen, was einem totalen Speisewasserverbrauch von 11 058 l oder pro Stunde 790 l entspricht. Von diesem Quantum entfallen 421,6 kg oder 53,5 % auf die Kondensation im Ammoniakkessel, der Rest auf die Dampfmaschine und Dampfspeisepumpe. Der sehr konstant gehaltene Dampfdruck im Kessel betrug im Mittel aus halbstündigen Ablesungen 5,57 kg pro Quadratcentimeter absolut. Das Manometer wurde im Laboratorium für Maschinenlehre in München geprüft und die Ablesungen entsprechend korrigiert.

Der Kohlenverbrauch wurde so ermittelt, daſs eine gröſsere Partie Kohlen bei Beginn des Versuches vorgewogen und am Schluſs der Rest abermals gewogen wurde, bei möglichst gleichem Zustand der Rostbedeckung. So fanden sich pro Stunde 121,0 kg Kohlen, also pro Stunde und 1 qm Rostfläche 60 kg, während pro Stunde und Quadratmeter Heizfläche 16,6 kg Dampf geliefert wurden bei $\frac{790}{121} = 6{,}53$ facher Verdampfung.

Die folgende Tab. II enthält die Zusammenstellung der Hauptresultate.

Tabelle II.

Eismenge effekt. pro Stunde	Im Generator produziert pro Stunde	Speisewasser pro Stunde	Eismenge pro 1 kg Speisewasser	
			im Generator	effektiv
kg	kg	kg	kg	kg
386,1	401,6	790	0,50	0,49

3. Kühlwasserverbrauch.

Das gesamte Kühlwasser wird durch eine doppeltwirkende Pumpe von 0,160 m Durchmesser und 0,280 m Hub aus einem Brunnen in ein ca. 9 m über dem Fuſsboden befindliches Reservoir gehoben und gelangt von da durch ein vertikales Fallrohr von 0,065 m lichter Weite zunächst in den Absorber, von da in den Kondensator, ein cylindrisches Gefäſs von 2 m Diameter und 4 m Höhe; das Kühlwasser tritt an der tiefsten Stelle ein, steigt unter allmählicher Erwärmung empor und tritt oben aus. Eine künstliche Zirkulation durch ein Rührwerk ist nicht vorhanden; sämtliche Röhren, in welchen die Kondensation des Ammoniakdampfes sich vollzieht, waren zum Beginn der Kampagne im April 1885 frisch gereinigt worden. Der Austritt des Kühlwassers aus dem Kondensator erfolgt an zwei Stellen; ein Teil geht direkt ins Freie, ein anderer dagegen zirkuliert um das

Temperatur-Austauschgefäſs und erwärmt sich dort sehr beträchtlich, so daſs mit Vorteil ein Quantum davon zur Kesselspeisung Verwendung finden kann. Endlich ist noch eine dritte Kühlwasserpartie vorhanden, welche durch ein separates Rohr direkt aus dem Reservoir entnommen wird und zur Kühlung des zur Eisbildung verwendeten Kondensierwassers dient. Es waren also dreierlei Wassermessungen auszuführen, welche nach einer und derselben Methode stattfanden, indem drei Zinkgefäſse mit rechteckigen Ausfluſsöffnungen in der einen Seitenwand aufgestellt wurden; jede der drei Wassermengen wurde in eines der Gefäſse geleitet und die Druckhöhe über der Mündung beobachtet. Nach dem Versuch wurden die drei Gefäſse im Laboratorium für Maschinenlehre in München unter den gleichen Druckhöhen direkt geaicht unter Benutzung von zwei miteinander in Verbindung stehenden Reservoirs von je 1,5 cbm Inhalt. Der Ausfluſskoeffizient fand sich hierbei für die an Gröſse verschiedenen Ausfluſsöffnungen schwankend zwischen 0,63 und 0,65, also in sehr guter Übereinstimmung mit den Poncelet'schen Angaben. Da der Maschinist während des Versuches hier und da Veranlassung hatte, die Wassermengen zu ändern, so sind weder diese noch die Temperaturen vollkommen konstant gewesen; doch waren die Unterschiede nicht so bedeutend, daſs es sich verlohnt hätte, die Ermittelung der Wassermengen und Temperaturen in der Art etwa in Perioden zu teilen, daſs die zwischen zwei Regulierungen des Wasserzuflusses beobachteten Temperaturdifferenzen mit der betreffenden Wassermenge in Beziehung gesetzt worden wären; es war dies ja schon aus dem Grunde nicht angezeigt, weil die Eisproduktion auch nicht in Perioden eingeteilt, sondern nur der mittlere Durchschnittswert aus der ganzen Versuchsdauer berechnet worden ist. Man muſste daher bei Rechnungen über die Wärmeabgabe an das Kühlwasser ganz konsequent auch so verfahren, d. h. nur den mittleren Wert sowohl der Wassermenge als auch der Temperaturdifferenz in Rechnung setzen. Die Druckhöhen wurden alle 10 Minuten, die Temperaturen (nach Celsius) alle 20 Minuten abgelesen; sämtliche Thermometer wurden mit dem Geisler'schen Normalthermometer verglichen und die Ablesungen zur Berechnung des Mittelwertes danach korrigiert. Die Resultate sind in der folgenden Tabelle zusammengestellt.

Tabelle III.
Kühlwasser.

	Anfangs-temperatur	End-temperatur	Temperatur-erhöhung	Wasser-menge pro Stunde	Wärme-menge pro Stunde
	° C.	° C.	° C.	Liter	Calorien
Im Absorber	11,1	17,0	5,9	12257	72316
Im Kondensator	17,0	24,8	7,8	12257	95605
Im Temperatur-austauschgefäfs	24,8	50,5	25,7	3548	91178
Kühlung d. Kondensierwassers z. Eisbereitung				4694	

Im ganzen braucht also die Maschine die beträchtliche Kühlwassermenge von 16951 l pro Stunde.

Aufser den bisher mitgeteilten, zur Beurteilung der Maschine vom praktischen Gesichtspunkte aus erforderlichen Zahlen sind nun noch einige weitere teils direkt, teils indirekt beobachtet worden, welche für die theoretische Untersuchung von Bedeutung sind. Dahin gehören vor allem die Spannungen im Verdampfer und Kondensator, resp. im Absorber und Kondensator, welche an den betreffenden Manometern abgelesen wurden, die nachher im Laboratorium der technischen Hochschule mit einem offenen Quecksilbermanometer verglichen und korrigiert wurden. Aus den von Zeuner neu berechneten Ammoniaktabellen Regnault's ergeben sich die zu den betreffenden Spannungen gehörigen Temperaturen, die in der Tabelle vereinigt sind.

Tabelle IV.

	Absorber	Kondensator	Kühlwasser-temperatur	Temperatur d. Salzlösung
Absoluter Druck . .	kg pro qcm 1,50	kg pro qcm 11,10		
Temperatur des gesättigten Ammoniaks .	— 25,2 ° C.	+ 27,33 ° C.	+ 17,0 ° C. Anfang + 24,8 ° C. Ende	— 10,4 ° C.

Allerdings wird im Verdampfer eine etwas höhere Spannung herrschen, da ja die Dämpfe von da zum Absorptionsgefäfs hinströmen und unterwegs Widerstände zu überwinden sind; trotzdem ist der Unterschied in der Temperaturdifferenz zwischen Ammoniak und Salzlösung einerseits, Ammoniak und Kühlwasser anderseits ein ziemlich beträchtlicher; im Kondensator herrscht eine solche von im Mittel 6,4 ^{0}; im Verdampfer von 14,8 resp. etwas weniger. Es scheint also, dafs die Heizfläche im Verdampfer nicht so reichlich bemessen ist oder weniger günstig wirkt als im Kondensator; wahrscheinlich ist auch der Wärmedurchgangskoeffizient von der Temperatur nicht unabhängig.

Man kann endlich den Versuch machen, sich von dem in der Maschine stattfindenden Wärmeaustausch Rechenschaft zu geben, indem man die algebraische Summe der von dem arbeitenden Körper aufgenommenen und abgegebenen Wärmemengen bildet, welche Summe im Beharrungszustand naturgemäfs gleich Null sein mufs. Man hat in der Absorptionsmaschine zwei Kreisprozesse; den einen macht das Ammoniak durch, indem es unter Zuhilfenahme der Vorgänge im Absorber und Ammoniakkessel aus dem Verdampfer in den Kondensator geschafft wird und vom Kondensator wieder in den Verdampfer zurückgelangt. Den zweiten Kreisprozefs macht als Hilfskörper der Salmiakgeist durch, indem es aus dem Absorber in den Kessel und von da wieder in den Absorber zurückgelangt. Beide Kreisprozesse setzen sich aus Perioden der Wärmeaufnahme und Wärmeabgabe zusammen und zwar nach folgender Übersicht:

Das Ammoniak

nimmt Wärme auf — gibt Wärme ab

pro Stunde:

nimmt Wärme auf:

1. bei niederer Temperatur im Verdampfer teils aus dem abzukühlenden Wasser, teils von andern Körpern, deren Abkühlung nicht Zweck der Anlage ist (Eisenteile, Luft). Die beiden Wärmemengen seien Q_2 und Q_2', letzterer Betrag gerechnet incl. der Verluste bis zum Eintritt in den Absorber. Aufserdem nimmt das verdampfende Ammoniak die

gibt Wärme ab:

1. im Absorber an die Salmiaklösung die Absorptionswärme Q_1,
2. im Kondensator an das Kühlwasser die Wärmemenge Q_c und
3. beim Übergang aus dem Kessel in den Kondensator durch Strahlung an die Luft den Betrag Q_c',
4. beim Übergang aus dem Kondensator in den Verdampfer

Wärme Q_d auf, welche der Abkühlung des aus dem Kondensator kommenden Ammoniak von der Temperatur des Kondensators auf die Verdampfertemperatur entspricht.

2. bei hoher Temperatur im Ammoniakkessel einen Teil der ganzen, von der Kondensation des Dampfes herrührenden Wärme Q_a, wir bezeichnen diesen Teil mit Q'_a.

die Wärmemenge Q_d, von der man sich vorzustellen hat, daſs sie unmittelbar, ohne erst an die Salzlösung überzugehen, von dem verdampfenden Ammoniak aufgenommen wird.

Es müſste also für diesen ersten Kreisprozeſs:

$$Q_2 + Q'_2 + Q'_a + Q_d = Q'_1 + Q_c + Q'_c + Q_d$$

sein.

Anderseits hat man analog für die Salmiaklösung:

Die Salmiaklösung:

nimmt Wärme auf — gibt Wärme ab

pro Stunde:

1. im Absorber von seiten des absorbierten Ammoniaks Q'_1,
2. im Temperaturaustauscher von der heiſsen Lösung Q_x,
3. im Kessel von dem kondensierenden Dampf den Teil $Q_a - Q'_a$,
4. in der Pumpe in Form von mechanischer Arbeit die Wärme AL.

1. im Absorber an das Kühlwasser Q'_1,
2. im Temperaturaustauscher an die kalte Lösung Q_x,
3. im Temperaturaustauscher an das Kühlwasser Q_t,
4. in den Rohrleitungen, solange ihre Temperatur höher ist als die der umgebenden Luft, an letztere die Wärme Q'_t.

Es müſste also auch:

$$Q'_1 + Q_x + Q'_a - Q'_a + AL = Q'_1 + Q_x + Q_t + Q'_t$$

sein und wenn beide Gleichungen addiert werden, so findet sich:

$$Q_2 + Q'_2 + Q_a + AL = Q_1 + Q_c + Q'_c + Q_t + Q'_t$$

oder

$$Q_2 + Q_a + AL = Q'_1 + Q_c + Q_t + (Q'_c + Q'_t - Q_2).$$

Aus der Schlufsgleichung sind natürlich die Wärmemengen Q_d und Q_x verschwunden, welche lediglich innerhalb der Maschine zirkulieren; sie enthält nur die von aufsen aufgenommenen oder nach aufsen abgegebenen Wärmemengen. Die Gröfsen $Q'_c + Q'_i - Q'_2$ entziehen sich der Messung; zur Not könnte man noch Q'_2 durch einen direkten Versuch bestimmen, indem man den Verdampfer bei stillstehender Maschine sich selbst überlassen und aus der Temperaturzunahme desselben nach einer bestimmten Zeit auf den Strahlungsverlust pro Stunde schliefsen würde. — Das Experiment wurde im vorliegenden Fall nicht gemacht, es ist also die gesamte thatsächlich produzierte Kälte nicht bestimmbar, und auf der andern Seite ist es auch nicht möglich, die Wärmemenge Q_a, die im Ammoniakkessel durch Kondensation des Dampfes gewonnen wurde, sicher anzugeben, weil nicht genau bekannt ist, bei welchem Dampfdruck die Kondensation stattgefunden hat und namentlich nicht, wie weit sich das gebildete Kondensationswasser noch in Berührung mit der Heizfläche abgekühlt hat.

Es wurde zwar in dem Kondensationstopf, welcher dem Wasser den Austritt gestattet, eine Temperatur von 60° beobachtet, allein dies erlaubt noch keinen sicheren Schlufs auf die Temperatur im Innern des Kessels.

Trotzdem mag, unter ausdrücklicher Betonung, dafs die Zahlen auf wissenschaftliche Genauigkeit und Verwendbarkeit keinen Anspruch machen können, der Versuch gemacht werden, die einzelnen Gröfsen zu bestimmen, weil ihre Zusammenstellung einen immerhin interessanten und lehrreichen Einblick in den Organismus der Absorptionsmaschine gewährt. Wie schon erwähnt, stimmt die im Verdampfer zum Füllen der Zellen verwendete Wassermenge gerade mit der im Ammoniakkessel kondensierten Dampfmenge überein, betrug also pro Stunde 421,6 kg. Dem im Dampfkessel herrschenden mittleren Druck von 5,57 kg pro Quadratcentimeter absolut entspricht eine Temperatur von 155° und eine Verdampfungswärme von 497,1 Calorien pro Kilogramm. Unter der Voraussetzung also, dafs der Dampf trocken und gesättigt mit obigem Druck in den Ammoniakkessel gelangt und daselbst kondensiert worden sei, sowie dafs das Kondensierwasser sich noch bis auf 100° unter Wärmeabgabe an die Heizflächen abgekühlt habe, findet sich die gesamte Wärmemenge pro Stunde im Ammoniakkessel

$$Q_a = 421,6\ (497,1 + 55) = 232\,765 \text{ Calorien.}$$

Ferner war

$$Q_2 = 39\,577$$
$$Q_1' = 72\,316$$
$$Q_c = 95\,605$$
$$Q_t = 91\,178$$

und AL ergibt sich aus den Dimensionen der Salmiakpumpe (0,24 m Hub bei 7,7 cm Diameter und 28 Touren) zu 849 Calorien. Somit findet sich die Summe der nicht bestimmbaren Glieder aus der Gleichung:

$$39\,577 + 232\,765 + 849 = 72\,316 + 95\,605 + 91\,178 + x$$
$$x = 14\,092 \text{ Calorien} = Q_c' + Q_t' - Q_2'$$

und man erkennt hieraus deutlich, welche enormen Wärmemengen ins Spiel kommen, um die verhältnismäſsig dagegen kleine Kälteleistung der Maschine zu produzieren.

b) Kompressionsmaschinen.

Eismaschine System Linde, von der Gesellschaft für Linde's Eismaschinen (Wiesbaden) aufgestellt in deren eigenem Eiswerk München.

Die Maschinenanlage des Linde'schen Eiswerkes in München besteht aus zwei Kompressoren Nr. 6, für welche die prospektmäſsige Leistung mit je 1000 kg Eis pro Stunde angegeben ist; der Betrieb erfolgt durch eine Turbine, der für den Fall des Wassermangels eine Dampfmaschine zur zeitweiligen Aushilfe beigegeben ist; es sei hier darauf hingewiesen, daſs durch die doppelte Riemenübertragung von der Aushilfsdampfmaschine auf das Schwungrad des Kompressors ein Mehrbetrag an Arbeit verursacht wird, welcher bei der gewöhnlichen Anordnung des Kompressorantriebes wegfällt. Natürlich konnte beim Versuch nur die Dampfmaschine benutzt werden, weil ja sonst die Grundlage für den Vergleich mit andern Maschinen nicht gegeben gewesen wäre, und es wurde, weil die Dampfmaschine durch den Betrieb beider Kompressoren überangestrengt worden wäre, beschlossen, nur einen derselben während des Versuches arbeiten zu lassen. Da ausreichendes Beobachterpersonal vorhanden war, beschloſs die

Kommission ferner, die Versuchsdauer auf 36 Stunden kontinuierlichen Betriebes auszudehnen und dabei alle der Messung zugänglichen Gröſsen zu ermitteln, um auf diese Weise ein vollständiges Bild von der Leistungsfähigkeit der gesamten Anlage zu gewinnen; das Versuchsprogramm erstreckte sich demnach auf folgende Punkte:

1. Im Kesselhaus. Messung des gesamten Speisewasser- und Kohlenverbrauches, sowie Untersuchung der Feuerung auf Grund von Rauchgasanalysen.

2. Im Maschinenhaus. Indizierung der Dampfmaschine und Messung der zur Beurteilung des Zustandes im Verdampfer und Kondensator erforderlichen Gröſsen. Auſserdem sollte, da der Kompressor nicht indiziert wurde, die an denselben übertragene Kompressionsarbeit, sowie auch der Arbeitsbedarf der übrigen mechanischen Apparate, Rührwerke etc. durch eine Reihe von separaten Indizierungen der Dampfmaschine ermittelt werden.

3. Im Generatorraum war sämtliches produzierte Eis zu wägen und die Kontrolle über den Beharrungszustand durch Messung der Temperaturen und Wassertiefen auszuüben.

Zur Ausführung dieses umfangreichen Programmes wurde der 31. März und 1. April 1884 ausersehen und mit den Beobachtungen unter ständiger Kontrolle durch die Mitglieder der Kommission sieben Herren betraut.

Nach dem Programm konnten alle für die Beurteilung der Maschine wichtigen Elemente gemessen werden mit Ausnahme des Kühlwasserverbrauches, dessen Messung infolge der eigenartigen Disposition nur mit erheblichen Umständen hätte ausgeführt werden können. Der Kondensator liegt nämlich direkt in einem Bassin, welches von einem Teil des Baches durchströmt wird, der das Betriebswasser der Turbine liefert, und befindet sich also hinsichtlich der Wärmetransmission wegen der fortwährenden Erneuerung des mit den Röhrenoberflächen in Berührung tretenden Wassers in einer ausnahmsweise günstigen Lage, die selbstverständlich im Verein mit der groſsen Kühlwassermenge, also geringen Temperaturerhöhung desselben, den Druck im Kondensator auf einen sonst nicht leicht zu erreichenden Minimalwert herabzieht, wie die später mitzuteilenden Zahlen ergeben werden.

1. Speisewasser- und Kohlenverbrauch.

Der Dampfkessel besteht aus einem nach dem Gegenstromprinzip gebauten doppelten Vorwärmer- sog. Batteriekessel von ca. 58 qm Heizfläche und 6 Atm. Betriebsdruck mit folgenden Hauptabmessungen:

2 Oberkessel von je 900 mm Durchmesser und 6150 mm Länge
4 Unterkessel „ „ 650 mm „ „ 5000 mm „

Als Feuerung dient ein sog. Münchener Stufenrost von 2,23 qm Rostbrennfläche; somit Verhältnis zwischen Rost- und Heizfläche = 1 : 26.

Brennmaterial: Oberbayerische Förderkohle II von folgender Zusammensetzung:

Kohlenstoff	49,82 %
Wasserstoff	3,92 „
Sauerstoff (als Rest)	15,96 „
Wasser	11,70 „
Asche	18,60 „
Heizwert nach Dulong:	4687 W.-E.

Dauer des Versuches: unausgesetzt 36 Stunden mit Abschlüssen nach je 10 Stunden.

Kohlen und Speisewasser wurden gewogen.

Die Temperaturmessung der Heizgase erfolgte mittels zweier korrigierter Quecksilberthermometer mit Stickstoffüllung, von denen das eine im Fuchse vor dem Kaminschieber, das andere an dem hinteren Ende des einen Oberkessels, also am Ende des ersten Feuerzuges angebracht war; an der entsprechenden Stelle des zweiten Oberkessels safs ein vorher eingestelltes Graphitpyrometer von Steinle u. Hartung in Quedlinburg.

Die chemische Zusammensetzung der Heizgase am Kesselende wurde mittels der Bunte'schen Gasbürette bestimmt.

(Tabelle I siehe S. 500.)

Das sehr hohe Güteverhältnis von durchschnittlich 68 % ist teils der sehr mäfsigen Anstrengung des Kessels, teils der günstigen Verbrennung zu verdanken, welche trotz der sehr aschenreichen Kohle nur mit dem 1,8fachen Luftüberschusse erfolgte.

Das geringere Ergebnis des II. Abschnittes ist teils der wechselnden bezw. geringeren Qualität der Kohle — siehe Herdrück-

Tabelle I.

Speisewasser- und Kohlenverbrauch.

		Versuchsabschnitt I	II	III	Summe und Durchschnitt
Versuchsdauer	Stdn.	12	12	12	36
I. Kohlen verbrannt	kg	1247	1287	1152	3686
pro Stde. u. qm Rostbrennfläche	»	46,6	48,2	43,1	46
II. Herdrückstände in trockenem Zustande	»	184,3	256,5	139,4	580,2
in % der verheizten Kohle	%	14,8	19,9	12,1	15,7
Kohlenstoffgehalt in %	»	18,5	13,1	10,7	14,1
» pro 1 kg Kohle	gr	27,3	26,1	12,9	22,1
III. Speisewasser verdampft	kg	6138	5999	6105	18242
pro Stunde u. qm Heizfläche	»	8,8	8,6	8,8	8,7
Temperatur	°C.	14,5	12,2	12,4	13
Dampfspannung	Atm.	5,8	5,6	5,7	5,7
IV. Verdampfungsziffer: 1 kg Kohle verdampfte Wasser	kg	4,9	4,7	5,3	4,95
berechnet auf Wasser von 0° und Dampf von 100°	»	—	—	—	5
V. Heizgase: Kohlensäuregehalt, Durchschnitt aus 48, bezw. 50 Proben	Vol.%	8,36	—	9,52	8,94
Kesselhaustemperatur	°C.	17	—	17	17
Abgangstemperatur im Fuchs, Durchschnitt aus 48 bezw. 46 Beobachtungen nach Abzug d. Kesselhaustemperatur	°C.	178	—	158	168
Mittlere Zugstärke im Fuchs Wassersäule	mm	6,3	—	5,3	5,8
Temperat. am Ende d. 1. Feuerzuges, Durchschnitt aus 52 bezw. 92 Beobachtungen	°C.	327	—	347	337
VI. Dampfpreis; wenn 100 kg Kohle loco Kesselhaus M. 1,15 kosten	M.	—	—	—	2,30

Wärmeverteilung.

	W.-E.	%	W.-E.	%	W.-E.	%	W.-E.	%
Nutzbar gemacht z. Dampfbildung	3161	67,4	3001	64,0	3413	72,8	3192	68,1
Verluste: in den Herdrückständen	221	4,7	211	4,5	105	2,2	179	3,8
in den Kamingasen	908	19,4	1475	31,5	787	16,8	1316	28,1
Rest des Heizwertes (unverbrannte Gase, Rufs, Strahlung u. Leitung)	397	8,5			382	8,2		
Sa.	4687	—	4687	—	4687	—	4687	—

stände —, teils der minderen Geschicklichkeit des betreffenden Heizers zuzuschreiben. Die Abschnitte I und III wurden von einem anderen gewandteren Heizer bedient. Bei Abschnitt I liefs man den Heizer gewähren, welcher das Feuer hauptsächlich durch häufiges Verstellen des Kaminschiebers regulierte. Während des Abschnittes III wurde der letztere in der Lage festgestellt, welche bei Abschnitt I den höchsten Kohlensäuregehalt geliefert hatte, und der Heizer angewiesen, das Feuer mittels der Aschenfallthüre und Reinigen der Rostspalten zu regulieren. Der Erfolg war ein sehr günstiger, wie die Verdampfungsziffer und der Kohlensäuregehalt in Abschnitt III ausweisen. — Die Feuerung liefs sich ohne Kunst und Mühe rauchfrei betreiben.

Hierzu ist nur noch zu bemerken, dafs von dem gemessenen, in den Kessel gepumpten Speisewasser nicht alles in Form von Dampf zur Maschine gelangte, sondern wegen der Länge der Dampfleitung von 62 m, wovon 37 m sich im Freien befinden, ein Teil sich wieder kondensierte. Ein vor Eintritt in die Maschine angebrachter Kondensationstopf lieferte in den 36 Stunden des Betriebes 1099,5 kg Wasser (pro Stunde 30,5 kg), welches für die Berechnung des Dampfverbrauches der Maschine in Abzug zu bringen ist. Für die Berechnung der pro 1 kg Dampf resp. Speisewasser produzierten Eismenge ist dagegen nur die Hälfte des Kondensationswassers abgezogen, indem man von der Ansicht ausging, dafs es ebenso ungerechtfertigt wäre, angesichts der ungewöhnlichen Entfernung des Kessels von der Maschine, die letztere für das ganze Quantum verantwortlich zu machen, als auf der andern Seite es auch nicht richtig wäre, alles Kondensationswasser abzurechnen, da eine gewisse Länge der Dampfleitung stets erforderlich ist.

2. Indizierte Arbeit der Dampfmaschine.

Die Dimensionen der, wie die ganze maschinelle Einrichtung, von der Maschinenfabrik Augsburg gelieferten Ventildampfmaschine mit Kondensation, sowie diejenigen des Kompressors, sind:

	Dampfmaschine	Kompressor
Cylinderdurchmesser	371,25 mm	325 mm
Hub	800,0 »	540 »
Dicke der Kolbenstange . . .	55,5 »	63 »

		Dampfmaschine	Kompressor
Effektive Kolbenfläche .	vorn	1058,24 qcm	798,41 qcm
	hinten	1082,43 »	929,58 »
Konstante $\frac{F^{qcm} \cdot s^{m}}{60 \cdot 75} =$	vorn	0,1881	0,09581
	hinten	0,1924	0,09955

Bezeichnet n die Tourenzahl pro Minute, p_v und p_h den mittleren indizierten Druck in Kilogramm pro Quadratcentimeter vorn und hinten, so ist die indizierte Arbeit in Pferdestärken:

$$N_i = n\,(0{,}1881 \cdot p_v + 0{,}1924 \cdot p_h).$$

Alle Viertelstunden wurden je zwei Diagramme mit Indikatoren von Dreyer, Rosenkranz & Droop aus dem Inventar des Laboratoriums für Maschinenlehre an der kgl. technischen Hochschule abgenommen; die Federmafsstäbe waren ebendaselbst vor und nach den Versuchen auf Druck und Vacuum (unter Dampf) geprüft worden und hatten ergeben:

	vorn	hinten
1 kg pro qcm =	10,35	9,89 mm

Sämtliche Diagramme wurden planimetriert und die mittleren Spannungen als das arithmetische Mittel aller Einzelwerte, welche aufzuführen hier zu weitläufig wäre, berechnet. Zur Kontrolle über den Beharrungszustand wurden auch hier alle 12 Stunden Abschlüsse gemacht, so dafs sich drei Perioden für die indizierte Arbeit ergeben, deren Übereinstimmung eine so vollständige ist, dafs das Resultat des Versuchs als vollkommen zuverlässig bezeichnet werden darf. Die Zusammenstellung enthält auch gleich die bei ausgekuppeltem Kompressor und beim Leerlauf der Dampfmaschine erzielten Resultate. Die Diagramme wurden in den beiden letzten Fällen mit schwächeren Indikatorfedern genommen, um gröfsere Flächen zu erhalten.

(Tabelle II siehe S. 503.)

Aus den oben gegebenen Werten des Speisewasserverbrauchs ermittelt sich nun der Dampfverbrauch der Maschine pro Stunde und indizierte Pferdestärke (unter Abzug sämtlichen Kondensationswassers aus der Leitung) zu $\frac{476{,}2}{53{,}6} = 8{,}88$ kg, dagegen unter Abzug von 50 % des aus der Leitung aufgefangenen Wassers zu $\frac{491{,}5}{53{,}6} = 9{,}17$ kg, ein sehr günstiges Ergebnis, namentlich ange-

Tabelle II.

Indizierte Dampfmaschinenarbeit.

	Voller Betrieb des ganzen Werkes 1. Per. 12 St.	2. Per. 12 St.	3. Per. 12 St.	Kompressorschubstange ausgehängt, sonst alles in Betrieb	Leerlauf der Dampfmaschine allein
Mittlere Tourenzahl	68,53	68,60	68,92	69,4	68,75
Mittlerer indiz. Druck in kg vorn	2,14	2,11	2,14	0,505	0,225
Mittlerer indiz. Druck in kg hinten	1,94	2,00	1,98	0,44	0,148
Indizierte Arbeit in *PS* vorn	27,6	27,2	27,7	6,6	2,9
Indizierte Arbeit in *PS* hinten	25,6	26,4	26,3	5,9	2,0
Totale indizierte Arbeit in *PS* .	53,2	53,6	54,0	12,5	4,9
Überdruck in der Dampfleitung kg	5,44	5,31	5,36		
Vacuum im Kondens. mm Quecks.	616	642	640		
Mittlere Tourenzahl		68,70		im Mittel des 36stünd. Versuchs.	
Indizierte Arbeit in *PS*		53,60			

sichts der kleinen, höchstens ⅛ betragenden Füllung. Die Maschine war vor dem Versuch nur in bezug auf Dichtheit des Kolbens und der Ventile untersucht worden, sonst in ganz gewöhnlichen Betriebsverhältnissen. Von Interesse dürfte noch sein, daſs das im Dampfmantel kondensierte Dampfquantum 7,1 % der ganzen, in Dampfform der Maschine zugeführten Menge betrug.

Mit Hilfe der in den beiden letzten Kolumnen angegebenen indizierten Leistungen läſst sich nun mit groſser Annäherung die indizierte Kompressorarbeit resp. die an den Kurbelzapfen des letzteren übertragene effektive Arbeit wie folgt ermitteln. Bezeichnet bei gleicher Tourenzahl N'_e die am Umfang des Schwungrades der Dampfmaschine bei vollem Betrieb und N''_e die an derselben Stelle beim Betrieb ohne Kompressor abgegebene effektive Arbeitsstärke, so setzt sich erstere zusammen aus der an die Transmission mit allen Nebenapparaten und der an den Kurbelzapfen des Kompressors abgegebenen Arbeit; sind also diese Arbeiten mit N_t und N_c bezeichnet, und die entsprechenden indizierten Arbeiten der Dampfmaschine mit N'_i und N''_i, sowie die indizierte Leerlaufarbeit mit N_e, so hat man offenbar die Beziehungen:

$$N'_e = N_t + N_c = \frac{N'_i - N_e}{1 + \delta}$$

$$N''_e = N_t \qquad = \frac{N''_i - N_t}{1 + \delta}$$

$$N_c = \frac{N'_i - N''_i}{1 + \delta}$$

unter der Voraussetzung, daſs der Koeffizient der zusätzlichen Reibung δ von der absoluten Leistung der Maschine unabhängig sei. Setzt man denselben für eine Maschine von der Gröſse der untersuchten $= 0{,}07$, so ergeben die Zahlen der Tab. II:

$$N_c = \frac{53{,}6 - 12{,}5 \cdot \frac{68{,}7}{69{,}4}}{1{,}07} = 38{,}5\ PS.$$

$$N_t = 7{,}0\ PS.$$

Der indizierte Wirkungsgrad der Maschine, d. h. das Verhältnis der effektiven zur indizierten Leistung, welches sich hiernach auf $\frac{45{,}4}{53{,}6} = 0{,}847$ berechnet, entspricht vollständig den sonst für solche Maschinen bekannten Werten.

Die eigentliche indizierte Kompressorarbeit kann aus der effektiven mit Hilfe des indizierten Wirkungsgrades berechnet werden und stellt sich unter Annahme desselben zu 0,95 (da er nur Stopfbüchsen-, Kolben- und Kreuzkopfreibung enthält) auf 36,6 *PS.*

Im Maschinenhaus wurden noch weiter die auf den Kompressor bezüglichen Beobachtungen über Tourenzahl, Spannungen im Kondensator und Verdampfer, Eintrittstemperatur des Kühlwassers angestellt; die betreffenden Mittelwerte enthält folgende Tabelle, wobei natürlich die Manometer wie immer mit Hilfe des offenen Quecksilbermanometers der technischen Hochschule korrigiert wurden.

Tabelle III.

Kompressor.

Mittlere Tourenzahl	Absoluter Druck in kg pro qcm		Entsprechende Temperaturen des gesättigten Ammonikdampfes		Anfangstemperatur des Kühlwassers = Endtemp.
	Verdampfer	Kondensator	Verdampfer	Kondensator	
64,8	2,76	6,99	− 11,5	+ 13,0	+ 8,4°

3. Gelieferte Eismenge.

Den Generator bildet ein parallelepipedischer Kasten von 15,8 m Länge, 6,55 m Breite und 1,68 m Tiefe; er wird durch zwei Scheidewände der Länge nach in drei Abteilungen geteilt, deren Salzwasserinhalt in beständiger lebhafter Zirkulation im Sinne der Bewegung der Gefrierzellen gehalten wird. Die Ein-

Tabelle IV.

Temperaturen der Salzlösung.

Zeit	Nr. I	Nr. II	Nr. III	Nr. IV	Nr. V	Nr. VI	Bemerkungen
8^h 00	4,2	4,2	4,5	4,5	5,3	5,2	Alle Werte sind in Celsiusgraden unter Null zu verstehen.
30	4,2	4,2	4,5	4,5	5,3	5,2	
9^h 00	4,2	4,2	4,6	4,5	5,4	5,2	
30	4,2	4,2	4,5	4,5	5,4	5,2	
10^h 00	4,2	4,2	4,6	4,6	5,4	5,2	
30	4,2	4,1	4,6	4,6	5,4	5,3	
11^h 00	4,2	4,1	4,6	4,6	5,4	5,2	
30	4,2	4,1	4,6	4,6	5,4	5,2	
12^h 00	4,2	4,1	4,6	4,6	5,5	5,3	
30	4,2	4,1	4,6	4,7	5,5	5,3	
1^h 00	4,2	4,1	4,6	4,6	5,4	5,3	
30	4,2	4,1	4,6	4,6	5,4	5,3	
2^h 00	4,1	4,1	4,6	4,6	5,5	5,3	
30	4,2	4,3	4,6	4,6	5,3	5,0	
3^h 00	4,6	4,5	4,6	4,6	5,0	4,8	
30	4,6	4,7	4,6	4,5	4,8	4,6	
4^h 00	4,6	4,7	4,6	4,5	4,7	4,4	
30	4,7	4,9	4,6	4,5	4,6	4,3	
5^h 00	4,7	5,0	4,5	4,5	4,5	4,3	
30	4,7	5,0	4,5	4,5	4,6	4,5	
6^h 00	4,7	5,0	4,3	4,3	4,2	4,0	
30	4,8	5,0	4,4	4,3	4,2	4,0	
7^h 00	4,8	5,2	4,6	4,3	4,2	4,0	
30	5,2	5,2	4,4	4,3	4,2	4,0	
8^h 00	5,2	5,3	4,4	4,4	4,2	4,0	
Mittel	4,44	4,48	4,73	4,51	4,99	4,80	Erste Periode
8^h 00	5,2	5,3	4,4	4,4	4,2	4,0	
30	5,2	5,4	4,5	4,5	4,1	4,0	
9^h 00	5,2	5,4	4,5	4,4	4,1	3,9	
30	5,2	5,5	4,6	4,5	4,1	4,0	
10^h 00	5,2	5,4	4,5	4,4	3,9	3,7	
30	5,2	5,3	4,5	4,4	4,0	3,9	
11^h 00	5,2	5,4	4,5	4,4	3,9	3,6	
30	5,2	5,4	4,5	4,3	3,8	3,5	
12^h 00	5,2	5,4	4,3	4,3	4,1	3,9	
30	5,2	5,3	4,3	4,2	4,1	3,9	

Zeit	Nr. I	Nr. II	Nr. III	Nr. IV	Nr. V	Nr. VI	Bemerkungen.
1h 00	5,2	5,2	4,4	4,3	4,1	4,0	
30	4,9	5,1	4,2	4,2	4,1	4,0	
2h 00	5,0	5,2	4,3	4,3	4,2	4,0	
30	4,8	5,0	4,2	4,3	4,2	4,0	
3h 00	4,8	5,0	4,2	4,3	4,3	4,0	
30	4,8	5,0	4,2	4,2	4,2	4,0	
4h 00	4,7	4,9	4,2	4,2	4,2	4,0	
30	4,7	4,9	4,2	4,2	4,2	4,0	
5h 00	4,7	4,9	4,2	4,2	4,2	4,0	
30	4,7	4,9	4,2	4,2	4,3	4,1	
6h 00	4,7	4,9	4,2	4,2	4,3	4,0	
30	4,7	4,8	4,2	4,2	4,3	4,0	
7h 00	4,7	4,8	4,3	4,2	4,3	4,0	
30	4,7	4,8	4,3	4,2	4,2	4,0	
8h 00	4,7	4,8	4,3	4,3	4,2	4,0	
Mittel	4,97	5,12	4,33	4,29	4,14	3,94	Zweite Periode
8h 00	4,7	4,8	4,3	4,3	4,2	4,0	Das Gesamtmittel aller Beobachtungen beträgt — 4,4 ° C.
30	4,7	4,8	4,3	4,3	4,2	4,0	
9h 00	4,7	4,8	4,3	4,3	4,2	4,0	
30	4,7	4,8	4,3	4,3	4,2	4,0	
10h 00	4,7	4,8	4,2	4,3	4,2	4,0	
30	4,9	4,9	4,1	4,3	4,1	4,0	
11h 00	4,7	4,9	4,3	4,3	4,2	4,0	
30	4,7	4,8	4,2	4,3	4,1	3,9	
12h 00	4,7	4,9	4,2	4,2	4,1	3,9	
30	4,8	5,0	4,2	4,2	4,1	3,9	
1h 00	4,8	5,0	4,1	4,2	4,1	3,7	
30	4,7	5,1	4,1	4,2	4,1	3,9	
2h 00	4,9	5,1	4,1	4,1	4,2	4,0	
30	5,0	5,0	4,1	4,1	4,2	4,0	
3h 00	4,9	5,0	4,2	4,1	4,2	3,9	
30	5,0	5,0	4,3	4,2	4,2	4,0	
4h 00	4,8	5,0	4,2	4,3	4,1	4,0	
30	4,8	5,0	4,3	4,3	4,2	4,0	
5h 00	4,7	4,8	4,2	4,3	4,3	4,2	
30	4,7	4,8	4,3	4,3	4,5	4,0	
6h 00	4,7	4,6	4,3	4,3	4,7	4,5	
30	4,5	4,6	4,4	4,3	4,7	4,6	
7h 00	4,4	4,5	4,6	4,5	4,7	4,7	
30	4,3	4,4	4,6	4,5	4,8	4,6	
Mittel	4,73	4,85	4,26	4,27	4,27	4,07	

richtung ist die bekannte, von Linde herrührende und seitdem von den meisten Eismaschinenkonstrukteuren angenommene, dafs sämtliche Zellenrahmen, wenn eine Reihe ausgehoben und entleert ist, um eine Rahmenbreite vorgeschoben werden und die letztgezogene, mit frischem Wasser gefüllt, am hinteren Ende eingesetzt wird, wo sich der automatische Füllapparat befindet, der sämtlichen Zellen die genau konstante Wassermenge von je 27,7 kg zuführt; die Anfangstemperatur des Füllwassers betrug + 9° C. Zur Kontrolle des Beharrungszustandes waren in jeder Abteilung zwei, im ganzen also sechs Thermometer eingesetzt, welche alle Halbestunden abgelesen wurden, und nach deren Angaben das Tempo der Eisentnahme reguliert wurde. Der Generator enthält 65 Reihen à 30 Zellen und ist mit Kochsalzlösung gefüllt; die Ergebnisse der Temperaturbeobachtung enthält die Tabelle IV.

Ein Blick auf die Tabelle zeigt, dafs nur in der dritten Abteilung (Thermometer 5 und 6) eine geringe Zunahme der Temperatur stattgefunden hat, in den übrigen verschwinden die Differenzen zwischen Anfangs- und Endwerten. Es wurde daher in der letzten Halbestunde, bis 8 Uhr abends, kein Eis mehr entnommen, obwohl die Beobachtungen über die Wassertiefe in den Zellen dazu das Recht gegeben hätten. Es wurde nämlich alle 4 Stunden an einer bestimmten Stelle in 2 m Abstand vom Auftaugefäfs quer über den ganzen Generator herüber die Wassertiefe in der Mitte der Zellen gemessen und das arithmetische Mittel der Tiefen in allen 30 Zellen gebildet; die Veränderungen dieses Mittelwertes zeigt die Tabelle:

Tabelle V.

Wassertiefen in den Zellen.

Zeit	8 h	12 h	4 h	8 h	12 h	4 h	8 h	12 h	4 h	8 h
Mittlere Tiefen	mm 110	mm 91	mm 85	mm 69	mm 51	mm 73	mm 71	mm 81	mm 96	mm 75

und es geht daraus hervor, dafs am Ende etwas mehr Eis im Generator war als zu Anfang; doch wurde, wie gesagt, diese jedenfalls im Vergleich zu dem ganzen produzierten Quantum geringfügige Menge nicht berücksichtigt.

Da genügendes Personal vorhanden war, so wurde jede einzelne gezogene Reihe gewogen; die Tabelle enthält die Resultate bezüglich der Eislieferung.

(Tabelle VI siehe S. 508.)

Der Schmelzverlust betrug in Prozent der ganzen Zellenfüllung, wie sich aus dem später ausgeführten zweiten Versuch

Tabelle VI.

Geliefertes Eis.

Dauer des Versuches	Anzahl der gezogenen Reihen	Anzahl der gezogenen Reihen pro Stunde	Im ganzen gewogenes Eisquantum	Mittleres Gewicht einer Reihe netto	Mittleres Eisgewicht pro Zelle	Eisproduktion netto pro Stunde
h			kg	kg	kg	kg
36	78	2,167	59876	767,6	25,6	1663

ergibt, 7,7% ; unter Berücksichtigung der Anfangstemperatur des Füllwassers, sowie der Endtemperatur des Eises berechnen sich sodann die Zahlen der folgenden Tabelle:

Tabelle VII.

Stündliche Eisproduktion brutto im Generator	pro Kilogramm entzogene Wärme	Gesamte, dem Wasser entzogene Wärme	Dasselbe pro indizierte *PS* im Kompressor	Dasselbe pro indizierte *PS* der Dampfmaschine
kg	Calorien	Calorien		
1803	90,2	162631	4444	3034

Die Hauptergebnisse des Versuches, welche die ökonomische Leistung der Maschine unter den angegebenen Verhältnissen charakterisieren, sind in der Schlufstabelle zusammengestellt.

Tabelle VIII.

Hauptergebnisse.

Dauer des Versuchs	Kohlen pro Stunde	Speisewasser pro Stunde	Eislieferung pro Stunde		1 kg Dampf liefert Eis		1 kg Kohle liefert Eis		Eismenge stündlich pro indizierte Pferdestärke der Dampfm.		Heizwert der Kohle	Wirkungsgrad des Kessels	Verdampfungsziffer
			brutto	netto	brutto	netto	brutto	netto	brutto	netto			
h	kg	kg	kg	kg	kg	kg	kg	kg	kg	kg	Cal.		
36	102,4	491,4	1803	1663	3,57	3,38	17,1	16,2	33,6	31,0	4687	68%	5,0

Die Aufstellung der Wärmebilanz ist hier ungleich einfacher als bei den Absorptionsmaschinen, weil nur ein einziger Körper, das Ammoniak, den Prozefs der Wärmeaufnahme und Wärmeabgabe durchmacht; man findet leicht, dafs das Ammoniak

Wärme aufnimmt:

1. Im Verdampfer von seiten derjenigen Körper, welche abzukühlen sind, die **nutzbare Wärmemenge** Q_2 (effektive Kälteleistung) sowie von seiten anderer Körper, deren Abkühlung nicht Zweck der Maschine, aber mit der Erfüllung desselben unvermeidlich verbunden ist, Q'_2 (Abkühlung der Eisenteile beim Einsetzen und Herausziehen der Zellen, Abkühlung der umgebenden Luft).

2. Im Kompressionscylinder in Form von Arbeit das Äquivalent AL der indizierten Kompressionsarbeit.

3. Im Verdampfer die Wärmemenge, welche von dem aus dem Kondensator kommenden Ammoniak abgegeben wird, Q_d.

Wärme abgibt:

1. Im Kondensator an das Kühlwasser die durch dessen Menge und Temperaturerhöhung gemessene Wärme Q_c; ferner auf dem Weg vom Kompressor zum Kondensator und in diesem selbst durch Strahlung an die Luft die Wärme Q'_c, so lange die Temperatur des Ammoniak höher ist, als die der Luft.

2. Im Verdampfer an das verdampfende Ammoniak die Wärmemenge, welche dem Ammoniak beim Übergang durch das Ventil zwischen Kondensator und Verdampfer zu entziehen ist, um dasselbe auf die Verdampfertemperatur abzukühlen, Q_d.

Wenn es möglich wäre, alle diese Wärmemengen zu messen, so müſste unter der Voraussetzung, daſs alle Teile der ganzen Maschine zu Anfang und Ende der Beobachtung dieselbe Temperatur besitzen, daſs also nirgendwo Wärme angehäuft oder entzogen wäre, die algebraische Summe sämtlicher Wärmemengen $= 0$ sein oder die Gleichheit bestehen:

$$Q_2 + Q'_2 + AL + Q_d = Q_c + Q'_c + Q_d$$

oder, wenn man die meſsbaren Glieder zusammenfaſst,

$$Q_2 + AL = Q_c + (Q'_c - Q'_2).$$

Die Wärmeabgabe Q_2 kann man allerdings bis zu einer gewissen Annäherung messen oder berechnen, aber auch nur, soweit sich dieser Verlust auf den Verdampfer selbst bezieht; was den Wärmeverlust durch die Rohrleitungen zwischen Verdampfer und Kompressor anlangt, so entzieht sich dieser so gut wie der Betrag Q_c wohl jederzeit der Berechnung.

Da für die vorliegende Maschine das Kühlwasserquantum nicht gemessen werden konnte, so müssen wir auf die Wärmebilanz im vorliegenden Fall verzichten.«

Endlich sei auch noch die Übersichtstabelle reproduziert, in welcher die hauptsächlichen Ergebnisse der im Berichte besprochenen Versuche am Schlusse übersichtlich zusammengestellt sind, u. z. zuerst die Gruppe der Absorptionsmaschinen, dann die der Kompressionsmaschinen und als Übergang zwischen beiden die Vacuummaschine. Nach den nötigen Angaben über die Art der Maschine, Ort der Aufstellung und Verwendung der produzierten Kälte während des Versuches folgt die Übersicht der für die Charakterisierung desselben mafsgebenden Verhältnisse, nämlich der Kühlwassermenge und ihrer Temperaturen einerseits und der Salzlösungstemperaturen anderseits. Ein Blick auf diese Rubrik genügt zum Beweis dafür, dafs die bisherigen Versuchsergebnisse im allgemeinen noch nicht hinreichen, um die einzelnen Systeme als solche untereinander zu vergleichen; ein Anfang dazu ist erst mit der Linde'schen und Pictet'schen Maschine gemacht, indem erstere bei dem zweiten, im Eiswerk München ausgeführten Versuch unter Verhältnisse versetzt wurde, welche den Vergleich ermöglichen.

Die nächsten Rubriken enthalten die Versuchsergebnisse, nach Produktion und Konsumtion getrennt und zwar zunächst die absoluten Werte, die Produktion entweder in Wärmeeinheiten oder in Kilogramm-Eis resp. Eisersatz ausgedrückt. Es war nötig, diese drei Formen zu wählen, weil sämtliche bei den Versuchen vorkommen; als gemeinsames Mafs konnte aber für alle Maschinen nur die in Calorien Kälte ausgedrückte Produktion benutzt werden, weil bei der Linde'schen Süfswasserkühlmaschine und der Kaltluftmaschine eine Umrechnung der in Calorien gegebenen Kälteleistung auf eine äquivalente Eismenge nicht möglich ist, während auf der andern Seite es doch wünschenswert schien, ein für sämtliche Maschinen gemeinsames Mafs der Leistung zu besitzen.

Derselbe Grund war entscheidend für die doppelte Einführung der Konsumtion, sowohl in Form von mechanischer Arbeit, als in Form von verbrauchtem Speisewasser; wo letzteres nicht direkt beobachtet werden konnte, wurde auf Grund der in andern Fällen beobachteten Werte der Betrag auf rechnerischem Wege ermittelt. Bei den Kompressionsmaschinen wurde die Arbeit doppelt, im Kompressor- und im Dampfcylinder, aufgeführt: das Verhältnis zwischen beiden Werten ist nicht ausschliefslich von der Kältemaschine abhängig, sondern zum Teil auch durch die Konstruktion der Dampfmaschine mit bedingt, wodurch eine neue Erschwerung des Vergleiches verschiedener Kältemaschinen entsteht. Man mufs eben verschiedene Kältemaschinen sich durch Dampfmaschinen gleicher Konstruktion und ökonomischer Leistung angetrieben denken, um sich von dem Einflufs dieser Veränderlichen zu befreien. Und selbst dann kommen noch Verschiedenheiten der Disposition aus rein lokalen Gründen hinzu, welche berücksichtigt sein wollen, wenn es sich um einen nach allen Seiten gerechten Modus der Vergleichung handelt.

Trotzdem die Berichterstatter sich, wie erwähnt, ausdrücklich dagegen verwahren, dafs die Zahlen dieser Übersichtstabelle schon die endgiltige Rangordnung der einzelnen Systeme darstellen sollten, lassen sich doch unschwer aus denselben gewisse Gruppen bilden, welche unter sich durch so weite Zwischenräume getrennt sind, dafs man wohl im allgemeinen daraus ein Urteil über den relativen Wert schöpfen kann. Unverkennbar bilden die Absorptionsmaschinen für sich eine Abteilung, innerhalb welcher zwar verschiedene Grade der ökonomischen Leistung vorkommen, welche aber selbst bei weitgehender Verbesserung immer noch durch einen so grofsen Zwischenraum von den Kompressionsmaschinen (abgesehen von der Luftmaschine) getrennt sind, dafs man, auch ohne die Maschinen auf der Basis gleicher Versuchsbedingungen zu untersuchen, erkennt, dafs hier ein im System begründeter Unterschied vorliegt, welcher die bestmögliche Absorptionsmaschine von der Kompressionsmaschine trennt, ein Unterschied, welcher in der That auch theoretisch begründet ist.

Eine Ausnahmestellung unter den Kompressionsmaschinen nimmt die Kaltluftmaschine ein, welche überhaupt ihrer eigenartigen Verhältnisse halber sich kaum auf gleiche Versuchsbedingungen mit einer andern Kältemaschine wird bringen lassen; diese Maschine nimmt nach dem Gesichtspunkt der Betriebskosten pro effektiver Kälteeinheit den untersten Rang ein.

Ubersichts-

Datum des Versuchs	Bezeichnung der untersuchten Maschine	Verwendung der produzierten Kälte während des Versuchs	Maſsgebende Versuchsbedingungen			
			Menge des Kühlwassers	Temperatur des Kühlwassers		Temperatur der Salzlösung
				Eintritt	Austritt	
			l pro Stde.	° Cels.	° Cels.	° Cels.
						Absorptions-
1885 16. April	Eismaschine von O. Kropf in Nordhausen; aufgestellt im Eiswerk Karlsruhe.	Eisfabrikation	16951	+ 11,1	+ 24,8 im Kondensator, + 50,5 im Temp.-Aust.	— 10,4
1885 9. Juni	Eis- u. Kühlmaschine von Vaaſs & Littmann in Halle a. d. S.; Printz' Brauerei in Karlsruhe.	ditto.	11820	+ 11,3	40,6	— 11,1
1886 20. April	Eismaschine von Vaaſs & Littmann in Halle a. d. S. Brauerei Küpper, Elberfeld.	ditto.	9111	+ 9,3	+ 34,2	— 11,0
1885 11. u. 12. Juni	Vacuum-Kühlmaschine von L. A. Riedinger in Augsburg. St. Anna-Brauerei, München.	Abkühlung einer Salzlösung	4963	+ 12,3	19,4	im Mittel Eintr. — 3,2 Austr. — 5,9
						Kompressions-
1884 31. März u. 1. April	Eismaschine von der Gesellschaft für Linde's Eismaschinen. Linde'sches Eiswerk, München.	Eisfabrikation.	nicht gemessen	+ 8,4	—	— 4,4
1884 5. u. 6. Juni	Kühlmaschine v. d. Gesellschaft f. Linde's Eismaschin. Butterfabr. A. Jürgens, Osch (Holl.).	Süſswasserkühlung	9179	+ 11,2	+ 23,6	Süſswasser gekühlt von + 11,2 auf 2,4
1884 22. April	Kühlmaschine v. d. Gesellschaft für Linde's Eismaschinen. Spatenbrauerei in München.	Abkühlung einer Salzlösung	18296	+ 8,8	+ 12,5	Eintr. — 9,5 Austr. — 10,0
1884 22. Juni	— ditto. —	ditto.	6958	+ 8,8	+ 20,4	Eintr. — 3,1 Austr. — 4,1
1886 26. u. 29. Oktober	Eismaschine, System R. Pictet, neu, von Rudloff Grübs in Berlin. Krystalleisfabr. Berlin.	Eisfabrikation	30700	+ 10,1	+ 14,0	— 18,2
ditto.	— ditto. —	ditto.	30700	+ 10,1	+ 15,95	— 10,0
ditto.	— ditto. —	ditto.	8360	+ 10,3	+ 31,1	— 9,7
ditto.	— ditto. —	ditto.	30700	+ 10,1	+ 17,2	— 6,05
1887 28. u. 29. März	Eismaschine v. d. Gesellschaft für Linde's Eismaschinen. Linde'sches Eiswerk, München.	ditto	nicht gemessen	+ 4,2	+ 17,4	— 5,9
1886 13. u. 14. April	Kaltluftmaschine v. Bell-Coleman; Exportschlachterei von Koopmann in Hamburg.	Luftkühlung	nicht gemessen	—	—	—

Tabelle.

Versuchsergebnisse: absolute: effektive Produktion: Calor. Kälte	kg Eis	Eisersatz kg	Konsumtion: Arbeit in PS indiziert: Dampfmasch.	Kompressor	Speisewasser: im ganzen kg	für die Dampfmasch.	im Ammoniakkessel	relative: effekt. Produktion pro Std. u. 1 kg Speisew.: kg Eis produziert	kg Eis ersetzt	Calor. Kälte	Bemerkungen
Maschinen.											
36147	386,1	—	—	—	790	—	402	0,49	—	45,7	Die in der Tabelle enthaltenen Zahlen sind nicht ohne weiteres zum Vergleich der einzelnen Maschinen zu brauchen; s. die bezügl. Bemerkungen im Text. In bezug darauf, welche Zahlen durch Beobachtung und welche durch Rechnung gewonnen sind, mufs gleichfalls der Text zu Rate gezogen werden.
64828	701,6	—	5,74	—	693,4	153,9	539,5	1,01	—	93,5	
46009	490,5	—	—	—	536,2	154,2	382	0,915	—	85,8	
25272	—	255	10,0	—	408,5	324,9	83,6 im Konzentrator	—	0,62	61,9	
Maschinen.											
150000	1663	—	53,6	36,6	491,4	—	—	3,38	—	305,2	
91620	—	—	40,0	27,3	380	—	—	—	—	241	
52775	—	512	26,1	18,1	245	—	—	—	2,09	215	
61721	—	618	34,5	25,8	328	—	—	—	1,89	188	Die nämliche Maschine unter geänderten mafsgebenden Versuchsbedingungen.
78427	789	—	74,6	52,01	992 714	—	—	0,79 1,10	—	79,0 109,8	Die klein gedruckten Zahlen sind die in Wirklichkeit beobachteten; die andern durch Umrechnung auf den im Linde'schen Eiswerk beobachteten Speisewasserverbrauch erhalten.
133039	1396	—	87,6	61,7	1184 857	—	—	1,18 1,63	—	123,7 155,2	
132284	1391	—	104,5	75,0	1402 1068	—	—	0,99 1,30	—	94,3 123,9	
160663	1722	—	93,0	66,4	1265 918	—	—	1,36 1,87	—	127,0 175,0	
131477	1456	—	66,1	45,9	606	—	—	2,40	—	216,9	Die nämliche Maschine, welche schon 1884 untersucht wurde.
31343	—	—	Mittel 85,4	127,4	783	—	—	—	—	40,0	Hier ist nicht die effektive, sondern die gesamte Produktion eingesetzt.

Die Ergebnisse der Beobachtungen dieser Kommission veranlafsten zunächst Reklamation seitens des Professors Pictet, welcher einige Zahlen des von Prof. Schröter verfafsten Berichtsentwurfes über die Beobachtungen an der Pictet-Maschine in Berlin als unrichtig oder mindestens mangelhaft interpretiert bezeichnete, insbesonders, weil die Untersuchung der Linde'schen Maschine unter anderen, günstigeren Verhältnissen erfolgt war, als die der Pictet-Maschine, so dafs ein absoluter Vergleich derselben bezüglich ihrer Leistung nicht zugänglich war. Infolge dieser Reklamation wurde auch eine neuerliche Untersuchung der Linde'schen Maschine im Eiswerke zu München durch Prof. Schröter vorgenommen und zwar unter absichtlich herbeigeführten ungünstigeren Bedingungen, und wurden sowohl in bezug auf Kühlwasser als auch auf Salzwasser-Temperaturen die Verhältnisse so gewählt, dafs seiner Angabe nach ein direkter Vergleich mit der in Berlin untersuchten Pictet'schen Maschine möglich werden sollte, wie dies aus den Zusammenstellungen der Schröter'schen Übersichtstabelle ersichtlich ist.

Prof. Pictet, resp. dessen Patentbesitzer Rudloff-Grübs & Co. in Berlin glaubten sich durch dieses Vorgehen in ihren Interessen verletzt und verlangten auch ihrerseits eine neuerliche Messung und Prüfung der Pictet-Maschine. Diese neuerliche Untersuchung wurde durch eine Kommission vorgenommen, bestehend aus Dr. Corsepius, welcher nebst vier andern Beobachtern von Prof. Dr. Paalzow der technischen Hochschule in Berlin delegiert war, Dr. Hans Pauksch als Delegierten des Prof. Delbrück, Ingenieur Tschorn, delegiert vom Dampfkessel-Revisionsverein, ferner drei von Prof. Pictet und dessen Vertreter delegierten Ingenieuren.

Wir entnehmen dem umfangreichen, von Dr. Corsepius über diese Untersuchung erstatteten Berichte nachfolgende Stellen, welche gleichfalls hauptsächlich die Methode der Untersuchung kennzeichnen sollen:

»Es handelte sich bei unseren Untersuchungen nicht etwa nur um eine genaue Prüfung der beschriebenen Eismaschine bezüglich ihrer Leistung und Ökonomie, es sollte sich vielmehr für uns neben jener Aufgabe auch die bieten, einen wissenschaftlichen Einblick in die physikalischen Vorgänge zu gewinnen, welche sich in einer Eismaschine des neuen Systems Pictet abspielen, und von denen wir — aufmerksam gemacht durch vorangegangene wissenschaftliche Diskussionen, von denen wir Kenntnis erhalten hatten — im Voraus erwarten mufsten, dafs sie nicht einfach nach bekannten Gesichtspunkten sich gruppieren.

Demgemäfs war es für uns geboten, durch genaue Beobachtung Gewifsheit zu erlangen:

1. Wie viel Calorien werden thatsächlich in den Gefrierapparat eingeführt und bei welcher Temperatur im Salzbade und im Innern der Röhren?

2. Wie viel Wärme wird durch das Kühlwasser der Flüssigkeit Pictet im Kondensator entzogen und bei welcher Temperatur?

3. Wie viel Arbeit mufs bei jedem Hin- und Hergange der Maschine aufgewendet werden?

4. Findet der zweite Hauptsatz der mechanischen Wärmetheorie, wie auf ähnliche Fälle, so auch auf diesen Anwendung oder geraten wir mit den Beobachtungen in Widerspruch?

Der Umstand nun, dafs die von Pictet für seine Flüssigkeit angegebene Kurve durchaus nicht den Verlauf zeigt, der sich theoretisch für ein Gemisch der Bestandteile ergibt, falls man es eben nur als solches betrachtet, liefs es uns wünschenswert erscheinen, den Versuch innerhalb gewisser Temperaturgrenzen abzuändern; ferner aber mufsten wir es uns angelegen sein lassen, die von Pictet gelieferte Kurve zu prüfen und sie an der in der Maschine selbst arbeitenden Flüssigkeit festzustellen. Wie das möglich wurde, zeigt sich später.

Die erwähnte Abänderung der Temperaturen wurde in der Weise ausgeführt, dafs wir an vier verschiedenen Beobachtungstagen genau dieselben Untersuchungen nach derselben Methode, aber nur unter für den Kreisprozefs verschiedenen Bedingungen vornahmen, während ein fünfter Beobachtungstag notwendig war, um dem von uns aufgestellten Prinzipe, einen allmählichen Übergang von einer Temperatur zur andern herbeizuführen, treu zu bleiben.

Die Beobachtungen sollten daher wie folgt, vorgenommen werden:

1. Tag. Das Salzbad sollte eine Temperatur von -10^0 haben.

2. Tag. Die Temperatur des Gefrierapparates sollte auf — 5° bis — 6° gesteigert —

3. Tag — das Salzbad sollte auf ungefähr — 18° gebracht werden. Bei diesen drei Beobachtungen sollte durch Aufwand von vielem Kühlwasser der Kondensator auf möglichst niedriger Temperatur erhalten werden.

4. Tag. Dieser Tag sollte dem Zwecke dienen, den allmählichen Übergang von der niedrigen zur höheren Temperatur und die entsprechende Druckvermehrung zu verfolgen.

5. Tag. Endlich sollte der Unterschied zwischen den Temperaturen des Gefrierapparates und des Kondensators ungewöhnlich vergröſsert werden, das Salzbad sollte — 8° bis — 10°, das Kühlwasser, von welchem dem Kondensator nur sehr wenig zugeführt werden sollte, etwa + 30° haben.

Alle vorgenannten Bedingungen wurden auch möglichst sorgfältig innegehalten.

Ein 6. Tag stellte sich als notwendig heraus, um den Strahlungsversuch zu vollenden und die spec. Wärme der Salzlösung, sowie die Thermometerkorrektur zu ermitteln.«

Über die Methode der Beobachtungen wird mitgeteilt:

»A. Messen der Kühlwassermenge.

Die wichtige Aufgabe der Feststellung des Kühlwasserverbrauches haben wir, da es sich um physikalisch genaue Messungen handelte, ohne einen Wassermessungs-Apparat irgend welcher Konstruktion anzuwenden, erfüllt, und zwar, indem wir die Wassermenge selbst und die Zeit direkt im Verhältnis zu einander in folgender Weise feststellten:

Wir haben persönlich die bereits gegebenen Maſse des Reservoirs genommen und dessen Oberfläche berechnet. Durch einen mit Schnurlauf und Index versehenen Schwimmer war uns die Möglichkeit gegeben, den Wasserstand genau zu beobachten. Ein Unterschied von nur einem Millimeter war leicht zu messen.

Die Pumpe, welche das Reservoir versorgte, diente lediglich diesem Zweck. Das Wasser des Reservoirs gelangte vollkommen zu den Kondensatoren. Nach Verlassen der Kondensatoren ging das Wasser zum Kondensator der Dampfmaschine. An den drei ersten Tagen beobachteten wir die Zeit, welche der Index des leicht beweglichen Schwimmers brauchte, um eine Strecke von 1,085 m zu sinken, während die Pumpe nach vollkommener Absperrung der Kondensatoren das Wasser in das Reservoir schaffte. Dafs die hierbei beobachtete Menge genau die zur Speisung der Kondensatoren verwandte war, ergab der Umstand, dafs die Marke des Schwimmers im gewöhnlichen Betriebe dauernd einen bestimmten Standpunkt zeigte. Die Dampfmaschine wurde während der Beobachtung in regelmäfsigem Gange erhalten.

Für die Messung der letzten Tage mit hoher Temperatur im Kondensator verfuhren wir in der Art, dafs wir nach Absperrung der Pumpe das Wasser des Reservoirs im gewöhnlichen Gange der Maschine ausfliefsen liefsen und hierbei den Stand des Index auf einem Papierstreifen genau zu gegebenen Zeiten markierten. Der Zuflufs des Wassers zeigte während jedes Beobachtungstages grofse Konstanz, ebenso stimmten die Summen der gemessenen Weglängen des Index mit der gemessenen Gesamtlänge sehr gut überein.

Aus Oberfläche, Weg und Zeit ergibt sich die Kühlwassermenge für jede Stunde. Um von den in den 4 Kondensatoren abgelesenen Temperaturen das Mittel benutzen zu können, wurden die Ventile an denselben auf das genaueste reguliert, so dafs durch jeden Kondensator dieselbe Menge flofs und die Temperaturen einander sehr nahe waren. Die richtige Stellung der Ventile wurde durch besondere Zeichen ebenfalls zuverlässig markiert.

B. u. C. Beobachtung der Temperaturen.

Einer genauen Thermometrierung der verschiedenen Flüssigkeiten wurde die gröfste Aufmerksamkeit geschenkt. Zu diesem Zwecke enthielt jeder Gefrierbehälter 4, jeder Kondensator und das Reservoir je ein Thermometer. Die Instrumente waren von der hiesigen Versuchs- und Lehranstalt für Brauerei geliefert und wurden nach Beendigung der Versuche von Dr. Corsepius mit einem Normalthermometer von I. C. Greiner sen. & Sohn verglichen. Die Rektifizierung geschah für jedes Thermometer besonders bei nahezu Null Grad in einem alle Thermometer enthaltenden Behälter mit zerstofsenem Eis, in dem die Kugeln der zwei zu vergleichenden Instrumente unmittelbar nebeneinander waren. Im Laufe der Beobachtungstage verunglückten einige Thermometer, die durch neue ersetzt wurden. Da sich bei allen später verglichenen Thermometern ein mäfsiger negativer Fehler des Nullpunktes zeigte, so wurde für die zerbrochenen das Mittel der beobachteten Verbesserungen in Anrechnung gebracht und auf diese Weise auch jene korrigiert.

Das Normalthermometer selbst war von Dr. Corsepius öfters auf seinen Nullpunkt hin mit reinem Schnee kontrolliert. Der Fehler in der Einheit der Gradteilung wurde bei den Versuchsthermometern vernachlässigt.

Die Beobachtung der Temperaturen selbst geschah so oft und von den verschiedensten Beobachtern, dafs ein wesentlicher Fehler sich sofort gezeigt hätte; die Beobachtungen liefern Übereinstimmung.

Das Thermometer im Kühlwasser-Reservoir befand sich nahe dem Boden desselben, um den Einflufs der Oberflächenerwärmung zu beseitigen.

Die Thermometer des Gefrierapparates und des Reservoirs waren mit Blechkapseln versehen, welche die Kugeln umgaben, so dafs man etwas Flüssigkeit mit heraushob.

In den Kondensatoren wurde die Temperatur des ausfliefsenden Kühlwassers nahe der Oberfläche gemessen.

D. Messen der Eismenge.

Die gewonnene Eismenge wurde in der Weise festgestellt, dafs wir erstens die Anzahl der während der Dauer einer jeden Untersuchung gezogenen Rahmen genau, zweitens aber auch öfters das Gewicht sowohl gefüllter, wie auch entleerter Rahmen mit Zellen feststellten. Es ergaben sich hierbei zwar an verschiedenen Tagen geringe Unterschiede, aber an jedem einzelnen zeigte sich das Gewicht des Eises konstant. Auch die zwar nicht für unsern Zweck, aber industriell wichtige Thatsache, welches Quantum Eis nach Losschmelzen aus den Zellen wirklich verbleibt, wurde wiederholt beobachtet.

Als Wage diente eine jedesmal vor einer Wägung von uns tarierte Dezimalwage.

E. Aufnahme der Diagramme.

An Dampfcylinder und Kompressor waren je zwei vorzügliche, von Dreyer, Rosenkranz & Droop in Hannover kürzlich gelieferte Normalindikatoren angebracht, mit denen etwa viertelstündlich Diagramme aufgenommen wurden. Eine Serie von 4 solchen Diagrammen liefert die in dem betreffenden Augenblick aufgewendete Arbeit der Dampfmaschine und diejenige, welche bei der Kompression zu leisten war.

Wir haben auf diese Weise über 500 Diagramme genommen und alle sorgfältig planimetriert. Zwischen den Diagrammen eines jeden Beobachtungstages zeigte sich grofse Übereinstimmung, während die an verschiedenen Tagen gewonnenen Serien wesentlich verschieden waren. Auf jedem Diagramm wurde Zeit und Tourenzahl vermerkt. Über ein Drittel der Diagramme wurde doppelt umfahren und der dabei auftretende Unterschied der Ablesungen sehr gering gefunden. Eine für mehrere Exemplare vorgenommene Ausrechnung nach der Simpson'schen Formel war im Einklang mit der direkten Messung.

Die Ergebnisse der Planimetrierung sind aufserdem vom »Dampfkessel-Revisionsverein Berlin« kontrolliert und bestätigt worden.

F. Dampfspannung der „Flüssigkeit Pictet".

Die Ablesung an den Manometern des Kompressors erfolgte, indem wir uns das Mittel zwischen den Ausschlägen nach beiden Seiten dienen liefsen. Aufser dieser direkten Beobachtung liegt uns auch die den Diagrammen entnommene Messung vor.

Durch Vergleich des an den Manometern und aus den Diagrammen abgelesenen Druckes zu geeigneter Zeit, nämlich bei langsamem Gange der Maschine, erhielten wir die Korrektur für die Manometer.

Der durch die Strömung der Gase bedingte Unterschied zwischen dem Druck, welchen das nahe dem Kompressor der Rohrleitung eingefügte Aspirations-Manometer anzeigte und demjenigen, der im Gefrierapparat herrschte, ist vor Füllung der Maschine mit Luft gemessen.

G. Luft-Temperatur.

Die zur Berechnung der Leitung und Strahlung notwendige Luft-Temperatur wurde gleichfalls regelmäfsig beobachtet.

H. Leitung und Strahlung.

Dafs der Einflufs, welchen die äufsere Wärmezufuhr auf die Temperatur im Gefrierapparat und die entsprechend jener der Salzlösung zu entziehende Anzahl Calorien ausübt, nicht unerheblich ist, haben unsere in dieser Beziehung angestellten Versuche bewiesen. Es war daher ein für den vorteilhaften Verlauf des Prozesses unbedingtes Erfordernis, diesen Einflufs, wie oben erwähnt, durch Bedeckung der Gefäfse mit Deckeln einzuschränken; ferner aber mufste mit grofser Peinlichkeit derselbe Zustand des Gefrierapparates gewahrt werden, wie beim Betriebe.

Um nun den Verlust selbst zu messen, welcher durch die Wärmeleitung und -strahlung für den Prozefs im Gefrierapparat erwächst, war es nur nötig, nachdem alle eingehängten Rahmen gefroren waren, den Kompressor von dem Motor loszukuppeln und unter Erhaltung der gewöhnlichen Bewegung der Salzlösung im Gefrierapparate die Zunahme der Temperatur in einer gegebenen Zeit zu beobachten. Der Versuch wurde angestellt sowohl, wenn, wie üblich, ein Deckel und Rahmen von jedem Gefrierbehälter entfernt war, als auch, wenn dieselben ganz bedeckt waren. In ersterem Falle erhalten wir die Wärmeleitung beim Betriebe, in letzterem einen zu kleinen Wert. Es wurde dabei angenommen, dafs die Temperaturänderung der Temperaturdifferenz zwischen Gefrierapparat und Luft proportional ist, und demgemäfs für jeden Tag der den beobachteten Temperaturen entsprechende Betrag ermittelt. Um bei der Messung selbst möglichst grofse Zahlen zu erhalten, wurde die Temperatur des Gefrierapparates sehr tief gewählt. Dafs es nötig war, den Wasserwert und für diesen die spezifische Wärme jedes einzelnen Bestandteiles genau zu kennen, ist selbstverständlich.

Aus den später mitgeteilten Zahlen ist zu ersehen, wie wesentlich es war, um verläfsliche Zahlen zu erhalten, die Deckel bis auf einen zu schliefsen. Der Unterschied zwischen der Anzahl Calorien einerseits bei vollständig bedecktem Gefrierapparat und anderseits bei regelrechtem Gange, d. h. mit einem geöffneten Deckel, ist auffallend.

J. Feststellung der Kurve.

Wenn wir die in dem Gefrierapparat und im Kondensator herrschende Temperatur gemessen haben, so dürfen wir nicht daraus folgern, dafs die in den Schlangenröhren enthaltene »Flüssigkeit Pictet« dieselbe Temperatur gehabt habe. Vielmehr wird es nötig sein, um eine Wärmezufuhr zu dem Kühlwasser im Kondensator während des Betriebes zu ermöglichen, und anderseits eine Abfuhr von Wärme aus dem Gefrierapparat, dafs die Temperatur der Flüssigkeit in jenem höher, in diesem jedoch niedriger ist, als die der Umgebung.

Wir haben demgemäfs zur Feststellung der in der »Flüssigkeit Pictet« herrschenden Temperatur nur das eine Mittel: die Beobachtung des herrschenden Druckes. Um aber von diesem auf jene schliefsen zu können, müssen wir die Abhängigkeit dieser beiden Faktoren voneinander kennen, d. h. die Kurve des Dampfdruckes.

Wir wollten jeden Zweifel ausschliefsen, und deshalb war es nötig, auch diese im Versuche mit festzustellen, bezw. die von Pictet gelieferte Kurve auf ihre Richtigkeit zu prüfen. Hierzu war in folgender Weise die Möglichkeit geboten:

Nach Stillstand der Maschine nahm innerhalb einiger Minuten die Flüssigkeit Pictet, die sich gerade im Gefrierapparat befand, die genau gemessene Temperatur des Salzbades an. Beobachtete man also jene Temperatur und zugleich den am Manometer und nach Absperrung des Kondensators im Kompressor mit Hilfe des Indikators gemessenen Druck, so erhielt man einen Punkt der Kurve.

Dieser zeigte das Minimum des Drucks für jene Temperatur an.

Ebenso konnte man für die höheren Temperaturen des Kondensators verfahren, indem man bei langsamem Gange der Maschine den Druck nahm.

Hier erhielt man einen Maximaldruck.

Ein Fehler durch Undichtigkeit der Ventile etc. wurde beseitigt, indem ein Verbindungsrohr den Druck rückwärts der Ventile gleich machte.

Wir besitzen acht auf diese Weise gewonnene Punkte zwischen — 18,6° und + 31° C.

Wir können behaupten, dafs die nach der ersten Methode gewonnenen Punkte unter, die letzteren aber über der richtigen Kurve liegen müssen.

Der gefundene Unterschied gegen Pictet's Kurve beträgt jedoch nur 2,5 Prozent.

K. Feststellung der durch die „Flüssigkeit Pictet" vom Kondensator nach dem Gefrierapparat beförderten Wärme.

Die »Flüssigkeit Pictet« befindet sich in dem Kondensator auf einer Temperatur, die etwas über der des Kühlwassers gelegen ist. Wenn dieselbe also von hier aus lediglich durch die Verschiedenheit des Druckes in den Gefrierapparat tritt, so kann diese Expansion nur auf Kosten der Wärme der Flüssigkeit selbst geschehen. Um dieselbe aber soweit abzukühlen, dafs sie die im Gefrierapparat dauernd vorhandene Temperatur besitzt, mufs eine der spezifischen Wärme und der Menge, d. h. dem Druck der Flüssigkeit proportionale Wärmemenge verbraucht werden.

Diese jedoch addiert sich zu der nutzbaren, in den Gefrierapparat von aufsen her eingeführten Wärme und mufs demnach in Rechnung gezogen werden.

Die Schwierigkeit dieser Bestimmung liegt in der Unkenntnis der spezifischen Wärme der »Flüssigkeit Pictet« ein Umstand, der uns nötigt, ein Näherungsverfahren einzuschlagen. Dieses gelingt uns in Rücksicht darauf, dafs die Flüssigkeit 97 Prozent SO_2 enthält. Berechnen wir die Wärmemenge nach der für letztere geltenden spec. Wärme, so erhalten wir die erste Annäherung.

Da wir jedoch wissen, dafs die chemische Anziehung zwischen den Bestandteilen der »Flüssigkeit Pictet« die spec. Wärme derselben verringern mufs, so erhalten wir durch jenes Verfahren einen zu grofsen Wert.

Im Laufe unserer Berechnung nun finden wir die diesem inneren Vorgange entsprechende Anzahl Calorien. Ziehen wir diese ab, so gibt uns die Differenz — diesmal ein zu kleiner Wert — die zweite Annäherung.

Wir könnten, so fortfahrend, immer weitere Annäherungen erreichen, doch genügt es, eine obere und eine untere Grenze zu besitzen.

Die Berechnung selbst findet sich am Ende unserer Erörterungen.

L. Theoretische Behandlung unserer Beobachtungen und Vergleich mit dem Carnotschen Kreisprozefs.

In den beiden letzten Abschnitten haben wir betont, dafs die Temperaturen der »Flüssigkeit Pictet« weder im Gefrierapparat noch im Kondensator direkt gemessen werden können, weil sie nicht mit denen der Umgebung identisch sind.

Betrachten wir jetzt eine ideelle Maschine, d. h. eine Maschine, welche, ohne die bei einer wirklichen Einrichtung vorhandenen Störungen, Reibung etc., arbeitet und bei der die Raumbeschränkung fortfällt.

Die Dimensionen sind hierbei unendlich. Die Temperaturunterschiede zwischen der »Flüssigkeit Pictet« und der Umgebung in Kondensator und Gefrierapparat sind gleich Null, eben wegen der unendlich grofsen Oberfläche der Kühlschlangen etc. Der Kolben arbeitet ganz langsam, ohne jede Reibung und ohne Stofs. Die Ventile sind vollkommen, d. h. ihr Widerstand ist Null.

An solcher ideellen Maschine können wir zwischen zwei Temperaturen t und t' den Carnot'schen Kreisprozefs verfolgen:

1. Die eine Temperatur ist die des Kondensators; ihr entspricht genau der in den Kühlschlangen und im Kondensator herrschende Druck, denn die Überhitzung in diesem fehlt.

2. Die andere Temperatur ist die des Gefrierapparates; ihr entspricht der in den Röhren daselbst und im Aspirator herrschende Druck, denn die Gase treten ungehindert in den Cylinder.

Weiter aber entspricht die Kompressionsarbeit genau der im Verlauf des Kreisprozesses fortgeführten Wärme, wenn man folgendes berücksichtigt:

Man nehme an, die Gase treten vom Kondensator nach dem Gefrierapparat nicht direkt, weil in diesem Falle die in ihnen enthaltene Wärme miteingeführt wird. Vielmehr werde die bis zur Abkühlung auf die Temperatur des Salzwassers überschüssige Wärme zur Bewegung eines Kolbens, d. i. zur Arbeitsleistung verwendet, so dafs jeder Calorie 431 kg Arbeit entsprechen. Dann wird diese Arbeit sich von der aufzuwendenden abziehen und die Differenz der Anzahl von Calorien gleich sein, welche im Prozefs auftreten.

Bei uns handelt es sich zwar nicht um eine ideelle, vollkommene Maschine; jedoch ist es unzweifelhaft, dafs wir uns mit zunehmender Annäherung an den ideellen Fall dem ideellen Zustande nähern. Daraus folgt, dafs wir die aus dem gemessenen Druck im Kondensator und Gefrierapparat abgeleiteten Temperaturen als diejenigen ansehen müssen, welche in dem von uns zu betrachtenden Kreisprozefs auftreten, d. h. t gehört zum Aspirations- und t' zum Kompressionsdruck.

Unter diesen Umständen können wir die sonst geltende Gleichung aufstellen:

$$\frac{(t'-t) \cdot 431}{273+t} = A$$

wobei A die aufgewendete mechanische Arbeit bezeichnet.

Würde die »Flüssigkeit Pictet« sich verhalten, wie jede andere einfache Flüssigkeit, so müfste jene Gleichung durch unsere Beobachtung bestätigt werden.

Nun aber ist dies nicht der Fall, und daraus folgt, dafs eine durch die »Flüssigkeit Pictet« geleistete innere Arbeit einen Teil jener äufseren ausmacht.

Die Gröfse dieser inneren Arbeit, gemessen in Calorien, liefert uns jedoch der Unterschied, den wir erhalten, wenn wir zur Berechnung der aus dem Kondensator mit der »Flüssigkeit Pictet« mitgehenden Wärme, anstatt der unbekannten spez. Wärme der Flüssigkeit, die des Schwefeldioxyds in Rechnung bringen.

Durch die innere Arbeit wird nämlich die bei Erhöhung der Temperatur nötige Wärmemenge verringert, aus demselben Grunde aber bei Erniedrigung der Temperatur weniger Wärme abgegeben, so dafs die spezifische Wärme in beiden Fällen kleiner erscheint.

Berechnen wir jetzt den Carnot'schen Prozefs mit derjenigen spezifischen Wärme, welche sich nach Abzug der Anzahl Calorien für die innere Arbeit ergibt, so vermehrt sich dadurch die äufsere Arbeit, welche für den Kreisprozefs auf die gleiche Wärmemenge entfällt, und wir haben in den beiden Werten der spezifischen Wärme die gewünschte obere und untere Grenze.

M. Beobachtung der spezifischen Wärme der Chlormagnesiumlösung.

Da die spezifische Wärme der angewendeten Salzlösung nicht viel von 1 verschieden ist, so war es für unsern Zweck ausreichend, das Mischungsverfahren anzuwenden. Hierbei erhalten wir die spez. Wärme auf gleiches Volumen. Gleiche Volumina kalter Salzlösung und warmen Wassers, oder umgekehrt, wurden gemischt und die Temperatur der Mischung beobachtet.«

Bezüglich der Ergebnisse dieser Beobachtungen und Untersuchungen, sowie des reichen Zahlenmaterials mufs auf den umfangreichen Bericht selbst verwiesen werden. Der Berichterstatter gelangt auf Grund derselben zu folgenden Aussprüchen:

»Die Proportionalität zwischen Dampfmenge und Leistung ist in so hohem Grade erfüllt, dafs man erwarten kann, dafs alle Gase, selbst diejenigen, welche Anomalien zeigen, diesem Gesetze gehorchen. Hierdurch ist das Gesetz erfüllt, dafs die Energie jedes aus dem Gefrierapparat austretenden Moleküls konstant und von der Natur des Stoffes selbst unabhängig ist.

Ein anderer nunmehr festgestellter Punkt ist der, dafs bei keiner Versuchsanordnung mehr Arbeit gebraucht wird, als der Carnot'sche Prozefs im Minimum erfordert. — Wenn wir aber sehen, dafs die einzelnen beobachteten Gröfsen genaue Übereinstimmung liefern, so müssen wir annehmen, dafs die innere Arbeit einen Teil der nach Carnot erforderlichen Arbeit ersetzt und erspart. In dieser Beziehung ist die den Beobachtungen entnommene Kurvenzusammenstellung ein willkommenes Hilfsmittel, jene Gesetze direkt zu verfolgen.«

Eine der jüngsten Arbeiten über die Beurteilung des Wirkungsgrades von Kühlmaschinen sind die von Dr. Leo Graetz in der »Allgemeinen Brauer- und Hopfenzeitung« veröffentlichten Aufsätze: »Physikalische und technische Betrachtungen über die neuen Pictet'schen Eismaschinen.« Bei dem vielfachen Interesse, welches gerade diese Maschinen wegen ihrer eigenartigen, zu den Gesetzen der mechanischen Wärmetheorie scheinbar in Widerspruch stehenden Wirkungsweise hervorgerufen haben, erscheint es wohl gerechtfertigt, diese Arbeit vollinhaltlich zu reproduzieren. Die Abhandlung lautet nachstehend:

»Der Streit über die Vorzüge der Linde'schen und der neuen Pictet'schen Eismaschinen hat nicht blofs grofses praktisches Interesse, sondern er ist auch von eminenter wissenschaftlicher Bedeutung. In der That kämpfen ja die beiden Hauptbeteiligten vor allem mit den Argumenten, dafs Pictet behauptet, mit seiner Maschine könne man Kälte mit geringerem effektiven Arbeitsaufwand erzeugen, als man bisher bei einer theoretisch vollkommenen, nach dem Carnot'schen Prozefs arbeitenden Maschine für dieselbe Leistung aufwenden müfste, während Linde, und mit ihm Andere, diesen Anspruch für einen absurden erklären und behaupten, das theoretische Minimum des Arbeitsaufwandes, das der zweite Hauptsatz der mechanischen Wärmetheorie feststelle, lasse sich durch keinerlei Anordnung der Maschine, durch keinerlei Änderung in der arbeitenden Flüssigkeit herabdrücken. Es ist also die Grundfrage des Streites eine rein wissenschaftliche, eine Frage über das Prinzip der Eutropie. In der Praxis ist ja diese Grundfrage von sehr nebensächlicher Bedeutung. Hier heifst die Frage einfach: Wie viel Kilo Eis kann ich mit einem Kilo Kohlen nach Linde und nach Pictet erzeugen, unter sonst gleichen Verhältnissen? Wie verhält sich der Betrieb, der Preis, die Dauer der Maschinen zu einander? Die Maschine mit besserer Leistung ist vorzuziehen, mag auch der zweite Hauptsatz der mechanischen Wärmetheorie dabei in die Brüche gehen. In Wirklichkeit müssen aber doch diese beiden Fragen zusammenfallen. Hat die »Flüssigkeit Pictet« für die Kälteerzeugung keine Eigenschaften, welche wesentlich von denen der einfachen Flüssigkeiten abweichen, so gilt dasselbe Maximum der Leistungsfähigkeit für sie wie für Maschinen für Ammoniak, mit schwefliger Säure, mit Äther u. s. w. Die ganze Frage der Verbesserung der Eismaschine ist dann eine Frage der zweckmäfsigsten mechanischen Konstruktion. Man kann dann höchstens sich eben diesem Maximum nähern. Hat dagegen die »Flüssigkeit Pictet« besondere Eigenschaften, resp. ist es für eine Flüssigkeit mit solchen besonderen Eigenschaften möglich, das Carnot'sche Maximum der Leistung zu überschreiten, so ist in der That die Frage der Kälteerzeugung in ein ganz neues Stadium gerückt, und die neue Maschine hat prinzipielle Vorzüge vor den alten, die durch richtige mechanische Anordnung auch zu thatsächlichen werden müssen.

Von diesen wissenschaftlichen und praktischen Gesichtspunkten aus habe ich die Raoul Pictet'schen Behauptungen zuerst einer theoretischen Prüfung auf ihre Berechtigung unterzogen, welche vollständig und allein auf dem Boden der mechanischen Wärmetheorie und der Thermochemie steht. Diese Untersuchung gebe ich im ersten Abschnitt. Sie sieht ab von allen technischen Fragen. Im zweiten Abschnitt habe ich Beobachtungsdaten, die ich zum Teil anderen publizierten Untersuchungen entnehme, die ich zum andern Teil selbst bei einer Pictet'schen Maschine in der Eisfabrik von Bender in Mannheim ausgeführt habe, einer Diskussion und Berechnung unterworfen, und dieser Abschnitt gibt die praktische Antwort auf die gestellten Fragen.

I. Theoretische Untersuchung der mit der „Flüssigkeit Pictet" ausführbaren Prozesse.

Die Flüssigkeit Pictet, der wesentliche Bestandteil des neuen Kälteerzeugungs-Prozesses, ist ein Gemisch von schwefliger Säure und Kohlensäure. Sie wird erhalten, indem man gasförmige Kohlensäure und gasförmige schweflige Säure in bestimmten Gewichtsverhältnissen zusammen in einen Kondensator bringt und mittels einer Kompressionspumpe komprimiert. Ebenso kann man auch flüssige Kohlensäure mit flüssiger schwefliger Säure in bestimmten Gewichtsverhältnissen mischen, oder man kann gasförmige Kohlensäure in flüssige schweflige Säure einleiten, resp. gasförmige schweflige Säure in flüssige Kohlensäure. In jedem Falle erhält man durch Abkühlung und unter Druck eine aus schwefliger Säure und Kohlensäure gemischte Flüssigkeit, die »Liquide Pictet«.

Eine solche Mischung zweier Flüssigkeiten sendet Dämpfe aus, die entweder mit der Temperatur variable oder konstante Zusammensetzung haben können. In letzterem Falle mufs die Zusammensetzung des Dampfes dieselbe sein wie die der Flüssigkeit. In diesem Fall kann sich auch durch die Verdampfung die Zusammensetzung der Flüssigkeit nicht ändern. Im ersteren Falle mufs durch die Verdampfung selbst die Zusammensetzung der Flüssigkeit geändert werden. Der erstere Fall würde eintreten, wenn die beiden gemischten Flüssigkeiten eine einzige bestimmte, homogene, nach molekularen Gewichtsverhältnissen zusammengesetzte, chemisch verbundene Flüssigkeit geben, die nicht dissoziierbar ist. In jedem anderen Falle müssen die Dämpfe variable Zusammensetzung haben. Die letztere Möglichkeit bietet offenbar den allgemeineren Fall. Ähnliche Verhältnisse treten auf, wenn man Gemische von Wasser und Alkoholen oder Gemische von Wasser und Säuren der Verdampfung unterwirft. Dafs die Dämpfe dabei je nach der Temperatur variable

Zusammensetzung haben, folgt ohne weiteres daraus, dafs solche Gemische im allgemeinen nicht konstant sieden, sondern dafs man durch fortgesetzte Destillation schliefslich ein Produkt erhält, welches entweder einer der beiden Bestandteile selber ist, oder eine nach molekularen Gewichtsverhältnissen zusammengesetzte chemische Verbindung derselben.

Die Kurve der Dampfspannungen dieser Flüssigkeit ist von Pictet selbst, dann von Turettini, von Rossi, endlich von Corsepius bestimmt worden, zum Teil im Beisein hervorragender Physiker. Bis auf unwesentliche Gröfsen ist sie immer übereinstimmend gefunden worden. Es ergaben sich für den Druck des gesättigten Dampfes folgende Zahlen, die zusammengestellt sind mit denen, welche sich ergeben würden, wenn man aus der latenten Wärme des Dampfes und der spezifischen Wärme nach einer bekannten, aber ungenauen Formel der mechanischen Wärmetheorie den Druck berechnet (theoretische Kurve).

Temperatur in Grad C.:	Druck in Atmosphären:	Theoretische Kurve:
— 30	0,77	0,77
— 25	0,89	0,91
— 20	0,98	1,28
— 15	1,18	1,59
— 10	1,34	1,97
— 5	1,60	2,41
0	1,83	2,93
+ 5	2,20	3,50
+ 10	2,55	4,21
+ 15	2,98	4,98
+ 20	3,40	5,88
+ 25	3,92	6,86
+ 30	4,45	8,00
+ 35	5,05	9,15
+ 40	5,72	10,40
+ 45	6,30	12,16
+ 50	6,86	13,98

Die wirkliche Dampfspannung, die also beim Ausgangspunkt mit der theoretischen zusammenfällt, entfernt sich immer mehr von ihr, je weiter die Temperatur steigt. Je höher die Temperatur wird, desto geringer wird die wirkliche Dampfspannung im

Vergleich mit der theoretischen, ja sie wird sogar von + 25° an kleiner als die Dampfspannung der reinen schwefligen Säure. Bei weitem geringer als die der reinen Kohlensäure ist sie von Anfang an.

Drei Fragen treten uns hier entgegen: 1. Ist ein solcher Verlauf der Dampfspannung möglich? 2. Worauf beruht er? 3. Welche Folgen zieht er nach sich? Die erste Frage erledigt sich leicht, da wir bereits wenigstens von einem andern Flüssigkeitsgemisch wissen, daſs es einen ähnlichen Verlauf der Dampfspannung zeigt, d. h. daſs die Dampfspannung des Gemisches kleiner sein kann als die der beiden einzelnen Bestandteile. Ich beziehe mich hierbei auf die sorgfältigen Versuche von Konowalow, die im physikalischen Laboratorium von Straſsburg angestellt wurden, und die in Wiedemann's Annalen Bd. 14, 1881, S. 34 publiziert sind. Konowalow fand für Mischung von Ameisensäure und Wasser ein ganz analoges Verhalten, wobei ebenfalls fast in dem ganzen untersuchten Temperaturintervall das Gemisch eine kleinere Dampfspannung hatte als die beiden einzelnen Bestandteile. Ich führe die Zahlen von Konowalow — berechnet auf ganze Temperaturgrade — hier an.

Dampfspannung in Millimeter Quecksilber von

Temperatur:	Wasser:	reine Ameisensäure:	23% CH_2O_2 + 77% H_2O	50% CH_2O_2 + 50% H_2O	80% CH_2O_2 + 20% H_2O
15	12,7	24	12,5	10,0	13
20	17,4	33	17,0	—	—
30	31,1	52	—	28,5	—
40	55,0	93	55	50	52
50	92,0	127	—	90	—
60	148,1	191	145	—	127
70	233,0	280	—	169	—
80	354,0	400	343	305	288
90	525,0	558	—	455	—
100	760,0	768	719	644	600

Aus diesen Zahlen ersieht man sofort dasselbe Verhalten wie bei dei Flüssigkeit Pictet. Im Anfang des untersuchten Temperaturintervalls bei 15° haben die Gemische gleiche oder etwa gröſsere Dampfspannung wie der eine der Bestandteile,

Wasser, bei höheren Temperaturen geht die Dampfspannung des Gemisches ganz unter die der beiden Bestandteile.

Die erste Frage ist damit erledigt. Die Flüssigkeit Pictet bietet nicht das einzige bekannte Beispiel eines solchen Verlaufs der Spannungskurve.

Die zweite Frage: Wodurch wird eine solche Spannungskurve hervorgebracht, welches müssen die Eigenschaften der Flüssigkeit sein, die einen derartigen abnormen Verlauf des Dampfdruckes zeigt? Diese Frage beantwortet sich aus den bekannten Versuchen von Regnault über die Dampfspannung gemischter Flüssigkeiten. Regnault (Compte rendu de l'Académie française, Bd. 39) hat gezeigt, dafs Flüssigkeitsgemische von dreierlei Art existieren können, dafs zwei Flüssigkeiten sich gar nicht, teilweise oder ganz ineinander lösen können. Diesen drei verschiedenen Fällen entsprechen drei verschiedene Kurven der Dampfspannung. Unlösliche Flüssigkeiten haben als Dampfspannung die Summe der Einzelspannungen, lösliche Flüssigkeiten haben Spannungen, die zwischen den Einzelspannungen liegen, und die sich umsomehr den kleineren nähern, je enger die chemische Verbindung zwischen den Molekülen der beiden Flüssigkeiten ist. Daraus folgt, dafs die Erniedrigung der Dampfspannung direkt eine Folge ist der Anziehungskräfte, mit denen die Flüssigkeitsmoleküle aufeinander wirken. Je stärker diese Kräfte sind, um so geringer ist die Dampfspannung. In einem einfachen Falle kann man diesen Zusammenhang leicht theoretisch verfolgen, nämlich bei dem Gemisch zweier Flüssigkeiten, von denen die eine keine merkbare Dampfspannung für sich hat. Diese Untersuchung ist von Kirchhoff (Gesammelte Abhandlungen S. 454 und 485) ausgeführt worden an Mischungen von Schwefelsäure und Wasser. Je stärker aber die Kräfte sind, mit denen die Moleküle aufeinander wirken, desto gröfser ist die Wärmemenge, die bei der Bildung des Gemisches frei wird, und die Kirchhoff'sche Untersuchung gibt direkt eine Beziehung zwischen der frei werdenden Wärmemenge und der Dampfspannung des Gemisches. Diese Formel ist streng abgeleitet für den Fall, dafs nur die eine Flüssigkeit eine merkbare Dampfspannung hat. Für die Flüssigkeit Pictet haben sowohl die Kohlensäure als die schweflige Säure selbst sehr starke Dampfspannungen, aber die der Kohlensäure übertrifft diejenige der schwefligen Säure um das 15- bis 20 fache. Wir können daher aus dem Verlaufe der Dampfspannung mit Notwendigkeit schliefsen, dafs die Vereinigung der beiden Flüssigkeiten bei höherer Temperatur mit einer stärkeren Wärmeentwickelung verbunden ist als bei den niedrigen, dafs also die beiden Flüssigkeiten in höherer Temperatur mit stärkeren Affinitätskräften aufeinander wirken als in niedrigen.

Auf die Untersuchung von Gemischen dieser Art läfst sich mit Vorteil die Lehre von der freien Energie, die von Helmholtz, resp. die Lehre von thermodynamischen Potential, welche insbesondere durch französische Autoren in den letzten Jahren ausgebildet wurde (Duhem, Le potentiel thermodynamique) anwenden. Ich denke mir m Äquivalentgewichte flüssiger schwefliger Säure und m Äquivalentgewichte flüssiger Kohlensäure und m^1 Äquivalentgewichte von jeder der möglichen chemischen Verbindungen zwischen ihnen, zusammen in ein Gefäfs gebracht, welches sie ganz ausfüllen, mit so starken Wänden, dafs diese jeden Druck aushalten, so dafs wir also während des ganzen Prozesses es nur mit Flüssigkeiten, nicht mit ihren Dämpfen zu thun haben. Die Molekulargewichte der einzelnen Substanzen seien $w_1 w_2$, $w^1_1 w^1_2 \ldots$

Das thermodynamische Potential des gesamten Systems ist dann, wenn mit Ψ_1, Ψ_2, $\Psi_1{}^1 \ldots$ die Einzelpotentiale bezeichnet werden

$$\Psi = m\,(w_1 \Psi_1 + w_2 \Psi_2) + m^1\,(w_1{}^1 \Psi_1{}^1 + w_2{}^1 \Psi_2{}^1 + w^1{}_3 \Psi_3{}^1 + \ldots)$$

Wenn nun dm Äquivalente der komponierenden Flüssigkeiten zu einer Verbindung zusammentreten, so ändert sich das thermodynamische Potential um

$$d\Psi = dm\,[w^1{}_1 \Psi_1{}^1 + w^1{}_2 \Psi_2{}^1 + w^1{}_3 \Psi^1{}_3 \ldots - w_1 \Psi_1 - w \Psi_2]$$

Bei beliebig gegebenen Werten von Druck und Temperatur haben die Gröfsen ψ_1, ψ_2 u. s. w. bestimmte Werte. Der Ausdruck in der Klammer hat also einen bestimmten positiven oder negativen Wert, und da für jeden möglichen Prozefs das thermodynamische Potental abnehmen mufs oder im Grenzfalle konstant bleiben darf, so folgt, dafs dm ein ganz bestimmtes Vorzeichen haben mufs, nämlich das entgegengesetzte der Klammergröfse. Der Prozefs geht also nach einer bestimmten Richtung bis zur Beendigung vor sich, entweder so, dafs sich die getrennten

Stoffe verbinden, oder dafs die verbundenen sich lösen. Stabiles Gleichgewicht findet statt, wenn die Klammergröfse gleich Null ist. Dies gibt eine bestimmte Beziehung zwischen Druck und Temperatur. Für alle anderen Verhältnisse zwischen Druck und Temperatur, welche nicht der Gleichung

$$w^1_1 \Psi^1_1 + w_2^1 \Psi_2^1 + w_3^1 \Psi_3^1 \ldots = w_1 \Psi_1 + w_2 \Psi_2$$

genügen, findet kein Gleichgewicht, sondern ein fortschreitender Übergang in bestimmter Richtung statt. Daraus folgt, *dafs durch passende Änderung von Druck und Temperatur der chemische Vorgang sich umkehren mufs*. Findet bei bestimmten Temperaturen und Drucken eine vollständige Vereinigung von schwefliger Säure und Kohlensäure zu einer neuen Flüssigkeit statt, so mufs bei anderen Temperaturen und Drucken ein Zerfall der gebildeten Flüssigkeit in ihre Komponenten stattfinden. Dieser Satz gilt stets, wenn man von den Wärmeentwickelungen durch Absorption, Diffusion, Lösung absieht.

Wenn nun die Bildung eines Stoffes von Wärmeentwickelung begleitet ist, so geht der Zerfall dieses Stoffes unter Wärmeabsorption vor sich. Wenden wir diese Sätze auf die Flüssigkeit *Pictet* an, so kommen wir nun allerdings zu sehr seltsamen Folgerungen. Bei höheren Temperaturen würden die komponierenden Flüssigkeiten sich unter Wärmeentwickelung zu einer neuen zusammensetzen, bei niederen würde die gebildete Zusammensetzung sich unter Wärmeabsorption lösen.

Eine solche Flüssigkeit scheint direkt dem zweiten Hauptsatz der mechanischen Wärmetheorie zu widersprechen. In der That würde ja eine solche Flüssigkeit scheinbar unmittelbar ohne Kompensation Wärme von einem kälteren zu einem wärmeren Körper überführen können. Man kann mit dieser Flüssigkeit folgenden Kreisprozefs machen: Man bringt die Flüssigkeiten in Gefäfse mit so starken Wänden, dafs sie jeden Druck aushalten und das Verdampfen der Flüssigkeiten hindern. Ausgehend von einer niederen Temperatur T_0 erwärmt man die Komponenten getrennt, führt ihnen also Wärme zu. Sobald sie auf eine bestimmte höhere Temperatur T_1 gelangt sind, vereinigt man sie. Es entsteht der Voraussetzung nach eine Wärmeentwickelung, es wird eine Wärmenge Q_1 abgegeben etwa an einen Körper von der Temperatur T_1. Nun kühlt man die gebildete Flüssigkeit wieder ab bis T_0. Dort zerlegt sich dieselbe der Voraussetzung nach und nimmt dabei eine Wärmemenge Q_0 auf von einem Körper von der Temperatur T_0. Die Flüssigkeit ist wieder in demselben Zustand wie am Anfang des Kreisprozesses, und der ganze Effekt ist scheinbar, daſs ohne jede Arbeitsleistung eine gewisse Wärmemenge von niederer zu höherer Temperatur übergeführt wurde — scheinbar ein direkter Widerspruch gegen den zweiten Hauptsatz.

Dieser Widerspruch löst sich bei näherer Betrachtung. Eine unendlich kleine Wärmemenge, die einem Körper zugeführt wird, dient nach den so klaren Erörterungen von Klausius dazu, um erstens den Wärmeinhalt des Körpers zu vermehren, zweitens innere Arbeit zu leisten, drittens äuſsere Arbeit zu leisten. Von der inneren Arbeit, d. i. der Arbeit, welche die Kräfte zwischen den Molekülen eines Körpers leisten, und dem Wärmeinhalt eines Körpers läſst sich leicht beweisen, daſs sie nur vom Anfangs- und Endzustand abhängen, während die äuſsere Arbeit von dem Weg der Überführung abhängt. Bringe ich nun zwei Körper A und B zusammen, die chemische Kräfte aufeinander ausüben, so sind die Kräfte, welche von den Molekülen von B auf die von A ausgeübt werden, für A äuſsere Kräfte und ebenso die von A auf B ausgeübten für B äuſsere Kräfte. Diese äuſseren Kräfte aber und die durch sie geleisteten Arbeiten, sei es bei der chemischen Verbindung, sei es bei der Trennung der beiden Flüssigkeiten, können, wie alle äuſseren Arbeiten, abhängen von dem Wege der Überführung. Mit anderen Worten, wenn ich die beiden Flüssigkeiten zuerst getrennt auf höhere Temperatur bringe, dann bei dieser Temperatur zur chemischen Verbindung zusammentreten lasse, dann abkühle und bei niederer Temperatur die chemische Verbindung wieder löse, so können und werden auch im allgemeinen die Arbeiten, welche die Moleküle des einen Körpers gegen die des andern dabei leisten müssen, positive und negative, bei den beiden Temperaturen verschiedene sein, es wird also eine positive, resp. negative Arbeit übrig bleiben, wenn der Kreisprozeſs vollendet ist und die beiden Stoffe sich wieder unverbunden im Anfangszustand befinden. Diese Arbeit bietet die Kompensation für den Übergang der Wärme aus einem kälteren in einen wärmeren Körper.

Physikalisch betrachtet, ist die Flüssigkeit Pictet auf dem Rückweg von der höheren Temperatur zur niederen ein anderer Körper als auf dem Hinweg von der niederen zur höheren Temperatur. Mathematisch betrachtet, heiſst dies nichts anderes, als daſs der Zustand der Flüssigkeit Pictet nicht allein von zwei Variabeln, etwa Druck und Temperatur, sondern noch von einer dritten, etwa dem Zersetzungsgrad, abhängt, d. h. daſs bei gleichem Druck und gleicher Temperatur der innere Zustand der Flüssigkeit doch noch verschieden sein kann. Diese Eigenschaft teilt die Flüssigkeit mit einer Reihe von anderen chemischen Verbindungen, die z. B. in allotropen, isomeren, metameren Verhältnissen bei denselben äuſseren Bedingungen gleichzeitig existieren können.

Wir müssen also sagen, daſs die innere Energie und die Eutropie der Flüssigkeit Funktionen dreier Variablen sind, daſs etwa auf dem Hinweg die Flüssigkeit die innere Energie U und die Eutropie S habe, auf dem Rückweg die Energie V und die Eutropie R bei gleicher Temperatur ausdrücken. Dann gelten für einen Kreisprozeſs zwischen der Temperatur T_1 und T_0, bei denen die Umwandlungen vor sich gehen sollen, dieser Flüssigkeit allein — ohne Verdampfung — die Gleichungen

I.	$U_1 - U_0$	$+ Q_1$	$= V_1 - V_0$	$+ Q_0$
	aufgenommene Wärme	abgegebene Wärme	abgegebene Wärme	aufgenommene Wärme

oder $U_1 - V_1 - (U_0 - V_0) = Q_1 - Q_0$

$$\text{II.} \quad \frac{Q_1}{T_1} + R_1 - R_0 = \frac{Q_0}{T_0} + S_1 - S_0.$$

Diese Gleichungen zeigen auf das Deutlichste, daſs der ganze merkwürdige Effekt der Flüssigkeit Pictet nur in ihrer verschiedenartigen Zusammensetzung an verschiedenen Stellen ihres Prozesses beruht. Es liegt in ihr nichts, was den Grundsätzen der mechanischen Wärmetheorie widerspricht. Auf den kürzesten Ausdruck gebracht, stellen sich die Eigenschaften der Flüssigkeit Pictet in folgender Weise dar:

Wir wollen diejenige Flüssigkeit, welche die Komponenten unverbunden (resp. in der einen Art verbunden) enthält, als A, diejenige, welche sie verbunden (resp. in der anderen Art verbunden) enthält, als B bezeichnen. Dann folgt:

1. Mit wachsender Temperatur und geeigneter Anderung des Druckes **wächst** die freie Energie der Flüssigkeit *A*, bis sie bei einer gewissen Temperatur einen Wert erlangt, der gröſser ist als der der freien Energie der Flüssigkeit *B*. Dann geht *A* in *B* über.

2. Mit abnehmender Temperatur und geeigneter Änderung des Druckes **wächst** die freie Energie der Flüssigkeit *B*, bis sie bei einer gewissen Temperatur einen Wert erlangt, der gröſser ist als der der Flüssigkeit *A*. Dann geht *B* in *A* über.

Es gibt keinen Grund, welcher gegen die Möglichkeit dieser Eigenschaften sprechen könnte.

In der vorhergehenden Betrachtung habe ich der Einfachheit halber angenommen, daſs die Umwandlungen plötzlich bei bestimmten Temperaturen vor sich gehen. Das ist natürlich zum Wesen der Erörterung unnötig, erhöht bloſs die Anschaulichkeit. Ich habe weiter angenommen, daſs diese Umwandlungen bei den bestimmten Temperaturen von selbst eintreten. Auch dies ist nicht nötig. Wir haben Beispiele genug, in denen chemische Prozesse erst durch irgend eine, auch unendlich kleine zugeführte Wärmemenge, eingeleitet, ausgelöst werden müssen, um dann in der Richtung der abnehmenden freien Energie weiterzugehen. Es ist deshalb eine sekundäre Frage, ob der Kreisprozeſs, wie er eben geschildert ist, nun von selbst in dieser Weise sich ausführen läſst, oder ob er noch eingeleitet, unterstützt werden muſs durch einen andern Vorgang, z. B. die Verdampfung und Kondensation.

II. Anwendung der Flüssigkeit Pictet zur Kälteerzeugung.

Aus den vorhergehenden Betrachtungen geht unwiderleglich hervor, daſs eine zusammengefaſste Flüssigkeit mit den Eigenschaften der Flüssigkeit **Pictet** schon für sich, auch ohne Verdampfung und darauf folgende Kompression, geeignet ist, einem kalten Refrigerator Wärme zu entziehen und sie auf einen Kondensator zu übertragen. In diesem Kreisprozeſs wird Wärme von einem kalten Körper aufgenommen und sie auf einen warmen übertragen. Die Kompensation für diesen Übergang liegt in der Bildung des neuen Körpers *B*, dem man, nach der Ausdrucksweise von **Clausius**, eine gröſsere Disgregation zuschreiben muſs als dem Körper *A*. Diese Disgregation kann nun wieder rückgängig gemacht werden entweder durch eine äufsere Arbeit oder durch den Übergang von Wärme aus höherer zu niederer Temperatur. Beides ist hier der Fall, und mehr wird von Clausius (Mech. Wärmetheorie Bd. I S. 82) selbst nicht gefordert. Es mufs thatsächlich die Flüssigkeit *B* abgekühlt werden, sie mufs Wärme abgeben, um wieder zu einer Temperatur zu gelangen, bei der sich die Flüssigkeit *A* durch Wärmeabsorption bilden kann.

Führen wir nun mit der Flüssigkeit Pictet den gewöhnlichen Prozefs aus, der in einer Kompressionskältemaschine ausgeführt wird, so haben wir jetzt zwei gleichzeitige Kreisprozesse in derselben Richtung. Bei dem ersten Kreisprozefs wird durch Disgregation und darauf folgende Aggregation, die beide durch die chemischen Kräfte unter Vermittlung der Wärme allein ausgeführt werden, eine gewisse Wärmemenge Q_2 von einer Temperatur T_0 zu einer Temperatur T_1 gehoben. Die dazu nötige Arbeit wird durch die Molekularkräfte geleistet und ist im Minimum, das aber hier, da der Prozefs nicht umkehrbar ist, nicht zu erreichen ist.

$$U_1 - V_1 - (U_0 - V_0) = Q_2 \frac{T_1 - T_0}{T_0}.$$

Bei dem zweiten, gleichzeitig verlaufenden Prozefs wird die Flüssigkeit *A* verdampft durch Wärmeabsorption, die Dämpfe werden komprimiert unter Aufwendung einer bestimmten Maschinenarbeit, dabei zugleich kondensiert (mit Bildung der Flüssigkeit *B*), diese wird abgekühlt, und der Prozefs geht von neuem fort. Dieser letztere Prozefs ist vollkommen bekannt, er ist derselbe, der in allen Maschinen mit Kompression, in den Heifsdampfmaschinen und Kaltdampfmaschinen auftritt. Er ist in der bekannten klassischen Weise von Zeuner behandelt. Auf die Natur der Flüssigkeit kommt es bei diesem Prozefs — wenn er den Carnot'schen Cyclus durchmacht — nicht an. Es wird eine Wärmemenge Q_1 gehoben von einem unteren Niveau T_0 zu einem höheren T_1, und die dazu erforderliche äufsere Maschinenarbeit ist im Minimum gegeben durch

$$AL_1 = Q_1 \frac{T_1 - T_0}{T_0},$$

worin *A* das kalorische Arbeitsäquivalent ist.

Die gesamte gehobene Wärmemenge ist aber $Q_1 + Q_2 = Q$. Die Wärmemenge Q_2 nun, die nur durch die Arbeit der Molekularkräfte gehoben ist, zu deren Hebung wir also keine eigene aufzuwendende Arbeit nötig haben, können wir in erster Linie als konstant ansehen. Sie entsteht bloſs durch die Verschiedenheit der molekularen Anordnung bei der höheren und niederen Umwandlungstemperatur. Sobald diese einmal eingetreten ist bei bestimmten Temperaturen, ist durch Erhöhung resp. Erniedrigung derselben ein weiterer Effekt nicht mehr zu erwarten.

Folglich wird mit dieser Flüssigkeit durch den Aufwand einer bestimmten äuſseren Maschinenarbeit AL im ganzen transportiert $Q_1 + Q_2 = Q$ und es ist

$$AL = Q_1 \frac{T_1 - T_0}{T_0} + Q_2$$

$$\text{oder } AL = Q \frac{T_1 - T_0}{T_0} - Q_2 \frac{T_1 - 2T_0}{T_0}.$$

Wäre die Flüssigkeit einfach, so würde zur Hebung der Wärmemenge Q im Carnot'schen Cyclus die Arbeit AL_c nötig sein.

$$AL_c = Q \frac{T_1 - T_0}{T_0},$$

$$\text{folglich ist } AL_c - AL = Q_2 \frac{T_1 - 2T_0}{T_0}.$$

Man hat also mittels der Flüssigkeit Pictet, falls sie die vorausgesetzten Eigenschaften hat, eine Ersparnis an Arbeit gegenüber jeder einfachen Flüssigkeit, und diese Ersparnis an Arbeit gegenüber einer einfachen Flüssigkeit wird also um so gröſser, — bei gleichbleibendem T_0 — je höher die Temperatur T_1 ist, d. h. je höher die Kondensatortemperatur liegt, je weniger Kühlwasser man also anwendet. Dies ist offenbar nur für gewisse Grenzen praktisch, weil die notwendige Arbeit sehr rasch mit der Kondensatortemperatur wächst. Falls die Umwandlung der Flüssigheit A in B nicht auf einmal bei höherer Temperatur stattfindet, sondern successive, indem sowohl B als auch A selbst wieder als zusammengesetzte Körper zu betrachten sind, so würde auch Q_2 selbst noch mit höherer Temperatur wachsen, die Ersparnis also um so gröſser werden.

Wie sich nun diese Dinge in Wirklichkeit bei ausgeführten Maschinen verhalten, kann nur durch Beobachtungen und genaue Diskussionen derselben ermittelt werden. Die Hauptsache — nämlich die Möglichkeit, durch rein chemische Prozesse Wärme zu heben — ist in diesem Aufsatz bewiesen; die chemischen Prozesse sind ja im allgemeinen bisher der theoretischen Behandlung durch die Thermodynamik nicht zugänglich und namentlich nicht in quantitativer Weise zugänglich, weil sie in den allermeisten Fällen irreversibel sind. Aber auch unter den bisher behandelten Fällen scheinen mir Analogien mit dem hier behandelten vorzuliegen. Jodwasserstoff z. B. bildet sich bei 400 bis 500° aus den Elementen Jod und Wasserstoff unter Wärmeabsorption. Wenigstens berechnet sich nach Thomson für diese Wärmetönung ein negativer Wert. Bei höheren Temperaturen aber dissoziiert sich der Jodwasserstoff, und dieser Vorgang mufs dann mit Wärmeentwickelung verbunden sein. Genaue thermochemische Untersuchungen mit Berücksichtigung der Temperatur dürften noch manche ähnliche Fälle zur Kenntnis bringen. Der folgende Aufsatz wird sich also mit Beobachtungen an Pictet'schen Maschinen beschäftigen.

In dem vorhergehenden Aufsatz habe ich rein theoretisch untersucht, ob es Kombinationen für Kompressions-Kältemaschinen geben kann, welche eine bestimmte Wärmemenge mit geringerem effektiven Arbeitsaufwand heben können, als es der Carnot'sche Prozefs verlangt. Die Antwort lautet bejahend. Eine zusammengesetzte Flüssigkeit von bestimmten Eigenschaften, wie sie der Flüssigkeit Pictet höchst wahrscheinlich zukommen, besitzt diese prinzipielle Möglichkeit. Untersuchungen über Heifsdampf- und Kaltdampfmaschinen, die bisher ausgeführt waren, und die die Carnot'sche Gleichung als Grenzwert ergaben, bezogen sich stets auf arbeitende Körper, deren Zustand von zwei Variablen abhing. Erst in den letzten Jahren ist man dazu übergegangen, thermodynamische Prozesse zu untersuchen, die von mehr als zwei Variablen abhängen (s. Helmholtz, Zur Thermo-Dynamik chemischer Vorgänge. Abhandlung der Berliner Akademie 1882), und diese Erweiterung ergibt, dafs ein Teil der zur Hebung von Wärme notwendigen Arbeit auch geliefert werden kann durch chemische Prozesse, dafs also die durch äufsere Mittel zu verrichtende Arbeit geringer sein kann, als es bisher selbst bei theoretisch vollkommenen Maschinen möglich war.

Es entsteht jetzt die Frage, ob die Flüssigkeit Pictet in der That solche Eigenschaften besitzt, die ihr allen einfachen Flüssigkeiten gegenüber prinzipielle Vorzüge zum Betriebe von Kältemaschinen mitgeben würden. Die Frage kann nicht allein beantwortet werden aus dem Studium der Dampfspannungskurve — obwohl diese Kurve solche Eigenschaften wahrscheinlich macht — sondern sie mufs beantwortet werden durch Versuche an Maschinen, die mit dieser Flüssigkeit arbeiten. Diese Untersuchung nehme ich in dem vorliegenden Aufsatz vor. Dabei lege ich der Berechnung zu Grunde die Beobachtungszahlen, die einerseits von Prof. Schröter in den »Untersuchungen über Kältemaschinen« (München und Leipzig 1887) und anderseits von Dr. Corsepius in dem Berichte über eine Pictet-Eismaschine (Berlin 1887) veröffentlicht sind. Die beiden Forscher kommen bei der Diskussion ihrer Zahlen zu verschiedenen Resultaten, und es wird nötig sein, die Differenz der Berechnungsweisen genau zu untersuchen.

Eine theoretisch vollkommene Kältemaschine mit Kompression mufs folgende Eigenschaften haben: Sie mufs in dem Refrigerator wie in dem Kondensator und Kompressor Röhren und Ventile von solchem Querschnitt haben, dafs kein Druckverlust beim Ansaugen und Komprimieren stattfindet, d. h. die an dem Kompressor ermittelte Saugspannung und Druckspannung mufs gleich der in dem Refrigerator und Kondensator herrschenden Spannung sein.

Die Messungen an einer Kältemaschine erstrecken sich auf die möglichst sorgfältige Ermittlung aller von dem Refrigerator abgegebenen und aller von dem Kondensator aufgenommenen Wärmemengen und auf die Arbeit, welche bei diesem Wärmetransport an dem Kompressor zu leisten ist. Diese Arbeit mufs für eine nach dem Carnot'schen Prozefs arbeitende, also vollkommene Maschine, bei der alle Konstruktionshindernisse wegfallen, einen bestimmten von den Grenztemperaturen und der gehobenen Wärmemenge abhängigen Wert haben. Alle thatsächlich ausgeführten Maschinen haben Unvollkommenheiten, können sich also dieser Grenze nur nähern, sie verbrauchen zu gleicher Abkühlungsleistung mehr Arbeit, als es der Carnot'sche Prozefs verlangt. Zieht man alle Unvollkommenheiten eines bestimmten Maschinentypus in Rechnung, d. h. ersetzt man sie rechnerisch durch die vollkommenen Einrichtungen, so erhält man die ideale Maschine von diesem Typus, und diese ideale Maschine mufs, wenn sie mit einfachen Flüssigkeiten arbeitet, eben genau die Carnot'sche Minimalarbeit für eine bestimmte gehobene Wärmemenge geben. Führt man ebenso die Pictet'sche Maschine auf ihren idealen Typus zurück, so mufs sie, wenn in ihr thatsächlich durch chemische Kräfte Wärme gehoben wird, die Arbeit bei gleicher Leistung unter die Carnot'sche Minimalleistung heruntergehen. Auf diesem Wege ist die gestellte Frage zu untersuchen. Durch blofse konstruktive Vervollkommnungen kann jede Maschine dem idealen Typus immer näher gebracht werden.

Bei einer vollkommenen Maschine mufs der Druck der Dämpfe im Aspirator genau gleich dem Druck der Dämpfe im Refrigerator sein, die zu messende Saugspannung im Kompressor mufs gleich der Manometerangabe der Refrigeratordämpfe sein, also mufs auch die aus den Spannungen nach der Druckkurve bestimmte Temperatur der Dämpfe im Aspirator gleich der im Refrigerator sein. Ferner mufs das Bad, dem durch den Refrigerator Wärme entzogen wird, genau die Temperatur des Refrigerators haben. Bei einer vollkommenen Maschine herrscht also kein Zweifel über die untere Temperatur der Wärmemenge, welche gehoben wird. Ebenso mufs der Druck der Dämpfe im Kompressor gleich dem der Dämpfe im Kondensator sein, es mufs daher auch die obere Temperatur sich gleich ergeben, ob man nun den Volldruck im Kompressor mifst oder im Kondensator, und ebenso mufs die Temperatur des Kühlwassers dieselbe sein, wie die des Kondensators. Wie man also auch die Temperatur des Refrigerators und Kondensators mifst, ob direkt im Salzbad, ob durch die Aspirator- oder Refrigeratorspannung, resp. ob direkt im Kühlwasser oder durch die Kompressor- oder Kondensatorspannung — es müssen sich dieselben beiden Grenztemperaturen ergeben. Bei einer praktisch ausführbaren Maschine hat erstens das Salzbad höhere Temperatur als die Dämpfe im Refrigerator, und diese haben höhere Spannung, als auch höhere Temperatur (wegen der Enge der Röhren und Ventile) als die Dämpfe im Aspirator. Die Frage ist also, welche von diesen drei verschiedenen, mefsbaren Temperaturen ist die untere Grenztemperatur für eine entsprechende ideale Maschine? Selbstverständlich kann man jede von den drei Temperaturen wählen, wenn man will; die Entscheidung hängt nur davon ab, ob man die gemessene Arbeit des Kompressors unverändert lassen will, um sie als Grundlage der Rechnung zu benutzen, oder ob man diese auch verändern will. Wenn man nämlich die gemessene Temperatur des Salzbades oder die Temperatur des Refrigerators als untere Temperaturen für eine ideale Maschine annimmt, so muſs man dementsprechend im Aspirator einen höheren Druck annehmen, als er bei den Messungen der Arbeit durch Diagramme hatte. Es wird daher die gemessene Arbeit zu verändern sein. Wenn man umgekehrt die gemessene Arbeit des Kompressors zu Grunde legt, so muſs bei einer idealen Maschine der Druck im Refrigerator niedriger sein, also auch die Temperatur und daher auch die Temperatur des Salzbades. Dasselbe gilt für die Kondensator- und Kompressor-Temperatur. Also: wenn man die am Kompressor gemessene Arbeit festhält und sie für eine ideale Maschine anwendet, so sind die unteren und oberen Temperaturen, zwischen denen die Wärme gehoben wird, **nicht** zu berechnen aus den Spannungen im Refrigerator und Kondensator, sondern aus denen im Aspirator und Kompressor. (Diesen Punkt bespricht auch Zeuner in demselben Sinne — Theorie der Kaltdampfmaschinen, § 4 im Anfang).

Will man umgekehrt die Temperaturen im Refrigerator und Kondensator der Berechnung zu Grunde legen, was ja im Belieben steht, — so darf man nicht für eine ideale Maschine die an einer unvollkommenen gemessene Arbeit des Kompressors anwenden, sondern eine andere, welche sich ergibt, wenn man die Dämpfe mit dem höheren Druck des Refrigerators einströmen und auf den niedrigeren Druck des Kondensators komprimieren läſst. Was zweitens die aufgenommene und abgegebene Wärmemenge betrifft, so ist für eine ideale Maschine die Berechnung ebenfalls einfach. Aus dem Reservoir mit der niederen Temperatur T_0 nimmt die Flüssigkeit die Wärmemenge Q_0 auf und verdampft dabei, wobei sie eine Arbeit L_1' leistet. Diese Dampfmenge wird adiabatisch komprimiert auf die höhere Temperatur T_1, wobei eine Arbeit L_1'' verbraucht wird, und diese Masse wird dann bei der konstanten Temperatur T_1 durch den Kondensator geschoben, wozu eine verbrauchte Arbeit L_1''' gehört und wobei die Masse die Wärmemenge Q_1 an den Kondensator abgibt. Die gesamte in diesem Teil des Prozesses verbrauchte, also zu leistende Arbeit ist $L_1 = L_1'' + L_1''' - L_1'$.

Die Flüssigkeit ist nun vom Kondensator (mit der Temperatur T_1) in den Refrigerator mit der Temperatur T_0 zurückzubringen. Dabei ist, wie Zeuner gezeigt hat, ein Gewinn von Arbeit zu erzielen, welchen man auch praktisch durch Einführung eines besonderen Cylinders (Speisecylinders) realisieren könnte. Die Flüssigkeit wird zuerst unter ihrem Kondensatordruck angesaugt, wobei sie eine Arbeit L_2' leistet, dann adiabatisch auf die Temperatur T_0 und den Druck des Verdampfers expandiert, wobei sie die Arbeit L_2'' leistet, und endlich durch Aufwendung der Arbeit L_2''' in den Verdampfer geschoben. Die gesamte dabei von der Flüssigkeit geleistete Arbeit ist

$$L_2 = L_2' + L_2'' - L_2'''$$

und daher die gesamte von aufsen aufzuwendende Arbeit, um die Wärme zu heben (einfache Flüssigkeit vorausgesetzt)

$$L = L_1' - L_2.$$

Ist A das kalorische Arbeitsäquivalent, so ist also

$$Q_1 + AL = Q_2.$$

Der zweite Hauptsatz ergibt dann

$$AL = \frac{Q_1}{T_0}(T_1 - T_0).$$

Man ersieht aus diesen Gleichungen, dafs man bei einfachen Flüssigkeiten zur Messung der gehobenen Wärmemenge Q_1 zwei Wege hat. Man kann entweder alle Wärmemengen direkt messen, welche die arbeitende Flüssigkeit im Refrigerator aufnimmt, oder man kann die Wärmemenge Q_2 messen, welche im Kondensator abgegeben wird, und aus ihr durch Subtraktion von AL, d. h. $A(L_1 - L_2)$, die Gröfse Q_2 bestimmen. Bei einer Flüssigkeit, welche die Eigenschaften hat, die wir von der Flüssigkeit Pictet voraussetzen und zu prüfen suchen, mufs aber

$$Q_2 > Q_1 + AL$$

sein, weil die vollständige Gleichung lautet:

$$Q_1 + AL + (U_1 - V_1) - (U_0 - V_0) = Q_2$$

und $U_1 - V_1 - (U_0 - V_0)$ positiv ist (s. den ersten Aufsatz).

Es ist bei einer solchen Flüssigkeit also nur die direkte Messung von Q_2 möglich.

Die im Refrigerator bei einer Eismaschine von der Flüssigkeit aufgenommene Wärmemenge Q_2 setzt sich nun zusammen aus folgenden Teilen:

1. Aus der Wärmemenge Q_a, welche das Gefrierwasser abgibt, wenn es sich bis auf 0° abkühlt.

2. Aus der Wärmemenge Q_b, welche das Wasser von 0° abgibt, wenn es sich in Eis von 0° verwandelt.

3. Aus der Wärmemenge Q_c, welche das Eis abgibt, bis es sich auf die Temperatur des Salzbades abkühlt.

4. Aus der Wärmemenge Q_d, welche der Luft und Umgebung durch Zustrahlung zum Salzbad entzogen worden.

5. Aus der Wärmemenge Q_e, welche den Eisenteilen etc. der Apparate entzogen worden.

Diese fünf Wärmemengen sind zu messen, und zwar würden bei einer ideellen Maschine das Salzwasser und daher auch das Eis und die Eisenteile die Temperatur des Aspirators haben, also kälter sein als bei einer ausführbaren Maschinenanlage.

Von der arbeitenden Flüssigkeit wird keine Wärme in den Refrigerator gebracht, wenn wir eine ideelle Maschine voraussetzen, da durch den Speisecylinder die komprimierte Flüssigkeit adiabatisch auf die Temperatur des Refrigerators gebracht wurde, und für jedes eintretende Dampfquantum gleich viel Dampf aus dem Refrigerator austritt.

Die von der Flüssigkeit dem Kondensator abgegebene Wärmemenge setzt sich zusammen aus der durch Erwärmung des Kühlwassers und des Apparates selbst zu berechnenden Wärmemenge und aus der durch Strahlung vom Kondensator abgegebenen. Dabei würde bei einer ideellen Maschine das Kühlwasser mit der Temperatur des Kompressors eintreten und mit unendlich grofser Geschwindigkeit abfliefsen müssen.

Die Arbeit L_1 bei der Kompression bestimmt sich durch Indizierung des Kompressors, die theoretische Arbeit L_2 des Speisecylinders mufs angenähert berechnet werden.

Ich werde nun auf Grund dieser Betrachtungen zuerst Beobachtungen an Linde'schen Eismaschinen verwenden, um zu zeigen, dafs eine auf ihren idealen Typus zurückgeführte Linde'sche Maschine die Carnot'sche Gleichung angenähert erfüllt.

Die benutzten Beobachtungen sind die von Schröter, soweit sie vorliegen. Leider ist das Beobachtungsmaterial in wesentlichen Punkten so unvollständig, daſs ich zur Zuhilfenahme anderweitiger Zahlen genötigt bin.

1. Linde'sche Maschine, aufgestellt in der Butterfabrik in Osch.

(Schröter S. 72 bis 83.)

Da diese Maschine nicht zur Eisfabrikation, sondern nur zur Abkühlung von Wasser auf 2 bis 3° dient, so ist der Umstand, daſs der Strahlungsverlust nicht gemessen wurde, nicht von so bedeutendem Einfluſs wie bei anderen Maschinen. Die Abkühlung des Wassers von der Eintrittstemperatur (ca. 11°) bis zur Austrittstemperatur (ca. 3°) liefert nach Schröter bei vier Versuchen die Wärmemenge in Calorien pro Stunde

Versuch	I	II	III	IV
	85339	91620	89777	79909

Die im Kondensator an das Kühlwasser abgegebene Wärmemenge berechnet sich nach Schröter pro Stunde

bei Versuch	II	IV
zu	111687	94258 Calorien.

Endlich ist gemessen die Arbeit bei der Kompression. Sie beträgt in Pferdestärken und umgerechnet in Calorien

bei Versuch	I	II	III	IV
L_1 in *PS*	26,27	27,30	29,23	24,49
L_1 in Cal.	16729	17375	18614	15595.

Bezeichnen wir die von dem abzukühlenden Wasser abgegebene Wärmemenge mit Q_a, die durch Strahlung dem Refrigerator zugeführte mit Q_b, die vom Kühlwasser im Kondensator aufgenommene Wärmemenge mit Q_α, und die vom Kondensator an die Luft durch Strahlung abgegebene Wärmemenge mit Q_β, endlich mit AL_1 die Arbeit im Arbeitscylinder, mit AL_2 die in dem Zeuner'schen Speisecylinder, so gibt der erste Hauptsatz

$$Q_a + Q_b + AL_1 - AL_2 = Q_\alpha + Q_\beta$$

und durch Eintragen erhalten wir bei Versuch II:

$$91\,620 + Q_b + 17\,375 - AL_2 = 111\,687 + Q_\beta \text{ oder } Q_b - Q_\beta - LA_2 = 2692$$

Versuch IV:

$$79909 + Q_b + 15595 - AL_2 = 94258 + Q_\beta \text{ oder } Q_b - Q_\beta - AL_2 = 1246$$

Es handelt sich zuerst um die Berechnung von AL_2. Die Temperaturen und Drucke im Refrigerator und Kondensator ergeben sich nach Schröter aus den direkten Messungen der Drucke bei

	Druck im Kondensator	Temperatur im Kondensator	Druck im Verdampfer	Temperatur im Verdampfer (mittel)	Tourenzahl pro Minute
Versuch II	14,06 kg	35,4°	4,71 kg	2,05°	55,1
Versuch IV	13,78 kg	34,6°	4,55 kg	3,88°	49,6.

Die Drucke im Verdampfer und Kondensator dürften hierbei wenig abweichen von den Drucken im Aspirator und Kompressor. Wenigstens gibt Schröter keine Unterschiede an. Ich behandle diese Verbesserung weiter unten, um hier nur direkt gemessene Zahlen zu verwenden. In erster Annäherung nehme ich also die angegebenen Temperaturen als Grenztemperatur an. Da die Linde'schen Maschinen ohne Überhitzung arbeiten, so setze ich weiter die spezifische Dampfmenge, die in den Arbeitscylinder gesaugt ist, $x_1 = 0{,}90$ (s. Zeuner), und indem ich nun weiter die Formeln und Zahlen von Zeuner (Theorie der Kaltdampfmaschinen) benütze, finde ich

Versuch II:		Versuch IV:	
$\frac{r_1}{T_1} = 1{,}1399$	$\frac{r_2}{T_2} = 0{,}9279$	$\frac{r_1}{T_1} = 1{,}1279$	$\frac{r_2}{T_2} = 0{,}9329$
$\tau_1 = 0{,}00769$	$\tau_2 = 0{,}14114$	$\tau_1 = 0{,}01455$	$\tau_2 = 0{,}13776$

Daraus berechnet sich nach den Formeln:

$$\tau_1 + x_1 \frac{r_1}{T_1} = \tau_2 + x_2 \frac{r_2}{T_2}$$

$$\text{und } \tau_1 + x_3 \frac{r_1}{T_1} = \tau_2$$

Versuch II	Versuch IV
$x_2 = 0{,}96190$	$x_2 = 0{,}95600$
$x_3 = 0{,}11710$	$x_3 = 0{,}10925$

Nun ist $AL_2 = AL_1 - G\,[x_2\,r_2 - (x_1 - x_3)\,r_1]$

Versuch II	Versuch IV
$r_1 = 313{,}50$	$r_1 = 312{,}28$
$r_2 = 286{,}18$	$r_2 = 286{,}96$
also $x_2\,r_2 - (x_1 - x_3)\,r_1 = 29{,}80$	$x_2\,r_2 - (x - x_3) = 27{,}42.$

G ist die Gewichtsmenge Dampf, welche pro Stunde in den Arbeitscylinder tritt. Ist F der Kolbenquerschnitt, s der Kolbenhub und ist n die Tourenzahl und γ das spezifische Gewicht des Dampfes, so ist bei doppeltwirkenden Maschinen

$$G = 120\, F s n \cdot \gamma$$

und es wird, da $F = 0{,}04899$ qm, $5 = 0{,}420$ m, n bei Versuch II $= 55{,}1$, bei Versuch IV $= 49{,}6$, γ (Gewicht von 1 cbm Dampf bei T_0) für Versuch II 3,7166 kg, für Versuch IV 4,025 kg ist,

$G = 494{,}38$ kg	$G = 481{,}95$ kg
$AL_2 = AL_1 - 15065$	$AL_2 = AL_1 - 11380$
oder $AL_2 = 2643$ Cal.	$AL_2 = 2378$ Cal.

Der Effekt der Speisemaschine beträgt demnach bei dem Versuch II 4,257, bei Versuch IV 3,743 Pferdekräfte.

Diese Zahlen sind direkt berechnet aus den Formeln, welche Zeuner angibt.

Man kann aber, und das ist für das Folgende wichtig, diese Berechnung angenähert auch auf folgende Weise machen, wobei man jedoch notwendig etwas zu kleine Werte bekommt. Man berechnet aus G, aus der spezifischen Wärme der Flüssigkeit c und der Temperaturdifferenz $T_1 - T_0$ zwischen Kondensator und Refrigerator die Wärmemenge W, welche übertragen wäre (pro Stunde)

$$W = Gc\,(T_1 - T_0).$$

Durch Division mit der latenten Wärme r des Ammoniaks für die Mitteltemperatur erhält man die Gewichtsmenge P Flüssigkeit, welche durch W verdampft werden kann

$$P = \frac{W}{r}.$$

Indem man nun das Volumen dieses Gewichtes bei dem Kondensatordruck und bei dem Verdampferdruck bestimmt (V_2 und V_1), nämlich

$$V_2 = \frac{P}{\gamma_2} \qquad V_1 = \frac{P}{\gamma_1}$$

erhält man die pro Stunde durch diese Expansion geleistete Arbeit angenähert, aber zu klein, vermittelst

$$A = \frac{p_1 + p_2}{2}\,(V_1 - V_2).$$

Der Effekt in Pferdekräften ist dann

$$N = \frac{A}{75{,}3600}$$

und diese Formel mufs nahezu denselben Wert geben, wie die exakte Berechnung. In der That ist in Versuch II $G = 494{,}38$ kg, $c = 1{,}31893$, $T_1 - T_0 = 33{,}35$, $r = 300$, also $P = 72{,}48$ kg, $V_2 = 7{,}2\,m^3$, $V_1 = 18{,}12\,m^3$ und daher $N = 3{,}77$ Pferdekräfte.

Diese Zahl, verglichen mit den aus den Zeuner'schen Formeln berechneten, zeigt eine Differenz zu Ungunsten der zweiten Berechnungsweise gegen die exakte. Es ist diese zweite Berechnungsweise aber, wie gesagt, für das Folgende wichtig. Indem ich nun für AL_2 die oben bestimmten Werte 2643 resp. 2378 Calorien eintrage, ergibt sich

bei Versuch II	bei Versuch IV
$Q_b - Q_\beta = 5335$ Cal.	$Q_b - Q_\beta = 1132$ Cal.

Bis hierher reichen die Beobachtungen von Schröter. Wir brauchen aber zur Berechnung notwendig Q_b, und dieses ist bei den Untersuchungen nicht gemessen. Auch liegt keine Angabe über die Gröfse der strahlenden Oberfläche u. s. w. vor. Dagegen findet sich an einer anderen Stelle (S. 98) die Bemerkung, dafs bei Versuch II die Mitteltemperatur des Kondensators gleich der der Luft war. Danach ist $Q_\beta = o$ und es ergibt sich $Q_b = 5335$ Kalorien.

Versuch IV ist nach Schröter's Angabe unbrauchbar, da schmelzendes Eis die aufgenommene Anzahl Calorien vergröfsert hat.

Ziehen wir nun die Bilanz, indem wir diesen Wert von Q_b annehmen. Es wurden aufgenommen

91 620 Calorien (nutzbar)
5 335 » (durch Strahlung)

Summa = 96 955 Calorien.

Es wurden abgegeben an den Kondensator

$Q_1 = 111\,687$ Calorien (gemessen).

Die aufgewendete Arbeit in *PS* war	27,30
Man konnte zurückgewinnen im Speisecylinder	4,227
Daher die notwendige Arbeit	23,043 Pferdekräfte.

Ich hatte bisher die Temperatur im Verdampfer und im Kondensator angenommen, wie sie an den betreffenden Manometern abgelesen wurden. Nach dem vorher Gesagten mufs man jedoch diejenigen Temperaturen nehmen, um den Vergleich mit der idealen Maschine zu führen, welche sich aus den Spannungen im Kompressor ergeben. Eine Angabe über die Druckdifferenz liegt nicht vor. Da jedoch bei einer gleich grofsen Maschine Schröter die Druckdifferenz zu 0,27 kg für den Kondensator und Verdampfer angibt (S. 90), so nehme ich diese Zahlen auch für die vorliegende Maschine als giltig an. Danach wäre der Druck im Aspirator bei Versuch II 4,44 kg und im Kompressor 14,33 kg. Die zugehörigen Temperaturen sind + 0,5° und + 36,01°.

Um die angegebene Wärme zwischen diesen Temperaturen zu heben, braucht eine Carnot'sche Maschine 17,54 Pferdekräfte, nach der Formel

$$N = \frac{Q_0 (T_1 - T_0) 425}{(273 + T_1) 75 \times 3600}.$$

Unsere Maschine braucht 23,043 Pferdekräfte. Der Effekt der Maschine ist also trotz dieser Reduktionen noch 0,7612. Die Abweichung von dem theoretischen Werte 1 kommt zum kleinen Teil auf Rechnung des schädlichen Raumes in der Maschine, der sich nicht berechnen läfst. Die Hauptsache aber ist, dafs eine ideale Maschine ja das abzukühlende Wasser auf 0,5° gebracht haben würde, statt auf 2,38°, so dafs die aufgenommene Wärme im Verhältnis

$$\frac{11,2 - 0,5}{11,2 - 2,38} = \frac{10,7}{8,82} = 1,213$$

also um 21,3 % gröfser gewesen wäre. Natürlich wäre auch die an den Kondensator abgegebene Wärme entsprechend gröfser. Zu dieser Leistung braucht eine Carnot'sche Maschine 21,31 Pferdekräfte. Damit ist der Unterschied gegen den gemessenen Verbrauch 23,04 fast beseitigt. Der Rest kommt durch die angegebenen Umstände her. Wird der Carnot'sche Effekt gleich 1 gesetzt, so hat also eine ideale Maschine dieser Art nach dieser Berechnung den Effekt 0,925. Die hier durchgeführte Berechnung hat also als Grundlage genommen die gemessene Arbeit im Kompressor und hat aus dieser, so gut es ging, die Temperaturen im Verdampfer und Kondensator und die gehobene Wärmemenge korrigiert. Der umgekehrte Weg ist natürlich auch erlaubt, dafs man die Temperaturen und die gehobene Wärmemenge, so wie sie gemessen sind, zu Grunde legt und daraus die gemessene Arbeit für eine ideale Maschine korrigiert. Der letztere Weg ist aber kaum durchführbar. Er mufs zu demselben Resultate führen.

2. Linde'sche Eismaschine im Eiswerk München.

(Zweiter Versuch, Schröter, S. 133.)

Bei dieser Maschine war die gesamte indizierte Arbeit im Kompressor gleich 45,9 Pferdekräften.

Die Spannung im Kondensator betrug 9,31 kg/qcm
» » » Kompressor » 9,58 »
» » » Verdampfer » 2,64 »
» » » Aspirator » 2,50 »

Darum berechnen sich die Grenztemperaturen bei Zugrundelegung von Kondensator- und Refrigerator-Spannung + 21,7 und — 12,5.

Bei Zugrundelegung der Kompressorspannung + 22,6 und — 13,8.

Zuerst wurde der Effekt der theoretischen Speisemaschine berechnet. Er ist für die Temperatur + 22,6 $\tau_2 =$

$$= 0{,}08799, \frac{r_2}{T_2} = 1{,}0067, r_2 = 297{,}89$$

für die Temperatur — 13,8 $\tau_1 =$

$$= -0{,}04492, \frac{r_1}{T_1} = 1{,}2367, r_1 = 322{,}13.$$

Aus $x_1 = 0{,}90$ berechnet sich $x_2 = 0{,}9736$, $x_3 = 0{,}10746$

$$x_2 r_2 - (x_1 - x_3) r_1 = 38{,}72.$$

Ferner ist $F = 0{,}08140\,m^3$, $s = 0{,}540\,m$, $n = 59{,}8$, $\gamma = 1{,}917$,
daher $G = 604{,}65$ kg,
also $AL_1 - AL_2 = 23413$ Calorien.

Diese Arbeit entspricht 36,85 Pferdekräften. Durch den Speisecylinder gewinnt man also 9,05 Pferdekräfte.

Ich füge hier die Berechnung dieser Effekte nach der zweiten oben angegebenen Methode bei, welche kleinere Werte geben mufs als die exakte. Es ergibt sich (aus $G = 604{,}65$. $c = 1{,}20169$, $T_1 - T_0 = 36{,}4$, $r = 314$) $P = 84{,}23$. Darum $V_2 = 12{,}07$, $V_1 = 43{,}94$ und endlich

$$N = \frac{31{,}87 \cdot 6{,}04 \cdot 10000}{3600 \cdot 75} = 7{,}13 \text{ Pferdekräfte},$$

also wieder angenähert die richtige Zahl, aber zu klein.

Wir berechnen nun die Wärmemengen. Im Refrigerator wurde Wasser von $+ 8{,}3^0$ C. verwandelt, in Eis von $- 5{,}90^0$. Die drei Wärmemengen $Q_a + Q_b + Q_c$ berechnen sich aber aus den gemessenen Gröfsen zu

$$Q_a + Q_b + Q_c = 144\,209 \text{ Calorien.}$$

Dabei ist wieder zu bemerken, dafs für eine ideale Maschine diese Wärmemenge gröfser sein müfste. Denn bei dieser würde das Salzbad nicht auf $- 5{,}90^0$ sein, sondern auf $- 13{,}8^0$. Die weiteren Angaben über die Wärmeaufnahmen fehlen vollständig, und ich bin hier wieder auf Analogieschlüsse angewiesen. Nun ist in den Versuchen von Dr. Corsepius über eine Pictet'sche Maschine der Strahlungsverlust im Refrigerator sorgfältig bestimmt worden. Die Gröfsenverhältnisse des dortigen Refrigerators scheinen nicht allzu verschieden zu sein von denen der betrachteten Linde-schen Maschine. Dort wurde bei einer Temperatur des Bades von $- 5{,}84^0$ (am 18. Mai!) die Anzahl Calorien, welche durch Strahlung aufgenommen wurden, zu 10780 gefunden. Die Versuche von Schröter wurden am 28. und 29. März! ausgeführt, also vermutlich bei geringerer Lufttemperatur. Ich werde also sicher keinen zu kleinen Wert für die Strahlung einführen, wenn ich diese 10780 Calorien auch für die Linde'sche Maschine annehme. Auch die Wärmemengen, die für das Eisen etc. nötig sind, entnehme ich aus Corsepius' Angaben zu 3805 Calorien.

Die gesamte entzogene Wärmemenge ist also

144 209	Calorien
10 780	»
3 805	»
Summa 158 794	Calorien.

Um diese Wärmemenge von der Temperatur $- 13{,}8$ zur Temperatur $+ 22{,}6$ zu heben, braucht man nach Carnot die Arbeit in Pferdekräften.

$$\frac{158794 \cdot 36{,}4 \cdot 425}{259{,}8 \cdot 75 \cdot 3600} = 35{,}02.$$

Wir haben gebraucht 36,85 Pferdekräfte. Der Effekt unserer idealen Maschine ist also 0,9504. Er nähert sich also erheblich der ersten, die er erreichen müſste, wenn wir alle Faktoren für die ideale Maschine genau in Rechnung setzen könnten.

Nachdem so gezeigt wurde, daſs man auf die angegebene Weise für ideale Maschinen von Linde Effekte bekommt, die in der Nähe von 1 im Vergleich zum Carnot'schen Prozeſs liegen, wende ich genau dieselbe Berechnungsweise an auf eine Pictet'sche Maschine.

3. Maschine von Raoul Pictet, untersucht von einer Kommission unter Vorsitz von Dr. Corsepius.

Für die Raoul Pictet'sche Maschine in der Pankstraſse in Berlin liegen sehr sorgfältige Messungen in dem Berichte vor, welchen Dr. Corsepius erstattet. Diese Messungen erstrecken sich auf alle Details, und wir haben nur nötig, sie nach unserer Methode zu berechnen. Die Messungen von Schröter über diese Maschine sind einerseits nicht vollständig und geben anderseits zu erheblichen Bedenken Veranlassung, so daſs sie zur Ausführung dieser Rechnungen nicht zu benutzen sind. Die Spannungen und daraus berechneten Temperaturen im Aspirator und Kompressor einerseits und im Refrigerator und Kondensator anderseits sind in Tafel 12 und 27 des Berichts von Corsepius angegeben.

Tag	Im Aspirator	Im Kompressor	Im Refrigerator	Im Kondensator
17. Mai	Druck 0,7572 Atm. Temp. — 27,5°	Druck 2,662 Atm. Temp. + 22,8°	— 18,65°	+ 19,65°
18. „	Druck 0,9867 Atm. Temp. — 20,1°	Druck 2,849 Atm. Temp. + 24,45°	— 14,80°	+ 21,75°
19. „	Druck 0,5920 Atm. Temp. — 35,0°	Druck 2,593 Atm. Temp. + 21,90°	— 26,20°	+ 19,00°
21. „	Druck 0,8320 Atm. Temp. — 24,5°	Druck 4,424 Atm. Temp. + 37,8°	— 17,20°	+ 35,45°

Die im Kompressor indizierten Arbeiten in *PS* ergaben sich am

17. Mai zu 41,971 *PS* 19. Mai zu 36,737 *PS*
18. „ „ 46,635 „ 21. „ „ 48,935 „

Von diesen Arbeiten haben wir nach dem früheren noch die aus dem Speisecylinder zurückzugewinnende Arbeit abzuziehen. Die exakte Berechnung nach den Zeuner'schen Formeln ist hier nicht möglich, da die Eigenschaften der Flüssigkeit Pictet zu wenig bekannt sind. Wohl aber kann man die zweite Methode benutzen, welche, wie gezeigt, für diese Arbeit zu kleine Werte ergibt, also zu Ungunsten der Pictet'schen Maschine ausfällt. Die Berechnung stellt sich folgendermaſsen, wenn man für die spez. Wärme in erster Annäherung die der schwefligen Säure einsetzt, aus welcher die Flüssigkeit Pictet gröſstenteils besteht. (Es wird sich zeigen, daſs dieser ganze so berechnete Effekt gestrichen werden könnte, ohne den zahlenmäſsigen Beweis für die Überlegenheit der Pictet-Maschine zu beeinträchtigen.)

	17. Mai	18. Mai	19. Mai	21. Mai
Gewicht G (pro Stunde)	1697 kg	2149 kg	1347 kg	1790 kg
Spez. Wärme c . . .	0,3633	0,3639	0,3623	0,3619
Temperaturdifferenz $T_1 - T_0$	50,3	44,55	56,90	62,30
Verdampftes Gewicht P	310,1 kg	348,4 kg	350,4 kg	403,5 kg
V_1	128,7 m³	114,3 m³	180,3 m³	154,3 m³
V_2	44,1	46,6	51,0	36,3
$\frac{p_1 + p_2}{2}$ Atm. . . .	1,7096	1,9178	1,5925	2,628
N (Effekt der Speisemaschine)	5,535 PS	4,969 PS	7,880 PS	11,868 PS

Die in der letzten Kolumne stehenden Zahlen sind Minima unter der Voraussetzung, daſs c richtig angenommen ist.

Die für den Betrieb der Maschine notwendige Arbeit stellt sich also

am 17. Mai auf 36,436 PS
„ 18. „ „ 41,666 „
„ 19. „ „ 28,857 „
„ 21. „ „ 37,067 „

Die Einführung der gehobenen Wärmemenge ist hier leicht vollständig zu machen, da alle in Betracht kommenden Gröſsen in dem Bericht angegeben sind. Es wurden aufgenommen

	Q_a	Q_b	Q_c	Q_d	Q_e	Summa Cal.
17. Mai	18060	112788,6	7230,3	13166,5	3396	154641
18. „	24949	159451	5922	10780,1	3805	204907
19. „	12697	78553	8268	15533,3	3011	118062
21. „	19628	118384	6286	11395	3333,3	159026

Nach dem Carnot'schen Prinzip sind zur Hebung dieser Wärmemengen zwischen den oben angegebenen Temperaturgrenzen die Arbeiten nötig (in *PS*)

Am 17. Mai	18. Mai	19. Mai	21. Mai
49,87	56,81	44,43	62,76 Pferdekr.

während eine vollkommene Pictet'sche Maschine nur braucht

36,44 41,67 28,86 37,07 Pferdekr.

Mithin hat die Maschine gegen die Carnot'sche eine Ersparnis von

13,43 15,14 15,57 25,69 Pferdekr.

Der Effekt der vollkommenen Pictet-Maschine, verglichen mit der Carnot'schen, stellt sich also auf

	1,369	1,363	1,540	1,693
bei den Temperaturgrenzen	— 27,5	— 20,1	— 35,00	— 24,5
	+ 22,8	+ 24,45	+ 21,90	+ 37,8

Diese Zahlen stellen Minima dar. Die berechnete Ersparnis gegen das Carnot'sche Minimum (bei Maschinen mit einfacher Flüssigkeit) bleibt auch vollkommen bestehen, wenn man den einzig zweifelhaft berechneten Punkt (den Effekt der Speisemaschine), der vermutlich noch zu klein in Rechnung gestellt wurde, ganz fortläſst. Die Speisemaschine lieferte

5,535 4,969 7,880 11,818 Pferdekr.,

während die Ersparnis beträgt (im Minimum)

13,43 15,14 15,57 25,69 „

Mit diesen Zahlen ist die prinzipielle Überlegenheit der Pictet-Maschine über alle mit einfachen Flüssigkeiten arbeitenden vollkommen und unwiderleglich bewiesen. Diese letzteren Maschinen — also auch die Linde'schen — können, wenn man sie sich auf ihre ideale Vollkommenheit gebracht denkt, höchstens den Effekt 1 gegenüber dem Carnot'schen Prozeſs liefern. Es wurde oben bei einer solchen aus den Beobachtungszahlen auch wirklich der Effekt 0,9504 berechnet, indem alle berechenbaren Punkte in Betracht gezogen wurden. Die Maschine Pictet in genau derselben Weise berechnet, gibt die Effekte 1,36 bis 1,69. Man kann auf Grund dieser Zahlen mit vollständiger Sicherheit aussprechen:

Die Maschine Pictet hat je nach den Temperaturgrenzen, in denen sie arbeitet, prinzipiell einen um mindestens 36% bis 69% gröſseren Effekt als jede andere bisher bekannte Kompressionsmaschine, einschlieſslich der Linde'schen Ammoniak-Maschinen.

Die Berechnungen und Schlüsse dieses Aufsatzes beziehen sich auf vollkommene Maschinen; nur diese sind ja wissenschaftlich vergleichbar. Durch fortgesetzte konstruktive Verbesserungen kann jede Maschine der Vollkommenheit immer näher gebracht werden.

Die beiden Untersuchungen, die ich hiermit abschlieſse, zeigen also — und zwar streng —

1. Es ist nach der mechanischen Wärmetheorie möglich, mittels chemischer Kräfte Wärme zu heben, also bei Kältemaschinen Arbeit zu ersparen.

2. Die Pictet'sche Maschine erspart Arbeit in bedeutendem Betrage, auf die Flüssigkeit Pictet finden also die theoretischen Untersuchungen des ersten Aufsatzes vollkommene Anwendung.

Es ist noch gar nicht ganz abzusehen, welche enorme Ausdehnung dieses neue Prinzip in der Technik gewinnen kann. Es läſst sich auf Grund dieser Erörterungen und Thatsachen wohl denken, daſs auch in der Dampfmaschinentechnik eine solche Umwälzung möglich ist. Jedenfalls hat Pictet durch den genialen Scharfblick, mit dem er aus der bloſsen Beobachtung der Dampfspannungskurve diese weittragenden Folgerungen zog und trotz vielfacher Anfeindungen aufrecht hielt, zu seinem früheren Ruhmeskranz sich einen neuen erworben. War seine frühere groſse Leistung, die erste Verflüssigung der permanenten Gase, eine rein wissenschaftliche That, so ist diese zweite eine solche, welche der Wissenschaft und in nicht geringerem Grade der Technik und dem Leben zu Gute kommt.«

Die durch die Untersuchungen von Dr. Corsepius gemachten Beobachtungen und die daraus in der vorstehenden Abhandlung gezogenen Schlüsse über die Eigenschaften der Pictet'schen Flüssigkeit und der Wirkung der mit derselben betriebenen Kühlmaschinen hatten selbstverständlich die Aufmerksamkeit der wissenschaftlichen Kreise erregt und hat eine anerkannte physikalische Autorität, Prof. von Helmholtz, mit einer Besprechung dieses Berichtes in der physikalischen Gesellschaft in Berlin (siehe Verhandlungen dieser Gesellschaft, 1887, Nr. 13) hierzu den Anlaſs gegeben. Aus dem betreffenden Berichte ist über die Anschauungen Helmholtz' folgendes zu entnehmen: Prof. Helmholtz beginnt mit dem Ausspruch: »Für die industriellen Zwecke der Eisfabrikation hat das von Raoul Pictet angewandte Gemisch von flüssiger schwefliger Säure und Kohlensäure offenbar groſse Vorteile, dadurch, daſs es bei Zimmertemperatur leicht zu komprimieren ist, und doch unter dem Druck von etwa einer Atmosphäre Verdampfungstemperaturen von — 18,5° C. erreicht.«

Was die wissenschaftliche Seite der Frage anbelangt, so handelt es sich darum, ob chemische Kräfte imstande sind, bei höherer Temperatur eine Auflösung der beiden Flüssigkeiten in einander mit verminderter Dampfspannung zu bewirken, während in niederer Temperatur die Flüssigkeiten sich wieder trennen, also kurz, ob die hier auftretenden chemischen Kräfte den allgemeinen thermodynamischen Gesetzen sich entziehen. Die groſse Schwierigkeit der Beantwortung dieser Frage auf rein experimentellem Wege — denn der zweite Hauptsatz ist ein Erfahrungssatz, der durch neue widersprechende Erfahrungen auch eingeschränkt werden kann — besteht darin, daſs die Grenztemperaturen, zwischen welchen die Wärme gehoben wird, nicht direkt zu beobachten, sondern indirekt aus Dampfspannungen zu berechnen sind. Es handelt sich also um die Bestimmung zweier Gröſsen, nämlich erstens um die Gröſse der gesamten Wärmemenge, welche dem Refrigerator entzogen ist, und zweitens, um die Bestimmung der Grenztemperaturen, welche in die Carnot-sche Formel eintreten. In bezug auf den ersten Punkt hat Prof. Helmholtz nur einen geringen Einwand zu machen, nämlich, daſs das ganze neugebildete Eis berechnet ist als abgekühlt bis zur Temperatur des Kühlwassers (d. h. der Salzlösung), während der Zweck der Fabrikation nur erforderte, dafs sein Inneres 0° habe. Der Fehler kann bei stationärem Zustand nicht sehr grofs sein, auch Helmholtz hält ihn für nicht sehr wesentlich. Ohne eigene neue Beobachtungen ist seine Gröfse nicht festzustellen. Dagegen macht Helmholtz keinen Einwand in bezug darauf, dafs die von der Flüssigkeit beim Übergang aus dem Kondensator in den Refrigerator dort abgegebene Wärme auch als solche in Rechnung gestellt wird. Wesentliche Einwände dagegen erhebt Helmholtz gegen die Richtigkeit der Grenztemperaturen. In der That bewirken diese ja den ganzen Effekt in bezug auf die Berechnung der notwendigen Arbeitsgröfsen. Direkt mit dem Thermometer zu beobachten sind die Temperaturen T' und T der Formel

$$W = JQ\,\frac{T'-T}{T}$$

nicht. Die beobachtbaren Temperaturen sind diejenigen der Salzlösung im Refrigerator und das Kühlwasser im Kondensator. Wollte man diese eintragen, so würde man offenbar unrichtige Resultate erhalten, denn die Temperaturen in den Schlangensystemen sind einerseits viel tiefer, anderseits viel höher. Es herrschen also in dem System andere Temperaturen, als man beobachten kann, die Wärmemengen werden zwischen anderen Temperaturgrenzen übertragen, es fragt sich blofs zwischen welchen? Für eine ideale Maschine wären es a priori die aus den Drucken des Aspirators und Kompressors zu berechnenden, falls man mit Sicherheit aus diesem Drucken auf entsprechende Temperaturen schliefsen kann. Dies bestätigt auch Helmholtz, indem er sagt: »Ferner würden die Dämpfe, welche in der kälteren Abteilung des Apparates entstehen, sowie die dort vorhandene Flüssigkeit, wenn die beiden ersterwähnten Fehlerquellen nicht wirksam sind (die sofort erwähnt werden sollen), im Augenblick ihres Entstehens allerdings die berechnete niedere Temperatur haben . . .« Nun aber kommt ein wesentlicher Einwand: »bei der weiteren Fortleitung aber durch das Rohr allmählich die Temperatur des Salzwassers annehmen, welche im Durchschnitt 20° höher lag. Sie nahmen also nur einen Teil der dem Salzwasser entzogenen Wärme bei der niedersten Temperatur auf, den Rest bei steigenden Temperaturen, während in der Berechnung des Berichts die ganze Wärmemenge, als in der niedersten

Temperatur aufgenommen, eingesetzt worden ist. Für die Berechnung nach dem thermodynamischen Gesetz ist aber jede Wärmemenge, die die zirkulierende Masse aufgenommen hat, zu dividieren durch diejenige absolute Temperatur, bei welcher sie aufgenommen worden ist. Ihre Überführung in den Kondensator erforderte um so weniger Arbeit von seiten der Maschine, je höher die genannte Temperatur schon gestiegen war.« Man könnte dagegen sagen, daſs die Berechnung nur für eine ideale Maschine gilt, bei der also das Salzwasser stets eine nur unendlich wenig höhere Temperatur hatte, wie die verdampfende Flüssigkeit, und welche mit der thatsächlich untersuchten Maschine nur den Arbeitsaufwand gemein hat. Nur für einen solchen idealen Fall einer Pictet-Maschine ist die erwähnte Rechnung auszuführen. Jedoch auch diesen Punkt behandelt Helmholtz als nebensächlich. Die Hauptkritik richtet sich vielmehr gegen die Berechnung der Grenztemperaturen aus den Gasdrucken, und gegen diese bringt er zwei schwerwiegende Einwände vor. Erstens nämlich müſste, um aus dem Kompressor- oder Aspiratordruck die Temperaturen zu berechnen, »festgestellt sein, daſs in der Röhrenleitung keine Reste atmosphärischer Luft enthalten sind. Diese würde nämlich durch die Pumpe in die wärmere Abteilung der Röhren hinübergepumpt werden und nicht wieder heraus können, da durch den Hahn nur die kondensierte Flüssigkeit entweicht. Der Druck solcher Luft würde sich zu dem des Dampfes addieren, diesen und die Temperatur der Kondensation höher erscheinen lassen, als sie wirklich sind. Über diesen Punkt ist im Bericht nichts gesagt.«

Der zweite Einwand ist noch empfindlicher. Es wird angenommen, daſs keine Luft in den Röhren war, und daſs die Dampfspannungskurve der Flüssigkeit Pictet an sich richtig bestimmt sei. Aber es wird bezweifelt, ob das in der Maschine arbeitende Flüssigkeitsgemisch übereinstimme mit derjenigen Flüssigkeit, für welche die Dampfspannung bestimmt ist. »Es ist zu erwarten, daſs der Dampf in niederen Temperaturen verhältnismäſsig mehr Kohlensäure, in höheren mehr schwefelige Säure enthält.« Es wird sich daher in der kälteren Flüssigkeit ein Überschuſs von SO_2 sammeln müssen, groſs genug, um Dämpfe von der verlangten Zusammensetzung zu geben, und in der wärmeren Flüssigkeit wird sich ebenso ein Überschuſs von Kohlensäure sammeln. Daher würde der Dampfdruck im wärmeren Teil einer kohlensäurereichen Flüssigkeit angehören, also einer niedern Temperatur entsprechen, als die Spannungskurve der Flüssigkeit Pictet angibt, und umgekehrt würde in der kälteren Abteilung ein schwerer verdunstendes Flüssigkeitsgemisch sein, dessen Temperatur merklich höher sein könnte, als die der Flüssigkeit Pictet von derselben Spannung. Auf diese Weise wären die selbst aus den Indikatorspannungen berechneten Temperaturen T' und T, die sich aus der Spannungskurve der Flüssigkeit Pictet ergeben, nicht wahre Werte der Temperaturen, zwischen denen die Wärme gehoben ist.«

Fassen wir das Gesagte zusammen, so erklärt sich Helmholtz im wesentlichen einverstanden mit der Berechnung der Wärmemengen und auch damit, daſs die Temperaturen in der Carnot'schen Formel nicht aus den Refrigerator- und Kondensatorspannungen, sondern aus den Aspirator- und Kompressorspannungen berechnet werden, — beides Punkte, die von Schröter bestritten wurden. Dagegen bezweifelt er, daſs aus diesen gemessenen Spannungen die entsprechenden Temperaturen in der richtigen Weise ermittelt sind und verlangt erneute, eigens zu diesem Zwecke angestellte Versuche. »Der wahre Wert der Arbeiten wird erst durch direkte Beobachtung der Temperatur im Innern der verschiedenen Abschnitte des Röhrensystems und durch Untersuchung der Zusammensetzung der zirkulierenden Flüssigkeit ebenda gefunden werden können.«

Die Bedenken, welche Prof. von Helmholtz gegen die Berechnung und das Resultat der Versuche von Corsepius erhoben hatte, haben von Pictet selbst, ebenfalls in der physikalischen Gesellschaft in Berlin eine Beantwortung gefunden, Helmholtz' Ausführungen kamen darauf hinaus: gewisse Verhältnisse bei der theoretischen Untersuchung der Eismaschine müssen noch in Zukunft eigens untersucht werden. Pictet's Antwort lautet: Diese Verhältnisse sind bereits untersucht und bestätigen nur das oft erwähnte Resultat, daſs die Maschine, theoretisch betrachtet, das Carnot'sche Maximum überschreitet.

Helmholtz behauptet, die Temperaturen T und T' der Carnot'schen Formel seien nicht experimentell bestimmt, sondern nur aus der Dampfspannungskurve berechnet, und gegen diese

Kurve liefsen sich Einwände vorbringen. Nun hat aber Corsepius durch Versuche an der Maschine selbst die Spannungen bestimmt, welche zu bestimmten Temperaturen gehören, und wenn man nur den Zusammenhang zwischen Temperaturen und entsprechenden Drucken zugibt, so sind die Werte T und T' nicht berechnete, sondern experimentell bestimmt. Im Refrigerator waren ungefähr 1400 kg Flüssigkeit. Die Temperatur im Innern der Röhren des Refrigerators war niedriger als im Salzbad. Es wurde nun absichtlich der Regulierhahn zwischen Kondensator und Refrigerator geschlossen und die Maschine angehalten. Dann nahm die Flüssigkeit nach Verlauf weniger Minuten die Temperatur des Salzbades an, die man genau messen konnte, und das Manometer zeigte den Druck des Dampfes an, der zu dieser Temperatur gehörte. So wurde von $-18{,}5^0$ bis -5^0 die Temperatur gemessen und die zugehörige Spannung bestimmt, so dafs man nun auch umgekehrt aus den Spannungen die Temperatur ermitteln kann. Die Zunahme des Druckes beim Anhalten der Maschine entstand, wie Pictet berechnet, durch Verdampfung von ungefähr 1 kg Flüssigkeit, so dafs also während des Stillstandes der Maschine sich nur 0,1 pCt. der Flüssigkeit in Dampf verwandelte, die Zusammensetzung der Flüssigkeit sich also dabei nicht wesentlich änderte. Statt die Maschine ganz anzuhalten, konnte man sie auch sehr langsam gehen lassen, wodurch man, bei gleicher Bestimmungsmethode einen Wert für die Spannung bekam, der etwas niedriger war als der richtige. Dieselben Bestimmungen wurden dann bei höheren Temperaturen gemacht, indem man die Flüssigkeit bei ganz langsamem Gang der Maschine die Kondensatortemperatur annehmen liefs und den zugehörigen Druck bestimmte.

Nach dieser Versuchsanordnung mufs man also sagen, dafs die Temperaturen T und T' experimentell bestimmt sind, dafs sie aus dem experimentell gefundenen Zusammenhang zwischen Druck und Temperatur vermittelt sind.

Die Frage, die Helmholtz aufstellt, ob bei normalem Betrieb der Maschine die Zusammensetzung der Flüssigkeit nicht doch noch an verschiedenen Stellen des Kreisprozesses verschieden sein kann, ist allerdings durch diese Beweisführung noch nicht ganz widerlegt. Denn beim langsamen Gang oder gar beim Anhalten der Maschine kann die Summe der Einzelspannungen prozentische Abweichungen geben gegen die beim normalen Betriebe. Dafs dieser Unterschied jedoch für den Refrigerator nur äufserst gering sein kann, ergibt sich daraus, dafs, wie angeführt, nur etwa 0,1 pCt., ein Tausendstel der Flüssigkeit des Refrigerators, beim Anhalten der Maschine verdampft.

Vollkommen widerlegt wird dagegen das weitere von Helmholtz angeführte Bedenken, dafs etwa Luft in den Kondensatorröhren gewesen sei, wodurch T' und damit die Leistung der Maschine erhöht erscheine. Pictet zeigt nämlich, dafs erstens nach der Konstruktion der Maschine die Anwesenheit der Luft sofort bemerkbar sein würde, dafs aber zweitens, wenn selbst Luft in den Kondensator gelangt, diese den berechneten Effekt der Maschine vergröfsern, nicht verringern würde. Denn der Druck der Luft im Kondensator würde die notwendige Arbeit der Pumpe vergröfsern, eine Maschine ohne Luft würde also im gleichen Falle geringere Arbeit brauchen. Nach der Art der Bestimmung der Spannungskurve aus den Temperaturen des Kondensators und der zugehörigen Manometerangaben würde aber der Druck, falls Luft vorhanden ist, schon höher in Rechnung gestellt sein für die betreffende Temperatur des Kondensationswassers. Die Spannungskurve würde also gemessen sein durch Beobachtung der Drucke in lufthaltigen Dämpfen. Die Temperatur T^1 in der Carnot'schen Formel würde also ganz unverändert so bleiben, wie sie aus der Kurve zu entnehmen ist, aber eine Maschine ohne Luft würde noch weniger Arbeit verbrauchen. Die Leistung der idealen Pictet'schen Maschine wäre also noch gröfser als berechnet.

In diesem Punkte ist es Pictet also gelungen, Helmholtz' Einwand vollkommen zu widerlegen. Ebenso ist auch die Frage, ob diese Eisblöcke im Innern nicht etwa höhere Temperaturen als die des Salzbades haben konnten, durch die Angabe von Pictet beantwortet, dafs die Blöcke nach ihrer Bildung noch mehrere Stunden in dem Bade bleiben. Dann müssen sie allerdings die Temperatur der Umgebung annehmen.

In seiner Erwiderung besprach v. Helmholtz nur den Punkt, welcher sich auf die Verschiedenheit der Zusammensetzung der Flüssigkeit bezog. Die andern Einwände liefs er also fallen. Da im Refrigerator die Hauptmasse der Flüssigkeit sich befindet und von dieser nur etwa $^1/_{1000}$ verdampft, so ist zuzugeben, daſs die Flüssigkeit im Refrigerator nur wenig von der Pictet'schen abweiche, daſs also auch der Spannung im Refrigerator resp. Aspirator mittels der Pictet'schen Spannungskurve die zugehörigen Temperaturen zu entnehmen sind. Dagegen, behauptet Helmholtz, muſs von dem Kondensator, in welchem sich nur sehr wenig Flüssigkeit befindet, geschlossen werden, daſs diese Flüssigkeit viel reicher an Kohlensäure ist, als die normale, so daſs die Temperatur des Kondensators eine niedrigere ist, als aus der Spannkraftskurve folgt.

Hierzu bemerkt Dr. L. Graetz in einer Besprechung dieser Erwiderung (Allg. Brauer- und Hopfen-Ztg. Nr. 143):

»Wenn für den Refrigerator die niedrige Temperatur zugegeben wird, so läſst sich nun leicht beweisen, daſs die Pictet'sche Maschine auch dann noch Effekte gibt, die höher sind als die Carnot'schen, wenn man für die Temperatur des Kondensators nur die ganz direkt mit dem Thermometer beobachtete Austrittstemperatur des Kühlwassers nimmt. Diese Temperatur ist zweifellos die niedrigste, die in den Schlangenröhren des Kondensators herrscht. In der Berechnung von Corsepius sind die Temperaturen angenommen:

	T^1	T	$T^1 - T$
am 17. Mai	22,8	— 27,5	50,3
» 18. »	24,45	— 20,1	44,55
» 19. »	21,90	— 35,0	56,90
» 21. »	37,80	— 24,5	62,30

Nimmt man jetzt zu T^1 die Austrittstemperaturen des Kühlwassers im Kondensator, so hat man

	T^1	T	$T^1 - T$
am 17. Mai	15,49	— 27,5	42,99
» 18. »	17,03	— 20,1	37,13
» 19. »	14,68	— 35,0	49,68
» 21. »	30,92	— 24,5	55,42

Der Effekt gegen Carnot ist also nun:

$$\text{am 17. Mai } 1{,}271 \cdot \frac{42{,}99}{50{,}3} = 1{,}103$$

$$\text{» 18. » } 1{,}334 \cdot \frac{37{,}13}{44{,}55} = 1{,}112$$

$$\text{am 19. Mai } 1{,}383 \cdot \frac{49{,}68}{56{,}90} + 1{,}207$$

$$\text{» 21. » } 1{,}431 \cdot \frac{55{,}42}{62{,}30} = 1{,}273$$

Und selbst, wenn man sich auf den ungünstigsten Standpunkt stellen will, dafs nämlich T^1 das Mittel zwischen der Eintritts- und der Austrittstemperatur des Kühlwassers ist, obwohl ja die Dämpfe naturgemäfs auf höherer Temperatur sein müssen, so erhält man:

	T^1	$T^1 - T$
am 17. Mai	12,96	40,46
» 18. »	13,73	33,83
» 19. »	12,56	47,56
» 21. »	20,84	45,34

In diesem ungünstigsten Falle wäre der Effekt der Pictet-Maschine immer noch:

am 17. Mai	**1,03**	am 19. Mai	**1,15**
» 18. »	**1,00**	» 21. »	**1,07.**

Also auch dann ergibt sich rechnerisch der Effekt der Pictetschen Maschine noch um 3 bis 15 % dem Carnot'schen überlegen. Eine Unsicherheit von 5 % zugelassen, so würden doch die Zahlen vom 19. und 21. Mai unbedingt mehr als 1 ergeben. Und dabei ist, wie gesagt, die gemachte Annahme eine solche, dafs sie ein unmögliches Minimum hervorbringt. Man kann das, auch wenn es sich nicht von selbst verstand, beweisen aus Versuchen an Ammoniakmaschinen, bei denen ja aus der Spannung der Dämpfe ohne Weiteres und ohne jeden Zweifel auf die Temperatur in den Schlangenröhren geschlossen werden kann. So ergab sich aus den Versuchen von Schröter bei

	Temperatur im Kondensator	Temperatur des Kühlwassers Eintritt	Austritt
Eismaschinen von Linde in München (Eiswerk) . .	+ 13,0	8,4	8,4
» » » » Osch I	34,3	11,19	22,56
» » » » » II	35,4	11,2	23,58
» » » » » III	35,5	11,2	23,04
» » » » » IV	34,6	11,1	26,1
» » » » München (Sedlmayr) I	16,6	8,76	12,49
» » » » » » II	16,5	8,78	12,34
» » » » » » III	25,3	8,82	20,45
» » » » » (Eiswerk) . .	21,7	4,2	17,4

Also die Temperaturen in den Röhren des Condensators sind immer höher als die Austritts-Temperaturen des Kühlwassers geschweige denn als die Eintritts-Temperaturen, und daher ist die obige Annahme für T^1 eine den Verhältnissen des Prozesses nicht entsprechende. Die Pictet'schen Behauptungen sind also erwiesen, sobald man nur zugibt, daſs die Refrigerator-Temperaturen richtig sind — und dies gibt Prof. v. Helmholtz jetzt zu.«

Wie also aus den divergierenden Anschauungen der Physiker hervorgeht, ist diese wichtige Frage noch immer nicht als endgiltig entschieden anzusehen, obgleich die Angabe Pictets über die Wirkung seiner Flüssigkeit durch die vorgenommenen Versuche und Rechnungen die gröſste Wahrscheinlichkeit, ja Sicherheit gewonnen hat. Ein absolut sicheres Urteil über die praktischen Leistungen der Pictet'schen Maschinen im Vergleich mit den übrigen Kühlmaschinen, sowie dieser untereinander, läſst sich auf Grund der bisherigen Beobachtungen noch nicht abgeben. Es sind hierzu nach übereinstimmender Anschauung noch eine weitere Reihe genauer Beobachtungen und Messungen an Kühlmaschinen verschiedener Systeme von möglichst gleichartiger, guter maschineller Ausführung notwendig, und zwar müſsten diese Maschinen womöglich nebeneinander unter möglichst gleichen Bedingungen betreffs der Betriebskraft und des Kühlwassers in Vergleich gezogen werden. Es ist zweifellos, daſs solche Parallelversuche schon in der nächsten Zeit, von den konkurrierenden Systemen selbst angeregt, werden zur Ausführung gelangen, und erst aus deren Ergebnissen wird sich ein endgiltiges, den Bedürfnissen der Praxis entsprechendes Urteil über den Wert der einzelnen Systeme von Kühlmaschinen fällen lassen. Stets wird jedoch dieser Wert und die Leistungsfähigkeit einer jeden Kühlmaschine abhängig sein von der Solidität ihrer Ausführung in maschineller Beziehung, und deshalb wird man unter allen Umständen einer gut konstruirten, sorgfältig ausgeführten Kühlmaschine, ohne Rücksicht auf das Prinzip derselben, einer solchen von minderwertigem Material oder schlechter Ausführung den Vorzug geben müssen. Auch können verständige Behandlung und sachgemäſse Wartung zweifellos die Leistungsfähigkeit einer jeden Kühlmaschine erheblich steigern, wie anderseits das beste, anerkannteste und bewährteste System von Kühlmaschinen durch Unverstand und Nachlässigkeit in der Behandlung in seinem Effekte empfindlich herabgedrückt und geschädigt werden kann.

1. Ammoniakkessel. 2. Temperaturwechselgefäfs. 3. Kondensator. 4. Aufsaugegefäfs. 5. Salmiakgeistpumpe. 6. Dampfmaschine. 7. Destillierapparat. 8. Kühler hierzu. 9. Verdampfer. 10. und 11. Chlorcalciumpumpe. 12. Süfswasserpumpe. 13. Süfswasserkasten. 14. Süfswasserreservoirs. 15. Sammelgefäfs. 16. Leitung für Wasser vom Reservoir. 17. Leitung für Wasser nach dem Aufsaugegefäfs. 18. Leitung für Wasser von dem Aufsaugegefäfs nach dem Kondensator. 19. Leitung für Wasser vom Kondensator nach dem Ablaufkanal. 20. Leitung für Wasser zum Destillierapparat. 21. Leitung für Wasser zum Verdampfer. 22. Leitung für Wasser zum Süfswasserkasten. 23. Dampfleitung vom Dampfkessel. 24. Dampfleitung nach dem Ammoniakkessel. 25. Dampfleitung nach der Dampfmaschine. 26. Dampfleitung zum Destillierapparat. 27. Kondenswasserleitung vom Ammoniakkessel nach dem Speisewasserkasten. 28. Ammoniakgasleitung vom Ammoniakkessel nach dem Temperaturwechselgefäfs. 29. Ammoniakgasleitung vom Temperaturwechselgefäfs nach dem Kondensator. 30. Ammoniakgasleitung vom Verdampfer nach dem Aufsaugegefäfs. 31. Ammoniakgasleitung vom Destillierapparat nach dem Aufsaugegefäfs. 32. Flüssige Ammoniakleitung vom Sammelgefäfs nach dem Verdampfer. 33. Salmiakgeistflüssigkeitleitung vom Ammoniakkessel nach dem Temperaturwechselgefäfs. 34. Salmiakgeistflüssigkeitleitung vom Temperaturwechselgefäfs nach dem Kondensator. 35. Salmiakgeistflüssigkeitleitung vom Kondensator nach dem Aufsaugegefäfs. 36. Salmiakgeistflüssigkeitleitung vom Aufsaugegefäfs nach der Pumpe.

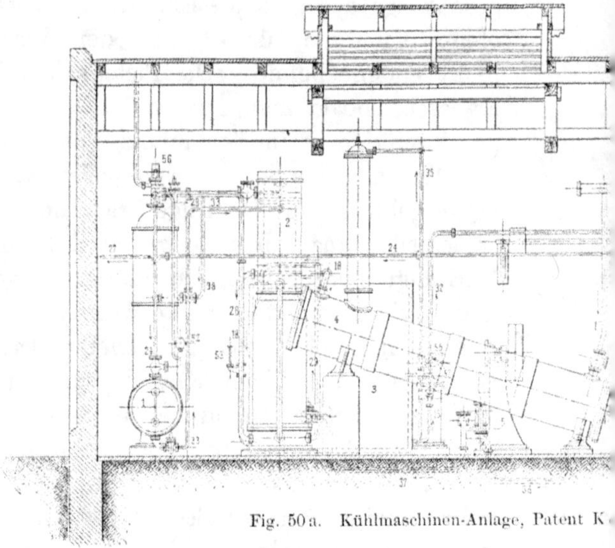

Fig. 50 a. Kühlmaschinen-Anlage, Patent K

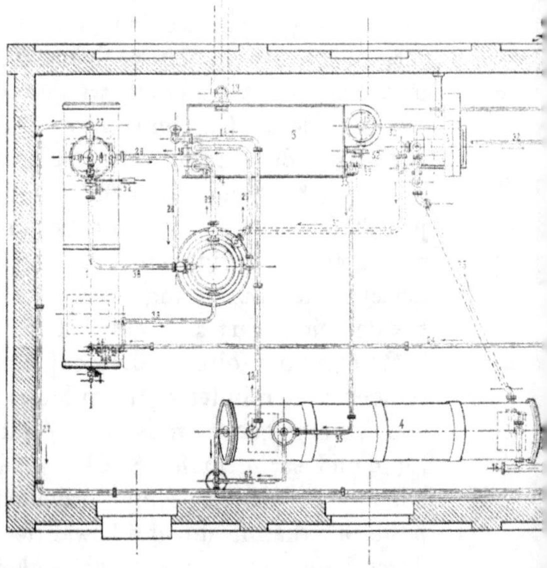

Fig. 50 b. Kühlmaschinen-Anlage, Patent K

Druck von R. Oldenbourg in München.

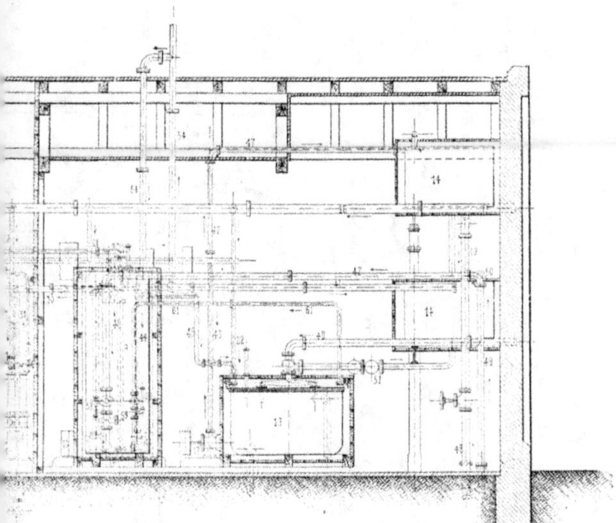

rmann, in der Dampfbrauerei Zwenkau.

s.

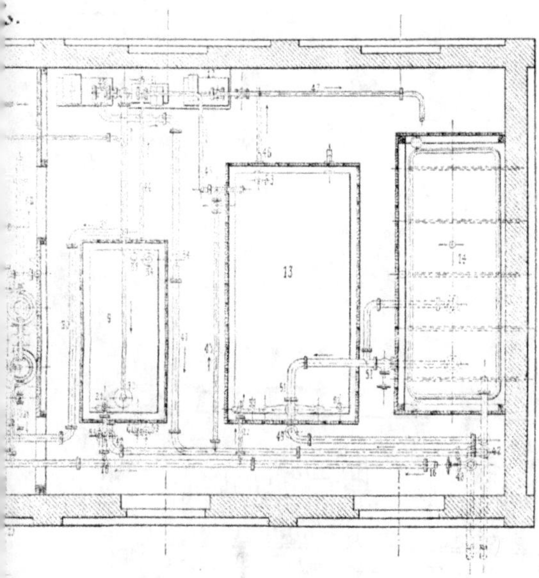

rmann, in der Dampfbrauerei Zwenkau.

37. Salmiakgeistflüssigkeitleitung von der Pumpe nach dem Temperaturwechselgefäfs. 38. Salmiakgeistflüssigkeitleitung vom Temperaturwechselgefäfs nach dem Ammoniakkessel. 39. Ammoniakgasleitung vom Temperaturwechselgefäfs nach dem Ammoniakkessel. 40. Chlorcalciumleitung vom Verdampfer nach der Pumpe. 41. Chlorcalciumleitung von der Pumpe nach den Kellern. 42. Chlorcalciumleitung aus den Kellern nach dem Verdampfer. 43. Chlorcalciumleitung aus den Kellern nach dem Süfswasserkasten. 44. Chlorcalciumleitung vom Verdampfer nach der Pumpe. 45. Chlorcalciumleitung von der Pumpe nach dem Süfswasserkasten. 46. Süfswasserleitung vom Süfswasserkasten nach der Pumpe. 47. Süfswasserleitung von der Pumpe nach dem Süfswasserreservoir. 48. Süfswasserleitung von dem Süfswasserreservoir nach den Kellern. 49. Süfswasserleitung aus den Kellern nach dem Süfswasserkasten. 50. Süfswasserleitung aus den Kellern nach dem Süfswasserreservoir. 51. Süfswasserleitung von dem Süfswasserreservoir nach dem Kasten. 52. Manometer. 53. Thermometer. 54. Überlaufrohr aus der Chlorcalciumleitung nach den Kellern. 55. Probehahn für Salmiakgeistflüssigkeit. 56. Sicherheitsventil am Ammoniakkessel. 57. Sicherheitsventil am Destillierapparat. 58. Stutzen für Anschlufs nach dem Eisbildner. 59. Stutzen für Anschlufs von dem Eisbildner. 60. Condenswasserleitung von Maschine und Destillierapparat. 61. Chlorcalciumleitung vom Süfswasserkasten nach dem Verdampfer. 62. Luftleitung am Aufsaugegefäfs.

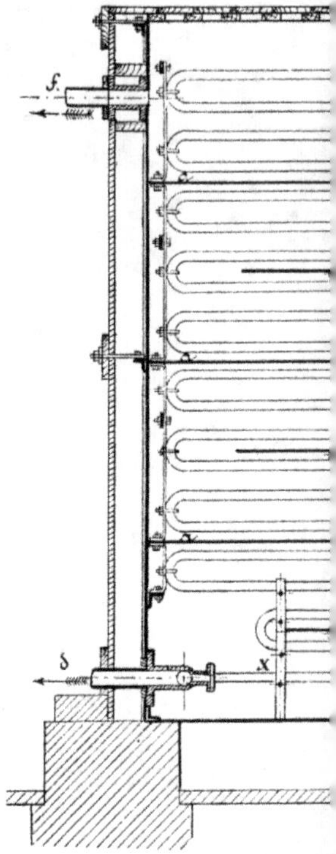

Fig. 53. Absorptions-Kühlmasch

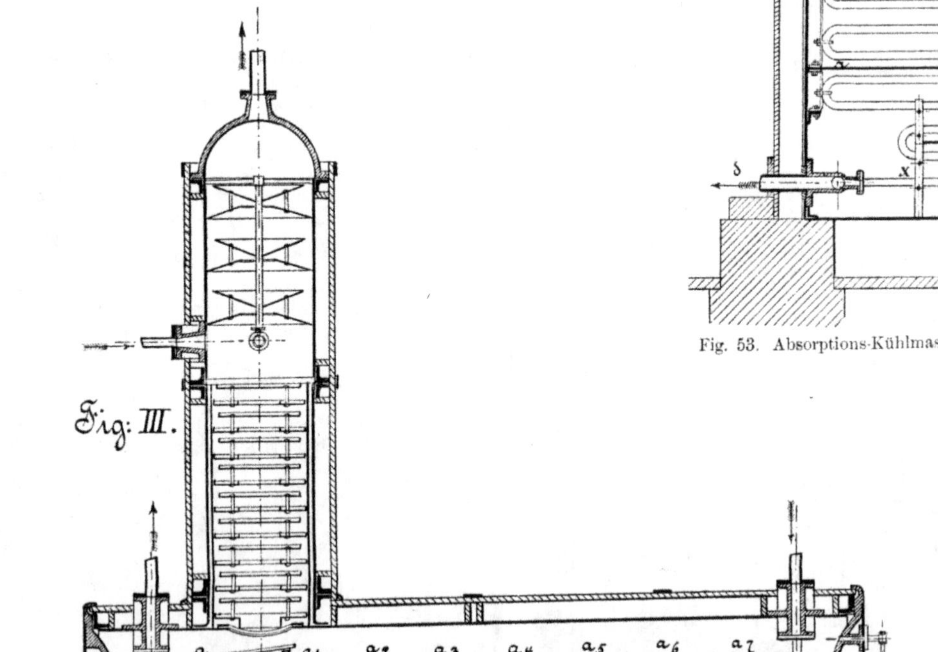

Fig. 51. Absorptions-Kühlmaschine, Patent Koch und Habermann. Kessel zum Erhitzen des Salmiakgeistes.

Druck von R. Oldenbourg in München.

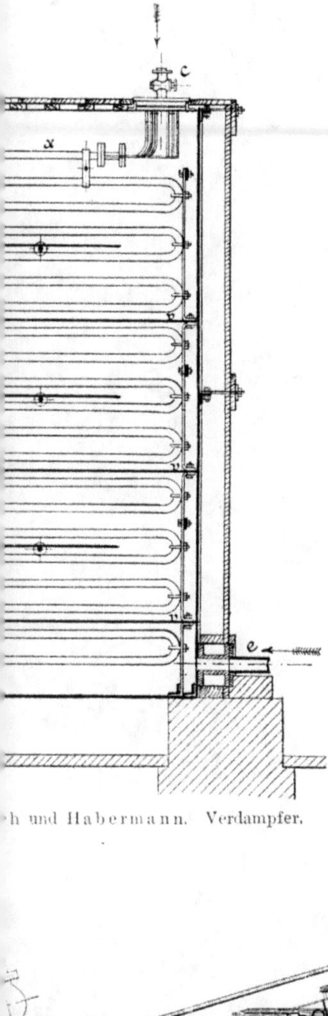

h und Habermann. Verdampfer.

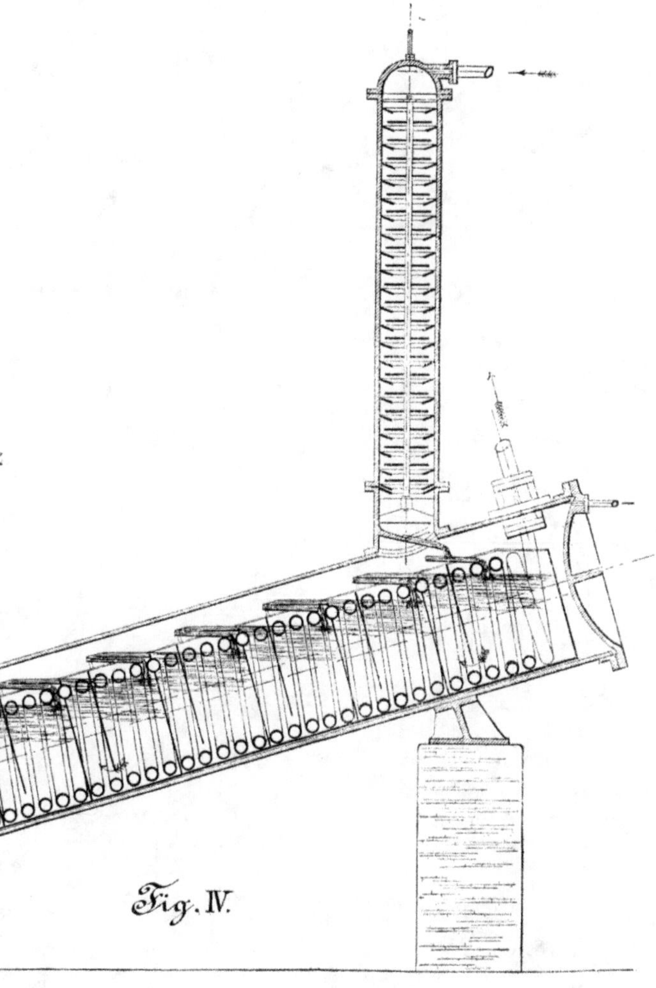

Fig. IV.

Fig. 52. Absorptions-Kühlmaschine, Patent Koch und Habermann. Absorptions-Apparat.

www.ingramcontent.com/pod-product-compliance
Lightning Source LLC
LaVergne TN
LVHW010646300926
849161LV00005B/1045